# LS-DYNA有限元
## 建模、分析和优化设计

辛春亮　朱星宇　王　凯　时党勇　刘安阳　编著

清华大学出版社
北　京

## 内容简介

本书分为4部分，分别介绍了ANSYS LST公司的4款主打软件：LS-PrePost、LS-DYNA、LS-OPT和LS-TaSC。书中结合ANSYS LST公司多位技术专家的成果和作者多年在CAE领域的经验，详细阐述了这4款软件的使用方法。本书包括LS-PrePost几何建模、网格划分、有限元建模、后处理方法、二次开发，LS-DYNA基本功能、各类算法、关键字介绍、二次开发、最新发展，LS-OPT和LS-TaSC联合LS-DYNA优化设计等，并给出了相关算例详解，以帮助读者掌握并利用这些软件解决工程实际问题。

本书理论与实践相结合，适合理工科院校的教师、本科高年级学生和研究生作为有限元课程的学习教材，也可以作为国防军工、航空航天、汽车碰撞、土木工程、材料加工、生物医学、电子电器、海洋工程、采矿等行业工程技术人员进行有限元建模、分析和优化设计的参考手册，还可为软件开发提供借鉴。



**图书在版编目(CIP)数据**

LS-DYNA有限元建模、分析和优化设计/辛春亮等编著. —北京：清华大学出版社，2021.12(2024.2重印)

ISBN 978-7-302-59702-5

Ⅰ.①L… Ⅱ.①辛… Ⅲ.①有限元分析－应用软件 Ⅳ.①O241.82-39

中国版本图书馆CIP数据核字(2021)第261965号

**责任编辑**：刘　颖
**封面设计**：傅瑞学
**责任校对**：欧　洋
**责任印制**：曹婉颖

**出版发行**：清华大学出版社
**网　　址**：https://www.tup.com.cn，https://www.wqxuetang.com
**地　　址**：北京清华大学学研大厦A座　　**邮　　编**：100084
**社 总 机**：010-83470000　　**邮　　购**：010-62786544
**投稿与读者服务**：010-62776969，c-service@tup.tsinghua.edu.cn
**质量反馈**：010-62772015，zhiliang@tup.tsinghua.edu.cn
**印 装 者**：三河市铭诚印务有限公司
**经　　销**：全国新华书店
**开　　本**：185mm×260mm　　**印　　张**：33　　**字　　数**：800千字
**版　　次**：2022年1月第1版　　**印　　次**：2024年2月第4次印刷
**定　　价**：139.00元

产品编号：093102-01

# 前言 PREFACE

本书主要涉及 ANSYS LST 公司的 4 款主打软件：LS-PrePost、LS-DYNA、LS-OPT 和 LS-TaSC。相应地，本书按软件分为四部分。第一部分介绍了 LS-PrePost 软件前处理建模和计算结果后处理功能。第二部分为 LS-DYNA 使用指南，以 LS-DYNA 中各类算法为主线，介绍不同算法的基本原理、优缺点、应用范围、新增算法的主要关键字，并给出了相关计算算例，以夯实读者对算法的理解。在最后两部分，作者简要介绍了 LS-DYNA 联合 LS-OPT、LS-TaSC 软件进行优化分析的方法和算例。本书融合了 4 款流行的数值计算软件，本书集建模、后处理、分析和优化于一体，是一本集理论、经验、工程实践之大成的培训、学习教材，具有一定的深度和广度。本书非常适合于：

- LS-PrePost 用户的初级、中级和二次开发培训。
- 具有一定 LS-DYNA 使用经验的 LS-DYNA 用户的中、高级培训及教研。
- LS-OPT 和 LS-TaSC 用户的入门培训。

第 1 章简要介绍了求解微分方程的常用数值计算方法、数值计算软件以及前后处理软件。

第 2 章介绍了 LS-PrePost 软件的基本功能和用户界面。

第 3、4、5 章分别介绍了 LS-PrePost 软件的几何建模、有限元建模和结果后处理功能，并给出了带有详细操作步骤的相关前处理和后处理实例。

第 6 章详细讲解了 LS-PrePost 软件的命令流和基于 SCL、LS-Reader 等进行二次开发的方法。

第 7 章内容为 LS-DYNA 入门基础知识，简要介绍了软件起源、基本功能、应用领域、关键字输入数据格式、常用的资源网站等。

拉格朗日算法是 LS-DYNA 的最基本的算法，第 8 章介绍了 3 种基于 LS-PrePost 建模的拉格朗日算法计算算例：小球撞击平板、气囊展开、S 型管件撞击刚性墙。

第 9 章给出了 LS-DYNA 原有 ALE 算法、流固耦合算法以及水中爆炸计算算例的讲解。

S-ALE 方法更适合处理大规模计算问题，第 10 章着重讨论了 S-ALE 计算方法的优点、并行计算、主要关键字、边界条件设置，最后给出了空气中爆炸算例。

NVH、振动和疲劳计算是 LS-DYNA 软件的新增功能，第 11 章用大篇幅详细阐述了模态分析、频响函数、稳态振动、随机振动、有限元声学、边界元声学、疲劳分析和响应谱分析。

第 12 章包含 SPH 算法的特点、近似算法、核函数以及与其他算法的耦合等内容。

第 13 章讲解了 EFG 及其网格重构算法。

SPG 算法是 LS-DYNA 软件独有的功能，第 14 章给出了其使用方法和三点弯曲计算算例。

第 15、16 章分别介绍了离散元法和近场动力学方法。

CESE 算法也是 LS-DYNA 软件的新增功能，第 17 章详细介绍了 CESE 算法的功能、特点、相关关键字和应用算例，并简要介绍了最新加入的 DUALCESE 算法。

第 18、19 章全面介绍了 ICFD 算法和电磁场求解器的功能、特点、相关关键字和应用算例。

第 20 章简要介绍了 LS-DYNA 软件的其他算法，如二次拉格朗日单元、厚壳单元、微粒法、同几何分析等。

第 21 章详细介绍了 LS-DYNA 软件新的二次开发环境，包括材料模型、自动内建模型、材料参数自动转换等功能的开发，可帮助用户扩展 LS-DYNA 材料模型，实现建模自动化。

第 22 章介绍了 LS-OPT 软件的功能特点以及与 LS-DYNA 软件联合进行尺寸优化的算例。

第 23 章内容涉及 LS-TaSC 软件的功能特点以及与 LS-DYNA 软件联合进行拓扑优化的算例。

这 4 款功能强大的软件是原 LSTC 公司和现 ANSYS LST 公司多位开发者及用户集体智慧的结晶，本书汇集了这些技术专家的成果。首先，特别感谢美国工程院院士、原 LSTC 公司的创始人和总裁 John O. Hallquist 博士，他是有限元领域最受人尊敬的专家之一，本书涉及的 LS-DYNA、LS-PrePost、LS-OPT 和 LS-TaSC 软件均来自他的研发团队。

本书编写过程中参考了一些关于以上软件的公开技术资料。ANSYS LST 公司的黄云博士、赵艳华女士、Philip Ho、陈皓博士、吴有才博士、韩志东博士、任波博士、崔喆博士、易桂莲博士、叶益盛博士、朱新海博士、张增产博士、Iñaki、李丽萍博士等在公开资料使用方面给予了大力支持，每章后面所列参考论文、报告、用户手册以及很多计算算例大都来自上述软件开发者，这些公开的参考资料是本书写作的基础，对本书的撰写起了极其重要的作用！此外，本书作者还多次参加了他们主讲的技术培训公开课程，从中受益匪浅。在此谨向上述原著者表示衷心感谢！

上海仿坤软件科技有限公司的赵海鸥、马亮、鲁宏升博士、苏敏女士、周少林、王强、袁志丹、张永召，大连富坤科技开发有限公司的何曦、于文会、何卫新、丁展博士、罗良峰、张胜，ETA-CHINA 的黄晓忠、李生建、张春风，上海恒士达科技有限公司的费喜熙女士、陈永发，瑞典爆破研究中心的易长平博士，澳汰尔工程软件（上海）有限公司的焦金龙、王瑞龙，北京理工大学重庆创新中心的王腾腾女士，安世亚太科技股份有限公司的王庆燕女士，奥雅纳工程咨询（上海）有限公司的鲍照等也为本书的编写和作者能力的提升提供了很多帮助，在此向他们表示深深的谢意！

为了方便读者亲自实现书中的实例，我们将书中所出现的源代码提供给读者。由于图书是单色印刷的，而书中许多图是彩色的，所以，印刷出来的图不能很好地反映出这些图的原貌。另外，受图书的开本大小的限制，对一些图作了缩小处理，使得其中的文字或线条有些模糊不清。为此，我们将书中的原图放在此文件中，供读者查阅。

由于作者水平有限，本书难免存在不当之处，欢迎广大读者和同行专家批评和指正。

作者谨识

2020年12月于北京东高地

# 目录

CONTENTS

# 第1章

# 绪　论

随着计算机硬件及计算方法的快速发展，数值模拟技术也取得了长足的进步，已经成为产品设计、试验策划和试验结果分析中不可缺少的重要工具与手段，在缩短型号开发周期、提高产品质量、节省试验费用等方面发挥了巨大的作用。

数值计算方法是数值仿真的核心，数值计算模型是对现实的简化，通常将具有无限自由度的介质近似为具有有限自由度的离散体(或网格)的计算模型(有限离散模型)进行计算。从数学角度上讲，也就是把连续的微分方程离散化，获得有限个离散方程(通常是代数方程组)，然后用计算机求解。现有的数值计算方法种类很多，其基本思想和理论基础也千差万别。求解微分方程的常用数值计算方法有有限差分法、有限元法、有限体积法、边界元法、离散元法、光滑粒子流体动力学法、无单元伽辽金法等。

国内外许多软件公司基于求解微分方程成熟的数值计算方法开发了多款通用分析软件、行业专用分析软件以及前后处理软件。

通用分析软件有美国 ANSYS 公司的 ANSYS、美国 MSC 公司的 MSC. Nastran、美国 HKS 公司的 ABAQUS 等、美国 ANSYS LST(livermore software technology)公司的 ANSYS LS-DYNA(在本书中统称为 LS-DYNA，以下同)、美国 ADINA 公司的 ADINA 等。

行业专用分析软件是针对特定行业开发的专业化软件。例如：美国 ETA 公司开发的板料冲压成形软件 DYNAFORM、汽车虚拟实验场软件 VPG，这两款软件都是在 LS-DYNA 平台上开发的。法国 ESI 公司的 ProCAST 可进行各种金属材料浇铸、流动性、固化、压力、应力、温度及热平衡的仿真分析；MAGMA 公司的 MAGMA 系列铸造软件的功能与 ProCAST 基本相同，区别在于 ProCAST 是基于有限元法开发的，MAGMA 则是基于有限差分方法开发的；另外，Deform 和 SuperForm 在锻造领域应用也很多；而通用分析软件 LS-DYNA 也能用于锻造、冲压、轧制、管成形、切割、挤压、脉冲成形、焊接、卷边、翻边、电磁成形和弯曲成形等成形工艺的模拟。在噪声和声场分析领域，有 LMS 公司的 SYSNOISE 软件、MSC 公司与 FFT 公司联合开发的 ACTRAN，以及 ESI 公司的统计能量分析软件 AutoSEA2；而 LS-DYNA 软件既具有噪声、声场中低频分析功能，还兼具基于统计能量分析法的高频分析功能。在结构疲劳分析领域，主要有 MSC 公司的疲劳分析软件 MSC. Fatigue，nCode 公司的 FE-Fatigue 等，而 LS-DYNA 软件也具有疲劳分析能力。

## 1.1 求解微分方程的常用数值计算方法简介

求解微分方程的常用数值计算方法有有限差分法、有限元法、有限体积法、边界元法、离散元法、光滑粒子流体动力学法等。

### 1.1.1 有限差分法

有限差分法(finite difference method,FDM)是一种直接将微分问题化为代数问题的数值解法。有限差分法具有简单、灵活以及通用性强的特点,容易在计算机上实现,是发展较早且比较成熟的数值方法。

有限差分法的基本思想是先把问题的定义域进行网格剖分,然后在网格点上,按适当的数值微分公式把定解问题中的微商换成差商,从而把表示变量连续变化关系的偏微分方程离散为有限个线性代数方程,进而求出数值解。此外,还要研究差分格式的解的存在性和唯一性、解的求法、解法的数值稳定性、差分格式的解与原定解问题的真解的误差估计、当网格尺寸趋于零时差分格式的解是否趋于真解(即收敛性)等。

目前主要采用泰勒级数展开方法来构造差分格式,有一阶向前差分、一阶向后差分、一阶中心差分和二阶中心差分等,其中前两种差分格式为一阶计算精度,后两种格式为二阶计算精度。

有限差分法已经成为求解各类数学物理问题的主要数值方法之一。在固体力学中,有限元法出现以前,主要采用差分方法;在流体力学中,差分方法仍是较为常用的数值方法。代表性的商业软件有爆炸冲击分析软件 AUTODYN、岩土工程专业分析软件 FLAC。

有限差分法适于求解边界较为规则的问题,如果边界条件比较复杂,就不太适用了。

### 1.1.2 有限元法

有限元法(finite element method,FEM)是一种求解偏微分方程边值问题近似解的数值技术,求解时对整个问题域进行分解,每个子区域都成为简单的部分。

有限元法通过变分法,使得误差函数达到最小值并产生稳定解。其基本思想是将连续的求解区域分解成一组有限个小的互联单元,对每一单元假定一个合适的(较简单的)近似解,然后推导求解这个域总的满足条件,从而得到问题的解。有限元法的实质是最小势能原理的应用,对每一有限元假定一个合适的、较简单的近似函数来分片地表示全求解域上待求的未知函数,单元内的近似函数通常由未知场函数或其导数在各个节点的数值及其插值函数来表达。如此一来,在一个问题的有限元分析中,未知场函数或其导数在各个节点上的数值就成为新的未知量(即自由度),从而使一个连续的无限自由度问题变成离散的有限自由度问题。一经求出这些未知量,就可以通过插值函数计算出各个单元内场函数的近似解,从而得到整个求解域上的近似解,达到用较简单的问题代替复杂的实际问题的目的。

有限元法的解不是准确解,而是近似解,因为实际问题被较简单的问题所代替。而且,随着单元数目的增加,即单元尺寸的减小,或随着单元自由度的增加及插值函数精度的提高,解的近似程度将不断改进。如果单元是满足收敛要求的,近似解将收敛于精确解。由于大多数实际问题难以得到准确解，而有限元法不仅计算精度高，而且能适应各种复杂形状，因此有限元法成为一种广泛应用、行之有效的数值分析手段。

有限元法的缺点是难以应用于具有极大单元变形的情况，求解大型问题时需要的内存和计算量比其他数值算法要大得多、预估计算产生的误差比较困难。

采用有限元法编制的软件非常多，代表性的商业软件有 ANSYS Mechanical、LS-DYNA、MSC.Nastran 等。

### 1.1.3 有限体积法

有限体积法（finite volume method，FVM）又称有限容积法、控制体积法，是计算流体力学中常用的一种数值计算方法，有限体积法基于积分形式的守恒方程而不是微分方程，该积分形式的守恒方程描述的是计算网格定义的每个控制体。有限体积法着重从物理观点来构造离散方程，每一个离散方程都是较小体积上某种物理量守恒的表达式，推导过程物理概念清晰，离散方程系数具有一定的物理意义，并可保证离散方程具有守恒特性。

有限体积法的基本思路是：将计算区域划分为一系列不重叠的控制体积，并使每个网格点周围有一个控制体积，将待解的微分方程对每个控制体积积分，便得出一组离散方程。其中的未知数是网格点上的因变量的数值。为了求出控制体积的积分，必须假定数值在网格点之间的变化规律，即假设值的分段的分布剖面。

有限体积法的优点是：

(1) 具有很好的守恒性。

(2) 更加灵活的假设，可以克服泰勒展开离散的缺点。

(3) 对网格的适应性好，可以很好地解决复杂的工程问题。

(4) 在进行流固耦合分析时，能够和有限元法完美融合。

大多数计算流体力学软件如 Fluent、STAR-CD、Flotherm 等采用的都是有限体积法，此外有限体积法也是爆炸冲击计算软件 MSC.Dytran 的基本算法之一。

### 1.1.4 边界元法

边界元法（boundary element method，BEM）是继有限差分法、有限元法之后发展起来的又一种重要的数值方法。边界元法只在定义域的边界上划分单元，用满足控制方程的函数去逼近边界条件。与有限元法相比，边界元法降低了问题的维数和自由度数，具有单元数量少、数据准备简单、计算时间少等优点，已经成为现代科学和工程数值分析的有效工具。

边界元法的基本思想是应用格林定理等，将问题的控制方程转换成边界上的积分方程，然后引入位于边界上的有限个单元将积分方程离散求解。借鉴有限元法划分单元的离散技术，通过对表面边界进行离散，得到边界单元，将边界积分方程离散成线性方程，经过离散后的方程组只含有边界上的节点未知量，因而降低了问题的维数，最后求解方程的阶数降低，数据准备方便，计算时间缩短。另外，边界元法通过引用问题的基本解而具有解析与离散相结合的特点，使得计算精度较高。由于积分方程可以用加权余量法得到，这就避免了寻找泛函的麻烦。

边界元法的主要缺点是它的应用范围以存在相应微分算子的基本解为前提，对于非均匀介质等问题难以应用，故其适用范围远不如有限元法广泛，而且通常由它建立的求解代数方程组的系数矩阵具有非对称、稠密，甚至在某些情况下病态的特性。应用边界元法分析大规模问题，系统方程求解过程消耗大量计算资源和时间，对解题规模产生较大限制。对一般的非线性问题，由于在方程中会出现域内积分项，从而部分抵消了边界元法只离散边界的优点。

边界元法代表性的商业软件有三维边界元流体力学分析软件 ANSYS LINFLOW 等。在 LS-DYNA 软件中也包含了边界元声学计算功能。

### 1.1.5 离散元法

离散元法（discrete element method 或者 distinct element method，DEM）是 20 世纪 70 年代由 Cundall 首先提出来的，起源于分子动力学，是为研究岩体等非连续介质的力学行为而发展起来的一种数值方法。

离散元法的基本原理是牛顿第二定律，其基本思想是把求解域分离为离散单元的集合，使每个离散单元满足牛顿第二定律，离散单元本身一般为刚体，单元间的相对位移等变形行为一般由联接于节点间的变形元件来实现。离散单元可以平移、转动或变形。各个离散单元在外界的干扰下就会产生力和力矩的作用，由牛顿第二定律可以得到各个离散单元的加速度，然后对时间进行积分，就可以依次求出离散单元的速度、位移，最后得到离散单元的变形量。离散单元在位移向量的方向会发生调整，这样又会产生力和力矩的作用。如此循环直到所有离散单元达到一种平衡状态或者处于某种运动状态之下，使各个离散单元满足运动方程，用时间步长迭代的方法求解各个离散单元的运动方程，继而求得不连续体的整体运动形态。离散单元法允许单元间的相对运动，不一定要满足位移连续和变形协调条件，计算速度快，所需存储空间小，尤其适合求解大位移和非线性的问题。

离散元法比较适合于模拟节理系统或者离散颗粒组合体在准静态或动态下的变形过程，如颗粒材料的混合、分离、注装、仓储和运输过程，以及连续体结构在准静态或动态条件下的变形及破坏过程。

目前，离散元的理论体系并不完善，其局限性表现在接触模型和参数难以确定、稳定性难以保证等方面。

基于离散元法的商业软件有 UDEC、PFC、GRANULE、EDEM 等，离散元也是 LS-DYNA 软件的重要功能之一。

### 1.1.6 光滑粒子流体动力学法

光滑粒子流体动力学（smoothed particle hydrodynamics，SPH）法是一种为解决天体物理中涉及的流体质团在三维空间无边界情况下的任意流动问题的纯拉格朗日方法。后来发现解决如连续体结构的解体、碎裂、固体的层裂、脆性断裂等物理问题，以及产生大变形的流体动力学问题、考虑材料强度的固体动力学问题也非常有效。总之，SPH 法适合用来求解具有大变形、复杂边界和物质交界面等复杂的单相或多相流体动力学问题，是最早的无网格方法。

光滑粒子流体动力学法的理论基础是插值理论，通过一种称之为核函数的积分核进行插值近似，从而将流体力学方程转换为数值计算用的 SPH 方程组。光滑粒子流体动力学法的基本思想是用一系列的粒子来表示求解域，这些粒子具有流体的密度、速度、热能等物理量，粒子之间不需要任何连接，即具有无网格特性，粒子的密度、位移、速度、压力等物理量的更新只与时间有关；用积分近似和粒子近似离散流体动力学控制方程，产生带状或离散化的稀疏系数矩阵，某一粒子场函数的值通过支持域内相邻粒子的叠加求和计算得到；由于所使用的用于求和的局部粒子为当前时间步的粒子，所以 SPH 法具有较强的适应性；将粒子近似法应用于所有偏微分方程的场函数相关项中，可得到一系列只与时间相关的离散化形式的常微分方程，应用显式积分法来求解常微分方程以获得最快的时间积分，并可得到所有粒子的场变量随时间的变化值。

SPH 法相对于传统的基于网格的方法具有一些特别的优点：具有自适应性、无网格性以及拉格朗日公式与粒子近似法的结合。一方面，由于 SPH 法的近似过程不受网格的限制，因此可避免网格极度大变形造成的精度下降问题；另一方面，SPH 法是一种拉格朗日方法，每个粒子点代表一种独立的物质，可以自然且直观地跟踪粒子所代表的物质属性，能够方便地描述多物质流动问题。

SPH 法也存在一些数值方面的困难，如拉伸不稳定性会引起数值断裂、形函数不一致性、引入本质边界条件存在困难，需要比较复杂的接触算法等。

基于 SPH 法的商业分析软件有美国 CentroidLab 公司开发的 NEUTRINO，开源 SPH 软件有 DualSPHysics、SPHinXsys、SPHERAL 等，在 LS-DYNA、AUTODYN、ABAQUS 软件中均包含 SPH 计算功能。

## 1.2 求解微分方程的常用数值计算软件介绍

市面上流行的求解微分方程的数值计算软件种类繁多。这些软件基于多种数值计算方法，有着各自的特色和应用领域，其中：

- ANSYS 和 MSC. Nastran 以线性分析见长。
- ABAQUS 则是最著名的非线性分析软件。
- AUTODYN 在爆炸计算方面准确度很高。
- MSC. Dytran 的流固耦合功能较为强大。
- LS-DYNA 在爆炸和冲击方面均具有优势，该软件在国防军工方面应用极其广泛，还垄断了国内外汽车厂商的碰撞安全性分析应用，据统计，全球超过 80% 的汽车制造商将 LS-DYNA 作为首选碰撞分析工具，90% 的一级供应商使用该工具。

### 1.2.1 ANSYS

ANSYS 软件是美国 ANSYS 公司所研发的大型通用有限元分析软件。ANSYS 为大多数 CAD 和 CAE 软件提供了接口，实现了数据的交换和共享，如 MSC. Nastran、Creo、IDEAS、Alogor、AutoCAD 等。ANSYS 软件是集结构、流体、声场、磁场、电场分析于一身的有限元分析软件，具有多种分析能力，还具有产品优化设计、概率分析等附加功能，广泛应用在各个领域，能够出色解决工程实际及科研应用中的诸多问题。ANSYS 的使用方法非常简单，但是功能却很强大，是所有有限元分析软件中最著名的也是最常用的，已成为世界级通用 CAE 分析软件，现在中国大部分院校、研究院所进行有限元分析都使用 ANSYS 软件，已成为标准的教学和工程校核软件。

### 1.2.2 LS-DYNA

LS-DYNA 是 ANSYS LST 公司（原 LSTC 公司）开发的通用多物理场动力学分析软件，该软件可处理几何非线性（大位移、大转动和大应变）、材料非线性（三百多种材料模型）和接触非线性（近百种）问题。它以拉格朗日算法为主，兼有 ALE 和欧拉算法；以显式求解为主，兼有隐式求解功能；以结构分析为主，兼有多物理场耦合功能；以非线性动力分析为主，兼有静力分析功能。LS-DYNA 是功能非常全面的军用和民用相结合的通用非线性多物理场分析程序，可为用户提供无缝地解决“多物理场”“多工序”“多阶段”“多尺度”等问题的方法。

LS-DYNA 近年来发展极为迅猛，加入了 ICFD、CESE、化学反应、离散元、电磁、SPG、XFEM、S-ALE、Peridynamics 等算法，多种求解器之间可以相互耦合，能够模拟真实世界的各种复杂问题，特别适合求解各种一维、二维、三维结构的爆炸、高速碰撞和金属成形等非线性动力学冲击问题，还可以求解传热、流体、振动、疲劳、声学、电磁、化学反应及多场耦合问题，在航空航天、机械制造、兵器、汽车、船舶、建筑、国防、电子、石油、地震、核工业、体育、材料、生物、医学等行业具有广泛应用。

### 1.2.3 AUTODYN

AUTODYN 是一款显式非线性动力分析软件，由美国 Century Dynamics 公司开发成功，后来被 ANSYS 公司收购。AUTODYN 拥有 Euler-FCT、Euler-Godunov、ALE、SPH 二维和三维求解器，并可与 Lagrange、Shell、Beam 求解器耦合计算，计算过程中多个求解器之间可以相互转换，它还提供了结果映射 Remap、部件激活与抑制、网格重分、网格细化和粗化技术，可用来解决固体、流体、气体及其相互作用的高度非线性动力学问题，广泛应用于国防、航空航天、土木、运输、能源等领域，

AUTODYN 提供了非常友好的用户图形界面，它把前处理、分析过程和后处理集成到一个窗口环境里面。该软件带有内置的前处理器，可以建立 WEDGE、BOX、SPHERE、CYLINDER 等从简单到复杂的一维、二维和三维网格模型。AUTODYN 还包含了常用材料模型及参数数据库，内含状态方程、强度模型、失效模型。

AUTODYN 主要采用有限差分法，爆炸计算准确度高，但也导致了其难以描述具有复杂边界的流体，此外，AUTODYN 计算算法和接触类型过少，计算效率也偏低。

### 1.2.4 ABAQUS

ABAQUS 是由 HKS 公司开发的著名非线性有限元分析软件，它不仅能进行静态和准静态的分析、模态分析、瞬态分析、弹性分析、接触分析、碰撞冲击分析、爆炸分析、断裂分析、屈服分析、疲劳和耐久性分析等结构分析，而且还可以进行热分析、流固耦合分析、压电和热电耦合分析、声场和声固耦合分析、热固耦合分析、质量扩散分析等。

ABAQUS 提供了丰富的单元类型，可处理各类复杂的几何形状。另外，ABAQUS 还提供了丰富的材料模型库，包含了材料本构模型和失效准则等，可以模拟绝大多数常见的工程材料，包括金属、聚合物、复合材料、钢筋混凝土、橡胶、泡沫和各种地质材料。ABAQUS 工作界面简单，易于上手操作，用户只需通过设置几何建模、材料属性、装配属性、边界条件、载荷情况、网格划分等不同模块，就可以建立复杂问题的分析模型。

ABAQUS 软件有两种不同的求解器：隐式求解器（ABAQUS/Standard）和显式求解器（ABAQUS/Explicit），隐式求解器适合求解有较高精度要求的静力学问题，包括谐波响应、随机响应以及地震响应谱分析，而显式求解器适合于求解瞬态动力学问题，在计算过程中可以避免隐式算法在处理高度非线性问题时出现的不收敛问题。另外，对于处理接触条件高度非线性的准静态问题也非常有效。对于非线性问题的分析，ABAQUS 会自动选择合适的载荷增量和收敛准则，对分析过程中的参数进行调整，以保证分析结果的准确性。由于 ABAQUS 的功能强大、分析结果准确可靠、易于二次开发，已被广泛应用于机械制造、航空航天、汽车制造、土木工程、水利工程、生物医学、石油化工和岩土工程等行业。

### 1.2.5 MSC. Dytran

MSC 公司的 MSC. Dytran 是由 DYNA3D（有限元程序）和 PISCES（有限体积法程序）两个瞬态动力学分析程序合并而成。DYNA3D 和 PISCES 分别是美国与欧洲国防部门的一些研究机构为解决武器系统设计中常常遇到的瞬态动力学问题而开发的计算软件，前者采用拉格朗日算法，适于分析固体结构的变形、失效、碰撞等的分析。后者采用欧拉算法，适于流体瞬态流动和大变形分析。合并后的 MSC. Dytran 具有更为广泛的适用性，而且 MSC 公司在 PISCES 的欧拉模式算法基础上，开发了物质流动算法和流固耦合算法，将拉格朗日求解器和欧拉求解器结合起来，能够处理各种流固耦合问题。MSC. Dytran 还有效解决了大变形和极度大变形问题，可用于爆炸分析、高速侵彻、锻造模拟、钣金成形、撞击破裂、安全气囊充气并与乘客碰撞、船体撞击破坏、飞机或叶片鸟撞分析等，已经成为功能强大的大型通用瞬态动力学分析程序。

MSC. Dytran 本身是一个混合体，在继承了 DYNA3D 和 PISCES 优点的同时，也继承了其不足：①计算算法、材料模型和接触类型不够丰富，二次开发较为困难；②没有一维、二维计算功能，轴对称问题也只能按三维问题处理，计算耗费很大。

## 1.3 支持 LS-DYNA 的主流前后处理软件

前后处理软件是微分方程数值计算软件的重要支撑，但也具有相对独立性。一般来说，前处理软件都与计算机辅助设计（computer aided design，CAD）软件有良好的接口，可快速方便地为微分方程数值计算软件输出所需的输入文件。后处理软件则与微分方程数值计算软件有良好的接口，能够轻松读取这些软件生成的结果文件，快速显示输出计算结果。

多种前处理和后处理软件支持 LS-DYNA，如 ANSYS Workbench、ANSYS LS-PrePost（在本书中统称为 LS-PrePost，以下同）、TrueGrid、HyperMesh、ETA PreSys、ANSA、ICEMCFD、MSC. Patran、LS-INGRID 和 EnSight 等，这些软件在功能、友好性和应

用领域等方面均存在较大区别。

- ANSYS Workbench、LS-PrePost、HyperMesh、ETA PreSys 和 MSC. Patran 集成了前后处理功能。
- TrueGrid、ANSA、ICEMCFD 和 LS-INGRID 仅具有前处理功能。
- EnSight 仅具有后处理功能。
- 对于三维六面体网格划分，推荐采用 TrueGrid 软件，该软件可快速生成高质量六面体网格。
- 对于复杂结构的几何清理、修补以及二维网格划分，HyperMesh 软件和 ANSA 软件更具优势。
- 对于 LS-DYNA 输入文件的关键字编辑和计算结果后处理，LS-PrePost 则是最佳选择，其次是 ETA 公司的 PreSys。LS-PrePost 可以处理全部格式的 LS-DYNA 计算结果文件，这是其他任何软件都无法做到的。

### 1.3.1 TrueGrid

TrueGrid 是美国 XYZ Scientific Applications 公司推出的通用网格划分软件，是一款交互式、批处理、参数化前处理器，可以支持 LS-DYNA 绝大部分关键字。TrueGrid 简单易学、功能强大，可以方便快捷地生成优化的、高质量的、多块体结构化网格，非常适合为 LS-DYNA 软件作前处理器，输出计算分析所需的网格文件，甚至可以设置计算参数，其独特的网格生成方法可为用户节省大量建模时间。

TrueGrid 软件的优势表现在：

- 投影方法。采用投影方法可以快速简便地生成网格，将用户从繁杂的几何建模工作中解脱出来。
- 多块体结构。TrueGrid 采用多块体方法生成网格，能够生成高质量的块体结构化六面体网格，来保证计算结果的准确性，多块体结构能够处理最复杂的几何结构，可大大减少复杂模型的建模工作量。
- 不需要进行几何清理。TrueGrid 可以采用 IGES 格式文件准确无误地导入 CAD/CAM 和实体模型表面，不需要进行几何清理。
- 几何库。除了可导入外部几何文件外，TrueGrid 还有内置几何库，用户可以创建自己的几何体，或为外部导入的几何体添加面。
- 参数化和脚本功能。TrueGrid 是一种既能进行交互式又能进行批处理的网格生成软件。在交互模式下，可以编辑脚本文件来生成参数化模型，高质量的参数化模型能够适应几何模型的修改，快速地重新生成新网格，从而节省许多建模时间。
- 前处理。TrueGrid 可为支持的计算分析软件提供完善的前处理，为分析程序输出计算所需的网格文件。
- 与 ANSYS、MSC. Patran、HyperMesh 等软件相比，TrueGrid 软件非常小，占用内存少，运行时 BUG 极少，能够生成大规模的网格模型。

本书中计算算例涉及的几何模型大都非常简单，对于稍具难度的模型，本书也提供了 TrueGrid 建模文件，以方便读者学习。建议采用 TrueGrid 建好模型后，导入 LS-PrePost 中编辑设置关键字。对于 TrueGrid 软件的使用方法，请参考我们编写的《TrueGrid 和 LS-

DYNA 动力学数值计算详解》或《由浅入深精通 LS-DYNA》。

### 1.3.2 LS-PrePost

LS-PrePost 是一款专为 LS-DYNA 开发的有限元前后处理软件，主要用于 LS-DYNA 计算模型的创建、导入、编辑、导出和 LS-DYNA 计算结果的可视化，具有操作简便、运行高效的特点。

(1) LS-PrePost 核心功能。

- 几何实体建模和网格划分。
- 面向所有最新 CAD 数据格式的几何清理及模型修改。
- LS-DYNA 输入数据的创建及修改。
- 全面支持 LS-DYNA 关键字。
- 全面支持 LS-DYNA 结果文件。
- LS-DYNA 模型编辑及检查。
- 高级后处理及可视化。
- 面向特定领域的应用模块。

(2) 前处理功能。

- 基于尺寸或偏差的曲面网格自动划分功能(面向冲压应用)。
- 基于索引空间技术的实体模型六面体网格划分功能。
- 由不同实体生成单元网格的功能，如拖曳直线以生成壳单元、平移壳单元生成实体单元或由实体面生成壳单元。
- 简单几何体的网格生成，即块、球、圆柱体、平板等实体的网格生成。
- LS-DYNA 数据的创建与修改，如坐标系、边界条件、初始条件、点、压力载荷、刚体约束、接触定义、刚体墙、载荷曲线以及集合数据等。
- 关键字数据创建与编辑，如材料数据、输出定义、控制参数、截面属性等。
- 面向特定领域的应用，如金属板料成形工艺创建、安全气囊折叠、假人模型定位、安全带匹配、穿透检查及模型的综合检查。

(3) 后处理功能。

- 基于 RGB 或其他格式图片文件的输出。
- 云图渲染和基于云图数据的动画演示。
- 面向特征分析模型动画。
- 面向 D3PLOT、ASCII、BINOUT 及用户自定义数据的时间历程曲线绘制。
- 粒子数据模型的可视化。
- 计算流体力学数据的可视化。
- 数据通用测量。
- 切片显示。

(4) 批处理和二次开发功能。

- 批处理运行模式。
- 命令行文件的创建与执行。
- 宏命令。

- 面向重复命令的脚本语言。
- 自定义按钮。
- 基于 SCL 语言的二次开发。
- 基于 LS-READER 语言的二次开发。
- 基于 Keyword READER 的二次开发。

### 1.3.3 HyperMesh

HyperMesh 是美国 Altair 公司开发的世界领先的、功能强大的 CAE 应用软件包，集成了设计和分析所需的各种工具，具有无与伦比的性能及高度的开放性、灵活性和友好的用户界面。

与其他的有限元前后处理软件相比，HyperMesh 具有鲜明的特点：

- 特殊的分析结果优势。
  - 高性能的有限元建模和后处理大大缩短工程分析的周期。
  - 直观的图形用户界面和先进的特性减少学习时间并提高效率。
  - 直接输入 CAD 几何模型及有限元模型，减少建模的重复工作和费用。
  - 快速、高质量的自动网格划分极大地简化复杂几何的有限元建模过程。
  - 在一个集成的系统内支持多种求解器。
  - 高度可定制性（如宏、定制用户界面、输出模板、输入转换器、结果转换器等定制工具）进一步提高效率。
- 接口和几何模型清理。
  - HyperMesh 具有工业界主要的 CAD 数据格式接口，与各种 CAD 软件具有良好的集成性。
  - HyperMesh 包含一系列用于整理和改进输入的几何模型的工具，还可对网格质量进行检查和改进。
- 建立和编辑模型方面。
  - HyperMesh 的自动网格划分模块为用户提供一个智能的网格生成工具，同时用户可以交互地调整曲面或边界的网格参数。
  - HyperMesh 也可以快速地用高质量的一阶或二阶四面体单元自动划分封闭的区域。
- 提供完备的后处理功能。
  - 支持各种等值面、变形、云图、瞬变、矢量图和截面云图等。
  - 支持变形、线性、复合以及瞬变动画显示。
  - 可直接生成 BMP、JPG、EPS、TIFF 等格式的图形文件及通用的动画格式。
- 支持各种求解器接口。

### 1.3.4 ANSYS Workbench

ANSYS Workbench 仿真应用环境是 ANSYS 公司所开发的，它包含一系列非常先进的工程仿真应用功能，并且具有与各类 CAD 软件的接口，还具有强大的集成优化工具和参数化的管理功能。ANSYS Workbench 协同仿真环境作为一个集成的框架，把 ANSYS 的多个求解器集成起来，并结合仿真过程，在同一界面上显示。

ANSYS Workbench 主要由 4 部分构成：

（1）Design Modeler 用来绘制几何模型，为分析做准备。

（2）Design Simulation 是分析部分，用于网格划分、计算和后处理。

（3）Design Exploration 用来分析输入（几何、荷载等）对响应（应力、频率等）的作用，是先进的优化分析工具。

（4）FE Modeler 用于将其他有限元模型转换成 ANSYS 可以识别的文件。

此外，ANSYS Workbench 在前后处理方面还具备下列特征：

（1）界面直观，操作便利。其中的全部设置以及计算程序不是分开的，而是都在系统的界面下进行管理和使用，在后台所做的操作是数据转换及处理的过程。

（2）与 CAD 软件的双向相关性非常强，和目前流行的 CAD 软件均有接口，可以和 CAD 软件进行无缝连接。它的数据共享功能很强大，可以便利地和多个流行软件互相传递数据。

（3）接触对的自动探测性能，ANSYS Workbench 可以自动探测到复杂装配体之间的接触。

（4）网格划分功能强大，可以自动生成较高质量的网格。ANSYS Workbench 可为大规模装配体自动划分网格，大幅度减少了人工处理网格的时间。

（5）在有限元分析结果后处理方面，ANSYS Workbench 中的操作与经典 ANSYS 相比方便得多，而且还附带了许多结果分析工具，方便用户查看和处理结果。

（6）具有开放的结构和接口，可以集合许多求解器和其他软件，便于使用者进行定制化开发。

### 1.3.5 ETA PreSys

ETA PreSys 是通用的有限元前、后处理软件，为 LS-DYNA 早期的前后处理软件 FEMB 的升级版本，广泛应用于汽车、电子、岩土爆破等各个领域。

（1）ETA PreSys 的前处理功能

- 直观的可视化、交互的图形用户界面，而且可多窗口显示。
- 可直接读取各种通用的 CAD 几何模型。
- 快速、高质量的自动网格划分、质量检查和修补工具。
- 支持多种 CAE 求解器，如 LS-DYNA 和 MSC. Nastran，而且全面支持 LS-DYNA 的关键字，同时也支持 LS-DYNA 和 MSC. Nastran 输入数据的相互转换。
- 集成了丰富的材料库。
- 支持中文界面。

（2）ETA PreSys 的后处理功能

- 支持后处理结果多窗口显示。
- 处理各种等值面、变形、云图、瞬变、矢量图和截面云图等。
- 支持变形、线性、复合以及瞬变动画显示。
- 可直接生成 BMP、JPG、EPS、TIFF 等格式的图形文件及通用的动画格式。

- 支持特有的 E3D 压缩格式保存三维动画结果。
- 支持建模和计算结果自动处理的脚本运行功能，便于参数化建模和计算结果的快速处理。
- 支持多次的 Undo/Redo 操作。
- 强大的计算报告自动生成功能。

### 1.3.6 ANSA

ANSA 是公认的快捷的 CAE 前处理软件之一，同时也是一款功能强大的 CAE 前处理软件，ANSA 为国际主流的三维设计软件和微分方程数值计算软件提供方便的数据接口，是一个真正意义上的统一的 CAE 仿真分析数据平台，广泛应用于汽车、航空航天、电子、船舶、铁路、土木等工业领域。

ANSA 具有如下特点：

- 快速、强劲的数学算法。
- 几何清理、修复及构建简单方便。
- 基于装配关系及边界条件的几何模型。
- 网格与几何相关联。
- 设计模型与有限元模型相统一。
- 快速准确地反映装配关系的连接管理。
- 快速、自动、高质量的装配体网格划分。
- 网格重建——快速的网格放大与修改。
- 目标定位数据库。
- 支持多用户协同工作。
- 零部件管理、连接和强大的数据管理工具。
- 一级菜单系统——通过一两次单击就能完成大部分目标操作。

## 1.4 参考文献


[1] 周旭，张雄. 物质点法数值仿真（软件）系统及应用[M]. 北京：国防工业出版社，2015.

[2] 王立秋，等. 工程数值分析[M]. 济南：山东大学出版社，2020.

[3] 冯康，等. 数值计算方法[M]. 北京：国防工业出版社，1978.

[4] G. R. Liu，M. B. Liu. 光滑粒子流体动力学：一种无网格粒子法[M]. 韩旭，杨刚，强洪夫，译. 长沙：湖南大学出版社，2005.

[5] 于开平. HyperMesh 从入门到精通[M]. 北京：科学出版社，2005.

[6] 辛春亮，等. TrueGrid 和 LS-DYNA 动力学数值计算详解[M]. 北京：机械工业出版社，2019.

[7] 辛春亮，等. 由浅入深精通 LS-DYNA[M]. 北京：中国水利水电出版社，2019.

# 第2章

# LS-PrePost基本功能和用户界面简介

LS-PrePost 是一款专为 LS-DYNA 开发的有限元前后处理软件，主要用于 LS-DYNA 计算模型的创建、导入、编辑、导出和 LS-DYNA 计算结果的可视化。LS-PrePost 的开发工作主要由大连富坤科技开发有限公司负责。目前 LS-PrePost 软件的最新发行版本为 4.8，可以通过以下地址免费下载和使用该软件：http://ftp.lstc.com/user/LS-prepost。

LS-PrePost 界面内核是基于 WxWidget 图形界面和 OpenGL 模型渲染开发的，实体建模内核基于 OpenCascade。OpenCascade 基于 BRep 的实体几何造型引擎，引入 LS-PrePost 后用于曲线、曲面和三维实体的造型与编辑。由于没有许可文件的要求，LS-PrePost 可以很方便地安装在使用 Windows、Linux 以及 Apple Mac 操作系统的机器上。

LS-PrePost 具有强大的 CAD 几何数据处理功能，全面支持 LS-DYNA 关键字和支持 LS-DYNA 结果文件（见图 2-1）。

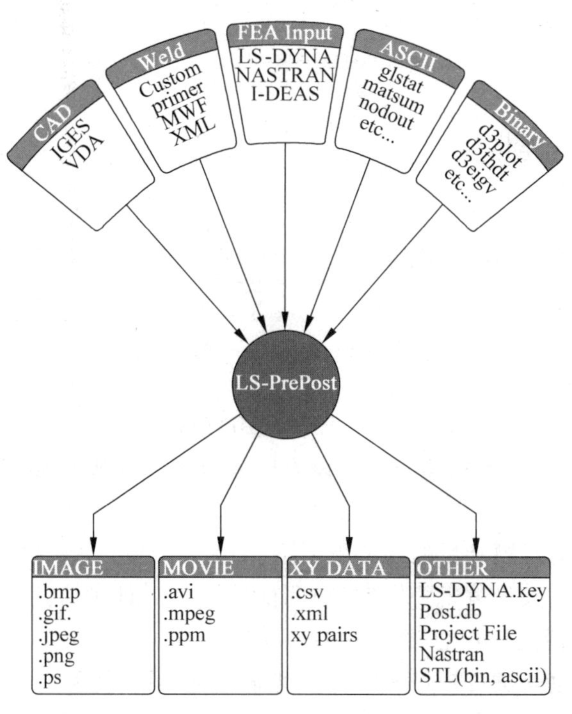


图 2-1　LS-PrePost 输入和输出文件

# 2.1 LS-PrePost 图形用户界面

LS-PrePost 2.4～4.6 新、旧用户界面同时存在，按快捷键 F11 可进行界面切换。LS-PrePost 4.7 及后续版本仅保留新界面，新界面采用重新设计的图形用户界面，将程序功能直观地以基于图标的工具栏形式进行分组，使图形区域最大化。在本书中只讲解新界面的使用方法，对于旧界面的使用方法，请参考我们编写的《TrueGrid 和 LS-DYNA 动力学数值计算详解》。

## 2.1.1 界面布局

图 2-2 是 LS-PrePost 主界面布局。

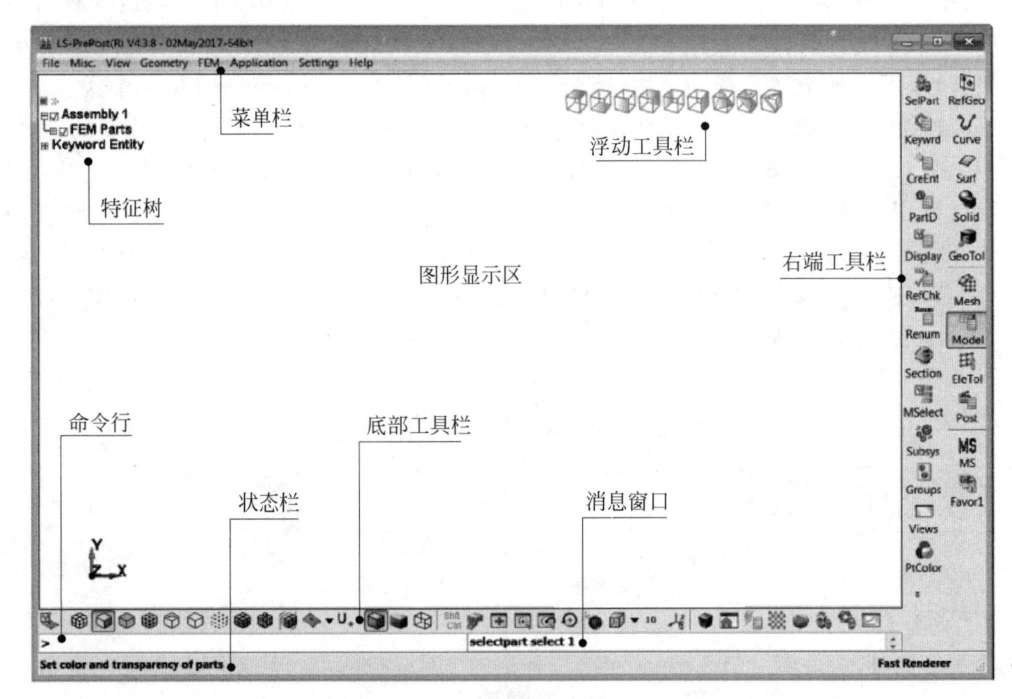


图 2-2 LS-PrePost 主界面布局

菜单栏：执行文件管理功能，并配置程序通用首选项。

特征树：以树形显示装配体、Part，以及一些关键字，如初始条件、边界条件等的可视化。

图形显示区：几何建模和后处理渲染。

右端工具栏：提供大量编辑关键字、访问前处理和后处理常用功能的图标工具。用户只要单击图标就能激活这些功能，而不用在菜单中查找。

底部工具栏：通过热键可轻松访问与模型显示、动画控制和交互相关的常用功能。

浮动工具栏：呈半透明状，快速显示不同方向的视图。

命令行：可在此输入命令，LS-PrePost 会输出不断更新的命令历史记录、警告和其他状态信息。

状态栏：当光标在主窗口中的各个项目上移动时显示帮助信息。

### 2.1.2 F功能键

在 LS-PrePost 中按 F1 键即可打开 F 功能键面板，如图 2-3 所示。该图说明了 F 功能键与 LS-PrePost 界面面板的映射关系。除了 F1 和 F10，其他所有 F 键可打开右端工具栏中的大多数对话框(与几何相关的对话框除外)。可以直接用鼠标右键单击对应的按钮自定义功能键，例如，在图 2-3 中用鼠标右键单击 F9 下面的 Fcomp 按钮，就弹出 F9 功能键定义对话框。用户也可在文件.lsppconf 中自定义，例如，将“fkey = 2 ptrim”添加到.lsppconf 文件后，按 F2 时即可打开 PTrim 对话框。

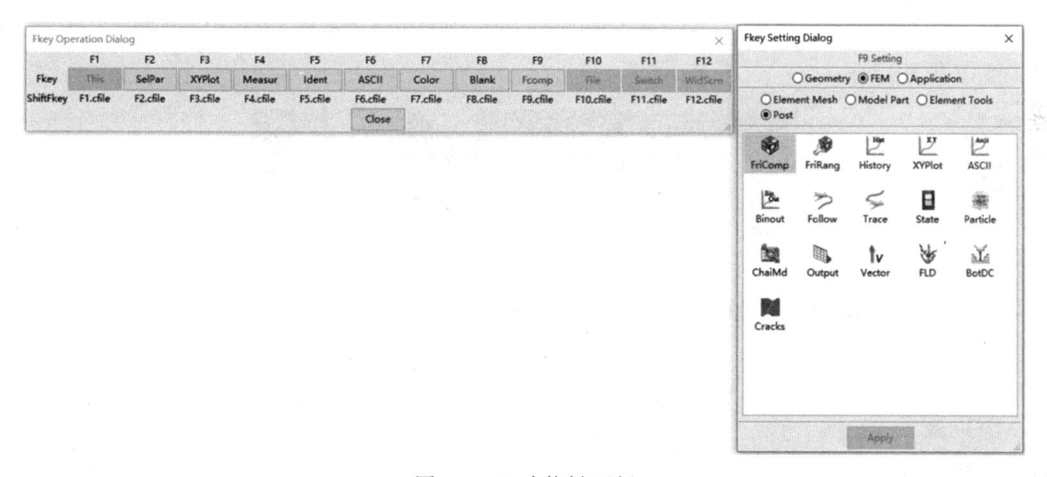


图 2-3 F功能键面板

同时按下 Shift 和 F 功能键，就会运行命令文件。例如，按下 Shift + F2 键，LS-PrePost 就会在以下目录中查找并运行命令文件 F2.cfile。注意，用户不能更改命令文件(如 F1.cfile、F2.cfile、…)的名称。

(1) 从配置文件目录下的.lsppconf 文件中定义的 functionkey_path 查找 F*n*.cfile 的路径。

(2) 当前工作目录。如果在(1)没有找到，则在此处查找。

(3) 配置文件目录，注意不同平台配置文件目录不一样。

### 2.1.3 鼠标操作

• 动态模型操作。需要同时按下 Shif 或 Ctrl 键，按下 Ctrl 键时，模型以 edge 模式显示。

➢ 旋转：Shift + 鼠标左键。

➢ 平移：Shift + 鼠标中键。

➢ 缩放：Shift + 鼠标右键或 Shift + 滚轮。

• 图形拾取。

➢ Pick：单一拾取，采用鼠标左键单击拾取。

➢ Area：采用矩形框拾取，采用鼠标左键单击，然后拖拉拾取。
➢ Poly：采用多边形拾取，采用鼠标左键单击角点，右键单击结束拾取。
• 列表选择。
➢ 连续多选：鼠标左键拖拉或 Shift + 鼠标左键。
➢ 多选：按住 Ctrl 键，在列表中单击拾取多个项目。
• 鼠标悬停在工具栏的图标及其功能选项上，可以在状态栏上显示相应的帮助信息。

## 2.2 下拉菜单栏

LS-PrePost 下拉菜单栏包括 File（文件）、Misc.（其他功能）、View（视图）、Geometry（几何）、FEM（有限元建模）、Application（应用）、Settings（设置）、Help（帮助）子菜单，如图 2-4 所示。

图 2-4 LS-PrePost 下拉菜单栏

### 2.2.1 File 子菜单

图 2-5 是 File 子菜单。

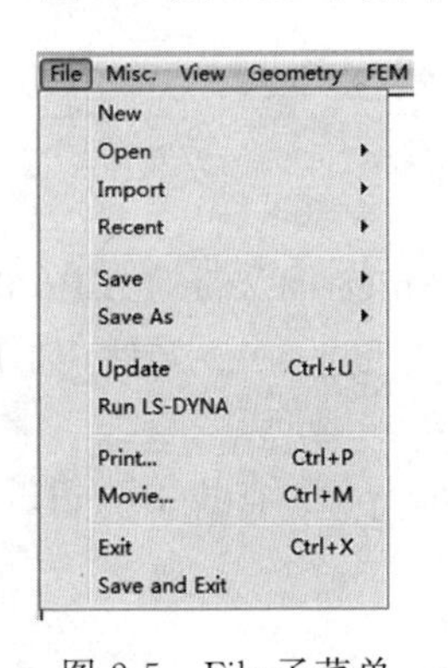


图 2-5 File 子菜单

New：启动 LS-PrePost 新进程，并清除所有模型和数据（仅限于 4.0 及以上版本）。

Open：从外部文件中读入数据。

Import：从外部文件中读入数据，并合并到当前模型中。

Recent：打开最近使用过的关键字或结果文件。

Save：覆盖保存当前关键字文件或项目文件。

Save As：保存关键字、项目、Post.db 和几何文件。

Update：导入当前 LS-DYNA 计算进程中新生成的 D3PLOT 文件并实时更新显示。

Run LS-DYNA：提交 LS-DYNA 作业。

Print...：输出图片（发送至打印机打印或生成图片文件）。

Movie...：生成动画。

Exit：退出 LS-PrePost。

Save and Exit：保存当前数据并退出 LS-PrePost。

### 2.2.2 Misc. 子菜单

图 2-6 是 Misc. 子菜单。

View Model Info：显示模型信息。

View Memory Info：显示 LS-PrePost 使用的内存信息。

View Message Info：启动关键字文件读入错误消息对话框。

Display Ruler：启动标尺对话框。

Set Keyword Title：设置模型标题。

Start Recording Commands：开始录制宏命令。

Launch Macro Interface：打开宏命令对话框。

Manage Command File：打开命令文件对话框。

Execute System Call：打开系统调用对话框。

Keyword File Separate：将一个关键字文件分割成多个。

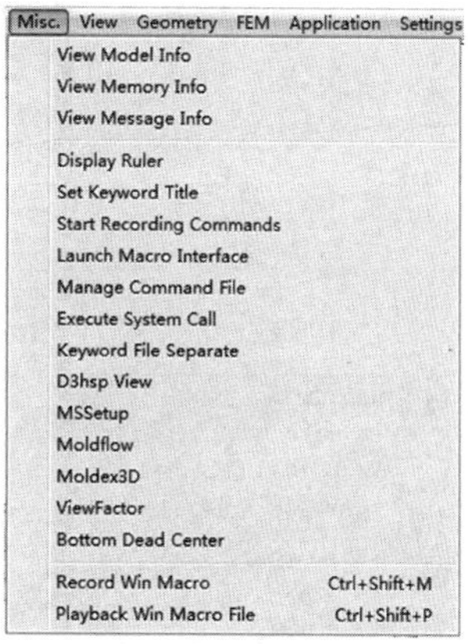

D3hsp View：显示 D3hsp 文件信息。

MSSetup：创建微结构文件。

图 2-6 Misc. 子菜单

Moldflow：将 Moldflow 结果(udm 和 xml)转换为 LS-DYNA 关键字文件。

Moldex3D：将 Moldex3D 结果(o2d 和 fcd)转换为 LS-DYNA 关键字文件。

ViewFactor：验证 viewfactor.lsda 里的数据。

Bottom Dead Center：用于金属成型的下死点。

Record Win Macro：记录鼠标在屏幕上的单击位置。

Playback Win Macro File：回放鼠标记录文件。

## 2.2.3 View 子菜单

图 2-7 是 View 子菜单，复选标记表示项目处于开启/活动状态。

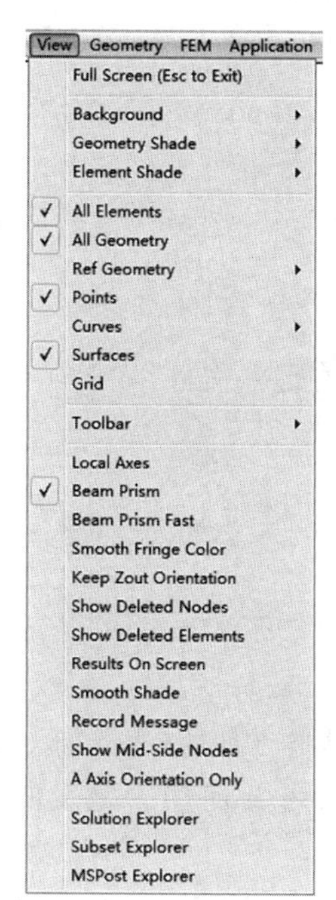


图 2-7 View 子菜单

Full Screen(Esc to Exit)：以全屏模式显示绘图区域。按 ESC 键可退出全屏模式。

Background：设置绘图区域背景(单色、渐变等)。

Geometry Shade：设置几何显示模式。

Element Shade：设置单元显示模式。

All Elements：显示/隐藏全部单元。

All Geometry：显示/隐藏全部几何体。

Ref Geometry：显示/隐藏参考几何(参考轴、平面、点和坐标系)。

Points：显示/隐藏几何点。

Curves：显示/隐藏几何曲线。

Surfaces：显示/隐藏几何面。

Grid：显示/隐藏平面中的网格。

Toolbar：显示/隐藏工具栏。用户可根据个人偏好设置工具栏的显示模式：文本、图标或文本加图标，还可设置字体大小。在图 2-8 中，右端工具栏以文本加图标的形式显示，而底部工具栏仅以图标的形式显示。为了便于区分并记忆图标，建议初学者以文本加图标的形式显示工具栏。

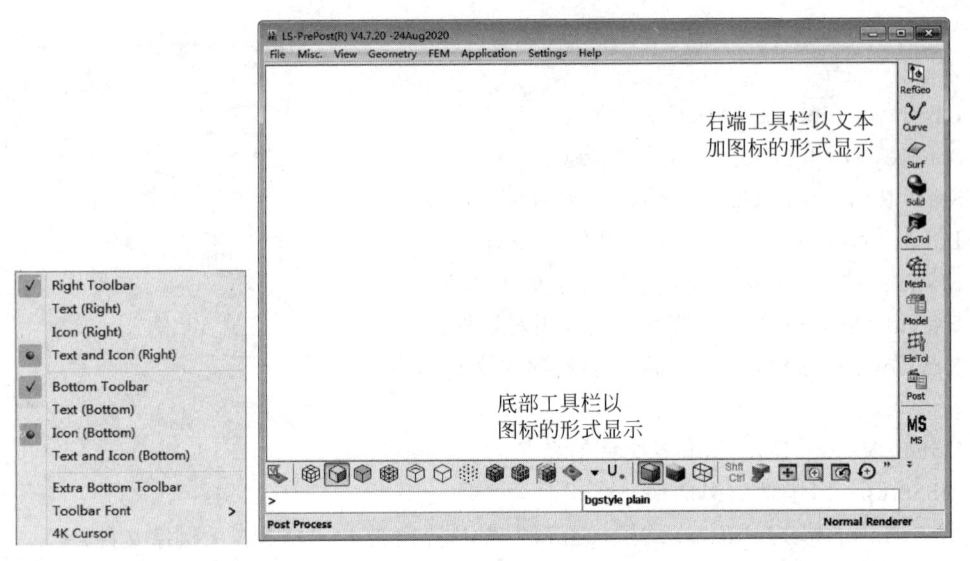


图 2-8 工具栏显示设置

Local Axes：切换显示全局和局部坐标系(必须提前读入对应的 k 文件)。

Beam Prism：切换是否显示 BEAM 单元形状。

Beam Prism Fast：切换是否显示 BEAM 单元形状，仅用于制作动画。

Smooth Fringe Color：平滑或纹理云图颜色(仅在云图模式下可用)。

Keep Zout Orientation：缩小时保持方向不变。

Show Deleted Nodes：查看 LS-DYNA 计算结果时显示已删除单元的节点。

Show Deleted Elements：查看 LS-DYNA 计算结果时显示已删除的单元。

Results On Screen：当 Ident 界面上的 Show Results 打开后，在屏幕上显示高亮的单元或节点结果。

Smooth Shade：OpenGL 绘图的光滑或恒定着色模式切换。

Record Message：将命令消息写入 lspost.msg 文件。

Show Mid-Side Nodes：显示十节点单元的中节点。

A Axis Orientation Only：只显示材料方向的 A 轴。

Solution Explorer：快速创建 ICFD、ALE、IMPLICIT 求解器关键字文件。

Subset Explorer：以树的方式显示 * SET_PART。

MSPost Explorer：处理 ICFD、EM、CESE 等求解器的计算结果。

## 2.2.4 Geometry 子菜单

图 2-9 是 Geometry 子菜单。

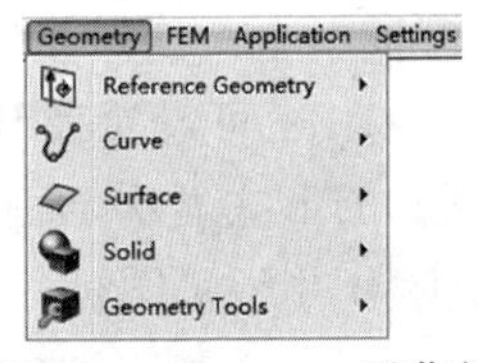


图 2-9 Geometry 子菜单

Reference Geometry：创建和编辑参考几何(参考轴、参考平面、参考点和参考坐标系)的工具。参考几何用于定义曲面、实体的形式或形状，创建一系列特征，如：

➢ 通过参考平面和参考轴给定方向，可以进行旋转、拉伸和镜像操作。

➢ 通过给定的局部坐标系，可以定义平面及其长宽。

➢ 通过参考点给出位置。

Curve：创建和编辑曲线（点、直线、圆、圆弧、椭圆、椭圆弧、B样条曲线、螺旋线、组合线、打断线、合并线、桥接边、光顺线、中值线、变形线、圆角）的工具。

Surface：创建和编辑曲面（平面、圆柱面、圆锥面、球面、椭圆面、椭球面、填充平面、拉伸面、旋转面、扫描面、放样面、N边面、补充面、桥接面、合并面、拟合基本面、中值面、变形、B样条面拟合以及打断面）的工具。

Solid：创建和编辑实体（长方体、圆柱体、圆锥体、球体、圆环体、拉伸体、旋转体、扫描体、放样体、倒圆、倒角、拔模、加厚、楔体、棱柱体以及布尔操作）的工具。

Geometry Tools：其他几何工具，如删除面、拉伸曲线、拉伸面、相交、偏移、投影、替换面、缝合面、裁剪、坐标变换、复制、模型管理、模型修复、模型简化、测量。

## 2.2.5　FEM 子菜单

图 2-10 是 FEM 子菜单。

Element and Mesh：单元和网格生成工具，如简单几何体网格划分、自动网格划分、实体网格划分、块体网格划分、在N条线之间划分网格、四面体网格划分、板料网格划分、单元生成、节点编辑、单元编辑、质量裁剪、点焊、SPH粒子生成。

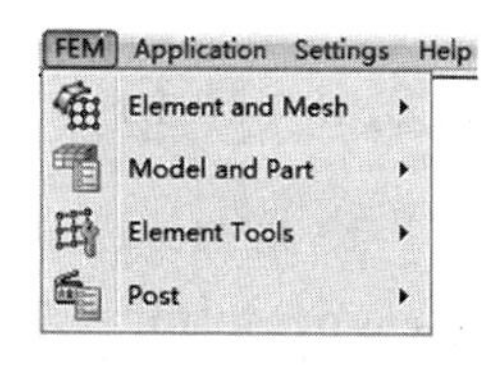


图 2-10　FEM 子菜单

Model and Part：模型和 Part 生成工具，如模型装配和 Part 拾取、关键字管理器、Part 外观、子系统、选择组、爆炸视图、参考检查、重新编号、显示实体、创建实体、Part 颜色、设置灯光、切平面、注释、分割窗口。

Element Tools：单元工具，如识别、查找、隐藏、移动或复制、单元偏移、模型平移、壳单元/面段法向、分离单元、测量、变形、单元光顺、Part 裁剪、Part 移动。

Post：后处理工具，如变量云图、云图范围、时程曲线、XY 曲线绘制、ASCII、二进制文件输出、伴随、跟踪、状态、粒子、CGAT、链模型、FLD、输出、设置、矢量。

## 2.2.6　Application 子菜单

图 2-11 是 Application 子菜单。

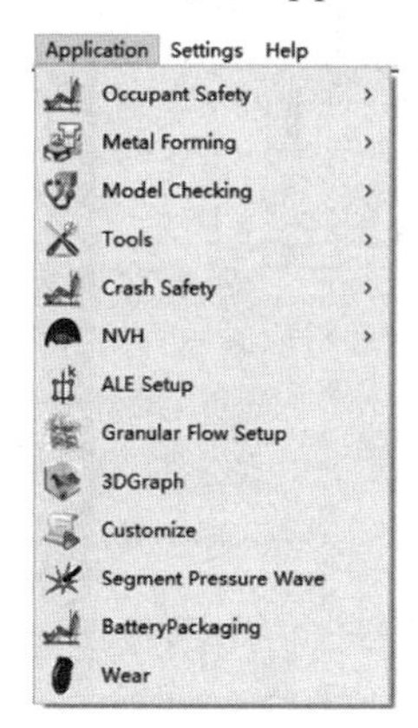


图 2-11　Application 子菜单

Occupant Safety：乘员（此为汽车行业中车内人员的专用称呼）安全相关应用。

Metal Forming：用于设置金属成形分析。

Model Checking：检查接触、单元质量、没有引用的实体等，给出错误和警告消息列表。

Tools：包含动画媒体、曲线生成、J 积分和焊接模拟。

Crash Safety：碰撞安全应用。

NVH：声学、振动、噪声计算设置。

ALE Setup：设置 ALE 分析。

Granular Flow Setup：设置颗粒流分析。

3DGraph：三维曲线显示，如关键字 *define_table 等。

Customize：读入和操作脚本文件。

Segment Pressure Wave：定义作用在面段上的压力波。

BatteryPackaging：电池组装。

Wear：基于 LS-DYNA 磨损分析计算和显示磨损位移，并根据磨损修改节点坐标。

### 2.2.7 Settings 子菜单

图 2-12 是 Settings 子菜单。

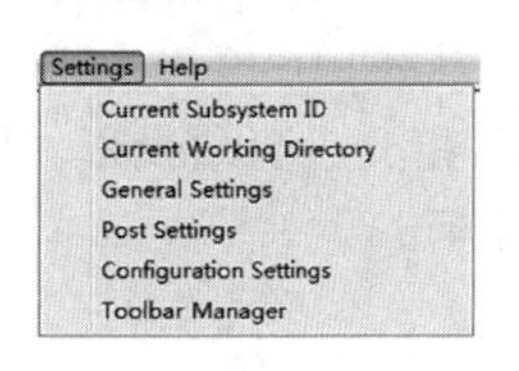


图 2-12　Settings 子菜单

Current Subsystem ID：设置当前子系统 ID。

Current Working Directory：设置当前工作目录。

General Settings：通用配置文件的参数设置。

Post Settings：后处理设置。

Configuration Settings：LS-PrePost 通用配置。

Toolbar Manager：自定义工具栏。

### 2.2.8 Help 子菜单

图 2-13 是 Help 子菜单。

Documentation：查看 LS-PrePost 帮助文档。

Tutorial：查看 LS-PrePost 建模例程。

Old to New：查看旧用户界面(v2.4)和新界面(v4.7)的功能对应关系，如图 2-14 所示。很多习惯使用旧界面的用户不喜欢使用 LS-PrePost 新界面，通过该菜单可以获取旧界面的相关功能。

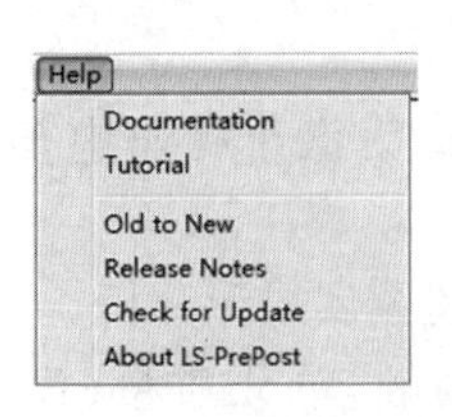


图 2-13　Help 子菜单

图 2-14　新旧用户界面的对应关系

Release Notes：查看发行说明。

Check for Update：检查最新 LS-PrePost 版本。

AboutLS-PrePost：查看版本信息。

## 2.3 右端工具栏

右端工具栏的右侧一列有 11 个功能按钮，见图 2-15，其中前 5 个为 Geometry 几何按钮，后 6 个为 FEM 按钮，Geometry 按钮和 FEM 按钮之间有条分界线。

图 2-15 右端工具栏功能按钮

RefGeo：创建和编辑参考几何(轴、平面、点和坐标系)的工具。

Curve：创建和编辑曲线(点、直线、圆、圆弧、椭圆、椭圆弧、B 样条曲线、螺旋线、组合线、打断线、合并线、桥接边、光顺线、中值线、变形线、圆角)的工具。

Surf：创建和编辑曲面(平面、圆柱面、圆锥面、球面、椭圆面、椭球面、填充平面、拉伸面、旋转面、扫描面、放样面、N 边面、补充面、桥接面、合并面、拟合基本面、中值面、变形、拟合 B 样条面以及打断面)的工具。

Solid：创建和编辑实体(长方体、圆柱体、圆锥体、球体、圆环体、拉伸体、旋转体、扫描体、放样体、倒圆、倒角、拔模、加厚、楔体、棱柱体以及布尔操作)的工具。

GeoTol：其他几何工具，如删除面、拉伸曲线、拉伸面、相交、偏移、投影、替换面、缝合面、裁剪、坐标变换、复制、模型管理、模型修复、模型简化、测量。

Mesh：单元和网格生成工具，如简单几何体网格划分、自动网格划分、实体网格划分、块体网格划分、在 N 条线之间划分网格、四面体网格划分、板料网格划分、单元生成、节点编辑、单元编辑、质量裁剪、点焊、SPH 粒子生成。

Model：模型和 Part 生成工具，如模型装配和 Part 拾取、关键字管理器、Part 外观、子系统、选择组、爆炸视图、参考检查、重新编号、显示实体、创建实体、Part 颜色、设置灯光、切平面、注释、分割窗口。

EleTol：单元工具，如识别、查找、隐藏、移动或复制、单元偏移、模型平移、壳单元/面段法向、分离单元、测量、变形、单元光顺、Part 裁剪、Part 移动。

Post：后处理工具，如变量云图、云图范围、时程曲线、XY 曲线绘制、ASCII、二进制文件输出、伴随、跟踪、状态、粒子、CGAT、链模型、FLD、输出、设置、矢量。

MS：处理多物理场求解器如 ICFD、CESE、EM 等的计算结果。

Favor1：用户自定义工具栏。

## 2.4 底部工具栏

图 2-16 是底部工具栏按钮，主要用于渲染显示。

：切换显示标题、图例、最小值 - 最大值、时间戳、坐标系、背景颜色、网格线颜色、性

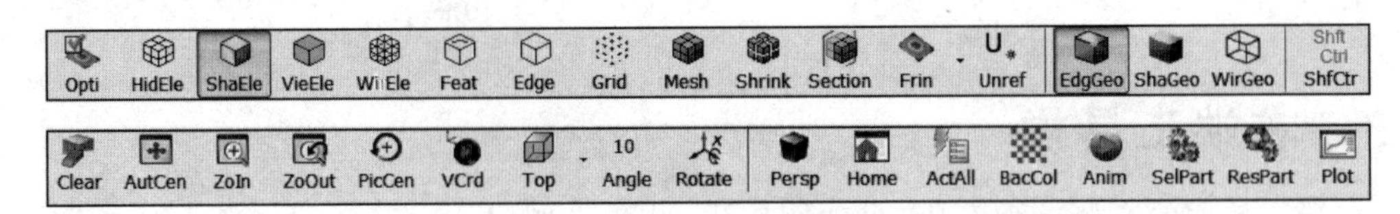


图 2-16　底部工具栏按钮

能统计。

：显示去除隐藏线的模型。考虑模型在视图中的深度，使背景中的物体不会透过前景中的物体显示出来，这样显示出来的模型真实感更强。

：以彩色阴影模式显示模型。

：以单色模式显示模型。

：以线框模式显示模型。

：激活特征线模式(默认角度＝30°)。

：以轮廓线模式显示模型。

：以彩色像素模式显示节点。

：在阴影或彩图上显示网格线。

：以收缩模式绘制单元(默认值＝0.85)。对于壳单元和实体单元，收缩单元便于检查模型中的退化单元和缺失单元。

：根据定义的平面对模型作剖视图。

：切换云图、线轮廓、等值线模式。

：显示/不显示没有引用的节点。

：以带轮廓线的阴影模式显示几何。

：以无轮廓线的阴影模式显示几何。

：以线框模式显示几何。

：切换 Shift 和 Ctrl(单手旋转/平移/缩放)。

：清除所有拾取的或高亮的信息。

：自动居中模型使其适应绘图窗口。

：单击并拖动鼠标绘制一个虚框，用于放大模型。

：缩小至前一个缩放状态。

：拾取节点作为模型旋转的新中心点。

：显示坐标系。

：切换俯视图、仰视图、前视图、后视图、右视图和左视图。

：旋转增量(鼠标右键单击可更改数值)。

：鼠标左键单击旋转，右键单击切换旋转轴 Rx/Ry/Rz。

：切换平行和透视视图。

：将经过旋转、平移、缩放等操作后的模型恢复到原位。

：将所有实体恢复为活动状态。

：切换黑、白背景(仅用于黑白纯色状态)。

：动画控制。

：启动模型装配和 Part 拾取界面。

：恢复上次删除的 Part(Shift+R)。

：管理在主窗口中的 XY 数据。

# 2.5 通用工具和应用实例

## 2.5.1 通用选择面板

图 2-17 所示的通用选择面板被广泛用于 LS-PrePost 的多个主界面中，该面板主要有两种形式，为拾取模型实体提供了多个选项。

(a) 通用选择面板形式1

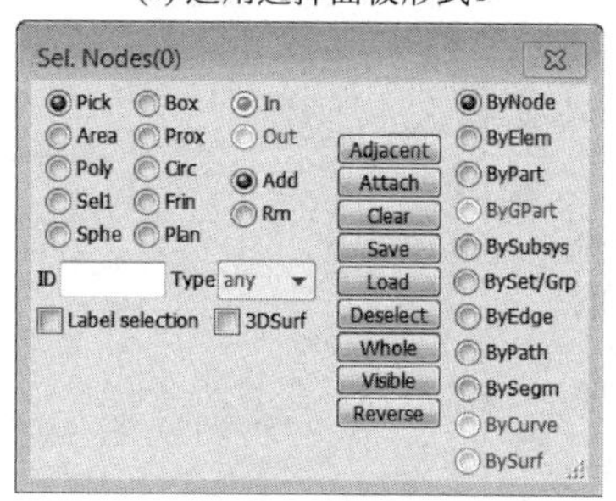


(b) 通用选择面板形式2

图 2-17 LS-PrePost 通用选择面板

Pick：拾取/取消拾取单个实体。

Area：拾取/取消拾取用户定义虚框内/外的实体。

Poly：拾取/取消拾取用户定义多边形内/外的实体。

Sel1：拾取 1 个实体(只有 1 个保存至缓存中)。

Sphe：拾取/取消拾取用户定义球体内/外的实体。

Box：拾取/取消拾取用户定义方框(通过指定两个已有点定义方框)内/外的实体。

Prox：拾取/取消拾取 Part 附近/远处的实体。

Circ：拾取/取消拾取用户定义圆内/外的实体。

Frin：拾取/取消拾取云图阈值范围内/外实体。

Plan：拾取/取消拾取到几何平面指定距离内/外的实体。

In：拾取/取消拾取区域/多边形内的实体。

Out：拾取/取消拾取区域/多边形外的实体。

Add：添加拾取实体。

Rm：删除拾取的实体。

ID：输入实体 ID(用于节点/单元/Part)。

Label selection：为新拾取打开/关闭标签。

3Dsurf：打开后拾取外表面(仅适用于实体单元)。

Prop：通过种子单元传播进行拾取。

Adap：在约束的自适应单元上传播。

Ang：设置传播的特征角度。

Adjacent：拾取邻近单元。

Attach：拾取附着的单元。

Clear：清除所有拾取。

Save：将实体保存到缓存。

Load：从缓存导入保存的实体。

Deselect：取消上一次拾取。

Whole：拾取模型中的所有实体。

Visible：拾取所有可见的实体。对于较新的 LS-PrePost 版本，Visible 已修改为 Active。

Reverse：反向拾取实体。

ByNode：基于节点的拾取。

ByElem：基于单元的拾取。

ByPart：基于 Part 的拾取。

ByGPart：基于 GPart 的拾取。

Bysubsys：基于子系统的拾取。

BySET/Grp：基于组的拾取。

ByEdge：基于轮廓的拾取。

ByPath：基于节点/壳单元/厚壳单元/实体单元的拾取。

BySegm：基于面段 SEGMENT 的拾取。

Point：拾取点。

Line：拾取线。

Surf：拾取面。

## 2.5.2 动画控制

图 2-18 是 LS-PrePost v4.8 动画控制界面，主要用于变形过程和特征值模态的动画控制，例如对各种 LS-DYNA 二进制计算结果文件(如 D3PLOT、D3DRLF、D3IDD 等)中的模型变形进行后处理。

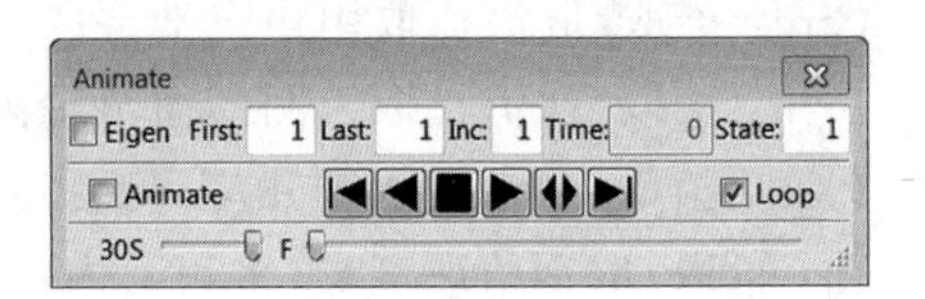


图 2-18　LS-PrePost 动画控制界面

Eigen：切换特征值模态/变形动画。

First：输入要显示的初始状态。

Last：输入要显示的最后状态。

Loop：打开/关闭动画循环播放。

Animate：移动滑块设置状态。

State：输入要显示的状态号。

：后退一步。

：回放。

■：暂停播放。

▶：向前播放。

◀▶：循环播放。

▶|：前进一步。

### 2.5.3 关键字管理器

LS-DYNA 用户通常采用文本编辑器来编辑修改关键字输入文件，这种做法很不直观，容易出错。LS-PrePost 中的 Keyword Manager 是专业的关键字管理器，用于在创建有限元模型时生成、查看、修改和删除 LS-DYNA 关键字卡片，整个过程简洁明了，方便快捷，便于用户理解。

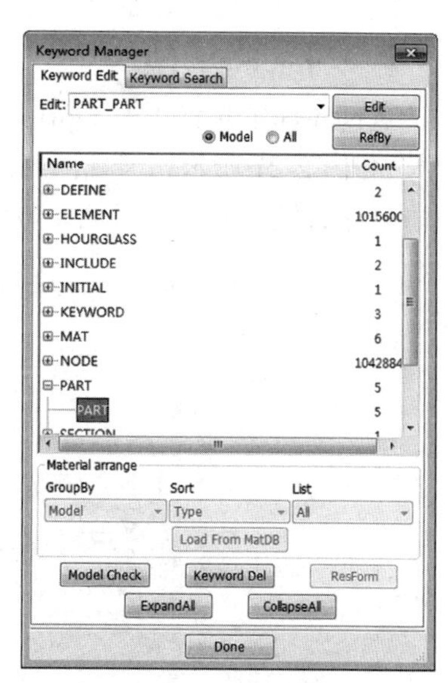


图 2-19 关键字管理器

关键字管理器中的每种关键字卡片，以树的形式列出其子项，见图 2-19。双击子项即可进入关键字编辑器，对其进行编辑，如图 2-20 所示。关键字编辑器中的关键字卡片数据以 LS-DYNA 关键字手册中的卡片格式给出，单击每个参数的数据输入栏会给出关于该参数的简要说明，这与 LS-DYNA 关键字手册中的参数说明相同。

●：位于某些卡片参数（如 SECID、MID 等）的右侧，用于打开关联对话框。

NewID：生成新 ID，开始创建新的关键字卡片，卡片字段与现有卡片相同，并给出默认参数。

Draw：先最小化关键字编辑器，然后在图形显示区高亮显示相关实体，并显示实体拾取对话框。

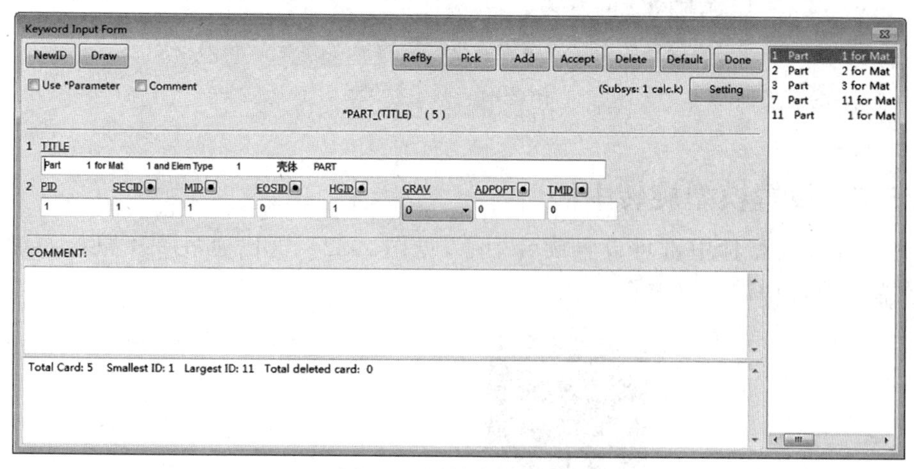


图 2-20 关键字编辑器

RefBy：弹出 RefBy 对话框，显示引用该关键字的其他关键字及其 ID。

Pick：显示实体拾取对话框，允许用户在绘图区拾取实体。

Add：采用默认值生成新卡片。

Accept：将修改的关键字数据提交至数据库中。

Delete：标记从数据库中删除关键字卡片。

Default：卡片字段均采用默认值。

Done：确认操作结束。

Setting：设置和编辑当前关键字的子系统 ID。

* Use Parameter：与 * PARAM 关键字卡片有关。在 LS-DYNA 中可以先定义参数，然后在输入文件中引用该参数名。该功能通常用于 LS-DYNA 和 LS-OPT 联合迭代优化。

### 2.5.4 测量标尺

通过底部工具栏中的 Option→Measure Rule→Advanced 可在打开的模型上显示测量标尺，如图 2-21 所示。当视图缩放后，其值会发生变化，便于用户测量模型尺寸。在标尺上单击鼠标右键可显示选项菜单，用于设置标尺，如颜色、长度、宽度和显示多个标尺。

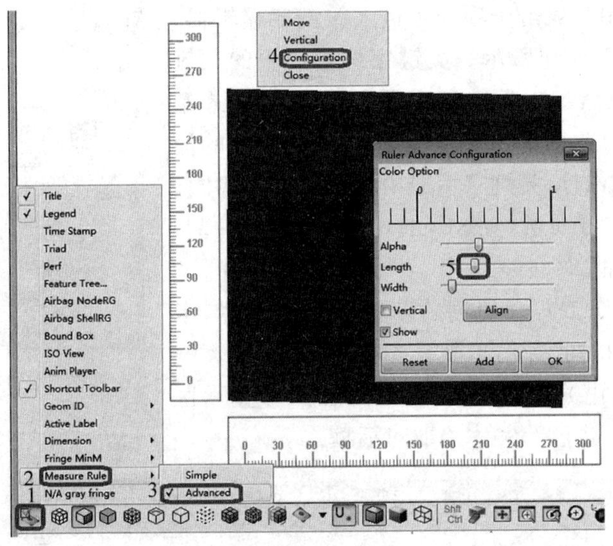


图 2-21 测量标尺

### 2.5.5 设置模型旋转中心

在模型上单击鼠标中键可设置旋转中心，见图 2-22。这比通过[图标] + 鼠标左键要快得多，再次单击鼠标中键可取消旋转中心。

图 2-22 设置模型旋转中心

### 2.5.6 剖析 D3hsp 文件

LS-DYNA 计算结果文件 D3hsp 文件是 ASCII 格式文件，包含了大量信息。由于该文件通常较大，用户直接打开后查找相关信息很不方便。

LS-PrePost 可读取该文件，通过 Misc→D3hsp 可以用树和列表的形式显示其中内容，方便用户阅读和理解。例如，图 2-23 显示最小时间步长单元，在该图中，第 1～4 列内容分别是单元类型、单元号、单元所属 Part 和该单元对应的时间步长。

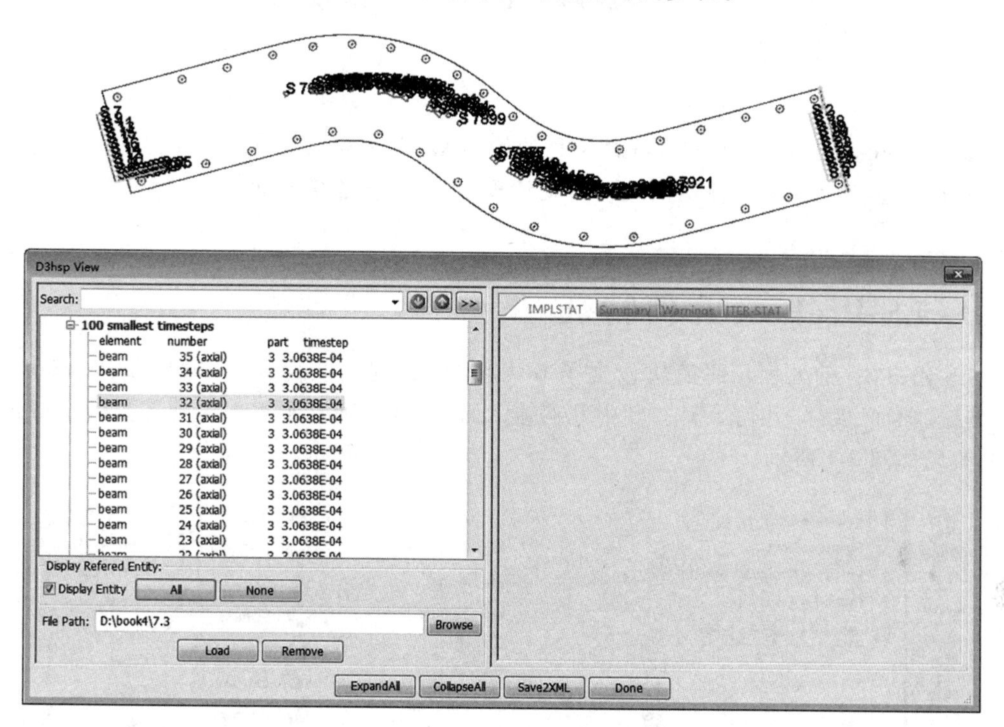


图 2-23 显示最小时间步长单元

## 2.6 参考文献

[1] LS-PrePost® User's Manual [R]. LSTC, 2019.

[2] LS-PrePost® Tutorials [R]. LSTC, 2019.

[3] 张俊. 有限元网格划分和收敛性(一) [J]. CAD/CAM 与制造业信息化, 2010, 4: 99-103.

[4] 何卫新. Philip Ho. LS-PrePost 功能系列(1)——综合介绍 [J]. 有限元资讯, 2012, 6: 23-24.

[5] 辛春亮，等. TrueGrid 和 LS-DYNA 动力学数值计算详解 [M]. 北京: 机械工业出版社, 2019.

[6] 辛春亮，等. 由浅入深精通 LS-DYNA [M]. 北京: 中国水利水电出版社, 2019.

# 第3章

# LS-PrePost几何建模

LS-PrePost 支持 IGES 和 STEP 两种通用 CAD 几何格式。在 CAD 文件读取过程中，LS-PrePost 会对几何和拓扑错误进行自动清理，然后缝合邻接曲面。

## 3.1 LS-PrePost 几何特征

LS-PrePost 前处理几何模块包含了 6 大部分，分别是几何输入/输出及清理、参考几何、曲线、曲面、实体、几何工具。其中几何输入/输出及清理属于内部实现部分，其他几何功能的布局如图 3-1 所示。

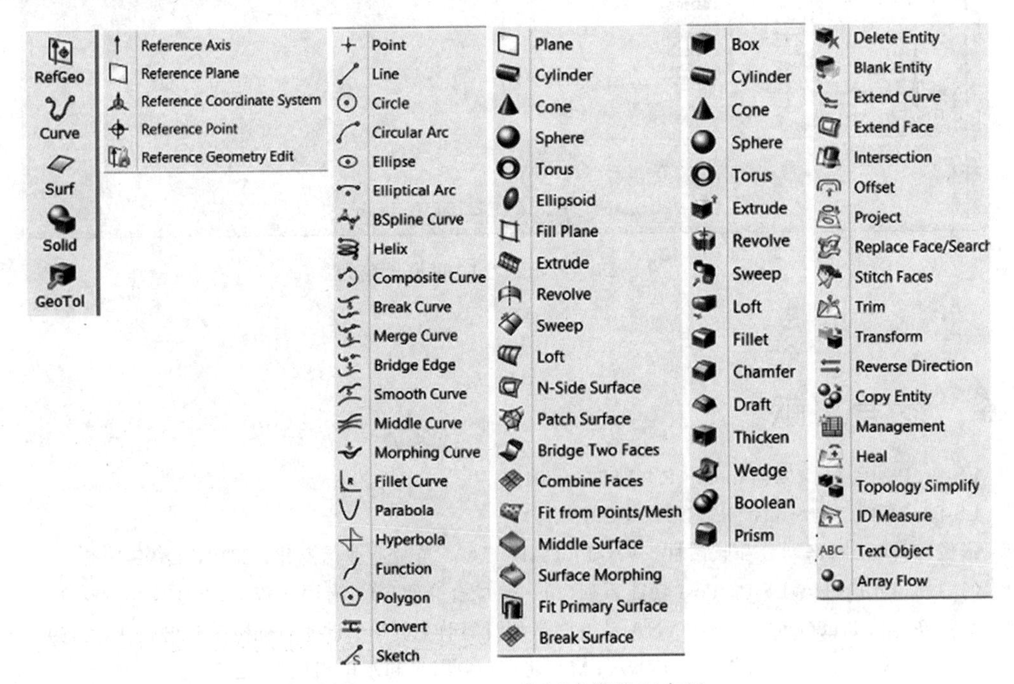


图 3-1 LS-PrePost 几何建模界面布局

（1）参考几何模块

参考几何模块包括参考轴、参考平面、参考坐标系、参考点的生成，以及参考几何的编辑，这些工具可辅助后续几何建模。

（2）曲线模块

曲线模块共有22个功能，包含了若干类型曲线的创建和编辑工具，其中包括了点、直线、圆、圆弧、椭圆、椭圆弧、B样条曲线、螺旋线、组合线、打断、合并、桥接、光顺、中值线、变形、圆角、抛物线、双曲线、函数曲线、多边形、曲线文件转换以及草图。

（3）曲面模块

曲面模块共有20个功能，包含了若干类型曲面的创建和编辑工具，其中包括了平面、圆柱、圆锥、球体、圆环、椭球、填充平面、拉伸面、旋转面、扫描面、放样面、N边面、补充面、桥接面、合并面、拟合基本面、中值面、变形、B样条面拟合以及打断面。

（4）实体模块

实体是CAD建模的最终几何类型，实体模块共有16个功能，其中包括了长方体、圆柱体、圆锥体、球体、圆环体、拉伸体、旋转体、扫描体、放样体、倒圆、倒角、拔模、加厚、楔体、棱柱体以及布尔操作。

（5）高级几何工具

高级几何工具模块共有19个功能，其中包括了几何删除、隐藏、曲线延伸、曲面延伸、求交、偏置、投影、替换与搜索、面缝合、裁剪、坐标变换、线面方向逆转、复制、模型管理、模型修复、拓扑简化、测量、文字对象以及阵列流。

# 3.2　几何建模实例

## 3.2.1　瓶子三维几何建模

在这个例子中，将介绍如何采用LS-PrePost的几何建模功能建立瓶子模型（见图3-2）。瓶子模型包含瓶身、瓶颈和穿线三部分，首先通过点→线→面→体建立瓶身和瓶颈，然后施加倒角和穿线。

- 定义剖面。

➢ 定义坐标点。步骤见图3-3。

图3-2　瓶子几何模型

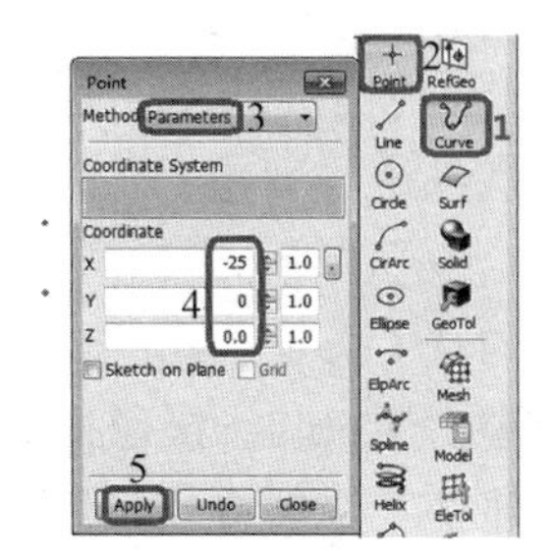


图3-3　定义坐标点

√ GeoTol→Curve→Point。依次定义5个坐标点：(25, 0, 0)、(25, 7.5, 0)、(0, 15, 0)、(−25, 7.5, 0)、(−25, 0, 0)。这5个坐标点用于构建瓶身剖面。

➢ 定义几何。

√ Curve→Line。

√ 选择 Method：Point/Point。
√ 拾取点 1 和点 2 至 Selection List 列表。
√ 单击 Apply。
√ 拾取点 4 和点 5 至 Selection List 列表。
√ 单击 Apply。定义线段的步骤见图 3-4。
√ Curve→Circular Arc。
√ 选择 Method：3 Points。
√ 拾取 2、3、4 共 3 个点至 Selection List 列表。
√ 单击 Apply。定义圆弧的步骤见图 3-5。

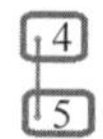

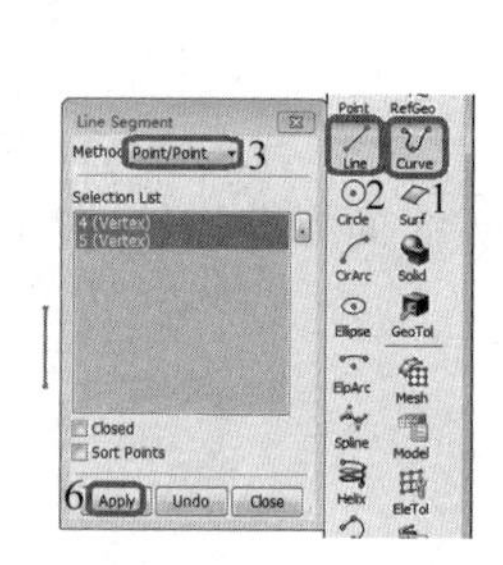

图 3-4 定义线段

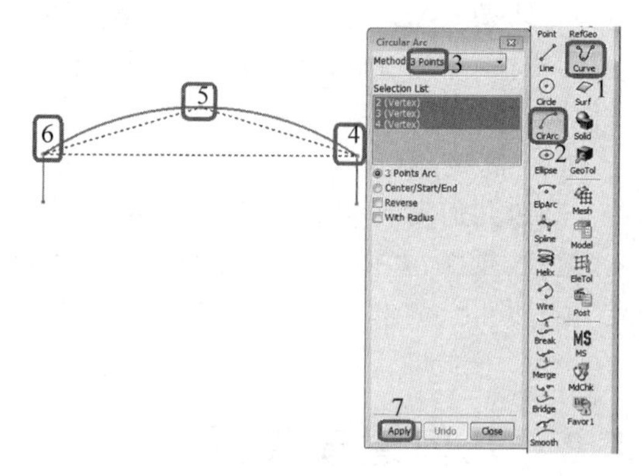


图 3-5 定义圆弧

➢ 完成剖面。
√ Reference Geometry→Reference Axis。
√ 选择 Method：Two Points。
√ 拾取 2 个点至 Selection List 列表。
√ 单击 Apply。定义参考轴的步骤见图 3-6。
√ Geometry Tools→Transform。
√ 选择 Transform Type：Reflect。
√ 拾取 3 条线至 Source Entity 列表。
√ 选择镜像类型 By Axis。
√ 拾取参考轴。
√ 勾选 Copy。
√ 单击 Apply。镜像模型的步骤见图 3-7。
• 建立瓶身模型。
➢ 拉伸剖面。
√ Surface→Fill Plane。
√ 选择 By Edges。
√ 拾取 6 条边至 Shape List 列表。
√ 单击 Apply，填充剖面。填充剖面步骤见图 3-8。
√ Solid→Extrude。

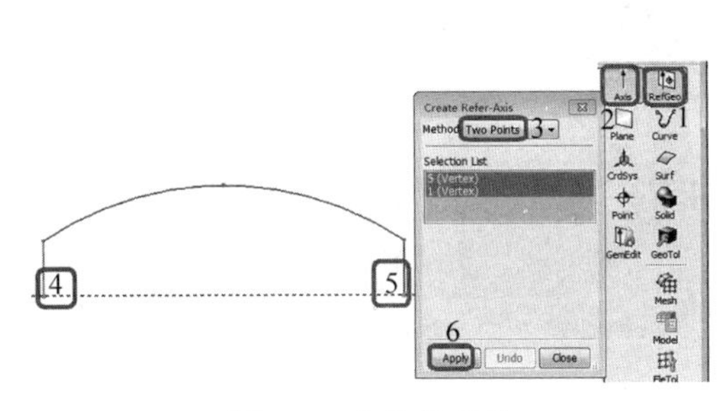

图 3-6 定义参考轴

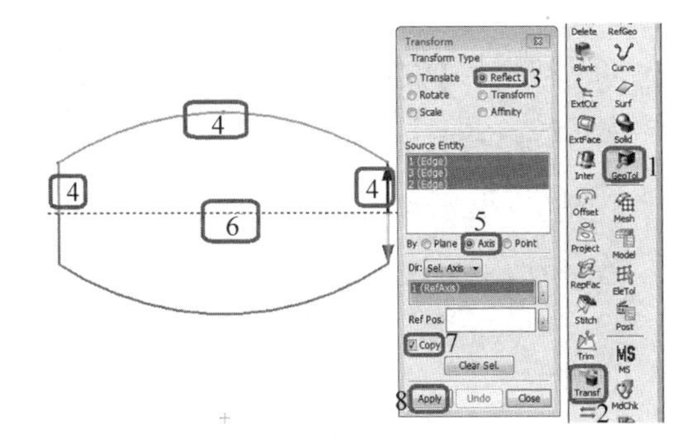

图 3-7 镜像模型

√ 拾取面至 Face List 列表。
√ 给定 End Pos. 为 70.0。
√ 单击 Apply。拉伸几何体步骤见图 3-9。

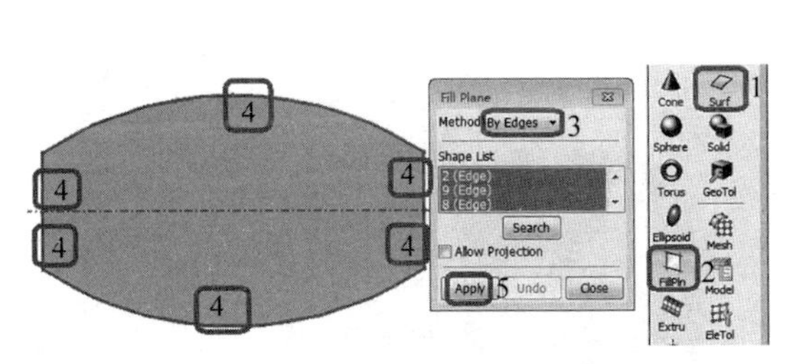

图 3-8 填充剖面

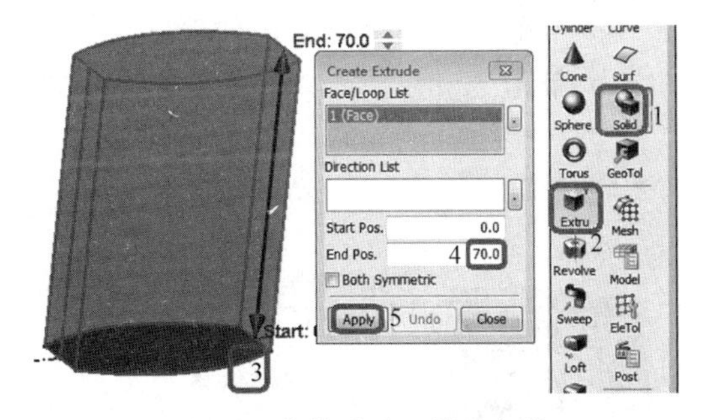

图 3-9 拉伸形成三维几何体

➢ 倒圆角。
√ Solid→Fillet。
√ 拾取几何体的任意面至 Shape List 列表。
√ 选择 Equal Radius。
√ 给定 Radius 为 2.5。
√ 勾选 Whole Shape。
√ 单击 Apply。倒圆角步骤见图 3-10。
➢ 添加瓶颈。
√ Reference Geometry→Reference Point。
√ 选择 Method：Mass Center。
√ 拾取瓶身顶面至 Selection List 列表。
√ 单击 Apply。定义参考点步骤见图 3-11。
√ Reference Geometry→Reference Axis。
√ 选择 Method：Point to Plane。
√ 拾取瓶身顶面至 Plane List 列表。
√ 拾取刚刚定义的参考点至 Point List 列表。

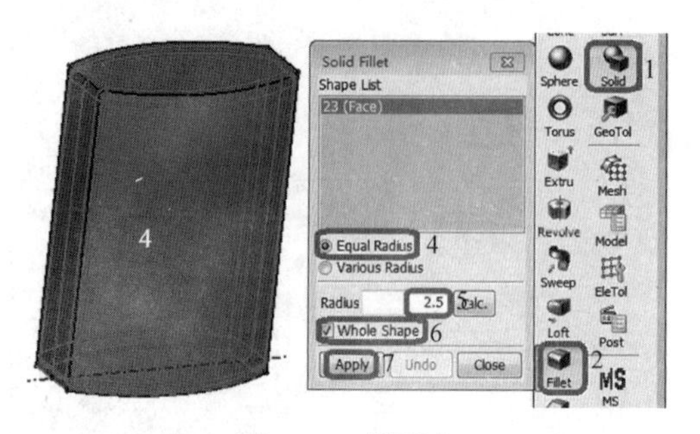

图 3-10　倒圆角

图 3-11　定义参考点

√ 单击 Apply。定义参考轴步骤见图 3-12。

√ Reference Geometry→Reference Coordinate。

√ 选择 Method：Origin/Dir。

√ 拾取参考点至 Origin 列表。

√ 拾取参考轴至 Z Dir 列表。

√ 单击 Apply。定义参考坐标系步骤见图 3-13。

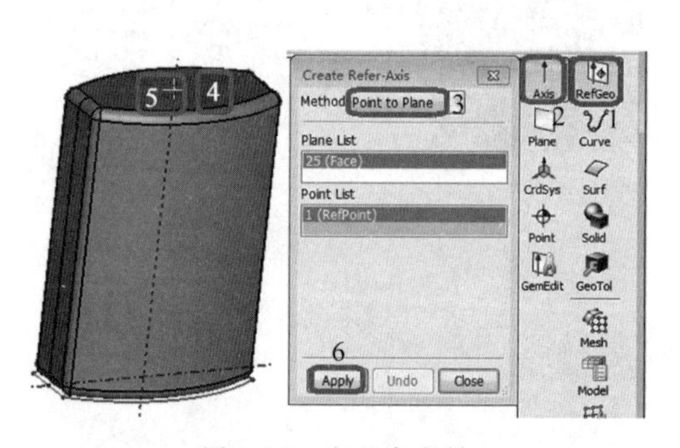

图 3-12　定义参考轴

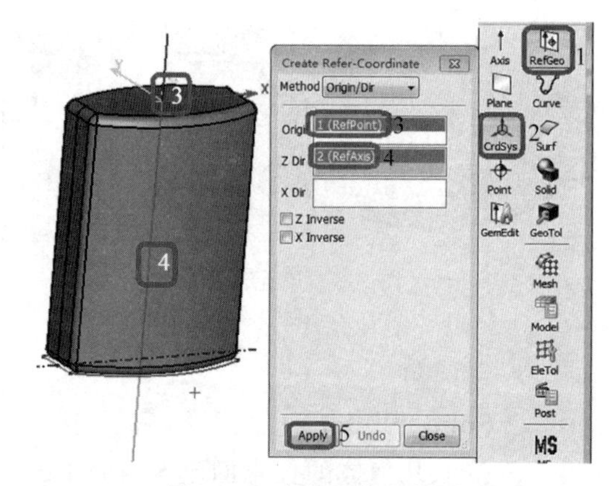

图 3-13　定义参考坐标系

√ Solid→Cylinder。

√ 选择 Method：Parameters。

√ 拾取参考坐标系至 Coordinate System。

√ 给定 Radius 为 7.5，End Pos. 为 7.0，End Angle 为 360.0。

√ 单击 Apply。定义圆柱步骤见图 3-14。

√ Solid→Boolean。

√ 选择 Method：Union。

√ 拾取两个三维实体至 Solid Shapes。

√ 单击 Apply。合并三维几何体步骤见图 3-15。

➢ 生成中空几何体。

√ Solid→Thicken。

√ 拾取三维几何体至 Solid Shape。

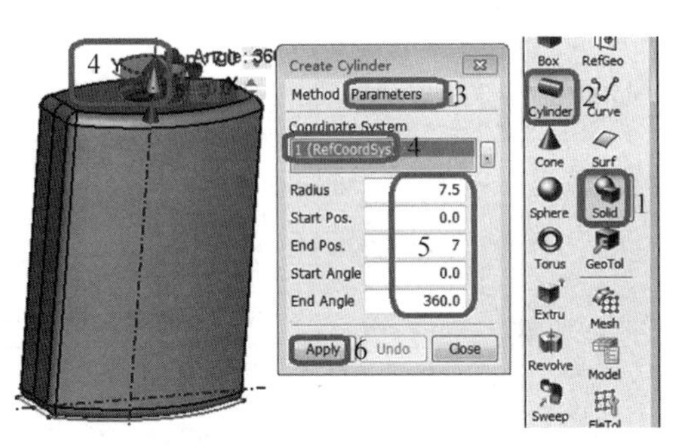

图 3-14 定义圆柱

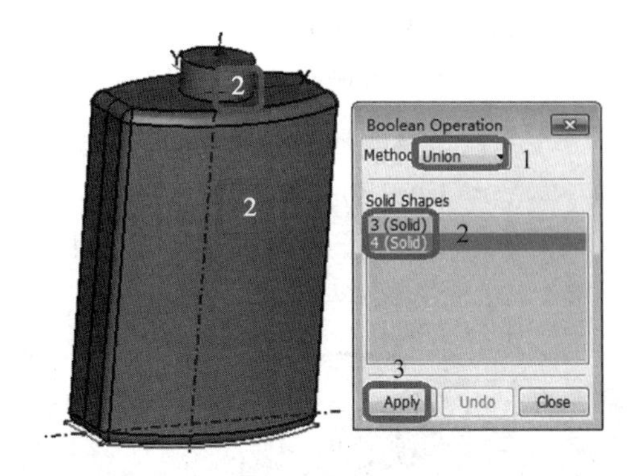

图 3-15 合并三维几何体

√ 拾取瓶颈顶面至 Remove Faces List。
√ 给定 Thickness 为 0.6。
√ 单击 Apply。生成中空几何体步骤见图 3-16。
• 生成瓶子穿线。
➢ 生成螺旋线。
√ Curve→Helix。
√ 选择 Method：Height and Loop。
√ 拾取圆柱面至 Coordinate System。
√ 给定 Radius 为 7.9，Height 为 7.0，Loop Number 为 3。
√ 单击 Apply。生成螺旋线步骤见图 3-17。

图 3-16 生成中空几何体

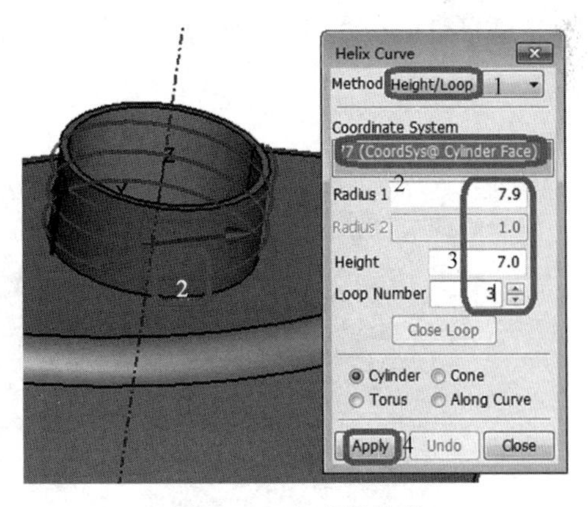

图 3-17 生成螺旋线

√ 设置 Radius 为 7.2，重复生成另一条螺旋线。切记要拾取圆柱面至 Coordinate System。
➢ 生成穿线。
√ Surface→Loft。
√ 拾取两条螺旋线至 Profile Shapes。
√ 单击 Apply。生成螺旋面步骤见图 3-18。

√ Solid→Extrude。
√ 拾取刚生成螺旋面至 Face List。
√ 选择垂直于瓶颈顶面的轴线至 Direction List。
√ 给定 End Pos. =0.4。
√ 单击 Apply。生成穿线步骤见图 3-19。

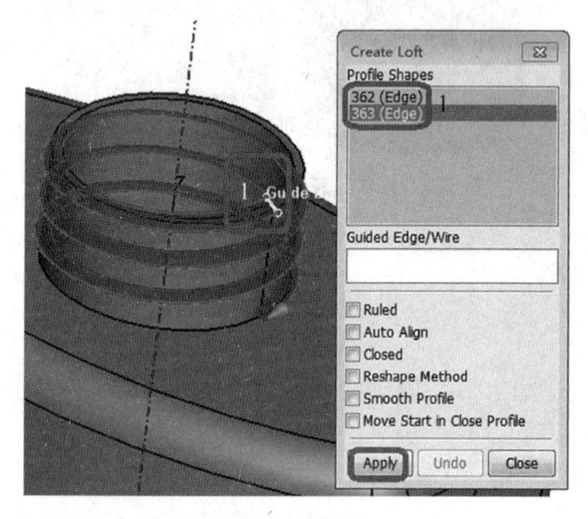


图 3-18 螺旋面

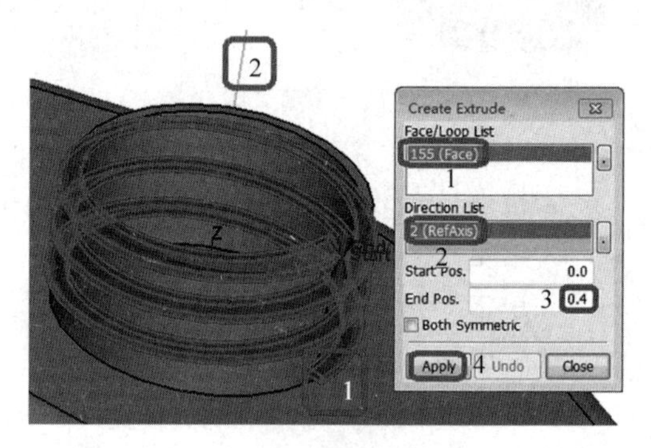


图 3-19 生成穿线

➢ 删除部分几何体。
√ Geometry Tools→Management。
√ 选择两个三维几何体外的其他几何体。
√ 单击 Delete。删除部分几何体步骤见图 3-20,图 3-21 是最终生成的瓶子模型。

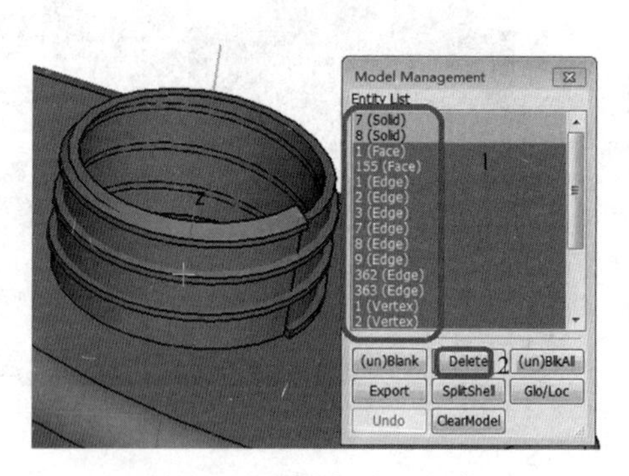


图 3-20 删除部分几何体

图 3-21 瓶子模型

### 3.2.2 修补模型

从外部导入 IGES、STEP 或其他 CAD 模型后,需要进行几何修补工作,这样做的好处是可修正几何错误,简化模型,减少网格划分步骤,生成高质量网格,使后续的 LS-DYNA 计算更加快速和稳健。

修补模型前,先介绍几个术语。

面(face)：曲面，是二维几何对象，可用于自动网格划分。

壳体(shell，geom shell)：由多个共享边的相连面组成。

实体(solid)：由一个或多个几何壳体围成的封闭体。

自由边(free edge)：仅被一个曲面所占用的边，默认颜色为绿色。

共享边(shared edge)：相邻曲面共有的边，默认颜色为黑色。

T形边(non-manifold edge)：由3个或3个以上的曲面共有的边，默认颜色为粉红色。

压缩边(suppressed edge)：由两个曲面共有的边，但划分网格时会将其忽略，将两个邻接面视为一个面。在压缩边上，不会大量布置节点。默认采用蓝色的虚线。

内孔(inner hole)：单个曲面中的一条内环线。

外孔(outer hole)：由多个曲面围成的壳体内环线。

- 步骤1：导入模型。

➢ File→Open→IGES File，选择文件 ham_sheet.iges。

- 步骤2：查看错误和缺陷。

从图3-22中可以看到导入的几何模型中存在很多问题：内孔(图3-22中的标记4和标记5)、外孔(图3-22中的标记6)、间隙(图3-22中的标记2和标记3)、重合面(图3-22中的标记1)以及锯齿状边界(图3-22中的标记7)。

- 步骤3：删除重合面。

在LS-PrePost左上角的Feature Tree(特征树，见图3-23)中，你会发现ham_sheet下的ShapeGroup中有两项：Shell 1和BSpline Face 19，这意味着BSpline Face 19(图3-22中的标记1)是独立面，需要删除该重合面。

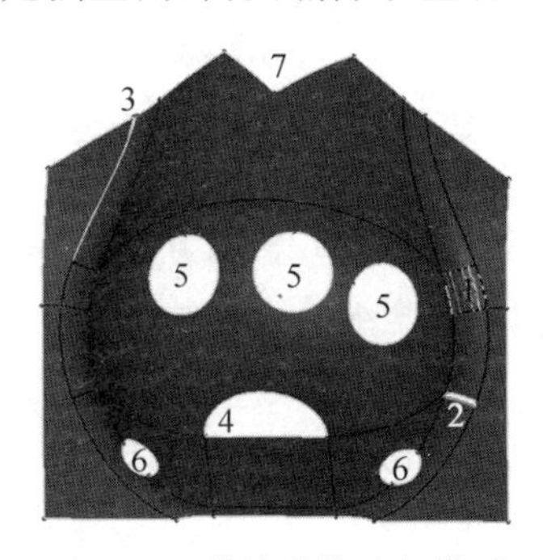


图3-22 带缺陷的几何模型

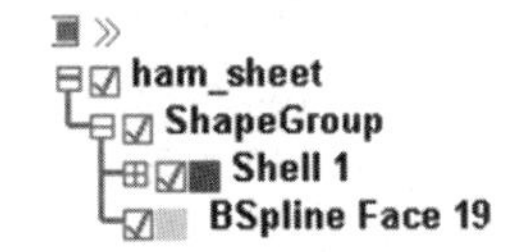


图3-23 特征树

➢ Geom Tools→Heal。

➢ 选择Heal Type：Face和Duplicate。

➢ 单击Analysis，查找出重合面对：<19，10>。面19就是非独立面。注意，个别LS-PrePost版本显示为<19，11>。

➢ 单击Apply，删除重合面。删除重合面步骤见图3-24。

- 步骤4：延伸填充间隙。

通过延伸边界面的方式填充图3-22中的标记2所示的间隙。

➢ Geom Tools→Extend Face。

➢ 选择Stop Condition：Up to Vertex。

➢ 拾取延伸目的角点至Vertex。

➢ 拾取源边到 Extend Surface 列表中。

➢ 单击 Apply，填充间隙。延伸填充间隙步骤见图 3-25。

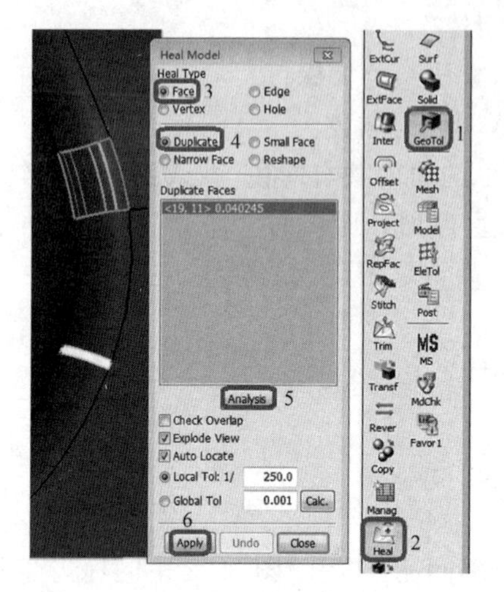


图 3-24 删除重合面

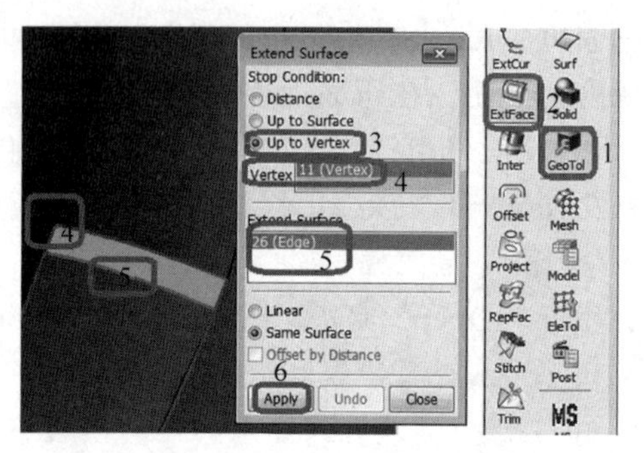


图 3-25 延伸填充间隙

• 步骤 5：移动点填充间隙。

通过移动点的方式填充图 3-22 中的标记 3 所示的间隙，并缝合重合边。

➢ Geom Tools→Heal。

➢ 选择 Heal Type：Vertex 和 Move。

➢ 拾取间隙右侧的点至 Dest Position。

➢ 拾取间隙左侧的点至 Moved Vertex。

➢ 单击 Apply，移动点。移动点填充间隙步骤见图 3-26。

➢ 由于缝合容差的限制，被移动的边并没有完全和邻边缝合，可在 Heal 对话框中选择 Heal Type：Edge 和 Toggle，然后单击 Apply，完全缝合两条边。

• 步骤 6：替换填充间隙。

通过边替换的方式填充图 3-22 中的标记 4 所示的内孔。

➢ Geom Tools→Heal。

➢ 选择 Heal Type：Edge→Replace。

➢ 拾取直边至 Moved Edge/Wire。

➢ 拾取圆弧边至 Dest Edge/Wire。

➢ 单击 Apply。替换填充间隙步骤和结果见图 3-27～图 3-28。

➢ 单击 Close。

• 步骤 7：删除内孔。

采用内孔删除工具删除图 3-22 中的标记 5 所示的内孔。

➢ Geom Tools→Heal。

➢ 选择 Heal Type：Hole 和 Inner Hole。

➢ 依次单击 Analysis、Apply、Close。删除内孔步骤和结果见图 3-29～图 3-30。

• 步骤 8：删除外孔。

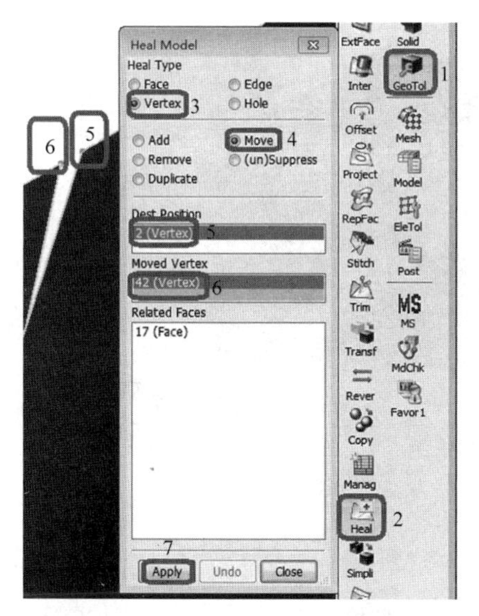


图 3-26　移动点填充间隙

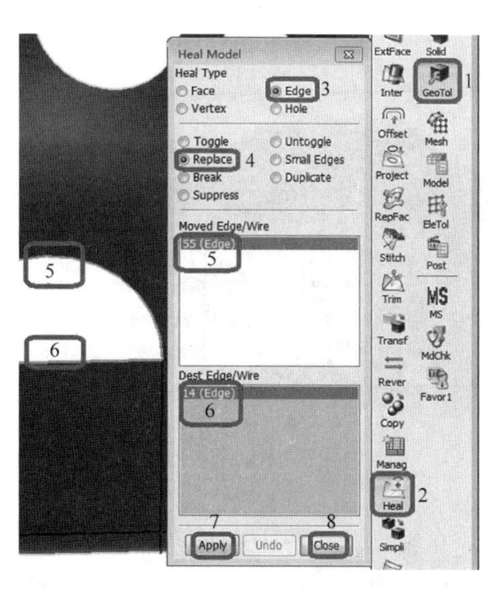


图 3-27　替换填充间隙

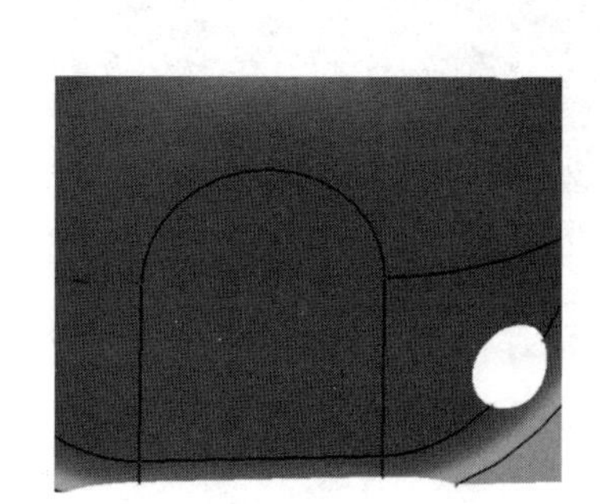

图 3-28　间隙被替换填充后的结果

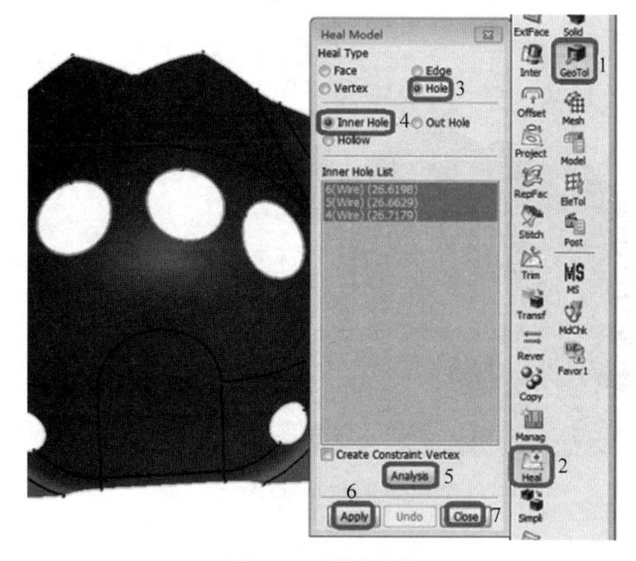


图 3-29　删除内孔

➢ 采用外孔填充工具填充图 3-22 中的标记 6 所示的外孔。

➢ Geom Tools→Heal。

➢ 选择 Heal Type：Hole→Out Hole。

➢ 依次单击 Analysis、Apply、Close。删除外孔步骤见图 3-31。

• 步骤 9：去除局部锯齿状边界。

采用 Edge Reshape 工具对局部锯齿状边界进行修形。

➢ Geom Tools→Simplify。

➢ 选择 Simplify Type：Edge Reshape。

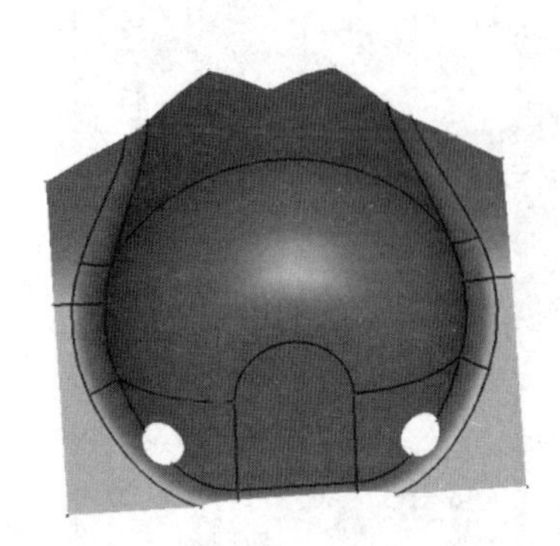

图 3-30 三个内孔被删除后的结果

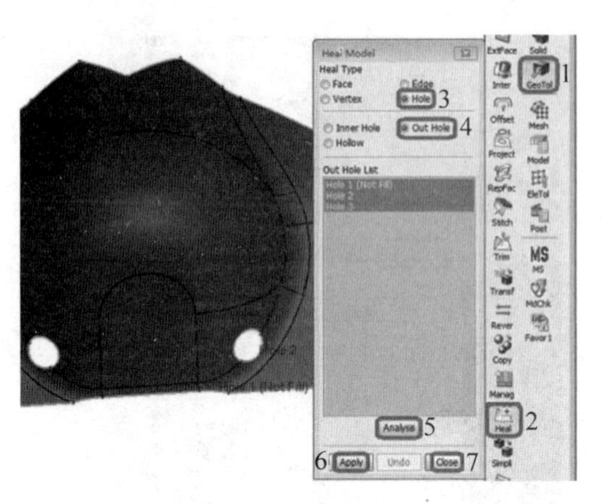


图 3-31 删除外孔

➢ 在锯齿状边界上选择两点。

➢ 依次单击 Apply、Close。去除局部锯齿状边界步骤和结果见图 3-32～图 3-33。

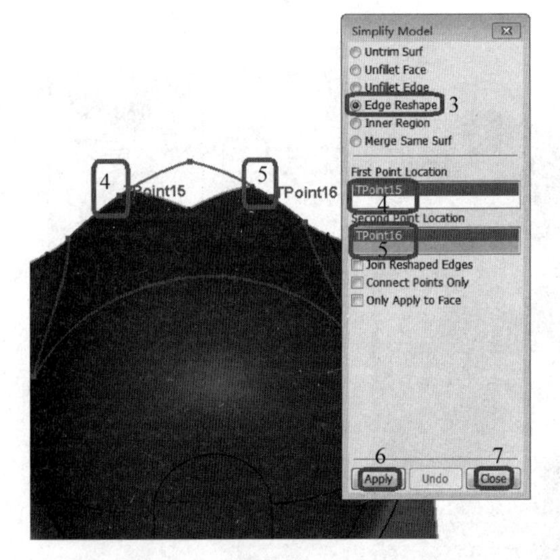


图 3-32 去除局部锯齿状边界

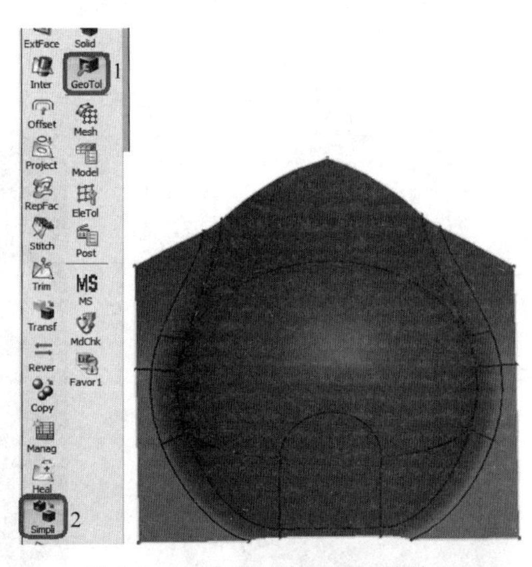


图 3-33 局部锯齿状边界去除效果

• 步骤 10：删除多余顶点。

➢ Geom Tools→Heal。

➢ 选择 Heal Type：Vertex 和 Remove。

➢ 单击 Analysis。删除多余顶点步骤见图 3-34。

• 步骤 11：划分网格。

➢ Element and Mesh→AutoMesher。

➢ 依次选择 Mesh Mode：Size 和 Mesh Type：Mixed。

➢ 单击 Compute，计算合适的网格尺寸。

➢ 单击 Mesh。

➢ 预览网格，若满意则单击 Accept。否则可在此对话框中进行 Remesh。划分网格步骤见图 3-35。

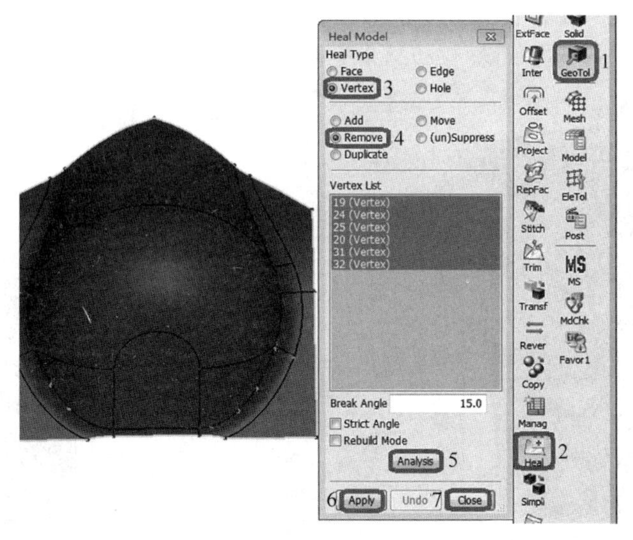


图 3-34　删除多余顶点

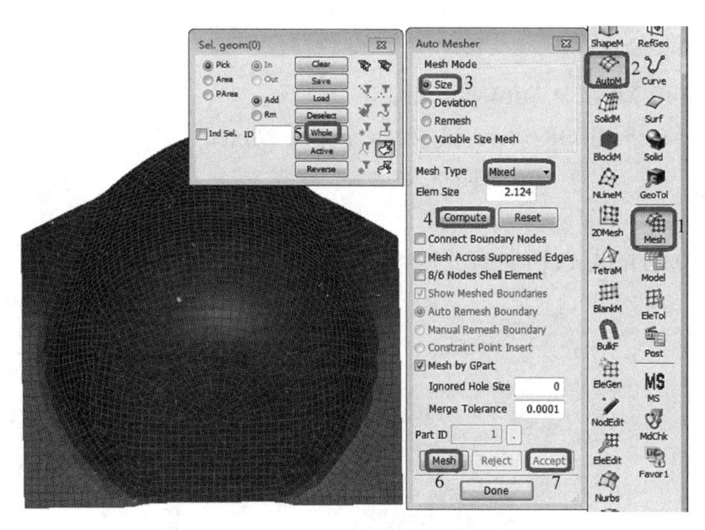


图 3-35　划分网格

## 3.2.3　抽取中面

对于较薄的实体三维模型进行有限元建模时，可以用壳单元表示，这就需要抽取三维模型的中面，并划分壳单元。我们利用3.2.1节中生成的瓶子三维几何模型，通过By Solid方法抽取瓶子模型的中面。

• 步骤1：导入模型。

➢ File→Open→Step File，选择bottle.step。

• 步骤2：抽取中面。

➢ Surface→Middle Surface。

➢ 选择Method：By Solid。

➢ 拾取模型至 Solid 列表。
➢ 单击 Apply。抽取中面步骤和结果见图 3-36～图 3-37。

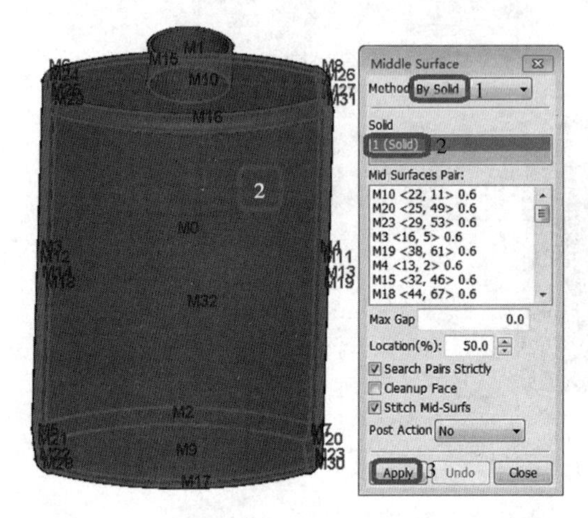


图 3-36 抽取中面

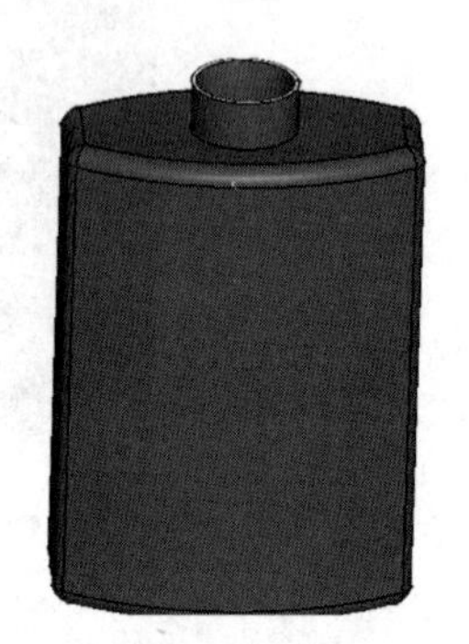

图 3-37 抽取中面后的瓶子模型

• 步骤 3：划分网格。
➢ Element and Mesh→AutoMesher。
➢ 依次选择 Mesh Mode：Size 和 Mesh Type：Mixed。
➢ 单击 Compute，计算合适的网格尺寸。
➢ 选择全部面。
➢ 依次单击 Mesh、Accept。划分网格步骤见图 3-38。

图 3-38 划分网格

### 3.2.4 几何清理

当导入 IGES、STEP 或其他格式的 CAD 文件时，通常需要进行几何清理，如查找并删除圆角、删除多余点等。

- 步骤 1：导入模型。

➢ File→Open→IGES File。

➢ 打开 colson.iges。初始几何模型见图 3-39。

图 3-39 初始几何模型

- 步骤 2：查找并删除圆角。

➢ Geom Tools→Topology Simplify。

➢ 选择 Unfillet Face。

➢ 采用软件根据该几何模型自动计算出的 Radius Tol = 1.1829。

➢ 单击 Search 按钮，查找圆角，一共找到 44 个圆角。

➢ 单击 Apply，删除圆角。这可能需要几秒钟来完成。查找并删除圆角步骤及结果见图 3-40～图 3-42。

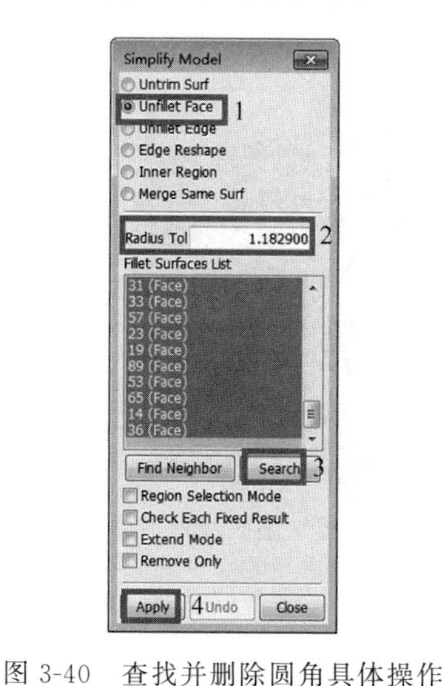


图 3-40 查找并删除圆角具体操作

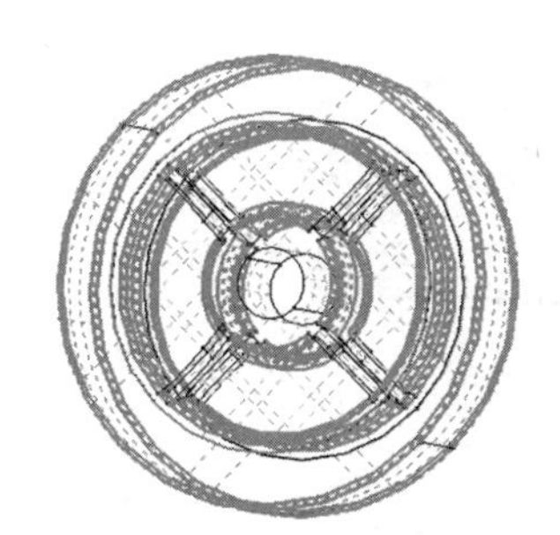

图 3-41 查找到的圆角

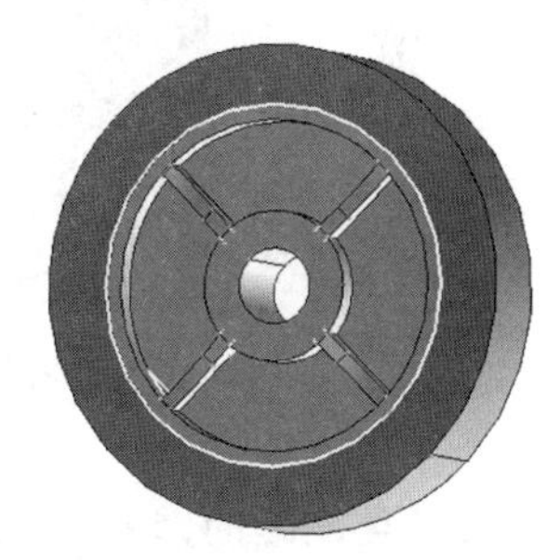

图 3-42 删除圆角

- 步骤 3：查看缺陷区

去除圆角后，模型会留下一些缺陷，通过 Geom Tools→Blank 可以隐藏部分面，便于查看缺陷区，如图 3-43 和图 3-44 所示，图中有多个缺陷，需要进行多次修补。

- 步骤 4：手动修补几何面。

接着就要对图 3-44 中的缺陷面进行修补。图 3-44 中有两类缺陷，第一类缺陷的修补方式如下：

➢ Geom Tools→Topology Simplify。

➢ 依次选择 Unfillet Surf、Manual Selection Edges、Connect End Points。

➢ 单击图 3-45 中缺陷区中的两条边。

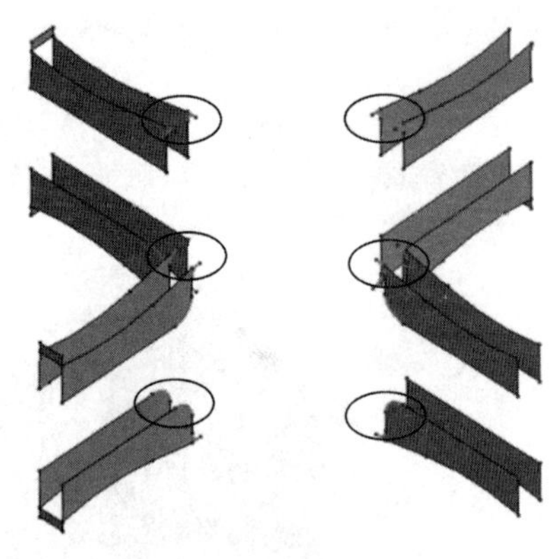

图 3-43　缺陷区

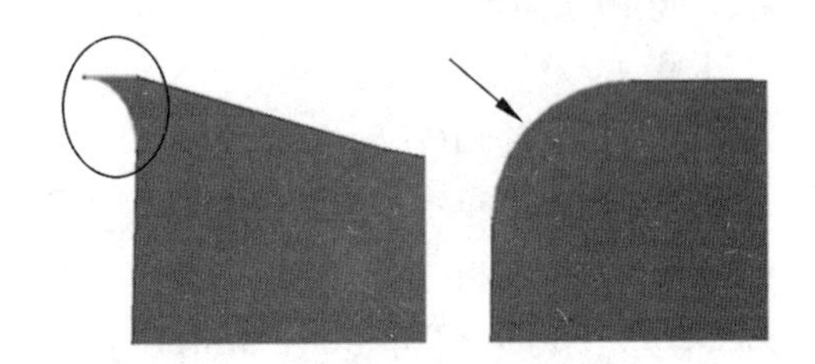

图 3-44　部分缺陷

➢ 单击 Apply。修补结果见图 3-46。

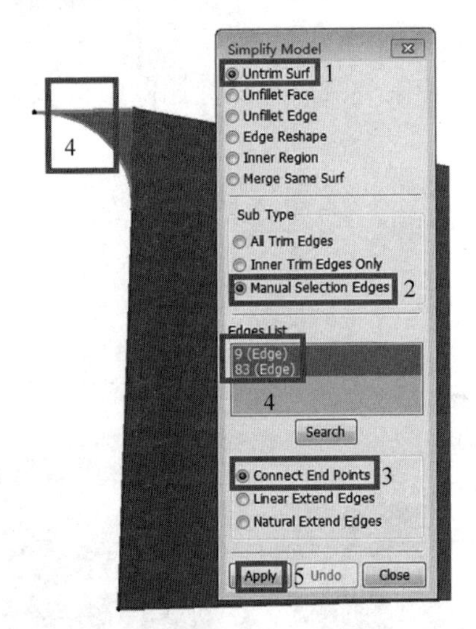


图 3-45　修补第一类缺陷区

图 3-46　第一类缺陷区修补后的结果

第二类缺陷的修补方式如下：

➢ Geom Tools→Topology Simplify。
➢ 依次选择 Unfillet Surf、Manual Selection Edges、Linear Extend Edges。
➢ 单击图 3-47 中缺陷区中的圆弧边。
➢ 单击 Apply。修补结果见图 3-48。

• 步骤 5：替换边界。

经过步骤 4 的修补，模型中依旧存在如图 3-49 所示的间隙缺陷，需要进行修补。

➢ Geom Tools→Heal。
➢ 依次选择 Heal Type：Edge 及 Replace。
➢ 拾取一条边至 Moved Edge/Wire 列表。
➢ 拾取其他两条边至 Dest Edge/Wire。
➢ 单击 Apply。修补结果见图 3-50。

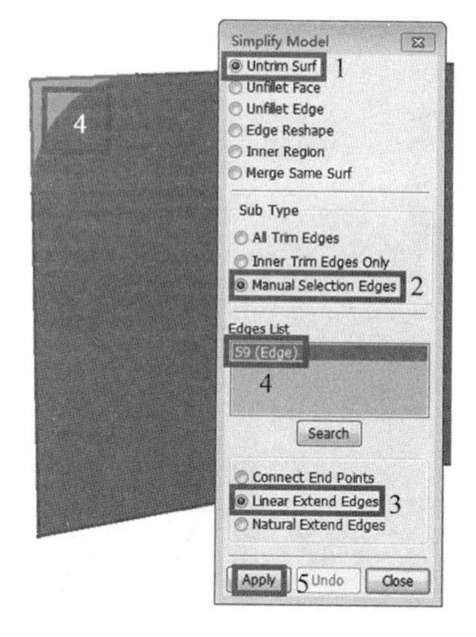


图 3-47 修补第二类缺陷区

图 3-48 第二类缺陷区修补后的结果

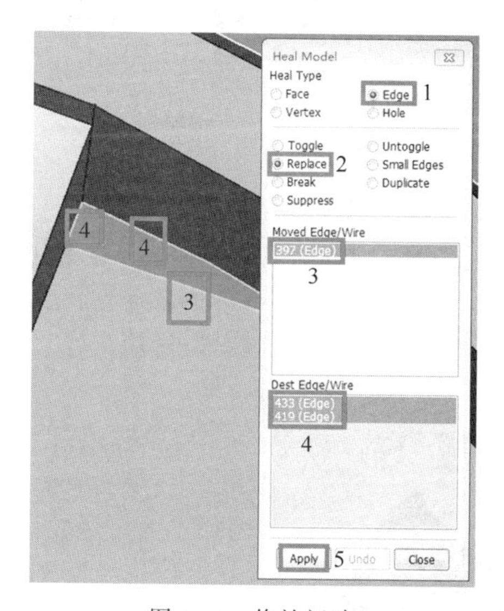


图 3-49 修补间隙

图 3-50 间隙修补后的结果

- 步骤 6：去除多余点。

为了划分高质量网格，需要去除模型中多余的点。去除多余点步骤和结果见图 3-51 和图 3-52。

➢ Geom Tools→Heal。

➢ 依次选择 Heal Type：Vertex 及 Remove。

➢ 单击 Analysis，查找多余点。

➢ 单击 Apply。

- 步骤 7：划分网格。

➢ Element and Mesh→AutoMesher。

➢ 依次选择 Mesh Mode：Size 和 Mesh Type：Mixed。

➢ 单击 Compute，计算合适的网格尺寸。
➢ 选择模型的全部面。
➢ 依次单击 Mesh、Accept。划分的网格见图 3-53。

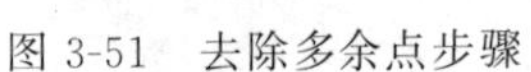


图 3-51 去除多余点步骤

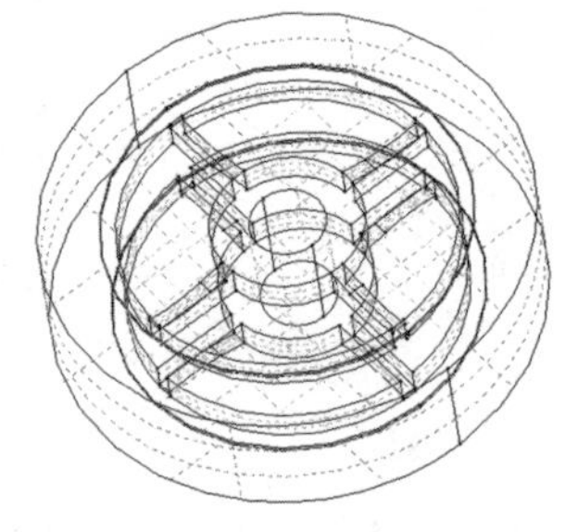

图 3-52 多余点去除后的结果

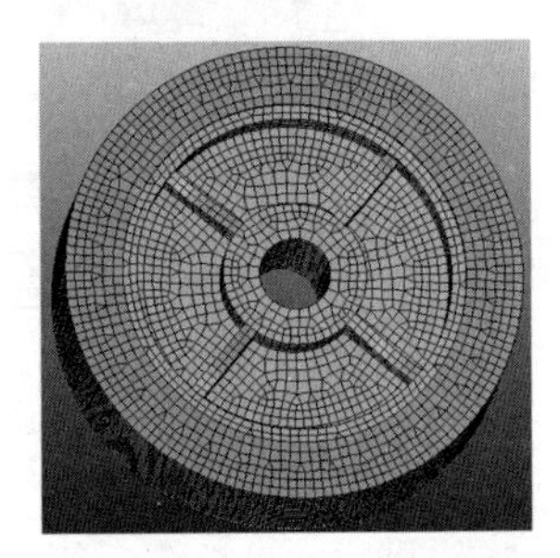

图 3-53 划分的网格

### 3.2.5 由单元生成面

本节主要讲述如何由单元生成非均匀有理 B 样条(Non-Uniform Rational B_Spline，NURBS)面。

• 步骤 1：打开关键字文件。
➢ File→Open→LS-DYNA Keyword File。
➢ 打开 meshtosurface.k。导入的网格模型见图 3-54。

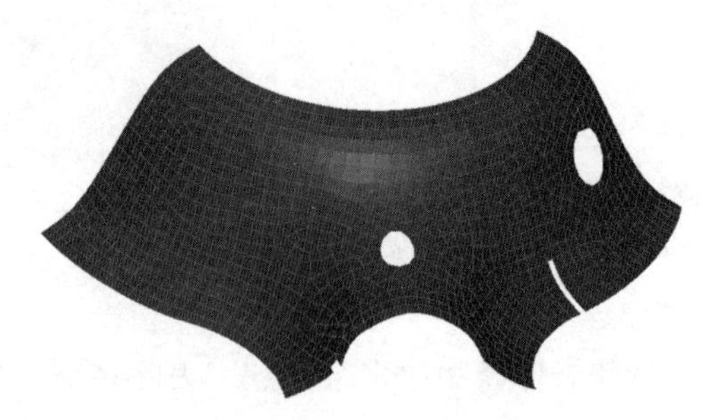

图 3-54 导入的网格模型

• 步骤 2：由网格生成面。详细步骤见图 3-55。
➢ Geometry→Surface→Fit from Points/mesh。
➢ 选择 Surfece by：Mesh。
➢ 在通用选择面板中选择 ByPart。
➢ 在图形窗口拾取 Part。
➢ 单击 Preview 按钮，可以预览要生成的面。

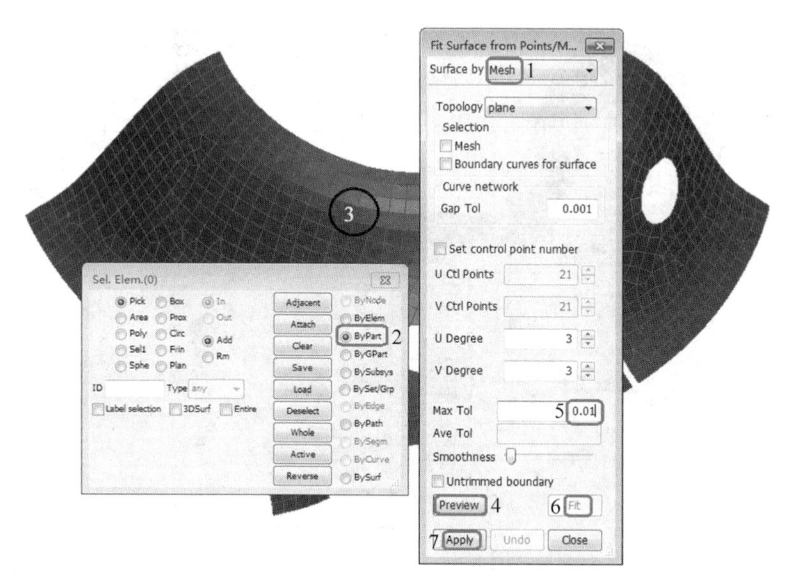

图 3-55　由网格生成面

底部消息窗口中会出现如下信息：Control point ＃:u＝20 v＝31；max dev:0.032，mean dev:0.012。该消息报告初始面U向有20个控制点，V向有31个控制点，面和网格点之间最大偏差为0.032，平均偏差为0.012。最大偏差在设置的默认阈值0.5之下。

➢ 设置 Max Tol＝0.01。
➢ 单击 Fit，会更新曲面，消息也更新为：Control point ＃:u＝23 v＝42；max dev:0.009，mean dev:0.003。
➢ 单击 Apply，将生成的面添加到数据库中。

### 3.2.6　由单元生成多个面

本节主要讲述如何由单元生成多个NURBS面。

• 步骤1：打开关键字文件。
➢ File→Open→LS-DYNA Keyword File。
➢ 打开 multisurf_frommesh.k。导入的网格模型见图3-56。

图 3-56　导入的网格模型

• 步骤2：由网格生成面。详细步骤见图3-57。
➢ Geometry→Surface→Fit from Points/mesh。
➢ 选择 Surfece by:Mesh。

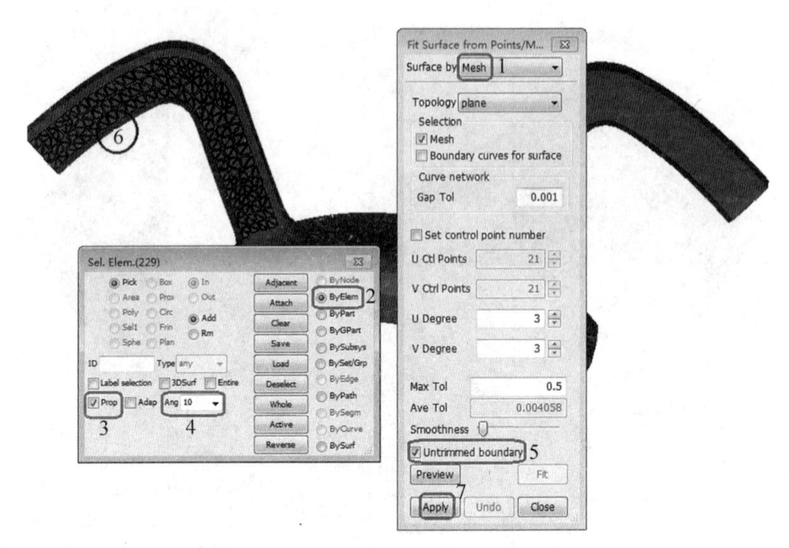


图 3-57 由网格生成面

- 在通用选择面板中选择 ByElem。
- 激活 Prop。
- 设置 Ang = 10。
- 激活 Untrimmed boundary,激活后更能保证数学上 G0/G1 连续性。
- 在图形窗口拾取单元(必要时需要点取多个单元)。
- 单击 Apply,将面添加到数据库中。
- 重复上述步骤生成面 S2~S8。

## 3.3 参考文献

[1] LS-PrePost® User's Manual [R]. LSTC, 2019.
[2] LS-PrePost® Tutorials [R]. LSTC, 2019.
[3] 丁展. LS-PrePost 功能介绍——几何模块 [J]. 有限元资讯, 2013, 2: 20-21.
[4] 丁展. LS-PrePost 4.3 几何相关新特征 [J]. 有限元资讯, 2016, 6: 20-24.

# 第4章

# LS-PrePost有限元建模

LS-PrePost 作为 LS-DYNA 的高级有限元建模软件，为用户提供了丰富的网格划分、编辑以及检查功能。

LS-PrePost 有限元建模部分包括网格划分（Mesh）、模型和 Part（Model and Part）、单元工具（Element Tools）。

## 4.1 网格划分

网格划分是数值模拟至关重要的一步，直接影响着后续数值计算的效率和准确度。网格划分设置单元类型、单元形状、单元尺寸、生成算法参数以及几何体素等。由于不同单元的特性不同，采用的变形模式不同，因此在实际应用中，一定要采用合适的单元来进行数值计算。

### 4.1.1 网格划分基础

网格划分和编辑功能通过下拉菜单 FEM→Element and Mesh 或右端工具栏中的按钮 Mesh 实现。

网格检查功能通过下拉菜单 FEM→Element Tools 或右端工具栏中的按钮 EleTol 实现。

（1）网格划分分类

根据生成的单元类型，网格划分可以分为表 4-1 所示的几大类。

表 4-1 基于单元类型的 LS-PrePost 网格划分分类

| 单元类型 | 依赖几何体素 | 说明 | 主要功能菜单 |
| --- | --- | --- | --- |
| 三角形及四边形 | 无 | 几何参数自由生成 | Element and Mesh→Shape Mesher |
| | 网格节点 | 单个壳单元生成 | Element and Mesh→Element Editing→Create |
| | 曲面 | 前沿推进法 | Element and Mesh→Auto Mesher→Size、Deviation、Variable Size |
| | 网格 | 网格重新生成 | Element and Mesh→Auto Mesher→Remesh |
| 四面体 | 网格节点 | 单个壳单元生成 | Element and Mesh→Element Editing→Create |
| | 封闭的壳单元网格 | Delauny 剖分 | Element and Mesh→Tetrahedron Mesher |

续表

| 单元类型 | 依赖几何体素 | 说明 | 主要功能菜单 |
|---|---|---|---|
| 五面体或六面体 | 无 | 全六面体、几何参数自由生成 | Element and Mesh→Shape Mesher<br>Element and Mesh→Block Mesher |
| | 网格节点 | 单个壳单元生成 | Element and Mesh→Element Editing→Create |
| | 几何实体(Solid) | 映射以及扫掠生成 | Element and Mesh→Solid Meshing |

从依赖的几何体素来分，网格划分可以分为表 4-2 所示的几大类。

**表 4-2 基于几何体素的 LS-PrePost 网格划分分类**

| 几何体素 | 生成的网格类型 | 软件功能菜单 |
|---|---|---|
| 无 | 壳单元或者实体单元结构网格 | Element and Mesh→Shape Mesher<br>Element and Mesh→Block Mesher |
| 网格节点 | 单个壳单元或者实体单元 | Element and Mesh→Element Editing→Create |
| 二维多义线 | 非结构二维网格 | Element and Mesh→2DMesher |
| 曲线或者曲面边(Curve、Edge) | 结构或非结构网格 | Element and Mesh→Tetrahedron Mesher<br>Element and Mesh→Solid Meshing |
| 曲面以及复合面(Surface、Compound Face) | 非结构网格 | Element and Mesh→Auto Mesher |
| 几何实体(Solid) | 四面体、五面体以及六面体网格 | Element and Mesh→Tetrahedron Mesher<br>Element and Mesh→Solid Meshing |
| 壳单元网格 | 非结构网格的重新分网 | Element and Mesh→Auto Mesher |
| 壳单元网格以及曲线 | 四边壳单元、五面体以及六面体网格 | Element and Mesh→Element Generation |
| 实体单元网格 | 壳单元抽取 | Element and Mesh→Element Generation |

(2) 有限元建模流程

一般而言，LS-PrePost 有限元建模的步骤为几何模型读入、模型数据清理、网格生成、网格质量检查与优化、单元属性设置、卡片文件输出。

LS-PrePost 对几何数据的清理包含两个步骤：第一步是 CAD 模型读入时的自动清理，第二步是 Geometry Tools 工具栏下若干手动清理，如缝合、裁剪、修复以及拓扑简化。然后，分析模型结构，为提高求解的效率，充分利用重复与对称等几何特征，选择对应的几何模型进行网格生成。

(3) 网格质量

网格质量是指网格几何形状的合理性，这直接影响着计算效率和精度，质量太差的网格甚至会导致计算终止。在 LS-PrePost 壳单元网格质量的指标主要有最短边长、最大边长、最大内角、最小内角、长宽比、锥度比、翘曲量、拉伸值、雅可比等。自动划分网格时，一般要求网格质量尽可能达到控制指标，实在不可能达到的，也需要保证完整网格拓扑结构，在网格生成算法的最后，再对生成的网格作几何和拓扑的优化处理。在最终生成网格后，如果还不能保证指标，则通过手动调整修正。用户可以通过 Application→Model Checking→Element Quality，进入网格检查功能界面。

### 4.1.2 常用壳单元网格划分方法

在网格划分中,基于曲面的网格划分广泛应用在壳单元自动生成以及体网格(四面体、五面体以及六面体等)生成的数据准备中。LS-PrePost 壳单元网格自动生成的菜单为 Element and Mesh→Auto Mesher,其中包括 4 种常用的网格生成方法。

(1) 基于大小的网格划分

对于显式瞬态大变形计算,LS-DYNA 要求计算模型中初始网格尺寸尽量一致,而且包含尽可能多的四边形网格,这就是基于大小的网格划分原则。在几何模型中,有些碎小的曲面,用户可以通过 Geometry Tool→Heal→Edge→Suppress,压缩碎小曲面的边,这样,在 Element and Mesh→Auto Mesher→Size 界面中,选取 Mesh across suppressed edges 选项,生成的网格将跨过这些压缩边。

(2) 基于弦高的网格划分

采用这种网格划分方式生成的网格广泛应用于 LS-DYNA 板料冲压成形仿真中,因此,基于弦高的网格划分也被称为 Tool Mesher。它要求网格在误差允许的范围内,保证几何特征。相对于基于大小的网格划分,网格边长尺寸以及四边形网格的数量不是主要考量指标,而弦高误差、曲线角偏移量是最重要的控制指标。

(3) 网格重划分

除了原始网格不能是全封闭外,重新网格化对于原始网格没有任何其他要求。原始网格可以是全三角形网格,或者全四边形网格,或者混合网格。重新划分的网格可以保持原边界节点或者重新生成边界节点,网格大小也可以自由调整。

(4) 变尺寸网格划分

为了生成 CFD 适用的体网格,变尺寸网格划分在运算过程中,除了把曲线的曲率作为考量的一个标准外,与之相邻的(即有拓扑关系的)曲面的最大与最小曲率半径也作为一个考量的标准。

### 4.1.3 网格划分工具栏

Mesh(FEM→Element and Mesh)用于网格划分,主要有图 4-1 所示的功能。

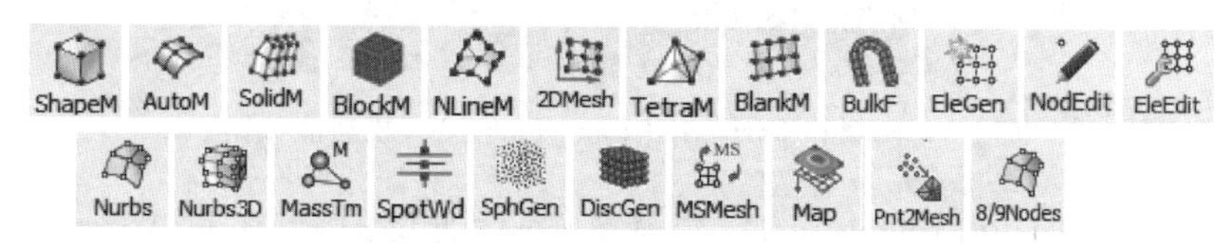


图 4-1 网格划分工具栏功能按钮

ShapeM(shaper mesher):基本形状网格生成器,为简单三维几何体划分网格。

AutoM(auto mesher):为面划分网格。

SolidM(solid mesher):为三维几何体划分网格。

BlockM(block mesher):基于索引空间技术的实体模型六面体网格划分。

NLineM(N-line mesher):在几条线之间划分 2D 网格。

2DMesh(2D mesher)：生成几何草图，并划分 2D 网格。

TetraM(tetrahedron mesher)：划分四面体网格。

BlankM(blank mesher)：生成用于金属成形模拟的毛坯网格，也可用于其他领域。

BulkF(bulk mesher)：为流体管道生成 3D 网格。

EleGen(element generation)：采用多种方法生成梁、壳和实体单元，还可生成内聚单元(cohesive element)。

NodEdit(node editing)：采用多种方法生成节点，并可进行替换、删除、取直、修改节点坐标。

EleEdit(element editing)：生成、删除、拆分、合并、修改网格，并可采用多种方法检查网格质量。

Nurbs(NURBS editing)：生成或修改二维 NURBS 同几何单元。

Nurbs3D(NURBS 3D Editing)：生成或修改三维 NURBS 同几何单元。

MassTm(mass trimming)：修改当前模型或 Part 的质量特性，以得到需要的质量、质心和惯量。

SpotWd(spot welding)：导入点焊文件生成点焊单元。

SphGen(SPH Generation)：生成 SPH 粒子。

DiscGen(disc shpere generation)：生成离散单元(粒子)。

MSMesh(mutiple solver mesh)：在普通网格和多物理场网格之间进行转换。

Map(result mapping)：初始应力映射界面。

Pnt2Mesh(point cloud to mesh)：由点云生成网格。

8/9Nodes(8/9 nodes to mesh)：由 8 个或 9 个节点生成网格。

## 4.2 模型和 Part

模型和 Part 主要功能如图 4-2 所示。

图 4-2 模型和 Part(Model and Part)工具栏功能按钮

SelPart(assembly and select part)：选择要显示和删除的 Parts 和 Assembly。

Keywrd(keyword manager)：关键字编辑和查找界面，用于管理关键字。

CreEnt(create entity)：生成实体，并在绘图区显示模型。

PartD(part data)：管理 Part 数据。

Display(display entity)：显示 LS-DYNA 实体，例如组、接触、刚性墙、边界条件等。

RefChk(reference check)：识别没有引用、没有定义或附加的实体。

Renum(renumber)：给模型实体的 ID 重新编号。

Section(section plane)：模型切片。

MSelect(model selection)：打开和选择模型。

Subsys(subsystem manager)：生成和管理子系统。

Groups(groups)：生成和管理 Part 组。

Views(views)：保存和恢复外观、颜色和方位设置。

PtColor(part color)：为选中的 Part 施加不同的颜色和透明度。

Appear(appearance)：修改选中 Part 的外观。

Annotat(annotation)：为模型添加注释。

SplitW(split window)：将窗口分割成多个视图。

Explod(explode)：爆炸视图。用于打散 Part，以方便查看。

Light(lighting setup)：施加多至 10 个光源。

Reflect(reflect model)：镜像模型。

## 4.3 单元工具

单元工具功能如图 4-3 所示。

图 4-3 单元工具(Element Tools)工具栏功能按钮

Ident：显示模型中任意节点/单元/Part 的 ID。

Find：通过输入 ID 号来查找节点/单元/Part。

Blank：隐藏(不显示)选中的节点和单元。

MovCop：移动、复制和管理单元。

Offset：沿着法向偏移壳单元网格。

Transf：镜像、投影、平移、缩放和旋转模型实体。

Normal：显示和修改单元法向。

DetEle：分离邻近的节点和单元。

DupNod：识别和合并重合节点。

NodEdit：节点创建、替换、删除、对齐、修改工具。

EleEdit：单元检查、分割/合并、创建、删除、对齐、修改等工具。

Measur：进行测量操作和创建局部坐标系。

Morph：变形界面。

Smooth：光顺已有网格。

PtTrim：采用曲线裁剪网格 Part。

Part Travel：测量 Part 至 Part 的距离，然后移动 Part 使其自动定位，主要用于成形模拟。

EdgeFace：显示边。

## 4.4 Solution Explorer

Solution Explorer 是 LS-PrePost 的一个重要开发方向。通过下拉菜单 View→Solution Explorer 可以调出该功能。Solution Explorer 将以前 LS-PrePost 基于 Keyword 的建模方式转向基于树和属性的建模方式，用户界面(见图 4-4)非常友好，可一次性完成从前处理到后处理的大部分工作流程，用户不用编辑关键字，也不用手动导入结果文件，Solution Explorer 会自动加载结果文件。Solution Explorer 目前支持 Mechanical、ICFD、S-ALE、Thermal、ISPH 共 5 种计算分析类型的快速设置，还内置 4 级材料库，方便用户编辑和选取材料。Solution Explorer 今后将会支持更多的分析类型。

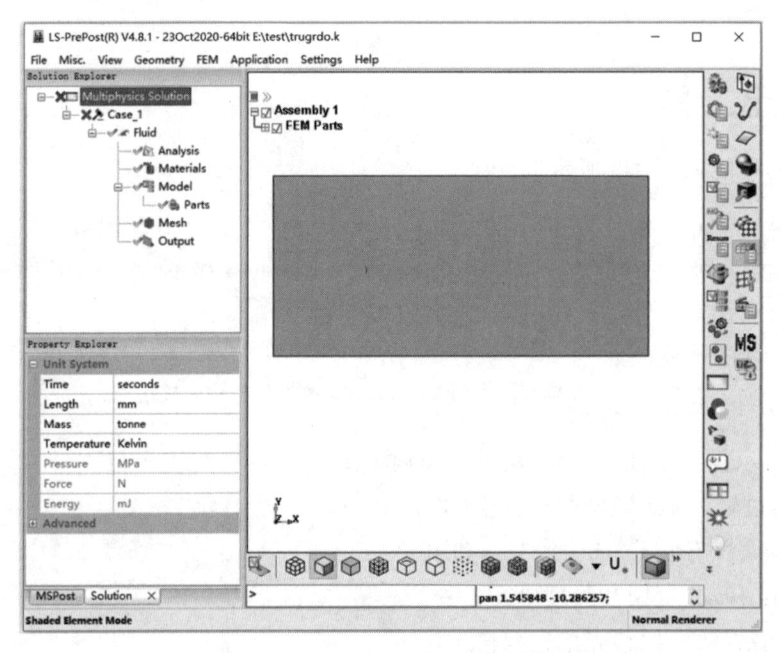


图 4-4 Solution Explorer 用户界面

## 4.5 有限元建模实例

### 4.5.1 抽取实体单元中面

壳单元的计算费用大大低于实体单元。这个例子用于指导用户如何把实体单元的厚度映射到壳单元，从而创建基于实体单元厚度的变厚度壳单元。

- File→Open→LS-DYNA Keyword File。
- 打开 model.k。
- Fem→Element and Mesh→EleGen。

- 选择 Shell。
- 选择 Solid/Tshell Midplane。
- 在通用选择面板中选择 By Elem。
- 在通用选择面板中单击 Whole。
- 单击 Create。
- 单击 Accept。抽取实体单元中面步骤见图 4-5。

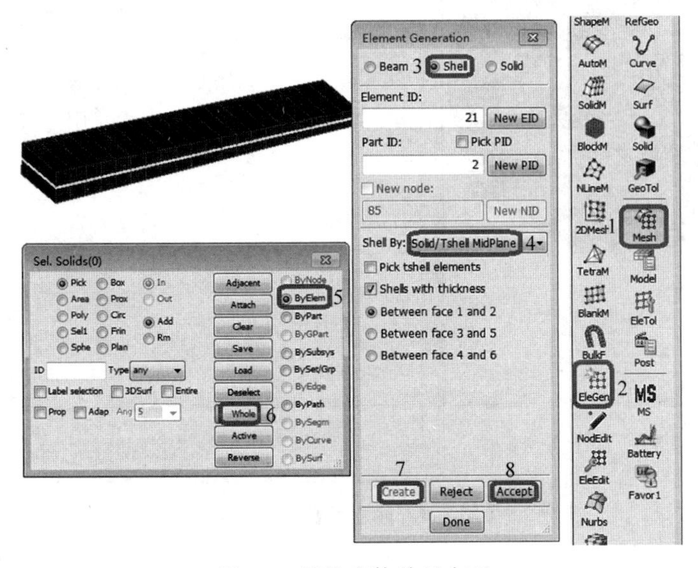


图 4-5 抽取实体单元中面

## 4.5.2 生成柱坐标系边界条件

对于柱形几何体,常常需要加柱形边界的约束。LS-PrePost 可为 * BOUNDARY_SPC_NODE/SET 关键字卡生成柱坐标系下的边界约束,每个被约束的节点将同时对应一个 * DEFINE_COORDINATE_SYSTEM 和 * BOUNDARY_SPC_NODE。详细步骤见图 4-6～图 4-8。

- 步骤 1:打开已有关键字文件。
- File→Open→LS-DYNA Keyword File。
- 打开 model.k。
- 步骤 2:建立局部坐标系。
- Fem→Model and Part→Create Entity。
- 在底部工具栏单击 Top 按钮。
- Define→Coordinate。
- 选择 Cre。
- 选择 Type: * SYSTEM。
- 单击 Node 单选按钮。
- 在模型上拾取两个节点,如节点 5 和节点 985。
- 单击 Apply。

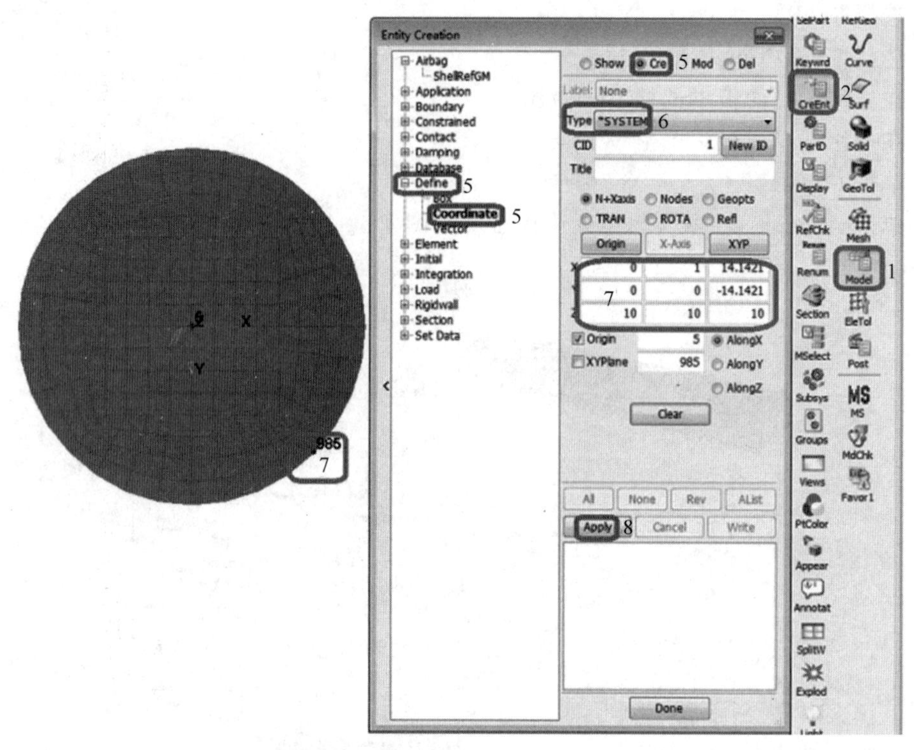


图 4-6　建立局部坐标系

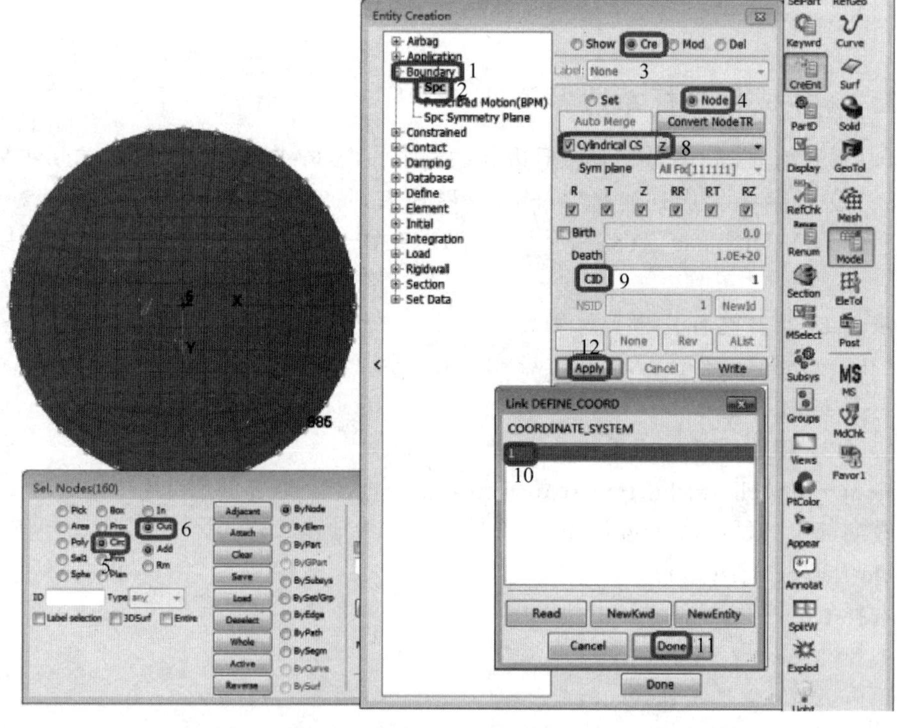


图 4-7　生成柱坐标系边界约束

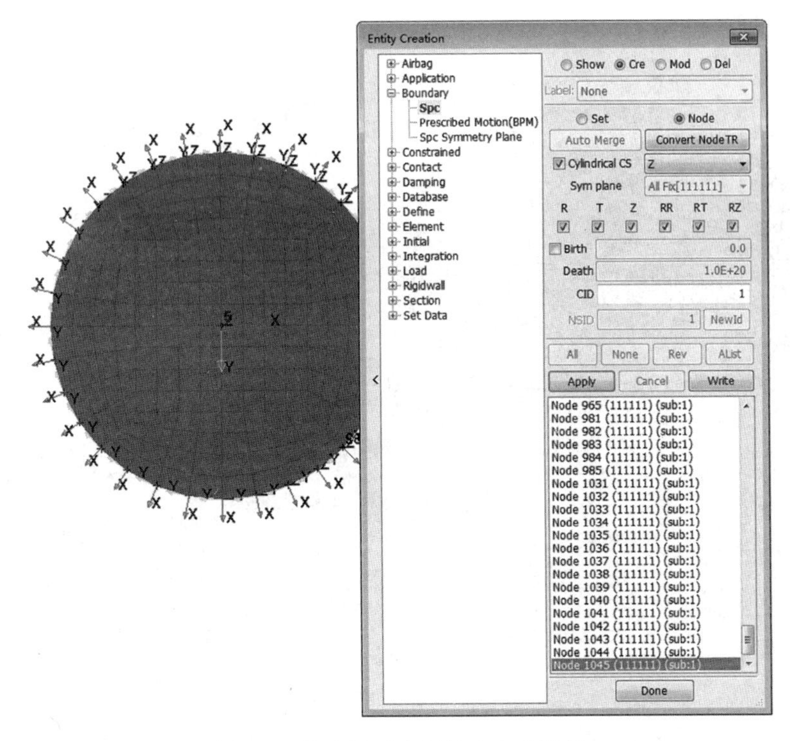


图 4-8　柱坐标系边界约束生成结果

- 步骤 3：生成柱坐标系边界条件
- ➢ Boundary→Spc。
- ➢ 选择 Cre。
- ➢ 单击 Node 单选按钮。
- ➢ 在通用选择面板上选择 Circ。
- ➢ 在通用选择面板上选择 Out。
- ➢ 以模型中心为圆心画圆，选择模型外围节点。
- ➢ 勾选 Cylindrical CS。
- ➢ 单击打开 CID，选择局部坐标系 1。
- ➢ 单击 Apply。
- 步骤 4：保存文件。
- ➢ File→Save As→Save Active Keyword As。
- ➢ 输入文件名：model2.k。
- ➢ 单击 Save。

还可为 * BOUNDARY_PRESCRIBED_MOTION 关键字卡（DOF = 4/8）创建柱坐标系下的规定运动。详细步骤见图 4-9。

- ➢ Fem→Model and Part→Create Entity。
- ➢ Boundary→Prescribed Motion(BPM)。
- ➢ 选择 Cre。
- ➢ 选择 DOF：4。

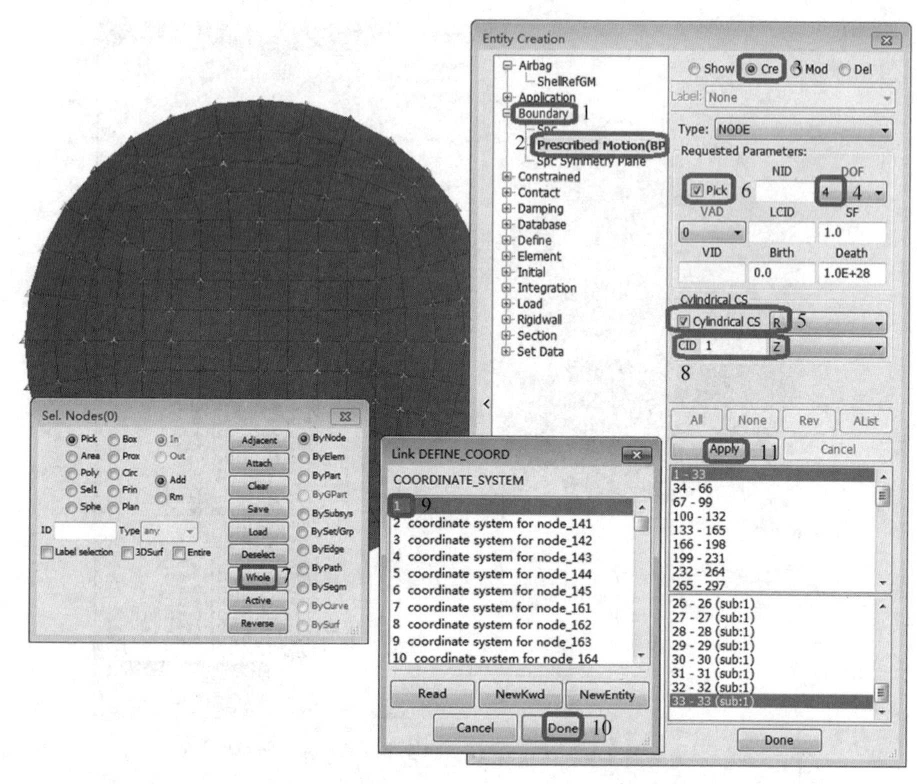


图 4-9 创建柱坐标系下的规定运动

- 勾选 Cylindrical CS，选择 R 或 T 分别表示规定的运动是径向或切向。
- 勾选 Pick。
- 在通用选择面板中单击 Whole，选择全部单元。
- 单击打开 CID，选择局部坐标系 1 和该坐标系下的方向，此方向对应于柱坐标系中的 Z 轴。
- 单击 Apply。

### 4.5.3 Part 替换

这个例子介绍如何快速使用一个细密网格 Part 替换掉原来模型中的粗糙网格 Part。

- FEM→Model and Part→Part Data。
- 选择 Replace。
- 通过左侧 Load 导入第一个模型 model1.k。
- 通过右侧 Load 导入第二个模型 model2.k。
- 选中 1st part list 中的 2 - Shell。
- 选中 2st part list 中的 2 - Shell。
- 选择<==(用第二个模型中的 Part 替换第一个模型中的 Part)或==>(用第一个模型中的 Part 替换第二个模型中的 Part)。
- 单击 Accept。

- File→SaveAs→Save Active Keyword As。
- 输入文件名：model3.k。
- 单击 Save，保存文件。Part 替换的网格模型及步骤见图 4-10～图 4-12。

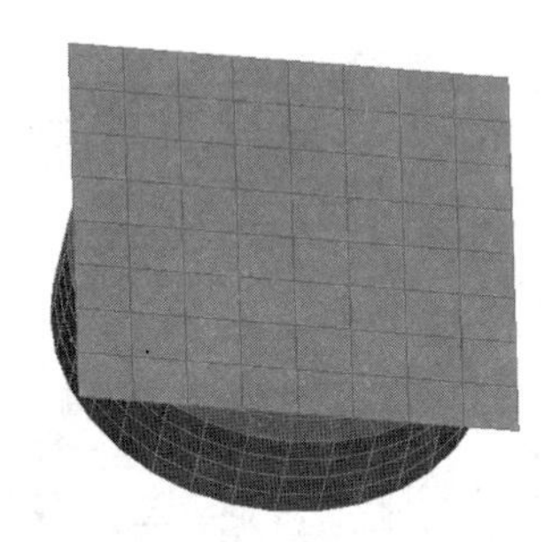

图 4-10 模型中待替换的壳体粗网格

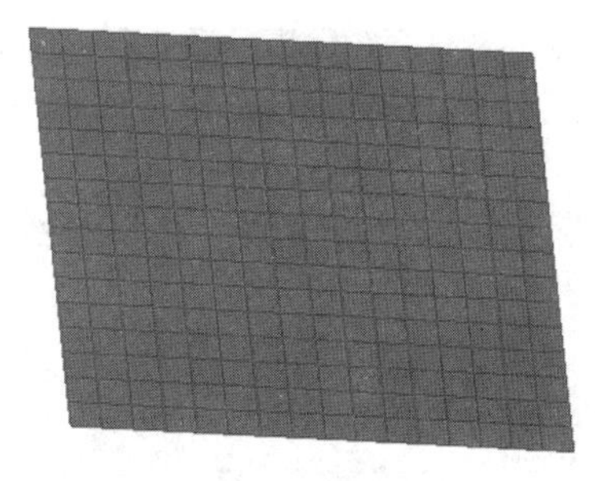

图 4-11 要替换成壳体细网格

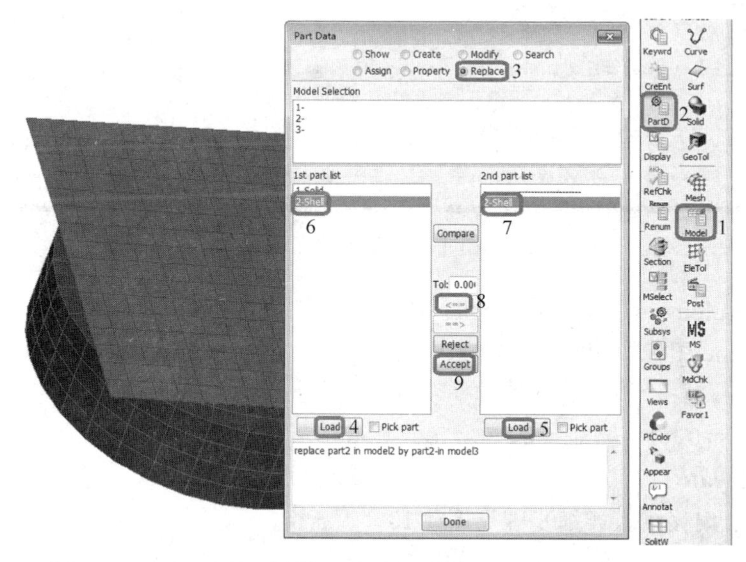



图 4-12 Part 替换

## 4.5.4 模型比较

如果用户对某计算工况做了很小的改动，比如材料参数、边界条件等，Model Compare 可用于比较两套相似模型的 D3PLOT 计算结果的文件中相同时间下的位移、应力等信息，从而获得改动对计算结果的影响。

- Fem→Model→MSelect。详细步骤见图 4-13。

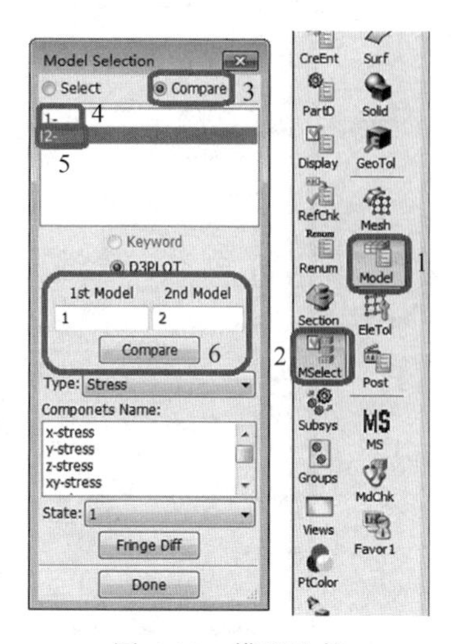



图 4-13 模型比较

## 4.5.5 2DMesh 生成网格实例

通过 2DMesh，用户可以首先在草图板中生成点、线、圆弧或圆，然后采用倒圆角、延伸、裁剪、删除和几何变换工具来修改曲线，最后采用这些曲线和网格工具来生成二维网格。2DMesh 还可以直接生成三维圆锥和球体网格。

下面介绍一个采用 2DMesh 生成网格实例。

- 步骤 1：生成垂直线。详细步骤见图 4-14。

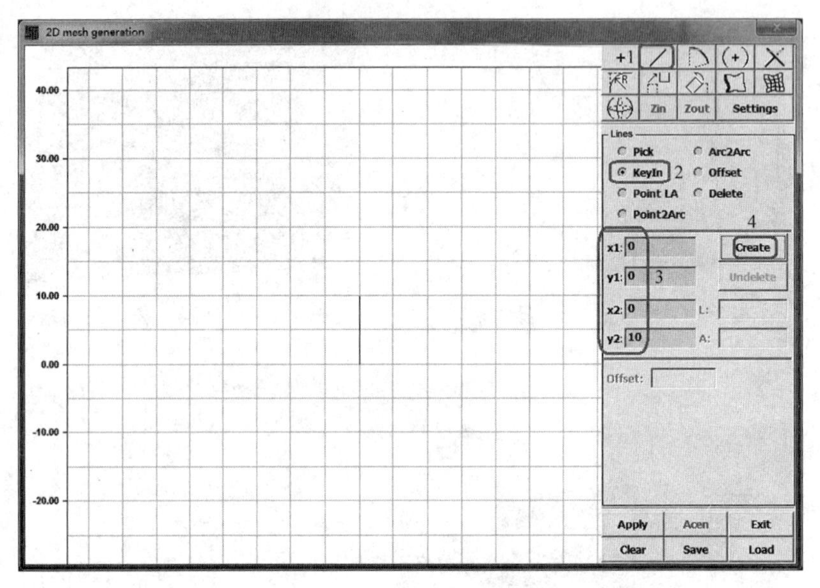


图 4-14 生成垂直线

➤ FEM→Element and Mesh→2D Mesher。

➤ 单击 Line 图标。

➤ 选择 KeyIn。

➤ 输入 x1 = 0，y1 = 0，x2 = 0，y2 = 10。

➤ 单击 Create。

- 步骤 2：偏移线。详细步骤见图 4-15。

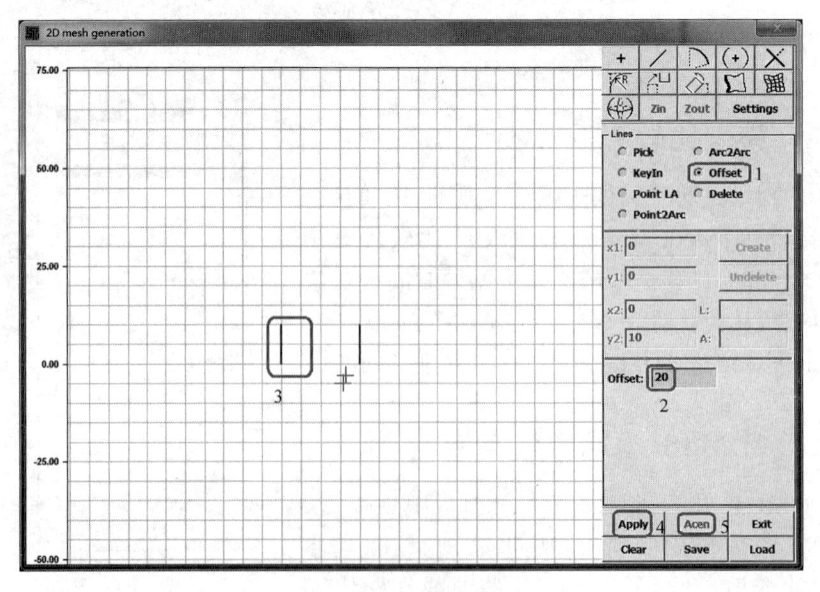


图 4-15 偏移线

➢ 选择 Offset。
➢ 输入 Offset = 20。
➢ 将光标移动到已生成垂线的左边(会出现预览线)。
➢ 单击鼠标左键生成偏移线。
➢ 单击 Acen 居中几何体。

**注意**：按住 Ctrl 或 Shift 键，你可以用鼠标右键和中键动态缩放和平移模型。

• 步骤 3：生成水平线。详细步骤见图 4-16。

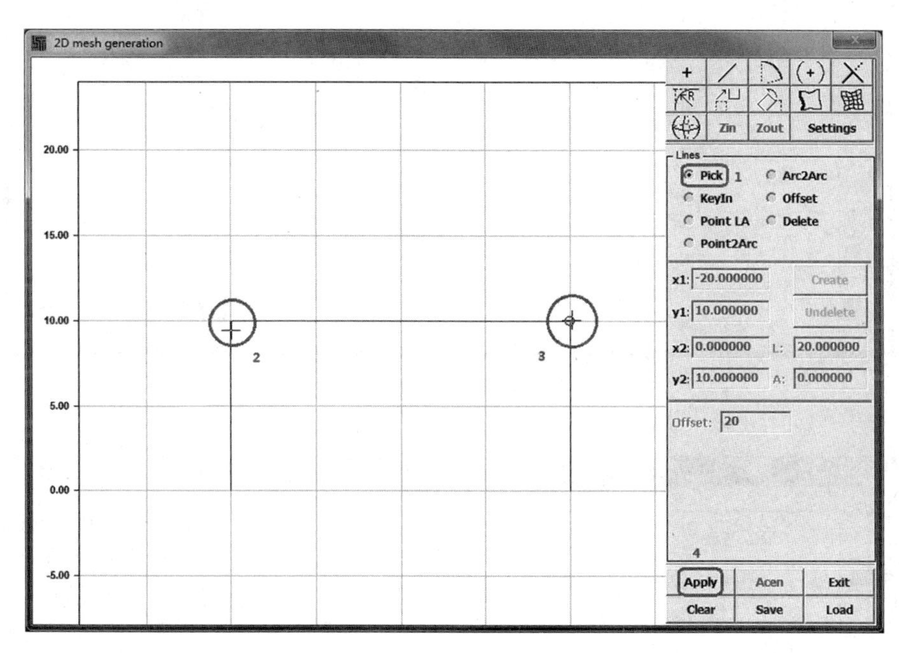


图 4-16 生成水平线

➢ 选择 Pick。
➢ 拾取两条线的上端点(当光标靠近时线段端点附近会出现小圆圈)。

• 步骤 4：生成点。详细步骤见图 4-17。

➢ 单击 Point 图标。
➢ 选择 Between。
➢ 拾取两条垂线的下端点。

• 步骤 5：生成圆弧。详细步骤见图 4-18。

➢ 单击 Arc 图标。
➢ 激活 Radius。
➢ 输入 Radius = 5。
➢ 激活 Angle。
➢ 输入 Angle = 179.9。
➢ 拾取上一步生成的中点。
➢ 拾取右端垂线的下端点。

• 步骤 6：生成闭合边界。详细步骤见图 4-19。

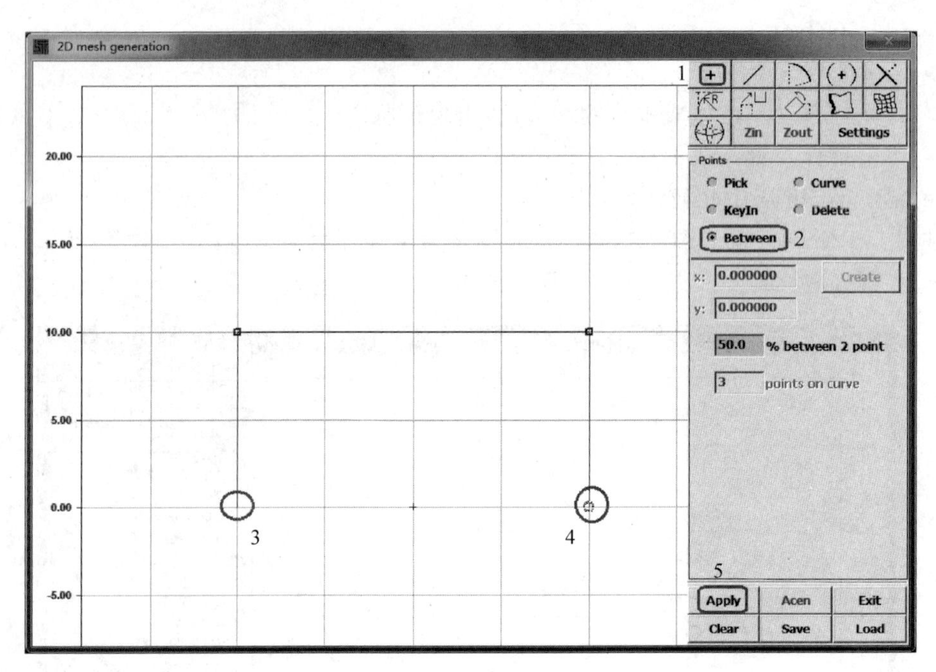


图 4-17 生成点

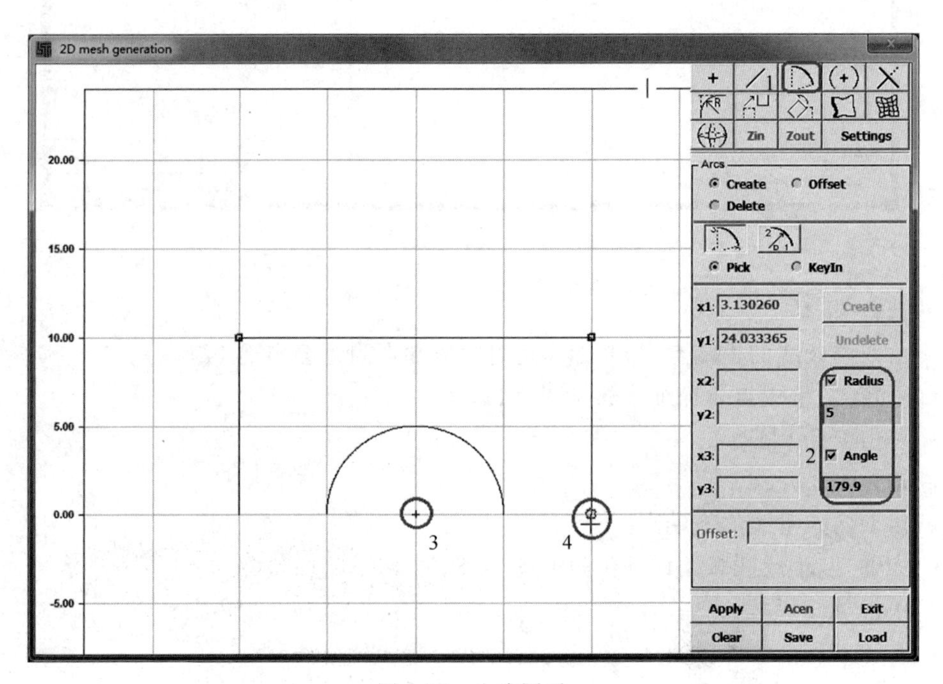


图 4-18 生成圆弧

- 单击 Line 图标。
- 选择 Pick，拾取点生成线。
- 生成两条线形成闭合边界。

- 步骤 7：生成中间和右边的线。详细步骤见图 4-20。

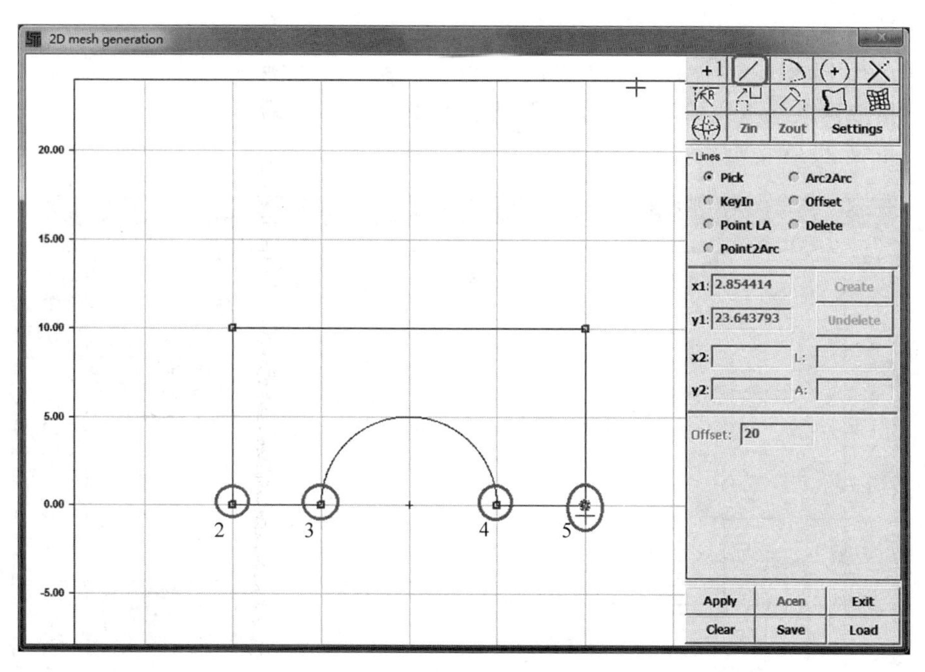


图 4-19 生成闭合边界

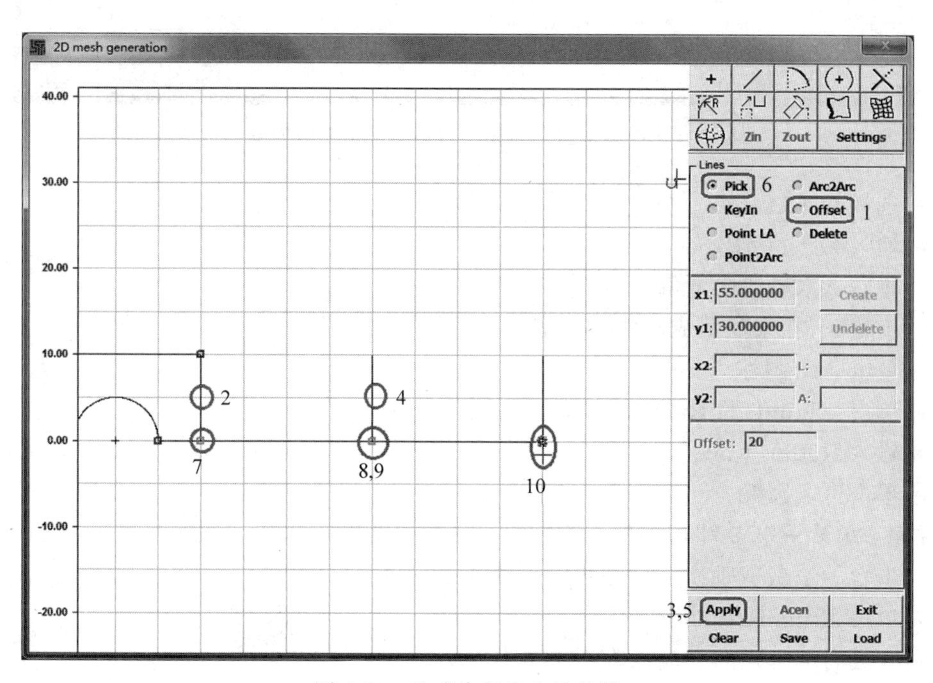


图 4-20 生成中间和右边的线

- 选择 Offset。
- 拾取右端垂线，使其向右偏移 20。
- 单击 Apply。
- 拾取新生成线，使其向右偏移 20。

➢ 单击 Apply。
➢ 选择 Pick。
➢ 拾取两条新垂线的下端点生成两条水平线。
• 步骤 8：在模型右边生成水平线。详细步骤见图 4-21。

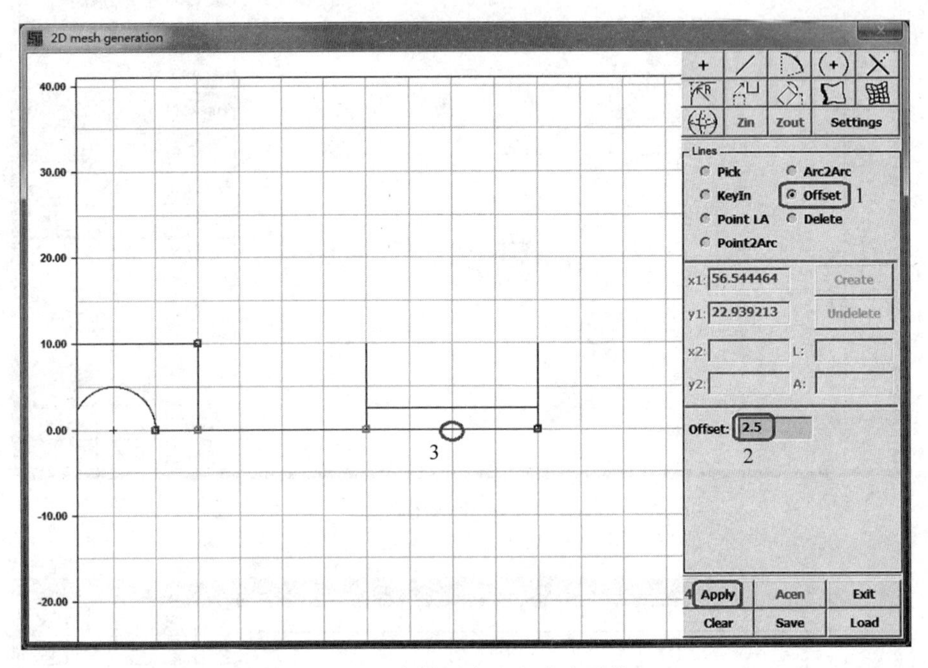


图 4-21 在模型右边生成水平线

➢ 选择 Offset。
➢ 输入 Offset = 2.5。
➢ 将右下水平线向上偏移。
• 步骤 9：在中部生成圆弧。详细步骤见图 4-22。
➢ 单击 Arc 图标。
➢ 单击 2 Point + Radius 图标。
➢ 输入 Radius = 30。
➢ 单击生成圆弧。

**注意**：从第一个点到第二个点逆时针方向生成圆弧。

• 步骤 10：裁剪垂线。详细步骤见图 4-23。
➢ 单击 Trim/Extend 图标。
➢ 在最右端垂线的上端点附近单击左键。
➢ 拾取水平线。
➢ 单击 Apply。
➢ 重复此过程裁剪掉另一条垂线的多出部分。
• 步骤 11：生成左侧区域的第一条边。详细步骤见图 4-24。
➢ 单击 Edge 图标。
➢ 拾取圆弧。

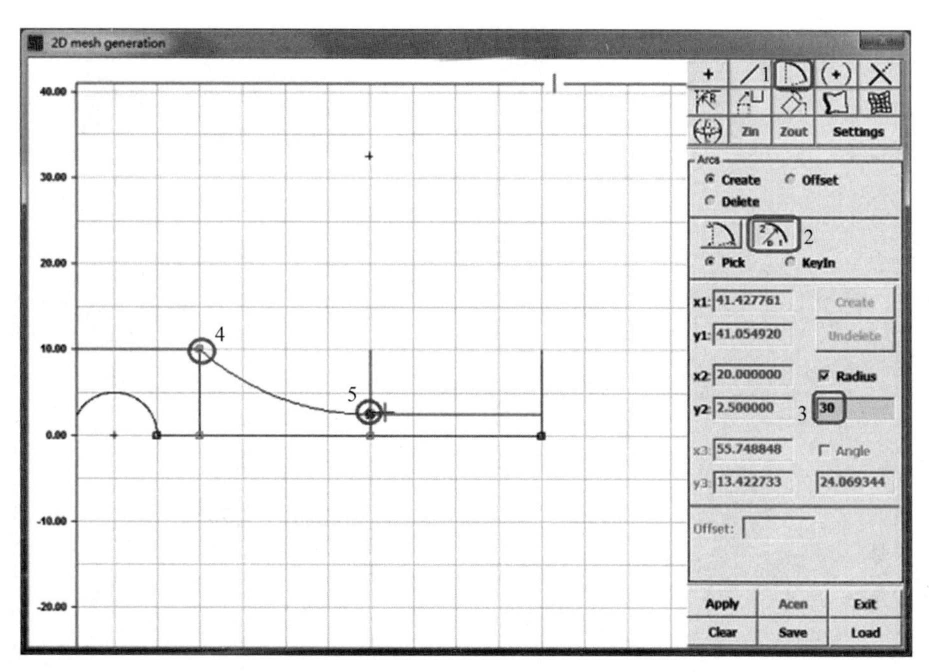


图 4-22　在中部生成圆弧

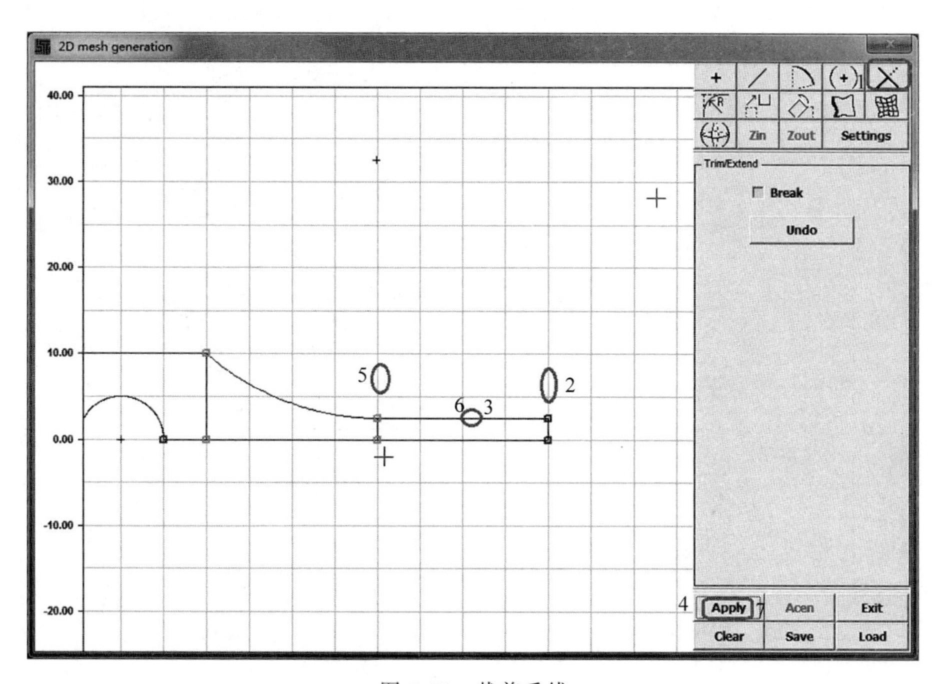


图 4-23　裁剪垂线

➢ 单击 Create 或 Apply(或鼠标中键)为圆弧生成边。

• 步骤 12：生成左侧区域的第二条边。详细步骤见图 4-25。

➢ 禁用 Propagate。

➢ 拾取与圆弧相对的三条线。

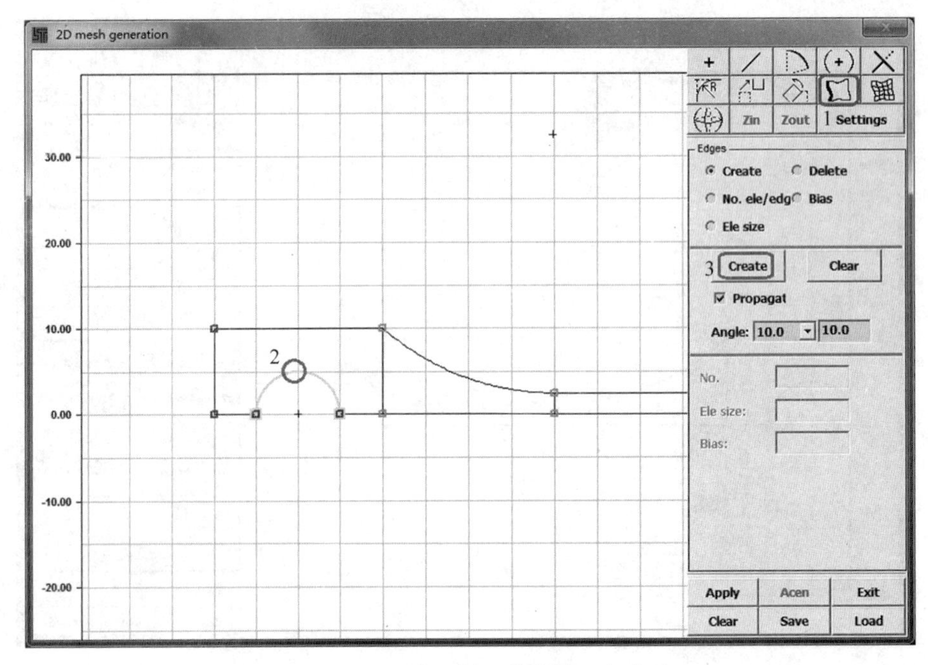


图 4-24 生成左侧区域的第一条边

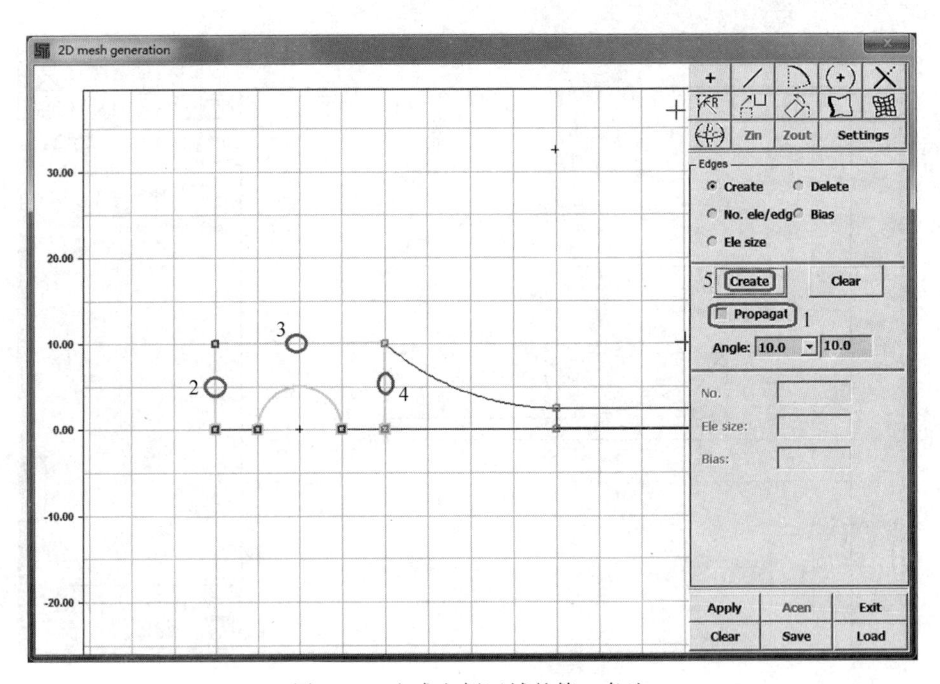


图 4-25 生成左侧区域的第二条边

➢ 单击 Create。

- 步骤 13：生成左侧区域的其他边。详细步骤见图 4-26。

➢ 生成其他两条边，以形成四边拓扑网格区域。

- 步骤 14：为左侧区域的每条边设置网格划分数。详细步骤见图 4-27。

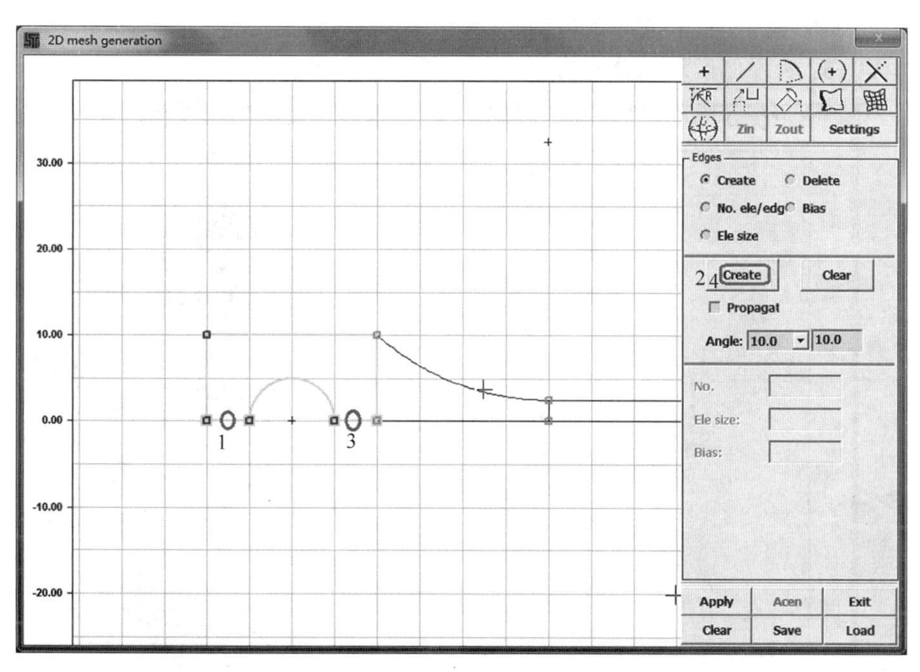

图 4-26　生成左侧区域的其他边

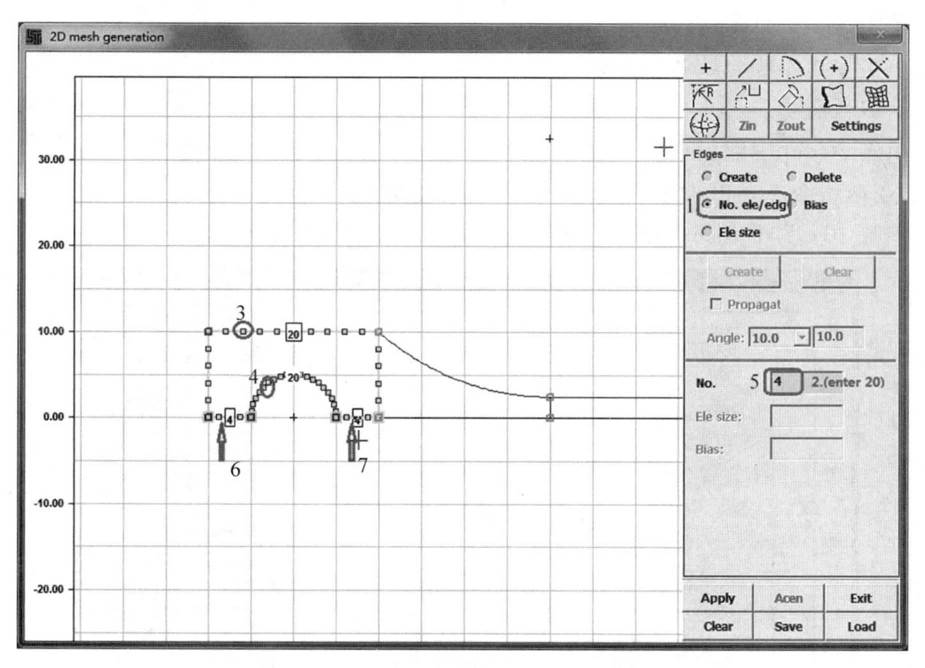

图 4-27　为左侧区域的每条边设置网格划分数

➢ 选择 No.ele/edge。
➢ 输入 No.ele/edge = 20。
➢ 拾取圆弧及其对边。
➢ 输入 No.ele/edge = 4。

➢ 拾取圆弧左侧和右侧的两条边。

• 步骤 15：为左侧区域划分网格。详细步骤见图 4-28。

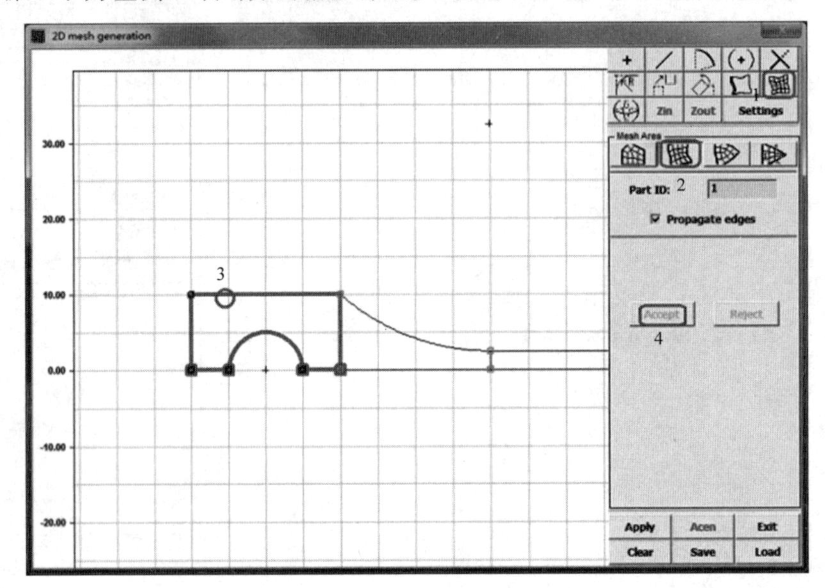


图 4-28　为左侧区域划分网格

➢ 单击 Mesh 图标。

➢ 单击 4 边结构化四边形图标。

➢ 拾取任意边。

➢ 单击 Accept 接受网格。

**注意**：网格会在草图板中消失，但会保存在数据库中。

• 步骤 16：为中间和右侧区域生成边。详细步骤见图 4-29。

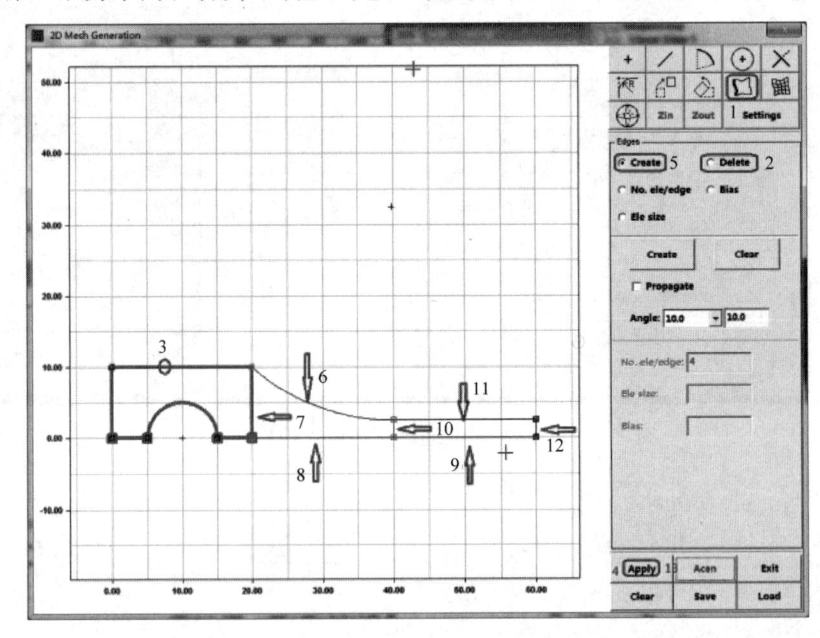


图 4-29　为中间和右侧区域生成边

➢ 单击 Edge 图标。
➢ 选择 Delete。
➢ 拾取圆弧对面的边。
➢ 单击 Create。
➢ 生成中区和右区的 7 条边，选中每条直线后单击鼠标中键以生成边。
• 步骤 17：为中间和右侧区域的边设置单元划分数。详细步骤见图 4-30。

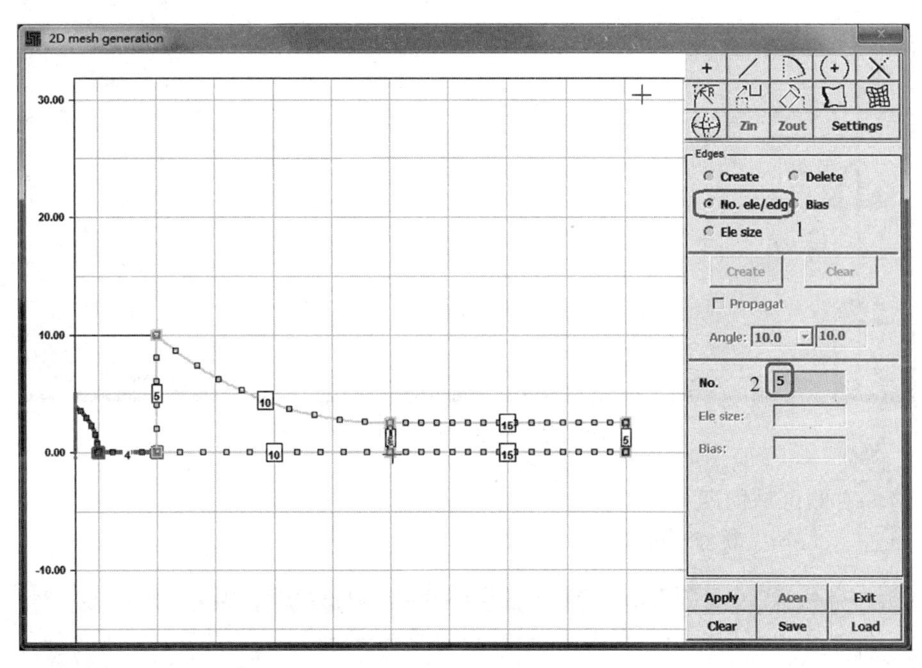

图 4-30　为中间和右侧区域的边设置单元划分数

➢ 选择 No. ele/edge。
➢ 输入 No. ele/edge＝5。
➢ 拾取 3 条垂线。
➢ 输入 No. ele/edge＝10。
➢ 拾取中间区域的 2 条水平线。
➢ 输入 No. ele/edge＝15。
➢ 拾取右侧区域的 2 条水平线。
• 步骤 18：为选中的边设置单元尺寸比。详细步骤见图 4-31。
➢ 选择 Bias。
➢ 输入 Bias＝0.8。
➢ 拾取圆弧右端点（圆弧右端单元尺寸将是左端单元尺寸的 0.8 倍）。
➢ 输入 Bias＝0.5。
➢ 拾取右侧区域 2 条水平线的右端点。
• 步骤 19：为中间和右侧区域划分网格。
➢ 单击 Mesh 图标。
➢ 关闭 Propagate edges。

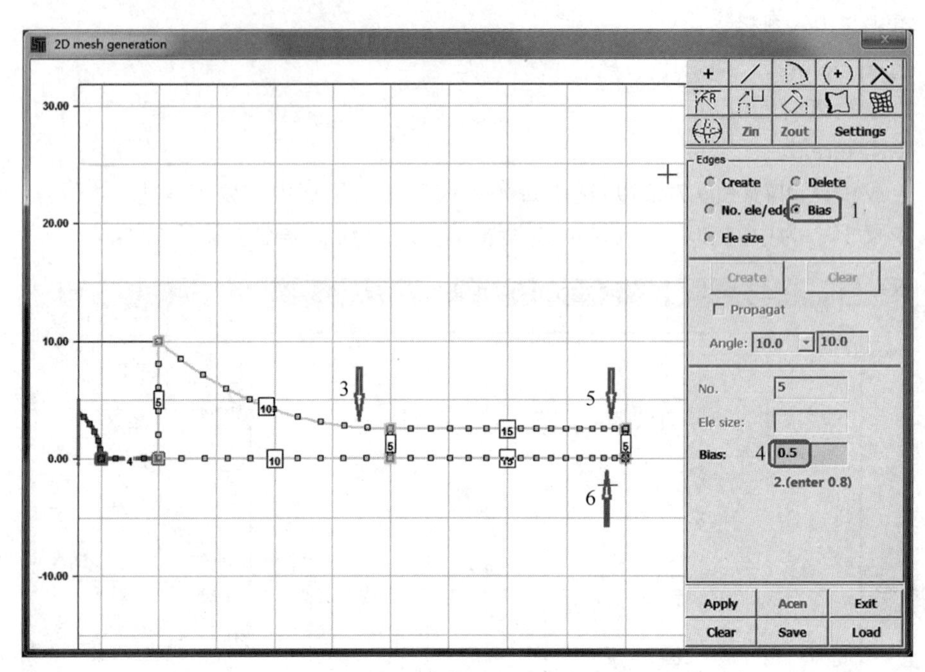


图 4-31　为选中的边设置单元尺寸比

➢ 拾取右侧区域的四条边。
➢ 单击 Accept。详细步骤见图 4-32。

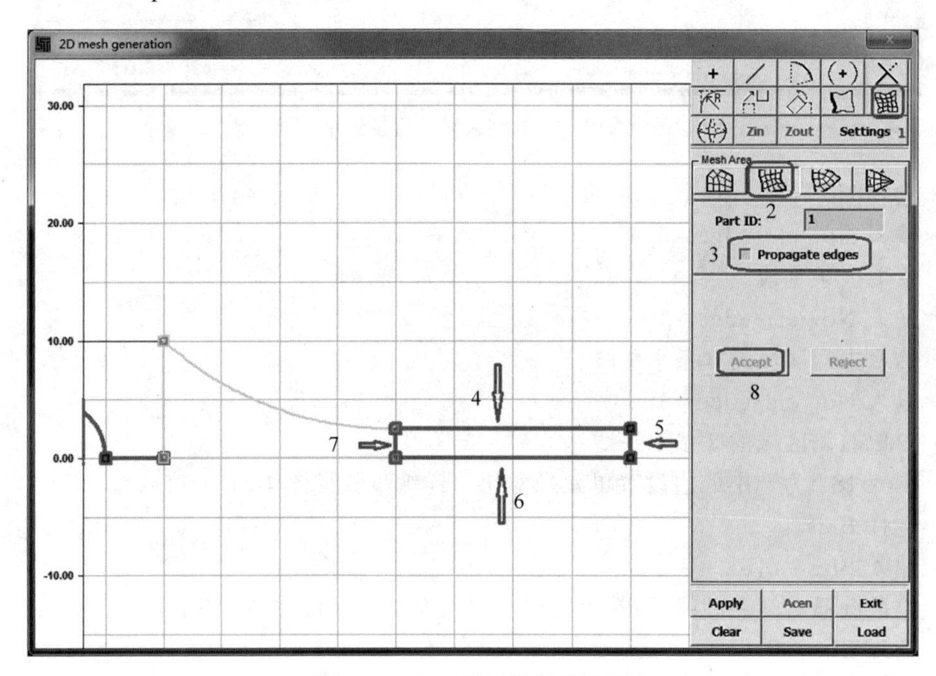


图 4-32　为右侧区域划分网格

➢ 拾取左侧区域的四条边。
➢ 单击 Accept。详细步骤见图 4-33。

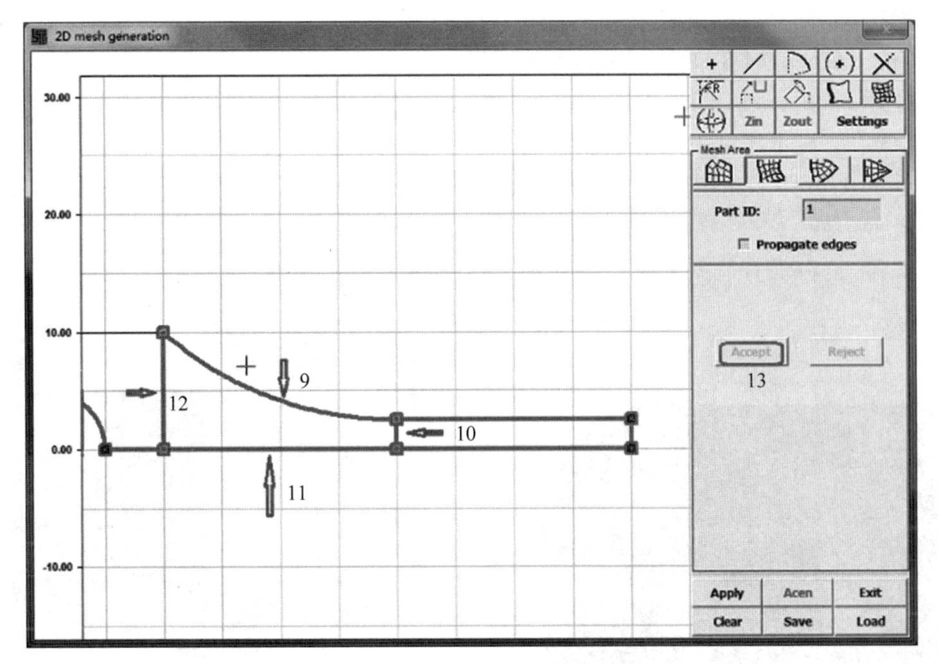


图 4-33 为中间侧区域划分网格

- 步骤 20：退出 2Dmesh 草图板。

➢ 单击 Exit。

➢ FEM→Element Tools→Duplicate Nodes。

➢ 依次单击 show Dup Nodes、Merge Dup Nodes、Accept、Done。最终生成的网格见图 4-34。

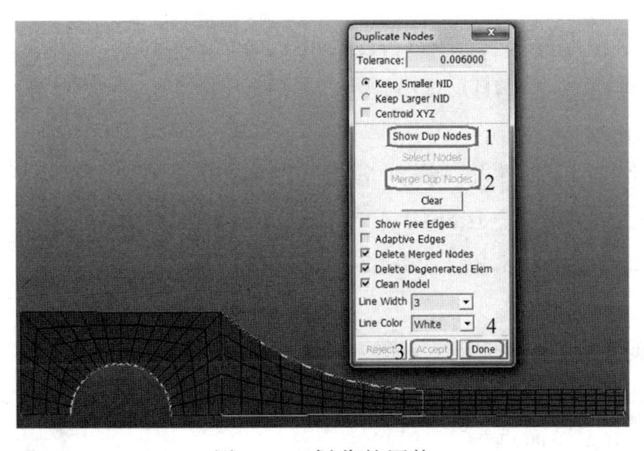


图 4-34 划分的网格

## 4.5.6 单元编辑实例

创建有限元模型，修改网格是不可避免的，在本节将介绍节点创建、替换、对齐、删除重合节点，和单元创建、删除、分割、光顺、平移和镜像。

• 步骤 1：打开已有关键字文件。
➢ File→Open→LS-DYNA Keyword File。
➢ 打开 cube_corner.k。
• 步骤 2：显示没有引用的节点。
➢ 单击 Unreferenced Nodes On/Off，显示全部自由/没有引用的节点，如图 4-35 所示。
• 步骤 3：在现有节点之间生成节点。详细步骤见图 4-36。

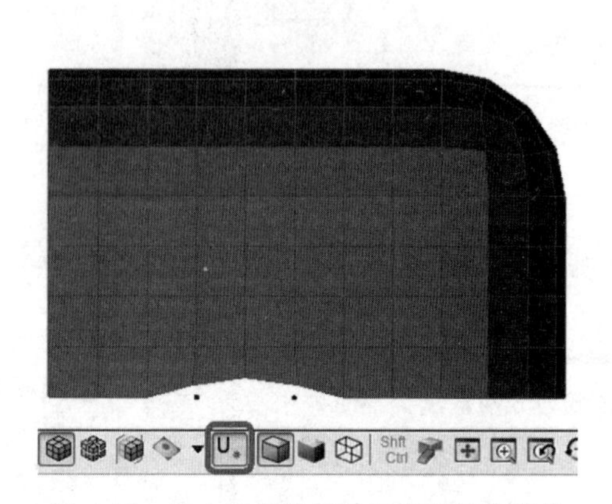

图 4-35 导入网格并显示没有引用的节点

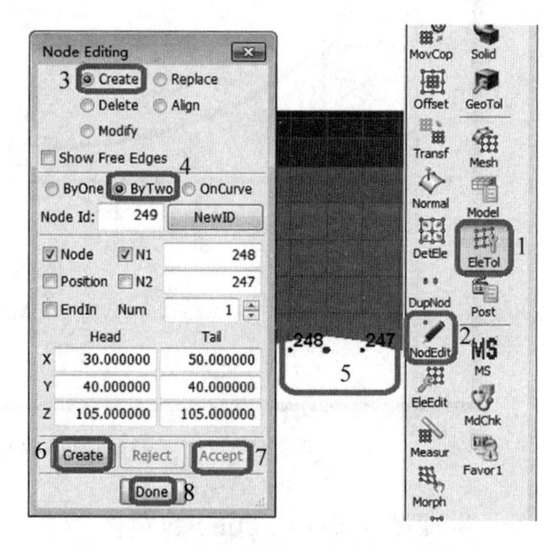


图 4-36 在现有节点之间生成节点

➢ FEM→Element Tools→Node Editing。
➢ 在 Node Editing 界面选择 Create。
➢ 选择 ByTwo。
➢ 拾取图形区中左端的自由节点(NID 248)。
➢ 拾取右端的自由节点(NID 247)。
➢ 依次单击 Create、Accept。
• 步骤 4：通过 ID 识别节点。详细步骤见图 4-37。
➢ FEM→Element Tools→Identify。
➢ 拾取模型上的节点(236、237、238、248、249、247)。
➢ 单击 done。
• 步骤 5：替换节点。详细步骤见图 4-38。
➢ FEM→Element Tools→Node Editing。
➢ 在 Node Editing 界面选择 Replace。
➢ 在图形窗口中依次拾取节点 236、248、237、249、238、247。
➢ 依次单击 Accept、Done。
• 步骤 6：对齐节点。详细步骤见图 4-39。
➢ 单击 Front 渲染按钮。
➢ FEM→Element Tools→Node Editing。
➢ 在 Node Editing 界面选择 Align。

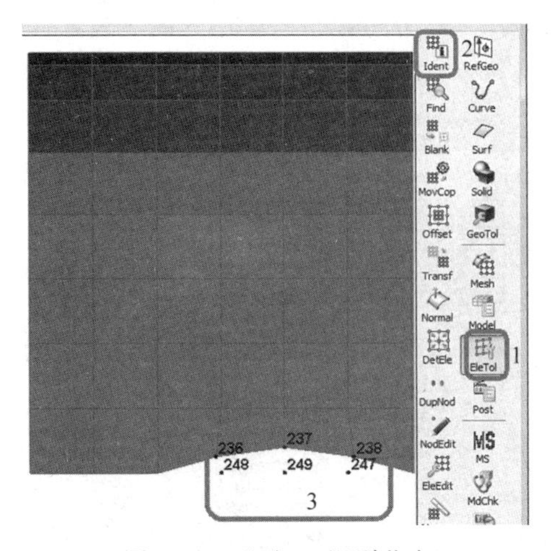


图 4-37　通过 ID 识别节点

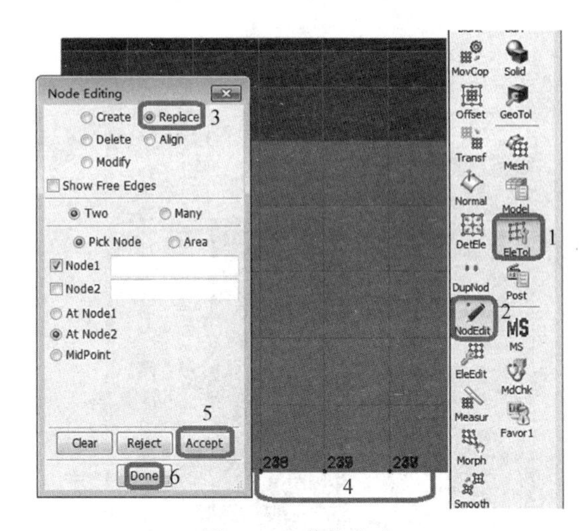


图 4-38　替换节点

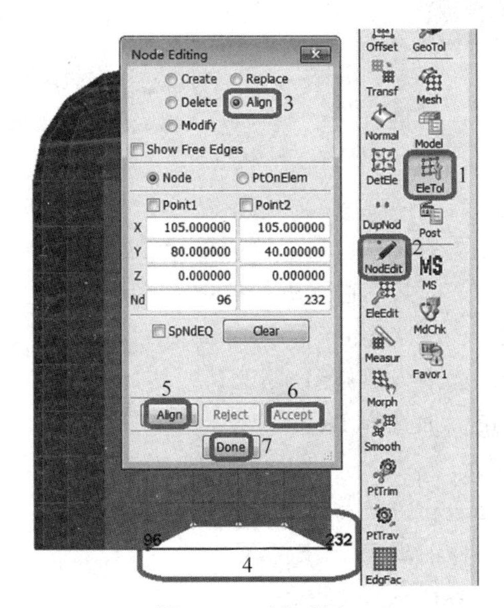


图 4-39　对齐节点

➢ 拾取模型上的节点(96→232→229→230→231)。
➢ 依次单击 Align、Accept、Done。
• 步骤 7：分割单元。详细步骤见图 4-40～图 4-41。
➢ 单击 Left 渲染按钮。
➢ FEM→Element Tools→Identify。
➢ 选择 Element。
➢ 拾取单元 28 和单元 214。
➢ FEM→Element Tools→Element Editing。
➢ 在 Element Editing 界面中选择 Split/Merge。
➢ 单击将四边形从一边中点到对角分割的图标 ◪。

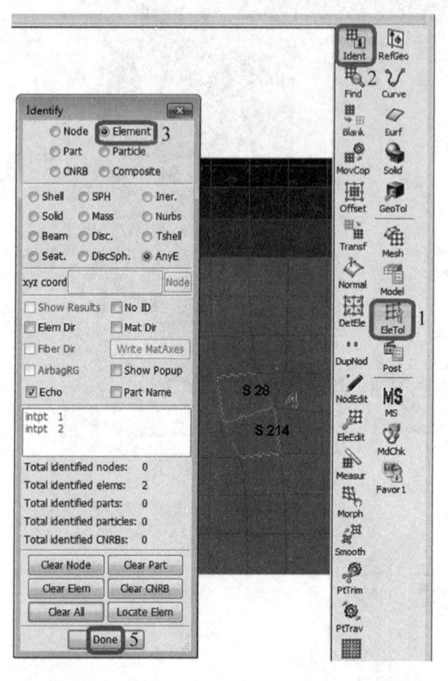

图 4-40 选择分割单元

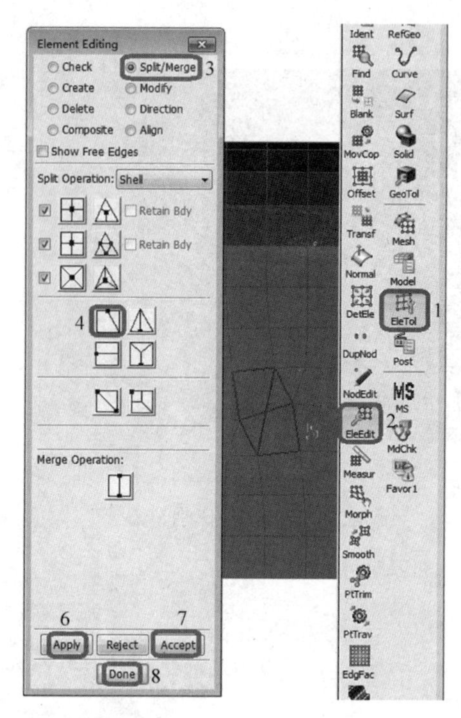

图 4-41 分割单元

➢ 在单元 28 与单元 214 的共享边附近拾取单元 28。
➢ 在单元 214 与单元 28 的共享边附近拾取单元 214。
➢ 依次单击 Apply、Accept、Done。
- 步骤 8：删除单元。详细步骤见图 4-42。
➢ 在 Element Editing 界面选择 Delete。
➢ 拾取 4 个三角形单元。
➢ 依次单击 Delete、Accept、Done。
- 步骤 9：生成单元。详细步骤见图 4-43。
➢ 在 Element Editing 界面选择 Create。
➢ 选择 PID = 1。
➢ 拾取围绕右上孔洞的 4 个节点。
➢ 单击 Accept。
➢ 拾取围绕左下孔洞的 4 个节点。
➢ 依次单击 Accept、Done。
- 步骤 10：光顺单元。详细步骤见图 4-44。
➢ FEM→Element Tools→Smooth。
➢ 输入 Iterations = 50。
➢ 在通用选择面板中选择 Area。
➢ 采用方框框选如图 4-44 所示的单元。
➢ 依次单击 Smooth、Accept、Done。

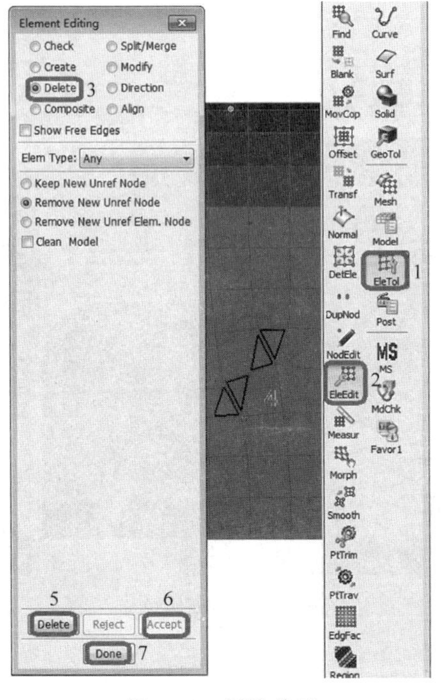


图 4-42　删除单元

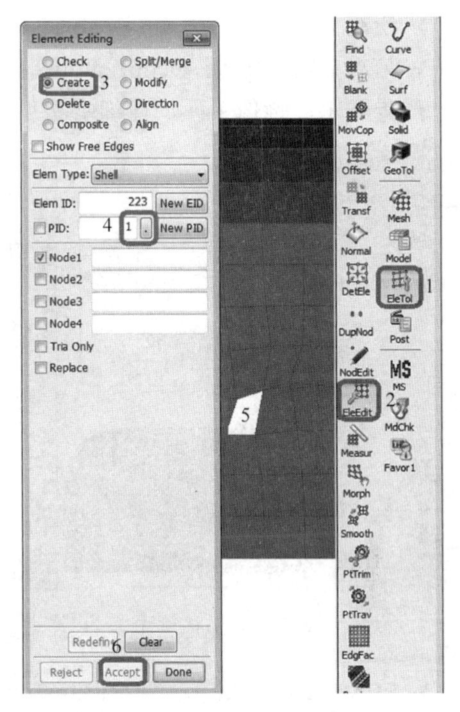


图 4-43　生成单元

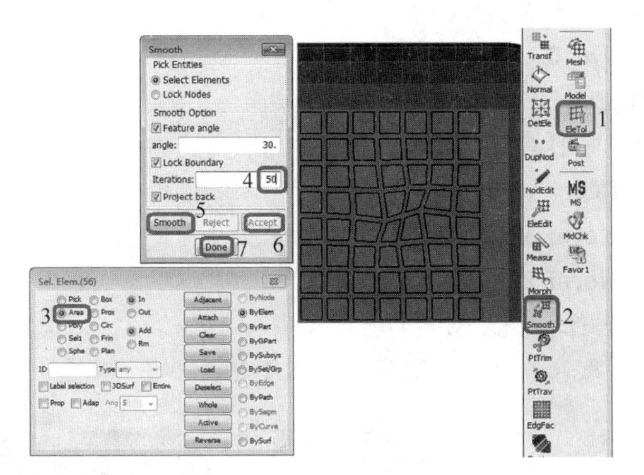


图 4-44　光顺单元

- 步骤 11：平移单元。详细步骤见图 4-45。
  - 单击 Top 渲染按钮。
  - FEM→Element Tools→Transform。
  - 选择 Translate。
  - 选择 Direction：Y。
  - 输入 Translate Distance＝40。
  - 激活 Copy Elem。
  - 选择 Part ID 为 1。
  - 在通用选择面板中选择 ByElem。

➤ 绘制方框框选如图 4-45 所示的单元。
➤ 依次单击 Tran-、Accept、Done。
• 步骤 12：镜像单元。详细步骤见图 4-46。

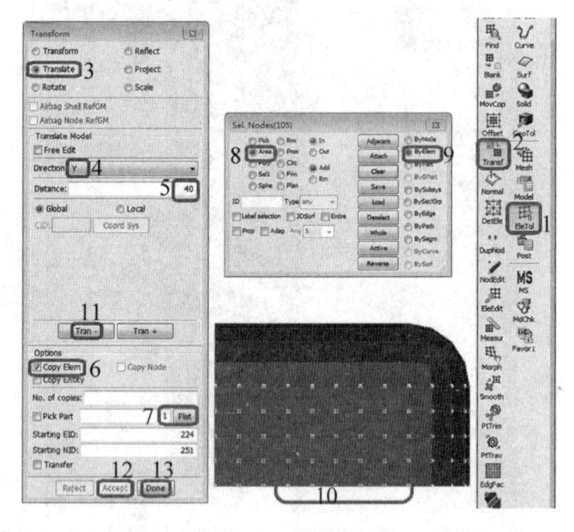
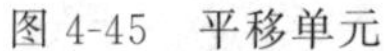

图 4-45 平移单元

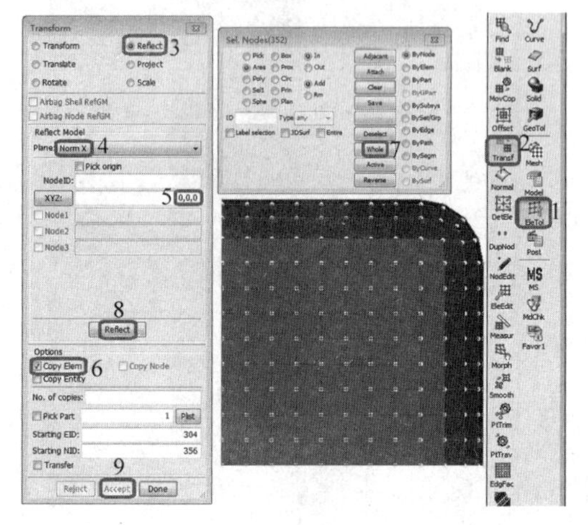

图 4-46 镜像单元

➤ FEM→Element Tools→Transform。
➤ 选择 Reflect。
➤ 选择 Plane：Norm X。
➤ 输入 XYZ=0,0,0。
➤ 激活 Copy Elem。
➤ 在通用选择面板中单击 Whole。
➤ 依次单击 Reflect、Accept。
➤ 采用 Plane：Norm Y 镜像复制全部单元，重复上述过程。
➤ 采用 Plane：Norm Z 重复上述过程。
➤ 单击 Done。镜像结果见图 4-47。
• 步骤 13：合并重合节点。详细步骤见图 4-48。

图 4-47 模型全部单元

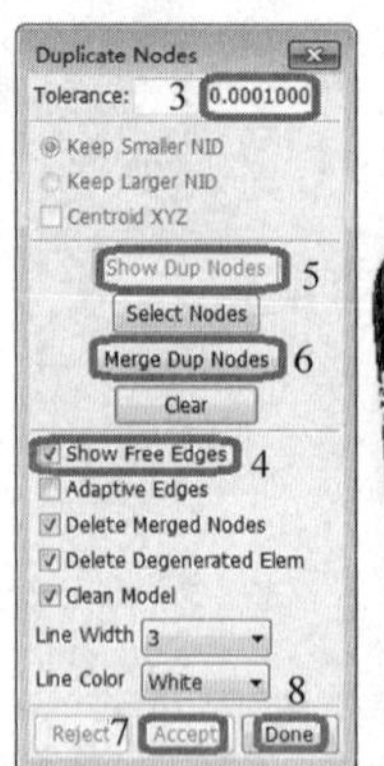

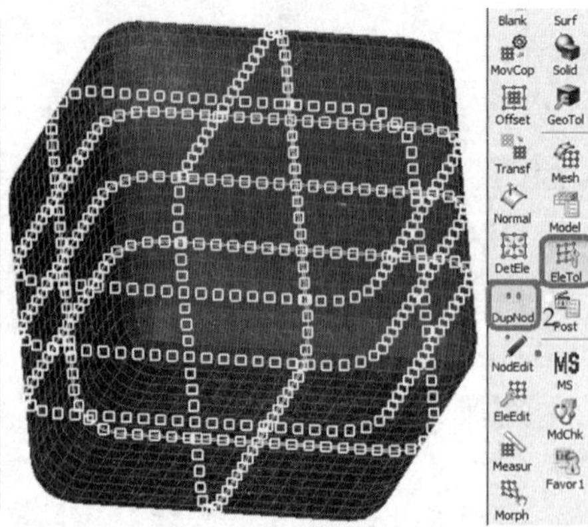


图 4-48 合并重合节点

➢ FEM→Element Tools→Duplicate Nodes。
➢ 设置 Tolerance＝0.0001。
➢ 激活 Show Free Edges。
➢ 依次单击 Show Dup. Nodes、Merge Dup. Nodes、Accept、Done。

### 4.5.7 曲线和曲面网格划分实例

本节主要讲述曲线的生成、连接、扫掠网格划分、在几条线间生成网格、裁剪 Part，以及曲面的生成、划分网格。

- 步骤 1：导入几何数据

➢ File→Import→IGES File。
➢ 打开 hub.igs。
➢ 单击 Back 渲染按钮。
➢ 右键单击 Rx 渲染按钮，将其变为 Ry。
➢ 单击 Ry 渲染按钮 3 次。导入的几何模型如图 4-49 所示。

- 步骤 2：生成线扫掠网格。详细步骤见图 4-50。

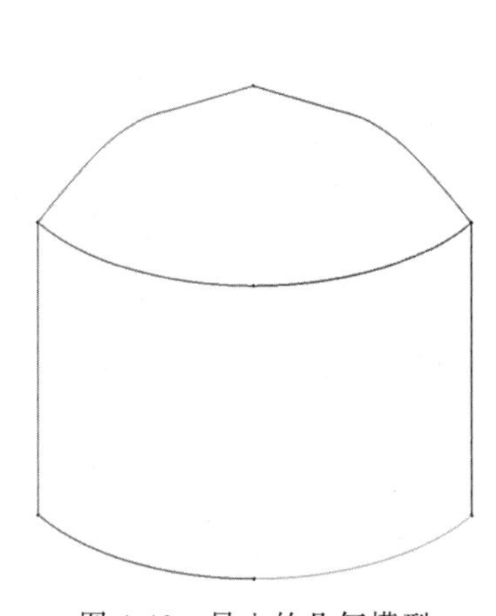
图 4-49 导入的几何模型

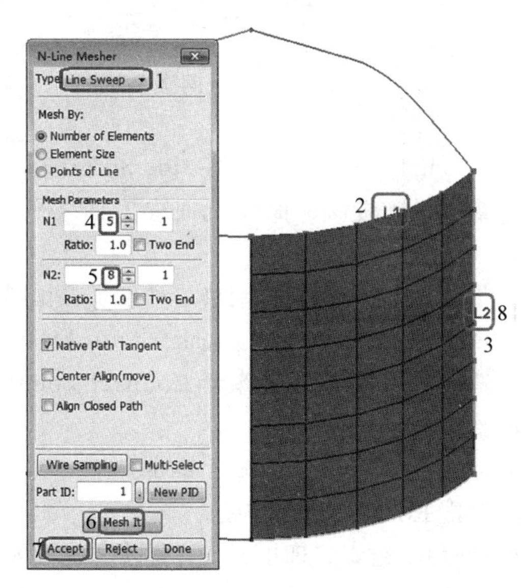

图 4-50 生成线扫掠网格

➢ FEM→Element and Mesh→N－Line Mesher。
➢ 选择 Type：Line Sweep。
➢ 依次拾取曲线 1、曲线 2。
➢ 依次输入 N1＝5、N2＝8。
➢ 依次单击 Mesh It、Accept。

- 步骤 3：在 2 条线之间生成网格。详细步骤见图 4-51。

➢ 选择 Type：2 Line Shell。
➢ 依次拾取曲线 1、曲线 2。

➢ 依次输入 N1 = 5、N2 = 5、N3 = 8、N4 = 8。
➢ 依次单击 Mesh It、Accept、Done。
• 步骤 4：生成面。详细步骤见图 4-52。

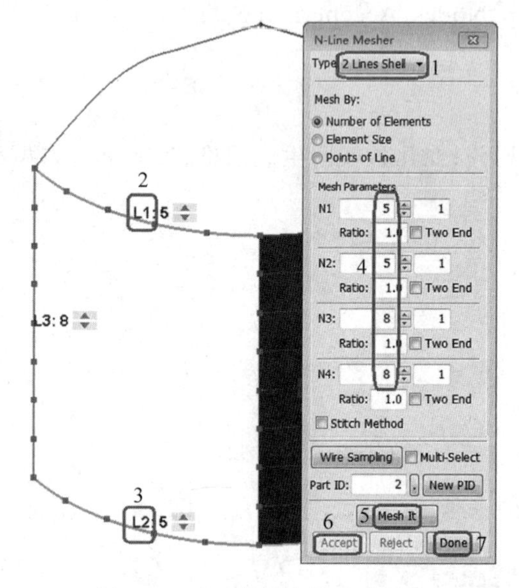

图 4-51 在 2 条线之间生成网格

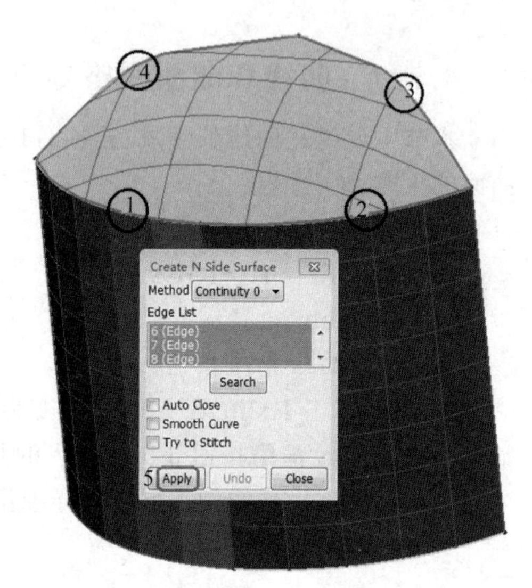

图 4-52 生成面

➢ Geometry→Surface→N-Side Surface。
➢ 依次拾取曲线 5、曲线 6、曲线 7、曲线 8。
➢ 单击 Apply。
• 步骤 5：为曲面划分网格。详细步骤见图 4-53。
➢ FEM→Element and Mesh→Auto Mesher。
➢ 输入 Elem Size = 6，激活 Connect Boundary Nodes。
➢ 拾取曲面。
➢ 依次单击 Mesh、Accept、Done。
➢ 单击 EdeGeo 渲染按钮。
• 步骤 6：组织管理单元。详细步骤见图 4-54。
➢ FEM→Element Tools→Move or Copy。
➢ 输入 PID = 1。
➢ 在通用选择面板中选择 ByPart。
➢ 拾取 Part2 和 Part3（蓝色和绿色单元）。
➢ 单击 Apply。
• 步骤 7：从工作目录 4.5.7 中导入叶片网格。见图 4-55。
➢ File→Import→LS-DYNA Keyword File。
➢ 打开 blade.k。
➢ 在 Import File 对话框中单击 Import Offset。
➢ 单击 Top 渲染按钮。

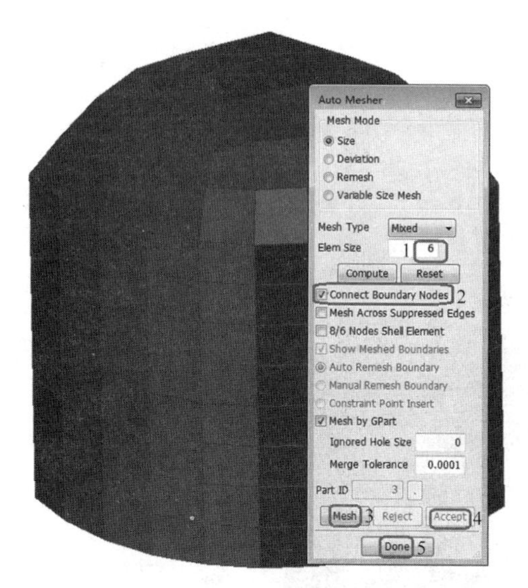


图 4-53　为曲面划分网格

图 4-54　组织管理单元

图 4-55　导入叶片网格

• 步骤 8：生成曲线裁剪叶片。详细步骤见图 4-56。

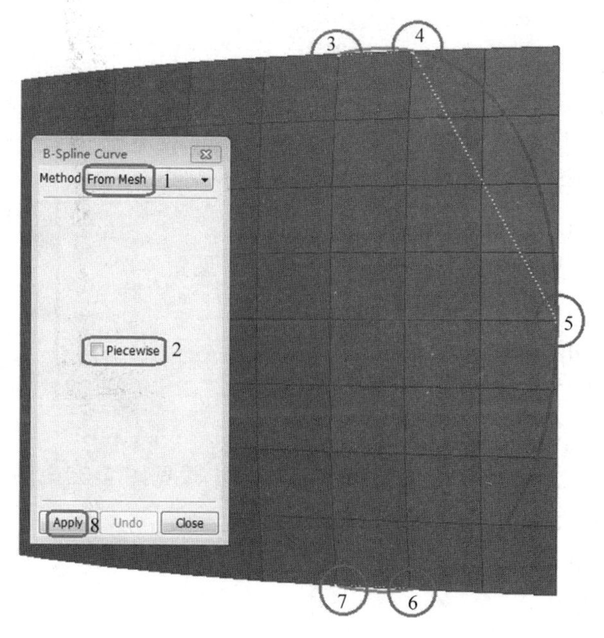


图 4-56　生成曲线裁剪叶片

➢ Geometry→Curve→B-Spline Curve。
➢ 选择 Method：From Mesh。
➢ 禁用 PieceWise。
➢ 依次拾取节点 1、节点 2、节点 3、节点 4、节点 5。
➢ 单击 Apply。
• 步骤 9：裁剪叶片。详细步骤见图 4-57。

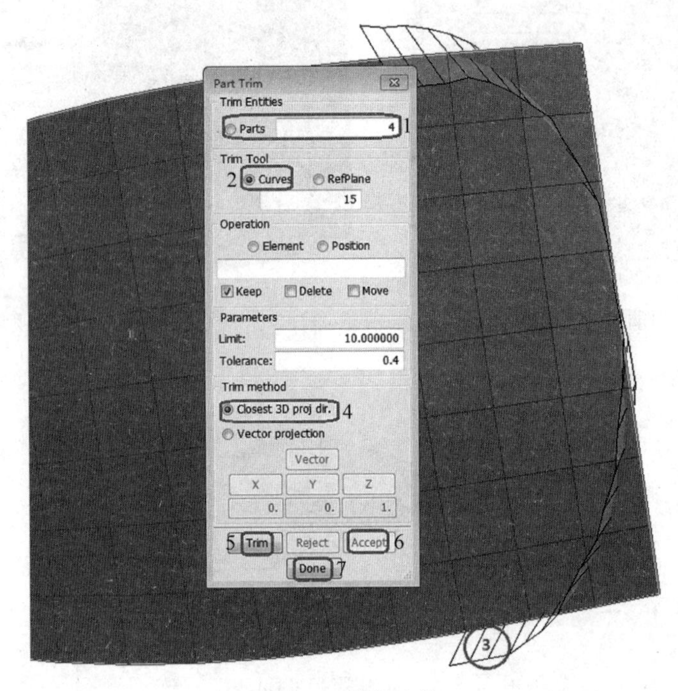


图 4-57　裁剪叶片

➢ FEM→Element Tools→Part Trim。
➢ 激活 Parts，拾取叶片 Part。
➢ 激活 Curves。拾取刚生成的曲线。
➢ 选择 Closest 3D Proj dir。
➢ 依次单击 Trim、Accept、Done。
• 步骤 10：删除裁剪掉的多余单元。详细步骤见图 4-58。
➢ FEM→Element Tools→Element Editing。
➢ 在 Element Edit 界面选择 Delete。
➢ 拾取 6 个多余单元。
➢ 依次单击 Delete、Accept、Done。
• 步骤 11：复制/旋转网格生成全模型。详细步骤见图 4-59～图 4-60。
➢ FEM→Element Tools→Transform。
➢ 选择 Rot. Axis：Z。
➢ 输入 XYZ＝0,0,0。
➢ 输入 Rot. Angle＝120。

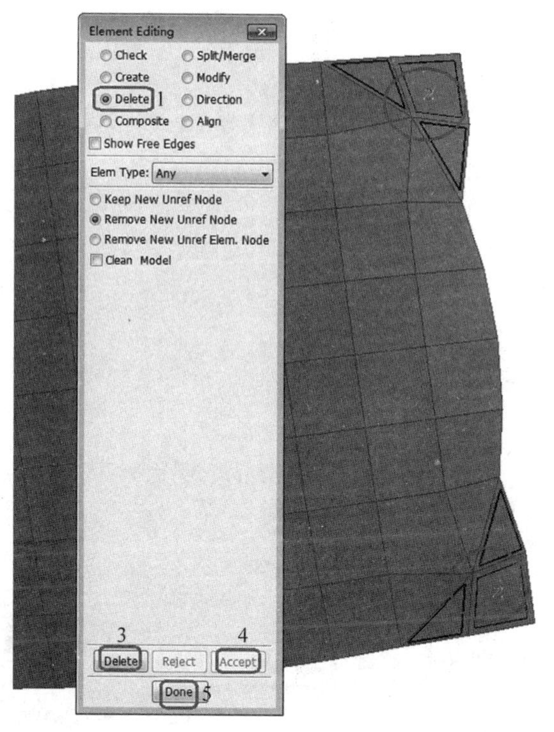


图 4-58　删除裁剪掉的多余单元

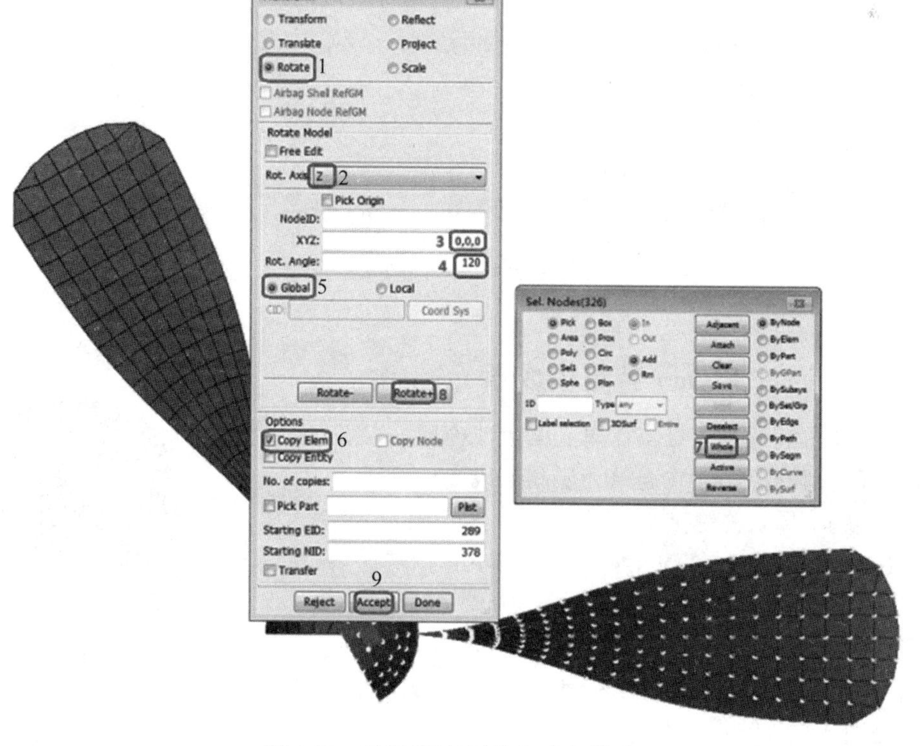


图 4-59　复制/旋转网格生成全模型 1

➢ 激活 Copy Elem。
➢ 在通用选择面板中单击 Whole。
➢ 依次单击 Rotate + 、Accept。
➢ 在通用选择面板中单击 Area。
➢ 拾取单元(如图 4-60 所示)。
➢ 依次单击 Rotate - 、Accept、Done。

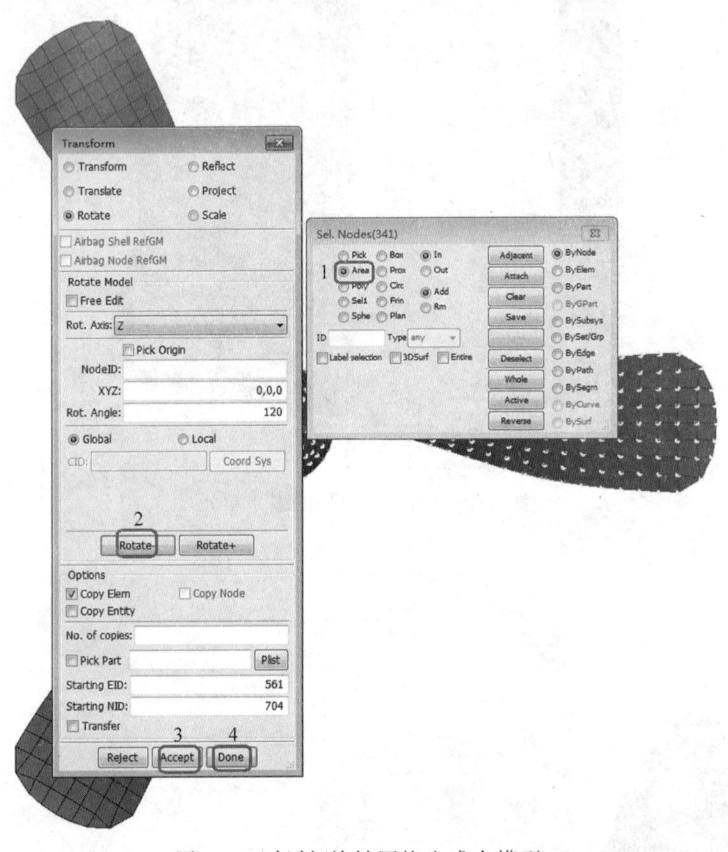

图 4-60 复制/旋转网格生成全模型 2

## 4.5.8 通过 ElGen 界面生成单元

本节主要讲述通过三维实体单元面生成壳网格，以及通过偏移壳单元、拉伸壳单元、在壳单元层间生成实体单元。

• 步骤 1：导入关键字文件。
➢ File→open→LS-DYNA Keyword File。
➢ 打开文件 head_and_neck.k。
➢ 单击 Right 按钮。导入的网格见图 4-61。
• 步骤 2：通过偏移壳单元生成实体单元。详细步骤见图 4-62。
➢ FEM-> Element and Mesh-> Element Generation。

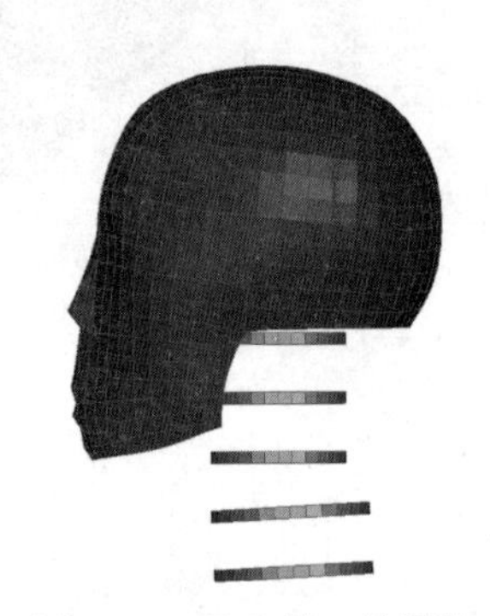
图 4-61 导入的三维网格

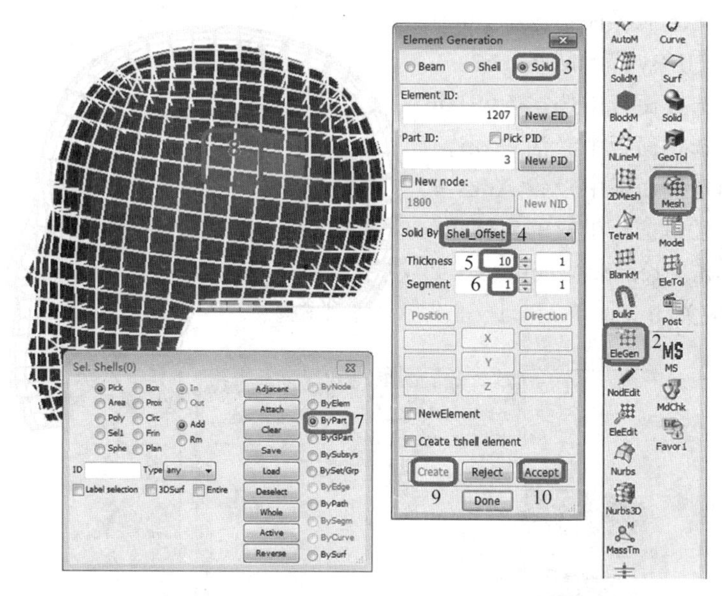


图 4-62 通过偏移壳单元生成实体单元

➢ 选择 Solid。
➢ 选择 Solid By：Shell_Offset。
➢ 依次设置 Thickness = 10、Segment = 1。
➢ 在通用选择面板中选择 ByPart。
➢ 在图形区单击头部网格。
➢ 依次单击 Create、Accept。

• 步骤 3：通过实体单元面生成壳单元。详细步骤见图 4-63。

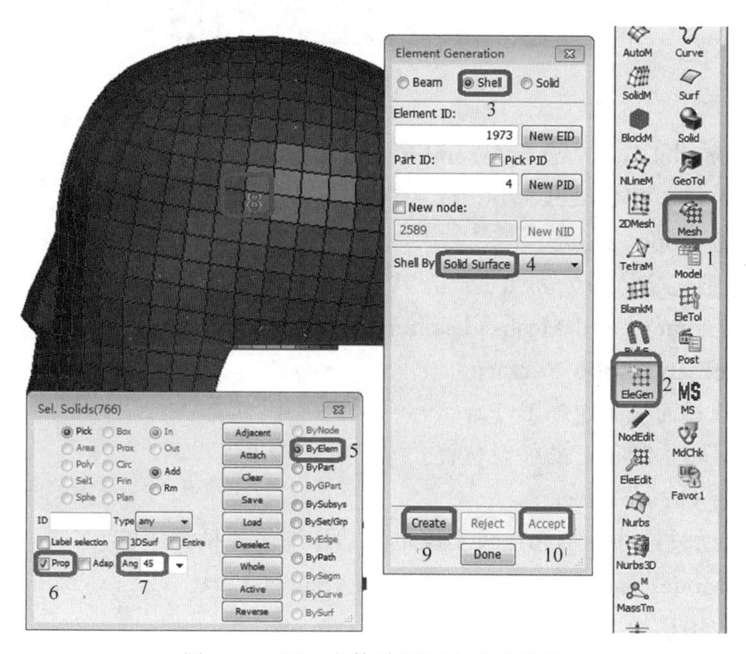


图 4-63 通过实体单元面生成壳单元

➢ 在壳单元生成界面中选择 Shell。
➢ 选择 Shell By：Solid_Face。
➢ 在通用选择面板中选择 ByElem。
➢ 在通用选择面板中激活 Prop。
➢ 在通用选择面板中设置 Ang：45。
➢ 在图形区单击新生成的实体单元外表面。
➢ 依次单击 Create、Accept。

• 步骤 4：关闭头部单元。详细步骤见图 4-64。

图 4-64　关闭头部单元

➢ FEM-> Model and Part-> Assembly and Select Part。
➢ 在列表中仅选择 2 neck (solids)。
➢ 依次单击 Apply、Done。

• 步骤 5：通过实体单元表面生成壳单元。详细步骤见图 4-65。

➢ FEM-> Element and Mesh-> Element Generation。
➢ 选择 Shell By：Solid_Surface。
➢ 在通用选择面板中选择 ByPart。
➢ 在图形区单击脖子上的任意位置。
➢ 依次单击 Create、Accept。

• 步骤 6：通过拉伸壳单元生成实体单元。详细步骤见图 4-66。

➢ FEM-> Model and Part-> Assembly and Select Part。
➢ 仅在列表中选择 S 5。
➢ FEM-> Element and Mesh-> Element Generation。

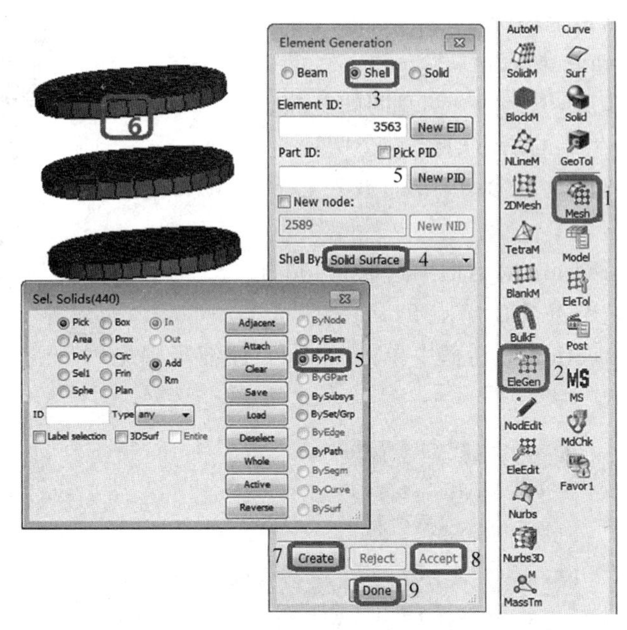

图 4-65 通过实体单元表面生成壳单元

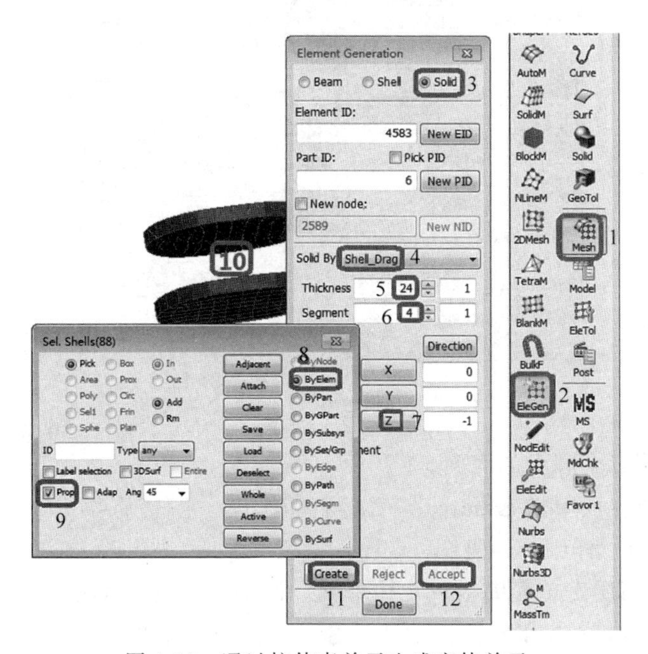

图 4-66 通过拉伸壳单元生成实体单元

- 选择 Solid。
- 选择 Solid By：Shell_Drag。
- 依次设置 Thickness＝24、Segment＝4。
- 连续单击两次 Z，以将拉伸方向设置为(0,0,－1)。
- 在通用选择面板中选择 ByElem。
- 激活 Prop。

➢ 在图形区单击最上端圆盘的下表面。
➢ 依次单击 Create、Accept。
➢ 重复上面的步骤，填充两个圆盘间的空隙。
➢ 单击 Done。生成的图形如图 4-67 所示。
➢ 在单元生成界面单击 Direction，载入 Create Direction 对话框。
➢ 在 Create Direction 对话框中选取 2Nodes。
➢ 在图形区点选节点 223，节点 94。
➢ 在 Create Direction 对话框中单击 Done。详细步骤见图 4-68。

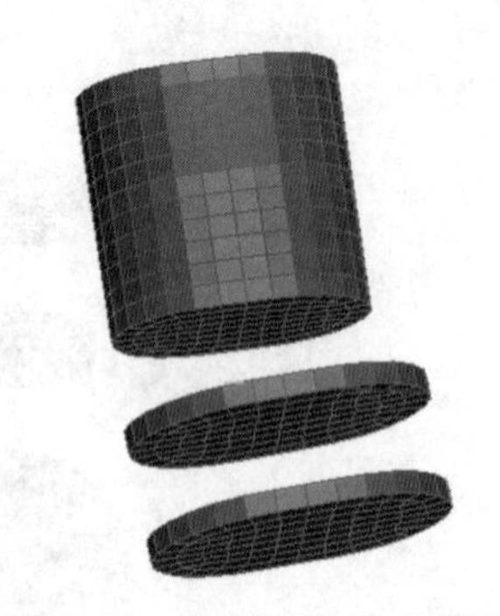

图 4-67 拉伸壳单元生成的实体单元

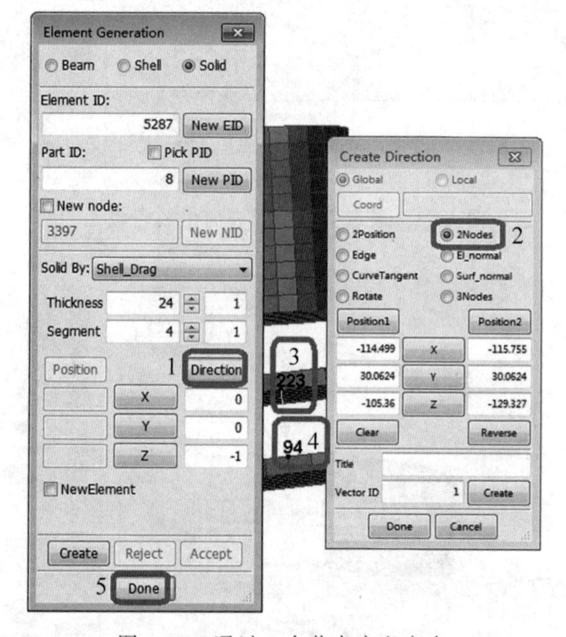


图 4-68 通过 2 个节点定义方向

➢ 单击倒数第二个圆盘的底面。
➢ 在单元生成界面单击 Create。
➢ 单击 Accept。详细步骤见图 4-69。

• 步骤 7：在两层壳单元间生成实体单元。详细步骤见图 4-70～图 4-71。

➢ 在 Element Generation 面板中选择 Solid By：2 Shell Sets。
➢ 设置 Segment = 4。
➢ 激活 Set 1。
➢ 选择中间圆盘的下表面。
➢ 激活 N1。
➢ 拾取节点 429(标记为红点)。
➢ 激活 N2。
➢ 拾取节点 518(标记为绿点)。

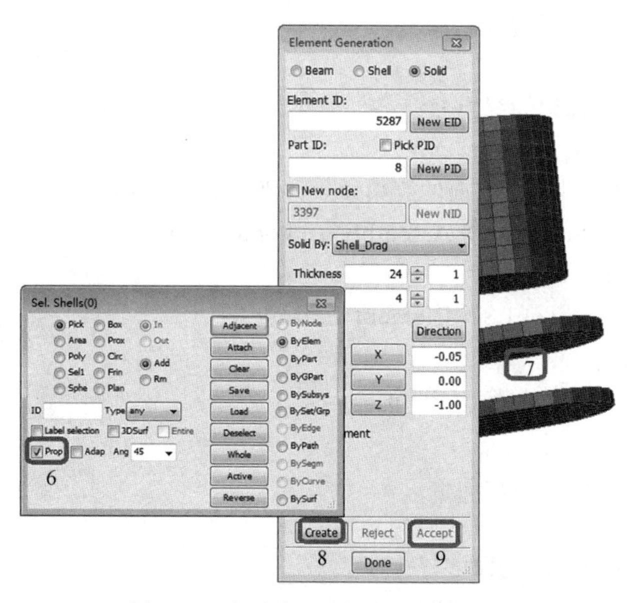

图 4-69 在下端两个圆盘间生成网格

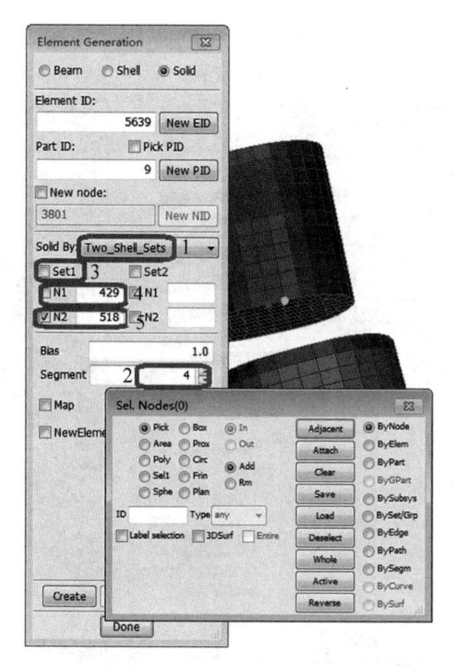

图 4-70 选择中间圆盘的下表面

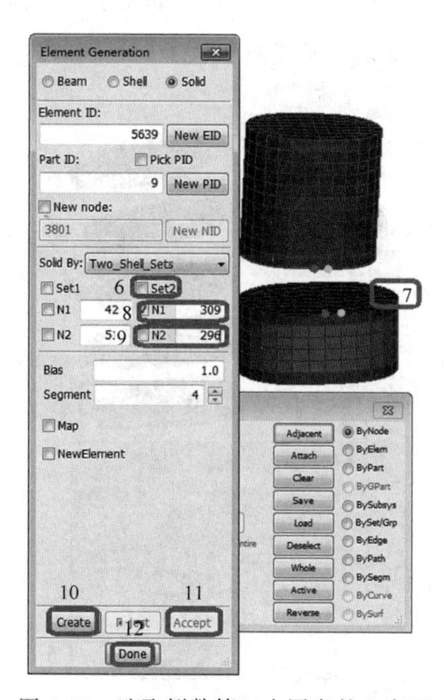

图 4-71 选取倒数第二个圆盘的上表面

➢ 旋转模型，使倒数第二个圆盘的上表面可见。
➢ 激活 Set 2。
➢ 在通用选择面板中选择 ByElem。
➢ 激活 Prop。
➢ 单击选取倒数第二个圆盘的上表面。
➢ 激活 N1。

➢ 拾取节点 309(标记为红点)。
➢ 激活 N2。
➢ 拾取节点 296(标记为绿点)。
➢ 依次单击 Create、Accept、Done。
• 步骤 8：删除圆盘水平方向的壳单元。详细步骤见图 4-72。
➢ FEM-> Model and Part-> Assembly and Select Part。
➢ 从列表中选择 S 5。
➢ FEM-> Element TooLS-> Element Editing。
➢ 选择 Delete。
➢ 在通用选择面板中选择 ByElem。
➢ 激活 Prop。
➢ 在图形区选择全部上表面。
➢ 单击 Delete。
➢ 在图形区选择全部下表面。
➢ 依次单击 Delete、Accept、Done。
• 步骤 9：通过偏移壳单元生成实体单元。详细步骤见图 4-73。

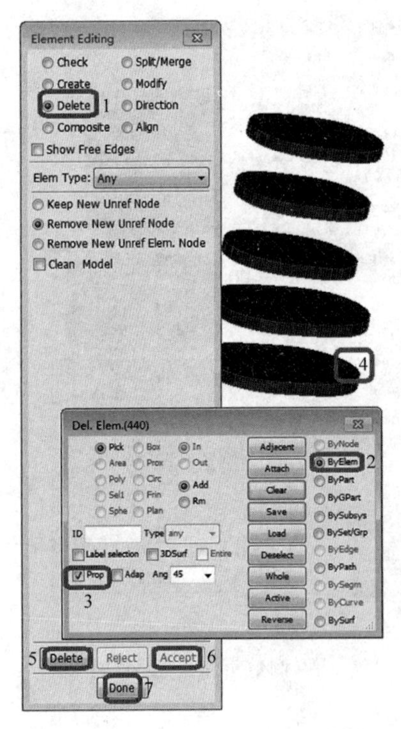


图 4-72 删除圆盘水平方向的壳单元

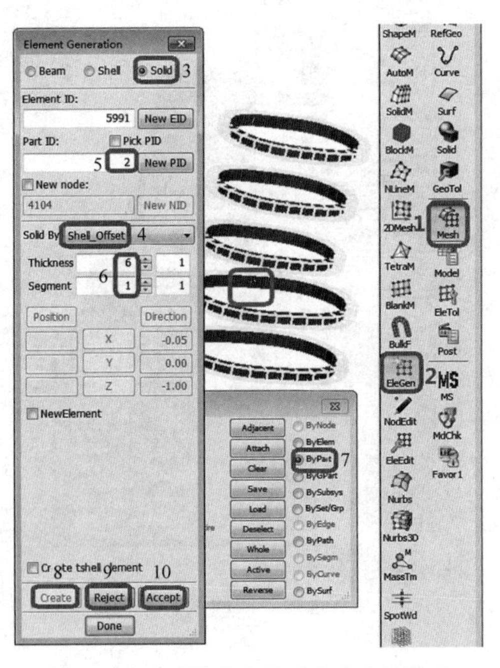


图 4-73 通过偏移壳单元生成实体单元

➢ FEM-> Element and Mesh-> Element Generation。
➢ 选择 Solid By：Shell_Offset。
➢ 输入 Part Id：2。
➢ 依次设置 Thickness=6、Segment=1。

➤ 在通用选择面板中选择 ByPart。
➤ 单击壳单元圆环的任意位置。
➤ 依次单击 Create、Accept、Done。

- 步骤 10：清理模型。详细步骤见图 4-74。

➤ FEM-> Model and Part-> Assembly and Select Part。
➤ 从列表中选择 1 head (shells)和 S 5。
➤ 单击底部工具栏中的 Right。
➤ FEM-> Model and Part-> Part Data。
➤ 单击 All。
➤ 单击 Del。删除 Part 步骤见图 4-75。

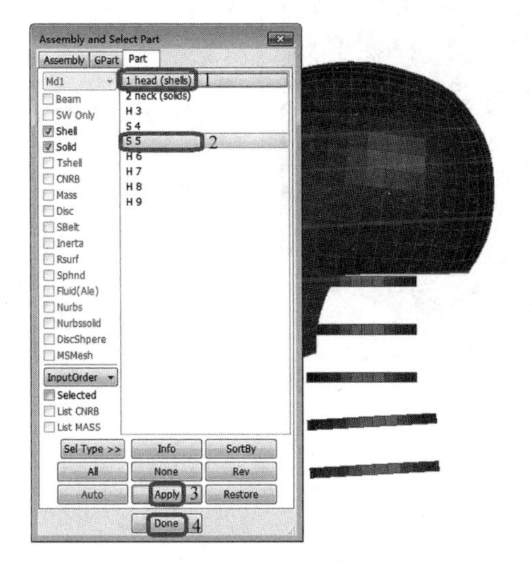


图 4-74 选择待删除 Part

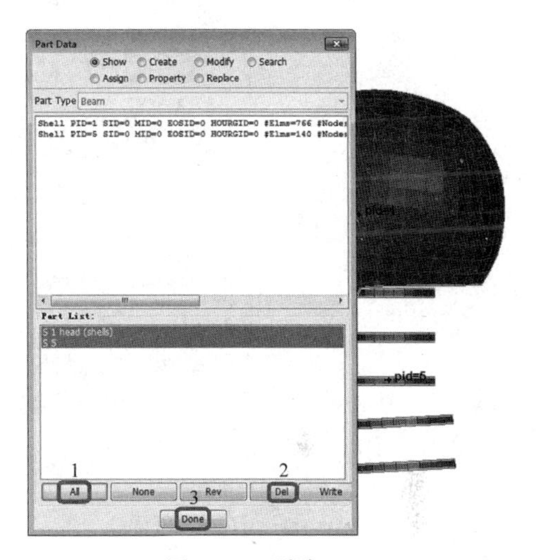


图 4-75 删除 Part

➤ FEM-> Model and Part-> Assembly and Select Part。
➤ 单击 All。显示 Part 步骤见图 4-76。

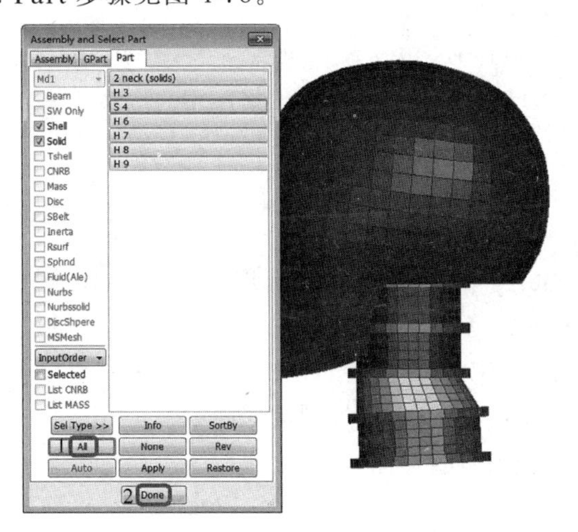


图 4-76 显示 Part

## 4.5.9 生成并细化同几何分析 NURBS 单元

本节主要讲述 NURBS 单元的生成、H 细化、P 细化、K 细化等。

• 步骤 1：生成 NURBS 单元。详细步骤见图 4-77。

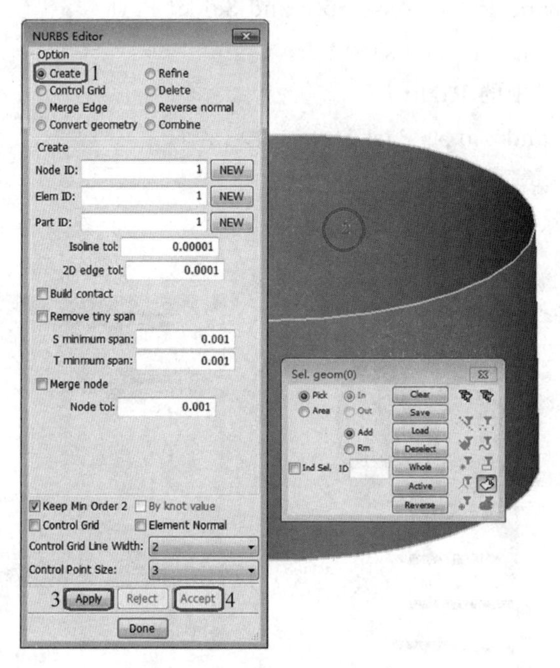


图 4-77 生成 NURBS 单元

➢ File→Import→IGES File。

➢ 打开 cylinder.iges。

➢ FEM→Element and Mesh→Nurbs Editting。

➢ 选择 Create。

➢ 拾取几何体(NURBS 面)。

➢ 单击 Apply,生成 NURBS 单元。

➢ 单击 Accept,将 NURBS 单元添加到数据库中。

• 步骤 2：H 细化。详细步骤见图 4-78。

➢ 选择 Refine。

➢ 选择 Method:H-Refine。

➢ 打开 Keep Geometry 和 Control Grid,并拾取 NURBS 单元。

➢ 分别设置 R 向和 S 向参数 span 的值。

➢ 单击 Apply,细化 NURBS 单元。

➢ 单击 Accept,将新的 NURBS 添加到数据库中。

• 步骤 3：P 细化。详细步骤见图 4-79。

➢ 选择 Refine。

➢ 选择 Method:P-Refine。

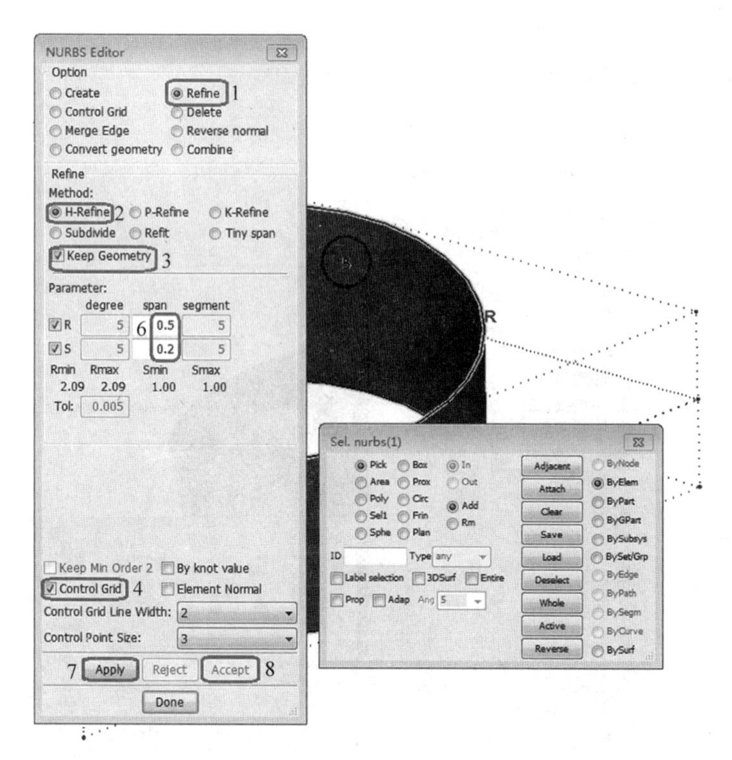

图 4-78 H 细化

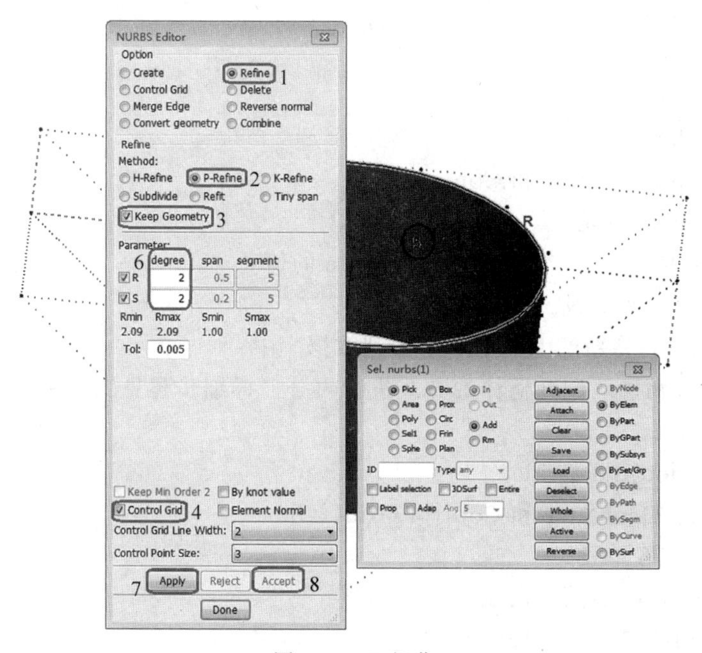

图 4-79 P 细化

➤ 打开 Keep Geometry 和 Control Grid。
➤ 拾取 NURBS 单元。
➤ 分别设置 R 向和 S 向参数 degree 的值。

➤ 单击 Apply，细化 NURBS 单元。
➤ 单击 Accept，将新的 NURBS 添加到数据库中。
• 步骤 4：K 细化。详细步骤见图 4-80。

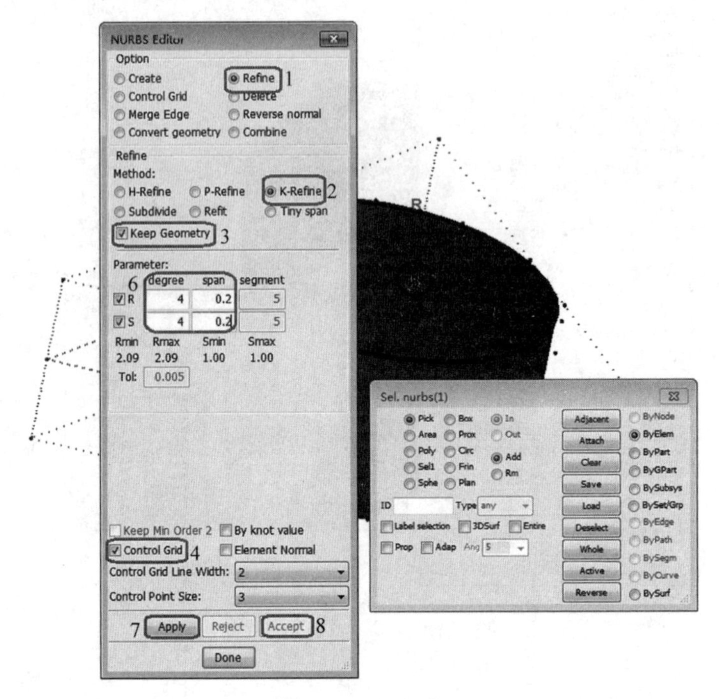


图 4-80　K 细化

➤ 选择 Refine。
➤ 选择 Method：K-Refine。
➤ 打开 Keep Geometry 和 Control Grid。
➤ 拾取 NURBS 单元。
➤ 分别设置 R 向、S 向参数 degree 和 span 的值。
➤ 单击 Apply，细化 NURBS 单元。
➤ 单击 Accept，将新的 NURBS 添加到数据库中。
• 步骤 5：以精确匹配几何体的方式进行再分。详细步骤见图 4-81。
➤ 选择 Refine。
➤ 选择 Method：Subdivide。
➤ 打开 Keep Geometry 和 Control Grid。
➤ 拾取 NURBS 单元。
➤ 分别设置 R 向、S 向参数 segment 的值。
➤ 单击 Apply，细化 NURBS 单元。
➤ 单击 Accept，将新的 NURBS 添加到数据库中。
• 步骤 6：以贴近几何体的方式再分。详细步骤见图 4-82。
➤ 重新启动 LS-PrePost。
➤ File→Import→LD-DYNA Keyword File，打开 subdivision.k。

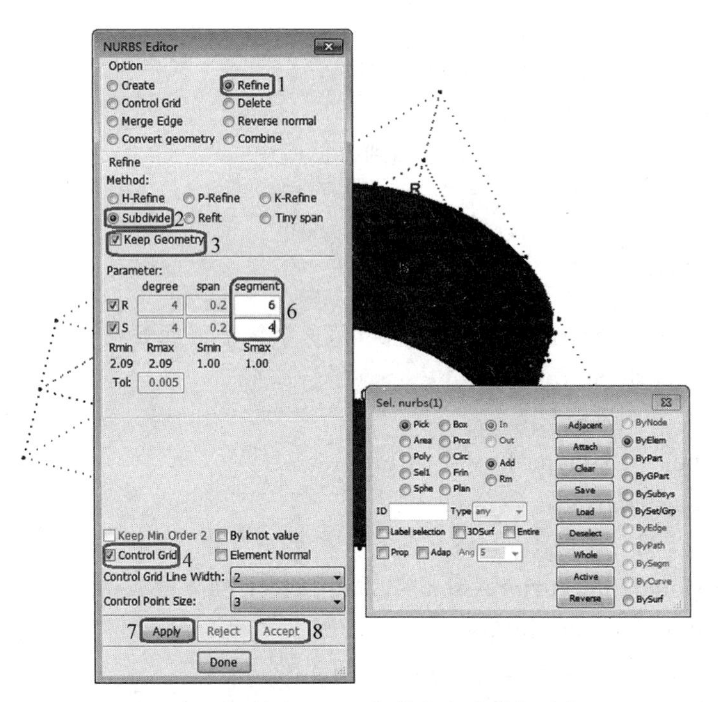


图 4-81　以精确匹配几何体的方式进行再分

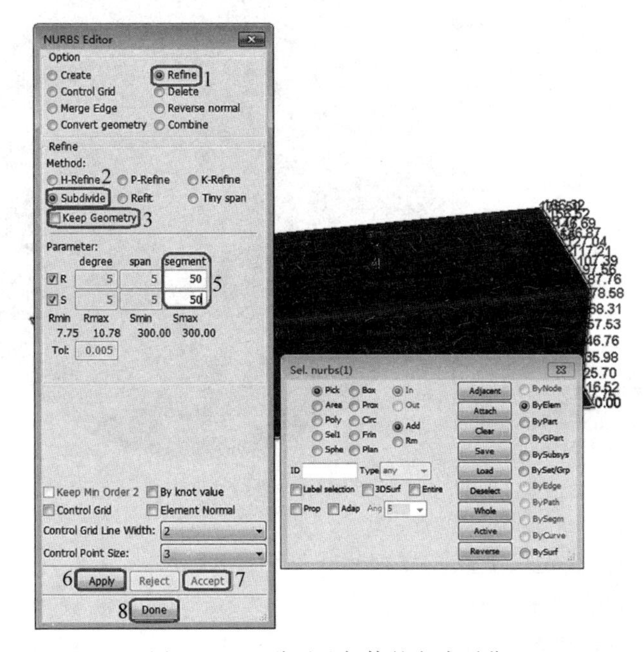


图 4-82　以贴近几何体的方式再分

- FEM→Element and Mesh→Nurbs Editting。
- 选择 Refine。
- 选择 Method:Subdivide。
- 关闭 Keep Geometry,这意味着新单元不会与原几何体精确匹配。

➢ 拾取一个 NURBS 单元。
➢ 分别设置 R 向、S 向参数 segment 的值。
➢ 单击 Apply，细化 NURBS 单元。
➢ 单击 Accept，将新的 NURBS 添加到数据库中。
➢ 单击 Done。

### 4.5.10 气囊折叠

气囊对乘员的保护作用已得到了普遍认可，这个例子帮助大家学习 LS-PrePost 中气囊的 Tim，Tuck，Thick 和 Spiral 折叠方法。

• 步骤 1：打开粗网格气囊模型。
➢ File→Open→LS-Dyna Keyword File。
➢ 打开 airbag_coarse.k。
➢ 单击底部工具栏中的 Bottom 按钮。
➢ FEM→Model and Part→Assembly and Select Part。
➢ 从列表中选择 4 rigid inflator can。
➢ 单击 Rev。显示气囊模型详细步骤见图 4-83。

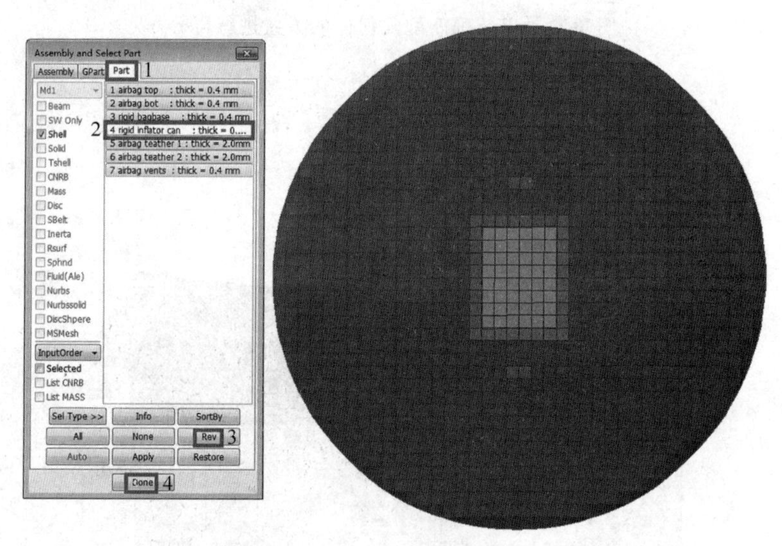


图 4-83 显示气囊模型

• 步骤 2：识别折叠定义节点。详细步骤见图 4-84。
➢ FEM→Element Tools→Identify。
➢ 单击底部工具栏中的 Top 按钮。
➢ 单击 10 按钮(将其改变为 -10)。
➢ 连续 3 次单击 Rx 按钮。
➢ 在 ID 右侧输入 1:30。
➢ 回车。
➢ 单击 Done。

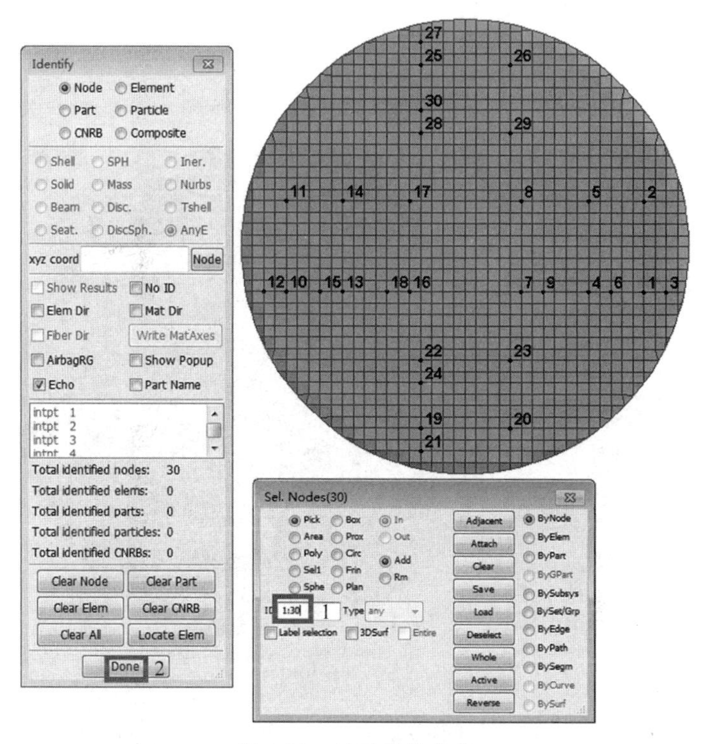


图 4-84　显示部分节点

• 步骤 3：创建 Thin fold 定义＃1。详细步骤见图 4-85。

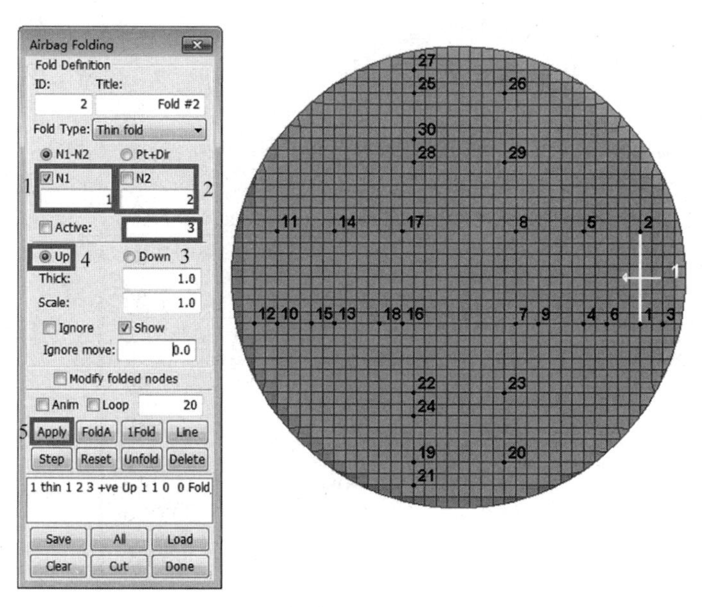


图 4-85　创建 Thin fold 定义＃1

➢ Application→Occupant Safety→Airbag Folding。

➢ 对于 N1，从图形区拾取节点 1；对于 N2，从图形区拾取节点 2。

➢ 对于 Active，从图形区拾取节点 3。

➢ 选择 Up。
➢ 单击 Apply。
• 步骤 4：创建 Thin fold 定义＃2－9。详细步骤见图 4-86。

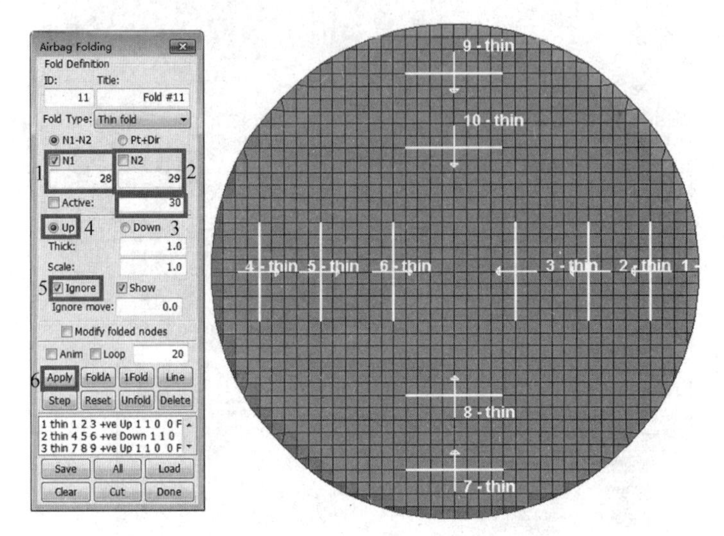


图 4-86 创建 Thin fold 定义＃2-9

➢ N1＝4，N2＝5，Active＝6，选择 Down。
➢ 单击 Apply。
➢ N1＝7，N2＝8，Active＝9，选择 Up。
➢ 单击 Apply。
➢ N1＝10，N2＝11，Active＝12，选择 Up。
➢ 单击 Apply。
➢ N1＝13，N2＝14，Active＝15，选择 Down。
➢ 单击 Apply。
➢ N1＝16，N2＝17，Active＝18，选择 Up。
➢ 单击 Apply。
➢ N1＝19，N2＝20，Active＝21，选择 Down。
➢ 单击 Apply。
➢ N1＝22，N2＝23，Active＝24，选择 Up。
➢ 单击 Apply。
➢ N1＝25，N2＝26，Active＝27，选择 Down。
➢ 单击 Apply。
➢ N1＝28，N2＝29，Active＝30，选择 Up。
➢ 激活 Ignore。
➢ 单击 Apply。
• 步骤 5：预览折叠，并接受、保存模型。详细步骤见图 4-87。
➢ 单击 Step 10 次。
➢ 依次单击 Reset、FoldA。

➢ 单击底部工具栏中 Back 按钮。
➢ File→Save Keyword。
➢ 输入文件名：thinfolded.k。
➢ 单击 Save。

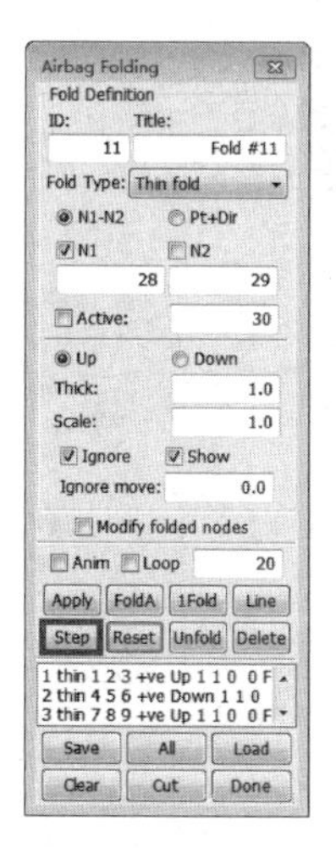

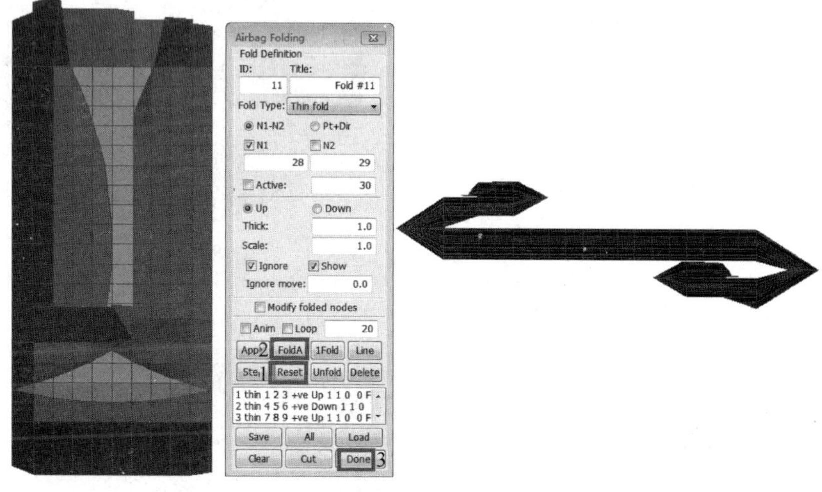


图 4-87　预览折叠

• 步骤 6：打开原始模型。
➢ File→Exit。
➢ 启动 LS-PrePost 新进程。
➢ File→Open→LS-Dyna Keyword File。
➢ 打开 airbag_coarse.k。
➢ FEM→Model and Part→Assembly and Select Part。
➢ 从列表中选择 4 rigid inflator can。
➢ 单击 Rev。
➢ FEM→Element Tools→Identify。
➢ 输入 ID=1:3,10:12,22:24,28:30。
➢ 回车。
➢ 单击 Top 按钮。识别出的节点见图 4-88。
• 步骤 7：创建 Tuck fold 定义 #1。详细步骤见图 4-89。
➢ Application→Occupant Safety→Airbag Folding。
➢ 选择折叠类型：Tuck fold。
➢ N1=1,N2=2,Active=3。
➢ 单击 Apply。
• 步骤 8：创建 Thick fold 定义 #2、#3 和 #4。详细步骤见图 4-90。
➢ 选择折叠类型：Thick fold。
➢ N1=10,N2=11,Active=12。
➢ 单击 Apply。

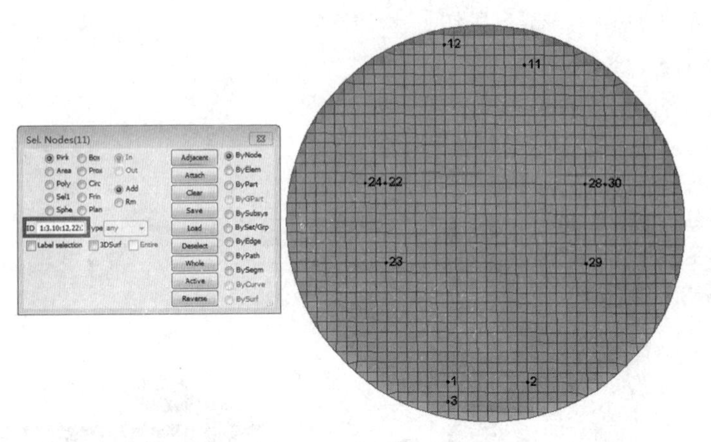


图 4-88　识别节点

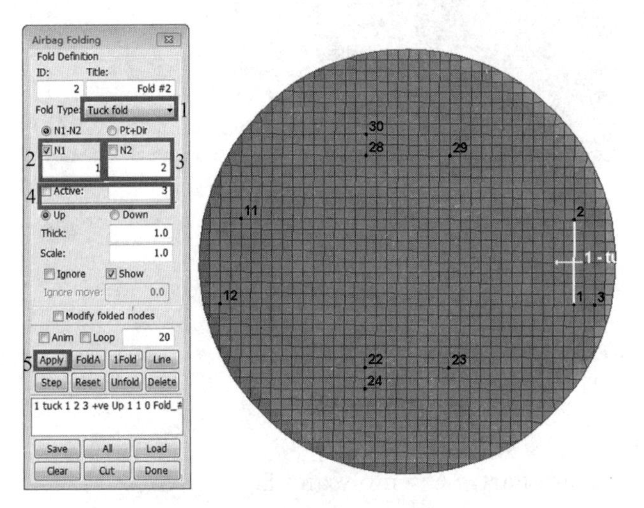


图 4-89　创建 Tuck fold 定义＃1

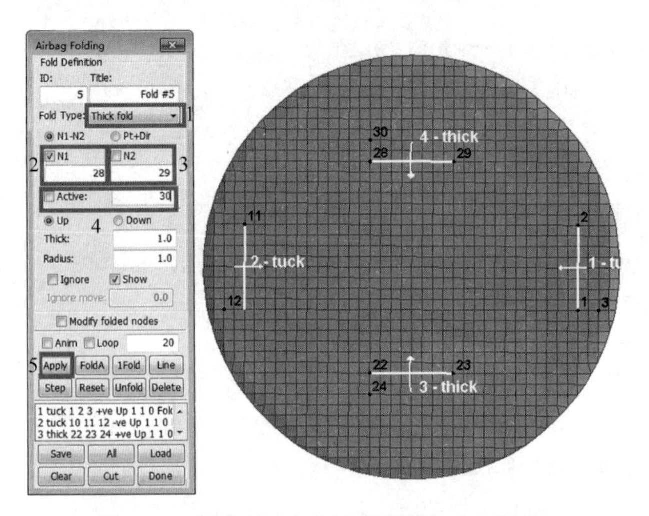


图 4-90　创建 Thick fold 定义＃2、＃3 和＃4

➢ N1 = 22,N2 = 23,Active = 24。
➢ 单击 Apply。
➢ N1 = 28,N2 = 29,Active = 30。
➢ 单击 Apply。
• 步骤 9:预览折叠,保存模型。详细步骤见图 4-91。

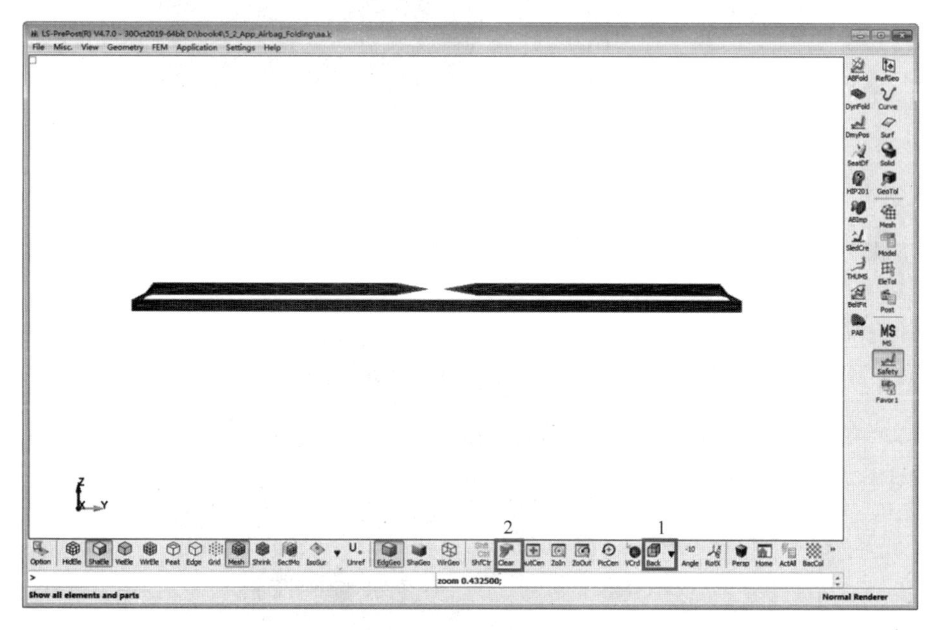

图 4-91 预览折叠

➢ 单击 Step 4 次。
➢ 依次单击 Back、Clear 按钮。
➢ File→Save Keyword。
➢ 输入文件名:tuck_thick.k。
➢ 单击 Save。
• 步骤 10:打开细网格气囊模型。
➢ File→Exit。
➢ 启动 LS-PrePost 新进程。
➢ File→Open→LS-Dyna Keyword File。
➢ 打开 airbag_fine.k。
➢ FEM→Model and Part→Assembly and Select Part。
➢ 从列表中选择 4 rigid inflator can。
➢ 单击 Rev。
➢ FEM→Element Tools→Identify。
➢ 输入 ID = 1:18,9400,8548,9403,7487,6621,7490。
➢ 回车。
➢ 单击 Top 按钮。识别出的节点见图 4-92。

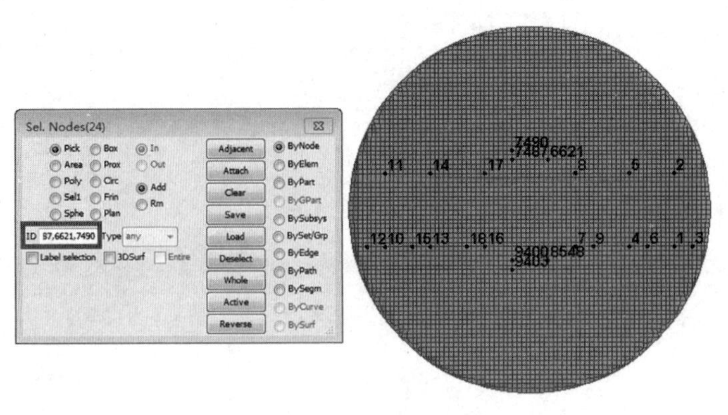


图 4-92 识别出的节点

• 步骤 11：创建 Thin fold 定义＃1-6。详细步骤见图 4-93。

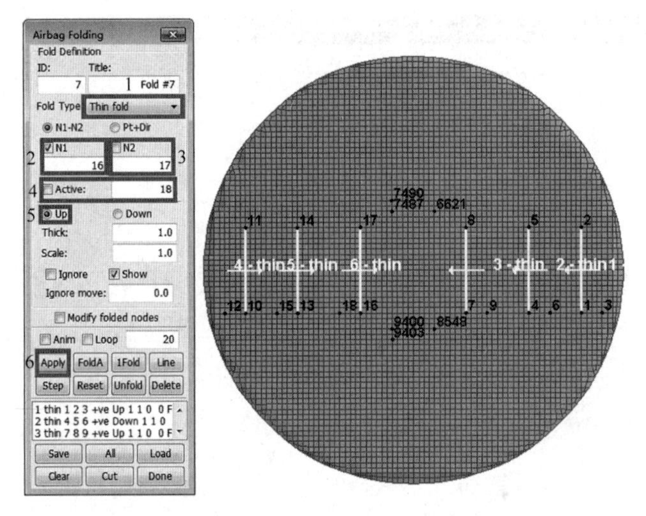


图 4-93 创建 Thin fold 定义＃1-6

➢ Application→Occupant Safety→Airbag Folding。
➢ N1＝1，N2＝2，Active＝3，选择 Up。
➢ 单击 Apply。
➢ N1＝4，N2＝5，Active＝6，选择 Down。
➢ 单击 Apply。
➢ N1＝7，N2＝8，Active＝9，选择 Up。
➢ 单击 Apply。
➢ N1＝10，N2＝11，Active＝12，选择 Up。
➢ 单击 Apply。
➢ N1＝13，N2＝14，Active＝15，选择 Down。
➢ 单击 Apply。
➢ N1＝16，N2＝17，Active＝18，选择 Up。
➢ 单击 Apply。

• 步骤 12：创建 Spiral fold 定义＃7-8。详细步骤见图 4-94。

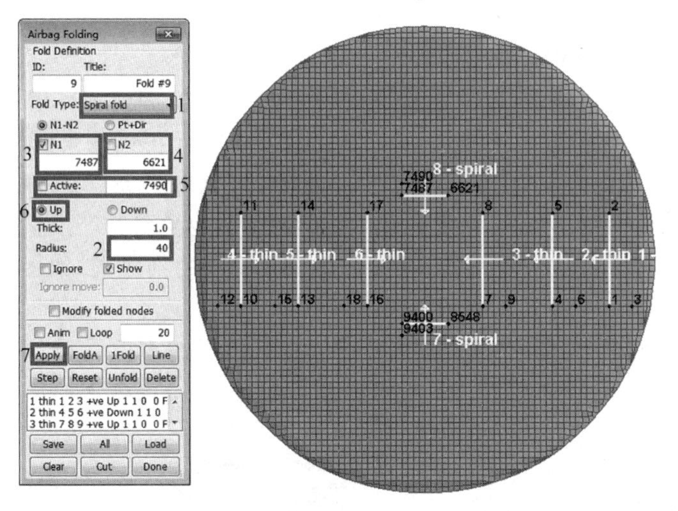


图 4-94 创建 Spiral fold 定义＃7-8

➢ 选择折叠类型：Spiral fold。

➢ N1 = 9400，N2 = 8548，Active = 9403，选择 Up。

➢ 输入 Radius = 40。

➢ 单击 Apply。

➢ N1 = 7487，N2 = 6621，Active = 7490，选择 Up。

➢ 单击 Apply。

• 步骤 13：折叠，并保存。

➢ 单击 Step 8 次。

➢ 依次单击 Clear、Back 按钮。

➢ File→Save Keyword。

➢ 输入文件名：spiral. k。

➢ 单击 Save。折叠效果见图 4-95。

图 4-95 折叠效果

### 4.5.11 复合材料层压板建模

复合材料的应用越来越多，但复合材料模型不容易创建，因为每一层都可能有不同的材料、厚度和角度，这个例子给大家展示如何采用 LS-PrePost 里的 ElEdit→Composite 功能快速创建、验证和显示 *ELEMENT_SHELL_(XXX_)COMPOSITE(_XXX)。

本节将介绍如何为图 4-96 所示的壳状结构建立复合材料铺层。

壳状结构铺层有 2～3 层，图 4-97 是沿着图 4-96 中线的剖面图，图 4-97(a)是物理铺层示意图，图 4-97(b)是将要建立的有限元模型。

中间层圆形区域的纤维/材料方向环绕孔，上下铺层的方向由结构大端朝向小端，如图 4-98 所示。

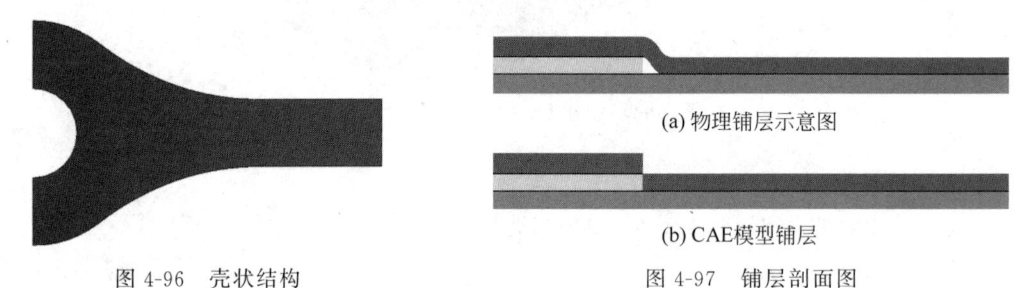


图 4-96 壳状结构　　　　图 4-97 铺层剖面图

- 步骤 1：导入模型。
- ➢ File→Open→LS-DYNA Keyword File。
- ➢ 打开 composite_tutorial.k。
- 步骤 2：生成铺层。详细步骤见图 4-99。

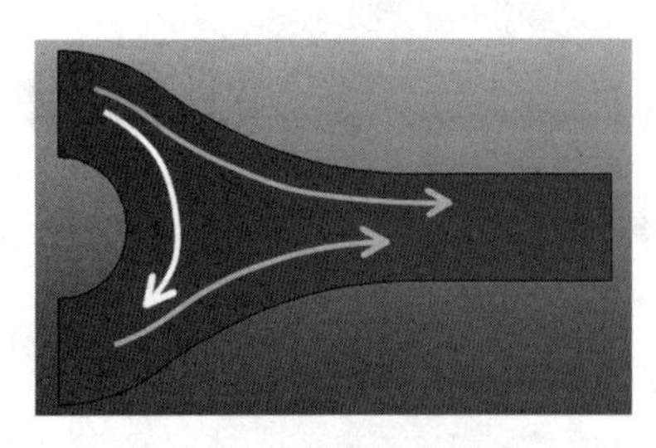

图 4-98 纤维/材料方向

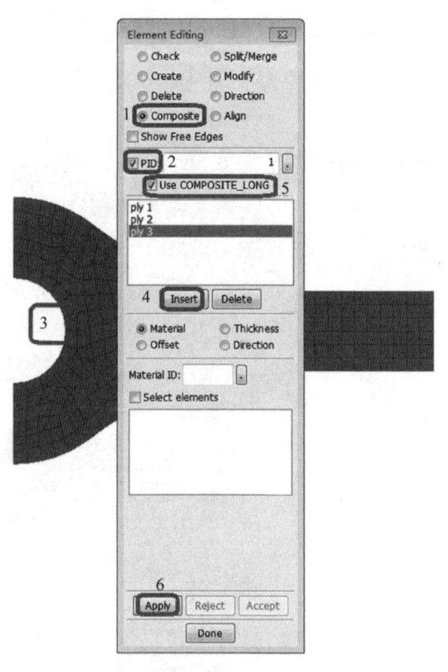


图 4-99 生成铺层

➢ Element Tools→Element Editing。
➢ 选择 Composite。注意,LS-PrePost Composite 一次只能对一个 Part 进行操作。
➢ 勾选 PID:。
➢ 在图形区拾取 Part。
➢ 模型中共有三个物理铺层,因此需要单击 Insert 三次。
➢ 激活 Use COMPOSITE_LONG。
• 步骤 3:为铺层添加材料。
这里,为上端和下端铺层的全部单元添加复合材料模型。
➢ 在通用选择面板中通过 ByPart 选项选择 Part 的全部单元。
➢ 拾取 Part。
➢ 单击 Material ID 旁边的关联按钮"•",即黑点,指定材料 ID。
➢ 从列表中选择材料 1。
➢ 单击 Link MAT 窗口中的 Done。
➢ 需要对 ply 1 和 ply 3 添加材料,因此在列表中多选 ply 1 和 ply 3(采用 Ctrl 和鼠标左键)
➢ 单击 Apply。
然后为 ply 2(模型中的圆形区域)添加相同的材料模型。
➢ 在列表中选择 ply 2。
➢ 在通用选择面板中单击 Clear。
➢ 在通用选择面板中选择 ByElem。
➢ 在通用选择面板中采用 Circ 选项拾取圆形区域的单元。
➢ 单击 Apply,将材料号 1 添加给 ply 2 中的选中单元。
ply 2 的剩余单元中尚没赋予材料。接着将 *MAT_NULL 材料模型赋给 ply 2 的剩余单元。在 LS-DYNA 中如果单元给定了零厚度,即使被赋予了材料也会被忽略。
➢ 在通用选择面板中单击 Reverse,进行反向选择。
➢ 在材料列表中选择 Material ID 为 2。
➢ 单击 Apply,将材料 2 赋给 ply 2 的剩余单元。
• 可选步骤:检查材料是否正确赋给了全部铺层。
➢ 勾选 Select elements。
➢ 在列表中选择 ply 1,其全部单元会高亮显示。
➢ 在列表中选择 ply 2,其全部单元会高亮显示。材料列表中将有两种材料:MID 1 和 MID 2。
➢ 仅选择 MID 1,仅 ply 2 的圆形区域单元高亮显示。
➢ 仅选择 MID 2,仅 ply 2 的剩余单元高亮显示。
➢ 在列表中选择 ply 3,其全部单元会高亮显示。显示铺层详细步骤见图 4-100。
• 步骤 4:设置厚度。
现在设置上下铺层的厚度为 4,中间铺层的厚度为 3。
➢ 单击 Thickness 单选按钮。
➢ 从铺层列表中选择 ply 1 和 ply 3。

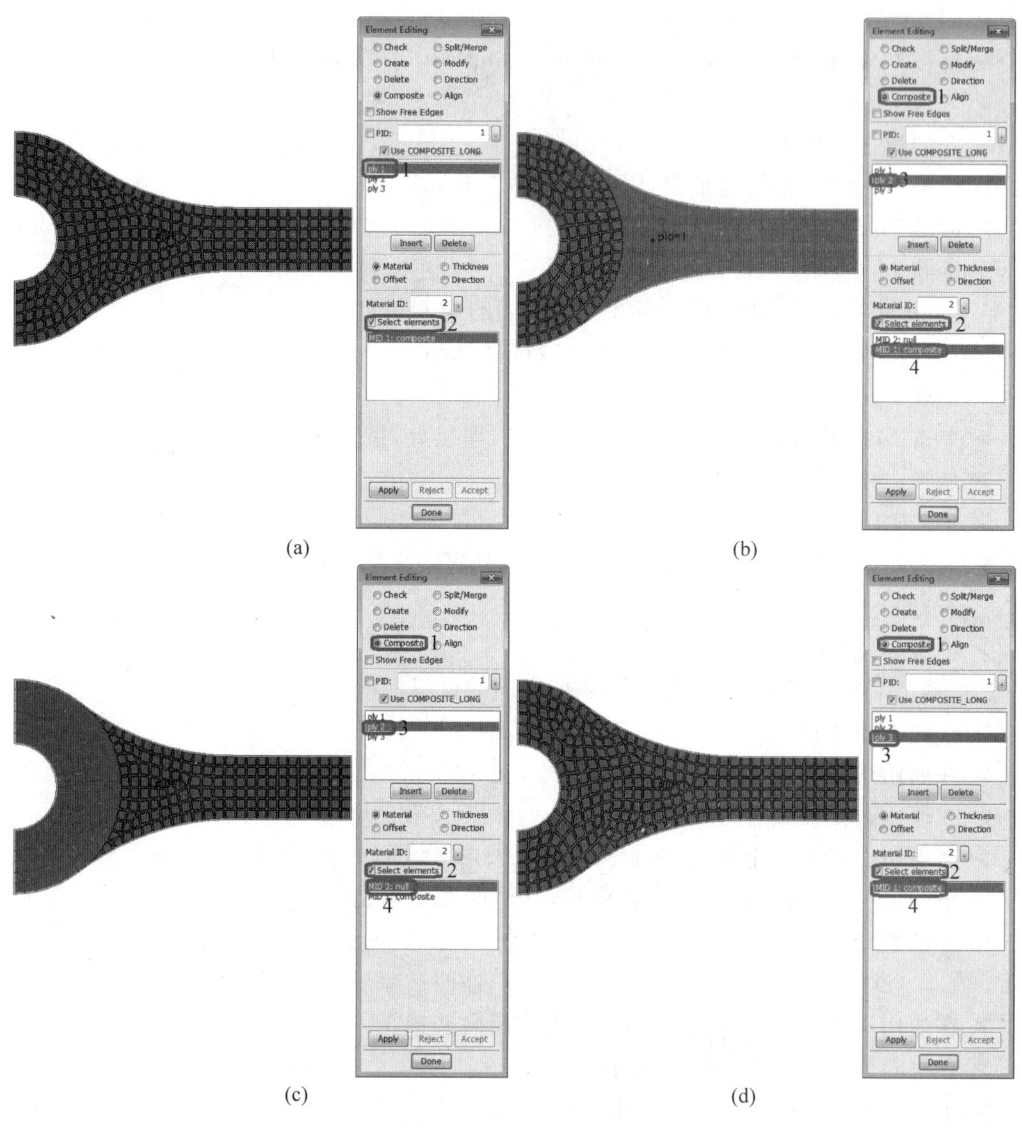

图 4-100 显示全部铺层

➢ 在 Thickness:文本框中输入 4。
➢ 在通用选择面板中单击 Whole 选择全部单元。
➢ 单击 Apply。

接着设置 ply 2 中圆形区域单元的厚度为 3。

➢ 从铺层列表中选择 ply 2。
➢ 单击 Material 单选按钮。
➢ 勾选 Select elements 复选框。
➢ 在列表中选择 MID 1,选择 ply 2 中圆形区域单元。
➢ 单击 Thickness 单选按钮。
➢ 在 Thickness:文本框中输入 3。
➢ 单击 Apply。

- 可选步骤：检查铺层厚度是否正确。
➢ 单击 Fringe Thickness 复选框。
➢ 依次单击 ply 1、ply 2 和 ply 3，检查每个铺层厚度是否正确。详细步骤见图 4-101。

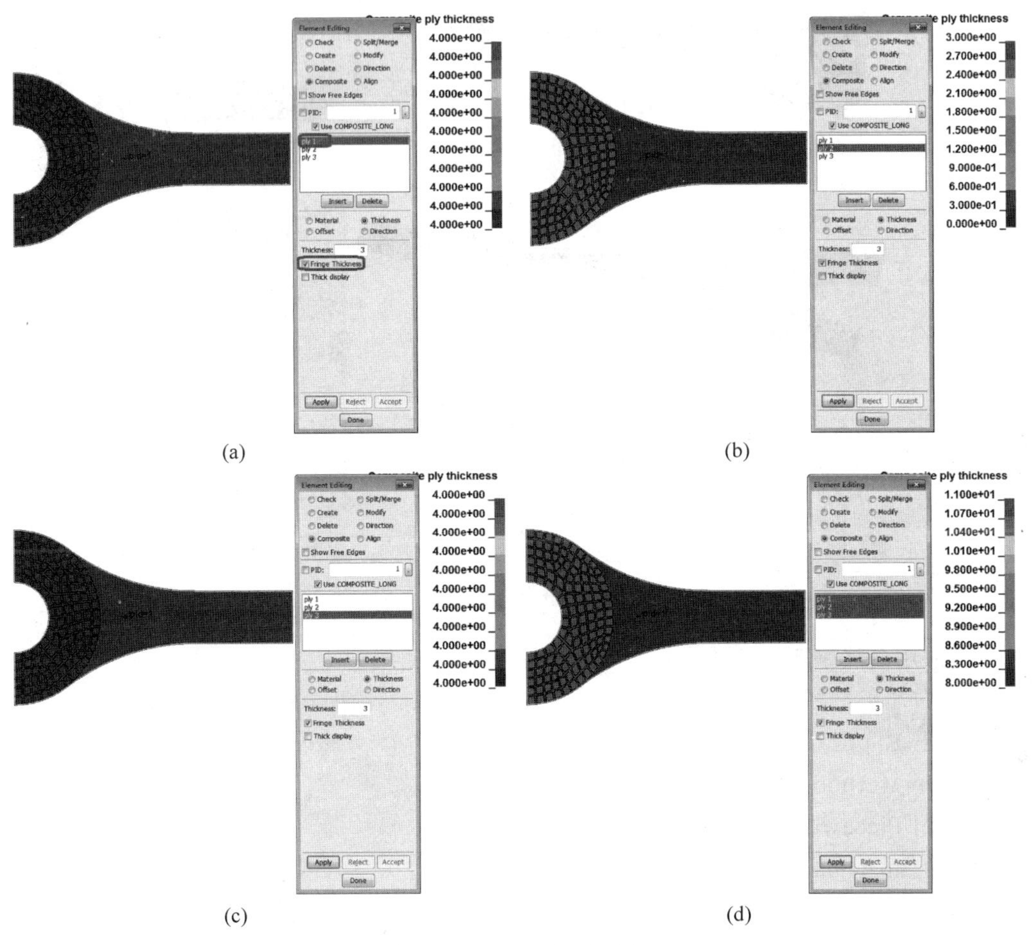


图 4-101 检查铺层厚度

- 步骤 5：设置参考面。

选择复合材料参考面要视情况而定，这里假定工具表面是划分网格的参考面，也就是说节点位于 ply 1 的底面，所以我们要偏移单元以获得平坦的下表面。

➢ 单击 Offset 单选按钮。
➢ 单击 Flat lower。
➢ 在通用选择面板中选择全部单元。
➢ 单击 Apply。
- 可选步骤：检查是否正确施加了偏移。
➢ 单击 Thickness 单选按钮。
➢ 打开/关闭 Thick display 复选框，检查参考面是否位于最低面。详细步骤见图 4-102。
➢ 关闭 Thick display 复选框。
- 步骤 6：定义纤维方向。

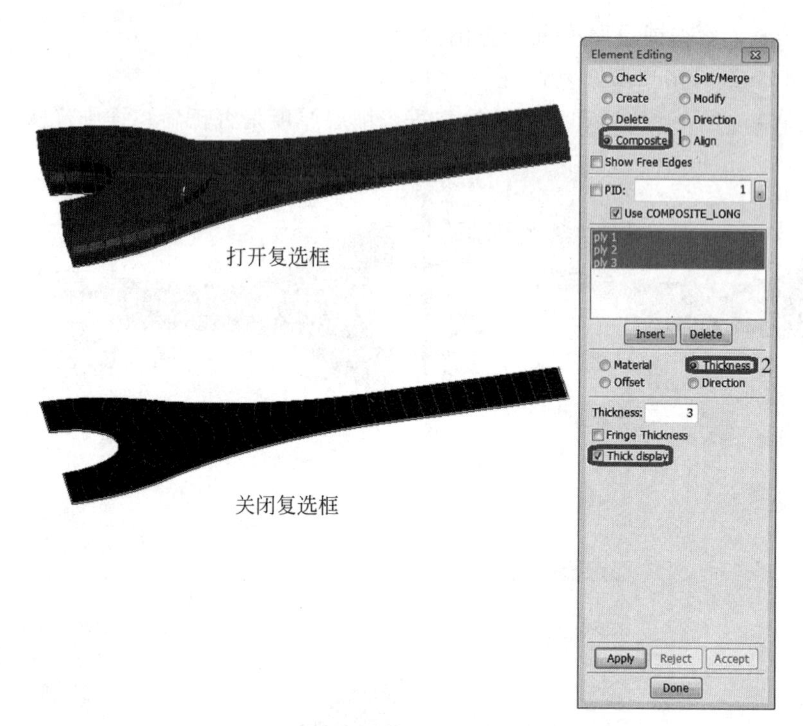


图 4-102　检查参考面是否位于最低面

我们采用曲线来定义纤维方向，因此，需要先定义曲线。

- 在右端工具栏中单击 Curve。
- 单击 BSpline Curve。
- 选择 Method：From Mesh。
- 关闭 Piecewise 复选框。
- 自上至下单击孔周围的节点。如图 4-103 所示。

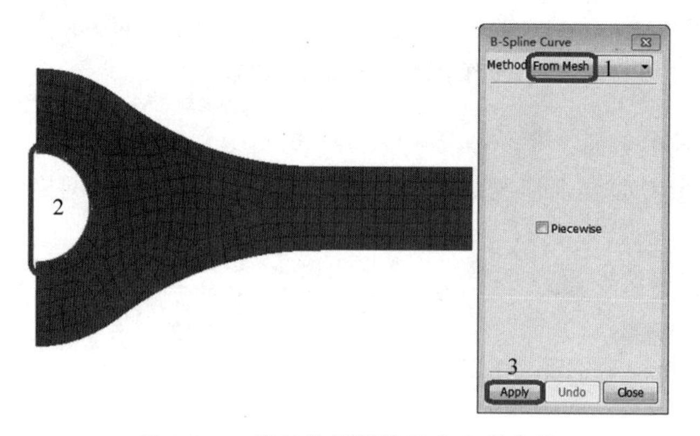


图 4-103　通过孔周围的节点定义曲线

- 单击 Apply。
- 自左至右单击上边缘的节点。如图 4-104 所示。
- 单击 Apply。

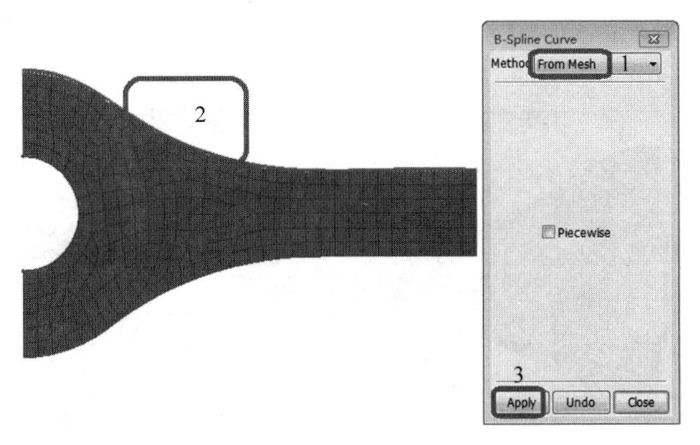


图 4-104 通过上边缘的节点定义曲线

➢ 自左至右单击下边缘的节点。如图 4-105 所示。
➢ 单击 Apply。

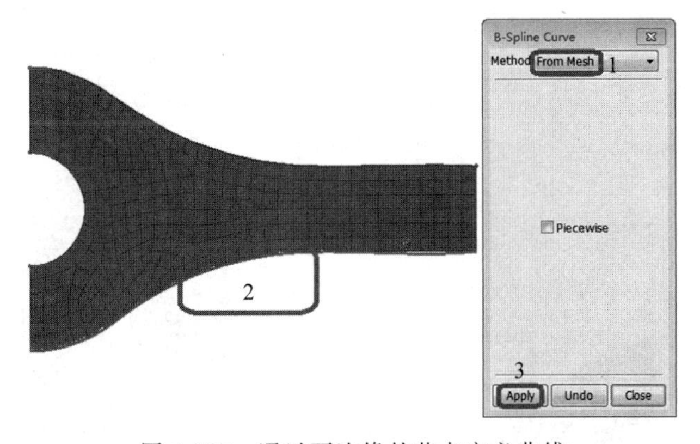


图 4-105 通过下边缘的节点定义曲线

➢ 回到 Element Tools→Element Editing→Composite。
➢ 单击 Direction 单选按钮。
➢ 单击 Map。

这里采用 Curves 选项来映射方向。

➢ 单击 Pick 复选框，选择孔周围的曲线。
➢ 单击 Apply。这会生成用于设置圆形区域纤维方向的离散矢量场。详细步骤见图 4-106。

采用剩下两条曲线生成第二个矢量场。

➢ 单击 Pick 复选框。
➢ 选择上边缘和下边缘两条曲线。
➢ 单击 Apply。

采用矢量映射 1 为圆形区域影射方向。

➢ 选择 Material 单选按钮，打开 Select elements，选择 ply 2，选择 MID 1：composite 材料。这样就选中了圆形区域复合材料单元，见图 4-107。
➢ 回到 Direction→Map panel。
➢ 选择 ply 2。

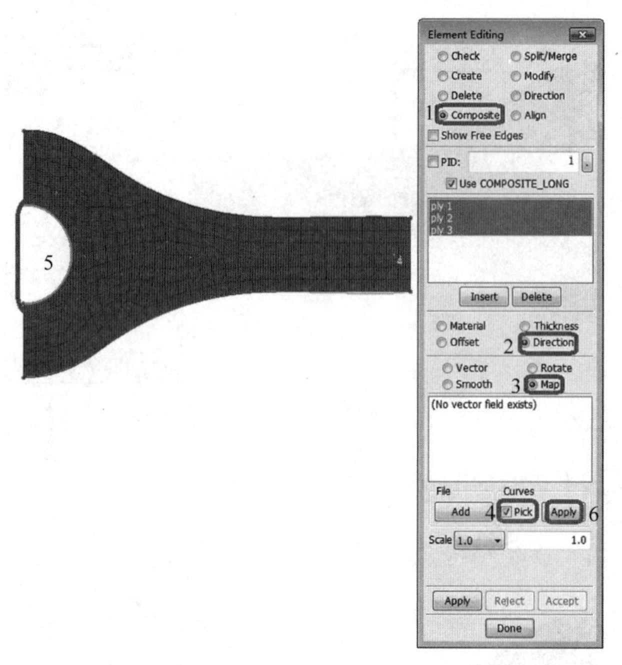


图 4-106　生成第一个矢量场

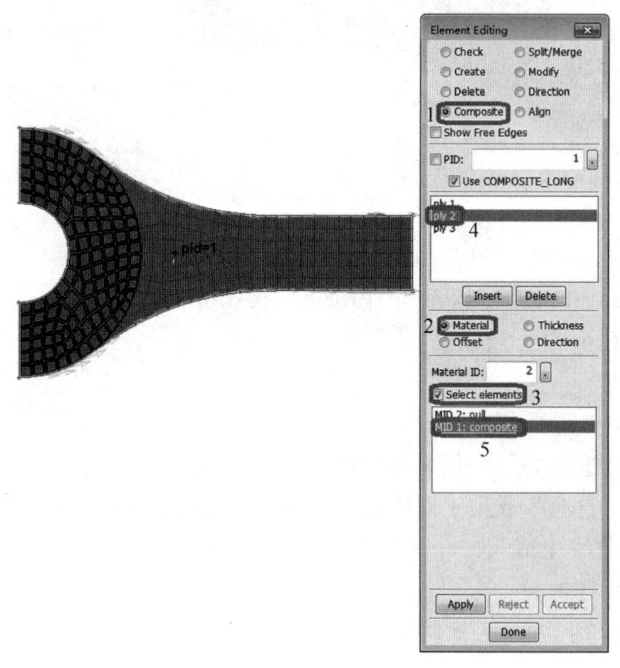


图 4-107　选中圆形区域复合材料单元

➢ 选择矢量影射 1。

➢ 单击 Apply。

采用矢量映射 2 为 ply 1 和 ply 3 影射方向。

➢ 选择 ply1 和 ply 3。

- ➢ 选择矢量影射 2。
- ➢ 在通用选择面板中单击 Whole，选中全部单元。
- ➢ 单击 Apply。
- ➢ 单击 Smooth 单选按钮，对方向进行光顺。
- ➢ 从列表中选择 ply 1 和 ply 3。
- ➢ 选择全部单元。
- ➢ 单击 Apply，可以看到对称线附近的方向已被光顺。
- ➢ 单击 Accept。
- • 可选步骤：检查全部铺层方向施加是否正确。
- ➢ 逐个单击铺层，查看材料方向箭头，如图 4-108 所示。

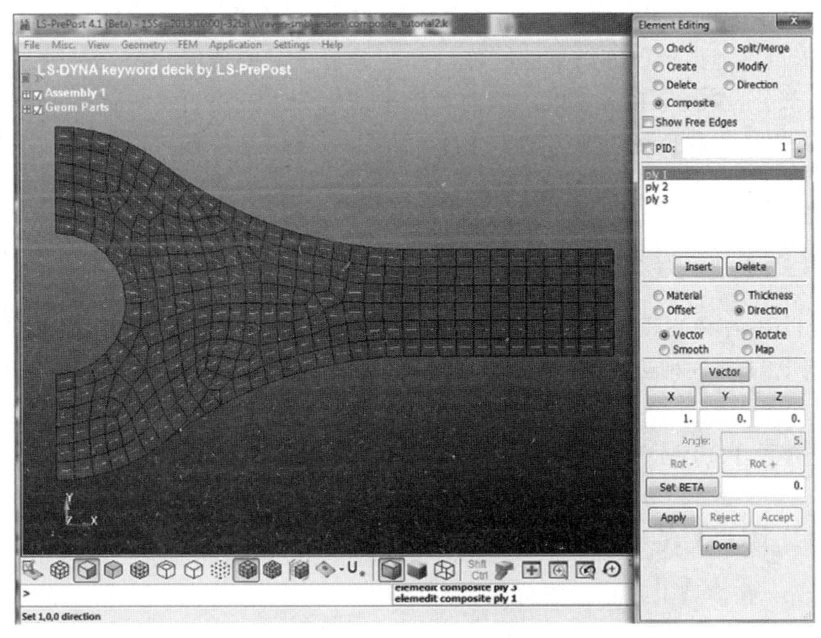


图 4-108　检查铺层方向

- • 步骤 7：保存模型。
- ➢ File→Save Keyword。
- ➢ 输入文件名：laminate.k。
- ➢ 单击 Save。

## 4.6　参考文献

[1]　LS-PrePost® User's Manual [R]. LSTC，2019.
[2]　LS-PrePost® Tutorials [R]. LSTC，2019.
[3]　张胜. LS-PrePost 有限元网格生成概述 [J]. 有限元资讯，2014，2：7-11.
[4]　丁展. LS-PrePost 4.3 几何相关新特征 [J]. 有限元资讯，2016，6：20-24.

# 第5章

# LS-PrePost后处理

LS-DYNA 在计算过程中会生成多种结果文件，只有通过 LS-PrePost 直观地显示出来，用户才能更好地评价计算结果的准确性和所分析产品的性能。LS-PrePost 后处理功能主要有两大部分：POST 和 MS POST，前者用于结构、ALE、SPH、DEM 等求解器计算结果的处理，后者用于多物理场求解器如 ICFD、CESE、电磁场求解器计算结果的处理。

## 5.1 POST 后处理

LS-PrePost 的 POST 后处理模块可以处理 LS-DYNA 生成的 D3PLOT 状态结果文件，在分析模型上显示各种云图和等值线，还可以处理 ASCII、BINOUT 结果数据生成各类曲线。

通过下拉菜单 FEM→POST 或右侧工具栏中的 Post 图标可调出该功能。

### 5.1.1 POST 基本功能

FriComp：在模型上显示云图分量。

FriRang：自定义云图和等值线的阈值。

History：显示和绘制各种数据随时间变化曲线。

XYPlot：控制全部打开的 XY - Plot 窗口和文件，还可以导入外部 XY 点对数据，绘制或交叉绘制曲线。

ASCII：浏览和显示 LS-DYNA ASCII 结果文件中的数据。

BinOut：浏览、显示和比较二进制时间历程结果文件中的数据。

Follow：设置动画生成时的参考点/平面。

Trace：跟踪节点随时间运动的路径。

State：激活/禁用时间状态，并将某个特定状态覆盖于模型上。

Particle：粒子方法界面。

Circle Grid：圆形网格分析技术。在板料表面标上圆形网格，可将模拟结果同物理实验进行更直接的对比，便于找出金属成形分析中的潜在问题。

ChaiMd：将多个模型连接在一起制作动画。

Output：输出模型数据。

Fld：金属成形分析界面。

Setting：用户个性化显示设置首选项。

Vector：显示模型中的单元法向。

BotDC：下死点。

## 5.1.2 显示模型应力

显示模型的 VON Mises 应力操作步骤(见图 5-1)如下：

- File→Open→Binary Plot，读入 D3PLOT 文件。
- FEM→POST→FriComp→Stress→Von Mises stress，显示 VON Mises 应力。

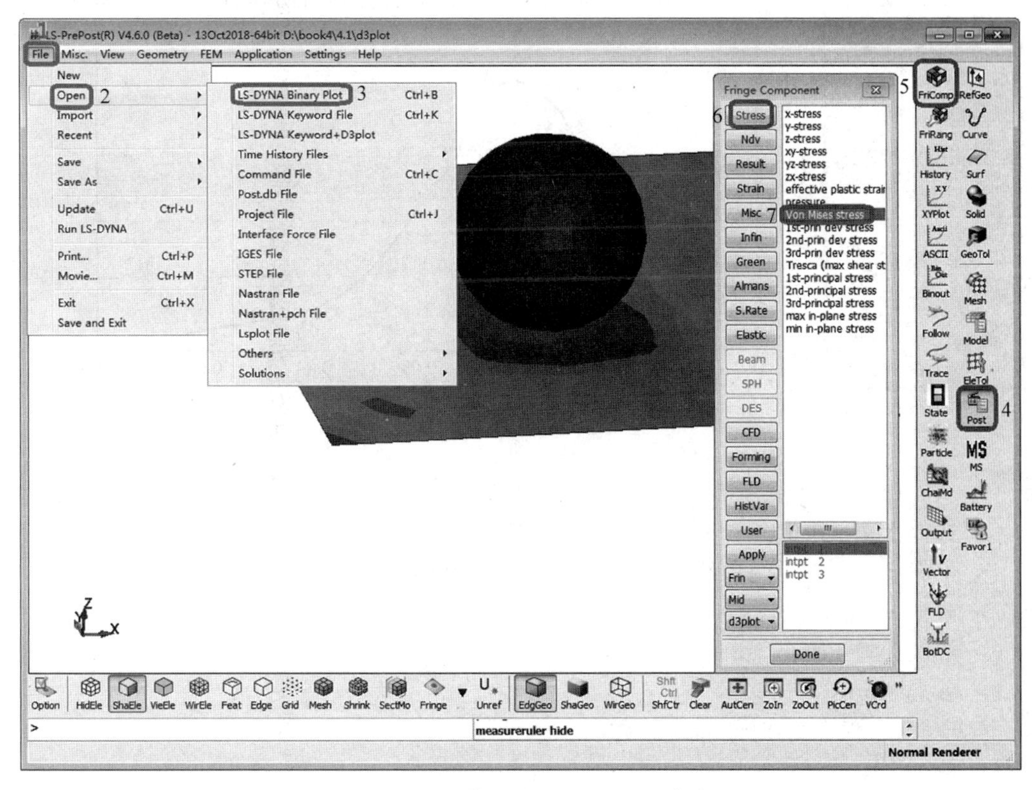


图 5-1 显示模型的 VON Mises 应力

可以进一步通过 File→Movie...菜单输出模型的 VON Mises 应力动画。

## 5.1.3 绘制力-位移曲线

- 步骤 1：绘制力－时间曲线。详细步骤见图 5-2。
  - ➢ FEM→Post→ASCII。
  - ➢ 从上端的下拉列表中选择 rcforc。
  - ➢ 单击 File。
  - ➢ 打开 rcforc。
  - ➢ 从中间的列表中选择 Sl-1。

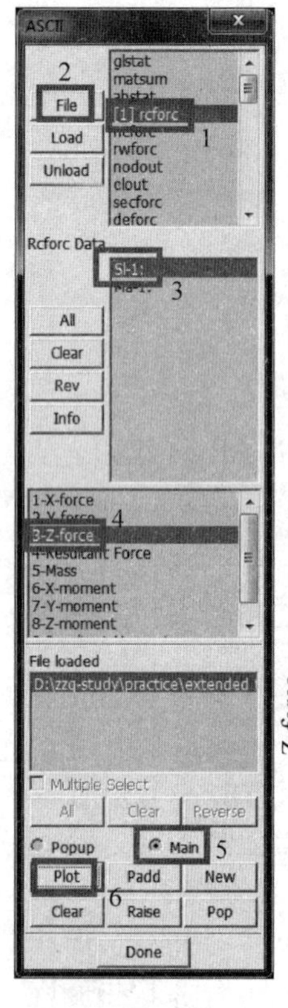

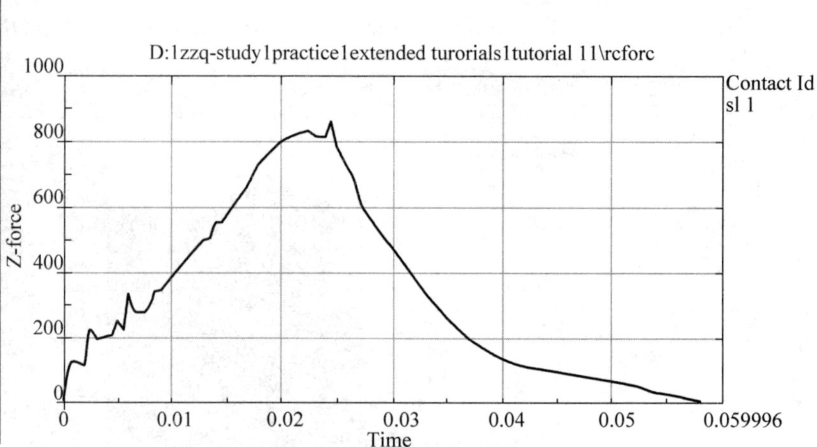


图 5-2　绘制力-时间曲线

➢ 从底部列表中选择 Z-force。
➢ 选择 Main 并单击 Plot。
• 步骤 2：对力-时间曲线滤波。详细步骤见图 5-3。
➢ 单击 Filter。
➢ 依次选择 Filter：sae、Time：sec。
➢ 单击 Apply。
• 步骤 3：保存力-时间曲线。详细步骤见图 5-4。
➢ 单击 Save。
➢ 依次输入 Filename：FvsT.crv、Output Type：Curve file。
➢ 单击 Save 按钮。
• 步骤 4：绘制位移 - 时间曲线。详细步骤见图 5-5。
➢ FEM→Post→ASCII。
➢ 在上端的列表中选择 nodout。
➢ 单击 File。
➢ 打开 nodout。
➢ 从中间列表中选择 1000。
➢ 从底部列表中选择 Z-displacement。
➢ 选择 Main 并单击 New 按钮。
• 步骤 5：反转位移-时间曲线。详细步骤见图 5-6。

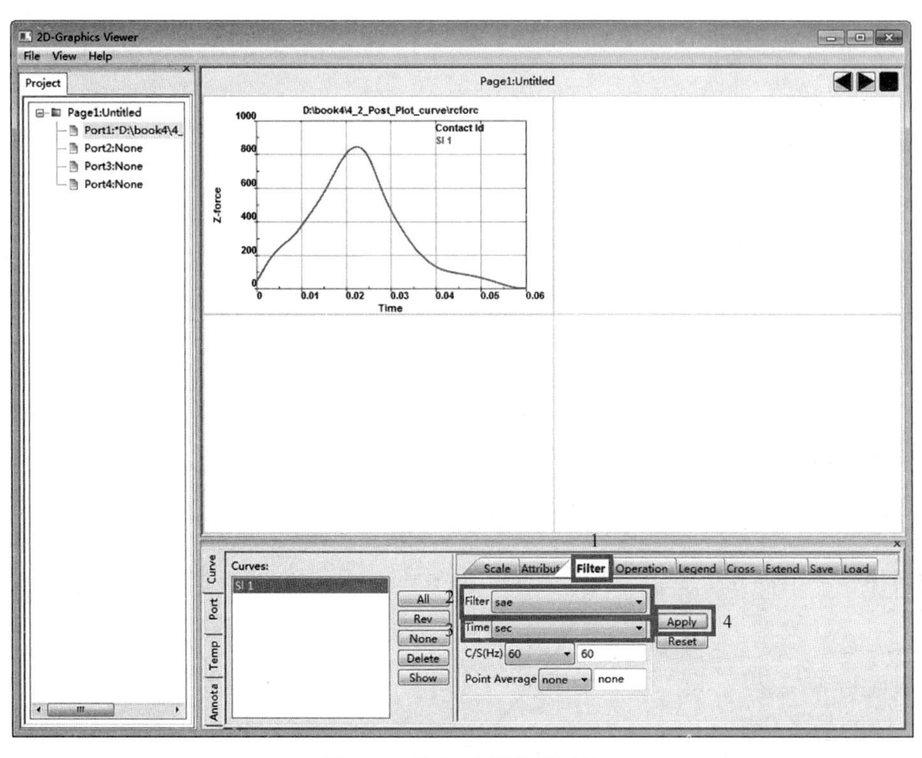


图 5-3 对力-时间曲线滤波

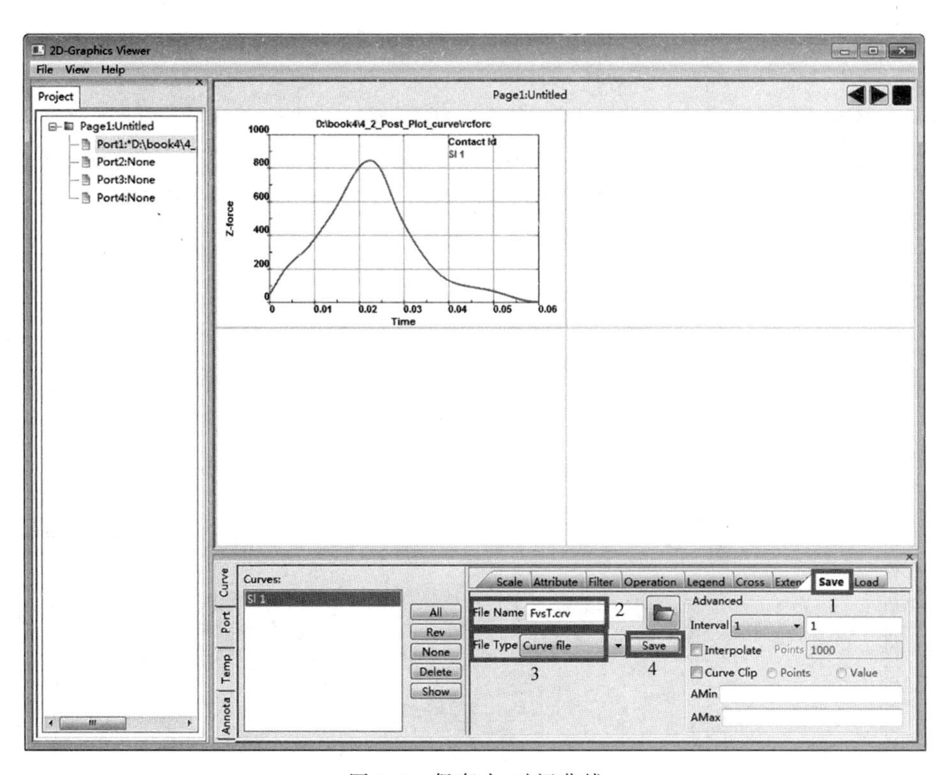


图 5-4 保存力-时间曲线

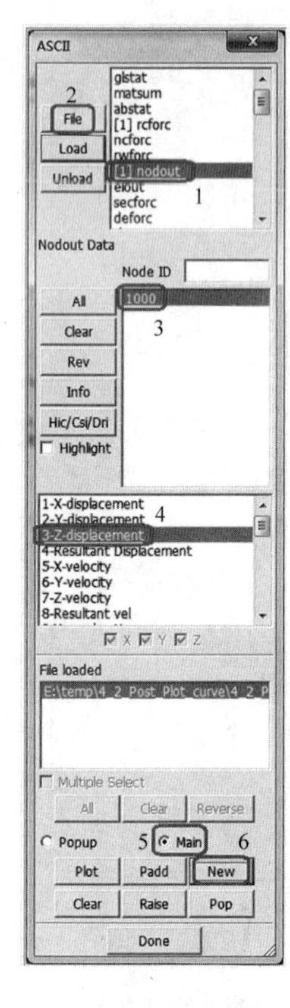


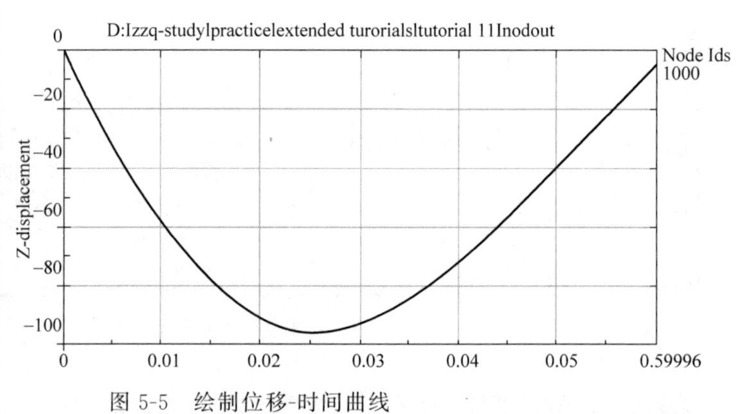


图 5-5 绘制位移-时间曲线

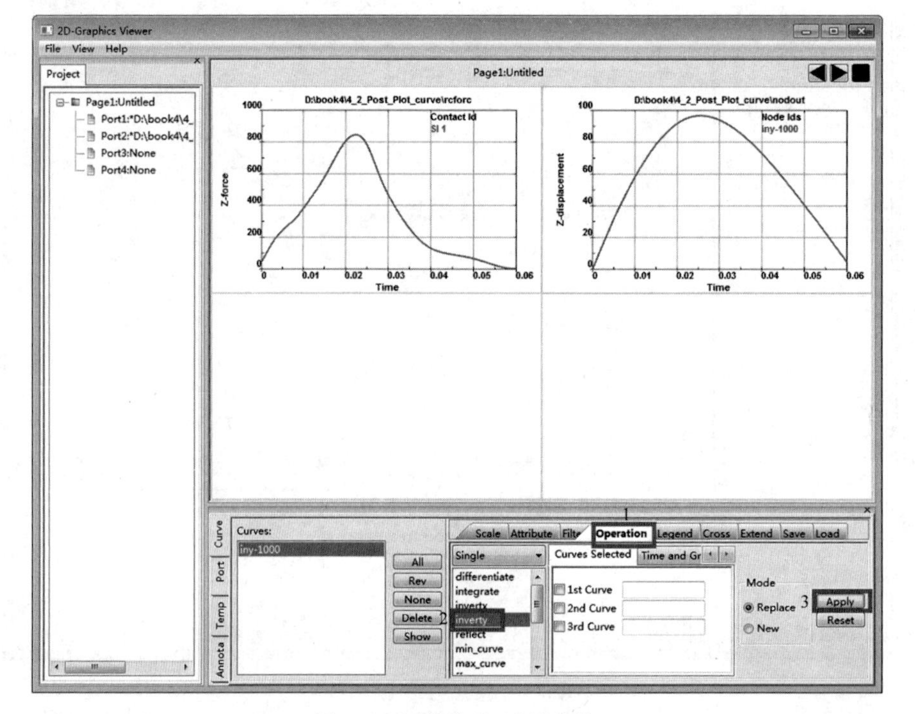


图 5-6 反转位移-时间曲线

➢ 单击 Operation。
➢ 选择 inverty。
➢ 单击 Apply。
- 步骤 6：保存位移-时间曲线。详细步骤见图 5-7。

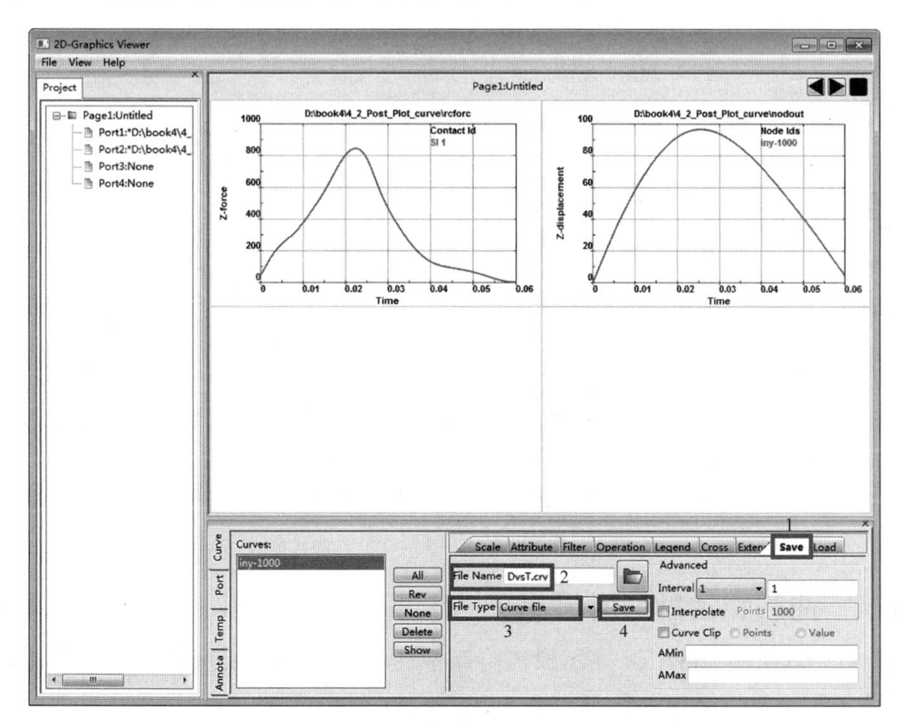

图 5-7 保存位移-时间曲线

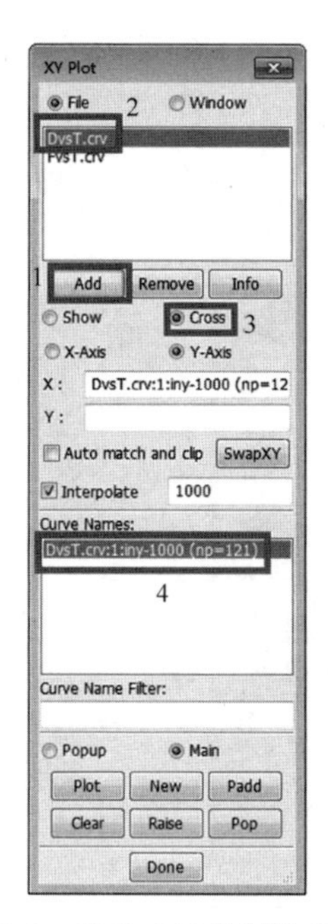

图 5-8 定义交叉绘制的 X 轴

➢ 单击 Save。
➢ 依次输入 Filename：DvsT.crv、Output Type：Curve file。
➢ 单击 Save 按钮。
- 步骤 7：定义交叉绘制的 X 轴。详细步骤见图 5-8。
➢ FEM→Post→XY plot。
➢ 单击 Add 按钮，载入文件 Fvst.crv 和 DvsT.crv。
➢ 依次选择 DvsT.crv、Cross。
➢ 在底部列表中选择 DvsT.crv:iny－1000(np＝121)。
➢ 注意：此时，选择模式将自动地从 X 轴切换至 Y 轴。
- 步骤 8：定义交叉绘制的 Y 轴。详细步骤见图 5-9。
➢ 依次选择 FvsT.crv、Cross。
➢ 在底部列表中选择 FvsT.crv:Sl 1(np＝121)。
➢ 激活 Main。
➢ 单击 New。

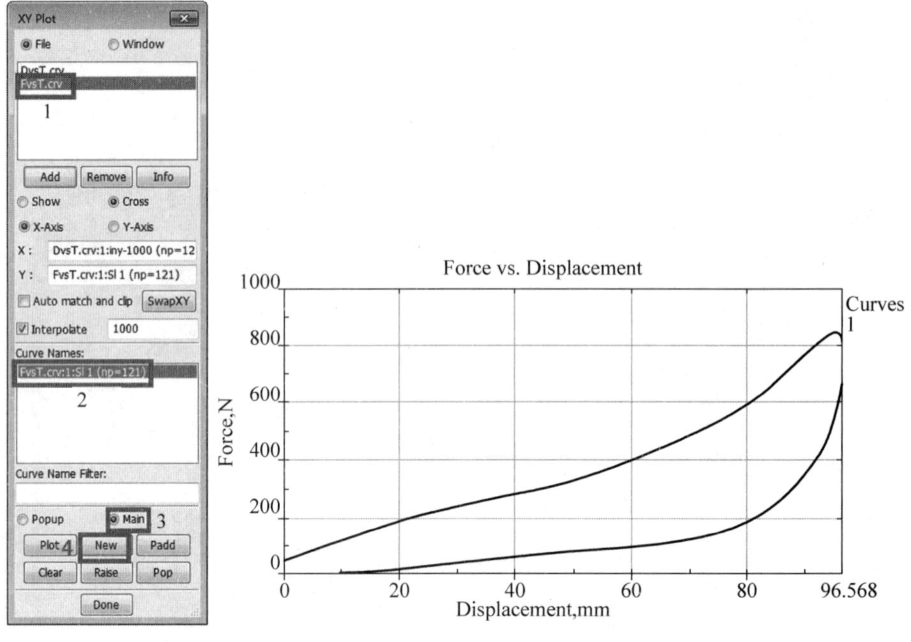


图 5-9　定义交叉绘制的 Y 轴

## 5.1.4　曲线和动画同时显示

POST 后处理中的 timeline 显示模式可激活曲线时间线与模型动画同步功能，用于录制整个同步过程。具体操作步骤如下：

- File→Open→Binary Plot，读入 D3PLOT 文件。
- 单击右侧工具栏 Post 图标中的 History。
- 单击 Part。
- 在列表中选择 Part Kinetic Energy。详细步骤见图 5-10。

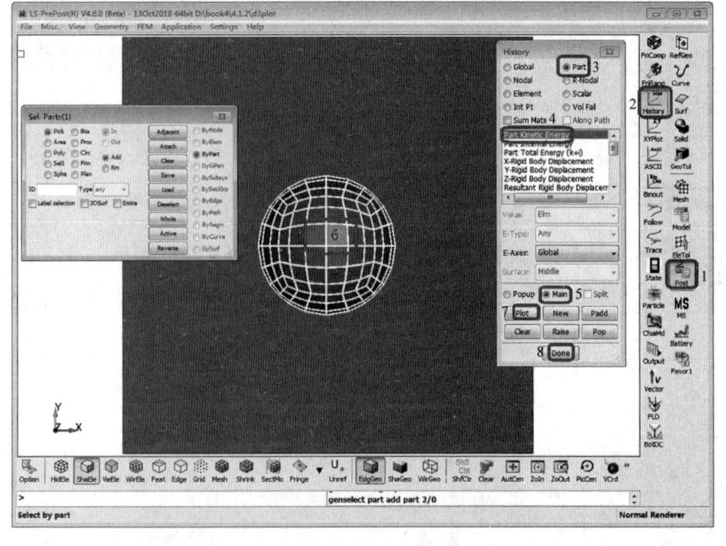


图 5-10　选择要绘制曲线的 Part 和变量

- 选择 Main 显示方式。
- 在绘图区拾取圆球 Part。
- 单击 PLOT,绘制曲线,然后单击 Done。
- 在 2D-Graphics Viewer 曲线显示对话框中,单击 Port,勾选 Timeline。详细步骤见图 5-11。

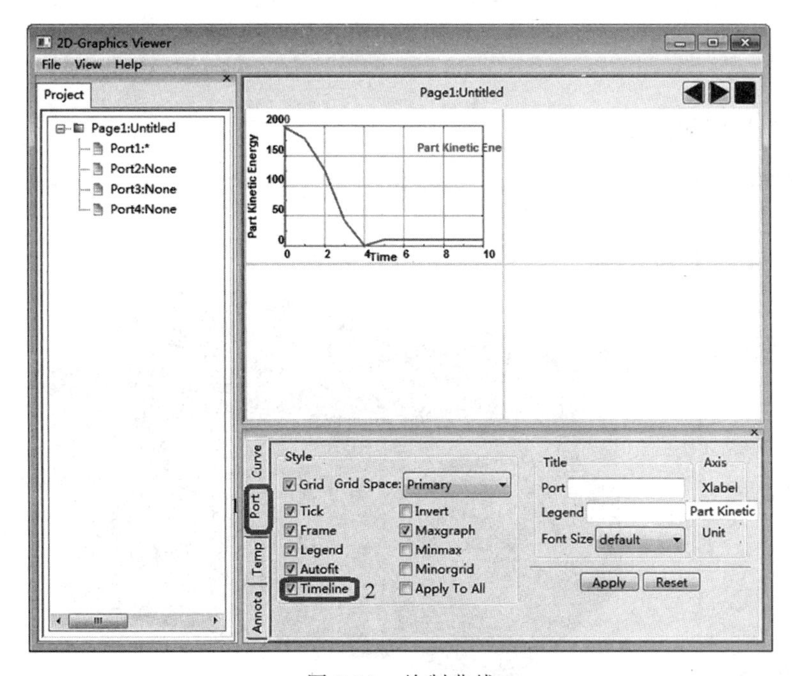


图 5-11 绘制曲线

- 最后通过动画播放对话框播放动画。详细步骤见图 5-12。

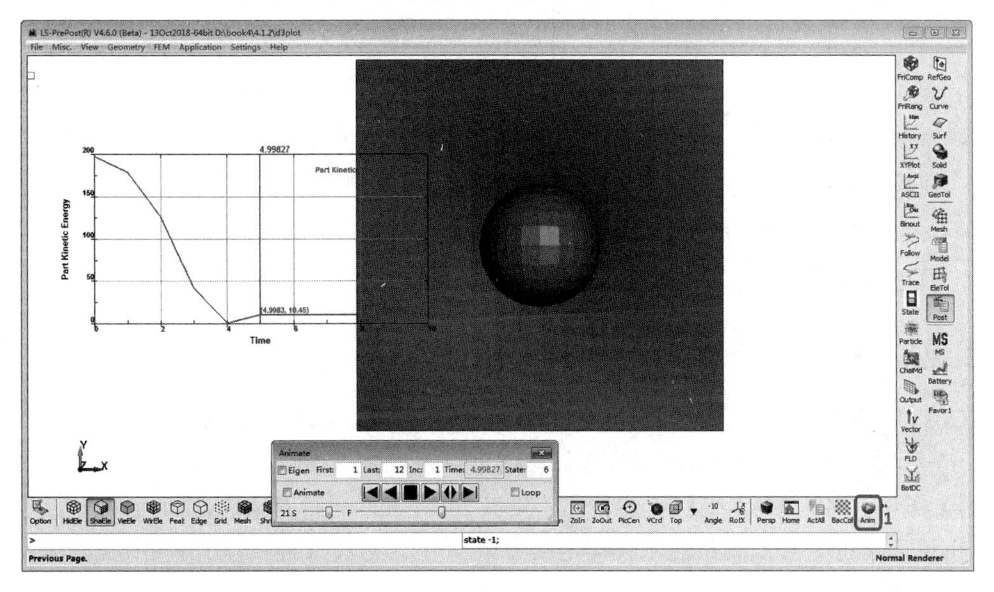


图 5-12 曲线和动画同时显示

## 5.2 MS POST 后处理

LS-PrePost MS POST 用于对多物理场求解器(ICFD、CESE、EM 等)计算数据进行后处理。MS POST 后处理模块基于面向对象的设计方法,将网格、算法、后处理特性以及对象的方式组织,以对象树和对象属性的方式展现在用户面前,具有功能集中、清晰明了、易于使用等特点。

MS POST 界面如图 5-13 所示。

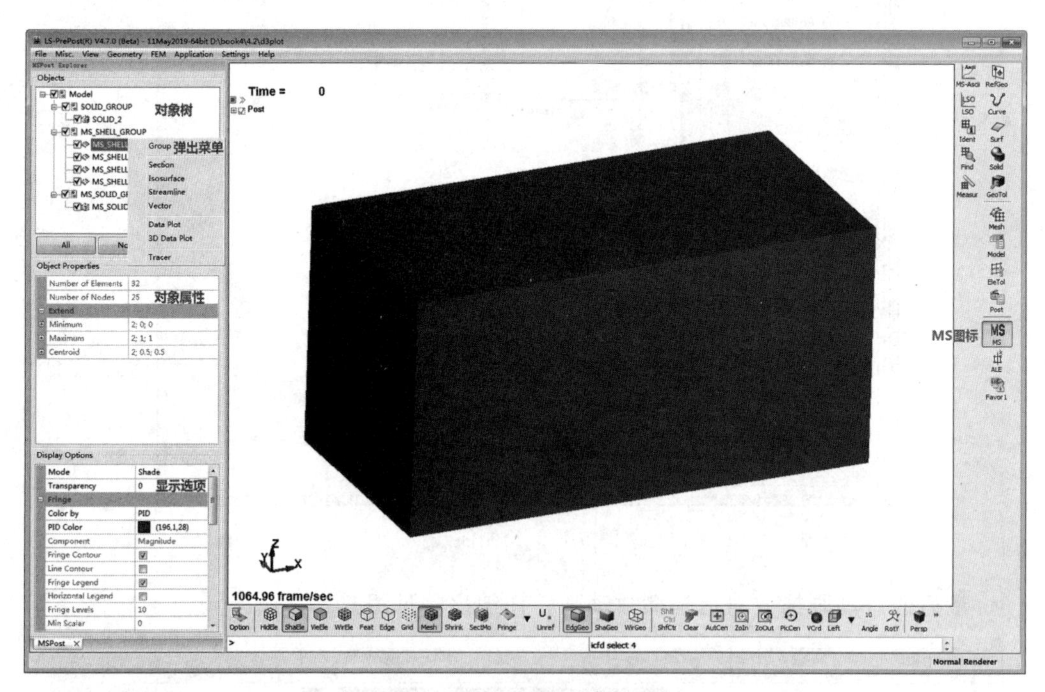


图 5-13 MS POST 后处理界面

- 对象树(Object Tree)。对象类型有 Part、切片、等值面、流线、向量等。
- 弹出菜单(Popup menu)。用于生成、删除或更新对象。
- 对象属性(Object Properties)。对象相关属性。
- 显示选项(Display Options)。显示相关属性。

### 5.2.1 MS POST 基本功能

ICFD 后处理功能有切片(section plane)、等值面(iso surface)、流线(streamline)、向量(vector)等,这些功能可以组合使用,每种功能可以多次独立出现,互不影响。

(1) 切片。MS POST 提供了多种切片定义方式,可以通过对象属性截面输入位置以及法向,也可以通过专有工具条使用快捷定义方式。专有工具条提供了几何中心、质量中心、X、Y、Z 法向,也可以通过屏幕拾取定义用户所需要的切片。

切片也提供了 Grid 功能,勾选该项可以使定义在切片上的向量呈均匀分布。

(2) 等值面。等值面界面十分简洁,用户只需用那种变量生成等值面,并给出阈值即可。同时,界面上也给出了该变量的最大值和最小值,以便用户选择合适的阈值。

(3) 流线。流线功能提供了两种选择:线形和平面,分别由 P0、P1 和 P0、P1、P2 定义。当在对象属性界面上选中 P0 或 P1 或 P2 时,既可以输入坐标,也可以在图形区域拾取相应位置,从而定义流线的起始点集。通过 NumXpt 和 NumYpt 可以指定在每个方向上生成流线的数量。

(4) 向量。向量功能可以选择以哪种向量型变量生成 Vector,也可以指定使用向量的哪个分量生成向量。可以指定类型:线形渲染或实体渲染。可以使用固定长度,也可以由用户指定缩放。当渲染类型为实体渲染时,还可以分别缩放头部和尾部的大小。

### 5.2.2 生成切片

- File→Open→Binary Plot,读入 D3PLOT 文件。
- 单击动画进度条中的 Next state。
- 单击 None,然后勾选 MS_SOLID_5。
- 设置 transparency = 5。
- 在 MS_SOLID_5 上右键单击,然后选择 Section。
- 单击按钮 NrmY。
- 选择 Color by 为 Fluid velocity。
- 右键单击 SectionPlane_10,并选择 Update。详细步骤见图 5-14。

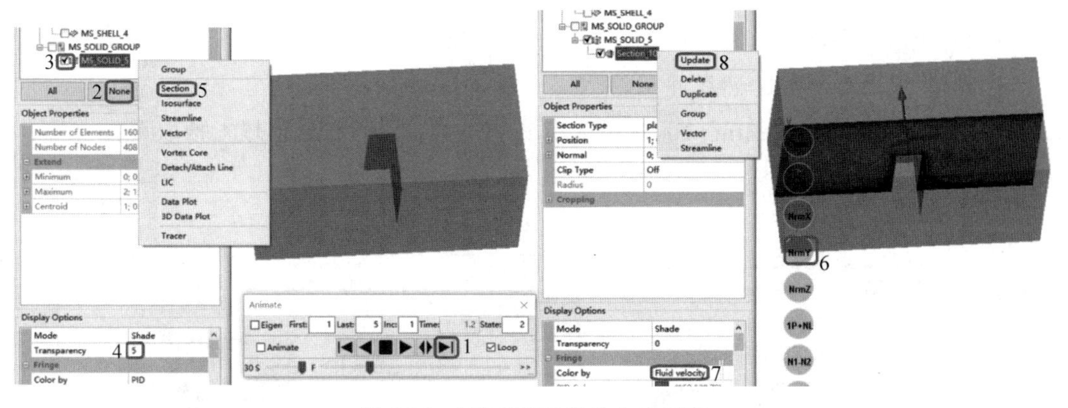

图 5-14　MS POST 切片生成界面

### 5.2.3 生成等值面

- File→Open→Binary Plot,读入 D3PLOT 文件。
- 单击动画进度条中的 Next state。
- 在 MS_SOLID_5 上右键单击,选择 Isosurface。
- 选择 Color by 为 Fluid pressure。

- 在 MS_SOLID_5 上右键单击，选择 update。
- 单击 None，然后勾选 isosurface_10。详细步骤见图 5-15。

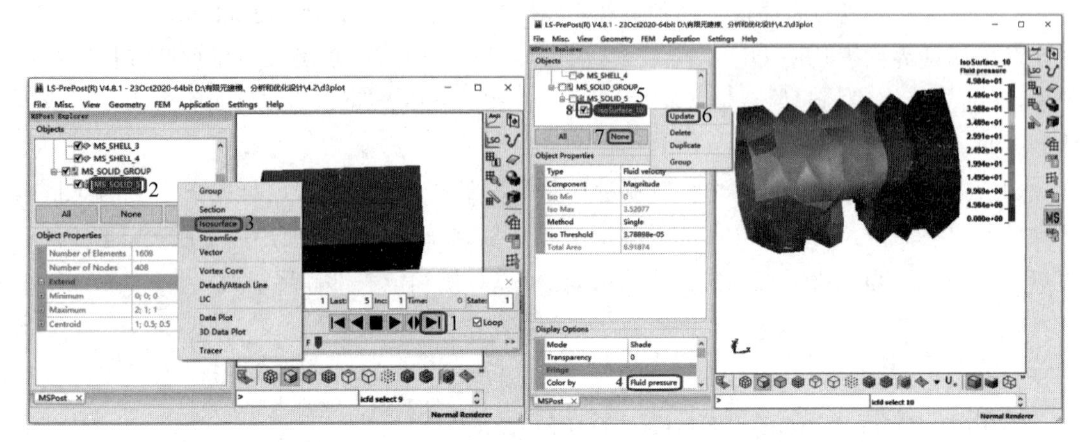

图 5-15 MS POST 等值面生成界面

## 5.2.4 生成流线

- File→Open→Binary Plot，读入 D3PLOT 文件。
- 单击动画进度条中的 Next state。
- 单击 None，然后勾选 MS_SOLID_5。
- 设置 transparency = 5。
- 在 MS_SOLID_5 上右键单击，选择 Streamline。
- 设置 NumXpt 为 8，然后回车。
- 用鼠标单击 Streamline_10，然后单击 P0 右边的坐标，在流体域上拾取点。
- 单击 P1 右边的坐标，在流体域上拾取点。
- 在 MS_SOLID_5 上右键单击，选择 update。详细步骤见图 5-16。

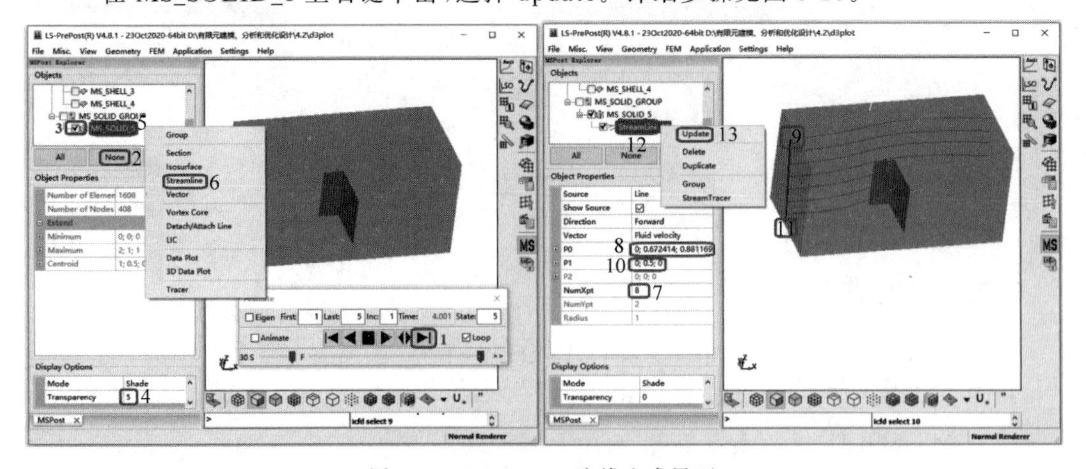

图 5-16 MS POST 流线生成界面

## 5.3 参考文献

[1] LS-PrePost® User's Manual [R]. LSTC，2019.
[2] LS-PrePost® Tutorials [R]. LSTC，2019.
[3] 于文会. ICFD 后处理模块介绍 [J]. 有限元资讯，2014，6：15-17.
[4] Multisolver Post Processing Introduction [R]. LSTC，2019.
[5] 罗良峰. LS-PrePost 功能介绍——后处理云图数据显示 [J]. 有限元资讯，2013，3：22-23.
[6] 罗良峰. LS-PrePost 二维曲线后处理工具的应用 [J]. 有限元资讯，2018，4：12-18.
[7] 罗良峰. LS-PrePost 功能介绍——后处理历时时间曲线绘制 [J]. 有限元资讯，2013，2：17-19.

# 第6章

# LS-PrePost二次开发

基于 LS-PrePost 前后处理平台，用户可对 LS-DYNA 软件应用进行二次开发和流程定制，定制用户化界面，规整分析流程，封装用户具体应用，提升软件应用效率，减少软件使用人员人为错误，固化用户的工程应用经验，从而极大提升用户的研发能力和效率，加强用户的产品研发和市场竞争能力。

LS-PrePost 二次开发有 5 种方式：(1)命令文件，(2)SCL(脚本命令语言)，(3)LS-Reader 语言，(4)自定义按钮，(5)Keyword Reader。

图 6-1～图 6-3 是破片战斗部(此为导弹和火箭弹行业术语)爆炸抛撒、破片群对地打击和侵彻钢板靶模拟。该算例采用 LS-Reader 语言建立了破片战斗部模型，使用普通笔记本电脑和 LS-DYNA 中的新算法可以轻松模拟拥有数十万枚破片的战斗部的爆炸抛撒，后处理采用了 LS-Reader 语言读取计算结果，并实现了不同距离处对地、对钢板的打击效果分析。

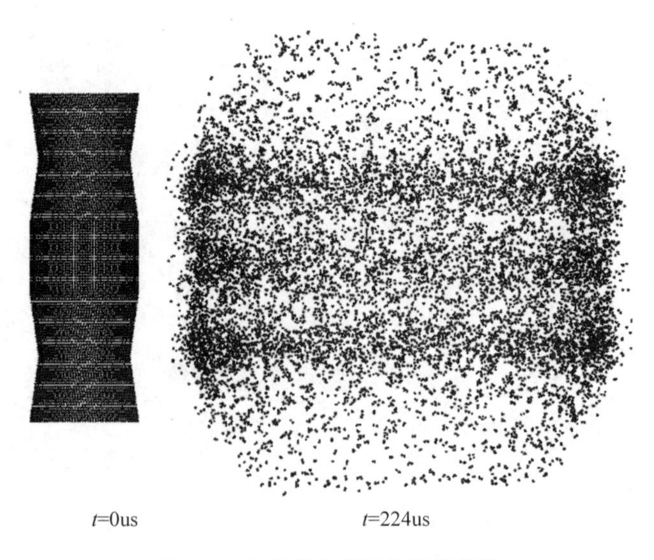


图 6-1　破片战斗部爆炸抛撒模拟

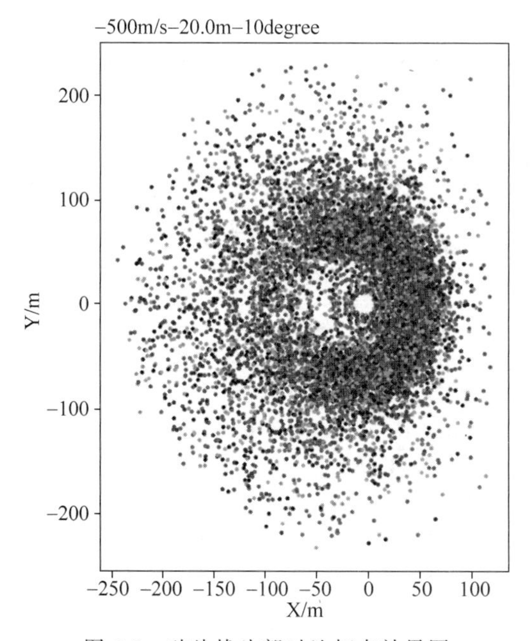

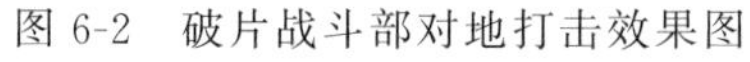

图 6-2 破片战斗部对地打击效果图

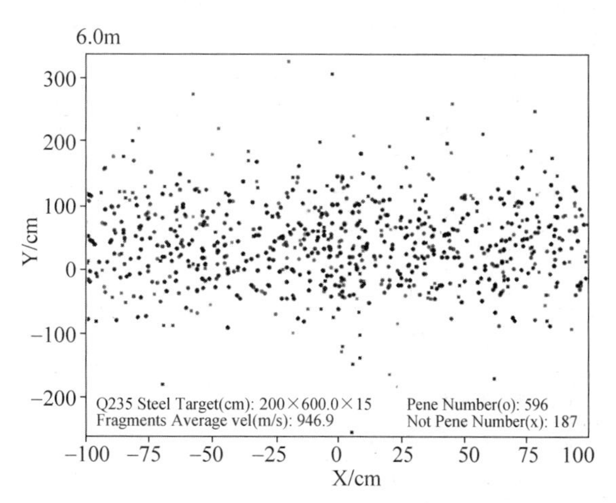


图 6-3 破片战斗部对 6m 处钢板打击效果图

## 6.1 LS-PrePost 命令文件

LS-PrePost 命令行图形窗口位于用户界面下端，可在图形窗口左边输入框中输入命令，而右边框中显示执行过的上一条命令。

LS-PrePost 里几乎所有的图形用户界面操作都会产生命令，这些命令被写入 lspost.cfile 文件中。一旦退出 LS-PrePost，用户就可以将该文件重命名为命令文件。命令文件是 LS-PrePost 非常有用的工具，可以替代许多重复性劳动或给客户演示提前录制好的动作。可采用如下 4 种方法重新执行那些界面操作。

(1) LS-PrePost c = commandfile

这种方法启动 LS-PrePost 图形用户界面，并执行命令文件 commandfile 中的命令。

(2) LS-PrePost c = commandfile-nographics

这种方法不启动 LS-PrePost 图形用户界面，而是以批处理模式执行命令。由于没有图形窗口和图形操作，该方法仅限于数据提取，不能进行图形操作。

(3) File→Open→Command File

该方法打开命令文件选择对话框 CFile Dialog，如图 6-4 所示。

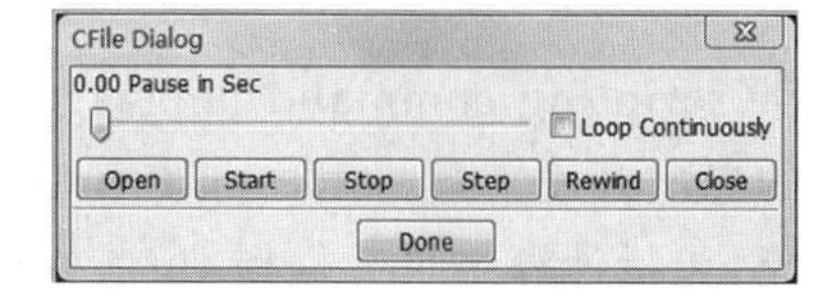


图 6-4 LS-PrePost 命令文件打开对话框

(4) LS-PrePost runc=commandfile

这种方法不启动图形用户界面,真正的不需要显卡相关支持,该方法仅限于数据提取。

LS-PrePost 运行命令行参数见表 6-1。

表 6-1 LS-PrePost 运行命令行参数

| 命令行参数 | 用 途 |
|---|---|
| -usage | 屏幕上显示帮助信息。 |
| -nographics | 处理数据时不带图形窗口。 |
| d3plot | 导入 d3plot 文件。 |
| d3plot k=keyword_file | 同时导入 d3plot 和关键字输入文件。 |
| d3thdt | 导入 d3thdt 文件。 |
| cdb=cdb/help | 写入模板 create_postdb. inp 文件并退出。 |
| cdb=create_postdb. inp | 从 d3plot 文件写入数据库。 |
| c=command_file | 运行命令文件。 |
| d=database_file | 导入数据库文件。 |
| f=interface_force_file | 导入界面力文件。 |
| h=time_history_file | 导入时间历程文件。 |
| i=iges_file | 导入 IGES 文件。 |
| k=keyword_file | 导入 LS-DYNA 关键字文件。 |
| l=plot_labels | 导入注释标签文件。 |
| m=macro_file | 导入要在宏中使用的命令文件。 |
| n=nastran_bulk_data | 将 nastran 数据转换为关键字。 |
| q=d3crack_file | 导入 d3crack 微裂纹文件。 |
| s=d3plot | 导入 d3plot,写入概述文件 lspost. msg。 |
| v=vda_file | 导入 VDA 文件。 |
| w=xsize×ysize | 设置图形窗口尺寸。 |

LS-PrePost 中的大多数操作可以批处理模式运行,可将这些命令添加到一个命令文件中。下列命令可以插入到命令文件中控制演示过程。

- interactive 在命令文件/交互模式之间进行切换控制。
- resume/r/esc 三者均可将控制切换至命令文件。
- skip 忽略 skip 和 endskip 之间的命令。
- endskip 结束 skip 命令,重新执行命令。
- cfile pausetime 0.1 设置暂停时间为 0.1 秒。

## 6.2 脚本命令语言

LS-PrePost 脚本命令语言(scripting command language,SCL)是可在 LS-PrePost 内运行的计算机语言,是一种新的二次开发工具。用户可使用 SCL 为不同应用编写脚本来自动化处理数据,实现定制化功能,包括计算结果数据提取、前处理几何数据的计算及其提取、后处理时间曲线数据管理,提取到的新数据可以输出到文件或在屏幕上以云图显示,非常适合于对模型的不同 Part 进行相同操作。

LS-PrePost SCL 开发始于 2013 年，前身是建立在 C-Parser 程序库基础上的用户自定义脚本语言。自 LS-PrePost 4.8 开始又将 Python 语言（目前仅支持 Python3.6）加入了 SCL，用户可以利用 Python 丰富的第三方库来实现自己的应用。SCL 主要侧重于自定义用户界面和底层功能方法的实现，用于执行 LS-PrePost 命令、读取数据、应用 LS-DYNA 数据中心提取函数分别从 D3PLOT 文件和关键字输入文件中提取计算结果和模型数据，还可以对 LS-PrePost 外的数据施加额外操作。结果数据可以输出到 LS-PrePost 消息文件和用户创建的文件中，或将其送回 LS-PrePost 绘制图形或云图。

SCL 编写简单，用户只需具有 C 或 Python 语言基础便可轻松上手，调用 SCL 提供的 API 函数，与 LS-PrePost 进行数据交互，通过对一系列繁杂的工作流程的提炼，编写成 SCL，自动化执行，省时省力。

由于篇幅所限，下面只介绍基于 C 语言的 SCL API 函数和几何相关函数。对于基于 Python 语言的 SCL API 函数和几何相关函数，请参考官方提供的 SCL 用户手册。

### 6.2.1 基于 C 语言的 SCL API 函数

下面将介绍基于 C 语言的 SCL API 函数（application functions interface）。

- void ExecuteCommand(char *cmd)

用途：执行 LS-PrePost 命令。

输入：cmd-包含 LS-PrePost 命令的字符串。

返回：无。

- void Echo(char *string)

用途：将文本输出至 LS-PrePost 消息对话框和 lspost.msg 中。

输入：string-文本字符串。

输出：无。

返回：无。

- Int SCLSwitchStateTo(Int ist)

用途：从当前状态切换到指定状态。

输入：ist-状态号，0<ist≤最大状态号。

输出：无。

返回：成功与否标志，返回 1 表示成功，返回 0 表示失败。

- Int SCLGetDataCenterInt(char *parameter_name)

用途：从模型获取整数型标量。对于可获取的标量，请参见用户手册中的用户参数名称列表。

输入：parameter_name。

输出：无。

返回：整数值。

- Float SCLGetDataCenterFloat(char *parameter_name, Int typecode, Int index, Int ipt)

用途：从模型获取浮点型标量。对于可获取的浮点数，请参见用户手册中的数据中心参数名称列表。

输入：parameter_name。

typecode-单元或节点类型，是常数，如“SOLID”“SHELL”“BEAM”“TSHELL”“NODE”“SPHNODE”。若不需要该参数，则输入0。

index-单元索引。

ipt-积分点或层。用于从壳单元、梁单元、厚壳单元获取分量的数值，如“MID”“INNER”“OUTER”、1、2等，也可用于全积分实体单元，从任意一个积分点提取数据，例如“1”“2”…“8”。

输出：无。

返回：浮点数。

- void SCLGetDataCenterVector(char * parameter_name, Int externalid, NDCOOR * result)

用途：从模型数据中获取矢量，如坐标点矢量、位移矢量、速度矢量、加速度矢量等。

```
typedef ndcoor {
Float xyz[3];
} NDCOOR;
```

输入：parameter_name。

externalid-分量值数组索引。

输出：result-矢量。

返回：无。

- void SCLGetDataCenterTensor(char * parameter_name, Inttypecode, Int externalid, Int ipt, TENSOR * result)

用途：从模型数据中获取应力/应变张量。

```
typedef tensor{
Float xyz[6];
} TENSOR;
```

输入：parameter_name-“global_stress”和“global_strain”。

typecode-单元类型或节点类型，是“SOLID”“SHELL”“BEAM”“TSHELL”“NODE”“SPHNODE”之类的常数。若不需要该参数，则输入0。

ipt-积分点或层。用于从壳单元、梁单元、厚壳单元获取分量的数值，如“MID”“INNER”“OUTER”、1、2等，也可用于全积分实体单元，从任意一个积分点提取数据，例如“1”“2”…“8”。

输出：result-张量。

返回：无。

- Int SCLGetDataCenterIntArray(char * parameter_name, Int ** results, Int type, Int id)

用途：从模型数据获取整数数组。

输入：parameter_name。

type-单元类型(SHELL、SOLID、TSHELL等)。

id-单元、part、节点组、单元组的ID。

输出：results-整数数组。

返回：数组大小。

- Int SCLGetDataCenterFloatArray(char * parameter_name, Int typecode, Int ipt, Float ** results)

用途：从模型数据获取浮点型数组。

输入：parameter_name。

typecode-单元或坐标类型，如"SOLID""SHELL""BEAM""TSHELL""NODE""SPHNODE"之类的常数。若不需要该参数，则输入0。

ipt-积分点或层。用于从壳单元、梁单元、厚壳单元获取分量的数值，如"MID""INNER""OUTER"、1、2等，也可用于全积分实体单元，从任意一个积分点提取数据，例如"1""2"…"8"。

输出：results-浮点型数组。

返回：数组大小。

- Int SCLGetDataCenterVectorArray(char * parameter_name, NDCOOR ** results)

用途：从模型数据获取矢量数组。

输入：parameter_name。

输出：results-矢量数组。

返回：数组大小。

- Int SCLGetDataCenterTensorArray(char * parameter_name, Int typecode, Int ipt, TENSOR ** results)

用途：从模型数据获取应力/应变张量数组。

输入：parameter_name－"global_stress"和"global_strain"。

typecode-单元类型或节点类型，如"SOLID""SHELL""BEAM""TSHELL""NODE""SPHNODE"之类的常数。若不需要该参数，则输入0。

ipt-积分点或层。用于从壳单元、梁单元、厚壳单元获取分量的数值，如"MID""INNER""OUTER"、1、2等，也可用于全积分实体单元，从任意一个积分点提取数据，例如"1""2"…"8"。

输出：results-张量数据。

返回：数组大小。

- void SCLFringeDCToModel(Int typecode, Int avg_opt, Int num, Float * data, Int ist, char * label)

用途：将数据以云图模式显示在当前模型上。

输入：typecode-节点或单元类型，例如"NODE""0""SOLID""BEAM""SHELL""TSHELL""NODE""SPHNODE"之类的常数。

avg_opt-数据在节点是否进行平均选项，0表示在节点不进行平均，1表示在节点进行平均。

num-数组大小。

data-浮点型数组。

ist-要显示数据的状态号。

label-在云图中显示的云图数据名称。

输出：无。

返回：无。

• void SCLSaveDCToFile(char * filename, Int num, Float * data)

用途：将数据中心数组保存到文件中。

输入：filename-输入将要保存的文件名称。

num-数组大小。

data-浮点型数组。

输出：无。

返回：无。

• Int SCLCmdResultGetValueCount(void)

用途：从 LS-PrePost 命令中获取的结果数量。

输入：无。

输出：无。

返回：命令的结果数量。

• Int SCLCmdResultGetValue(Int i, Int * type, Int * iv, Float * v)

用途：从命令结果中获取数值。

输入：命令结果的第 i 个索引(从 0 开始)。

输出：type-命令结果类型,0 表示整数,1 表示浮点数。

取决于数据类型,将采用以下结果之一：

iv-整数结果。

v-以双字表示的浮点型结果。

返回：返回状态标志,返回 1 表示成功,返回 0 表示失败。

• Int SCLGetUserId(Int iid, Int dtype)

用途：根据给定的内部 ID 返回用户 ID。

输入：iid-内部 ID,从 0 开始。

dtype-数据类型,可以是 NODE、PART、SHELL、SOLID、TSHELL、BEAM、DISCRETE、SEATBELT、SPHNODE 之类的常数。

输出：无。

返回：用户 ID。

• Int SCLGetInternalID(Int uid, Int dtype)

用途：根据给定的用户 ID 返回内部 ID。

输入：uid-用户 ID。

dtype-数据类型,可以是 NODE、PART、SHELL、SOLID、TSHELL、BEAM、DISCRETE、SEATBELT、SPHNODE 之类的常数。

输出：无。

返回：内部 ID,从 0 开始。

• Int SCLGetUserPartIDFromUserElementID(Int uid, Int dtype)

用途：根据给定的单元用户 ID 返回用户 Part ID。

输入：uid-单元用户 ID。

　　dtype-数据类型，可以是 SHELL、SOLID、TSHELL、BEAM、SPHNODE 之类的常数。

输出：无。

返回：用户 Part ID。

- Int SCLCheckIfPartIsActiveU(Int uid)

用途：根据给定的 Part 用户 ID 检查该 Part 是否处于活动状态(即是否可见)。

输入：uid-Part 用户 ID。

输出：无。

返回：是否为可见状态，返回 1 表示可见，返回 0 表示不可见。

- Int SCLCheckIfPartIsActiveI(Int iid)

用途：根据用户给定的 Part 内部 ID 检查该 Part 是否处于活动状态(即是否可见)。

输入：iid-内部 Part ID。

输出：无。

返回：是否为可见状态，返回 1 表示可见，返回 0 表示不可见。

- Int SCLCheckIfElementIsActiveU(Int uid, Int dtype)

用途：根据给定的单元用户 ID 检查该单元所在 Part 是否处于活动状态(即是否可见)。

输入：uid-单元用户 ID。

　　dtype-数据类型，是常数，可以是 SHELL、SOLID、TSHELL、BEAM、SPHNODE。

输出：无。

返回：是否为可见状态，返回 1 表示可见，返回 0 表示不可见。

- Int SCLCheckIfElementisActiveI(Int iid, Int dtype)

用途：根据给定的单元内部 ID 检查该单元是否处于活动状态(即是否可见)。

输入：iid-单元内部 ID。

　　dtype-数据类型，可以是 SHELL、SOLID、TSHELL、BEAM、SPHNODE 之类的常数。

输出：无。

返回：是否为可见状态，返回 1 表示可见，返回 0 表示不可见。

- Int SCLInquiryPartTypeU(Int uid)

用途：根据给定的 Part 用户 ID 检查单元类型。

输入：uid-用户外部 Part ID。

输出：无。

返回：单元类型编号：

　　1-BEAM；2-SHELL；3-SOLID；4-TSHELL；

　　5-NRBODY；6-MASS；7-DISCRETE；8-SEATBELT；

　　9-INERTIA；10-RGSURF；11-SPHNODE；

　　12-FLUID；13-NURBSPATCH；14-PARTICLE。

- Int SCLInquiryPartTypeI(Int iid)

用途：根据给定的 Part 内部 ID 检查单元类型。
输入：iid-Part 内部 ID。
输出：无。
返回：单元类型编号：
    1-BEAM；2-SHELL；3-SOLID；4-TSHELL；
    5-NRBODY；6-MASS；7-DISCRETE；8-SEATBELT；
    9-INERTIA；10-RGSURF；11-SPHNODE；
    12-FLUID；13-NURBSPATCH；14-PARTICLE。

• void SCLGetModelDirectory(char * dir)

用途：获取模型所在目录。
输入：dir-存放模型的目录。
输出：无。

• Int SCLGetDataCenterString(char * parameter_name, Int iid, char * result)

用途：从模型数据中获取字符串。
输入：parameter_name-如"part_name""time"。
    iid-内部 ID，从 0 开始，如果没有使用，则 parameter_name 是"time"。
输出：result-要获取的字符串。
返回：返回 1 表示有效，返回 0 表示无效。

### 6.2.2 几何实体类型

几何实体类型共有 6 种：OBJ_SOLID、OBJ_SHELL、OBJ_FACE、OBJ_WIRE、OBJ_EDGE、OBJ_VERTEX。

### 6.2.3 基于 C 语言的 SCL 几何相关函数

下面介绍基于 C 语言的 SCL 几何相关函数。

• Int SCLCalcGeomArea(Int id, Int obj_type, Float * result)

用途：计算几何实体面积。
输入：id-几何实体 ID。
    obj_type-几何实体类型，请参见 6.2.2 节。
输出：result-面积值。
返回：计算状态，返回 1 表示成功，返回 0 表示失败。

• Int SCLCalcGeomVolume(Int id, Int obj_type, Float * result)

用途：计算几何实体体积。
输入：id-几何实体 ID。
    obj_type-几何实体类型。
输出：result-体积值。
返回：计算状态，返回 1 表示成功，返回 0 表示失败。

• Int SCLCalcGeomLength(Int id, Int obj_type, Float * result)

用途：计算几何实体长度。

输入：id-几何实体 ID。

obj_type-几何实体类型。

输出：result-长度值。

返回：计算状态，返回 1 表示成功，返回 0 表示失败。

- Float SCLCalcShapeBoundBox(Int id, Int obj_type, Float * minPnt, Float * maxPnt)

用途：计算几何实体的包围盒。

输入：id-几何实体 ID。

obj_type-几何实体类型。

输出：minPnt-包围盒最小点。

maxPnt-包围盒最大点。

返回：计算状态，返回 1 表示成功，返回 0 表示失败。

- Float SCLCalcShapesBoundBox(Int * ids, Int * obj_types, Int n, Float * minPnt, Float * maxPnt)

用途：计算多个几何实体的包围盒。

输入：ids-多个几何实体数组。

obj_types-多个几何实体类型数组。

n-几何实体数量。

输出：minPnt-包围盒最小点。

maxPnt-包围盒最大点。

返回：计算状态，返回 1 表示成功，返回 0 表示失败。

- Int SCLGeomGetAllShapeIDs(Int ** ids, Int obj_type, Int bLocal)

用途：获取全部几何面 ID。

输入：ids-ID 数组。

obj_type-几何实体类型。

bLocal-如果 bLocal=1，获取包括子实体在内的全部实体。如果 bLocal=0，只获取不关联的实体。子实体是与父实体关联的实体。

输出：无。

返回：几何面数量。

- Int SCLMeasureGeomShellSolid(Int id, Int obj_type, Int * numOfFaces, Float * area, Float * volume, Int * bClosed, Float * cgPnt, Float * halfInertiaMatrix, Float * principalVector)

用途：测量壳或三维几何体的信息。

输入：id-壳或三维几何体 ID。

obj_type-几何体类型。

输出：numOfFaces-壳或三维几何体中面的数量。

area-壳或三维几何体的面积。

volume-壳或三维几何体的体积。

bClosed-壳或三维几何体是否闭合标志。

cgPnt-中心质点。

halfInertiaMatrix-半惯量矩阵，即 Ixx、Ixy、Ixz、Iyy、Iyz、Izz。

principalVector-主矢量。

返回：返回 1 表示成功，返回 0 表示失败。

- void SCLGeomMeasureToText(Int id, Int obj_type)

用途：对指定的几何实体提出几何测量要求。

输入：id-几何实体 ID。

obj_type-几何实体类型。

输出：无。

返回：无。

- void SCLGeomMeasureToText2(Int id1, Int obj_type1, Int id2, Int obj_type2)

用途：对指定的两个几何实体提出几何测量要求。

输入：id1-几何实体 1 的 ID。

obj_type1-几何实体 1 的类型。

id2-几何实体 2 的 ID。

obj_type2-几何实体 2 的类型。

输出：无。

返回：无。

- Int SCLGeomMeasureGetValueCount()

用途：从几何测量操作中返回测量值数量。

输入：无。

输出：无。

返回：返回的测量值数量。

- void SCLGeomMeasureGetValue(Int i, char * p1, char * p2)

用途：获取第 i 个条目的几何测量值。

输入：i-第 i 个条目。

输出：p1-测量条目名称字符串。

p2-包含测量条目数值的字符串，可为多个浮点数，用户需要根据测量条目名称对其解码。

返回：无。

- Int SCLGetParentEntityID(Int childID, Int obj_type1, Int obj_type2)

用途：根据给定的子实体 ID 获取父实体 ID。

输入：childID-子实体 ID。

obj_type1-子实体类型。

obj_type2-父实体类型。

输出：无。

返回：父实体 ID。

- Int SCLGetParentEntityIDs(Int childID, Int obj_type1, Int obj_type2, Int ** ids)

用途：根据给定的子实体 ID 获取多个父实体 ID。

输入：childID-子实体 ID。
obj_type1-子实体类型。
obj_type2-多个父实体类型。
输出：ids-父实体 ID 数组(一个子实体可有多个父实体,如多个面会共享一条边)。
返回：父实体数量。

- Int SCLGetEntityMaxID(Int type)

用途：获取指定实体类型的最大 ID。
输入：type-实体类型。
返回：指定实体类型的最大 ID。

- Int SCLGetSubEntityIDs(Int parentID, Int obj_type1, Int obj_type2, Int ** ids)

用途：根据给定的父实体 ID 获取多个子实体 ID。
输入：parentID-父实体 ID。
obj_type1-父实体类型。
obj_type2-子实体类型。
输出：ids-子实体 ID 数组。
返回：子实体数量。

- Int SCLIsSonParentRelationship(Int childID, Int obj_type1, Int parentID, Int obj_type2)

用途：检查子实体是否属于某个父实体。
输入：childID-子实体 ID。
obj_type1-子实体类型。
parentID-父实体 ID。
obj_type2-父实体类型。
输出：无
返回：返回 True 表示属于,否则不属于。

- Int SCLMidPlaneSearchFacePairs(Int ID,Int obj_type, Int bStrict, Int ** ids)

用途：为给定的三维实体找出中面。
输入：ID-三维实体 ID。
obj_type-三维实体类型,必须为 OBJ_SOLID。
bStrict-设置搜索容差的键。bStrict = 0 表示松,bStrict = 1 表示严。
输出：面 ID 数组,2 个 ID 组成一对。
返回：对的数量。

- Int SCLPropagateFacesByAngle(Int * IDs, Int nFace, Float angleTol, Int ** FaceIDs, Int * FaceNum)

用途：给定几个种子面,根据角度找出相同水平面。该 API 用于 Middle Surface 对话框中的 Shell by Angle。
输入：IDs-几个种子面 ID。
nFace-种子面数量。
angleTol-种子传播的角度容差。

输出：FaceIDs-几个种子面 ID。

FaceNum-种子传播面数量。

返回：返回 0 没有找到传播面，返回 1 找到了传播面。

- Int SCLSearchSimilarShapes(Int * IDs, Int * Types, Int n, Float relativeRatio, Int bByDisMeasure, Int ** similarShapeIDs, Int ** similarTypes, Int * nSimilar)

用途：根据种子几何体查找相似几何体。

输入：IDs-种子几何体 ID。

Types-种子几何体类型。

n-种子几何体数量。

relativeRatio-误差占比，在 0 和 1 之间，默认值为 0.003。

bByDisMeasure-仅通过距离测量查找，默认值为 0。

输出：similarShapeIDs-查找到的相似几何体的 ID。

similarTypes-查找到的相似几何体的类型。

nSimilar-查找到的相似几何体的数量。

返回：相似几何体的数量。

- void SCLDeleteModel()

用途：删除全部组件。

- void SCLDeleteAllShape()

用途：删除全部几何实体。

- void SCLDeleteAllFEMPart()

用途：删除全部 FEM Part。

- void SCLDeleteAssembly(Int assemblyID)

用途：删除指定的装配体。

输入：assemblyID-装配体 ID。

- void SCLDeleteAssemblyShape(Int assemblyID)

用途：删除指定装配体中的全部实体。

输入：assemblyID-装配体 ID。

- void SCLDeleteAssemblyRefGeom(Int assemblyID)

用途：删除指定装配体中的全部参考几何。

输入：assemblyID-装配体 ID。

- void SCLDeleteAssemblyFEMPart(Int assemblyID)

用途：删除指定装配体中的全部 FEM Part。

输入：assemblyID-装配体 ID。

- void SCLDeleteGPart(Int gpartID)

用途：删除指定的 GPart。

输入：gpartID-GPart 的 ID。

- void SCLDeleteGPartShape(Int gpartID)

用途：删除指定 GPart 中的全部实体。

输入：gpartID-GPart 的 ID。

• void SCLDeleteGPartFEMPart(Int gpartID)

用途：删除指定 GPart 中的 FEM Part。

输入：gpartID-GPart 的 ID。

• void SCLDeleteEntity(Int * IDs, Int * types, Int num)

用途：通过 ID 和类型删除实体(几何体、FEM Part 和参考几何)。

输入：IDs-实体 ID。

types-实体类型。

num-实体数量。

• void SCLDeleteFEMParts(Int * IDs, Int num)

用途：删除 FEM Part。

输入：IDs-Part ID。

num-Part 数量。

• void SCLCopyModel(Int toAssemblyID, Int toGPartID)

用途：将全部实体和 FEM Part 复制至指定的装配体和 GPart。

输入：toAssemblyID-指定的装配体 ID。toAssemblyID = -1 表示复制至新的装配体。

toGPartID-指定的 GPart ID。toGPartID = -1 表示复制至新的 GPart。

• void SCLCopyAssembly(Int fromAssemblyID, Int toAssemblyID)

用途：将一个装配体中的全部实体(几何体、FEM Part 和参考几何)复制至另一装配体。

输入：fromAssemblyID-源装配体 ID。

toAssemblyID-目的装配体 ID。toAssemblyID = -1 表示复制至新的装配体。

• void SCLCopyAssemblyShape(Int fromAssemblyID, Int toAssemblyID)

用途：将一个装配体中的全部几何体复制至另一个装配体。

输入：fromAssemblyID-源装配体 ID。

toAssemblyID-目标装配体 ID。toAssemblyID = -1 表示复制至新的装配体。

• void SCLCopyAssemblyRefGeom(Int fromAssemblyID, Int toAssemblyID)

用途：将一个装配体中的全部参考几何复制至另一个装配体。

输入：fromAssemblyID-源装配体 ID。

toAssemblyID-目标装配体 ID。toAssemblyID = -1 表示复制至新的装配体。

• void SCLCopyAssemblyFEMPart(Int fromAssemblyID, Int toAssemblyID)

用途：将一个装配体中的全部 FEM Part 复制至另一个装配体。

输入：fromAssemblyID-源装配体 ID。

toAssemblyID-目标装配体 ID。toAssemblyID = -1 表示复制至新的装配体。

• void SCLCopyGPart(Int fromGpartID, Int toGPartID)

用途：将一个 GPart 中的全部实体复制至另一个 GPart。

输入：fromGpartID-源 GPart ID。

toGPartID-目标 GPart ID。toGPartID = -1 表示复制至新的 GPart。

• void SCLCopyGPartShape(Int fromGpartID, Int toGPartID)

用途：将一个 GPart 中的全部几何体复制至另一个 GPart。

输入：fromGpartID-源 GPart ID。

toGPartID-目标 GPart ID。toGPartID = -1 表示复制至新的 GPart。

• void SCLCopyGPartFEMPart(Int fromGpartID, Int toGPartID)

用途：将一个 GPart 中的 FEM Part 复制至另一个 GPart。

输入：fromGpartID-源 GPart ID。

toGPartID-目标 GPart ID。toGPartID = -1 表示复制至新的 GPart。

• void SCLCopyEntity(Int * ids, Int * types, Int num)

用途：复制实体。

输入：ids-源实体 ID。

types-源实体类型。

num-源实体数量。

• void SCLCopyFEMParts(Int * ids, Int num)

用途：复制 FEM Part。

输入：ids-源 Part ID。

num-源 Part 数量。

• void SCLHoleManage_Analysis()

用途：开始分析几何体中的内孔和外孔。

• void SCLHoleManage_AnalysisShape(Int ID, Int type)

用途：开始分析指定的面、壳或三维几何体中的内孔和外孔。

输入：ID-面、壳或三维几何体 ID。

type-几何体类型。

• Int SCLHoleManage_GetInnerHoleCount()

用途：经分析获取内孔数量。

返回：内孔数量。

• Int SCLHoleManage_GetOutHoleCount()

用途：经分析获取外孔数量。

返回：外孔数量。

• Int SCLHoleManage_GetInnerHoleInfor(Int holeID, char ** holeName, Int * holeWireID, Int ** holeEdgeIDs, Int * holeEdgeCount, Float * size)

用途：经分析获取内孔的几何信息。

输入：holeID-内孔 ID。

输出：holeName-内孔名称。

holeWireID-内孔线框 ID。

holeEdgeIDs-内孔边 ID。

holeEdgeCount-内孔边的数量。

size-内孔包围盒对角线长度。

返回：0 表示无效内孔，1 表示成功。

• Int SCLHoleManage_GetOutHoleInfor(Int holeID, char ** holeName, Int ** holeEdgeIDs, Int * holeEdgeCount, Float * size, Int * bFilled)

用途：经分析获取外孔的几何信息。
输入：holeID-外孔 ID。
输出：holeName-外孔名称。
　　　holeEdgeIDs-外孔边的 ID。
　　　holeEdgeCount-外孔边数量。
　　　size-外孔包围盒对角线长度。
　　　bFilled-外孔填充标签(有些大的外孔不应被填充)。
返回：0 表示无效外孔，1 表示成功。

- Int SCLHoleManage_FillHole(Int bInnerHole，Int holeID)

用途：经分析填充指定的内孔或外孔。
输入：bInnerHole-内孔或外孔标签。
　　　holeID-孔的 ID。
返回：0 表示无效外孔，1 表示成功。

- void SCLHollowManage_Analysis(Int bSimpleHollowOnly)

用途：开始分析几何体中的空腔。
输入：bSimpleHollowOnly-简单或复杂孔洞标签。

- void SCLHollowManage_AnalysisShape(Int id，Int type，Int bSimpleHollowOnly)

用途：开始分析几何壳体或几何实体中的空腔。
输入：id-壳或三维几何体 ID。
　　　type-几何体类型。
　　　bSimpleHollowOnly-简单或复杂空腔标签。

- Int SCLHollowManage_GetHollowCount()

用途：经分析获取空腔数量。
返回：空腔数量。

- Int SCLHollowManage_GetHollowInfor(Int hollowID，char ** hollowName，Int ** hollowFaceIDs，Int * holeFaceCount，Float * size)

用途：经分析获取空腔几何信息。
输入：hollowID-空腔 ID。
输出：hollowName-空腔名称。
　　　hollowFaceIDs-空腔的面 ID。
　　　holeFaceCount-空腔的面数量。
　　　size-空腔包围盒的对角线长度。
返回：返回 0 表示无效空腔，返回 1 表示成功。

- Int SCLHollowManage_FillHollow(Int hollowID)

用途：经分析填充一个空腔。
输入：hollowID-空腔 ID。
返回：返回 0 表示失败，返回 1 表示成功。

- Int SCLHollowManage_FillAll()

用途：经分析填充全部空腔。

返回：返回 0 表示失败,返回 1 表示成功。

• Int SCLSetDBEntityColor(Int ID, Int type, Float * color)

用途：设置实体颜色。

输入：ID-实体 ID。

　　type-实体类型。

输出：color-颜色数组(数组大小为 4,最后一个数组元素为透明度)。

返回：返回 0 表示失败,返回 1 表示成功。

• Int SCLGetDBEntityColor(Int ID, Int type, Float * color)

用途：获取实体颜色。

输入：ID-实体 ID。

　　type-实体类型。

输出：color-颜色数组(数组大小为 4,最后一个数组元素为透明度)。

返回：返回 0 表示失败,返回 1 表示成功。

### 6.2.4 基于 C 语言的 SCL 与 C 语言的差异

基于 C 语言的 SCL 与 C 语言基本类同,仅存在以下几点区别：

(1) 复合赋值语句,不支持 i++、i--、--i、++i、i+=、i*=,必须使用 i=i+1、i=i-1、i=i+n、i=i*x、i=i/n。

(2) 声明整数型数据,必须采用 Int,而非 int。

(3) 声明浮点型数据,必须采用 Float,而非 float。

(4) 不要采用如下形式进行强制数据转换,这些语句将浮点型变量 x 赋值给整型变量 i：

```
Int i;
Float x;
i = x;          (正确的赋值语句)
i = (Int)x;     (错误的赋值语句)
```

(5) 不支持 do… while 分支语句。

(6) 不支持布尔型条件运算符"?:"。

### 6.2.5 运行 SCL

有两种方式运行基于 C 语言的 SCL 文件。

(1) 在 LS-PrePost 命令文件中运行,采用 runscript 命令来运行 SCL 文件,可以将参数传递给脚本。

语法：

runscript "SCL 文件名" 可选参数。

实例：下面的命令文件调用 SCL 文件和预定义参数,生成 X-Y 曲线。

```
parameter pa 9.0E+07
parameter pb 7000.0
```

```
parameter pc 4.0E+07
parameter npt 300
parameter xmin 0.0
parameter xmax 0.00126
runscript "customcurve.scl"  &npt &pa &pb &pc &xmin &xmax
```

(2) 在 LS-PrePost 下拉菜单 Application 下运行，选择"Customize"，在弹出对话框中单击"Load"载入 SCL，然后单击"Run"来运行。以这种方式运行脚本，参数不会传递到脚本文件，如图 6-5 所示。

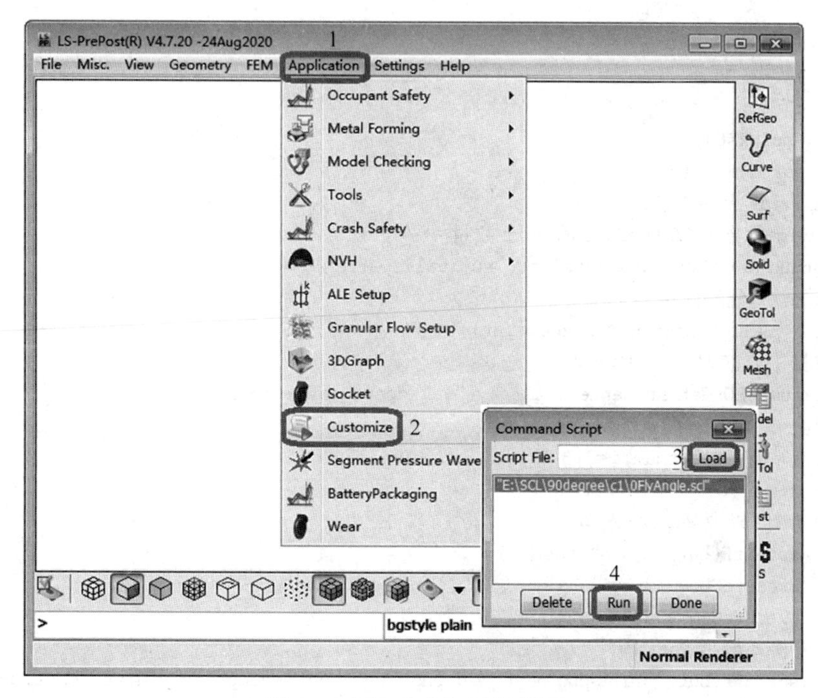


图 6-5 SCL 载入和运行界面

### 6.2.6 数据中心参数列表

SCL 编程用到的数据中心参数列表，请参考官方提供的 SCL 用户手册，表 6-2 仅提供了部分参数。

表 6-2 数据中心参数列表

| 参数名称 | 含　义 | 返回参数类型 | 状态 |
|---|---|---|---|
| num_states | 状态(STATE)数量 | Int | 可用 |
| num_parts | Part 数量 | Int | 可用 |
| num_nodes | 节点数量 | Int | 可用 |
| num_elements | 单元数量 | Int | 可用 |
| num_materials | 材料数量 | Int | 可用 |
| largest_node_id | 最大节点 ID | Int | 可用 |
| … | … | … | … |

## 6.2.7 SCL 编程实例

### 6.2.7.1 绘制 Part 并输出图片

首先获取导入 LS-PrePost 的 Part 数量和 PartID，然后逐个绘制 Part，居中 Part，以 png 格式截图，最后以 Part ID 作为文件名保存文件。

基于 C 语言的 SCL 脚本如下：

```
define:
void main(void)
{
    Int i = 0;
    char buf[256];
    Int partnum = 0;
    Int * ids = NULL;
/* partnum 是导入 LS-PrePost 的 Part 数量 */
    partnum = SCLGetDataCenterInt("num_validparts");
/* 为 Part ID 分配内存 */
    ids = malloc(partnum * sizeof(Int));
/* 从数据中心获取 Part ID */
    partnum = SCLGetDataCenterIntArray("validpart_ids",&ids, 0, 0);
/* 遍历全部 Part */
    for(i = 0;i < partnum;i = i + 1)
    {
/* 绘制 Part,居中 Part */
        sprintf(buf,"m %d",ids[i]);
        ExecuteCommand(buf);
        ExecuteCommand("ac");
/* 以 png 格式输出 Part 图片 */
        sprintf(buf,"print png part_%d.png LANDSCAPE nocompress gamma 1.000 opaque enlisted
        \"OGL1x1\"", ids[i]);
        ExecuteCommand(buf);
      }
/* 释放分配的内存 */
      free(ids);
      ids = NULL;
}
main();
```

### 6.2.7.2 创建平板网格并提取数据

该程序被执行后生成包含 25 个壳单元的平板，然后提取以下数据：

(1) 模型中节点/单元数量。

(2) 节点/单元最大 ID。

(3) 节点 ID 数组。

(4) 最后一个单元的所属节点。

基于 C 语言的 SCL 脚本如下：

```
define:
```

```
Float MyExpressFunc(Float tt)
{
  Float ret;
  Int i, id, numnodes, numelem;
  Int lnodeid, lelemid;
  char p[128];
  Int * nodeids;
/* 创建命令生成 5×5 个单元 */
  strcpy(p,"meshing 4pshell create 5 5 0 0 0 10 0 0 10 10 0 0 10  0");
  ExecuteCommand(p);
/* 接受生成的网格,单元 ID 从 101 开始,节点 ID 从 501 开始 */
  strcpy(p,"meshing 4pshell accept 1 101 501 shell_4p");
  ExecuteCommand(p);
  ExecuteCommand("ac");
  numnodes = SCLGetDataCenterInt("num_nodes");
  sprintf(p,"No. of nodes in model = %d",numnodes);
  Echo(p);
  numelem = SCLGetDataCenterInt("num_elem");
  sprintf(p,"No. of elements in model = %d",numelem);
  Echo(p);
  lnodeid = SCLGetDataCenterInt("largest_node_id");
  sprintf(p,"Largest node id = %d",lnodeid);
  Echo(p);
  lelemid = SCLGetDataCenterInt("largest_element_id");
  sprintf(p,"Largest element id = %d",lelemid);
  Echo(p);
/* 为节点 ID 分配内存 */
  nodeids = malloc(numnodes * sizeof(Int));
  id = SCLGetDataCenterIntArray("node_ids",&nodeids,0,0);
  Echo("Node Ids:");
  for(i = 0; i < numnodes; i = i + 1)
  {
    id = nodeids[i];
    sprintf(p, "inode = %d, uid = %d", i,id);
    Echo(p);
  }
/* 获取最后一个单元的连接关系 */
  id = SCLGetDataCenterIntArray("element_connectivity",&nodeids,SHELL,lelemid);
  sprintf(p, "ele id = %d, connectivity = %d, %d, %d, %d", lelemid,nodeids[0],nodeids[1],
  nodeids[2], nodeids[3]);
  Echo(p);
/* 释放分配的内存 */
  free(nodeids);
  ret = 1.0;
  return (ret);
}
MyExpressFunc(1.0);
```

#### 6.2.7.3 提取活动 Part 的体积

该程序具有以下功能：

（1）查找模型中 Part 数量。

（2）获取活动 Part ID。

（3）对每个活动 Part，发送命令提取 Part 体积。

（4）将 Part 体积写入 postdata.txt 文件中。

基于 C 语言的 SCL 脚本如下：

```
define:
void main(void)
{
    Int ret,id,i,j;
    Int type,iv;
    char buf[256],tmbuf[24];
    Int partnum = 0;
    Int * ids = NULL;
    Float fv;
    FILE * fp = fopen("postdata.txt","w+");
    partnum = SCLGetDataCenterInt("num_validparts");
    sprintf(buf,"No .of valid parts = %d",partnum);
    Echo(buf);
/* 将 state 设置为一个特别大的值,即切换至最后的状态 */
    SCLSwitchStateTo(9999);
/* 为 part ids 分配内存 */
    ids = malloc(partnum * sizeof(Int));
    partnum = SCLGetDataCenterIntArray("validpart_ids",&ids,type,iv);
/* 将字符串写入文本文件 */
    fprintf(fp,"Part ID, Vol \\n");
    for(i = 0;i<partnum;i = i + 1) {
        id = ids[i];
        ret = SCLCheckIfPartIsActiveU(id);
/* 仅处理活动 Part */
        if (ret) {
/* 向 LS-PREPOST 发送体积测量命令 */
          sprintf(buf,"measure vol part %d",id);
          ExecuteCommand(buf);
/* 获取返回的数据数量 */
          ret = SCLCmdResultGetValueCount();
          if(ret) {
/* 将 Part ID 写入缓存 */
            sprintf(buf," %d",id);
/* 提取数据,第 1 个数据是体积 */
            SCLCmdResultGetValue(0, &type, &iv, &fv);
        sprintf(tmbuf,",vol = %f",fv);
        strcat(buf,tmbuf);
/* 第 2 个数据是包围的体积 */
            SCLCmdResultGetValue(1, &type, &iv, &fv);
        sprintf(tmbuf,",encl. vol = %f",fv);
        strcat(buf,tmbuf);
/* 第 3 个数据是面积 */
            SCLCmdResultGetValue(2, &type, &iv, &fv);
        sprintf(tmbuf,",area = %f",fv);
```

```
        strcat(buf,tmbuf);
            Echo(buf);
/* 将缓存写入文本文件 */
            fprintf(fp,"%s\n",buf);
          }
        }
    }
/* 释放内存 */
    free(ids);
    ids = NULL;
/* 关闭打开的文件 */
    fclose(fp);
}
main();
```

# 6.3 LS-Reader 语言

LS-PrePost 还提供了 LS-Reader 语言，与 SCL 相比，其拥有完整的测试系统和丰富的测试案例，保证了库的准确性和稳定性。

LS-Reader 语言提供了许多用户可调用 C、C++绑定和 Python 脚本 API，包括 D3plot Reader、Binout Reader、LSDA Reader/Writer 等不同类型文件的接口，提取接口统一，方便使用。LS-Reader 语言可支持上千种计算结果的提取，如各类 LS-DYNA 状态数据和时程数据，包括结构、DEM、SPH、CPM 和多物理场等常见的 LS-DYNA 计算结果。

对于 Windows 系统：

- 以动态或静态链接库的形式与用户程序进行链接。
- 支持 C/C++：vs2010、vs2015、vs2017、vs2019。
- Python：cp35、cp36、cp37、cp38。

对于 Linux 系统：

- 以.so 或.a 文件形式与用户程序进行连接。
- GCC 版本不低于 4.1.2。

下面将以 Python 脚本为例，介绍 LS-Reader 语言的使用方法。

## 6.3.1 API 函数

### 6.3.1.1 D3plotReader

- D3plotReader()

```
class D3plotReader():
def __init__(self, path):
  pass
```

用途：构造器。

输入：path-d3plot 文件路径及文件名称。

返回：D3plotReader 对象。

例子：dr = D3plotReader("d3plot/file/path")

• get_data()

def get_data(self, type, param):

  pass

用途：提取数据。

输入：type-d3plot 中的数据变量名称。

param-获取 d3plot 特定数据所需要的输入参数，如哪一个时间步、积分点、Part 等，今后还会支持界面力文件。

返回：数据。

例子：

```
dr = D3plotReader("d3plot/file/path")
p = D3P_Parameter()
p. ist = 11
p. ipt = 0
shell_stress = dr.get_data(DataType.D3P_SHELL_STRESS, p)
```

或者

```
dr = D3plotReader("d3plot/file/path")
shell_stress = dr.get_data(
        DataType.D3P_SHELL_STRESS, ist = 11, ipt = 0
)
```

• close()

def close(self):

  pass

用途：手动关闭文件，可选。

输入：忽略。

返回：忽略。

#### 6.3.1.2 BinoutReader

• D3plotReader()

class BinoutReader():

def __init__(self, path):

  pass

用途：构造器。

输入：path-binout 文件路径及文件名称。

返回：BinoutReader 对象。

例子：br = BinoutReader("binout/file/path")

• is_valid()

@staticmethod

is_valid(path)def is_valid(path):

  pass

用途：检查文件路径是否正确。
输入：path-带有完整路径的 binout 名称。
返回：正确或错误。

- Write()

```
@staticmethod
def write(path, x_array, y_array):
  pass
```

用途：将 x_array 和 y_array 输出至 path。
输入：path-带有完整路径的 binout 名称。
　　　x_array-X 方向数组。
　　　y_array-Y 方向数组。
返回：正确。

- get_data()

```
def get_data(self, type, param):
  pass
```

用途：提取数据
输入：type-binout 中的数据变量名称。
　　　param-获取 binout 特定数据所需要的输入参数。
返回：数据。

### 6.3.2 D3P_Parameter 和 BINOUT_Parameter

- D3P_Parameter

调用 D3plotReader::get_data * 的参数，获取感兴趣的特定成员变量，可忽略。

```
class D3P_Parameter:
    def __init__(self):
        self.ist = -1
        self.ipt = -1
        self.ipart = -1
self.ipart_user = -1
        self.i_rigid_wall = -1
        self.ides = -1
        self.ihv = -1
        self.index_multisolver = -1
        self.id_var_multisolver = -1
        self.iuser = -1
        self.var_name = ""
        self.ifieldpoint = -1
        self.option = -1
        self.ask_for_numpy_array = false
        self.ipartset_user = []
```

- BINOUT_Parameter

调用 BinoutReader::get_data * 的参数，获取感兴趣的特定成员变量，可忽略。

```
struct BINOUT_Parameter
{
    int id;
    int ipt;
    int nqt;
    int npl;
    int freq_mode;
    int cid;
int nodeset;
int rigidwall;
    BINOUT_IdType idtype;
BINOUT_DataTypeOption datatype_option;
};
```

## 6.3.3 编程实例

### 6.3.3.1 读取 D3PLOT 输出侵彻弹合成速度时程曲线

本程序计算并绘制侵彻弹合成速度时程曲线，如图 6-6 所示。代码如下：

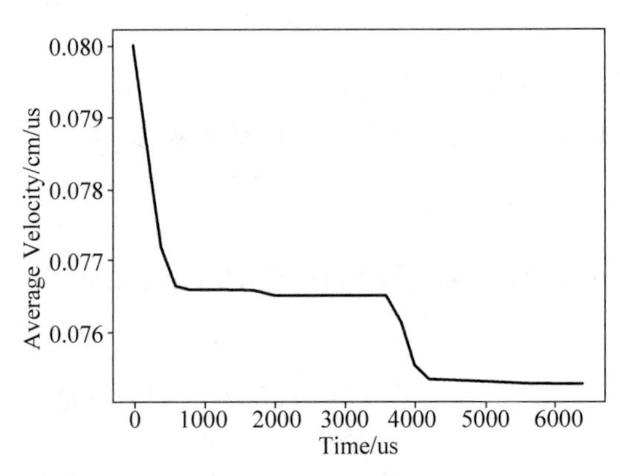


图 6-6 侵彻弹合成速度时程曲线

```
###侵彻弹合成速度时程曲线
#coding = utf - 8
from lsreader import D3plotReader,DataType as dt
import os
import math
import matplotlib.pyplot as plt
d3plot = os.path.join(os.getcwd(),'d3plot')           #获取当前 d3plot 文件路径和文件名
dr = D3plotReader(d3plot)                              #构造 d3plot 对象
num_states = dr.get_data(dt.D3P_NUM_STATES)            #读取 d3plot,获取 STATE 总数
Times = dr.get_data(dt.D3P_TIMES)                      #获取时间列表
Parts = [1,2,3]                                        #侵彻弹 Part 列表
Ave_Vels = []
for i in range(num_states):
#计算平均速度
  Part_Masses = 0
  Part_MomX = 0
  Part_MomY = 0
```

```
    Part_MomZ = 0
    for j in range(len(Parts)):
      Part_Mass = dr.get_data(dt.D3P_PART_MASS, ist = i, ipart = j)              #Part 质量
      Part_Masses + = Part_Mass
      Part_Velocity = dr.get_data(dt.D3P_PART_VELOCITY, ist = i, ipart = j)      #Part 速度
      Part_VelX = Part_Velocity.x()
      Part_VelY = Part_Velocity.y()
      Part_VelZ = Part_Velocity.z()
      Part_MomX + = Part_Mass * Part_Velocity.x()
      Part_MomY + = Part_Mass * Part_Velocity.y()
      Part_MomZ + = Part_Mass * Part_Velocity.z()
    Ave_VelX = Part_MomX/Part_Masses
    Ave_VelY = Part_MomY/Part_Masses
    Ave_VelZ = Part_MomZ/Part_Masses
    Ave_Vel = math.sqrt(Ave_VelX ** 2 + Ave_VelY ** 2 + Ave_VelZ ** 2)
    Ave_Vels.append(Ave_Vel)
  print('Resultant Velocity(cm/us):',Ave_Vel)
  ##绘制平均速度曲线
  plt.plot(Times,Ave_Vels)
  plt.xlabel('Time/us')
  plt.ylabel('Average Velocity/cm/us')
  plt.savefig('Average Velocity.png')
  plt.show()
```

#### 6.3.3.2 读取 BINOUT 输出节点加速度时程曲线

该程序读取 BINOUT 文件，将 1787 号节点 X 方向加速度时程曲线（见图 6-7）输出到文件 nodoutPy.dat 中。

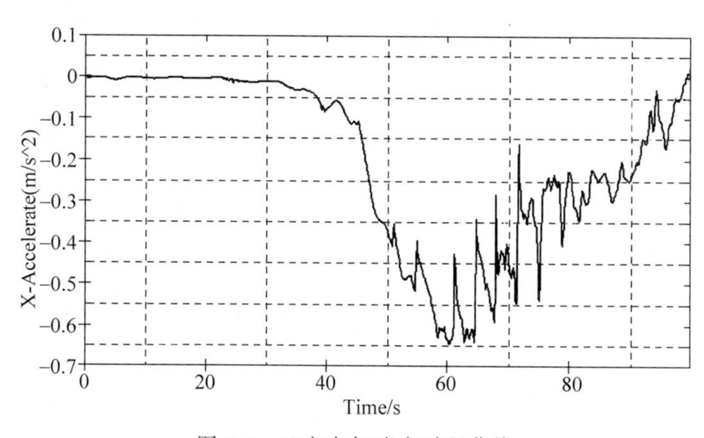


图 6-7　X 方向加速度时程曲线

```
from lsreader import BinoutReader
import os
cwd = os.getcwd()
data_path = os.path.join(os.getcwd(),'binout')        #获取当前 binout 文件路径和文件名
br = BinoutReader(data_path)
res = BinoutReader.is_valid(data_path)
branches = br.get_branch()
```

```
for branch in branches:
    print(branch, end = ',')
br.set_branch('nodout')
br.set_id(1787)
br.set_component('x_acceleration')
x_array = br.get_x_array()
y_array = br.get_y_array()
out_path = os.path.join(cwd, 'nodoutPy.dat')
BinoutReader.write(out_path, x_array, y_array)
```

## 6.4 自定义按钮

自定义按钮步骤(见图 6-8)如下:

(1) 依次单击下拉菜单 Settings→Toolbar Manager。

(2) 在弹出的 Define Toolbar 对话框中勾选 Favor1。

(3) 单击 Transparent Toolbar。

(4) 依次单击 Add Macro 和 Apply,在绘图区透明显示自定义按钮。

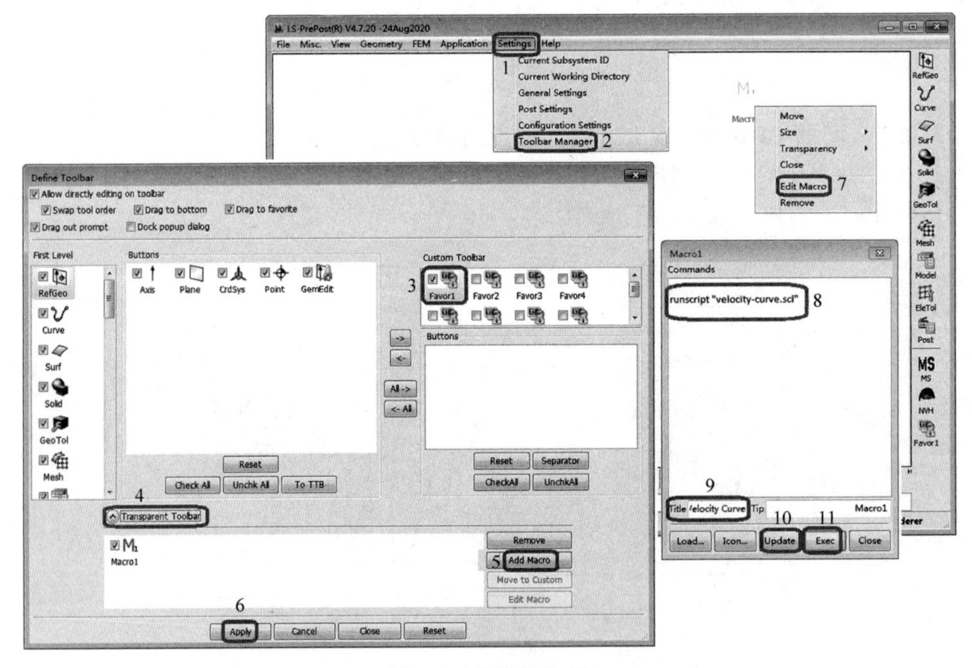


图 6-8 自定义按钮

(5) File→Open→Binary Plot,读入 D3PLOT 文件。

(6) 在自定义按钮上用鼠标右键单击 Edit Macro,进入宏编辑模式,在空白区输入以下命令:

```
runscript "velocity-curve.scl"
```

并将 Title 修改为:Velocity Curve,然后单击 Update。

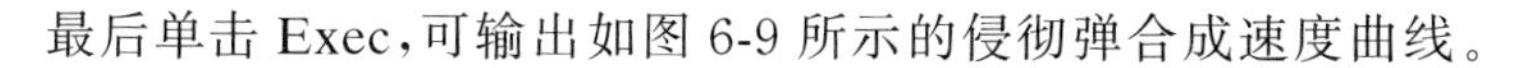

最后单击 Exec,可输出如图 6-9 所示的侵彻弹合成速度曲线。

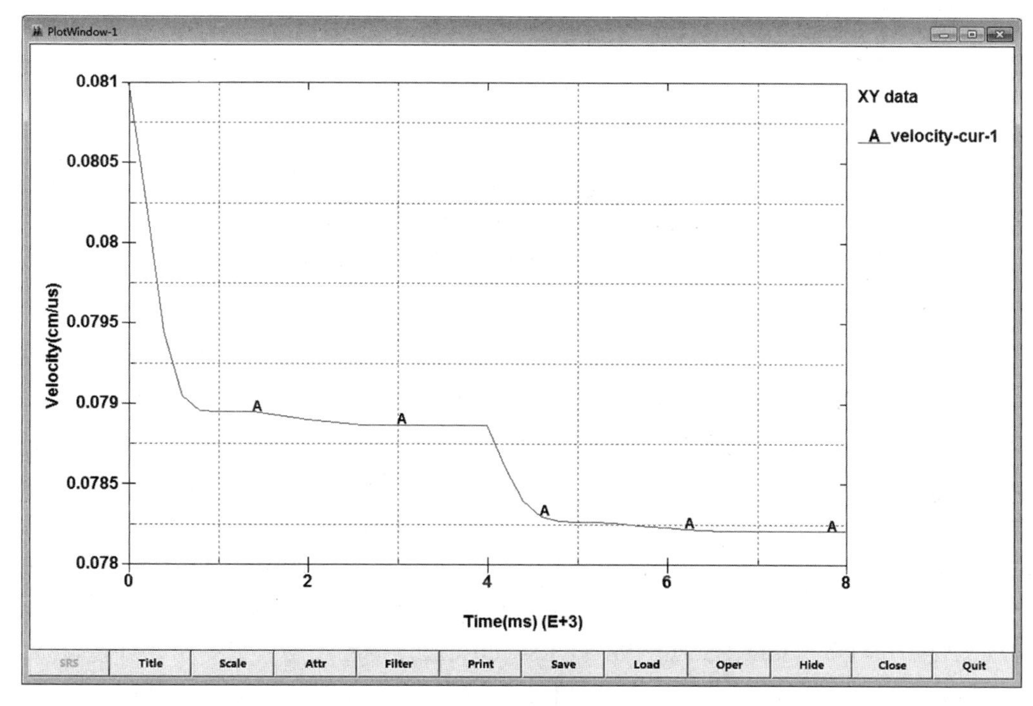


图 6-9 输出的曲线

## 6.5 Keyword Reader

Keyword Reader 可以读取关键字文件,并解析、写出数据。目前 Keyword Reader 支持 2450 个关键字,并保持与 LS-DYNA 新开发关键字的同步更新。针对不同语言用户,提供了 C++、Python 接口。

## 6.6 参考文献

[1] 罗良峰. LS-PrePost 脚本命令语言浅析 [J]. 有限元资讯, 2016, 6: 25-28.
[2] LS-PrePost Scripting Command Language, Python Language and Data Center [R]. LSTC, 2020.
[3] LS-PrePost® Introduction/Future Development [C]. 第三届中国 LS-DYNA 用户大会, 2017.
[4] LS-PrePost® User's Manual [R]. LSTC, 2019.
[5] LS-PrePost® Tutorials[R]. LSTC, 2019.
[6] LSReader_Python[R] . ANSYS LST, 2020.

# 第7章

# LS-DYNA基础

LS-DYNA起源于美国Lawrence Livermore国家实验室的DYNA3D，是由J.O. Hallquist于1976年主持开发完成的，早期主要用于冲击载荷下结构的应力分析。1988年J.O. Hallquist创建LSTC公司，推出LS-DYNA程序系列，主要包括LS-DYNA2D、LS-DYNA3D、LS-NIKE2D、LS-NIKE3D、LS-TOPAZ2D、LS-TOPAZ3D、LS-MAZE、LS-ORION、LS-INGRID、LS-TAURUS等商用程序，进一步规范和完善了DYNA的研究成果，使得DYNA程序在国防和民用领域的应用范围扩大，功能增强，并建立了完备的质量保证体系。LSTC于1997年将LS-DYNA2D、LS-DYNA3D、LS-TOPAZ2D、LS-TOPAZ3D等程序整合成一个软件包，称之为LS-DYNA。2019年9月ANSYS公司对外发布全资收购LSTC公司，LS-DYNA合并到ANSYS大家庭中。LSTC公司更名为ANSYS LST公司。近年来LS-DYNA快速发展，已成为一款功能全面的通用多物理场动力学分析程序(见图7-1)。LS-DYNA当前最新版本是2021年10月发布的13.0版。

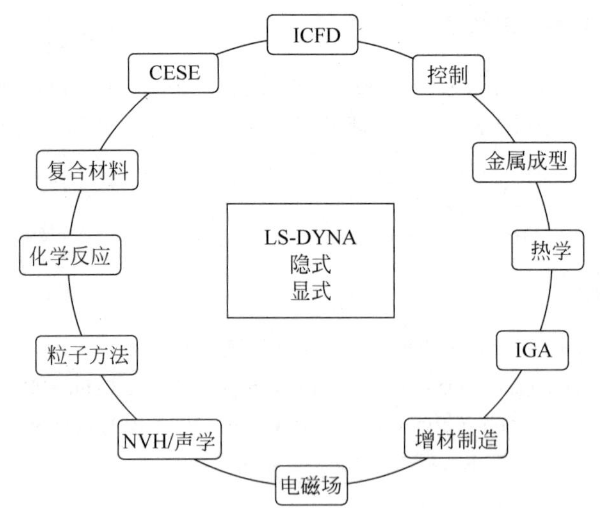


图7-1　LS-DYNA中的多物理场耦合

## 7.1　软件基本功能

在过去的二十多年中，ANSYS LST公司一直致力于将LS-DYNA打造成一款高度可扩展的软件，努力为用户创造一个统一的模拟环境，用户在工程设计阶段不必采用多个计算软件，而是仅采用一个 LS-DYNA 计算模型即可进行大规模、多物理场、多尺度、多工序、多阶段、全模型、线性和非线性、静态和瞬态的计算。

### 7.1.1 材料模型

材料模型用来描述材料状态变量(如应力、应变、温度)及时间之间的相互关系，主要是应力与应变之间的关系。

LS-DYNA 有 300 余种材料模型，如弹性、正交各向异性弹性、随动/各向同性塑性、热塑性、可压缩泡沫、线黏弹性、Blatz-Ko 橡胶、Mooney-Rivlin 橡胶、流体弹塑性、温度相关弹塑性、各向同性弹塑性、Johnson-Cook 塑性模型、伪张量地质模型以及用户自定义材料模型等，适用于金属、塑料、玻璃、泡沫、编织物、橡胶(人造橡胶)、蜂窝材料、复合材料、混凝土、土壤、陶瓷、炸药、推进剂、生物体等材料。

### 7.1.2 状态方程

状态方程是表征流体内压力、密度、温度等三个热力学参量的关系式。当材料内的应力超过材料屈服强度数倍以上时，材料在高压下的剪切效应可忽略不计，固体也会呈现出流体性质，材料的响应可用热力学参数来描述，即采用高压状态方程来描述材料的体积变形、温度和流体静压之间的关系。

LS-DYNA 至少有 16 种状态方程，如线性多项式、JWL、GRUNEISEN、MURNAGHAN、IDEAL_GAS、TABULATED、IGNITION_AND_GROWTH_OF_REACTION_IN_HE 等，此外，用户还可以自定义状态方程。

### 7.1.3 单元类型

单元类型有实体单元、厚壳单元、壳单元、梁单元、弹簧单元、杆单元、阻尼单元、质量单元等，如图 7-2 所示，每种单元类型又有多种单元算法可供选择。

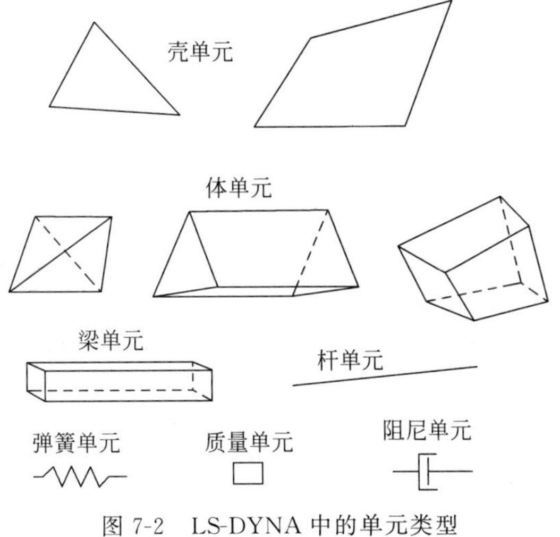


图 7-2 LS-DYNA 中的单元类型

### 7.1.4 接触类型

LS-DYNA 有 60 多种 * CONTACT 接触类型，如变形体对变形体接触、变形体对刚体接触、刚体对刚体接触、边边接触、侵蚀接触、拉延筋接触等。图 7-3 是采用接触计算 4 枚坚果跌落地面问题。

LS-DYNA 还有几种电磁接触类型，均通过 * EM_CONTACT 关键字定义。

* DEFINE 关键字也可以定义接触，例如 * DEFINE_SPH_TO_SPH_COUPLING 关键字定义 SPH Part 之间的接触，* DEFINE_DE_TO_SURFACE_COUPLING 关键字定义离散元颗粒与有限元结构之间的接触。

图 7-3 四枚坚果跌落地面接触计算

### 7.1.5 初始条件、载荷和约束定义

LS-DYNA 可以定义多种初始条件、载荷和约束：

- 初始速度、初始应力、初始应变、初始动量(模拟脉冲载荷)。
- 高能炸药起爆。
- 节点载荷、压力载荷、体力载荷、热载荷、重力载荷。
- 循环约束、对称约束(不带/带失效)、无反射边界。
- 给定节点运动(速度、加速度或位移)、节点约束。
- 铆接、焊接(点焊、对焊、角焊)。
- 二个刚体之间的连接：球形连接、转动连接、柱形连接、平面连接、万向连接、平移连接。
- 位移/转动之间的线性约束、壳单元边与实体单元之间的固连。
- 带失效的节点固连。

采用对称约束可以降低计算规模，减少计算耗费。有的问题看似对称，例如弹体斜侵彻多层间隔均质靶板，通常采用 1/2 对称模型，但如果侵彻过程中弹体在对称方向产生较大幅度的弯曲振动，就不适合采用对称模型。对于冲压问题，有时简化为更为简单的二维轴对称模型，但如果压边力较低导致板料起皱或材料呈现明显的各向异性，就必须采用三维模型。

### 7.1.6 沙漏控制

在动力学有限元程序中，为了提高计算效率，通常使用单点积分单元，积分点少于实际个数，有可能出现沙漏问题。沙漏是一种高频零能伪变形模式，沙漏模式导致一种在数学上是稳定的，但在物理上是不可能的状态。它们通常没有刚度，结构上虽有变形，但没有应变或应力，变形呈现锯齿状网格。

沙漏控制，就是通过消耗一部分能量去抵制这种不正常的变形模式，这个能量就称之为沙漏能。动力学计算是遵循能量守恒的，如果沙漏能占比过大，则表明模型的变形与实际情况出入较大。一般需要控制沙漏能占比在总能量的 5% 以内。采用全积分单元可以完全避免沙漏问题，但是全积分单元求解效率不高，且有可能导致体积锁死的问题。LS-DYNA 中的沙漏控制是通过 * HOURGLASS 或者 * CONTROL_HOURGLASS，增加材料刚度或增加黏性，从而提高抵抗变形的力。沙漏系数 QM 默认值为 0.1，一般取 0.05～0.12，如果取值太大，会产生数值不稳定。通过 IHQ 参数可以选择沙漏控制模式，一般对于高速变形情况推荐采用黏性控制模式(viscous form)，对于低速变形情况采用刚度控制模式(stiffness form)。

### 7.1.7 拉格朗日算法

拉格朗日(Lagrangian)算法是 LS-DYNA 最基本的算法，这种算法的特点是：材料附着在网格上，跟随网格运动变形。针对一维、二维、三维单元，LS-DYNA 有多种拉格朗日算法，并可实现二维到三维结果映射。

拉格朗日算法能够精确地描述结构边界的运动，易于获得运动量和变形量的时间历程，便于跟踪材料界面，但在结构极大变形情况下网格极易发生畸变，导致较大的数值误差，计算耗时加长，甚至计算提前终结。

### 7.1.8 自适应网格重分方法

为了让拉格朗日方法能够处理大变形问题，提出了自适应网格重分方法。这种方法是在现有网格基础上，根据计算结果估计计算误差、重新划分网格、将旧网格中的物理量映射到新的高质量网格上接着计算的一个循环过程。除了拉格朗日单元自适应网格重分外，LS-DYNA 还有无网格伽辽金和 ALE 自适应网格重分技术。

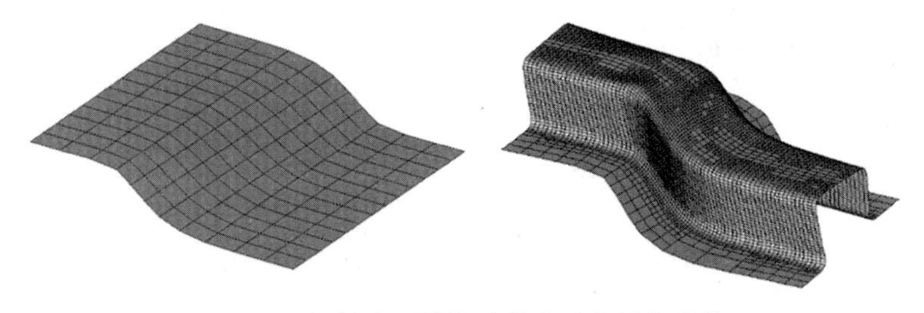

图 7-4 板料冲压模拟时的自适应网格重分

自适应网格重分过程繁琐费时，每次重分都会导致一些物质扩散和历史记录的丢失，甚至有可能造成求解错误。

自适应网格重分方法通常用于薄板冲压变形模拟(见图 7-4)、薄壁结构受压屈曲、三维锻压问题等大变形情况。

### 7.1.9 欧拉和 ALE 算法

欧拉(Euler)算法和 ALE 算法也可以克服拉格朗日算法网格严重畸变引起的数值求解困难，易于处理大变形问题，还可进行流固耦合动态分析。

欧拉算法网格固定在空间，材料在网格中流动。ALE 算法网格可以变形，材料在网格中流动，并将变形后网格中各单元的变量映射到 ALE 网格中去。

欧拉算法和 ALE 算法的缺点是难以获得材料场变量的时间历程，也难以跟踪材料界面。此外，ALE 算法的计算结果映射也会产生误差。

LS-DYNA 软件中的 ALE 和欧拉算法有以下功能：

- 单物质 ALE 单元算法和单物质欧拉单元算法。
- 多物质的 ALE 单元算法，一个单元内最多可容纳 20 种材料。
- 一维、二维、三维 ALE 单元算法。
- 一维到二维、一维到三维、二维到二维、二维到三维、三维到三维 ALE 结果映射，ALE 结果到拉格朗日网格的映射。
- 若干种 Smoothing 算法选项。
- 一阶和二阶精度的输运算法。
- 空材料。
- 滑移和黏着欧拉边界条件。
- ALE 本质边界条件。
- 声学压力算法。
- ALE 自适应网格技术。
- S-ALE 算法。
- 二维和三维多种流固耦合方法。图 7-5 是采用流固耦合方法模拟收割机收割牧草。
- 与拉格朗日算法的薄壳单元、实体单元和梁单元耦合。

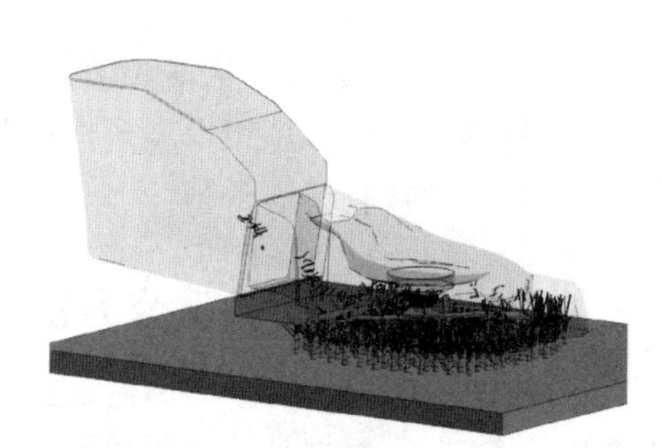

图 7-5　牧草收割 ALE 模拟

- 与 SPH 粒子的耦合。
- 与 DEM 粒子的耦合。
- 与热学模块耦合。

### 7.1.10　SPH 法

光滑粒子流体动力学(SPH)法是一种无网格拉格朗日算法，最早用于模拟天体物理问题，后来发现可用于解决其他物理问题，如连续体结构的解体、碎裂、固体的层裂、脆性断裂以及流体的流动等。图 7-6 是采用 SPH 算法模拟金属切割。SPH 算法不存在网格畸变和

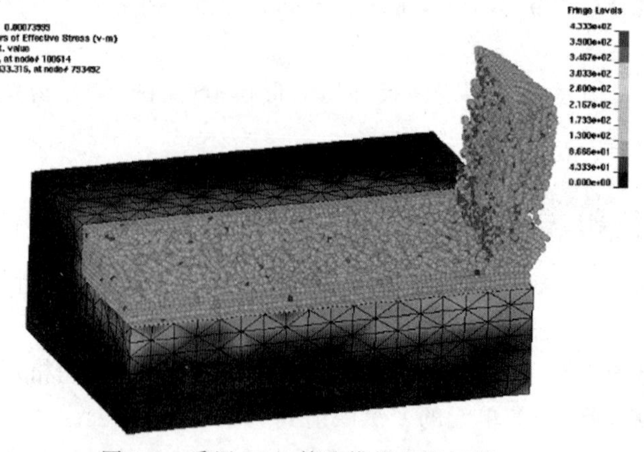


图 7-6　采用 SPH 算法模拟金属切割

单元失效问题,在解决超高速碰撞、靶板贯穿等极度变形和破坏类型的问题上有着其他方法无法比拟的优势,具有很好的发展前景。

### 7.1.11 无单元伽辽金方法

无单元伽辽金(element free galerkin,EFG)方法可用于模拟结构的大变形问题,这种方法计算准确度很高,还具有自适应功能。图7-7是采用无单元伽辽金方法模拟金属切割。

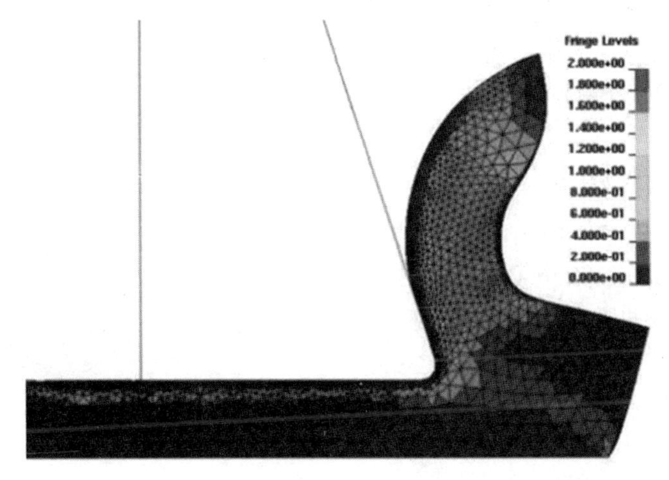


图7-7 采用无单元伽辽金方法模拟金属切割

### 7.1.12 边界元方法

LS-DYNA中的边界元法(BEM)可分析各类声学问题,主要用于以下方面:

- 求解流体绕刚体或变形体的稳态或瞬态流动,该算法限于非黏性和不可压缩的附着流动。
- 振动声学计算问题。如图7-8所示。
- 电磁计算。

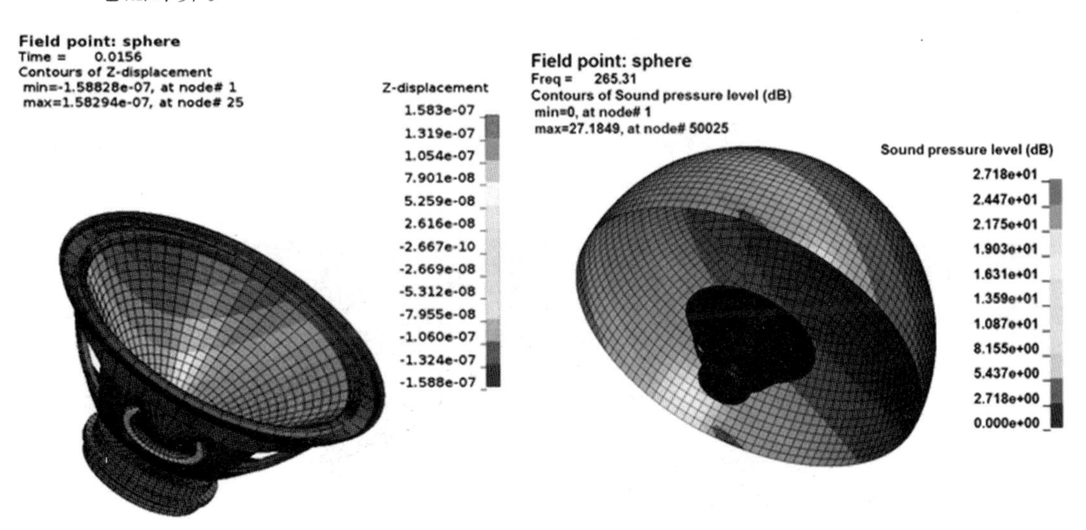


图7-8 声学边界元方法用于计算辐射噪声

### 7.1.13 刚体动力学功能

LS-DYNA 同样包含多体动力学方面的功能。一些功能如下所示：

- 刚体。
- 刚体向变形体的切换。
- 变形体向刚体的切换。
- 刚体之间的连接：球形连接、转动连接、柱形连接、平面连接、万向连接、平移连接。
- 接触：刚体与变形体的接触、刚体与刚体接触。
- 几种离散单元(颗粒状)。

### 7.1.14 隐式算法

用于非线性结构静、动力学分析，包括结构固有频率和振型计算。LS-DYNA 中可以交替使用隐式求解和显式求解，进行薄板冲压成形的回弹计算(见图 7-9)、结构动力学分析之前施加预应力等。

由于篇幅所限，本书不对隐式算法和热分析进行详解，感兴趣的读者请参考我们编写的《TrueGrid 和 LS-DYNA 动力学数值计算详解》。

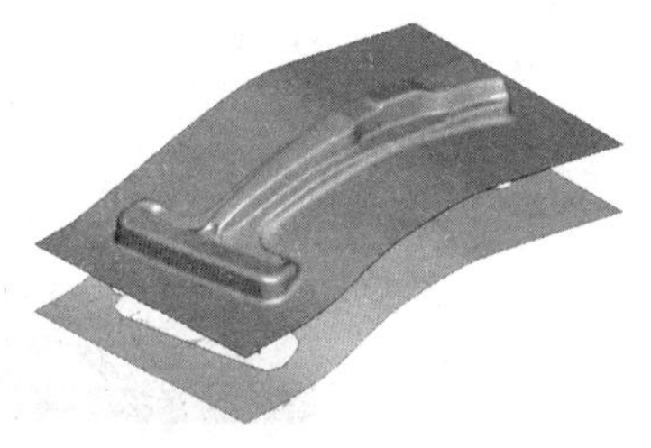

图 7-9 覆盖件冲压成形分析

### 7.1.15 热分析

LS-DYNA 程序有二维和三维热分析模块，可以进行稳态热分析、瞬态热分析、与拉格朗日结构耦合分析、与 SPH 粒子耦合分析(见图 7-10)等。

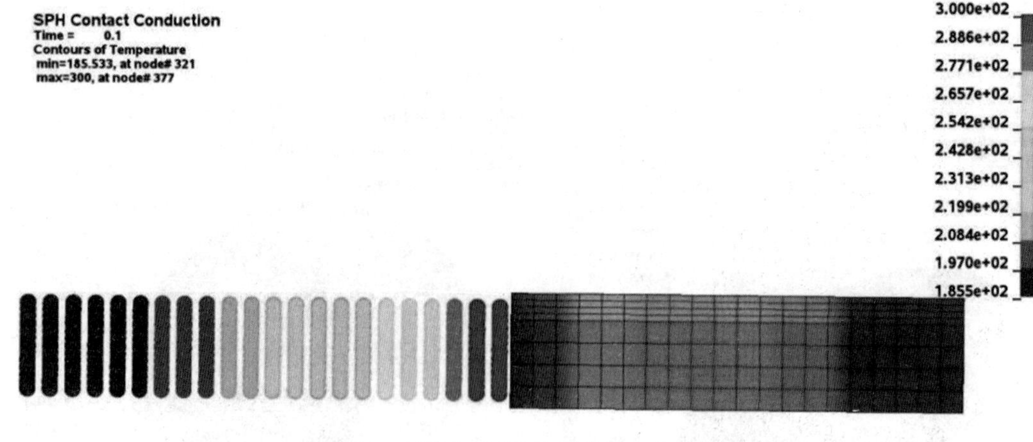


图 7-10 结构与 SPH 粒子热耦合分析算例

### 7.1.16 不可压缩流求解器

LS-DYNA 不可压缩流(incompressible computational fluid dynamic，ICFD)隐式求解

器用于模拟分析瞬态、不可压、黏性流体动力学现象。目前已实现多种湍流模型，可对流体域自动划分三角形（二维模型）或四面体（三维模型）非结构化网格，适合于解决稳态、涡流、边界层效应以及其他长时流体问题。ICFD 求解器还可以采用 ALE 网格运动方法或网格自适应技术解决流体与结构之间的强/弱耦合问题。ICFD 求解器的典型应用包括汽车流场分析、旗帜风中摆动、心脏瓣膜开合、结构低速入水砰击等，这些问题中马赫数小于 0.3。图 7-11 是采用 ICFD 算法模拟腔静脉血液流动。

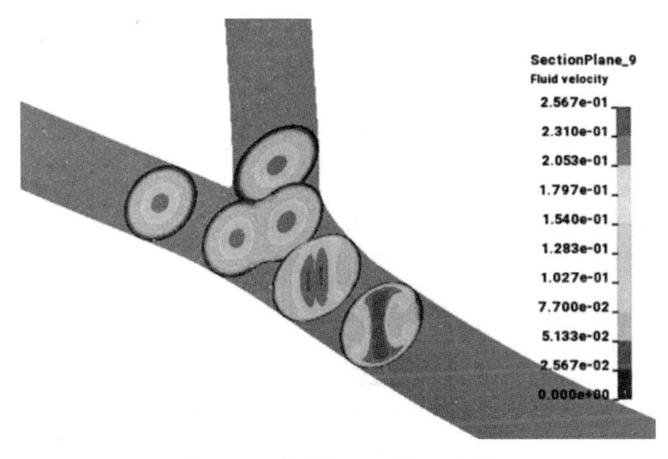


图 7-11 腔静脉血液流动模拟

## 7.1.17 时-空守恒元解元求解器

时-空守恒元解元（conservation element/solution element，CESE）是高精度、单流体、可压缩流、显式求解器，采用欧拉网格，能够精确捕捉非等熵问题细节，可用于超音速气动分析、高马赫数冲击波（见图 7-12）和声波传播计算、流固耦合分析，这些问题中马赫数大都大于 0.3。

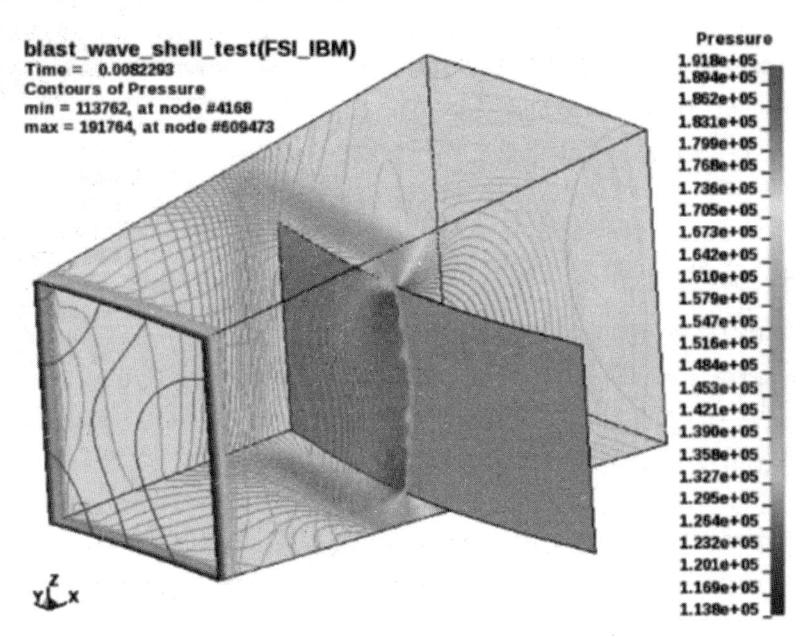


图 7-12 平板在冲击波作用下的反弹计算

在 CESE 求解器基础上，目前还开发了求解精度更高、更稳定的 DUALCESE 求解器，可进行多相流计算。

CESE 附带三个专用子模块：空化流、随机粒子和化学反应。

空化流涉及内容太多，本书不做介绍。

随机粒子（stochastic particles）子模块通过求解随机偏微分方程来描述粒子，目前实现了两种随机偏微分方程模型：温压炸药内嵌粒子模型和喷雾模型。图 7-13 是发动机喷嘴超音速横向流计算结果。

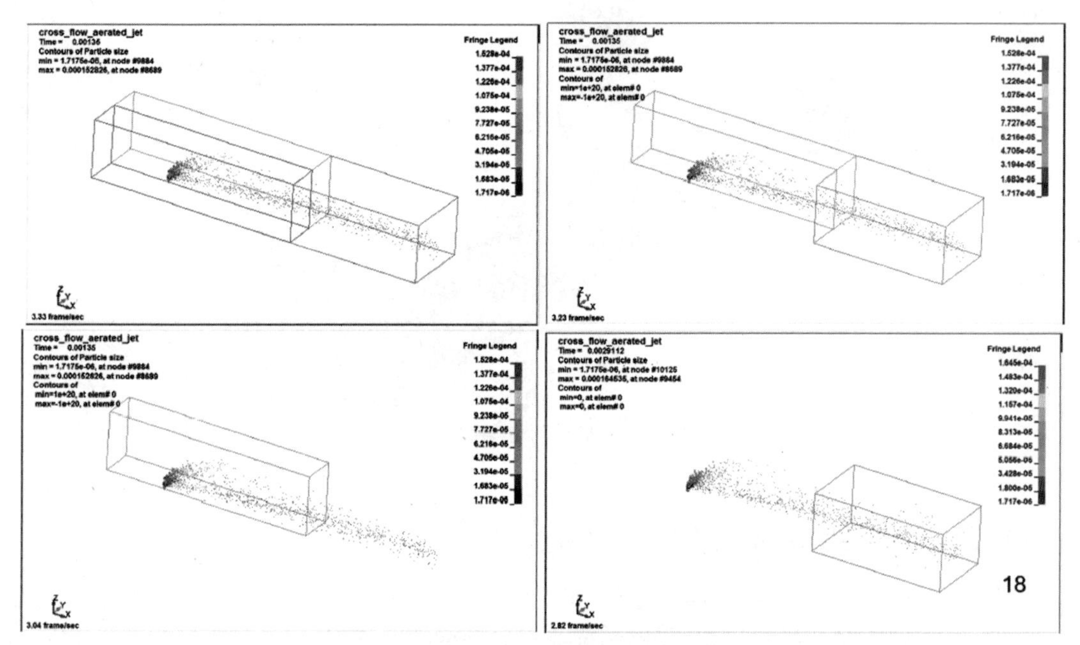


图 7-13　发动机喷嘴超音速横向流计算

化学反应（chemistry）子模块可模拟高能炸药如 TNT 与铝粉反应、气囊烟火药燃烧反应、气体爆炸对结构的作用、核容器的多尺度分析等化学反应问题。$H_2$、$O_2$、Ar 混合气体化学反应计算结果见图 7-14。

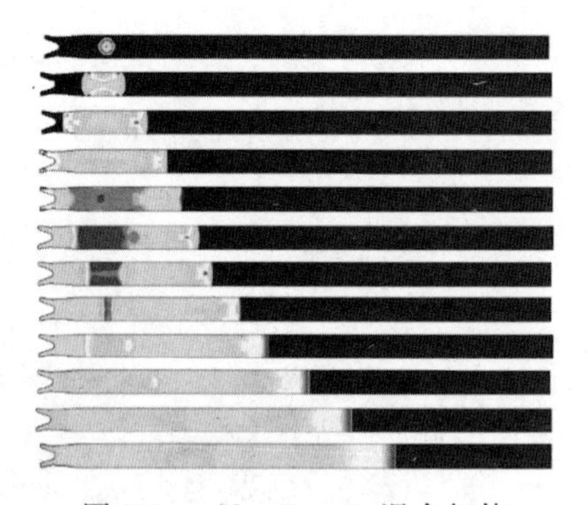

图 7-14　$H_2$、$O_2$、Ar 混合气体化学反应计算

### 7.1.18　微粒法

2004 年，LSTC 公司开始考虑将微粒法（corpuscular particle method，CPM）用于气囊建模分析，这种方法基于分子运动理论，把由大量分子组成的系统简化为由少量粒子组成的模型，一个颗粒代表一族空气分子，这些刚性粒子遵循牛顿力学定律，空气的动力学效应由颗粒与颗粒之间的碰撞模拟。图 7-15 是采用 CPM 计算气囊展开。ANSYS LST 在 CPM 的基础上开发了粒子爆破法（particle blast method，PBM），该方法还可与 DEM 耦合，用于模拟炸药爆生气体对结构的作用，例如岩石爆破、地雷在土中爆炸对装甲车辆的毁伤。

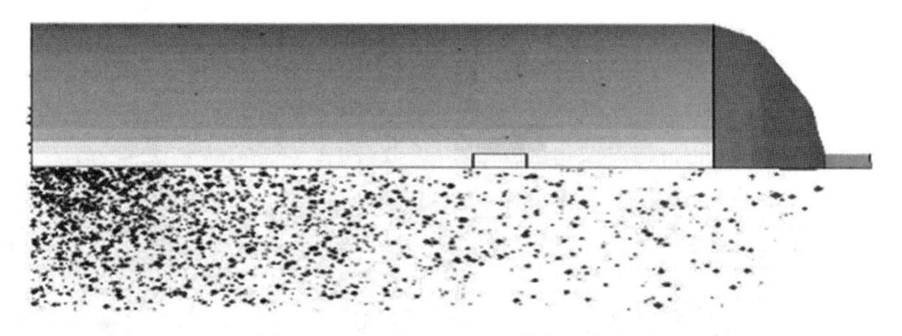

图 7-15 采用 CPM 计算气囊展开

### 7.1.19 离散元法

离散元法(DEM)起源于分子动力学,可用于模拟粒子之间的相互作用,如颗粒材料的混合、分离、注装、仓储和运输过程(见图 7-16),以及连续体结构在准静态或动态条件下的变形及破坏过程。

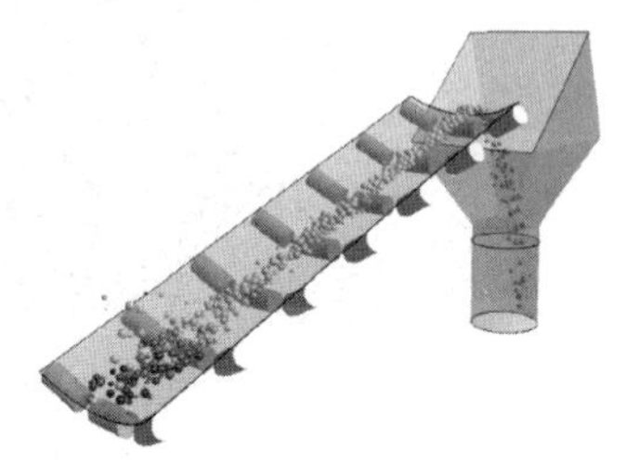

图 7-16 颗粒物质传送分析

### 7.1.20 电磁场模块

电磁场(electro magnetism,EM)模块通过求解麦克斯韦(Maxwell)方程模拟涡电流、感应加热(见图 7-17)、电阻加热问题,可以与结构、热分析、ICFD 模块耦合,典型的应用有电磁金属成形和电磁金属焊接等。

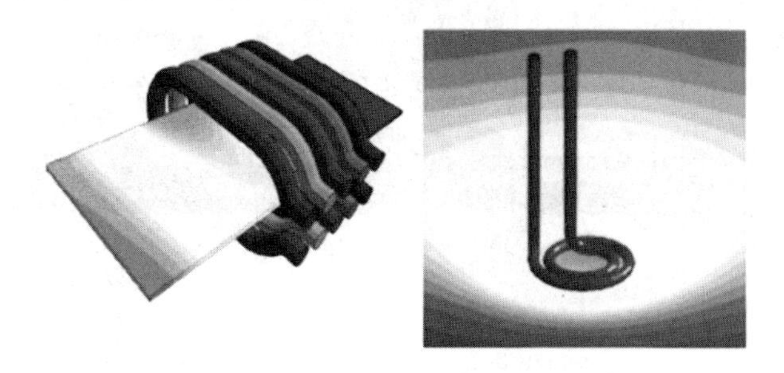

图 7-17 线圈电磁感应加热分析

### 7.1.21 近场动力学方法

LS-DYNA 是唯一引入近场动力学(peridynamics,PD)方法的商业软件,这种方法基于非连续伽辽金有限元模拟脆性材料的三维断裂,如图 7-18 所示。

### 7.1.22 光滑粒子伽辽金算法

光滑粒子伽辽金(smooth particle Galerkin,SPG)算法是 LS-DYNA 软件所独有的,适用于弹塑性(如金属)及半脆性(如混凝土)材料的失效与破坏分析,它已被成功应用于金属

图 7-18　复合材料钻孔 PD 模拟

与混凝土及金属与金属的高速碰撞，金属的磨削、铆接（见图 7-19）、切削、流钻螺丝连接、自冲铆接、自攻螺丝连接及钻孔等过程的模拟计算。这些过程的共同特点就是由于材料失效和破坏的发生使得传统有限元仿真变得很困难。SPG 算法区别于其他失效与破坏算法的最显著特点是它可以不删除失效的单元，并且计算结果对失效准则的敏感度不高。SPG 算法还可用于多尺度分析，如图 7-20 所示，应用前景非常广阔。

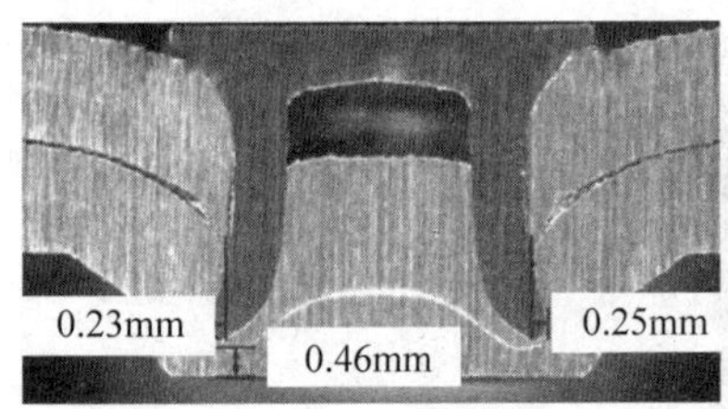

图 7-19　铆接 SPG 模拟与实验对比

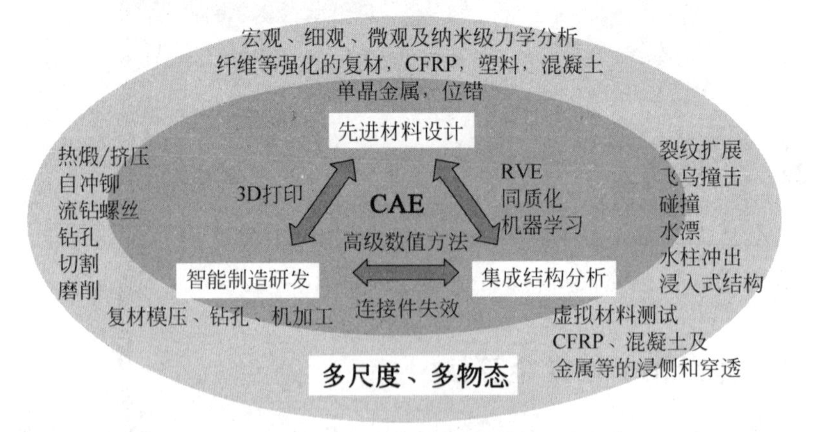


图 7-20　SPG 算法应用前景

### 7.1.23 扩展有限元法

传统有限元法在模拟结构的破坏时，其裂纹的位置必须沿着单元的边界，同时在裂纹尖端附近的节点位置也必须特别处理，当裂纹成长时，网格亦必须随之重建，建模分析工作很烦琐，可信度也不高。

扩展有限元法(extended finite element method，XFEM)是一种联合了连续－间断的有限元法，由于其位移场通过单位分解引入了强间断，扩展有限元能够有效地模拟材料破坏引起的结构从连续到间断状态的转变。采用虚拟节点积分方法，引入间断的单元可以分解为两个相同类型的虚拟单元。这种方法很适合对板壳结构的破坏失效和动态裂纹扩展的模拟分析。LS-DYNA 的扩展有限元法采用了内聚区裂纹模型来模拟脆性/半脆性材料的断裂问题，同时应用非局部连续介质损伤模型来描述延性断裂中裂纹的形成和材料的退化过程。由于裂纹可以穿越有限单元扩展，扩展有限元法极大地减少了网格离散和网格取向对裂纹扩展的影响。延性材料的断裂分析中存在的网格尺寸效应也可以通过应变正规化得以纠正。扩展有限元法的特性决定了这种方法在结构断裂分析和破坏模拟中的具有广泛的应用前景。在图 7-21 中，采用 XFEM 很好地模拟了裂纹的扩展。

图 7-21 非对称 V 型槽试样拉伸 XFEM 分析

### 7.1.24 结构化 ALE 方法

结构化 ALE(structured ALE，S-ALE)方法能够在 LS-DYNA 计算初始内部自动生成正交结构化 ALE 网格，可简化有限元建模过程，提高流固耦合问题求解的稳定性，大大降低求解所需内存和时间。图 7-22 是 EFP 形成和侵彻 S-ALE 模拟结果。

### 7.1.25 NVH、疲劳和频域分析

从 LS971 R5 开始，LS-DYNA 逐渐增加了一些频域内振动和声学分析的计算功能，这些新功能包括：频率响应函数、稳态振动、随机振动和随机疲劳(如图 7-23 所示)、反应谱分析、有限元声学和边界元声学等。

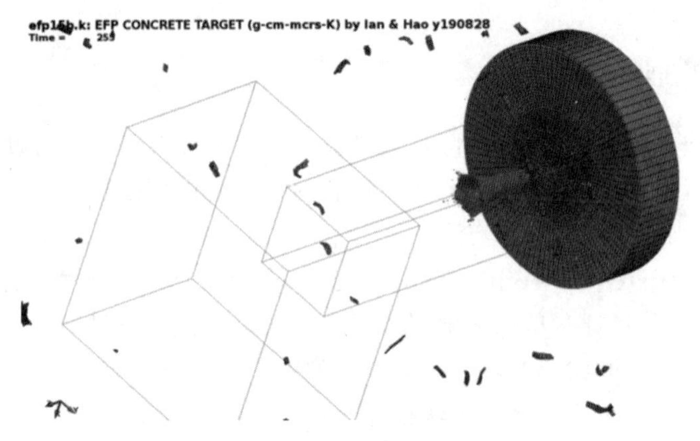


图 7-22　EFP 形成和侵彻 S-ALE 模拟

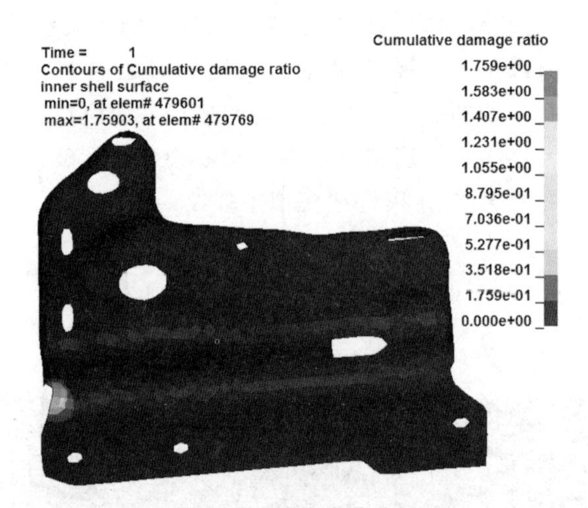


图 7-23　结构疲劳分析

### 7.1.26　同几何分析

同几何分析(isogeometric)是Hughes等提出的一种能直接建立在CAD几何模型基础上的计算方法,这种方法采用CAD的几何计算公式(如各种不同的几何基函数)代替传统有限元分析中使用的拉格朗日插值,同时采用有限元法中的计算思路,来进行工程计算分析。从2014年开始,LS-DYNA开始开发基于同几何分析法的壳单元、实体单元和修剪壳单元,并已用于显式和隐式分析、模态分析及接触分析,如图7-24所示。

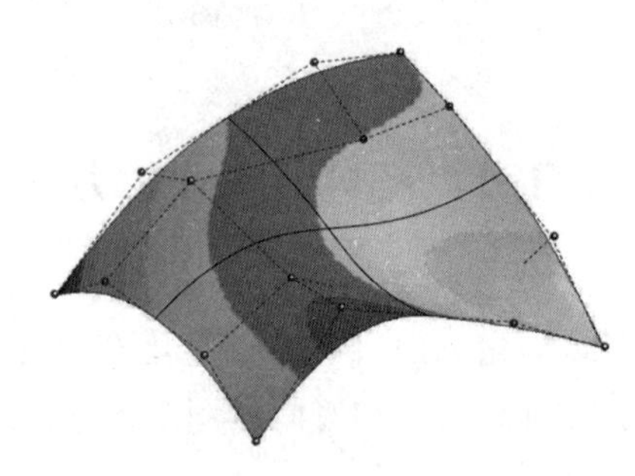

图 7-24　同几何模型分析算例

### 7.1.27　转子动力学

转子动力学(rotational dynamics)是一门研究转动结构动力学特性的科学,其研究对象包括发动机、涡轮机和电脑硬盘中的旋转部件。在转子动力特性的研究中,临界转速尤其是大家关注的重点，因为它会引起共振现象，从而导致旋转部件产生很大的变形，以至于整个结构出现不稳定振动。为了确定临界转速，有必要对旋转部件进行模态分析，并研究其频率随着转速的变化情况，即坎贝尔图。除此之外，转子在非平衡力作用下的动态响应对转动结构的安全性影响也非常重要。现有的分析通常不考虑陀螺效应及离心软化效应，而这些效应对转子的动态响应及模态响应影响非常大，为此 LS-DYNA 加入了转子动力学，研究离心力作用下的静态响应、陀螺效应及离心软化效应（见图 7-25）如何影响转子的动态响应及频谱响应。

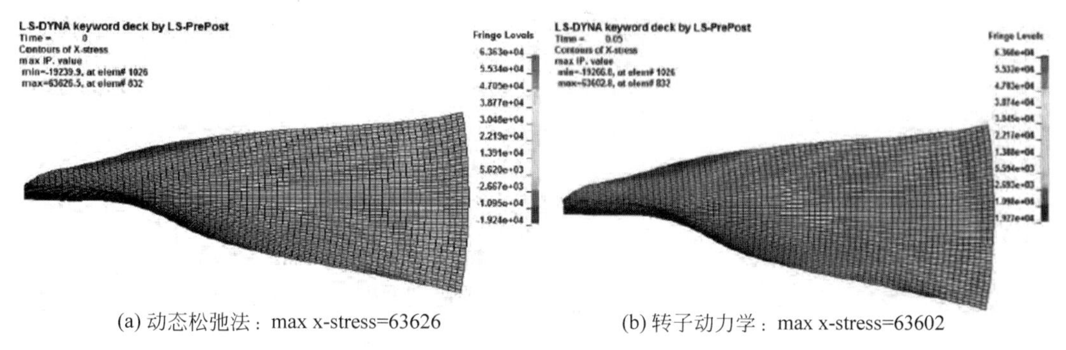


(a) 动态松弛法：max x-stress=63626　　(b) 转子动力学：max x-stress=63602

图 7-25　发动机叶片在离心力作用下 X 方向应力分布

### 7.1.28　* DEFINE_OPTION_FUNCTION 函数定义功能

* DEFINE_OPTION_FUNCTION 系列关键字包括：* DEFINE_FUNCTION、* DEFINE_CURVE_FUNCTION 和 * DEFINE_FUNCTION_TABULATED。

* DEFINE_OPTION_FUNCTION 采用一种类似 C 语言的脚本语言，不用编译，应用非常广泛，可用于自由灵活地定义各类载荷，例如引用计算时间、几何坐标、速度、温度、时间和压力等作为载荷变量。图 7-26 采用 * DEFINE_FUNCTION 定义静水压力计算结构应力。

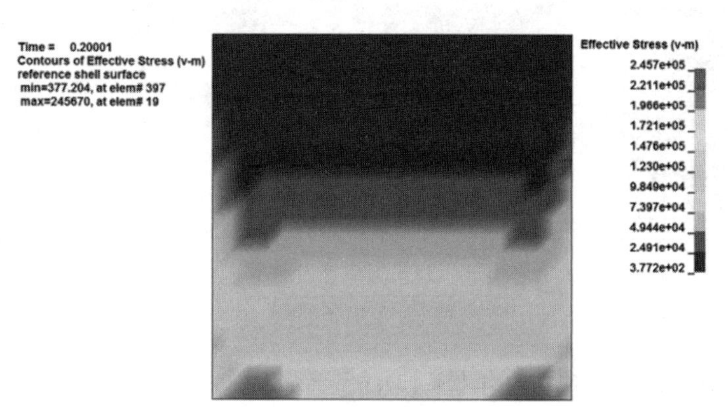


图 7-26　* DEFINE_FUNCTION 定义静水压力计算结构应力

### 7.1.29　二次开发

LS-DYNA 的二次开发功能非常强，提供包括材料模型、状态方程、单元、求解控制、输入输出在内的很多模块开发功能。LS-DYNA 的架构（见图 7-27）也非常开放，二次开发可以调用所有的函数库和共享数据模块。从版本 R9 开始，二次开发的架构在兼容原有的开发环境的基础上，提供动态链接库的开发。LS-DYNA 可以同时加载和调用多个用户链接库，并按用户规则将不同的链接库分配给相应的单元和模块。

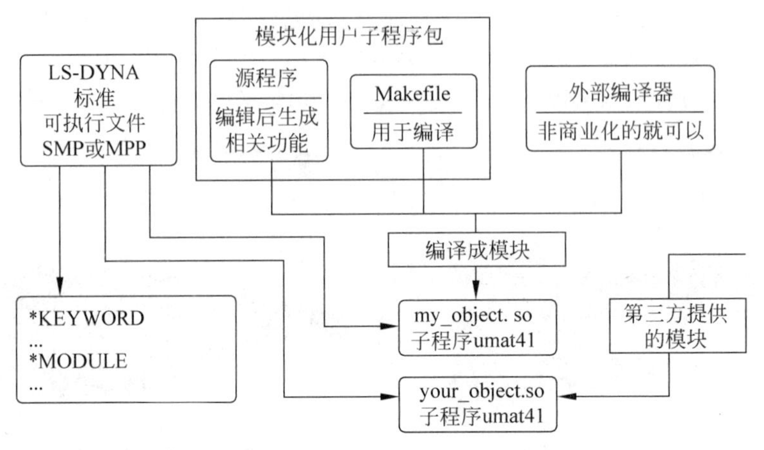


图 7-27　LS-DYNA 二次开发架构

### 7.1.30　汽车行业的专门功能

LS-DYNA 提供了针对汽车设计应用的特殊功能，例如焊点、安全带、滑环、预紧器、牵引器、传感器、加速度计、气囊(见图 7-28)、假人模型、壁障模型、与 Madymo 耦合等多种专门功能，可用于如碰撞仿真、气囊展开等分析。

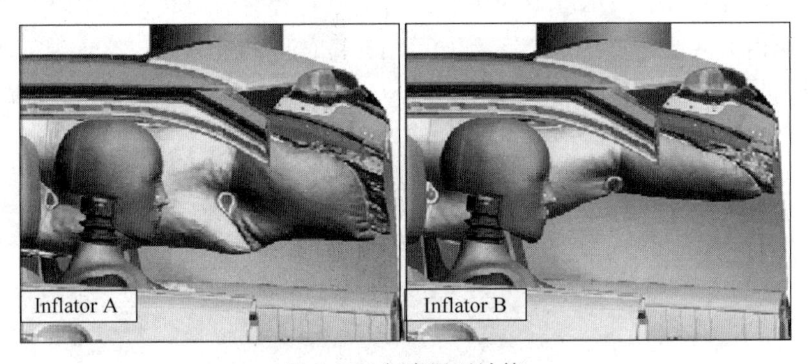


图 7-28　气囊展开计算

### 7.1.31　板料成形行业的专门功能

LS-DYNA 在板料冲压成形模拟中的应用始于 1990 年左右，经过多年的发展，已经成为这个领域的主流软件。LS-DYNA 新增的很多功能(如成形接触类型、拉延筋、自适应细化和粗化网格、回弹预测和补偿、修边、最佳拟合、网格质量的自动检查、板料初始形状计算等)对板料成形模拟产生巨大影响，并在生产中得到广泛的应用，如图 7-29 所示。

目前，ANSYS LST 基于这些功能正在开发专业的板料冲压成形软件 Ansys Forming (原名 LS-FORM)，本书对该部分功能不再详细介绍。

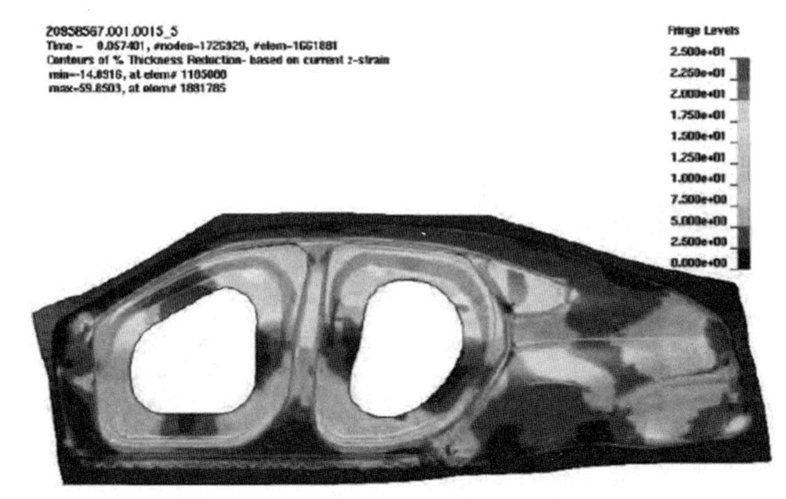


图 7-29 汽车侧围外板冲压成形减薄分析

除板料冲压成形外，LS-DYNA 也能用于其他成形工艺的仿真，如管成形、切割、挤压、脉冲成形、锻造、轧制、焊接、卷边、翻边、电磁成形和弯曲成形等。这些方面的应用可涉及不同学科之间的耦合，如拉格朗日自适应网格、EFG 及其自适应网格、无网格法、不同时间步切换、ALE、热分析、刚体动力学等功能都可以同时使用。

### 7.1.32 多功能控制选项

多种控制选项和用户子程序使得用户在定义和分析问题时有很大的灵活性。

- 输入文件可分成多个子文件。
- 用户自定义子程序。
- 二维问题可以人工控制交互式或自动重分网格。
- 重启动分析。
- 数据库输出控制。
- 交互式实时图形显示。
- 求解感应控制开关监视计算状态。
- 单精度或双精度分析。

### 7.1.33 支持的硬件平台

LS-DYNA 可以被移植到所有常用的 HPC 平台，包括大规模并行版本 MPP、共享内存版本 SMP 和混合版本 HYBRID(CPU 内用 SMP，CPU 间用 MPP)以及对应的单精度和双精度版本。MPP 版本并行效率很高，可最大限度地利用已有计算设备，大幅度减少计算时间。图 7-30 是针对不同 CPU 核数推荐的 LS-DYNA 并行求解器。

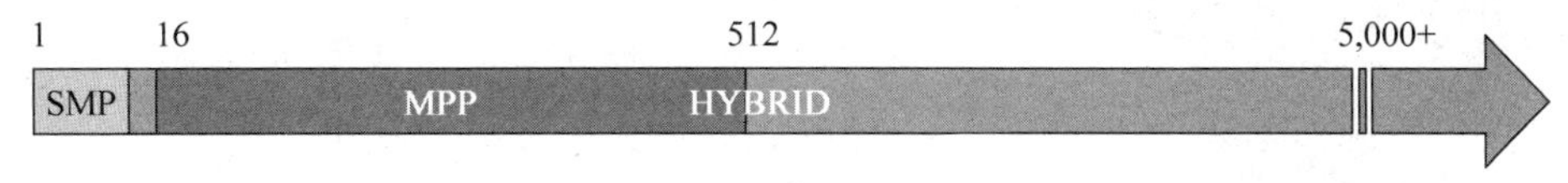


图 7-30 不同 CPU 核数 LS-DYNA 并行求解器推荐

不同版本可以在 PC 机(Windows、Linux 环境)、工作站、超级计算机上运行。

## 7.2 应用领域

LS-DYNA 的应用可分为国防和民用两大类。

国防领域的应用主要有：

- 战斗部(此为弹药行业中对毁伤目标的最终毁伤单元的专用称呼)结构的设计分析。
- 内弹道发射对结构的动态响应分析。
- 外弹道气动力学分析。图 7-31 是侵彻弹在穿透多层间隔靶板后空中飞行的外弹道气动模拟，据此可以预测侵彻弹落地的姿态和速度。
- 终点弹道的爆炸驱动和破坏效应分析。
- 侵彻过程与爆炸成坑模拟分析。
- 飞行器鸟撞和叶片包容性分析。
- 人员和武器装备空投分析。
- 军用设备和结构设施受碰撞和爆炸冲击加载的结构动力分析。

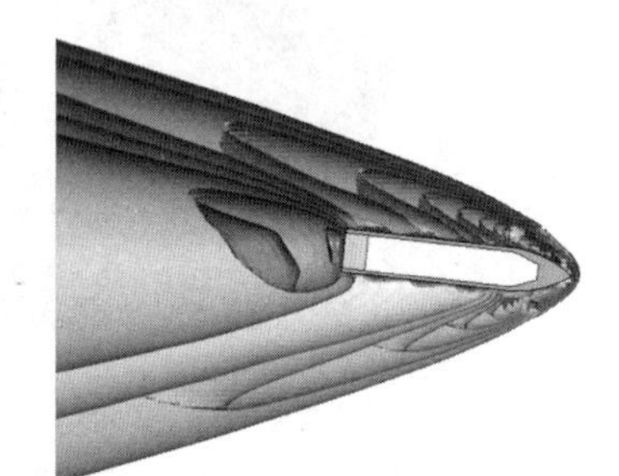

图 7-31　侵彻弹外弹道气动模拟

- 介质(包括空气、水和地质材料等)中爆炸及对结构作用的全过程模拟分析。
- 军用新材料(包括炸药、复合材料、特种金属等)的研制和动力特性分析。
- 火箭级间爆炸分离模拟分析。
- 爆炸容器优化分析。
- 超高速碰撞模拟，如太空垃圾对宇航器和航天员的危害分析。
- 特种复合材料设计。
- 战场上有生力量的毁伤效应分析。

民用领域的应用主要有：

- 汽车、飞机、火车、轮船等运输工具的碰撞分析。
- 汽车安全气囊展开分析。
- 乘客被动安全。
- 金属成形，包括滚压、挤压、铸造、锻压、挤拉、切割、超塑成形、薄板冲压、仿形滚压、深拉伸、液压成形(包括有非常大的变形)、多阶段工序等。
- 金属切割。
- 汽车零部件的机械制造。
- 矿业开采，如水射流破岩(见图 7-32)、爆破工程的设计分析。
- 塑料成形和玻璃成形。
- 生物力学，如血管中血液流动、骨折、心脏瓣膜工作模式、运动员运动受力分析。
- 地震工程。
- 消费品的跌落安全性分析。
- 电子封装。

图 7-32　水射流破岩 SPH 模拟

- 电子产品受热分析。
- 地震作用下建筑物、核废料容器等结构的安全性分析。
- 点焊、铆接、螺栓联结。
- 流体和结构相互作用分析。
- 运输容器设计。
- 公路桥梁设计。
- 增材制造(3D 打印)。

# 7.3 关键字输入格式

为了灵活和合理地组织输入数据，LS-DYNA 输入文件采用关键字输入格式。关键字格式的输入数据之间，并不是孤立的，而是在逻辑上以 ID 编号的方式存在着严密的引用关系。

## 7.3.1 关键字输入数据格式的特点

关键字输入数据格式具有如下特点：

(1) 关键字输入文件以 *KEYWORD 开头，以 *END 结尾，LS-DYNA 程序只会编译 *KEYWORD 和 *END 之间的部分。假如在读取过程中遇到文件结尾，则认为没有 *END 文件终止关键字。

(2) 在关键字格式中，相似的功能在同一关键字下组合在一起，例如，在 *ELEMENT 关键字下包括实体单元、壳单元、梁单元、弹簧单元、离散阻尼器、安全带元和质量单元。

(3) 许多关键字具有如下选项标识：OPTIONS 和{OPTIONS}。区别在于 OPTIONS 是必选项，要求必须选择其中一个选项才能完成关键字命令。而{OPTIONS}是可选项，并不是关键字命令所必须的。

(4) 每个关键字前面的星号"*"必须在第一列中，关键字后面另起一行跟着与关键字相关的数据块。LS-DYNA 程序在读取数据块期间遇到的下一个关键字表示该块的结束和新块的开始。

(5) 第一列中的美元符号"$"表示其后的内容为注释，LS-DYNA 会忽略该输入行的内容。

(6) 除了 *KEYWORD(定义文件开头)、*END(定义文件结尾)、*DEFINE_TABLE(后面必须紧跟 *DEFINE_CURVE)、*DEFINE_TRANSFORM(必须在 *INCLUDE_TRANSFORM 之前定义)、*PARAMETER(参数先定义后引用)等关键字之外，整个 LS-DYNA 输入与关键字顺序无关。

(7) 关键字输入不区分大小写。

(8) 关键字下面的数据可采用固定格式，中间用空格隔开。例如，在下面例子里，*NODE 定义了两个节点及其坐标，*ELEMENT_SHELL 定义了两个壳单元及其 Part 编号和节点连接关系：

```
$定义两个节点
*NODE
10101  x  y  z
10201  x  y  z
```

```
$定义两个壳单元
*ELEMENT_SHELL
10201  pid  n1  n2  n3  n4
10301  pid  n1  n2  n3  n4
```

(9) 每个关键字也可以分多次定义成多个数据组,上面例子中的节点和单元还可以采用逐个定义的输入方式:

```
$定义一个节点
*NODE
10101  x  y  z
$定义一个壳单元
*ELEMENT_SHELL
10201  pid  n1  n2  n3  n4
$定义另一个节点
*NODE
10201  x y z
$定义另一个壳单元
*ELEMENT_SHELL
10301  pid n1  n2  n3  n4
```

(10) 每个关键字后面的输入数据还可采用自由格式输入,此时输入数据由逗号分隔,即:

```
*NODE
10101,x,y,z
10201,x,y,z
*ELEMENT_SHELL
10201,pid,n1,n2,n3,n4
```

(11) 用空格分隔的固定格式和用逗号分隔的自由格式可以在整个输入文件中混合使用,也可以在同一个关键字的不同行中混合使用,但不能在同一行中混用。例如,下面的关键字格式是正确的:

```
*NODE
10101  x  y  z
10201,x,y,z
*ELEMENT_shell
10201  pid  n1  n2  n3  n4
```

现以图7-33说明 LS-DYNA 输入数据组织的原理,以及输入文件中各种实体如何相互关联。

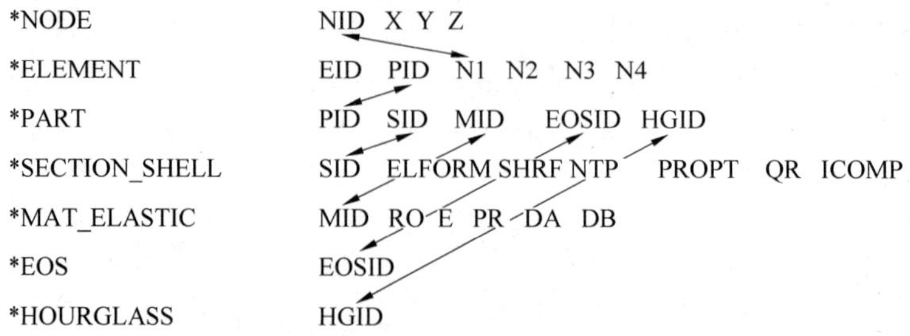

```
*NODE              NID  X  Y  Z
*ELEMENT           EID  PID  N1  N2  N3  N4
*PART              PID  SID  MID  EOSID  HGID
*SECTION_SHELL     SID  ELFORM SHRF NTP  PROPT  QR  ICOMP
*MAT_ELASTIC       MID  RO  E  PR  DA  DB
*EOS               EOSID
*HOURGLASS         HGID
```

图7-33 LS-DYNA 关键字输入方式的数据组织

在该图中，关键字 * ELEMENT 包含的数据是单元编号 EID、Part 编号 PID、节点编号 NID 和单元的 4 个节点：N1、N2、N3 和 N4。

节点编号 NID 在 * NODE 中定义，每个 NID 只应定义一次。

* PART 关键字定义的 Part 将材料、单元算法、状态方程、沙漏等集合在一起，该 Part 具有唯一的 Part 编号 PID、单元算法编号 SID、材料本构模型编号 MID、状态方程编号 EOSID 和沙漏控制编号 HGID。

* SECTION 关键字定义了单元算法编号 SID，包括指定的单元算法、剪切因子 SHRF 和数值积分准则 NIP 等参数。

* MAT 关键字为所有单元类型(包括体、梁、壳、厚壳、安全带、弹簧和阻尼器)定义了材料本构模型参数。

* EOS 关键字定义了仅用于实体单元的某些 * MAT 材料的状态方程参数。

* HOURGLASS 关键字用于设置人工刚度或黏性，来抵抗零能模式的形成，从而控制沙漏。

在每个关键字输入文件中，下列关键字是必须有的：

```
* KEYWORD
* CONTROL_TERMINATION
* NODE
* ELEMENT
* MAT
* SECTION
* PART
* DATABASE_BINARY_D3PLOT
* END
```

## 7.3.2　关键字用户手册卡片格式说明

在 LS-DYNA 输入文件中每个关键字命令下的每一行数据块称为一张卡片。在 LS-DYNA 关键字用户手册，即《LS-DYNA KEYWORD USER'S MANUAL》中，每张卡片都以固定格式的形式进行描述，大多数卡片都是 8 个字段，每个字段长度为 10 个字符，共 80 个字符。如果格式与此不同，在用户手册中会另有说明。

对于固定格式和自由格式，用于指定数值的字段长度都有限制。例如，I8 数字被限制为最大 99999999，并且不允许多于 8 个字符。另一个限制是忽略每行的第 80 列以外的字符。

关键字示例卡片如下表 7-1 所示。

表 7-1　关键字卡片示例

| Card [N] | 1 | 2 | 3 | 4 | 5 | 6 | 7 | 8 |
|---|---|---|---|---|---|---|---|---|
| Variable | NSID | PSID | OPTION | A1 | A2 | A3 | | |
| Type | I | I | A | F | F | F | | |
| Default | none | none | none | 1.0 | 1.0 | 0 | | |
| Remarks | 1 | | | | 2 | | | |

在上面的示例中，标有 Type 的行给出了变量类型，I 表示整数，A 表示字符串，F 表示浮点数。如果指定了 0、该字段留空或未定义卡片，则表示变量将采用 Default 行指定的默认值。Remark 是指该部分末尾留有备注。

每个关键字卡片之后是一组数据卡。数据卡可以是：

（1）必需卡片。除非另有说明，否则卡片是必需的。

（2）条件卡。条件卡需要满足一些条件。表 7-2 是一个典型的条件卡。

表 7-2　ID 关键字选项的附加条件卡

| ID | 1 | 2 | 3 | 4 | 5 | 6 | 7 | 8 |
|---|---|---|---|---|---|---|---|---|
| Variable | ABID | HEADING | | | | | | |
| Type | I | A70 | | | | | | |

（3）可选卡。可选卡是可以被下一张关键字卡替换的卡。可选数据卡中省略的字段将被赋予默认值。

例如。假设 * KEYWORD 由 3 张必需卡片和 2 张可选卡片组成。然后，第 4 张卡可以被下一张关键字卡替换。省略的第 4 张和第 5 张卡片中的所有字段都会被赋予默认值。虽然第 4 张卡是可选的，输入文件也不能从第 3 张卡跳到第 5 张卡。唯一可以替换卡片 4 的卡是下一张关键字卡。

## 7.4　资源网站

LSTC、DYNAmore GmbH 等多家公司网站上有许多关于 LS-PrePost、LS-DYNA、LS-OPT 和 LS-TaSC 的建模、计算算例、动画、使用经验和论文，可供大家学习之用。常用的资源网站有：

（1）ftp.lstc.com

这是 LS-DYNA 开发商 ANSYS LST 公司的官方 FTP，从该 FTP 上可下载最新的 LS-DYNA 软件、优化求解器 LS-OPT 和 LS-TaSC、前后处理软件 LS-PrePost、各种版本用户手册、一些关键字文件、假人、轮胎和壁障模型等。

（2）www.lstc.com、www2.lstc.com 和 www.ls-dyna.com

这三个均是 ANSYS LST 公司的官方网站，从前两个网站上可下载 LS-DYNA 培训课程介绍、各种版本用户手册和 LS-PrePost 网上教程。www.ls-dyna.com 上有许多 LS-DYNA 算例的 AVI 格式动画。

（3）www.feainformation.com

这个网站上有 ANSYS LST 公司产品的最新发展动态。

（4）www.feainformation.com.cn

这个网站上有 ANSYS LST 公司产品的最新发展动态、功能介绍、应用实例动画以及英文、简体和繁体中文期刊下载。

（5）www.dynalook.com 和 www.ls-dynalconferences.com

www.dynalook.com 网站上有历届 LS-DYNA 国际会议和欧洲会议论文集，这两类会议隔年轮换举行，均是每两年一次。

www.ls-dynalconferences.com 网站上有即将举办的 LS-DYNA 会议征文通知。

（6）www.dynaexamples.com

这个网站上有许多 LS-DYNA 算例，包括关键字输入文件，本书的部分算例也来自该网站。

（7）www.lsdynasupport.com

LS-DYNA 官方技术支持网站，这个网站上有许多关于 LS-DYNA 的教程、常见问题解答、手册和发行说明。

（8）www.lsoptsupport.com

ANSYS LST 公司 LS-OPT 和 LS-TaSC 优化求解软件的官方技术支持网站，这个网站上有许多关于 LS-OPT 和 LS-TaSC 的最新动态、入门指南、常见问题解答和实例。

（9）www.dummymodels.com

这个网站上有许多关于 LS-DYNA 假人模型及其验证情况的详细说明。

（10）www.topcrunch.com

这个网站上可以找到 LS-DYNA 在不同硬件平台上的基准测试结果，可用于硬件性能的评估和比较。

（11）blog.d3view.com

这个网站上有许多关于 LS-DYNA 部分功能的使用经验和常见问题解答。

（12）www.ncac.gwu.edu/vml/models.html

这个网址由 NCAC 维护，提供了各种车辆和道路隔离护栏的有限元模型。

（13）www.lstc-cmmg.org

ANSYS LST 计算力学和多尺度力学小组。

（14）www.dynamore.de

德国 DYNAmore GmbH 公司官方网站，上面有许多动画和文章可供下载。

（15）www.lancemore.jp

日本 LS-DYNA 代理公司网站，上面有许多有关 LS-DYNA 新功能的算例动画。

（16）http://tech.dir.groups.yahoo.com/group/LS-DYNA/

雅虎上的 LS-DYNA 技术讨论组。

（17）http://groups.google.com/group/LS-PrePost

雅虎上的 LS-PrePost 技术讨论组。

（18）http://groups.google.com/group/lsopt_user_group

雅虎上的 LS-OPT 技术讨论组。

（19）http://www.featm.com

FEA 最新的信息链接。

（20）http://awg.lstc.com

LS-DYNA 航空应用工作小组。

## 7.5 参考文献

[1] 辛春亮，等. TrueGrid 和 LS-DYNA 动力学数值计算详解 [M]. 北京：机械工业出版社，2019.

[2] 辛春亮，等. 由浅入深精通 LS-DYNA [M]. 北京：中国水利水电出版社，2019.

[3] 辛春亮，等. 有限元分析常用材料参数手册 [M]. 北京：机械工业出版社，2020.

[4] G. R. Liu，M. B. Liu. 光滑粒子流体动力学：一种无网格粒子法 [M]. 韩旭，杨刚，强洪夫，译. 长沙：湖南大学出版社，2005.

[5] 郭勇，等，LS-DYNA® 动态断裂分析的扩展壳有限元方法 [J]. 有限元资讯，2018，3：6-21.

[6] David Fyhrman. 2D-simulations in LS-DYNA [R]. DYNAMORE，2018.

[7] 滕海龙. LS-DYNA 中的二次拉格朗日单元介绍 [J]. 有限元资讯，2016，6：4-13.

[8] LS-DYNA KEYWORD USER'S MANUAL [M]，LSTC，2017.

[9] Bill Feng. CAE Applications for Balanced Curtain Airbag Design Meeting FMVSS226 and System/Component Performance [C]. 13th International LS-DYNA Conference，Dearborn，2014.

[10] www.dynaexamples.com.

[11] Brian Wainscott，Zhidong Han. MPP Contact in LS-DYNA [R]. LSTC，2019.

[12] Vincent Zou，John Cox. Application of FSI/ALE on Mower Grass Cutting Simulation [C]. 16th International LS-DYNA Conference，2020.

[13] Liping Li，Roger Grimes LS-DYNA 隐式算法中的转子动力学介绍 [J]. 有限元资讯，2016，1：4-8.

# 第8章

# 拉格朗日算法

拉格朗日算法是 LS-DYNA 最基本的算法，这种算法能够非常精确地描述结构边界的运动，易于获得运动量和变形量的时间历程，便于跟踪材料界面，因此广泛应用于结构的碰撞、侵彻和穿甲方面。

## 8.1 小球撞击平板计算算例

### 8.1.1 计算模型概况

刚性小球撞击平板。小球采用实体单元，初速 10mm/ms。平板采用壳单元，四周约束。

### 8.1.2 LS-PrePost 建模

• 步骤1：创建平板。详细步骤见图 8-1。

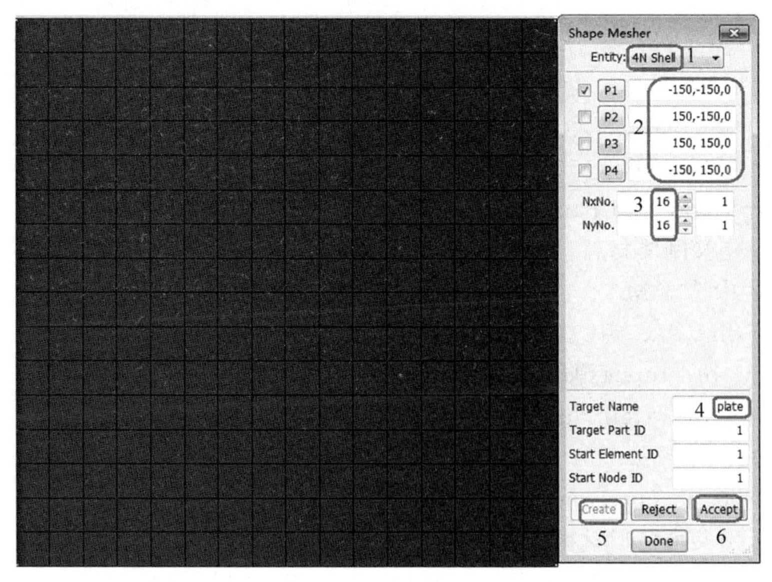


图 8-1 创建平板

➢ FEM→Element and Mesh→Shape Mesher。
➢ 选择 Entity:4N-Shell。
➢ 输入 P1 = -150, -150,0;P2 = 150, -150,0; P3 = 150,150,0; P4 = -150,150,0。
➢ 输入 NxNo. = 16; NyNo. = 16。
➢ 输入 Target Name: plate。
➢ 依次单击 Create、Accept。
• 步骤 2: 创建小球。详细步骤见图 8-2。

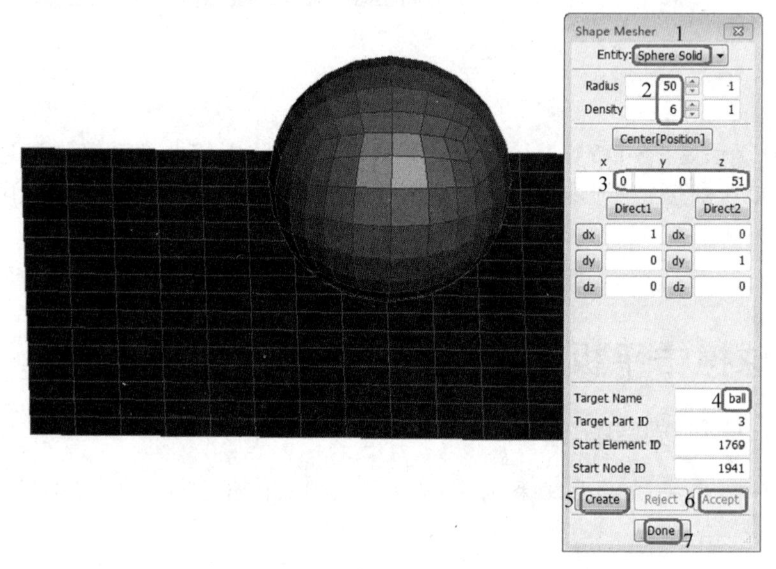


图 8-2 创建小球

➢ 选择 Entity: Sphere_Solid。
➢ 输入 Radius = 50; Density = 6。
➢ 输入 Center X = 0; Center Y = 0; Center Z = 51。
➢ 输入 Target Name: ball。
➢ 依次单击 Create、Accept、Done。
• 步骤 3: 定义材料。
➢ FEM→Model and Part→Keyword Manager。
➢ 为小球定义刚体材料。详细步骤见图 8-3。
√ 从列表中选择 MAT→020-RIGID。
√ 单击 Edit。
√ 在 Keyword Input 弹出窗体中单击 NewID。
√ 输入 TITLE: rigid material for ball。
√ 输入 RO = 7.83e-6; E = 207; PR = 0.3。
√ 依次单击 Accept、Done。
➢ 为平板定义可变形材料。详细步骤见图 8-4。
√ 从列表中选择 024-PIECEWISE_LINEAR_PLASTICITY。
√ 单击 Edit。

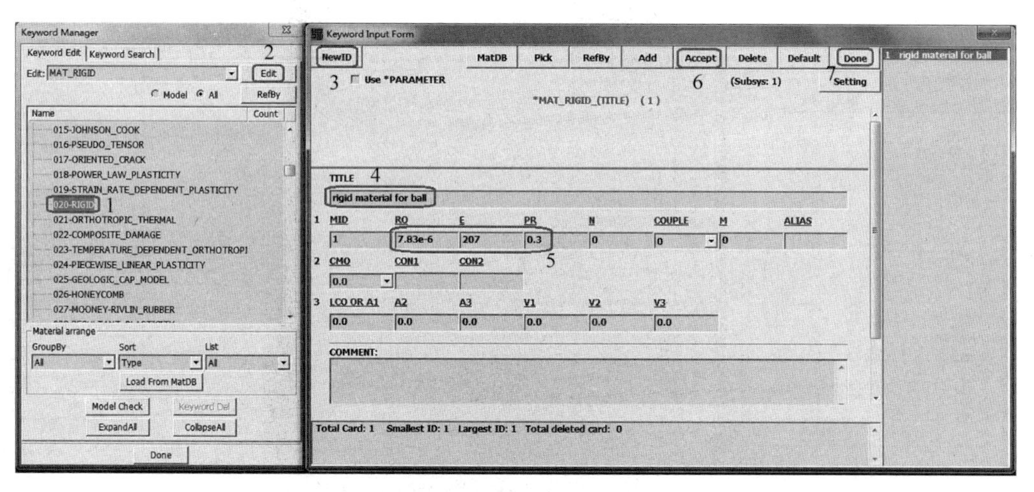


图 8-3　为小球定义材料

√ 在 Keyword Input 弹出窗体中单击 NewID。

√ 输入 TITLE：material for plate。

√ 输入 RO＝7.83e－6；E＝207；PR＝0.3；SIGY＝0.2；ETAN＝2.0。

√ 依次单击 Accept、Done。

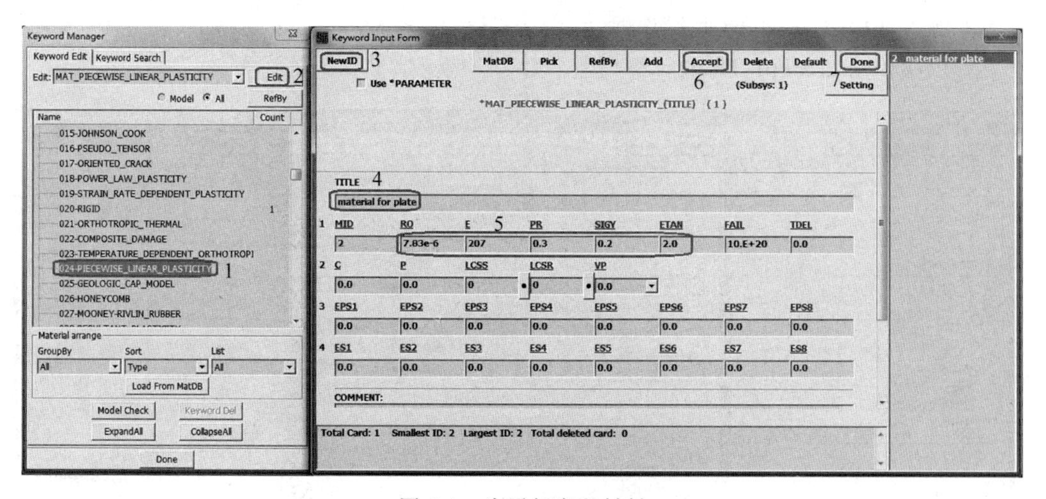


图 8-4　为平板定义材料

• 步骤 4：定义截面属性(单元算法)。

➢ 为小球定义截面属性。详细步骤见图 8-5。

√ 从列表中选择 SECTION→SOLID。

√ 单击 Edit。

√ 在 Keyword Input Form 弹出窗体中单击 NewID。

√ 输入 TITLE：rigid section。

√ 依次单击 Accept、Done。

√ 为平板定义截面属性。详细步骤见图 8-6。

√ 从列表中选择 SHELL。

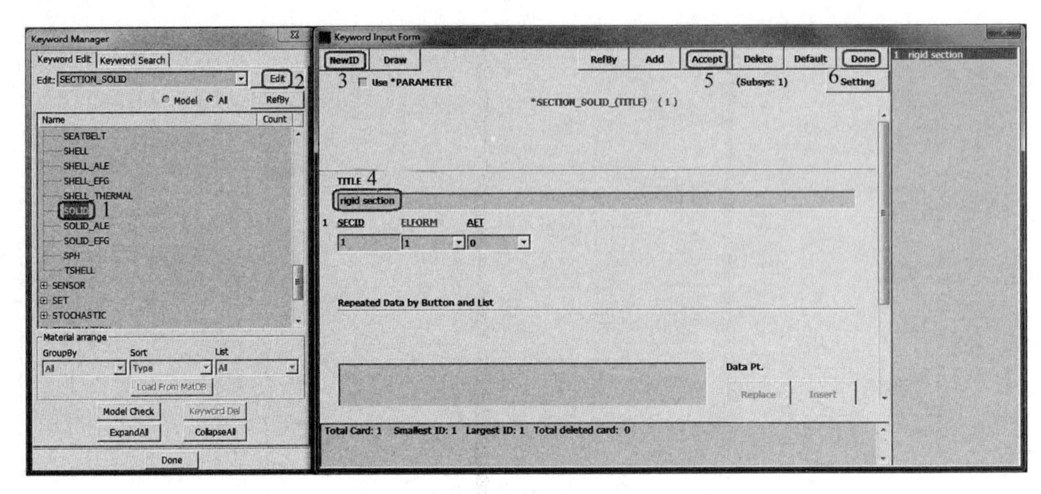


图 8-5 为小球定义截面属性

√ 单击 Edit。
√ 在 Keyword Input Form 弹出窗体中单击 NewID。
√ 输入 TITLE：plate section。
√ 输入 NIP = 5。
√ 输入 T1 = 1 并回车(此操作赋予 T2 = T3 = T4 = T1)。
√ 依次单击 Accept、Done。

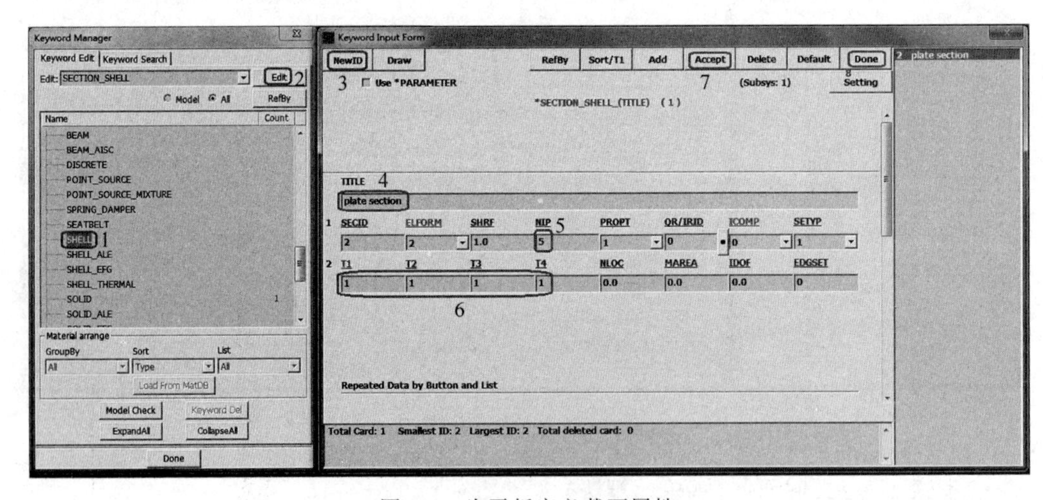


图 8-6 为平板定义截面属性

- 步骤 5：赋予材料和截面属性。详细步骤见图 8-7～图 8-8。

➢ FEM→Model and Part→Part Data。
➢ 选择 Assign。
➢ 从列表中选择 S1 plate。
➢ 单击面板中的 SECID。
➢ 在 Link SECTION 对话框中选取 2 plate section，并单击 Done。
➢ 单击面板中的 MID。

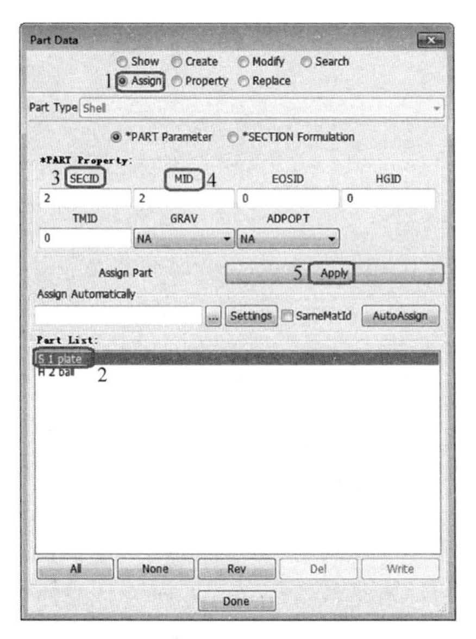

图 8-7 给平板赋截面属性

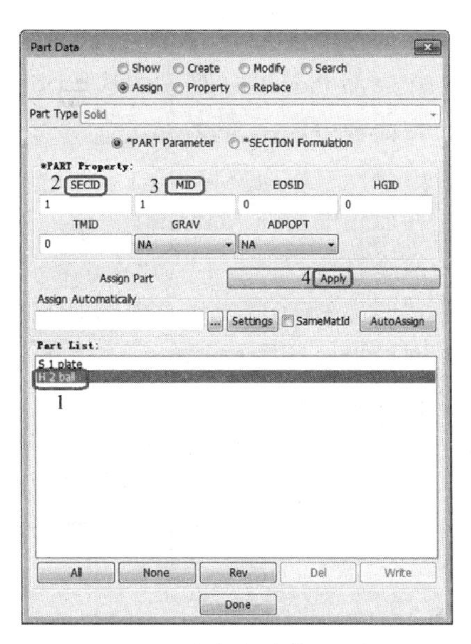


图 8-8 给小球赋截面属性

➤ 在 Link MAT 对话框中选取 2 material for plate，并单击 Done。
➤ 单击 Assign Part 面板中的 Apply。
➤ 从列表中选择 H2 ball。
➤ 单击面板中的 SECID。
➤ 在 Link SECTION 对话框中选取 1 rigid section，并单击 Done。
➤ 单击面板中的 MID。
➤ 在 Link MAT 对话框中选取 1 rigid material for b，并单击 Done。
➤ 单击 Assign Part 面板中的 Apply。

• 步骤 6：检查材料和截面属性。详细步骤见图 8-9，图 8-10。

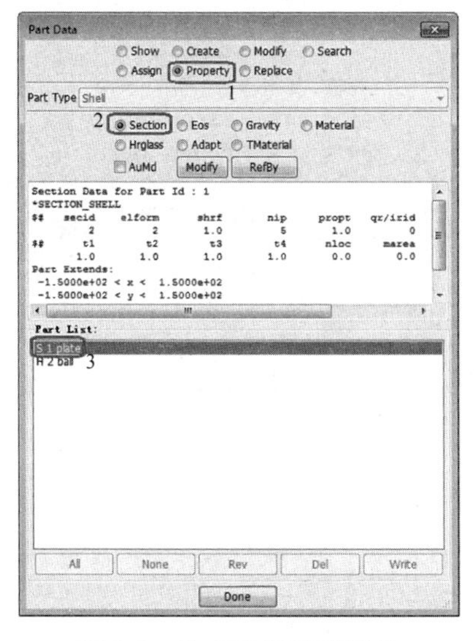


图 8-9 检查平板截面属性

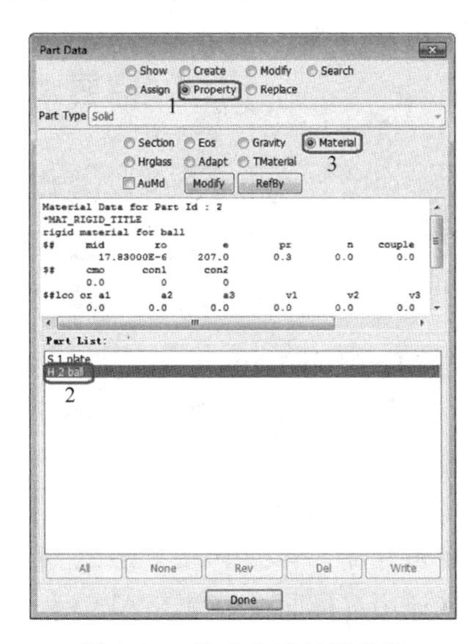


图 8-10 检查小球材料参数

➢ 在面板中选择 Property。
➢ 在底部 Part List 列表中选取 S1 plate。
➢ 在面板中选择 Section。
➢ 检查截面属性数据。
➢ 在面板中选择 Material。
➢ 检查材料数据。
➢ 在底部 Part List 列表中选取 H2 ball。
➢ 在面板中选择 Section。
➢ 检查截面属性数据。
➢ 在面板中选择 Material。
➢ 检查材料数据。

• 步骤 7：设置边界条件。详细步骤见图 8-11。

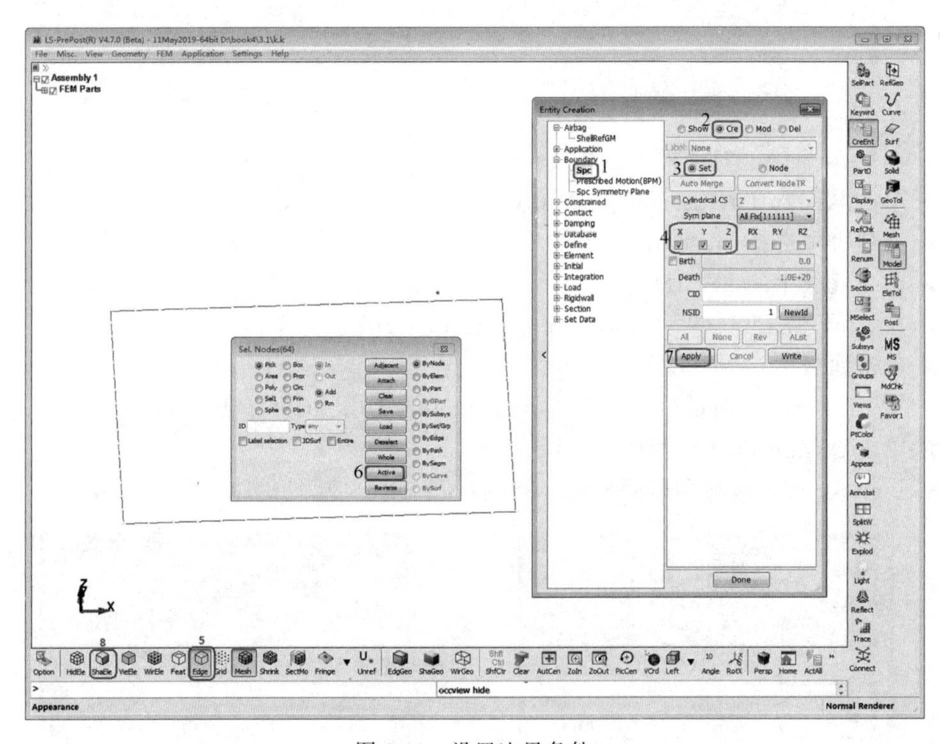

图 8-11　设置边界条件

➢ FEM→Model and Part→Create Entity。
➢ 在窗体左边列表中选择 Boundery→Spc。
➢ 依次选择 Cre、Set。
➢ 勾选 X；Y；Z。
➢ 单击底部工具栏中的渲染按钮 Edge。
➢ 在通用选择面板中单击 Active。
➢ 单击 Apply。
➢ 单击底部工具栏中的渲染按钮 ShaEle。

• 步骤 8：为小球指定初始速度。详细步骤见图 8-12。

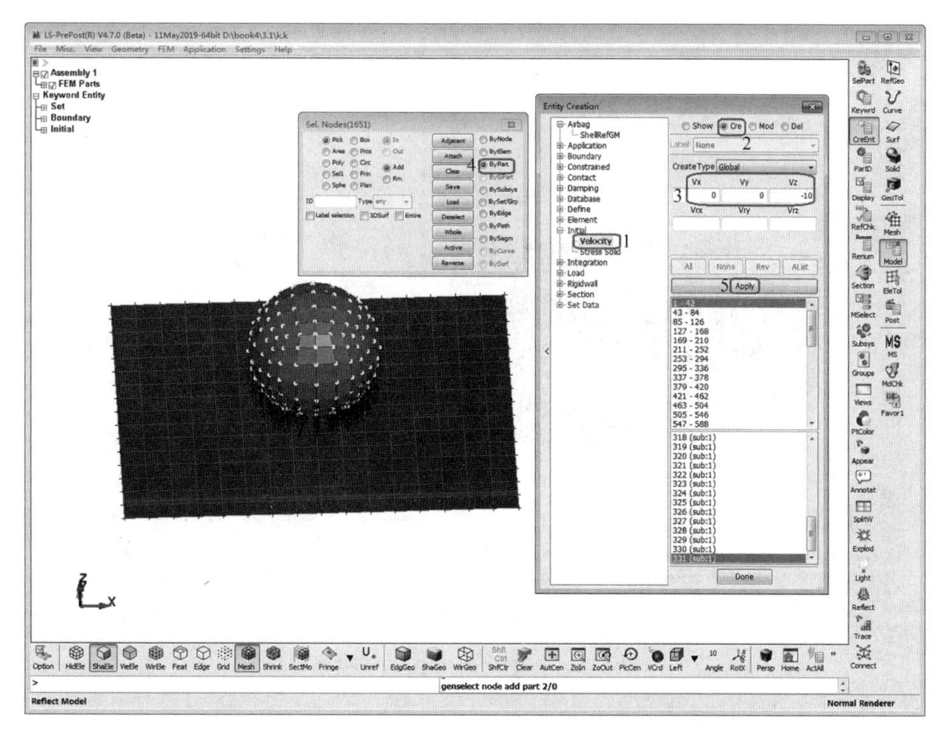

图 8-12　为小球指定初始速度

➢ 在窗体左边列表中选择 Initial→Velocity。
➢ 选择 Cre。
➢ 输入 Vx＝0；Vy＝0；Vz＝－10。
➢ 在通用选择面板中选择 ByPart。
➢ 在图形窗口中拾取小球。
➢ 单击 Apply。
• 步骤 9：为接触创建 PART SET。详细步骤见图 8-13。
➢ 在窗体左边列表中选择 Set Data→＊SET_PART。
➢ 选择 Cre。
➢ 输入 Title：contact part set。
➢ 在图形窗口中拾取平板和小球。
➢ 依次单击 Apply、Show、Done。
• 步骤 10：定义接触。详细步骤见图 8-14。
➢ FEM→Model and Part→Keyword Manager。
➢ 选择 All。
➢ 在列表中选择 CONTACT→AUTOMATIC_SINGLE_SURFACE。
➢ 单击 Edit。
➢ 在 KEYWORD INPUT 弹出窗体中单击 NewID。
➢ 输入 TITLE：contact definition。

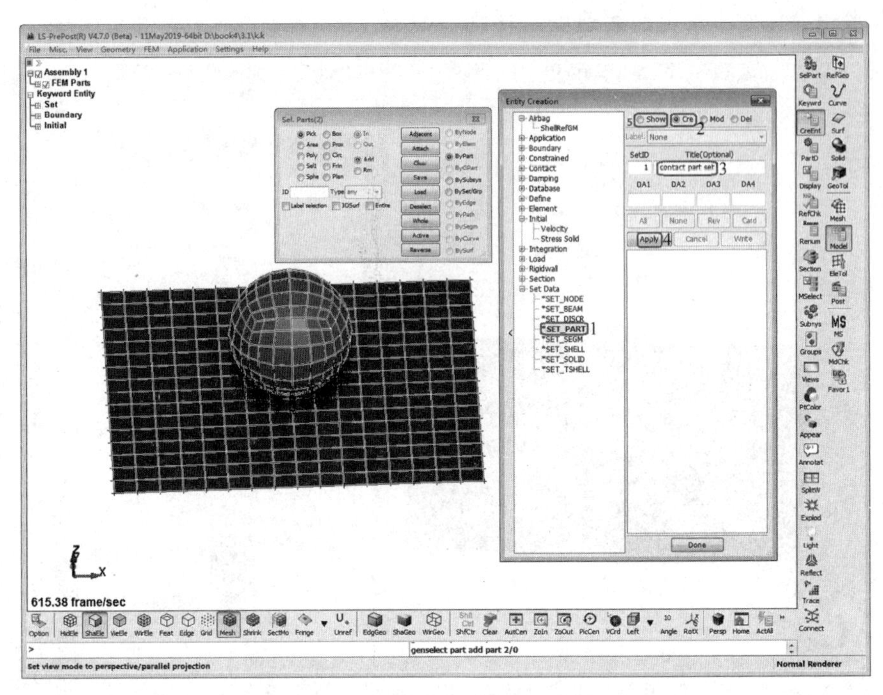


图 8-13 为接触创建 PART SET

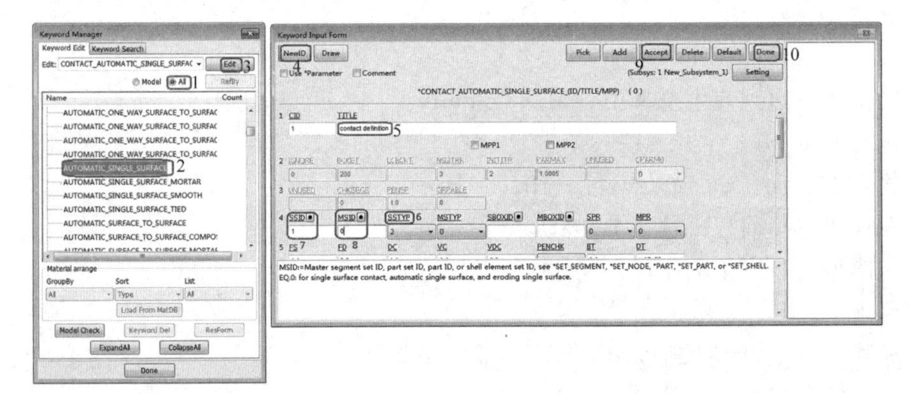


图 8-14 定义接触

➢ 选择 SSTYP＝2。

➢ 单击 SSID 关联按钮“·”(黑点)。

➢ 在 Link SET_PART 对话框中选择 1 contact part set 并单击 Done。

➢ 输入 MSID＝0。

➢ 依次单击 Accept、Done。

• 步骤 11：设置计算终止时间。详细步骤见图 8-15。

➢ 在左侧列表中选择 * Control→TEMINATION。

➢ 单击 Edit。

➢ 输入 ENDTIM＝10。

➢ 依次单击 Accept、Done。

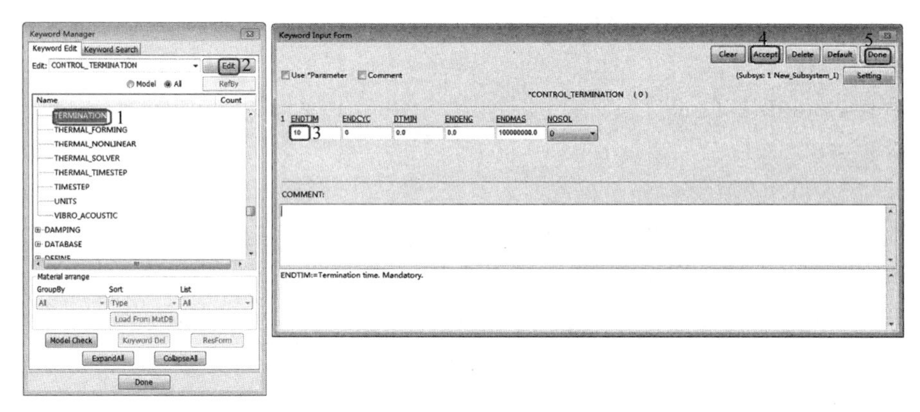

图 8-15 设置计算终止时间

• 步骤 12：设置 D3PLOT 输出频率。详细步骤见图 8-16。

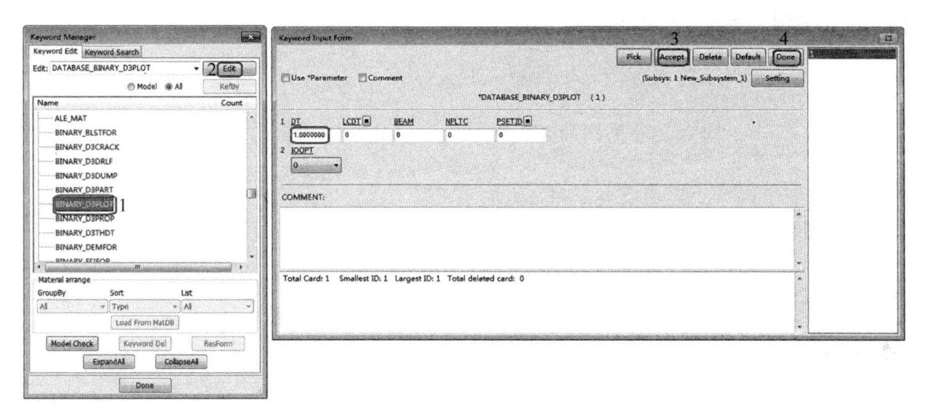

图 8-16 设置 D3PLOT 输出频率

➢ 在左侧列表中选择 DATABASE→BINARY_D3PLOT。
➢ 单击 Edit。
➢ 输入 DT=1(即每隔 1ms 输出一个完整状态)。
➢ 依次单击 Accept、Done。

• 步骤 13：设置 ASCII 时间历程输出。详细步骤见图 8-17。

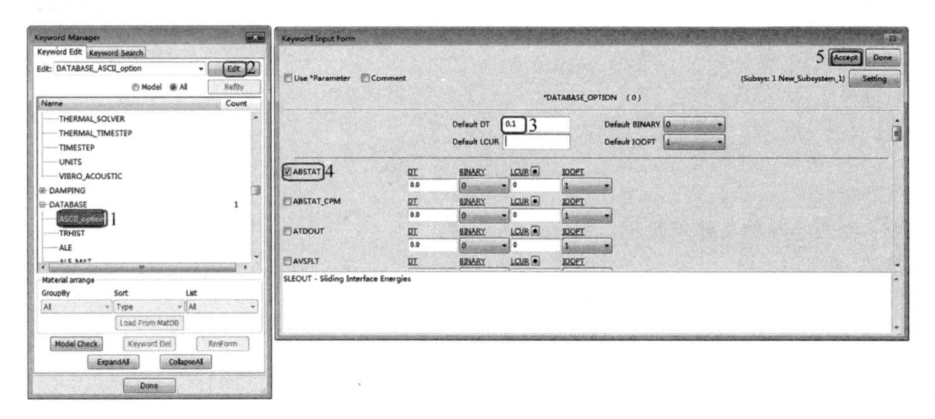

图 8-17 设置 ASCII 时间历程输出

➢ 在左侧列表中选择 DATABASE→ASCII_option。
➢ 单击 Edit。
➢ 输入 Default DT = 0.1。
➢ 激活 ABSTAT(全局概况)。
➢ 激活 MATSUM(材料能量概况)。
➢ 激活 SLEOUT(滑动界面能)。
➢ 依次单击 Accept、Done。
• 步骤 14:保存模型。
➢ File→Save Keyword。
➢ 输入 Filename:ball_plate.k。
➢ 单击 Save。

### 8.1.3 关键字文件讲解

下面讲解与 LS-DYNA 相关的关键字文件。

```
$ 首行 * KEYWORD 表示输入文件采用的是关键字输入格式。
* KEYWORD
$ 为节点组定义约束。此处约束 X、Y 和 Z 方向平动。
* BOUNDARY_SPC_SET
         1         0         1         1         1         0         0         0
$   将平板周边全部节点定义为节点组。
* SET_NODE_LIST_TITLE
NODESET(SPC) 1
         1       0.0       0.0       0.0       0.0MECH
         1         2         3         4         5         6         7         8
         9        10        11        12        13        14        15        16
..............................................................................
       282       283       284       285       286       287       288       289
$   为小球和平板组成的 PART 组定义自动单面接触。
* CONTACT_AUTOMATIC_SINGLE_SURFACE_ID
         1contact definition
         1         0         2         0         0         0         0         0
       0.0       0.0       0.0       0.0       0.0         0       0.0 1.00000E20
       1.0       1.0       0.0       0.0       1.0       1.0       1.0       1.0
$   将小球 Part 和平板 Part 定义为 PART 组。
* SET_PART_LIST_TITLE
contact part set
         1       0.0       0.0       0.0       0.0MECH
         1         2         0         0         0         0         0         0
$   定义组成小球的实体单元。
* ELEMENT_SOLID
     257       2     290     339     346     297     291     340     347     298
     258       2     291     340     347     298     292     341     348     299
..............................................................................
    1768       2    1330    1665    1277    1228     913     962     969     920
$   定义组成平板的壳单元。
```

```
* ELEMENT_SHELL
       1       1      18      19       2       1       0       0       0       0
       2       1      19      20       3       2       0       0       0       0
...........................................................................
     256       1     288     289     272     271       0       0       0       0
$ 定义计算结束时间。
* CONTROL_TERMINATION
     10.0       0       0.0       0.0         1.000000E8        0
$ 定义 ABSTAT 文件的输出。
* DATABASE_ABSTAT
       0.1         0         0         1
$ 定义 MATSUM 文件的输出。
* DATABASE_MATSUM
       0.1         0         0         1
$ 定义 SLEOUT 文件的输出。
* DATABASE_SLEOUT
       0.1         0         0         1
$ 设置 D3PLOT 文件的输出。
* DATABASE_BINARY_D3PLOT
       1.0         0         0         0         0
         0
$ 定义小球每个节点的初始速度。
* INITIAL_VELOCITY_NODE
       290       0.0       0.0     - 10.0       0.0       0.0       0.0         0
       291       0.0       0.0     - 10.0       0.0       0.0       0.0         0
...........................................................................
      1940       0.0       0.0     - 10.0       0.0       0.0       0.0         0
$ 为小球定义刚体材料模型及参数。
* MAT_RIGID_TITLE
rigid material for ball
         17.83000E - 6     207.0       0.3       0.0       0.0       0.0
       0.0         0         0
       0.0       0.0       0.0       0.0       0.0       0.0
$ 为平板定义材料模型及参数。
* MAT_PIECEWISE_LINEAR_PLASTICITY_TITLE
material for plate
         27.83000E - 6     207.0       0.3       0.2       2.0     1.00000E21       0.0
       0.0       0.0         0         0       0.0
       0.0       0.0       0.0       0.0       0.0       0.0       0.0            0.0
       0.0       0.0       0.0       0.0       0.0       0.0       0.0            0.0
$ 在全局坐标系中定义节点及其坐标、约束。
* NODE
       1          - 150.0          - 150.0             0.0        0        0
       2          - 150.0          - 131.25            0.0        0        0
...........................................................................
    1940          11.94948         - 35.84843       74.89896      0        0
$ 定义平板 Part,引用定义的单元算法、材料模型。PID 不能重名。
* PART
plate
         1         2         2         0         0         0         0         0
$ 为平板定义壳单元算法。
```

```
*SECTION_SHELL
         2         2       1.0         5       1.0         0         0         1
       1.0       1.0       1.0       1.0       0.0       0.0       0.0         0
$定义小球 Part,引用定义的单元算法、材料模型。PID 不能重名。
*PART
ball
         2         1         1         0         0         0         0         0
$为小球定义单元算法。
*SECTION_SOLID_TITLE
rigid section
         1         1         0
$ *END 表示关键字文件的结束,LS-DYNA 读入时将忽略该语句后的所有内容。
*END
```

### 8.1.4 数值计算结果

计算结束后可在 LS-PrePost 中显示模型的有效塑性应变等计算结果,操作步骤如图 8-18 所示。图中圆形区域为应变云图。

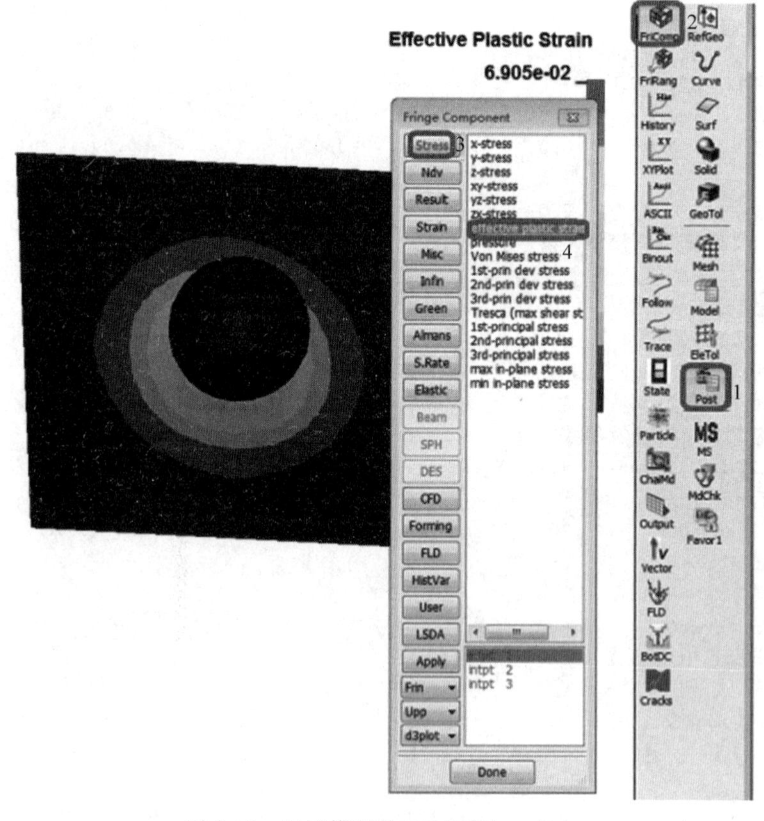


图 8-18 显示模型的 VON Mises 应力

- File→Open→Binary Plot,读入 D3PLOT 文件。
- FEM→Post→FriComp。
- 单击 Stress→effective plastic strain,显示有效塑性应变。

# 8.2 气囊展开计算算例

在 LS-DYNA 中用于模拟气囊展开的计算方法有：控制体积(control volume,CV)法、ALE 流固耦合方法、S-ALE 流固耦合方法、微粒法、CESE 流固耦合方法、SPH 法。其中，控制体积法应用最为广泛，计算速度也最快。

## 8.2.1 计算模型概况

气囊采用壳单元和纤维材料，模拟其充气展开过程。

## 8.2.2 LS-PrePost 建模

- 步骤 1：生成圆。详细步骤见图 8-19。

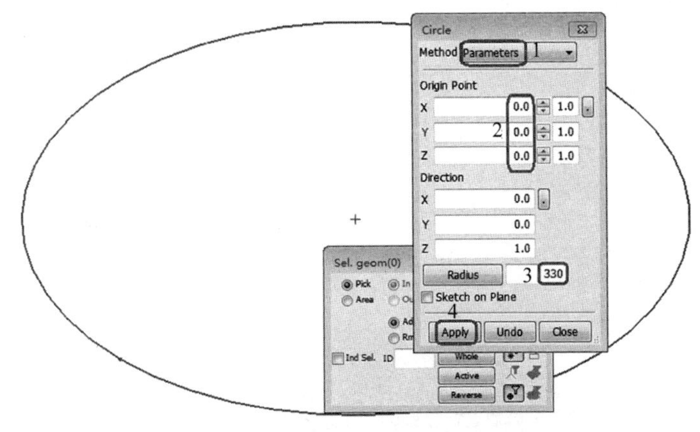


图 8-19 生成圆

➢ Geometry→Curve→Circle。
➢ 选择 Parameters。
➢ 输入 Origin Point (0,0,0)；Radius：330。
➢ 单击 Apply。
➢ 输入 Radius：30。
➢ 单击 Apply。

- 步骤 2：给圆划分网格。详细步骤见图 8-20。

➢ FEM→Element and Mesh→Blank Mesher。
➢ 选择 Curve。
➢ 从图形窗口选择半径为 330mm 的曲线。
➢ 依次单击 Create、Accept、Done。

- 步骤 3：平移和复制网格。详细步骤见图 8-21。

➢ FEM→Element Tools→Transform。
➢ 选择 Translate。

图 8-20 给圆划分网格

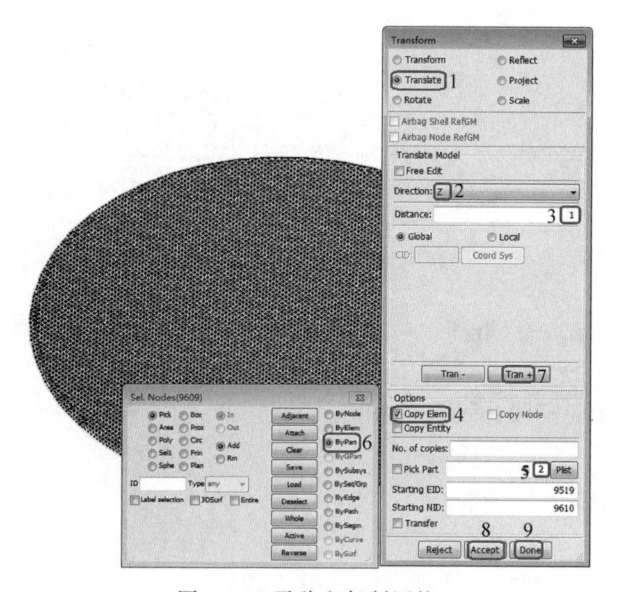


图 8-21 平移和复制网格

- ➢ 选择 Direction：Z。
- ➢ 输入 Distance：1。
- ➢ 激活 Copy Elem。
- ➢ 输入 Pick Part：2。
- ➢ 在通用选择面板中选择 ByPart。
- ➢ 从图形窗口拾取 part。

➤ 依次单击 Tran+、Accept、Done。

• 步骤 4：生成气囊外缘。

➤ FEM→Model and Part→Assembly and Select Part。详细步骤见图 8-22。

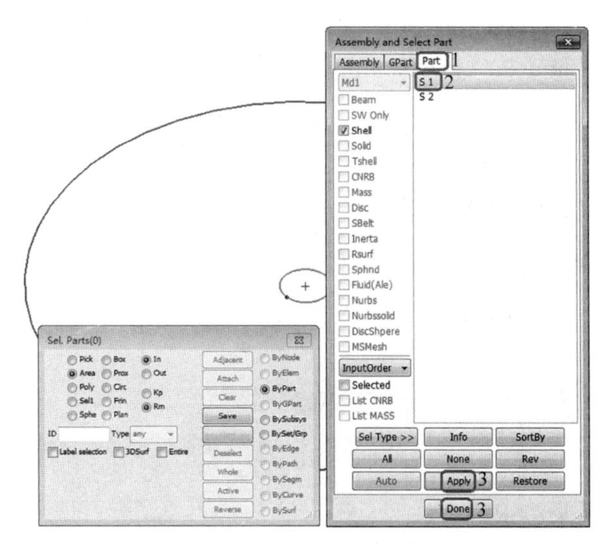


图 8-22　生成气囊外缘 1

➤ 选择 Part。

➤ 在列表中选择 S1。

➤ 单击 Edge 渲染按钮。

➤ 依次单击 Apply、Done。

➤ FEM→Element Tools→Transform。详细步骤见图 8-23。

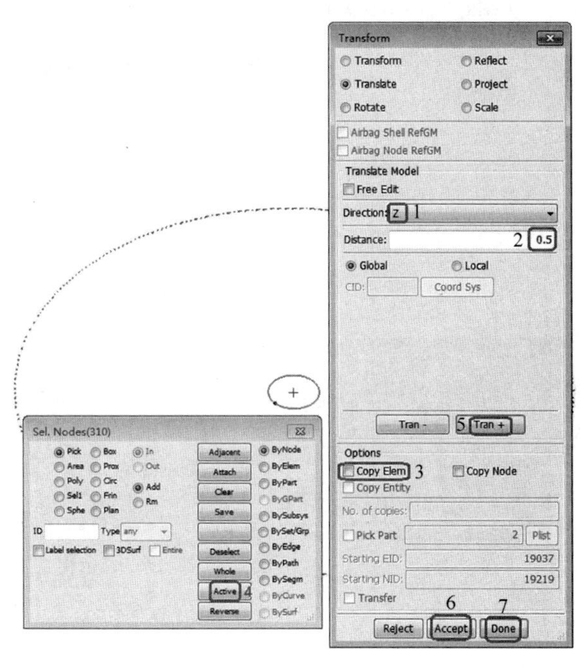


图 8-23　生成气囊外缘 2

➢ 输入 Distance：0.5。
➢ 禁用 Copy Elem。
➢ 在通用选择面板中单击 Active。
➢ 依次单击 Tran+、Accept、Done。
➢ FEM→Model and Part→Assembly and Select Part。详细步骤见图 8-24。

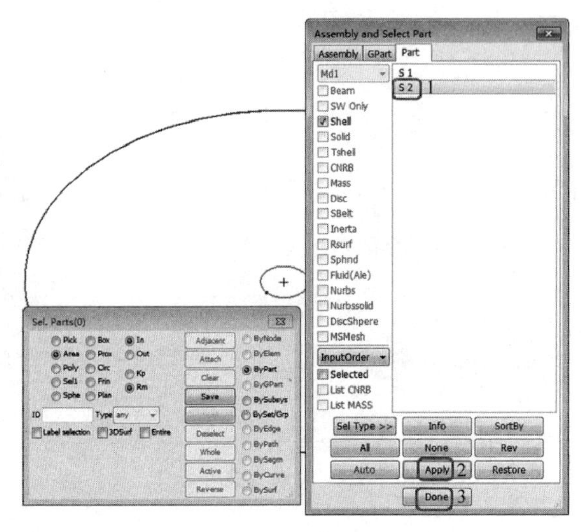


图 8-24　生成气囊外缘 3

➢ 在列表中选择 S2。
➢ 依次单击 Apply、Done。
➢ 单击 Edge 渲染按钮。
➢ FEM→Element Tools→Transform。详细步骤见图 8-25。

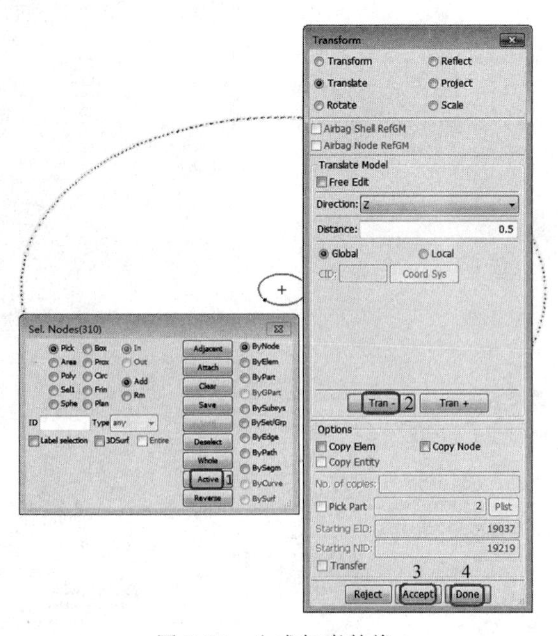


图 8-25　生成气囊外缘 4

➢ 在通用选择面板中单击 Active。
➢ 依次单击 Tran-、Accept、Done。
➢ FEM→Model and Part→Assembly and Select Part。详细步骤见图 8-26。

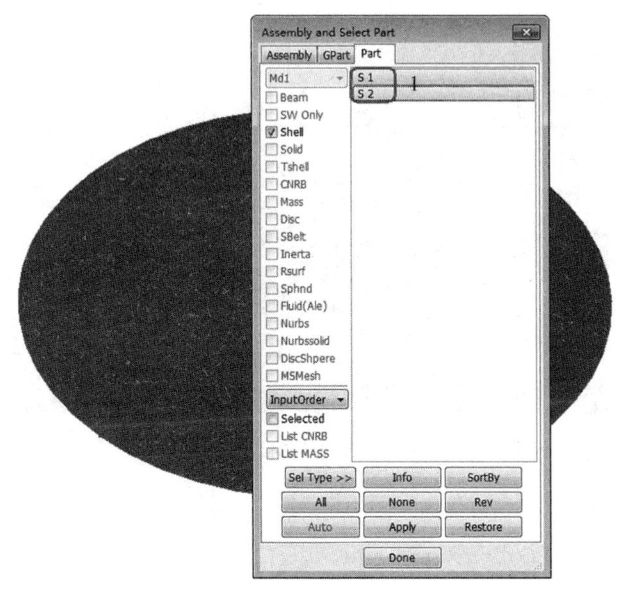


图 8-26　生成气囊外缘 5

➢ 从列表中选择 S1 和 S2。
➢ 单击 ShaEle 渲染按钮。
• 步骤 5：将气囊外缘缝合在一起。详细步骤见图 8-27。

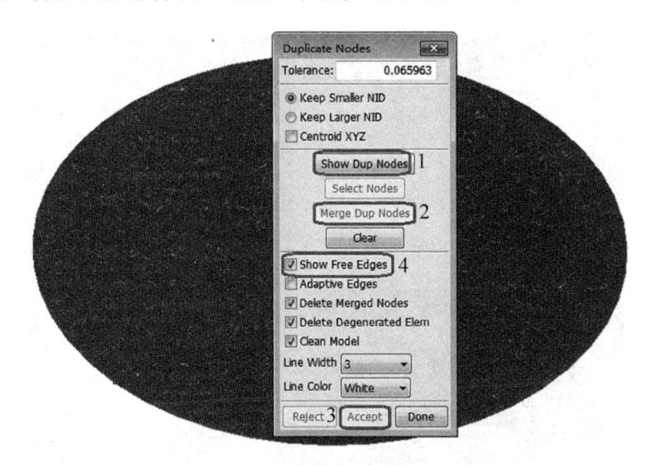


图 8-27　合并重复节点缝合气囊

➢ FEM→Element Tools→Duplicate Nodes。
➢ 依次单击 Show Dup Nodes、Merge Dup Nodes、Accept。
➢ 激活 Show Free Edges。
• 步骤 6：在气囊上裁剪出进气口。
➢ FEM→Model and Part→Asembly and Select Part。详细步骤见图 8-28。

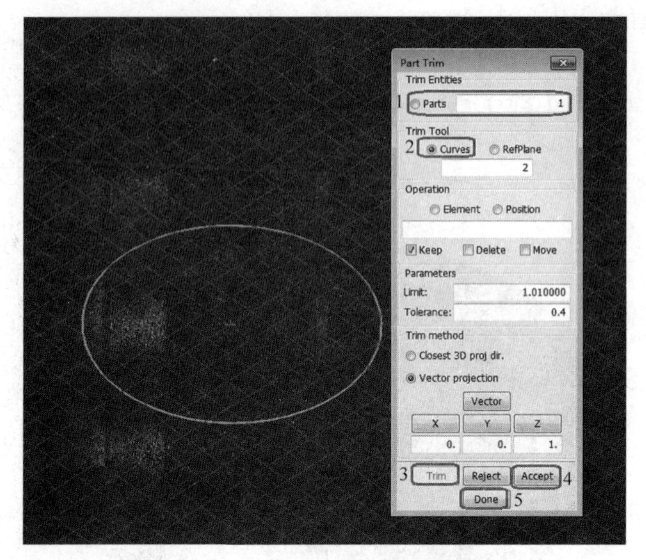


图 8-28　在气囊上裁剪出进气口 1

➢ 从列表中选择 Part:S1 1。
➢ FEM→Element Tools→Part Trim。
➢ 从图形窗口中选择 Parts。
➢ 激活 Trim Tool：Curves。
➢ 从图形窗口中选择半径为 30mm 的圆。
➢ 依次单击 Trim、Accept、Done。
➢ FEM→Element Tools→Transform。详细步骤见图 8-29。

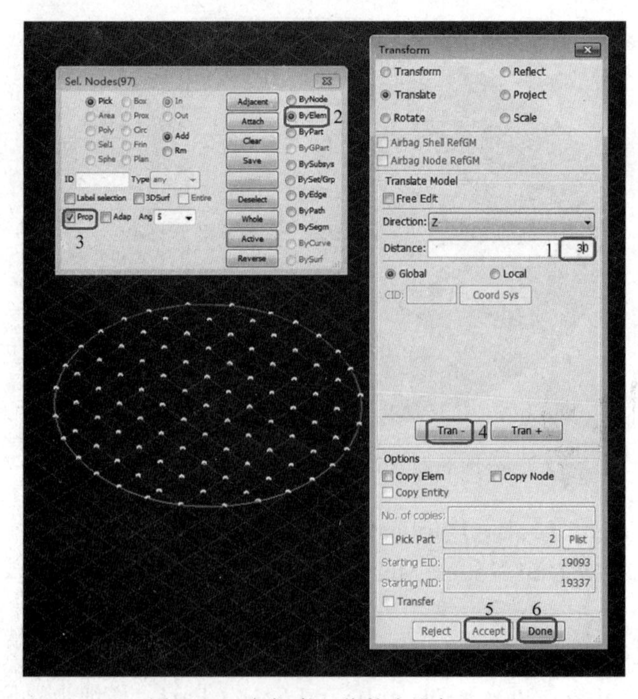


图 8-29　在气囊上裁剪出进气口 2

➢ 输入 Distance：30。
➢ 在通用选择面板上选择 ByElem。
➢ 在通用选择面板上激活 Prop。
➢ 在图形窗口中选择半径为 30mm 的圆内的单元。
➢ 依次单击 Tran-、Accept、Done。
• 步骤 7：关闭几何。详细步骤见图 8-30。
➢ FEM→Element Tools→Duplicate Nodes。
➢ 关闭 Show Free Edges。
➢ Geometry→Geometry Tools→Model Management。
➢ 单击(un)BlkAll。详细步骤见图 8-31。

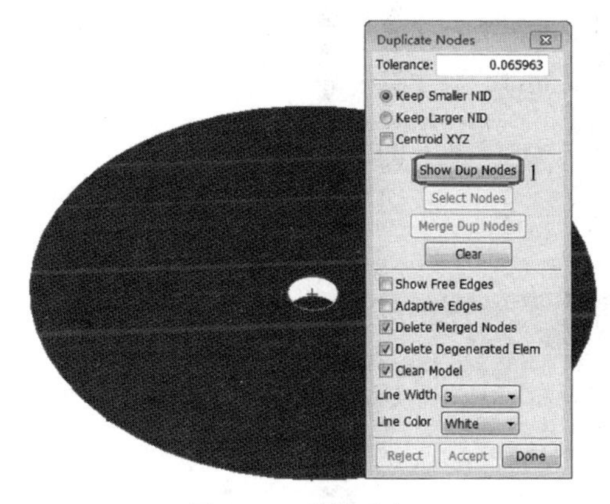

图 8-30 关闭几何 1

图 8-31 关闭几何 2

• 步骤 8：生成圆柱形进气口。详细步骤见图 8-32。
➢ FEM→Element and Mesh→Element Generation。
➢ 选择 Shell。
➢ 选择 Shell By：Edge_Drag。
➢ 输入 Thickness：30；Segment：2。
➢ 单击 Z。
➢ 在通用选择面板中激活 Prop。
➢ 在通用选择面板中选择 Ang：45.0(注意在 LS-PrePost 中输入或更新数值后应回车，这样才能生效)。
➢ 在图形区拾取 30mm 圆盘边缘。
➢ 依次单击 Create、Accept、Done。
• 步骤 9：组织并合并单元。
➢ FEM→Element Tools→Move or Copy。详细步骤见图 8-33。
➢ 输入 PID：1。
➢ 在通用选择面板中单击 Active。
➢ 依次单击 Apply、Accept、Done。
➢ FEM→Element Tools→Duplicate Nodes。详细步骤见图 8-34。

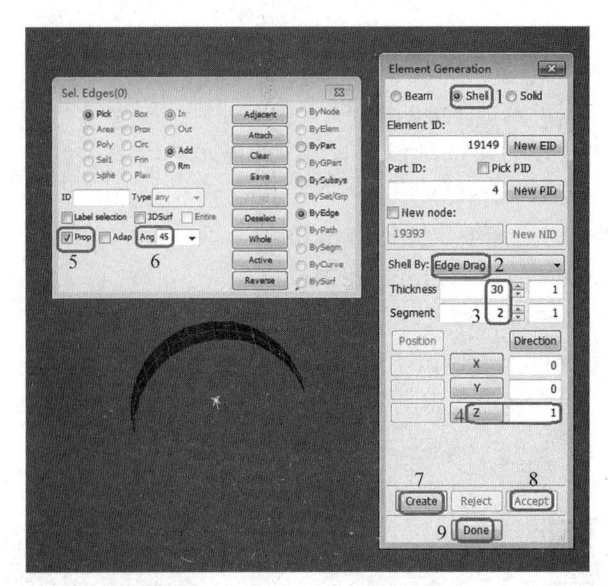


图 8-32 生成圆柱形进气口

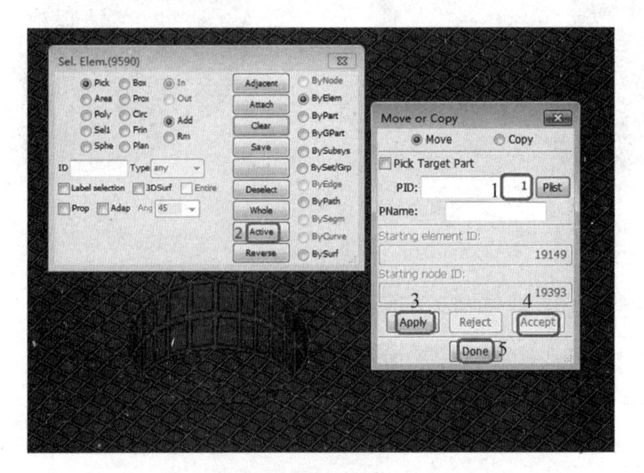


图 8-33 组织并合并单元 1

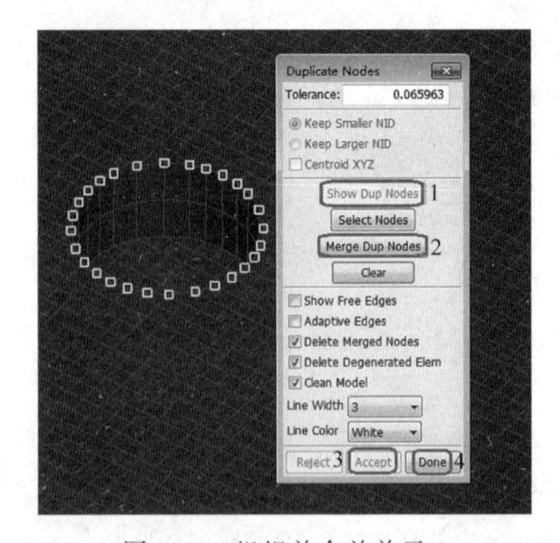


图 8-34 组织并合并单元 2

➢ 依次单击 Show Dup Nodes、Merge Dup Nodes、Accept、Done。

• 步骤 10：删除 PART 3。详细步骤见图 8-35。

➢ FEM→Model and Part→Keyword Manager。

➢ 依次单击 PART、Edit。

➢ 在弹出窗口中选择 PART 3。

➢ 依次单击 Delete、Done。

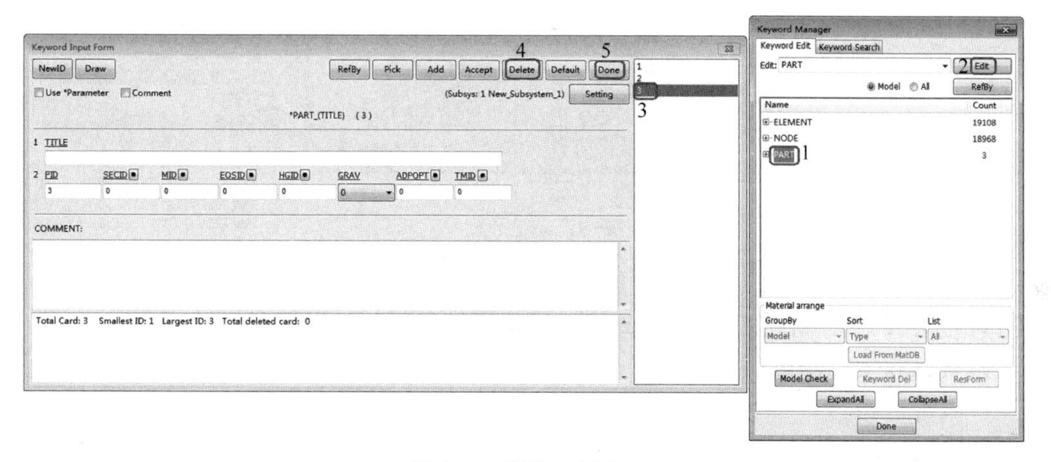


图 8-35 删除 PART 3

• 步骤 11：定义截面属性。详细步骤见图 8-36。

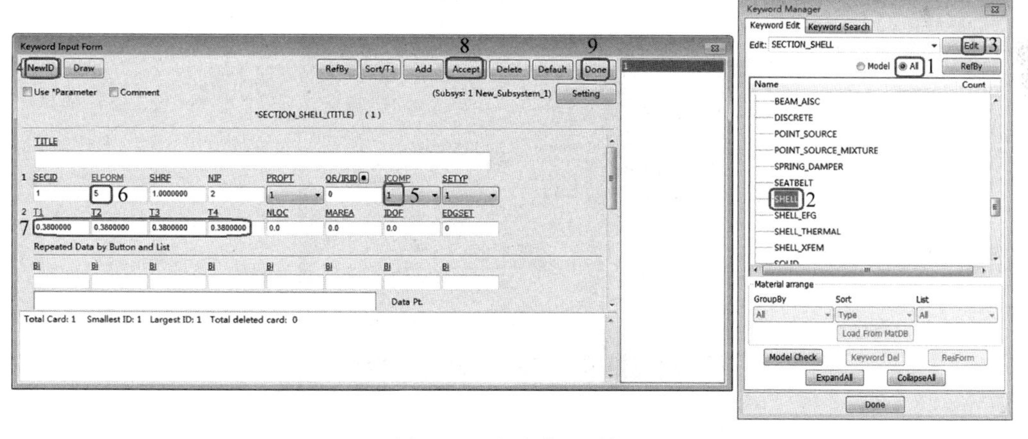


图 8-36 定义截面属性

➢ FEM→Model and Part→Keyword Manager。

➢ 选择 All。

➢ 从下面列表中选择 SHELL。

➢ 单击 Edit。

➢ 在 Keyword Input Form 窗体中单击 NewID。

➢ 输入 ICOMP＝1；ELFORM＝5；T1＝0.38 并回车。

➢ 依次单击 Accept、Done。

• 步骤 12：定义材料。详细步骤见图 8-37。

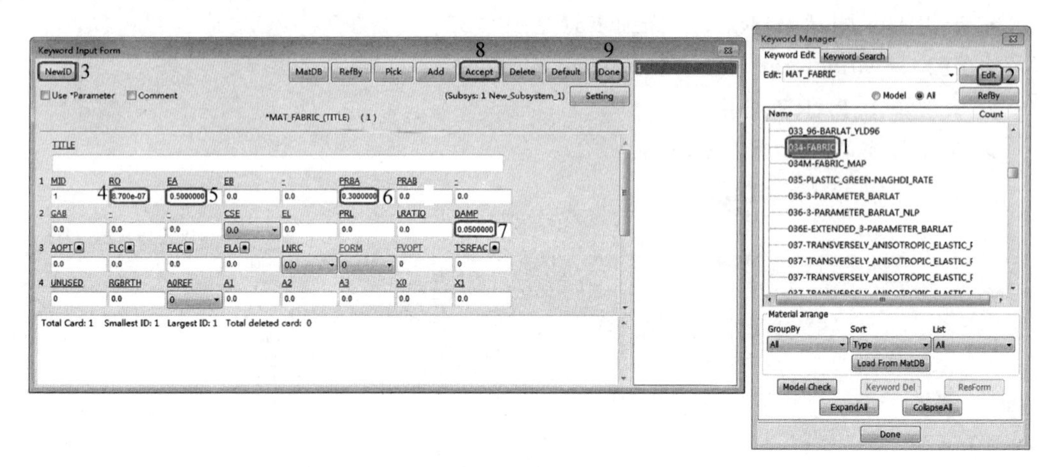


图 8-37　定义材料

➢ 从 Keyword Manager 对话框中选择 MAT。
➢ 选择 034-FABRIC。
➢ 单击 Edit。
➢ 在 Keyword Input Form 窗体中单击 NewID。
➢ 输入 RO = 8.7e − 7；EA = 0.5；PRBA = 0.3；DAMP = 0.05。
➢ 依次单击 Accept、Done。

• 步骤 13：赋予截面属性和材料。详细步骤见图 8-38。

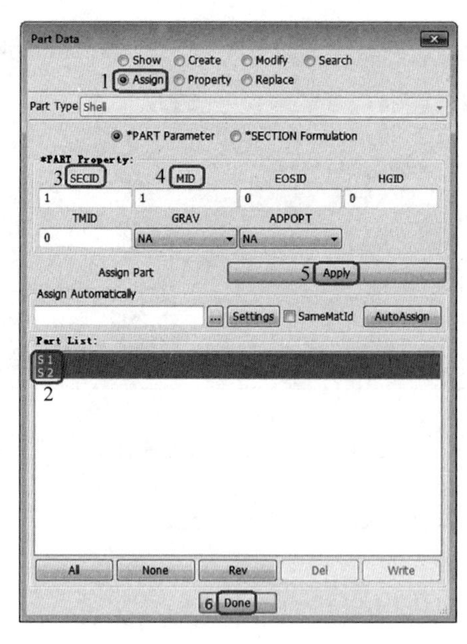


图 8-38　赋予截面属性和材料

➢ FEM→Model and Part→Part Data。
➢ 选择 Assign。

➢ 从下拉列表中选择“S 1”和“S 2”(单击时按住 Ctrl 键)。
➢ 在面板中单击 SECID。
➢ 在 Link SECTION 对话框中选择 1 并单击 Done。
➢ 在面板中单击 MID。
➢ 在 Link MAT 对话框中选择 1 并单击 Done。
➢ 单击 Assign Part：Apply。
➢ 单击 Done。
• 步骤 14：生成 PART SET 并导入气囊曲线。
➢ FEM→Model and Part→Entity Creation。详细步骤见图 8-39。

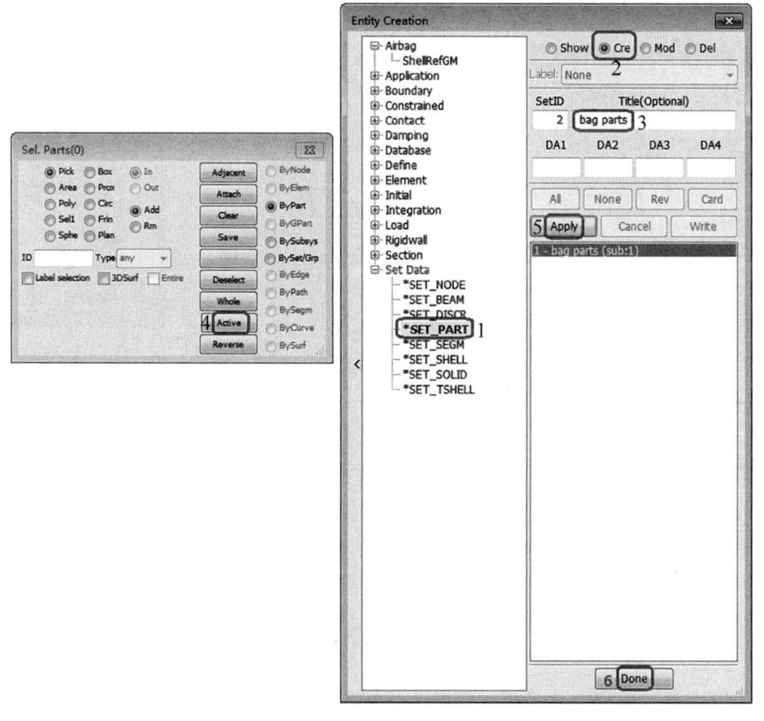


图 8-39　生成 PART SET

➢ 在列表中选择 * SET_PART。
➢ 选择 Cre。
➢ 输入 Title：bag parts。
➢ 在通用选择面板中单击 Active。
➢ 依次单击 Apply、Done。
➢ File→Import→LS-DYNA Keyword File。
➢ 选择 curves. k。
➢ 单击 Import Offset。
• 步骤 15：定义气囊。
➢ FEM→Model and Part→Keyword Manager。详细步骤见图 8-40。
➢ 从列表中选择 AIRBAG→HYBRID。

- ➢ 单击 Edit。
- ➢ 在 KEYWORD INPUT 弹出窗体中单击 NewID。
- ➢ 输入 ID=1。
- ➢ 输入 Title：hybrid bag。
- ➢ 设置 SIDTYP=1。
- ➢ 单击 SID 按钮旁边的“·”(黑点)。
- ➢ 在 Link SET 对话框中选择 bag parts 并单击 Done。
- ➢ 输入 ATMOST = 98.0；ATMOSP = 1.01e − 4；ATMOSD = 1.29e − 9；GC = 8.314；MW=0.0288；INITM=1；A=29.04；B=C=0；FMASS=0.0。
- ➢ 单击 Insert。

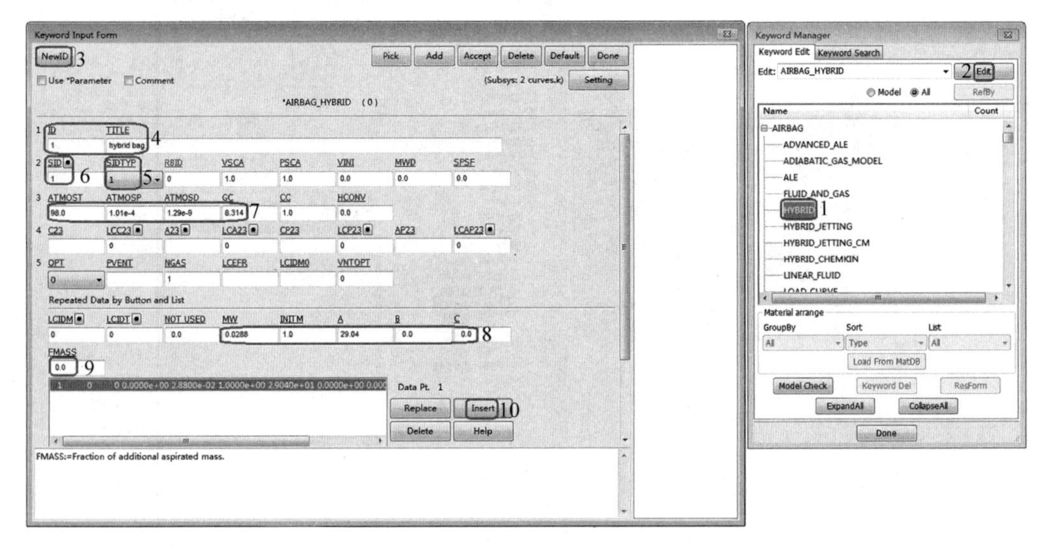


图 8-40 定义气囊 1

- ➢ 单击 LCIDM 按钮旁边的“·”(黑点)。详细步骤见图 8-41。

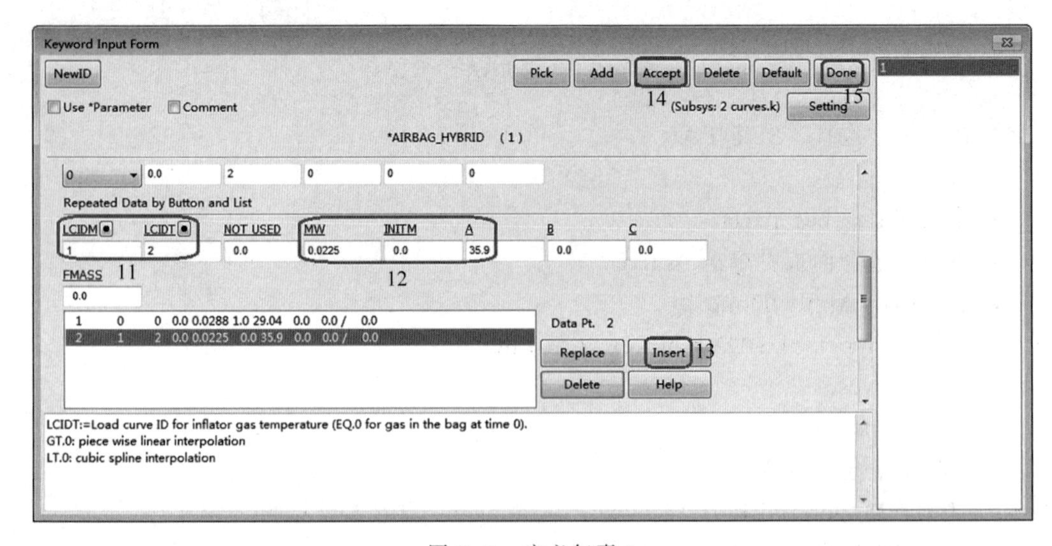


图 8-41 定义气囊 2

➢ 在 Link DEFINE 对话框中选择曲线 1。
➢ 单击 Done。
➢ 单击 LCIDT 按钮旁边的"•"(黑点)。
➢ 在 Link DEFINE 对话框中选择曲线 2。
➢ 单击 Done。
➢ 修改 MW=0.0225；INITM=0.0；A=35.9。
➢ 依次单击 Insert、Accept、Done。

• 步骤 16：设置计算终止时间。详细步骤见图 8-42。

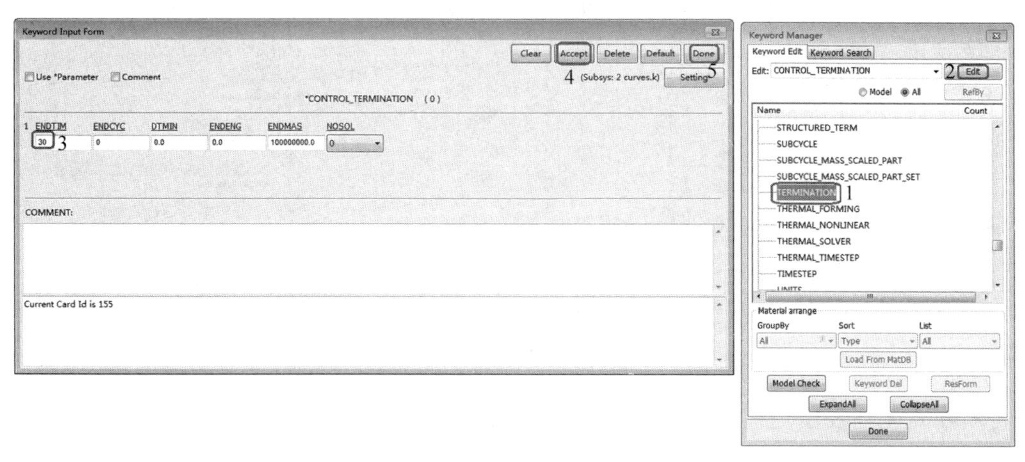

图 8-42　设置计算终止时间

➢ FEM→Model and Part→Keyword Manager。
➢ 从列表中选择 CONTROL→TEMINATION。
➢ 单击 Edit。
➢ 在 Keyword Input Form 弹出窗体中输入 ENDTIM=30。
➢ 依次单击 Accept、Done。

• 步骤 17：设置 D3PLOT 文件输出频率。详细步骤见图 8-43。

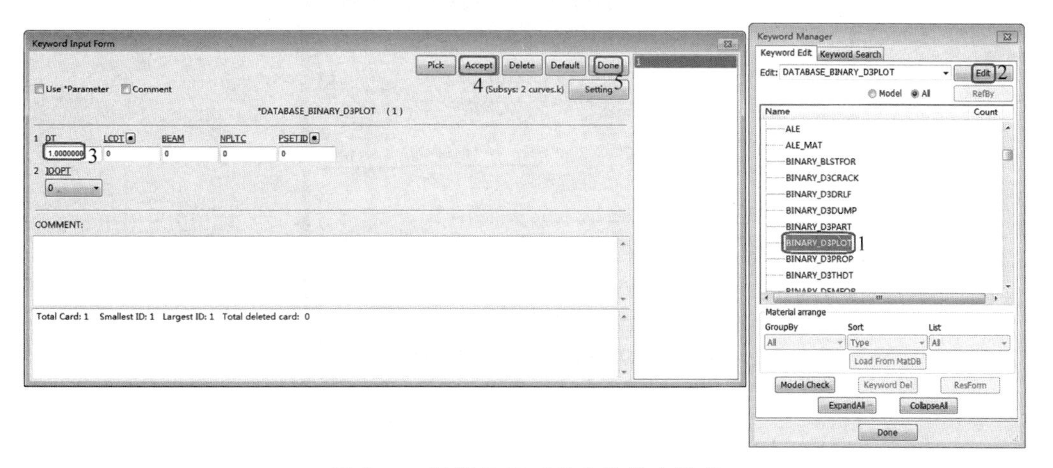

图 8-43　设置 D3PLOT 文件输出频率

➢ 在列表中选择 DATABASE→BINARY_D3PLOT。
➢ 单击 Edit。
➢ 在 Keyword Input Form 弹出窗体中输入 DT=1。
➢ 依次单击 Accept、Done。

• 步骤 18：设置 ASCII 文件输出频率并保存模型。详细步骤见图 8-44。

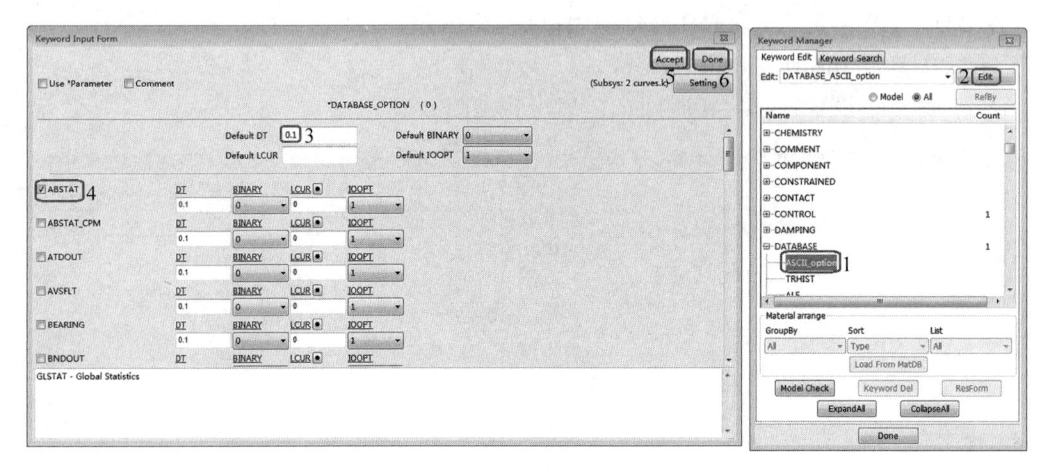

图 8-44 设置 ASCII 文件输出频率

➢ 在左侧列表中选择 DATABASE→ASCII_option。
➢ 单击 Edit。
➢ 输入 Default DT=0.1。
➢ 激活 GLSTAT(全局概况)。
➢ 激活 MATSUM(材料能量概况)。
➢ 激活 ABSTAT(气囊状态)。
➢ 依次单击 Accept、Done。
➢ File→Save Keyword。详细步骤见图 8-45。

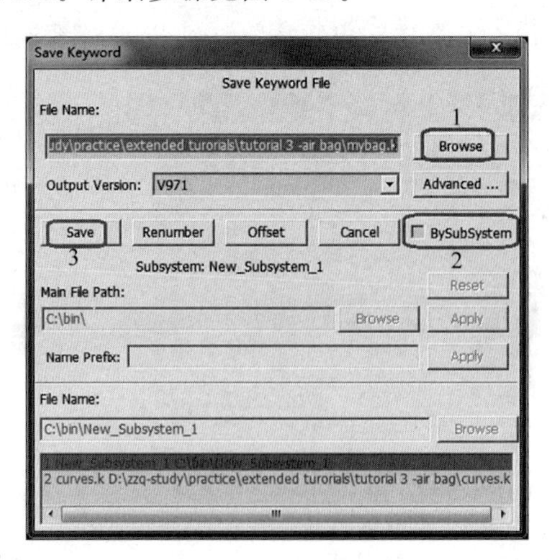

图 8-45 保存模型

➢ 单击 Browse 并输入 Filename：mybag.k。
➢ 不选择 BySubSystem。
➢ 单击 Save。

## 8.2.3 关键字文件讲解

```
$首行 *KEYWORD 表示输入文件采用的是关键字输入格式。
*KEYWORD
$设置分析作业标题。
*TITLE
$#                                                                         title

$  定义组成气囊的壳单元。
*ELEMENT_SHELL
$#   eid     pid      n1      n2      n3      n4      n5      n6      n7      n8
       1       1       1      19      20      20       0       0       0       0
.........................................................................
   19148       1   19391   19381   19330   19329       0       0       0       0
$  定义气囊的热动力学特性。
*AIRBAG_HYBRID_ID
$#     id                                                                 title
        1hybrid bag
$#     sid  sidtyp    rbid    vsca    psca    vini     mwd    spsf
         1       1       0     1.0     1.0     0.0     0.0     0.0
$#  atmost  atmosp  atmosd      gc      cc   hconv
     98.01 .01000E-41 .29000E-9 8.314  1.0     0.0
$#     c23   lcc23     a23   lca23    cp23   lcp23    ap23  lcap23
       0.0       0     0.0       0     0.0       0     0.0       0
$#     opt   pvent    ngas   lcefr  lcidm0  vntopt
         0     0.0       2       0       0       0
$#   lcidm   lcidt not used     mw   initm       a       b       c
         0       0     0.0  0.0288     1.0   29.04     0.0     0.0
$#   fmass
       0.0
$#   lcidm   lcidt not used     mw   initm       a       b       c
         1       2     0.0  0.0225     0.0    35.9     0.0     0.0
$#   fmass
       0.0
$定义计算结束时间。
*CONTROL_TERMINATION
$#  endtim  endcyc   dtmin  endeng  endmas            nosol
      30.0       0     0.0     0.0  1.000000E8         0
$定义 ABSTAT 文件的输出。
*DATABASE_ABSTAT
$#      dt  binary    lcur   ioopt
       0.1       0       0       1
$定义 GLSTAT 文件的输出。
*DATABASE_GLSTAT
$#      dt  binary    lcur   ioopt
       0.1       0       0       1
```

```
$ 定义 MATSUM 文件的输出。
*DATABASE_MATSUM
$ #      dt    binary      lcur     ioopt
        0.1         0         0         1
$ 设置 D3PLOT 文件的输出。
*DATABASE_BINARY_D3PLOT
$ #      dt      lcdt      beam     npltc    psetid
        1.0         0         0         0         0
$ #   ioopt
          0
$ 定义气囊充气质量流速曲线。
*DEFINE_CURVE
$ #    lcid      sidr       sfa       sfo      offa      offo    dattyp     lcint
          1         0       0.0       0.0       0.0       0.0         0         0
$ #                a1                  o1
                  0.0                 0.0
......................................................................
           59.99994    8.8565023371e-11
$ 定义充气气体温度曲线。
*DEFINE_CURVE
$ #    lcid      sidr       sfa       sfo      offa      offo    dattyp     lcint
          2         0       0.0       0.0       0.0       0.0         0         0
$ #                a1                  o1
                  0.0               800.0
......................................................................
           59.99994               800.0
$ 定义气囊材料模型及其参数。
*MAT_FABRIC
$ #     mid        ro        ea        eb         -      prba      prab         -
          1 8.70000E-7      0.5       0.0       0.0       0.3       0.0       0.0
$ #     gab         -         -       cse        el       prl    lratio      damp
        0.0       0.0       0.0       0.0       0.0       0.0       0.0      0.05
$ #    aopt       flc       fac       ela      lnrc      form     fvopt    tsrfac
        0.0       0.0       0.0       0.0       0.0         0         0       0.0
$ #  unused    rgbrth     a0ref        a1        a2        a3        x0        x1
                  0.0         0       0.0       0.0       0.0       0.0       0.0
$ #      v1        v2        v3         -         -         -      beta    isrefg
        0.0       0.0       0.0      -0.0       0.0       0.0       0.0         0
$ 定义气囊节点。
*NODE
$ #   nid               x                   y               z      tc      rc
        1       -327.4257           -35.70335             0.5       0       0
......................................................................
    19391         27.4738                12.0           -15.0       0       0
$ 定义下部分气囊 Part。
*PART
$ #                                                                         title

$ #     pid     secid       mid     eosid      hgid      grav    adpopt      tmid
          1         1         1         0         0         0         0         0
$ 为气囊定义壳单元算法。
```

```
* SECTION_SHELL
$ #   secid    elform     shrf       nip     propt  qr/irid        icomp     setyp
         1         5       1.0         2      1.0         0            1         1
$ #      t1        t2        t3         t4       nloc     marea         idof    edgset
      0.38      0.38      0.38      0.38        0.0       0.0          0.0         0
$ #      bi        bi        bi         bi         bi        bi           bi        bi
3.1950E-43    0.0  2.5250E-29    0.0  1.4013E-45  8.70000E-7  0.5          0.0
$ 定义上部分气囊 Part。
* PART
$ #                                                                    title

$ #     pid     secid       mid     eosid      hgid      grav    adpopt      tmid
         2         1         1         0         0         0         0         0
$   将上部分气囊 Part 和下部分气囊 Part 定义为 PART 组。
* SET_PART_LIST_TITLE
bag parts
$ #     sid       da1       da2       da3       da4    solver
         1       0.0       0.0       0.0       0.0MECH
$ #    pid1      pid2      pid3      pid4      pid5      pid6      pid7      pid8
         1         2         0         0         0         0         0         0
$ * END 表示关键字文件的结束,LS-DYNA 读入时将忽略该语句后的所有内容。
* END
```

### 8.2.4 数值计算结果

计算结束后,可输出气囊充气展开过程图片和动画,步骤如下:

- 单击底端工具栏中的 Front。
- File→Print…,输出图片。图 8-46 为输出的气囊展开过程图片。
- File→Movie…,输出动画。

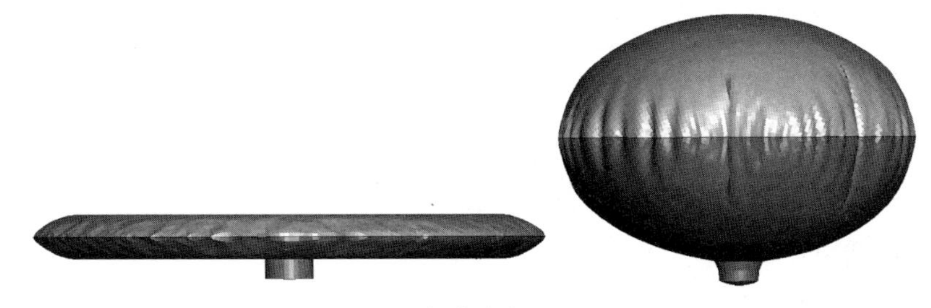

图 8-46 气囊充气展开过程

## 8.3 S 型管件撞击刚性墙计算算例

### 8.3.1 计算模型概况

S 型管件采用壳单元和可变形材料,初速为 10mm/ms。刚性墙为静止的平面。

### 8.3.2 LS-PrePost 建模

• 步骤 1：导入 IGES 几何。

➢ File→Open→IGES File。然后打开 channel.igs。

➢ File→Import→IGES File。然后打开 flat.iges。

➢ 单击 ShaGeo 渲染按钮。导入的几何模型见图 8-47

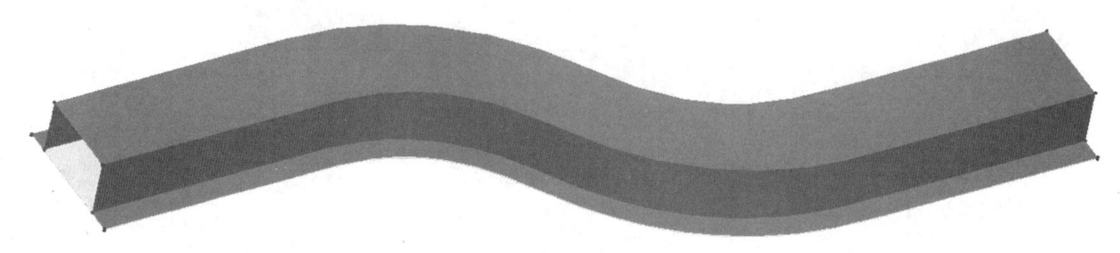

图 8-47 管件几何模型

• 步骤 2：划分网格。详细步骤见图 8-48。

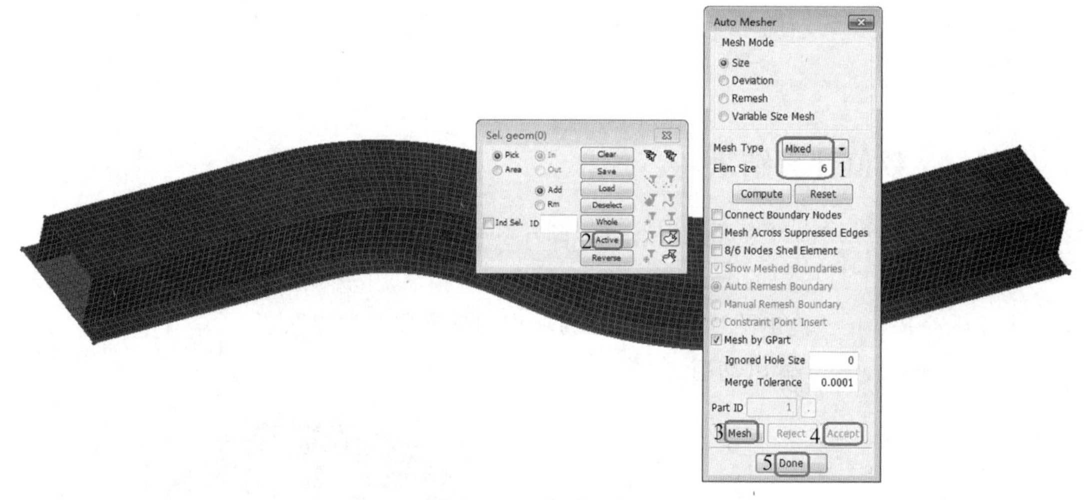


图 8-48 划分网格

➢ FEM→Element and Mesh→Auto Mesher。

➢ 输入 Elem Size = 6。

➢ 在通用选择面板中依次单击 Active、Mesh、Accept、Done。

• 步骤 3：定义截面属性。详细步骤见图 8-49。

➢ FEM→Model and Part→Keyword Manager。

➢ 依次选择 All、SECTION。

➢ 从列表中选择 SHELL。

➢ 单击 Edit。

➢ 在 Keyword Input Form 弹出窗体中单击 NewID。

➢ 输入 TITLE：1mm thick。

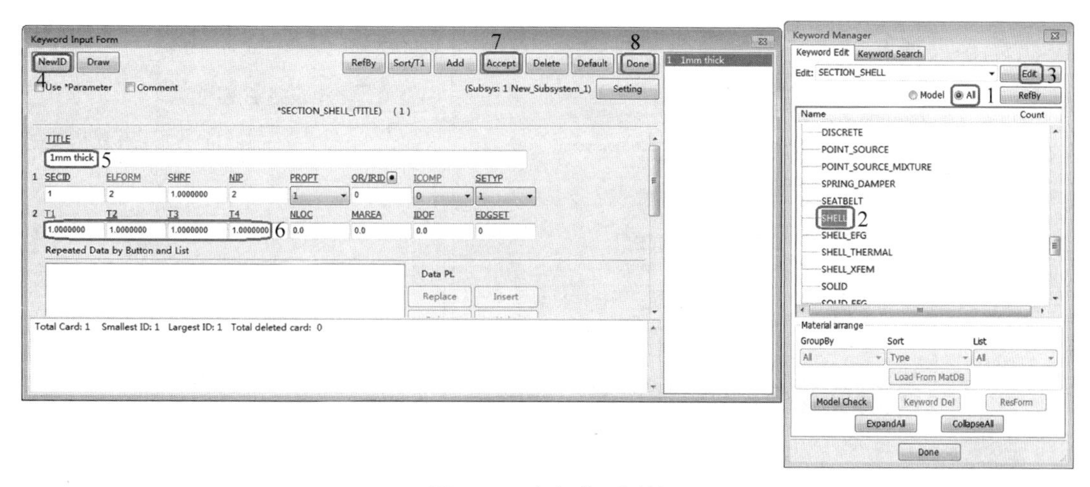


图 8-49　定义截面属性

➢ 输入 T1 = 1 并回车。

➢ 依次单击 Accept、Done。

• 步骤 4：定义材料。详细步骤见图 8-50。

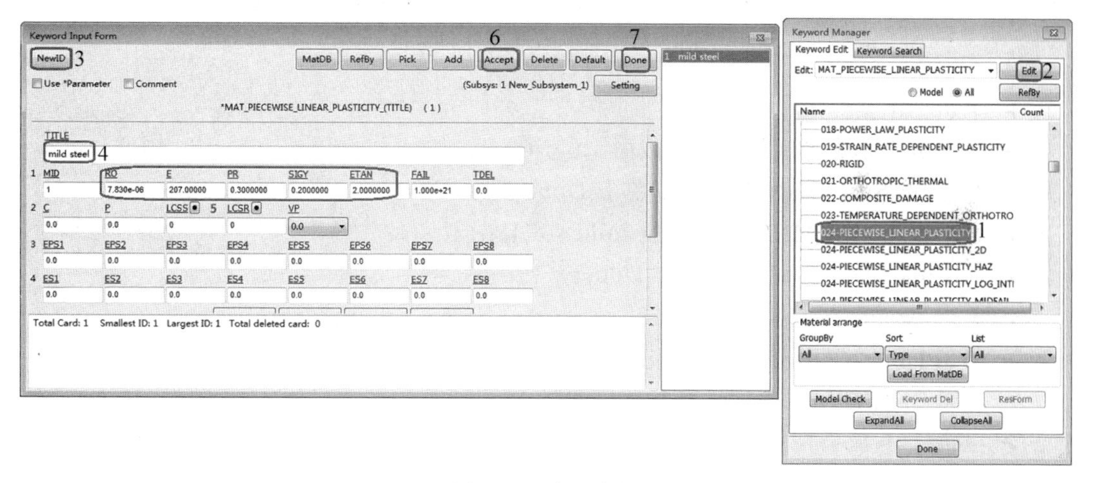


图 8-50　定义材料

➢ 从列表中选择 MAT。

➢ 从列表中选择 024-PIECEWISE_LINEAR_PLASTICITY。

➢ 单击 Edit。

➢ 在 Keyword Input Form 弹出窗体中单击 NewID。

➢ 输入 TITLE：mild steel。

➢ 输入 RO = 7.83e − 6，E = 207，PR = 0.3，SIGY = 0.2，ETAN = 2.0。

➢ 依次单击 Accept、Done。

• 步骤 5：赋予截面属性和材料。详细步骤见图 8-51。

➢ FEM→Model and Part→Part Data。

➢ 选择 Assign。

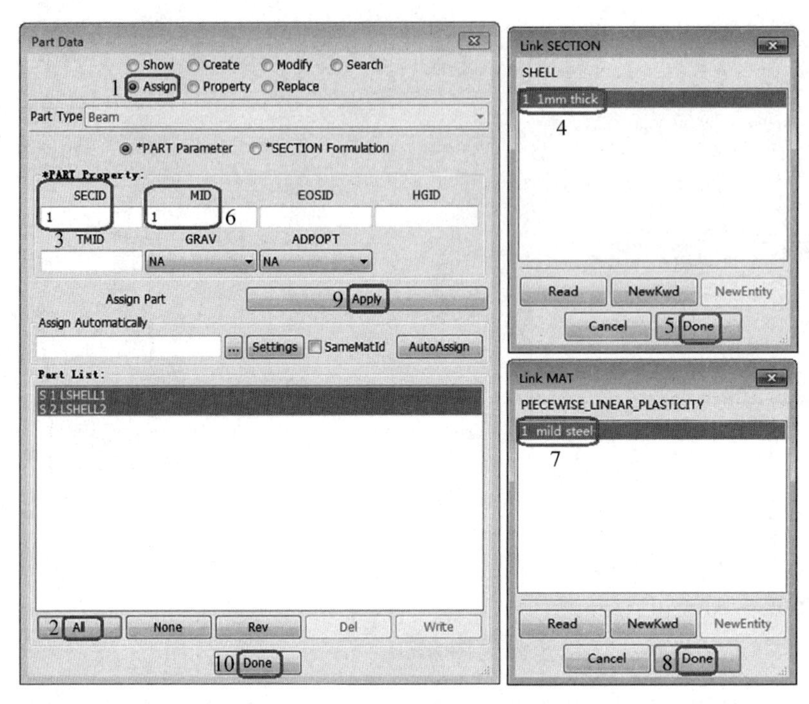


图 8-51　赋予截面属性和材料

- 单击 All。
- 在面板中单击 SECID，选择截面 1mm thick。
- 在 Link SECTION 对话框中单击 Done。
- 在面板中单击 MID，选择材料 mild steel。
- 在 Link MAT 对话框中单击 Done。
- 单击 Assign Part：Apply。
- 单击 Done，退出对话框。

• 步骤 6：添加质量单元。详细步骤见图 8-52。

- 单击 Top 渲染按钮。
- 在管件右端单击 Zoin 进行放大。
- FEM→Model and Part→Entity Creation。
- 依次选择 Mass、Cre。
- 输入 Mass=2.0。
- 在通用选择面板中选择 Area。
- 通过绘制方框来选取右端节点。
- 单击 Apply。

• 步骤 7：施加约束。详细步骤见图 8-53。

- FEM→Model and Part→Entity Creation。
- 依次选择 Spc、Cre。
- 依次激活 Y、Z。
- 依次激活 RX、RY、RZ。

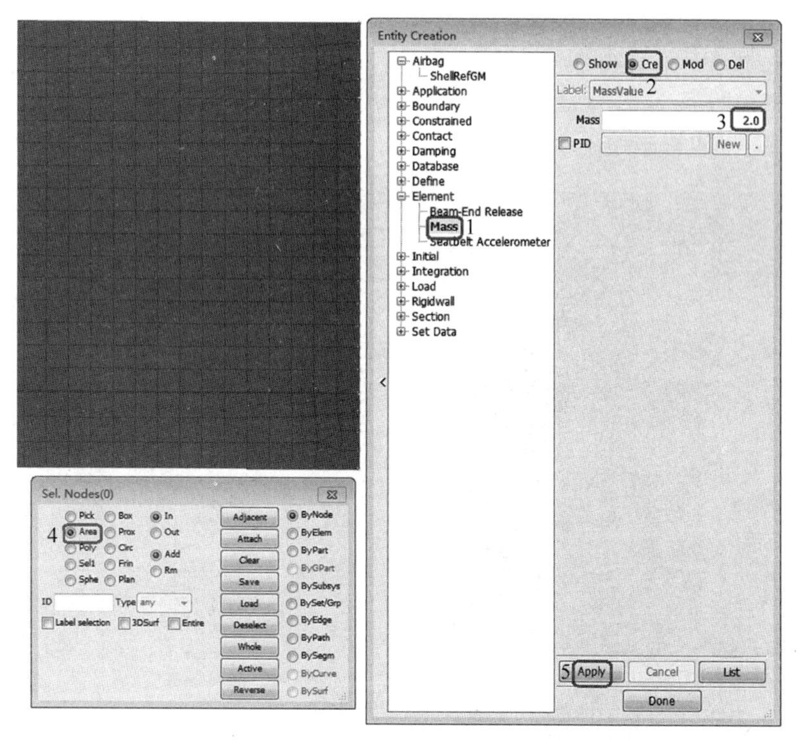


图 8-52 添加质量单元

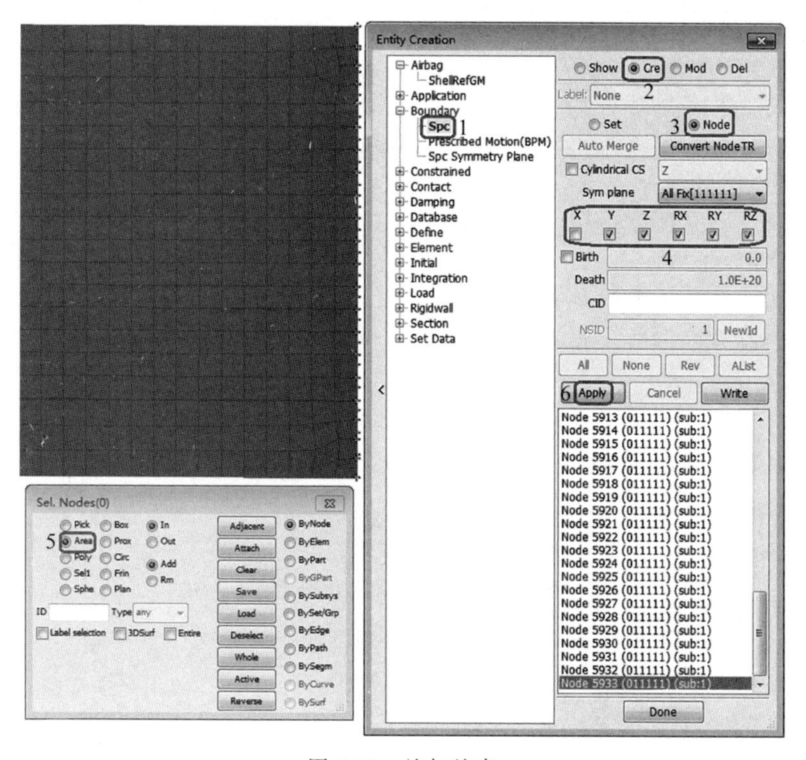


图 8-53 施加约束

➢ 在通用选择面板中选择 Area。
➢ 通过绘制方框来选取端节点。
➢ 单击 Apply。

• 步骤 8：施加初速。详细步骤见图 8-54。

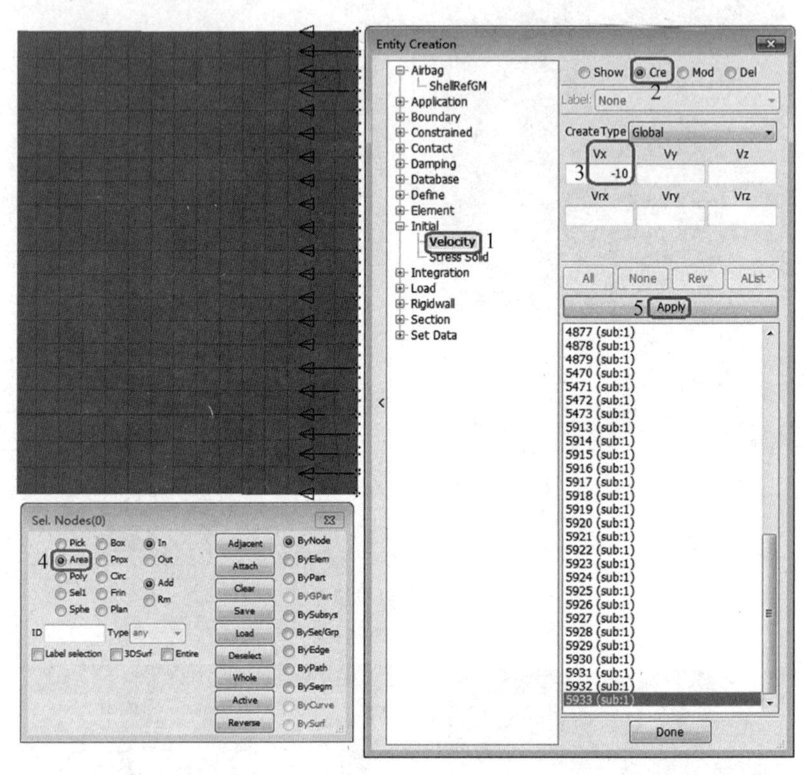


图 8-54　施加初速

➢ 依次选择 Velocity、Cre。
➢ 输入 Vx = −10。
➢ 在通用选择面板中选择 Area。
➢ 通过绘制方框来选取端节点。
➢ 单击 Apply。

• 步骤 9：创建刚性墙。详细步骤见图 8-55。

➢ 依次选择 Rigidwall、Cre、Planar。
➢ 在图形窗口中选择管件左端任意节点。
➢ 单击 Apply。

• 步骤 10：采用主焊接文件创建焊点。详细步骤见图 8-56。

➢ FEM→Element and Mesh→Spot Welding。
➢ 单击 Open。
➢ 选择 welds.spot。
➢ 选择 Properties：File。

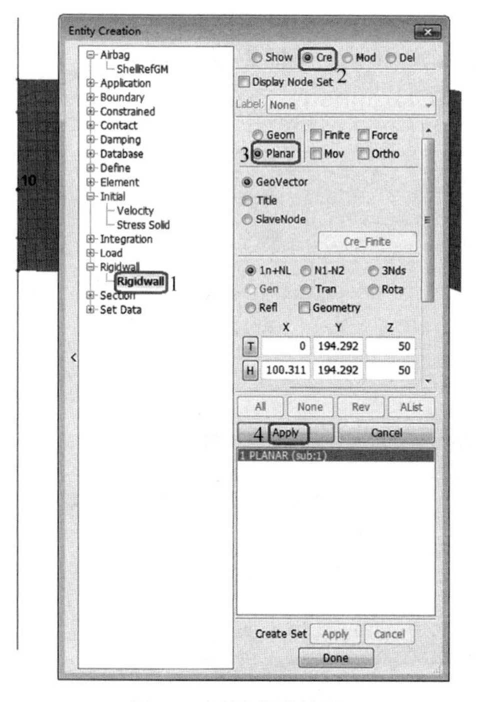

图 8-55　创建刚性墙

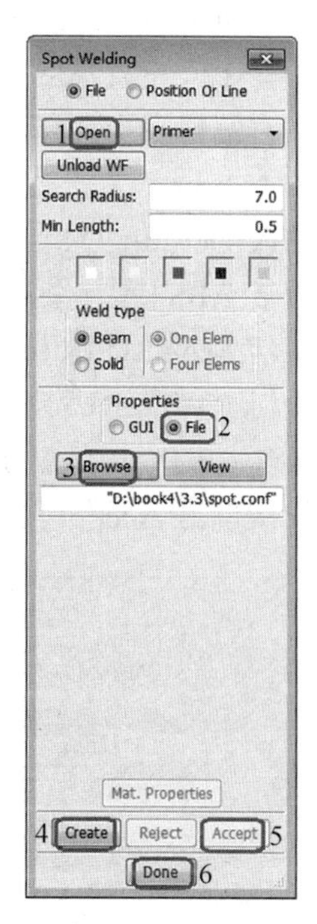

图 8-56　采用主焊接文件创建焊点

➢ 单击 Browse。
➢ 选择 spot.conf。
➢ 依次单击 Create、Accept、Done。

• 步骤 11：设置 D3PLOT 输出频率。详细步骤见图 8-57。

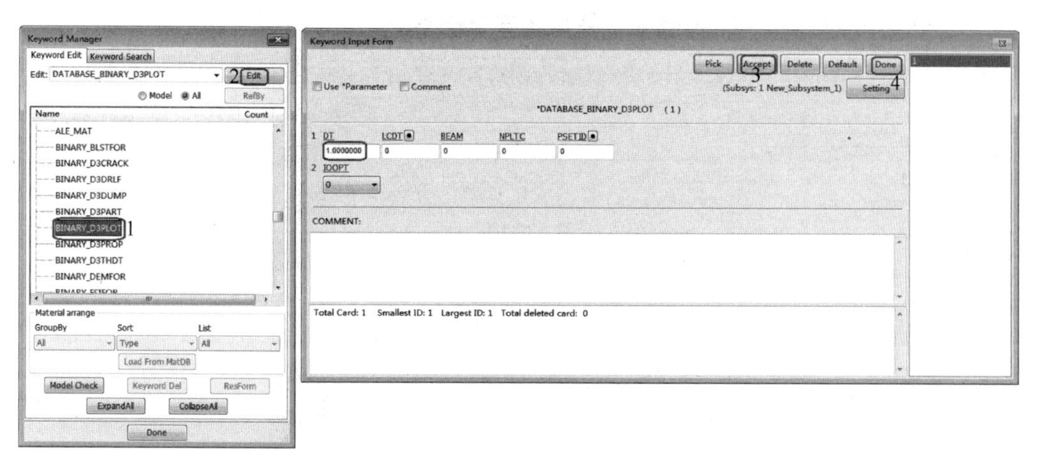

图 8-57　设置 D3PLOT 输出频率

➢ FEM→Model and Part→Keyword Manager。
➢ 在左侧列表中选择 DATABASE→BINARY_D3PLOT。
➢ 单击 Edit。
➢ 输入 DT=1。

➢ 依次单击 Accept、Done。

• 步骤 12：设置 ASCII 文件时间历程输出频率。详细步骤见图 8-58。

➢ 在右侧列表中选择 DATABASE→ASCII_option。

➢ 单击 Edit。

➢ 输入 Default DT＝0.1。

➢ 激活 ABSTAT（全局概况）。

➢ 激活 MATSUM（材料能量概况）。

➢ 激活 RWFORC（刚性墙力）。

➢ 激活 SWFORC（点焊力）。

➢ 依次单击 Accept、Done。

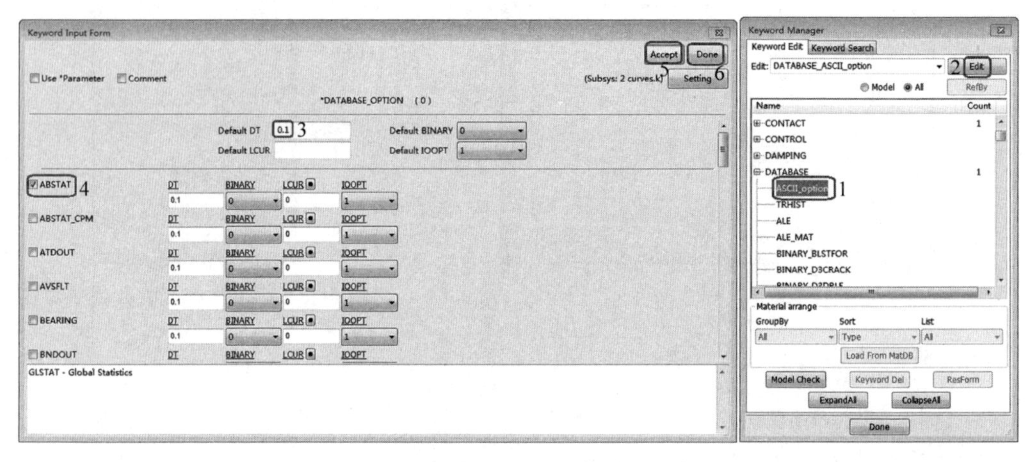


图 8-58 设置 ASCII 文件输出频率

• 步骤 13：设置计算终止时间。详细步骤见图 8-59。

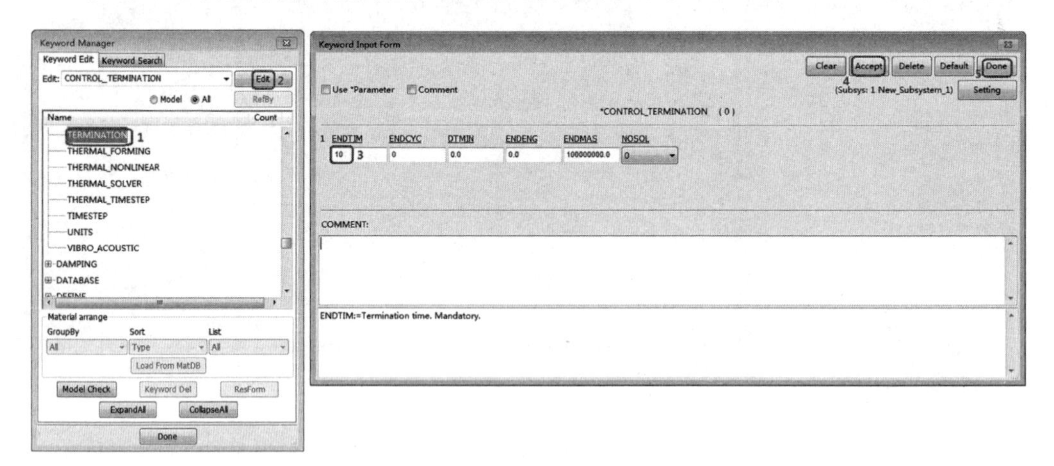


图 8-59 设置计算终止时间

➢ 在左侧列表中选择 * Control→TEMINATION。

➢ 单击 Edit。

➢ 输入 ENDTIM＝10。

➢ 依次单击 Accept、Done。
• 步骤 14：保存模型。
➢ File→Save Keyword。
➢ 输入 Filename：myrail.k。
➢ 单击 Save。

### 8.3.3 关键字文件讲解

```
$ 首行 * KEYWORD 表示输入文件采用的是关键字输入格式。
* KEYWORD
$ 为节点定义约束。
* BOUNDARY_SPC_NODE
$ #    nid   cid   dofx   dofy   dofz   dofrx   dofry   dofrz
       161    0     0      1      1      1       1       1
. . . . . . . . . . . . . . . . . . . . . . . . . . . . . . . . . . . . . . . .
      5933    0     0      1      1      1       1       1
$ 定义点焊接触。
* CONTACT_SPOTWELD_ID
$ #    cid                                                   title
       1sw contact
$ #    ssid   msid   sstyp   mstyp   sboxid   mboxid   spr   mpr
        1      1      4       2       0        0        0     0
$ #    fs     fd     dc      vc      vdc      penchk   bt    dt
       0.0    0.0    0.0     0.0     0.0      0        0.0   0.0
$ #    sfs    sfm    sst     mst     sfst     sfmt     fsf   vsf
       0.0    0.0    0.0     0.0     0.0      0.0      0.0   0.0
$ 定义焊点节点组。
* SET_NODE_LIST_TITLE
spotweld slave nodes 1
$ #    sid    da1    da2    da3    da4    solver
        1     0.0    0.0    0.0    0.0
$ #    nid1   nid2   nid3   nid4   nid5   nid6    nid7   nid8
       9014   9015   9016   9017   9018   9019    9020   9021
. . . . . . . . . . . . . . . . . . . . . . . . . . . . . . . . . . . . . . . .
       9078   9079   9080   9081   9082   9083    0      0
$ 定义 S 型管件 Part 组。
* SET_PART_LIST_TITLE
sw part set
$ #    sid    da1    da2    da3    da4    solver
        1     0.0    0.0    0.0    0.0
$ #    pid1   pid2   pid3   pid4   pid5   pid6    pid7   pid8
        1      2      0      0      0      0       0      0
$ 定义单元。
* ELEMENT_SHELL
$ #    eid   pid    n1     n2    n3    n4    n5   n6   n7   n8
        1     1     3393   14    319   174   0    0    0    0
. . . . . . . . . . . . . . . . . . . . . . . . . . . . . . . . . . . . . . . .
    8075      2     8810 8809 8906 8905 0    0    0    0
$ 定义焊点单元。
* ELEMENT_BEAM
$ #    eid   pid    n1     n2     n3   rt1   rr1   rt2   rr2   local
        1     3     9014   9015   0    0     0     0     0     0
```

```
......................................................................
        35    3   9082   9083   0    0     0     0     0      0
$ 定义质量单元。
* ELEMENT_MASS
$ #    eid   nid   mass   pid
        1    161   2.0     0
......................................................................
       61   5933   2.0     0
$ 定义计算结束时间。
* CONTROL_TERMINATION
$ #    endtim   endcyc   dtmin   endeng     endmas     nosol
        10.0      0       0.0     0.0    1.000000E8     0
$ 定义 GLSTAT 文件的输出。
* DATABASE_GLSTAT
$ #     dt   binary   lcur   ioopt
       0.1     0       0       1
$ 定义 MATSUM 文件的输出。
* DATABASE_MATSUM
$ #     dt   binary   lcur   ioopt
       0.1     0       0       1
$ 定义 RWFORC 文件的输出。
* DATABASE_RWFORC
$ #     dt   binary   lcur   ioopt
       0.1     0       0       1
$ 定义 SWFORC 文件的输出。
* DATABASE_SWFORC
$ #     dt   binary   lcur   ioopt
       0.1     0       0       1
$ 设置 D3PLOT 文件的输出。
* DATABASE_BINARY_D3PLOT
$ #      dt    lcdt   beam   npltc   psetid
        1.0     0      0       0       0
$ #    ioopt
         0
$ 定义节点初始速度。
* INITIAL_VELOCITY_NODE
$ #    nid     vx     vy    vz    vxr   vyr   vzr   icid
       161   -10.0   0.0   0.0   0.0   0.0   0.0    0
......................................................................
      5933   -10.0   0.0   0.0   0.0   0.0   0.0    0
$ 为 S 型管件定义材料模型及参数。
* MAT_PIECEWISE_LINEAR_PLASTICITY_TITLE
mild steel
$ #     mid        ro          e       pr     sigy   etan   fail      tdel
         1    7.83000E-6          207.0    0.3    0.2    2.0   1.00000E21
$ #      c          p          lcss    lcsr     vp
        0.0        0.0          0       0      0.0
$ #    eps1       eps2        eps3    eps4    eps5   eps6   eps7      eps8
        0.0        0.0         0.0     0.0     0.0    0.0    0.0       0.0
$ #     es1        es2         es3     es4     es5    es6    es7       es8
        0.0        0.0         0.0     0.0     0.0    0.0    0.0       0.0
```

```
$ 为焊点定义材料模型及参数。
*MAT_SPOTWELD_TITLE
connecting parts 1 2
$#     mid          ro          e       pr     sigy    eh     dt    tfail
         3    7.80000E-6          200.0    0.3    0.16   2.0   0.001
$#   efail         nrr        nrs     nrt      mrr     mss    mtt     nf
       0.0         1.1        4.1     4.1      0.0     0.0    0.0    0.0
$ 定义节点。
*NODE
$#      nid            x                y         z       tc      rc
          1    3.552714e-15       241.8      50.0      0       0
.....................................................................
       9083        793.238      -48.61118    -2.0      0       0
$ 定义 S 型管件 Part 1。
*PART
$#                                                              title
LSHELL1
$#   pid   secid   mid   eosid   hgid   grav   adpopt   tmid
       1       1     1       0      0      0        0      0
$ 为 S 型管件定义单元算法。
*SECTION_SHELL_TITLE
1mm thick
$#   secid   elform   shrf   nip   propt   qr/irid   icomp   setyp
         1        2    1.0     2     1.0         0       0       1
$#      t1       t2     t3    t4    nloc     marea    idof   edgset
       1.0      1.0    1.0   1.0     0.0       0.0     0.0       0
$ 定义 S 型管件 Part 2。
*PART
$#                                                              title
LSHELL2
$#   pid   secid   mid   eosid   hgid   grav   adpopt   tmid
       2       1     1       0      0      0        0      0
$ 定义焊点 Part。
*PART
$#                                                              title
sw 1 2
$#   pid   secid   mid   eosid   hgid   grav   adpopt   tmid
       3       3     3       0      0      0        0      0
$ 为焊点定义单元算法。
*SECTION_BEAM
$#   secid   elform   shrf   qr/irid    cst    scoor    nsm   naupd
         3        9    1.0         2      1      0.0    0.0       0
$#     ts1      ts2    tt1       tt2   print
       2.3      0.0    0.0       0.0     0.0
$ 定义刚性墙。
*RIGIDWALL_PLANAR
$#    nsid   nsidex   boxid   offset     birth       death       rwksf
         0        0       0      0.0       0.0   1.00000E20       1.0
$#      xt       yt      zt       xh        yh          zh        fric    wvel
       0.0  194.292    50.0  100.311   194.292        50.0         0.0     0.0
$ *END 表示关键字文件的结束,LS-DYNA 读入时将忽略该语句后的所有内容。
*END
```

### 8.3.4 数值计算结果

计算结束后，可输出刚性墙力。步骤如图 8-60 所示。

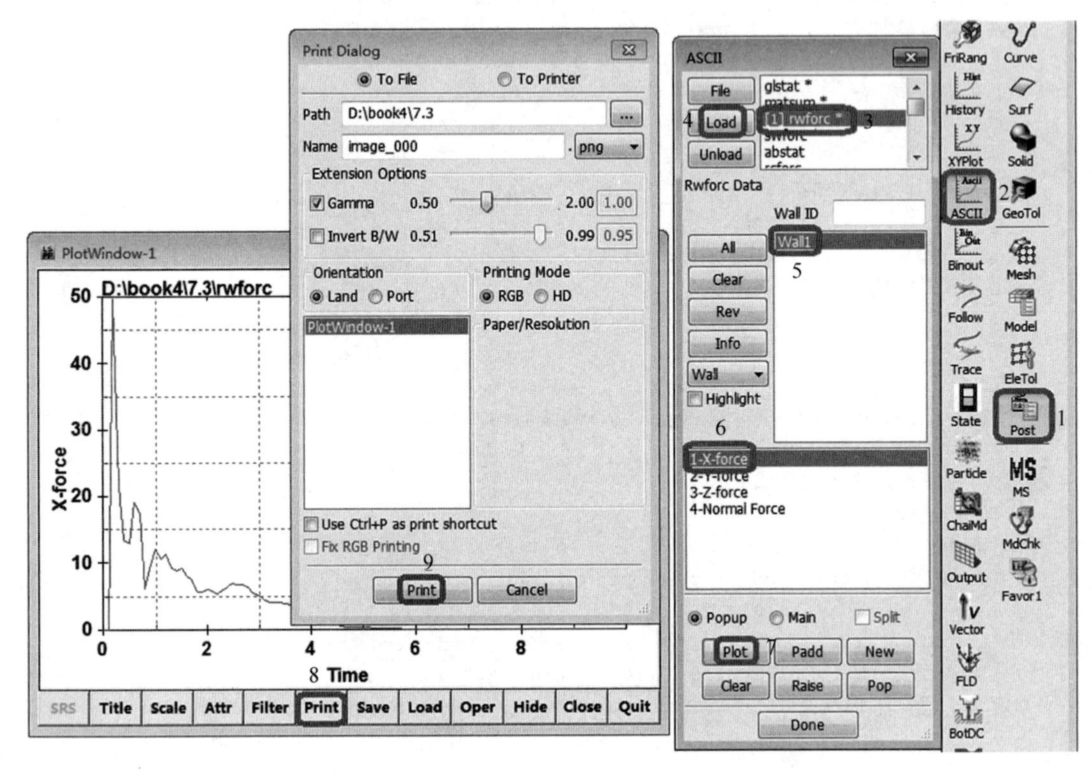


图 8-60 输出刚性墙力

- FEM→Post→ASCII。
- 在上面列表中选择 rwforc 文件。
- 单击 Load，载入 rwforc 文件。
- 在中间列表中选择 Wall1。
- 在下面列表中选择 1-X-force。
- 单击 Plot，绘制曲线。
- 在曲线绘制面板中单击 Print。
- 在输出面板中单击 Print，输出图片。

## 8.4 参考文献

[1] LS-PrePost® User's Manual [R]. LSTC, 2019.

[2] LS-PrePost® Tutorials [R]. LSTC, 2019.

# 第9章

# ALE算法

在传统的拉格朗日方法中，有限元网格用于描述物体的几何形状，网格随着物质的运动而变形，在进行极大变形分析时容易出现网格畸变，导致计算精度下降甚至程序终止。

任意拉格朗日-欧拉（Arbitrary Lagrangian Eulerian，ALE）算法，其主要特点是有限元网格的任意性，计算网格可随特定物理问题，采用自己独有的特殊移动方式。在ALE方法中，单元网格不一定用于描述物体的几何形状，而只是用来覆盖物体可能运动的空间，这种方法可用于计算流体或固体的大变形问题，尤其适合处理涉及高动量或高能量密度流体冲击、侵蚀拉格朗日结构的一系列工程问题，例如，爆炸、罐内流体晃动、容器坠落、鸟撞、高速碰撞、物体入水（见图9-1）等。

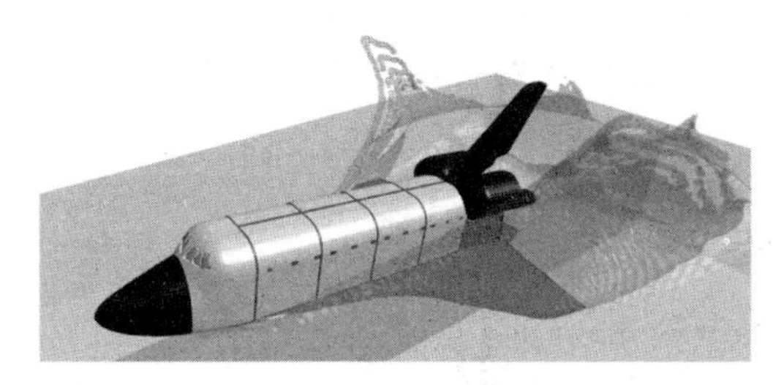

图9-1　CH-47直升飞机水面迫降ALE模拟

## 9.1　ALE算法简介

### 9.1.1　ALE算法步骤

在处理流体方面，LS-DYNA ALE采用算子分裂方法处理扩散项和迁移项。一个时间步长内，单元会经历一个常规的拉格朗日时间步和一个额外的输运时间步。

在通常的拉格朗日有限元法中一个时间步包含着以下3个步骤：

（1）更新速度与位移。

（2）在变形后得到新的单元应变率，进而得到新的单元应力。

（3）由节点的内力、外力及质量计算出新时间步的加速度。

输运时间步所起的主要作用是将变形后网格中各单元的应力应变和其他历史变量映射到ALE网格的单元中去。输运过程被置于上面的步骤（2）和步骤（3）之间，包括以下两个步骤：

(1) ALE 网格运动。在此步骤前，单元网格已随该时间步物质点的运动而运动。此时的网格位置与当前时间步开始时的网格位置的差值就是此时间步的位移。根据不同的问题类型，选择不同的网格运动方式。例如将网格移回当前时间步开始时的网格位置，这种网格是欧拉网格。如果完全不做网格运动，则这种网格就是拉格朗日网格。*ALE_REFERENCE_SYSTEM_GROUP 中的 PTYPE=8 可以作为一个很好的 ALE 网格运动的例子。参数 EFAC 控制网格欧拉类型的比例。其中，新网格节点的位置=欧拉网格节点的位置×EFAC+拉格朗日节点位置×(1.0-EFAC)。

(2) 输运过程(advection，mapping)。输运过程又称映射过程，实质上是一个加权平均过程。权函数是体积。对于单元变量，首先计算出各个单元表面的流入/流出体积。然后利用如下公式求出输运后单元变量的新值：

新值=(旧值×单元旧体积+各面流入或流出体积×流入或流出值)/(单元旧体积+各面流入或流出体积)

对于单元变量的值的选取，假设该值在单元内为常数，那么这一输运过程就是一阶的；假设它是线性的，那么输运就是二阶的。

节点变量的处理稍微复杂一些。LS-DYNA 采用了一种叫 Half Index Shift 的特殊处理方法，每个单元的 8 个节点变量都要被逐个放置于单元中心，当做单元变量处理，以防止输运过程中产生过多的人为扩散(diffusion)

输运时间步是指 ALE 网格变形后的输运过程。这个过程使得 ALE 网格脱离了物质点的运动而独立存在。但同时这一额外过程不可避免地带来了额外的处理机时以及人为误差。

### 9.1.2 ALE 多物质

ALE 单元本身只是一个积分域的描述，并不包含任何物质界面信息，LS-DYNA ALE 使用界面重构法来构造不同流体间的物质界面，从而使同一网格内可进行多流体计算。LS-DYNA ALE 多物质单元支持多流体计算，多物质单元算法设置如下：

- 对于一维模型，在*SECTION_ALE1D 中设置 ALEFORM=11。
- 对于二维模型，在*SECTION_ALE2D 中设置 ALEFORM=11。
- 对于三维模型，在*SECTION_SOLID 中设置 ELFORM=11。

在 ALE 多物质单元中，可在有限元网格划分时用单元网格描述物质的初始几何形状，也可由*INITIAL_VOLUME_FRACTION_GEOMETRY(填充 Part 或 Part SET，推荐采用)或*INITIAL_VOLUME_FRACTION(逐个单元进行填充，不推荐采用)关键字定义每种物质的体积占比，即它所占单元体积的比例，界面重构采用体积占比重构物质界面。为了简化计算，LS-DYNA ALE 界面重构有以下几个假设：

- 单元中的物质界面是一个平面，物质界面在单元间不连续，物质界面的形状随每次输运而变化。注意，这也是造成流固耦合中泄漏(leakage)的根源之一。
- 单元中物质界面的数量=单元中不同物质种类-1。
- 单元中物质排列顺序与*ALE_MULTI-MATERIAL_GROUP 中的顺序一致。
- 物质在它处于的物质界面中均匀分布，即在界面重构过程中，原单元中的某种物质和新流入的同种物质被同一化。

ALE 多物质单元由 * ALE_MULTI-MATERIAL_GROUP 定义。* ALE_MULTI-MATERIAL_GROUP 的每一行分别为一个 Part ID 或 PART SET ID 定义一种物质。而 Part 则由 * PART 定义（* SECTION + * MAT + * EOS + * HOURGLASS），与网格无关。

## 9.2 边界条件

使用多物质 ALE 单元建模时，单元网格并不一定描述物体的几何形状，而只是用来覆盖物体可能运动的空间。物体的几何描述可根据体积占比经由物质界面重构而实现。正是由于这个重要差异，ALE 问题的边界条件施加，与一般拉格朗日问题相比，需要加以注意并特殊处理。

边界条件分为两类，一类是应力边界条件，也称自然边界条件；另一类是位移边界条件，也称本质边界条件。

- 对于应力边界条件，ALE 网格边界处一般只能施加零压力边界或环境压力(ambient pressure)。这是因为 ALE 网格边界并不是物质边界面，物质并没有在这里截断(施加位移边界时除外)。大部分问题中，边界处一般被一个大气压力的空气或零压力的 * MAT_VACCUM 所占据。零压力边界，与拉格朗日问题相同，无须特别处理。环境压力的值由 * CONTROL_ALE 中的 PREF 项设定。除此之外，有一类特殊的问题，即考虑重力的情况下，需要特殊地输入关键字 * ALE_AMBIENT_HYDROSTATIC 和 * INITIAL_HYDROSTATIC_ALE。
- 位移边界条件主要有以下几种：

➢ 固定边界条件。这里的固定边界指边界上一点所有方向均固定。与拉格朗日问题相同，可使用 * BOUNDARY_SPC 关键字来设定。

➢ 对称边界条件：在某一全局方向上，边界上点的位移为零。与拉格朗日问题相同，可使用 * BOUNDARY_SPC 关键字来设定。

➢ 滑移边界条件。在每一边界点处，法向方向的移动受到限制，而切线方向可自由滑动，这种边界条件为 ALE 方法所独有，需要使用专门的 * ALE_ESSENTIAL_BOUNDARY 关键字来定义。使用滑移边界条件的 ALE 问题中，通常情况下，ALE 网格的边界即为某种管道或容器的边界。液体在此种管道或容器中流动，摩擦力微弱，可忽略不计。这种滑移边界条件，更类似于一个简化的流固耦合问题。此耦合中固体要么被固定，要么质量和刚度足够大，使得固体本身的变形和移动可忽略不计，流体所携带的动量在耦合过程中毫无损失。

  在 LS-DYNA R6 之前，滑移边界条件由 * CONTROL_ALE 关键字中的 EBC = 2 设定。但这一原有算法只对非常简单的边界形状有效，对于稍复杂的边界就会失效。另外，旧算法对角点(corner)和边缘点(edge)的处理也是错误的。

  新算法使用 * ALE_ESSENTIAL_BOUNDARY 关键字，可正确处理角点和边缘点以及复杂边界形状。它还包括针对输运时间步的速度修正，从而确保动量和冲量守恒。

➢ 流入/流出是另一类ALE特有的边界条件。它常常需要同时设置速度边界条件以及流入/流出液体的材料性质。对于流入/流出液体材料性质的设定可参照关键字 * BOUNDARY_AMBIENT_EOS 和 * SECTION_SOLID(AMBIENT = 4)。在设置速度时,必须注意要对环境(ambient)单元的所有点都施加速度,这样才能保证环境单元无变形,从而确保单元应力及其他单元变量不变。

## 9.3 流固耦合

LS-DYNA 为处理流固耦合问题,提供 ALE FSI 方法。在这种方法中,流体通常采用 ALE 多物质单元重构流体物质界面,固体结构使用通常的拉格朗日单元。在流体与固体物质界面间,使用罚函数方法进行信息交换。LS-DYNA ALE FSI 方法可广泛应用于爆炸、液体晃动、鸟撞、轮胎涉水打滑、子弹高速穿甲等问题。

流固耦合计算用于模拟流体和固体的相互作用,对流体和固体结构采用不同的描述方法:流体采用欧拉方法,固体结构采用有限元法。在同一空间位置流体和固体结构网格可同时存在,相互重叠。流体和固体之间传递信息的方法有两种:约束法(constraint method)和罚函数法(penalty method)。约束法在物质界面处,在遵循动量守恒的前提下人为改变流体和固体的速度,使其速度一致;而罚函数法在物质界面处,流体和固体之间人为添加无质量的弹簧,用惩罚力去纠正流体和固体间运动的不协调。在 LS-DYNA ALE 流固耦合中一般采用罚函数法,因为:

- 约束法无法处理流体和固体的分离。
- 处理瞬态问题时,约束法会导致较大的能量损失。
- 约束法必须和所有流体耦合,而罚函数法可只耦合于某一特定流体。

罚函数法的步骤分为3步:

(1) 确定固体物质界面。首先将固体表面网格形成一个面段组(segment set),然后在每个面段上生成 $N \times N$ 个结构耦合点(structure coupling point)。固体物质界面就由这些耦合点所代表。

(2) 确定伪(pseudo)流体物质界面。在固体每个耦合点处判断,这个耦合点是否已经接触到流体物质表面。如果已经接触,在欧拉网格中与此固体耦合点同一位置处标注一流体耦合点(fliud coupling point),伪流体物质界面就由这些流体耦合点组成。

(3) 施加惩罚力。在每一对结构耦合点和流体耦合点间施加一个无质量的弹簧。接下来,结构耦合点和流体耦合点分别跟随固体和流体移动,而它们之间的相对位移就变成了拉伸或压缩,以此施加惩罚力。

传统 ALE 方法支持的流固耦合关键字有:

- * CONSTRAINED_LAGRANGE_IN_SOLID。
- * ALE_COUPLING_NODAL_CONSTRAINT。
- * ALE_COUPLING_NODAL_DRAG。
- * ALE_COUPLING_NODAL_PENALTY。
- * ALE_COUPLING_RIGID_BODY。
- * ALE_FSI_PROJECTION。

# 9.4 水下爆炸二维计算算例

前处理建模可以采用 LS-PrePost 软件，但详细讲解 LS-PrePost 的建模过程会占用大量篇幅。本书中涉及的算例模型都比较简单，从本节开始，不再介绍每个算例的 LS-PrePost 建模过程，但会在本书的附带文件中给出部分算例的 TrueGrid 命令流建模文件。

## 9.4.1 计算模型概况

厚度 3mm 的钢壳体悬浮在水面上，水下 TNT 药球半径为 20mm，计算炸药爆炸后对壳体结构的作用。根据问题的对称性，采用图 9-2 所示的二维轴对称模型计算。计算单位制为 g-cm-μs。

图 9-2 水下爆炸计算模型

## 9.4.2 关键字文件讲解

```
$ 首行 * KEYWORD 表示输入文件采用的是关键字输入格式。
* KEYWORD
$ 指定输出 LS-DYNA 数据库格式的二进制结果文件。
* DATABASE_FORMAT
0
$ 在 ALE 网格中填充多物质材料。
* INITIAL_VOLUME_FRACTION_GEOMETRY
1,1,2,
4,0,1
0,75,60,75,60,100,0,100
6,0,3
0,40,0,2
$ 定义梁单元算法。
* SECTION_BEAM
         3          8 1.0000000        5.0000000        0.0000000
.3,.3,.3,.3
$ 定义二维 ALE 单元算法。
* SECTION_ALE2D
2,11,,14
$ 为壳体结构定义材料模型及参数。
* MAT_PLASTIC_KINEMATIC
3,7.8,2.1,0.3,0.004,0.01
,,
$ 定义高能炸药爆轰材料模型及参数。
* MAT_HIGH_EXPLOSIVE_BURN
    4 1.6300000  0.6930000  0.2100000  0.0000000  0.0000000  0.0000000  0.0000000
$ 定义状态方程来描述炸药爆炸产物内的压力。
* EOS_JWL
    4 3.7400000  3.2300e-2  4.1500001  0.9500000  0.3000000  0.0700000  1.0000000
```

```
$ 为水定义材料模型及参数。
*MAT_NULL
2,1.00,0.000E+00,0.000E+00,0.000E+00,0.000E+00
$ 为水定义状态方程及参数。
*EOS_GRUNEISEN
2,0.148,1.75,0.000E+00,0.000E+00,0.49340,0.000E+00,2.05e-6
1.00
$ 为空气定义材料模型及参数。
*MAT_NULL
         1  0.001290  0.000   0.000   0.000   0.000   0.000   0.000
$ 为空气定义状态方程及参数。
*EOS_LINEAR_POLYNOMIAL
         1    0.000    0.000   0.000   0.000   0.400000   0.400000   0.000
2.53e-6   1.000000
$ 定义空气 Part。
*PART
Part              2 for Mat          2 and Elem Type          1
         1         2             1          1          0          0          0
$ 定义水 Part。
*PART
Part              1 for Mat          1 and Elem Type          1
         2         2             2          2          0          0          0
$ 定义炸药 Part。
*PART
Part              1 for Mat          1 and Elem Type          1
         4         2             4          4          0          0          0
$ 定义壳体结构 Part。
*PART
Part              1 for Mat          1 and Elem Type          1
         3         3             3          0          0          0          0
$ 定义 ALE 多物质材料组 AMMG。
*ALE_MULTI-MATERIAL_GROUP
         1         1
         2         1
         4         1
$ 定义流固耦合作用,即将从结构 PART 组耦合到主流体 PART 组中。
*CONSTRAINED_LAGRANGE_IN_SOLID
         1         2         0          0          4          4          2          -1
                          0.1                      0.3
    0.000     0.000     0.000          2          0.1

$ 定义多物质组集 1。
*SET_MULTI-MATERIAL_GROUP_LIST
1
2,3
$ 定义流固耦合从结构 PART 组。
*SET_PART_LIST
1
3
$ 定义流固耦合主流体 PART 组。
*SET_PART_LIST
```

```
2
1
$ 定义输出壳体结构上的耦合压力。
*DATABASE_FSI
,1
,3,1
$ 定义输出水中特定截面处的压力。
*DATABASE_PROFILE
$ #  dtout  nodeset2      type      data      dir
100,1,1,9,1
$ 定义炸药中的起爆点。
*INITIAL_DETONATION
1,0,40,0
$ 定义计算结束时间。
*CONTROL_TERMINATION
1000
$ 设置时间步长控制参数。
*CONTROL_TIMESTEP
0,0.9
$ 设置 D3PLOT 文件的输出。
*DATABASE_BINARY_D3PLOT
20
$ 包含网格节点模型文件。
*INCLUDE
model.k
$ *END 表示关键字文件的结束,LS-DYNA 读入时将忽略该语句后的所有内容。
*END
```

### 9.4.3 数值计算结果

计算完成后,按如下操作步骤可显示水的体积分数,见图 9-3。

- File→Open→Binary Plot,读入 D3PLOT 文件。
- Model → Reflect Model → Reflect About YZ Plane。
- 在底端 Animate 工具栏中输入 State:46。
- Post→Misc→volume fraction mat#2。

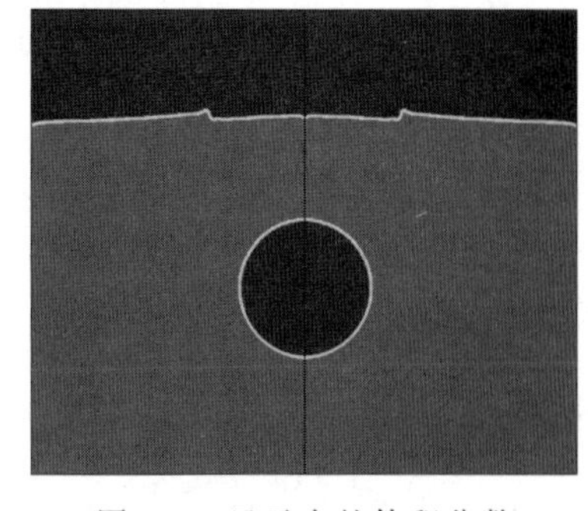

图 9-3 显示水的体积分数

还可输出某个时刻水中特定截面处的压力,如图 9-4 所示。步骤如下:

- FEM→Post→XYPlot。
- 单击 Add,选择 profile_pressure_x_time3.00E+02.xy 文件,该文件包含了 300μs 时刻炸药上端到爆心垂向距离 24cm 处水中系列测点的压力。
- 在下面的列表中选择 profile_pressure_x_time3.00E+02:1:(np=121)。
- 单击 Plot,绘制曲线。曲线横坐标为截面 X 方向坐标,纵坐标为压力值。

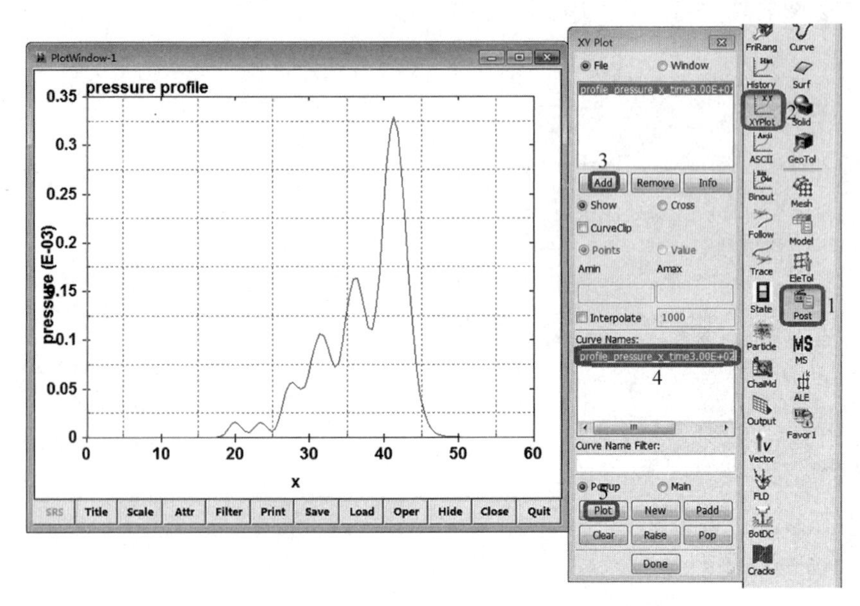


图 9-4 绘制 300μs 时水中特定截面压力曲线

接着输出壳体结构上的耦合压力时程曲线(见图 9-5)。步骤如下:

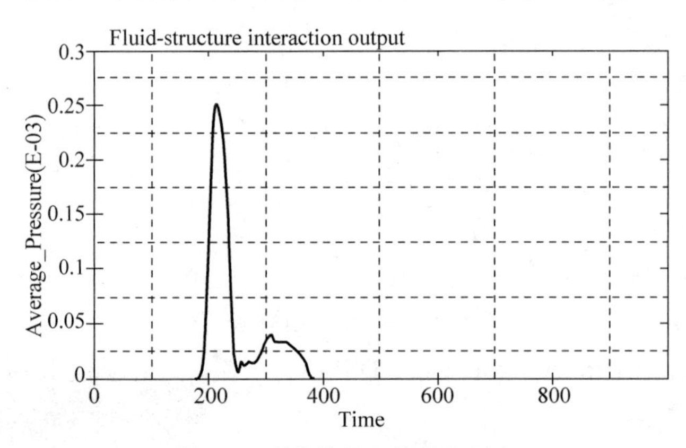


图 9-5 壳体结构上的耦合压力

- FEM→Post→ASCII。
- 在上面列表中选择 dbfsi 文件。
- 单击 Load,载入 dbfsi 文件。
- 在中间列表中选择 0。
- 在下面列表中选择 1-Average_Pressure。
- 单击 Plot,绘制曲线。

## 9.5 参考文献

[1] LS-DYNA KEYWORD USER'S MANUAL [Z], ANSYS LST, 2020.

[2] 王季先,陈皓.LS-DYNA ALE/FSI 系列(1) [J].有限元资讯, 2012, 1: 10-11.

[3] 王季先,陈皓.LS-DYNA ALE/FSI 系列(2)[J].有限元资讯,2012,2:5-6.
[4] 王季先,陈皓.LS-DYNA ALE/FSI 系列(3)——多材料单元与界面重建[J].有限元资讯,2012,3:10-11.
[5] 王季先,陈皓.LS-DYNA ALE/FSI 系列(4)——LS-DYNA 流固耦合[J].有限元资讯,2012,4:12-13.
[6] 王季先,陈皓.LS-DYNA ALE/FSI 系列(5)——LS-DYNA ALE 边界条件[J].有限元资讯,2012,6:12-13.
[7] 辛春亮,等.TrueGrid 和 LS-DYNA 动力学数值计算详解[M].北京:机械工业出版社,2019.
[8] 辛春亮,等.由浅入深精通 LS-DYNA[M].北京:中国水利水电出版社,2019.

# 第10章

# S-ALE算法

陈皓博士自2015年开始将结构化ALE(S-ALE)算法加入LS-DYNA,经过数年发展,现已基本完善,可进行二维和三维计算。目前正在将AUTODYN软件中的FCT算法引入LS-DYNA的S-ALE中,以提高计算精度。

## 10.1 原有ALE求解器的缺点

LS-DYNA中ALE计算模型大多采用规则的立方体正交网格,也称为IJK网格。这种特殊网格的几何信息非常简单,在善加利用的情况下,可以很大程度地降低算法的复杂度,从而达到减少计算时间、降低内存需求的目的。

另外,LS-DYNA原有的ALE求解器(见第9章)开发之初是用来解决固体大变形问题的。这类问题中,网格随物质边界变形而移动,而固体也只是用单材料单元来模拟。虽然LS-DYNA的后继开发者不断扩展原程序来支持多物质材料和网格运动等,但原有的算法和逻辑远非最优,例如难以解决流固耦合泄漏问题,原代码的改进遇到了很多困难。

最近十年以来,ALE计算模型的单元数量增长很快,由百万剧增到现在的千万量级,输入文件极为庞大,修改编辑关键字输入文件耗时很长,极为不便。而对规则网格而言,完全可以根据用户提供的简单几何信息,由程序本身自行创建网格,从而省去用户创建网格和程序读入的麻烦,同时也节省了大量读写操作带来的运算时间和内存需要。

## 10.2 S-ALE算法优点

S-ALE算法的理论与原有ALE求解器完全相同,采用相同的输运和界面重构算法,但S-ALE具有如下优点:

- 网格生成更加简单。S-ALE可以内部自动生成ALE正交网格,关键字输入文件更加简洁,易于维护,I/O处理时间更少。
- 编程更为简洁,需要更少的内存。
- 计算时间比原有ALE求解器减少20%～40%。
- 并行效率更高。S-ALE适合于处理大规模ALE模型,目前有SMP、MPP、MPP混合(MPP HYBRID)并行版本。借助于MPP算法的全新设计,MPP的可扩展性得到极大提高，运行在400核上的大型算例一般可以保持0.9的加速比。S-ALE成功实现SMP并行及结果的一致性，而原有ALE求解器无法实现SMP并行计算。

- 求解非常稳健，尤其在流固耦合泄漏控制方面改进很大，控制参数大大减少，泄漏控制有了大幅改进！
- 减少了LS-PrePost后处理使用的内存。

## 10.3 S-ALE算法简介

S-ALE作为LS-DYNA新增的ALE求解器，采用结构化正交网格求解ALE问题。S-ALE可生成多块网格，每块网格独立求解。不同的网格可占据相同的空间区域。

S-ALE中定义了两种Part：

(1) 网格Part。指S-ALE网格Part，由一系列单元和节点组成，没有材料信息，也不包含单元算法，仅是一个网格Part。由*ALE_STRUCTURED_MESH中的DPID定义，用户只需给出一个未使用过的Part ID即可，不用为它设置*PART卡片，S-ALE会自动定义这个Part并指明其为S-ALE网格Part。在所有ALE相关的关键字中，PID指的是网格Part ID，仅引用其中的网格，而非材料。

(2) 材料Part。与网格Part正好相反，材料Part不包含任何网格信息，S-ALE网格中流动的多物质材料与材料Part一一对应，可有多个卡片，每个卡片定义了一种多物质材料(*MAT+*EOS+*HOURGLASS)。其ID仅出现在*ALE_MULTI-MATERIAL_GROUP关键字中，其他任何对该ID的引用都是错误的。

定义S-ALE时用户需要指定3个方向的网格间距。通过一个节点定义网格源节点，可用于指定网格平动，另外3个节点定义局部坐标系，可用于指定网格旋转运动。S-ALE建模过程有以下几个步骤：

(1) 生成S-ALE网格和网格Part。

- 设置1～3条*ALE_STRUCTURED_MESH_CONTROL_POINTS关键字，给出3个局部坐标方向网格集合信息。
- 采用*ALE_STRUCTURED_MESH关键字生成网格。

(2) 定义S-ALE多物质，即定义S-ALE网格中的材料。

- 采用*PART定义材料Part。对每一种ALE材料，定义一个Part，该Part将*SECTION、*MAT、*EOS、*HOURGLASS等组合在一起，由此形成材料Part。
- 采用*ALE_MULTI-MATERIAL_GROUP关键字定义ALE多物质。

(3) 定义各ALE多物质材料的初始体积占比。初始阶段在S-ALE网格Part中填充多物质材料，这通过*INITIAL_VOLUME_FRACTION_GEOMETRY(注意，该关键字填充的Part ID为网格Part ID)或*ALE_STRUCTURED_MESH_VOLUME_FILLING(注意，该关键字填充的是S-ALE网格ID)来定义每种材料的体积占比。程序内部通过界面重构算法来构建物质界面。

(4) 其他设置。

- 采用*CONTROL_ALE设置物质输运算法：Donor cell(一阶)或Van Leer(二

阶)。此外设置 AFAC = -1 关闭 ALE 光滑(ALE SMOOTHING)。

- 采用 *INITIAL_DETONATION 设置起爆点,注意 PID 必须是网格 Part ID。

(5) 设置边界条件。见 10.6 节。

- 采用 *BOUNDARY_SPC 施加固定或对称边界条件。
- 采用 *BOUNDARY_PRESCRIBED_MOTION 施加速度边界条件。
- 采用 *LOAD_SEGMENT 施加压力边界条件。

(6) 流固耦合设置。

- 推荐采用 *ALE_STRUCTURED_FSI。
- 也可以采用 *CONSTRAINED_LAGRANGE_IN_SOLID。除了唯一的对 MCOUP 参数的小改动以外,使用方法与原有 ALE 基本相同。在原有的 ALE 设置中,如果 MCOUP = 0,则代表结构与所有流体耦合;MCOUP = 1,则与密度最大的流体耦合;MCOUP = -N,则与由 ID 为 N 的 *SET_MULTI-MATERIAL_GROUP_LIST 所列出的一个或几个流体耦合。现在,为了避免额外的 *SET_MULTI-MATERIAL_GROUP_LIST 关键字,这里规定,当 MCOUP = -N 并且 N 不为 1 时,N 代表一个 Part SET。这样,就可以将要耦合的 AMMG 用它们的材料 Part 来代替。

## 10.4 S-ALE 并行计算

S-ALE 支持 SMP、MPP 和 MPP HYBRID 并行计算。

LS-DYNA 原有的 ALE 求解器在并行计算方面存在较为严重的缺陷,无法实现 SMP 并行计算,MPP 虽能实现,但并行效率较低。

陈皓博士在初始设计新的 S-ALE 求解器时,就特别考虑并行计算的需要。所有算法和程序实现都采用了对并行计算最优的选择,也重新设计了程序流程,以提高效率和减少内存。S-ALE 不仅成功实现了 SMP 并行,而且加速比也很高,还成功实现了计算结果的一致性。在 MPP 方面,重新设计了 MPP 通信模式,加上新算法本身效率很高,与原有的 ALE 求解器相比,运行速度有极大的提高,可扩展性也非常优异。

### 10.4.1 SMP 并行计算

对于 SMP 并行计算,参与计算的多个核(core 或 processor)共享同一内存空间。也就是说,内存的地址对每个核是一致的,内存的每一位置都可以被每个核看到并进行读写操作。它所运行的机器,可以看作多核的一台独立机器。这台机器上有一个或多个 CPU,这一个或多个 CPU 又各含有一个或多个核。这些 CPU/Core 和内存都插在同一块主板上。

LS-DYNA 的 SMP 一般使用 OPENMP 指令来实现。OPENMP 指令是程序开发者置于一段特定程序之前的命令。这个命令通知编译器在这段特定程序的数据之间没有数据相关性,可以被并行执行。这段特定程序一般要么是一个或几个循环,要么是一个独立的子程序。这样,提高加速比的关键在于将尽可能多的循环或子程序 SMP 化,而尽量减少串行编码的比率。

ALE 求解器本身非常耗时，这是因为额外的输运时间步包含非常多的计算量。而这些计算大多每次都牵涉到同时进行两个单元的操作。这样一来，每个单元的数据处理必须依靠它相邻的 6 个单元，数据处理不能以单元为单位，像拉格朗日单元处理那样独立进行。正是因为这些困难，尽管输运过程耗时最多，原有的 ALE 求解器的输运过程并没有 SMP 化。

新的 S-ALE 求解器在实现过程中考虑了 SMP 化的需要，相应改变了输运过程的计算方法，成功实现了输运过程的 SMP 化并取得了优异的加速比，还成功保证了计算结果的一致性。也就是说，不管是用多少个 CPU/Core，用户得到的计算结果总是一样的，与 CPU/Core 的数量无关。

SMP 使用的命令如下：

```
lsdyna i = main.k ncpu = -4 jobid = smp4
```

其中，ncpu = -4 指明使用 4 个 CPU 并需要保证结果一致。S-ALE 只支持结果一致选项，即 ncpu = -4，而不支持 ncpu = 4，使用 ncpu = 4 在 S-ALE 求解器内不会带来任何加速。

## 10.4.2 MPP 并行计算

MPP 的思路与 SMP 截然不同。SMP 试图尽可能地把大部分程序并行化。这一并行过程中，不可避免的总有一部分程序无法并行，而必须顺序执行。但往往是这些只能顺序执行的部分严重阻碍并行效率的提高，这就是 Amdahl 定律。

MPP 的思路是将整个问题分解成很多块，分别放置于多个 CPU/Core 上执行。这样，程序本身做到了 100% 的并行，理论上并行效率可以达到最高理想值(SLOPE = 1.0)。但是，在实际运行中，由于 MPP 中的数据传输交换，MPP 的并行效率可能远低于此。MPP 分解到每个 CPU 上的子问题通常都不能作为独立问题求解。这些子问题之间是有着互相联系的，这些联系体现在算法上，就需要在各个子问题所在的 CPU 之间进行数据传输。任意两个 CPU 间数据传输的数据量的大小由这两个 CPU 所含子问题的共有区域所决定。例如，拉格朗日问题中一个固体 Part 被分在两个 CPU 上分别求解。那么在每个时间步长内，它们共有的节点量如速度、加速度和坐标就需要在这两个 CPU 间传输。

原有的 ALE 和新的 S-ALE 求解器在所传输的数据以及传输的数据量上都是一样的。但 S-ALE 在实现时，对计算方法和步骤做了精心的设计，力图将数据传输尽可能地集中，以减少传输次数以及等待时间，从而使得 S-ALE 的 MPP 并行效率和扩展性大为提高。

另外，对于大规模 ALE 计算问题，需要的 ALE 单元数量庞大。这样在 MPP 执行的初始阶段分解问题时，CPU 0 读入模型并创建数据库储存，CPU 0 对内存的需求往往非常高。这也是 MPP 对内存要求最高的时候。随后大的完整的模型被拆分成多个单独的小模型并写成多个独立的输入文件，最后其他 CPU 再分别读入各自的输入文件，此时内存需求会大大减少。陈皓博士重新构造了 S-ALE 的初始化阶段，S-ALE 网格只在初始化的最后阶段才产生，每个 CPU 只拥有各自的小模型，使内存需求大大减少。

MPP 使用的命令如下：

```
mpirun -np 4 mppdyna i = main.k jobid = mpp4
```

其中指明使用 4 个 CPU。这里请注意，由于问题被分解，截断误差使得不同数量 CPU 的

MPP 计算结果无法保持一致。

### 10.4.3 MPP HYBRID 并行计算

MPP HYBRID(MPP+SMP)只是 MPP 和 SMP 的简单叠加而已,本身在实现上没有什么难度。它体现更多的是一种计算思想上的进步。我们知道,随着对同一工程问题的不断细分,在每个 CPU 上的单元数越来越少,但需要进行数据交换的节点却越来越多。不可避免地,到一定数量的 CPU 个数后,进一步增加 CPU 个数所带来 MPP 的加速比会越来越低,甚至运行时间反而会延长。

那么在 MPP 达到饱和或接近饱和状态时,引入 SMP 就变成了一个很自然且又诱人的想法了。因为此时增加 SMP 线程的个数并不会增加 MPP 过程数据的交换。即使 SMP 的加速效率通常不如 MPP,在 MPP 饱和情况下,SMP 的使用已变成唯一的选择了。

因为 S-ALE 既支持 MPP,又支持 SMP,这样 S-ALE 不用任何特殊处理就可以使用 MPP HYBRID 运行方式。而旧 ALE 求解器不支持 SMP,只能使用 MPP 运行。

LS-DYNA 中 MPP HYBRID 使用的命令行如下:

```
mpirun -np 4 mppdyna ncpu=-2 i=main.k jobid=mpp4s2
```

其中,指明使用 4 个 MPP 进程,每个 MPP 进程上运行 2 个 SMP 线程。这里请注意,由于问题被分解,截断误差使得使用不同数量 CPU 的 MPP 计算结果无法保持一致。但是只要 MPP 进程数不变,SMP 线程数量的改变不会改变结果。

运行 MPP HYBRID 时要加以特殊注意的是 CPU 绑定。这一绑定配置文件随系统而异。举例来说,如果我们有一个 48 个 Core 的 MPP 机器,它包含 4 个 RANK,每个 RANK 上有 12 个 Core。我们运行时会希望每个 MPP 进程上的几个 SMP 线程尽可能分配在同一 RANK 上的 Core 上,否则,运行效率会大大降低。

## 10.5 S-ALE 主要关键字

LS-DYNA 中有数个特定于 S-ALE 的新增关键字,均以 *ALE_STRUCTURED 开头:

- *ALE_STRUCTURED_FSI。
- *ALE_STRUCTURED_MESH。
- *ALE_STRUCTURED_MESH_CONTROL_POINTS。
- *ALE_STRUCTURED_MESH_MOTION。
- *ALE_STRUCTURED_MESH_REFINE。
- *ALE_STRUCTURED_MESH_TRIM。
- *ALE_STRUCTURED_MESH_VOLUME_FILLING 等。

### 10.5.1 *ALE_STRUCTURED_MESH

*ALE_STRUCTURED_MESH 关键字用于定义 S-ALE 网格,激活 S-ALE 求解器,进行 ALE 输运步计算。对于流固耦合计算,推荐采用 *ALE_STRUCTURED_FSI 替代 *CONSTRAINED_LAGRANGE_IN_SOLID。*ALE_STRUCTURED_FSI 专用于 S-

ALE 求解器,耦合泄漏自动探测和控制效果更佳,且具有更加简洁和简易的输入。

同一算例中该关键字可使用多次,每次使用时均创建独立的单块网格,这些网格可占据不同或相同的空间区域,在这些网格中的计算都独立进行。

对于已有的具有正正方方网格的原有 ALE 模型,*ALE_STRUCTURED_MESH 可通过设置 CPIDX=-1 或 0,并将其他字段置空,从而将其中的 ALE 网格转换为 S-ALE 网格,LS-DYNA 会将所有 ALE 关键字转换为 S-ALE 格式,并修改输入文件,保存为 saleconvrt.inc。若 CPIDX=-1,则采用 S-ALE 求解器,若 CPIDX=0,则采用 ALE 求解器。

*ALE_STRUCTURED_MESH 关键字卡片参数详细说明见表 10-1 和表 10-2。

**表 10-1 *ALE_STRUCTURED_MESH 关键字卡片 1**

| Card 1 | 1 | 2 | 3 | 4 | 5 | 6 | 7 | 8 |
|---|---|---|---|---|---|---|---|---|
| Variable | MSHID | DPID | NBID | EBID | | | | TDEATH |
| Type | I | I | I | I | | | | F |
| Default | 0 | none | 0 | 0 | | | | $10^{16}$ |

- MSHID:S-ALE 网格 ID。此网格 ID 唯一,不可重名。MSHID 可被下面卡片引用 *ALE_STRUCTURED_MESH_TRIM、*ALE_STRUCTURED_MESH_MOTION、*ALE_STRUCTURED_MESH_VOLUME_FILLING、*ALE_STRUCTURED_MESH_REFINE。
- DPID:默认的网格 Part ID,生成的网格被赋予 DPID。DPID 指的是空 Part,不包含任何材料,也没有单元算法信息,仅用于引用网格。DPID 可用于指示进行网格合并,具有相同 DPID 的多个相邻子网格块可合并为单块 S-ALE 网格。合并时界面处的网格尺寸必须匹配(合并容差为网格尺寸的 1/100)。DPID 可被下面卡片引用 *ALE_STRUCTURED_FSI、*CONSTRAINED_LAGRANGE_IN_SOLID、*INITIAL_DETONATION、*INITIAL_VOLUME_FRACTION_GEOMETRY 等。
- NBID:用于生成节点,节点编号 ID 从 NBID 开始。注意,为了避免冲突,NBID 必须大于现有的最大节点编号。
- EBID:用于生成单元,单元编号 ID 从 EBID 开始。注意,为了避免冲突,EBID 必须大于现有的最大单元编号。
- TDEATH:设置此 S-ALE 网格的作用终止时间。终止后会删除 S-ALE 网格,与之相关的 *ALE_STRUCTURED_FSI、*CONSTRAINED_LAGRANGE_IN_SOLID 和 *ALE_COUPLING_NODAL 等流固耦合卡片的作用会失效,ALE 计算随之终止,而拉格朗日 Part 的计算会继续进行。

**表 10-2 *ALE_STRUCTURED_MESH 关键字卡片 2**

| Card 2 | 1 | 2 | 3 | 4 | 5 | 6 | 7 | 8 |
|---|---|---|---|---|---|---|---|---|
| Variable | CPIDX | CPIDY | CPIDZ | NID0 | LCSID | | | |
| Type | I | I | I | I | I | | | |
| Default | none | none | none | none | none | | | |

- CPIDX、CPIDY、CPIDZ:局部坐标系中每个局部坐标轴方向的控制点 ID。同一

控制点 ID 可被重复使用。

- NID0：网格原点。在输入阶段指定网格原点，随后在计算过程中，在该节点施加 *BOUNDARY_PRESCRIBED_MOTION 指定的运动，可使 S-ALE 网格平动。如果仅对 S-ALE 网格做一次局部坐标系平动，仅需改变网格原点坐标就可以了。
- LCSID：局部坐标系 ID。推荐采用 *DEFINE_COORDINATE_NODE 用 3 个节点定义该局部坐标系，并使用 FLAG=1 选项。用户只要对此 3 个节点分别指定运动，那么 S-ALE 网格就可以按用户所希望的方式旋转。如果仅在计算初始对 S-ALE 网格做一次旋转运动，仅需改变定义该局部坐标系的 3 个节点坐标就可以了。

### 10.5.2 *ALE_STRUCTURED_MESH_CONTROL_POINTS

该关键字卡片为 *ALE_STRUCTURED_MESH 卡片提供网格各个方向的尺寸信息，以定义结构化网格。

*ALE_STRUCTURED_MESH_CONTROL_POINTS 关键字卡片参数详细说明见表 10-3 和表 10-4。

**表 10-3 *ALE_STRUCTURED_MESH_CONTROL_POINTS 关键字卡片 1**

| Card 1 | 1 | 2 | 3 | 4 | 5 | 6 | 7 | 8 |
|---|---|---|---|---|---|---|---|---|
| Variable | CPID | | | SFO | | OFFO | | |
| Type | I | | | F | | F | | |
| Default | none | | | 1. | | 0. | | |

- CPID：控制点 ID。该 ID 号唯一，被 *ALE_STRUCTURED_MESH 中的 CPIDX、CPIDY、CPIDZ 所引用。
- SFO：纵坐标缩放系数。用于对网格进行简单修改。
  ➢ 输入 SFO=0.0：设置为默认值 1.0。
- OFFO：纵坐标偏移值。偏移缩放后的纵坐标值为：纵坐标值=SFO×(定义的值+OFFO)。

**表 10-4 *ALE_STRUCTURED_MESH_CONTROL_POINTS 关键字卡片 2**

| Card 2 | 1 | 2 | 3 | 4 | 5 | 6 | 7 | 8 |
|---|---|---|---|---|---|---|---|---|
| Variable | N | | X | | RATIO | | | |
| Type | I | | F | | F | | | |
| Default | none | | none | | 0.0 | | | |

- N：控制点节点序号。
- X：控制点位置。注意，控制点位置是相对于 S-ALE 网格原点 NID0 的距离。
- RATIO：渐变网格间距比。
  ➢ RATIO>0.0：网格尺寸渐进增大。即 $dl_{n+1}=dl_n\times(1+\text{RATIO})$。
  ➢ RATIO<0.0：网格尺寸渐进减小。即 $dl_{n+1}=dl_n/(1-\text{RATIO})$。

### 10.5.3 *ALE_STRUCTURED_MESH_MOTION

该关键字卡片控制 *ALE_STRUCTURED_MESH 卡片生成的 S-ALE 网格的运动。

* ALE_STRUCTURED_MESH_MOTION 关键字卡片参数详细说明见表 10-5。

**表 10-5 * ALE_STRUCTURED_MESH_MOTION 关键字卡片**

| Card1 | 1 | 2 | 3 | 4 | 5 | 6 | 7 | 8 |
|---|---|---|---|---|---|---|---|---|
| Variable | MSHID | OPTION | AMMGSID | EXPLIM | | | | |
| Type | I | A | I | F | | | | |
| Default | none | none | 0 | 1.0 | | | | |

- MSHID：S-ALE 网格 ID。该 ID 号不能重名。
- OPTION：目前仅支持以下选项：
➢ FOLLOW_GC：使 S-ALE 网格跟随网格中某个或某几个流体的质心运动。
➢ COVER_LAG：使 S-ALE 网格跟随拉格朗日结构的运动，网格可膨胀或收缩以覆盖拉格朗日结构，主要用于模拟气囊展开。
➢ AMMGSID：网格运动跟随的 ALE 多物质组集。
➢ EXPLIM：网格膨胀或收缩的极限比。节点之间的距离增长不得大于 EXPLIM 或减少量不得少于 1/EXPLIM。默认值为 1.0，即没有膨胀或收缩。

### 10.5.4 * ALE_STRUCTURED_MESH_VOLUME_FILLING

该关键字卡片为 * ALE_STRUCTURED_MESH 卡片生成的 S-ALE 网格进行体积填充，即定义每种多物质材料在 S-ALE 网格中的体积占比。

* ALE_STRUCTURED_MESH_VOLUME_FILLING 关键字卡片参数详细说明见表 10-6 和表 10-7。

**表 10-6 * ALE_STRUCTURED_MESH_VOLUME_FILLING 关键字卡片 1**

| Card1 | 1 | 2 | 3 | 4 | 5 | 6 | 7 | 8 |
|---|---|---|---|---|---|---|---|---|
| Variable | MSHID | | AMMGTO | | NSAMPLE | | | VID |
| Type | I | | I | | I | | | I |
| Default | 0 | | 0 | | 3 | | | none |

**表 10-7 * ALE_STRUCTURED_MESH_VOLUME_FILLING 关键字卡片 2**

| Card2 | 1 | 2 | 3 | 4 | 5 | 6 | 7 | 8 |
|---|---|---|---|---|---|---|---|---|
| Variable | GEOM | IN/OUT | E1 | E2 | E3 | E4 | E5 | |
| Type | A | I | I or F | I or F | I or F | I or F | I or F | |
| Default | none | 0 | none | none | none | none | none | |

- MSHID：S-ALE 网格 ID。该 ID 号唯一，由 * ALE_STRUCTURED_MESH 卡片定义。
- AMMGTO：用于填充几何体的多物质组 AMMG ID。其定义可参见 * ALE_MULTI-MATERIAL_GROUP 卡片。
- NSAMPLE：采样点数量。假如单元被部分填充，则在每个方向生成 2×NSAMPLE+1 个点，共有$(2\times NSAMPLE+1)^3$ 个点，每个代表一个小体积，用于判断体积内物质的有无。

- VID：* DEFINE_VECTOR 卡片定义的 ID，为域内填充材料赋予初速。* DEFINE_VECTOR 卡片中的字段 2～字段 4（XT、YT、ZT）定义初始平动速度。
- GEOM：几何体类型，可以是 ALL、PARTSET、PART、SEGSET、PLANE、CYLINDER、BOXCOR、BOXCPT 和 ELLIPSOID。
- IN/OUT：填充几何体内或外。对于 PARTSET、PART、SEGSET 选项，所包含面段的法线方向为几何体内。
➢ IN/OUT=0：内（默认）。
➢ IN/OUT=1：外。
- E1、E2、E3、E4、E5：几何体类型不同，其定义不同。

下面列出了 GEOM 为不同类型几何体时 E1～E5 的取值，若没有定义 E*n*，则将其忽略。

选项　　　　　　　　　　　　　　描 述

➢ ALL：填充网格内的全部区域，不需要其他额外参数。
➢ PARTSET：采用 PART 组定义的几何体填充。E1 是壳单元 PART 组 ID，E2 是偏移距离。
➢ PART：采用 PART 组定义的几何体填充。E1 是壳单元 PART 组 ID，E2 是偏移距离。
➢ SEGSET：采用面段组定义的几何体填充。E1 是面段组 ID，E2 是偏移距离。
➢ PLANE：采用平面定义的几何体填充。E1 是 PLANE 平面上的节点 ID，E2 是偏离平面的另一节点 ID，矢量 E2-E1 是平面法向。
➢ CYLINDER：采用圆柱面定义的几何体填充。E1、E2 是圆柱两端中心节点 ID，E3、E4 是圆柱两端半径。
➢ BOXCOR：采用方盒定义的几何体填充。E1 是方盒 ID。* DEFINE_BOX 定义全局坐标系下的方盒，* DEFINE_BOX_LOCAL 定义局部坐标系下的方盒。
➢ BOXCPT：采用方盒定义的几何体填充。E1 是方盒 ID。* DEFINE_BOX 采用 S-ALE 控制点（CPT）定义方盒。
➢ ELLIPSOID：采用椭球定义的几何体填充。E1 是椭球中心节点 ID。E2、E3、E4 分别是椭球在 X、Y、Z 方向的半径。如果采用局部坐标系，则 E5 是局部坐标系 ID，参见 * DEFINE_COORDINATE_SYSTEM。

### 10.5.5 * ALE_STRUCTURED_FSI

* ALE_STRUCTURED_FSI 关键字对 * ALE_STRUCTURED_MESH 关键字生成的 S-ALE 网格设置流固耦合计算参数。

使用原有的 ALE 求解器解决流固耦合问题时，通常采用 * CONSTRAINED_LAGRANGE_IN_SOLID（简称 * CLIS）设置流固耦合计算参数，该关键字存在如下问题：

- 虽然该关键字能够探测并治愈大部分泄漏，但有些情况下（例如某些爆炸问题）的泄漏很难控制。
- * CLIS 没有对 MPP 并行进行优化，尤其是采用多个 * CLIS 关键字的时候。

- ＊CLIS关键字被赋予的功能太多，关键字手册上该关键字共有38个参数和22页说明，该关键字常常给用户带来混乱和卡片输入错误。＊CLIS功能如下：

➢ 基于惩罚算法的流固耦合模拟。

➢ 将梁单元约束于体单元中的约束算法，如模拟钢筋混凝土。

➢ 渗流模拟。

自2018年年初开始，陈皓博士开始开发新的基于惩罚算法的更加干净的S-ALE流固耦合关键字＊ALE_STRUCTURED_FSI，新的S-ALE流固耦合关键字与＊CONSTRAINED_LAGRANGE_IN_SOLID关键字区别如下：

- 耦合类型：与＊CONSTRAINED_LAGRANGE_IN_SOLID卡片不同，＊ALE_STRUCTURED_FSI只有罚耦合方法，这与＊CONSTRAINED_LAGRANGE_IN_SOLID中的CTYPE=4/5耦合方法类似。
- 耦合点数量。对于每个拉格朗日面段，需要定义一定数量的耦合点均匀地分布在面段表面上，罚弹簧附着在这些耦合点上。当采用＊CONSTRAINED_LAGRANGE_IN_SOLID时，用户需要通过参数NQUAD定义耦合点数，而采用＊ALE_STRUCTURED_FSI就不用手动定义，LS-DYNA在初始化阶段自动确定耦合点数量。
- 泄漏控制。采用＊ALE_STRUCTURED_FSI自动进行泄漏控制，流体泄漏被自动检测到，并被自动解决，不需人工干预。图10-1是两种流固耦合关键字泄漏控制效果对比。
- 法向。＊ALE_STRUCTURED_FSI卡片基于局部几何自动确定法向，用户不需选取节点/面段法向。
- 边耦合。自动进行边耦合。程序自动检出壳的面段，并耦合裸露的边，不需要＊CONSTRAINED_LAGRANGE_IN_SOLID_EDGE。
- 侵蚀耦合。实体单元侵蚀后会改变耦合面段，需删除隶属于侵蚀单元的面段，并添加新的裸露面段。对于＊CONSTRAINED_LAGRANGE_IN_SOLID，需设置CTYPE=5来激活面段更新。在新的＊ALE_STRUCTURED_FSI卡片中，该选项总是处于开启状态，不需要设置任何标识。

(a) *CONSTRAINED_LAGRANGE_IN_SOLID耦合存在泄漏

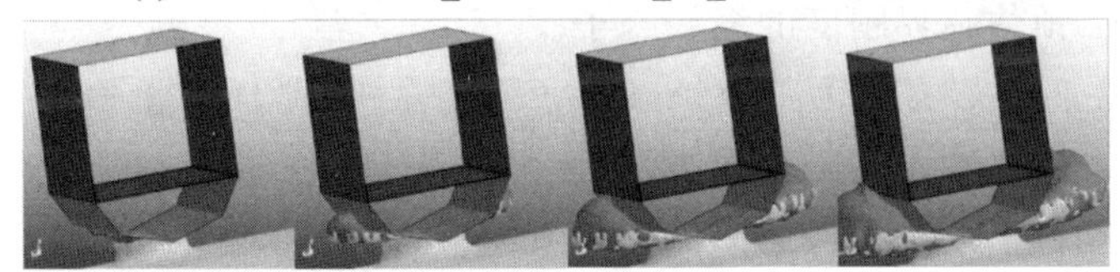

(b) *ALE_STRUCTURED_FSI耦合无泄漏

图10-1　两种流固耦合关键字泄漏控制效果对比

*ALE_STRUCTURED_FSI 关键字卡片参数详细说明见表 10-8 和表 10-9。

表 10-8 *ALE_STRUCTURED_FSI 关键字卡片 1

| Card1 | 1 | 2 | 3 | 4 | 5 | 6 | 7 | 8 |
|---|---|---|---|---|---|---|---|---|
| Variable | SLAVE | MASTER | SSTYP | MSTYP | | | | MCOUP |
| Type | I | I | I | I | | | | I |
| Default | none | none | 0 | 0 | | | | 0 |

表 10-9 *ALE_STRUCTURED_FSI 关键字卡片 2

| Card2 | 1 | 2 | 3 | 4 | 5 | 6 | 7 | 8 |
|---|---|---|---|---|---|---|---|---|
| Variable | START | END | PFAC | | | FLIP | | |
| Type | F | F | F | | | I | | |
| Default | 0.0 | $10^{10}$ | 0.1 | | | 0 | | |

• SLAVE：从结构，可定义为拉格朗日结构 Part、Part Set 或面段 Segment Set。
• MASTER：主流体，可定义为 S-ALE 流体 Part 或 Part Set。
• SSTYP：SLAVE 从结构的类型：
➢ SSTYP=0：part set ID(PSID)。
➢ SSTYP=1：part ID(PID)。
➢ SSTYP=2：segment set ID(SGSID)。
• MSTYP：MASTER 主 S-ALE 流体的类型：
➢ MSTYP=0：part set ID(PSID)。
➢ MSTYP=1：part ID(PID)。
• MCOUP：多物质耦合选项：
➢ MCOUP=0：与全部多物质组耦合，该选项不利于泄漏控制，不推荐采用。
➢ MCOUP=－N：与 ALE 多物质组集耦合，N 为 *SET_MULTI-MATERIAL_GROUP 定义的多物质组集 ID。在流固耦合计算中，我们要避免流体从结构的一侧渗透到另一侧，在这种工况中，需要指出结构一侧的 AMMG，并在 *SET_MULTI-MATERIAL_GROUP 卡片下将其列出。
• START：耦合开始时间。
• END：耦合结束时间。
• PFAC：PFAC 是罚因子，是耦合系统预估刚度的缩放因子，用于计算分布在从结构和主流体之间的耦合力。
➢ PFAC>0：预估临界刚度的缩放因子。
➢ PFAC<0：PFAC 必须为整数，－PFAC 是载荷曲线 ID，此曲线用于定义耦合压力(X 轴为渗透量，Y 轴为耦合压力)。
• FLIP：只能拉格朗日面段的单侧耦合于流体，假定面段法向指向耦合的流体，否则，则设置 FLIP=1，置反法向。
➢ FLIP=0：对法向不作处理。
➢ FLIP=1：置反法向。

### 10.5.6 *ALE_STRUCTURED_MESH_REFINE

该关键字用于细化*ALE_STRUCTURED_MESH卡片生成的S-ALE网格。该关键字会自动更新通过*SET_SOLID_GENERAL、*SET_SEGMENT_GENERAL和*SET_NODE_GENERAL中OPTION参数下的SALECPT和SALEFAC定义的组。

*ALE_STRUCTURED_MESH_REFINE关键字卡片参数详细说明见表10-10。

表10-10 *ALE_STRUCTURED_MESH_REFINE关键字卡片

| Card1 | 1 | 2 | 3 | 4 | 5 | 6 | 7 | 8 |
|---|---|---|---|---|---|---|---|---|
| Variable | MSHID | IFX | IFY | IFZ | | | | |
| Type | I | I | I | I | | | | |
| Default | none | 1 | 1 | 1 | | | | |

- MSHID：S-ALE网格ID。
- IFX、IFY、IFZ：每个坐标轴方向的网格细化因子，必须为整数。

### 10.5.7 *ALE_STRUCTURED_MESH_TRIM

该关键字对*ALE_STRUCTURED_MESH卡片生成的S-ALE网格进行裁剪或不裁剪。*ALE_STRUCTURED_MESH_TRIM关键字卡片参数详细说明见表10-11。

表10-11 *ALE_STRUCTURED_MESH_TRIM关键字卡片

| Card1 | 1 | 2 | 3 | 4 | 5 | 6 | 7 | 8 |
|---|---|---|---|---|---|---|---|---|
| Variable | MSHID | OPTION | OPER | FLIP | E1 | E2 | E3 | E4 |
| Type | I | A | I | I | I or F | I or F | I or F | I or F |
| Default | none | none | 0 | 0 | none | none | none | none |

- MSHID：S-ALE网格ID，由*ALE_STRUCTURED_MESH卡片定义。
- OPTION：有7种裁剪选项：PARTSET、SEGSET、PLANE、CYLINDER、BOXCOR、BOXCPT和SPHERE。
- OPER：裁剪或不裁剪，即要删除还是保留选中的单元：

➢ OPER=0：裁剪（默认）。

➢ OPER=1：保留。

- FLIP：决定哪些单元要被裁剪，即OPTION和E$n$定义实体的“内”或“外”。对于PARTSET和SEGSET选项，面段法向所指的区域为“外”。

➢ FLIP=0：外（默认）。

➢ FLIP=1：内。

- E1、E2、E3、E4：对于不同的选项OPTION，其定义不同。

下面列出了不同OPTION下E1～E4的取值，若没有定义E$n$，则将其忽略。

OPTION的取值　　描述

➢ PARTSET：采用PART组裁剪。E1是壳单元PART组ID，E2是距离。沿壳单元法向(取决于 FLIP 的取值)的距离大于 E2 的单元会被删除/保留。只能删除单侧的单元。要删除两侧的单元,只需重复该卡片并置反 FLIP。

- SEGSET:采用面段组裁剪。E1 是面段组 ID,E2 是距离。沿壳单元法向(取决于 FLIP 的取值)的距离大于 E2 的单元会被删除/保留。要删除两侧的单元,只需重复该卡片并置反 FLIP。
- PLANE:采用平面裁剪。E1 是平面上的节点 ID,E2 是偏离平面的另一节点 ID,矢量 E2－E1 是平面法向。
- CYLINDER:采用圆柱面裁剪。E1、E2 是圆柱两端中心节点 ID,E3、E4 是圆柱两端半径。
- BOXCOR:采用方盒裁剪。E1 是方盒 ID。*DEFINE_BOX 定义全局坐标系下的方盒,*DEFINE_BOX_LOCAL 定义局部坐标系下的方盒。
- BOXCPT:采用方盒裁剪。E1 是方盒 ID。*DEFINE_BOX 采用 S-ALE 控制点(CPT)定义方盒。
- SPHERE:采用球体裁剪。E1 是球心节点 ID。E2 是球体半径。

## 10.6 S-ALE 边界条件定义

原有 ALE 求解器中的边界条件如无反射边界(*BOUNDARY_NON_REFLECTING)、节点约束(*BOUNDARY_SPC)、给定运动边界(*BOUNDARY_PRESCRIBED_MOTION)、施加压力(*LOAD_SEGMENT)等同样适用于 S-ALE,但定义过程与之稍有不同。

下面介绍两种 S-ALE 无反射边界定义流程:

(1) 通过*BOONDARY_SALE_MESH_FACE 定义,一步到位,方便快捷。

(2) 通过*SET_SEGMENT_GENERAL 定义:①通过*SET_SEGMENT_GENERAL 选定面段组;②通过*BOUNDARY_NON_REFLECTING 将选定的面段组定义为无反射面。

S-ALE 节点约束定义流程:

(1) 通过*DEFINE_BOX 选择面,然后通过*SET_NODE_GENERAL 将 BOX 内的节点定义成 NODE SET。

(2) 也可通过*SET_NODE_GENERAL 中的参数 SALEFAC 或 SALECPT 定义成 NODE SET。

(3) 通过*BOUNDARY_SPC 约束 NODE SET 中的某些自由度。

## 10.7 炸药定义

### 10.7.1 炸药的 TNT 当量折算方法

含铝炸药的反应时间很长,难以准确标定 JWL 状态方程参数,这给爆炸计算带来了很大困难。通常的做法是将其折算为等效 TNT 当量,然后采用 TNT 炸药的 JWL 状态方程参数进行计算。文献[5]给出了不同炸药等效 TNT 当量折算系数,如表 10-12 所示。

表 10-12 不同炸药等效 TNT 当量系数

| 炸药类型 | TNT 当量系数 | 炸药类型 | TNT 当量系数 |
|---|---|---|---|
| TNT | 1.00 | Explosive D | 0.92 |
| H-6 | 1.35 | HBX-1 | 1.17 |
| Tritonal | 1.07 | HBX-3 | 1.14 |
| Composition B | 1.11 | Minol II | 1.20 |
| Composition A3 | 1.07 | ANFO | 0.83 |
| Composition C4 | 1.30 | | |

除此之外，还有其他多种 TNT 当量折算计算公式。根据炸药爆热进行 TNT 当量折算是国内最常用的折算方法：

$$M_{\text{TNT}} = M_e \frac{Q_e}{Q_{\text{TNT}}} \tag{10.1}$$

这里，$M_{\text{TNT}}$ 是等效 TNT 质量，$M_e$ 为被折算炸药质量，$Q_e$ 和 $Q_{\text{TNT}}$ 分别为被折算炸药和 TNT 的爆热。

文献[3]和文献[4]给出的等效 TNT 当量计算公式为

$$M_{\text{TNT}} = M_e \frac{(P_{\text{CJ}} + 20.9)}{40} \tag{10.2}$$

这里，$M_{\text{TNT}}$ 是等效 TNT 质量，$M_e$ 为被折算炸药质量，$P_{\text{CJ}}$ 为被折算炸药爆压，单位为 GPa，表 10-13 是根据(10.2)式计算出常见 CHNO 炸药的 TNT 当量系数。

表 10-13 CHNO 炸药的 TNT 当量系数

| 炸药类型 | 密度 $\rho/(\text{g/cm}^3)$ | BKW EOS 计算爆压 $P_{\text{CJ}}$/GPa | TNT 当量系数 |
|---|---|---|---|
| TNT | 1.60 | 19.13 | 1 |
| Cyclotol 50/50 | 1.68 | 25.93 | 1.17 |
| Cyclotol 60/40 | 1.70 | 26.59 | 1.19 |
| Octol 90/10 | 1.81 | 33.85 | 1.37 |

LS-DYNA 关键字用户手册中给出了根据炸药 CJ 爆速进行 TNT 当量折算的方法：

$$M_{\text{TNT}} = M_e \frac{v_e^2}{v_{\text{TNT}}^2} \tag{10.3}$$

式中，$M_{\text{TNT}}$ 是等效 TNT 质量，$v_e$ 是被折算炸药的 CJ 爆速，$v_{\text{TNT}}$ 是 TNT 炸药的 CJ 爆速。对于该计算公式，LS-DYNA 推荐采用的 TNT 密度和 CJ 爆速分别为 1.57g/cm$^3$ 和 0.693cm/$\mu$s。

## 10.7.2 起爆点定义关键字

*INITIAL_DETONATION 关键字为采用*MAT_HIGH_EXPLOSIVE_BURN 材料模型的炸药 Part 定义起爆点位置和点火时间。

如果没有采用该关键字为拉格朗日炸药 Part 定义起爆点，则拉格朗日炸药 Part 所有单元在零时刻同时起爆。但采用 ALE 算法时，必须采用*INITIAL_DETONATION 关键字为炸药定义起爆点，否则炸药爆轰传播可能失真。

*INITIAL_DETONATION 关键字卡片参数详细说明见表 10-14～表 10-15。

**表 10-14　*INITIAL_DETONATION 关键字卡片**

| Card 1 | 1 | 2 | 3 | 4 | 5 | 6 | 7 | 8 |
|---|---|---|---|---|---|---|---|---|
| Variable | PID | X | Y | Z | LT | | MMGSET | |
| Type | I | F | F | F | F | | F | |
| Default | 全部炸药 Part | 0. | 0. | 0. | 0. | | 0 | |

**表 10-15　*INITIAL_DETONATION 关键字的声学边界卡片(PID=－1 时的附加卡片)**

| Card 2 | 1 | 2 | 3 | 4 | 5 | 6 | 7 | 8 |
|---|---|---|---|---|---|---|---|---|
| Variable | PEAK | DECAY | XS | YS | ZS | NID | | |
| Type | F | F | F | F | F | I | | |

- PID：要起爆的炸药 Part ID。对于 LS-DYNA R9.0 之前的版本，如果采用 ALE 算法模拟炸药，PID 可以为炸药 Part ID 或炸药所在的网格 Part ID。而对于 LS-DYNA R9.0 以后的版本，PID 只能为炸药所在的网格 Part ID。
  - PID＝－1：声学边界。
  - PID＝0：全部炸药材料。
  - PID＜－1：|PID|为 PART 组。
- X：起爆点 X 坐标。
- Y：起爆点 Y 坐标。
- Z：起爆点 Z 坐标。
- LT：炸药起爆点点火时间。对于声学边界忽略该参数。
- MMGSET：由 *SET_MULTI-MATERIAL_GROUP_LIST 定义的多物质组集 ID，据此在 PID 定义的网格中选取要点火的炸药 ALE 组。
- PEAK：入射波峰值压力 $p_0$。
- DECAY：衰减常数 $\tau$。
- XS：加载点 X 坐标。
- YS：加载点 Y 坐标。
- ZS：加载点 Z 坐标。
- NID：结构附近参考节点 ID。

## 10.8　空气中爆炸计算算例

### 10.8.1　计算模型概况

钢锭和钢壳结构置于空气中，球状炸药位于钢结构下方。根据对称性建立 1/2 对称模型，如图 10-2 所示。计算单位制采用 cm-g-μs。

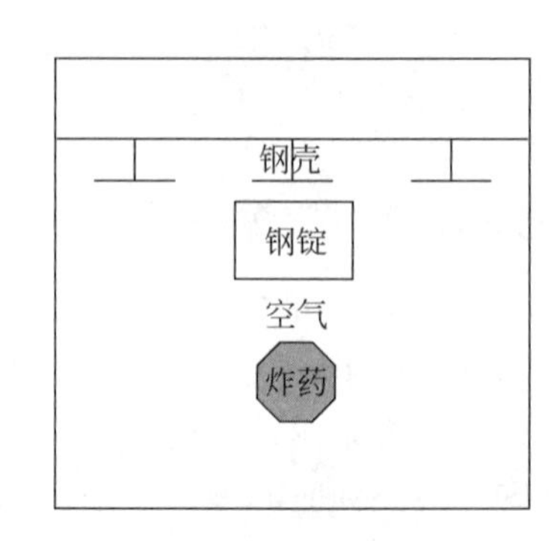


图 10-2　S-ALE 空中爆炸计算模型

## 10.8.2 关键字文件讲解

```
$ 首行 * KEYWORD 表示输入文件采用的是关键字输入格式。
* KEYWORD
$ 定义计算结束时间。
* CONTROL_TERMINATION
300.0
$ 设置时间步长控制参数。
* CONTROL_TIMESTEP
0.0,0.9
$ 设置 D3PLOT 文件的输出。
* DATABASE_BINARY_D3PLOT
10.0
$ 设置 D3THDT 文件的输出。
* DATABASE_BINARY_D3THDT
1.0
$ 定义壳体结构 Part。
* PART

         1         1         1
$ 定义钢锭 Part。
* PART

         2         2         1
$ 定义壳单元算法。
* SECTION_SHELL
         1          2     0.000          3
  0.200000  0.200000  0.200000  0.200000
$ 定义单点积分实体单元算法。
* SECTION_SOLID
2,1
$ 为壳体结构和钢锭定义材料模型及参数。
* MAT_PLASTIC_KINEMATIC
         1  7.830000  2.070000  0.300000  0.008000
     0.000     0.000     0.000     0.000
$ 为 ALE 计算设置全局控制参数。
* CONTROL_ALE
         0         1         1 - 1.000000
     0.000     0.000     0.000      0.000     0.000         0     0.000         0
$ 定义流固耦合从结构 PART 组。
* SET_PART_LIST
1
1,2
$ 定义流固耦合作用,即将从结构 PART 组耦合到 S - ALE 网格 Part 中。
* ALE_STRUCTURED_FSI
         1         9         0         1                                      - 1

$ 定义多物质组集 1。
* SET_MULTI - MATERIAL_GROUP_LIST
1
```

```
1
$定义流固耦合作用,即将从结构 PART 组耦合到 S-ALE 网格 Part 中。
*ALE_STRUCTURED_FSI
         1        9        0        1                                        -2

$定义多物质组集 2。
*SET_MULTI-MATERIAL_GROUP_LIST
2
2
$定义节点。
*NODE
  199997  0.0000000e+00  0.0000000e+00  0.0000000e+00
  199998  0.0000000e+00  0.0000000e+00  0.0000000e+00
  199999  0.1000000e+00  0.0000000e+00  0.0000000e+00
  200000  0.0000000e+00  0.1000000e+00  0.0000000e+00
$控制 S-ALE 网格密度。
*ALE_STRUCTURED_MESH_REFINE
$    mshid      refx      refy      refz
         1         1         1         1
$生成 S-ALE 网格,激活 S-ALE 求解器。
*ALE_STRUCTURED_MESH
         1         9    200001    200001         0         0
      3001      3002      3003
$为*ALE_STRUCTURED_MESH 卡片提供间距信息,以定义 3D 结构化网格。
*ALE_STRUCTURED_MESH_CONTROL_POINTS
      3001         0         1     1.000     0.000     0.000         0
                   1              -12.00              -0.05
                  13                0.00               0.05
                  25               12.00
$为*ALE_STRUCTURED_MESH 卡片提供间距信息,以定义 3D 结构化网格。
*ALE_STRUCTURED_MESH_CONTROL_POINTS
      3002         0         1     1.000     0.000     0.000         0
                   1                0.00               0.05
                  13              - 12.00
$为*ALE_STRUCTURED_MESH 卡片提供间距信息,以定义 3D 结构化网格。
*ALE_STRUCTURED_MESH_CONTROL_POINTS
      3003         0         1     1.000     0.000     0.000         0
                   1              -12.00
                  41               16.00
$定义 ALE 多物质材料组 AMMG。
*ALE_MULTI-MATERIAL_GROUP
        11         1
        12         1
$定义炸药 Part。
*PART
high explosive
        11        10        11        11        10
$定义空气 Part。
*PART
air
        12        10        12        12        10
```

```
$ 为流体单元定义单点 ALE 多物质算法。
*SECTION_SOLID
        10        11
$ 为 ALE 流体单元定义沙漏黏性,沙漏系数 QM = 1.0e-6。
*HOURGLASS
        10         1   1.0e-6
$ 在 S-ALE 网格中填充 ALE 多物质材料,这里先填充空气材料。
*ALE_STRUCTURED_MESH_VOLUME_FILLING
1,,2
ALL
$ 在 S-ALE 网格中填充 ALE 多物质材料,这里填充炸药材料。
*ALE_STRUCTURED_MESH_VOLUME_FILLING
1,,1
ELLIPSOID,0,199998,2,2,2
$ 定义高能炸药爆轰材料模型。
*MAT_HIGH_EXPLOSIVE_BURN
        11 1.6300000 0.6930000 0.2100000 0.0000000 0.0000000 0.0000000 0.0000000
$ 该状态方程定义炸药爆炸产物内的压力。
*EOS_JWL
        11 3.7400000 3.2300e-2 4.1500001 0.9500000 0.3000000 0.0700000 1.0000000
$ 定义空气的材料参数。
*MAT_NULL
        12  0.001280
$ 定义空气状态方程参数。
*EOS_LINEAR_POLYNOMIAL
        12     0.000 1.0000E-5     0.000     0.000  0.400000  0.400000
     0.000     0.000
$ 为炸药定义起爆点和起爆时间。
*INITIAL_DETONATION
9,0,0,0
$ 定义对称边界约束。
*BOUNDARY_SPC_SET
         1                   0         1         0         1         0         1
$ 将盒子 1 包含的节点定义为节点组 1。
*SET_NODE_GENERAL
$      SID
         1
$   OPTION        E1        E2        E3        E4
       BOX         1
$ 定义盒子 1,XOZ 对称面。
*DEFINE_BOX
$    BOXID       XMN       XMX       YMN       YMX       ZMN       ZMX
         1     -12.0      12.0       0.0      0.01     -12.0      16.0
$ 包含网格节点模型文件。
*INCLUDE
model.k
$ *END 表示关键字输入文件的结束,LS-DYNA 读入时将忽略该语句后的所有内容。
*END
```

### 10.8.3 数值计算结果

图 10-3 是 150$\mu$s 时爆炸产物的扩散，由图可见，计算没有发生泄漏。

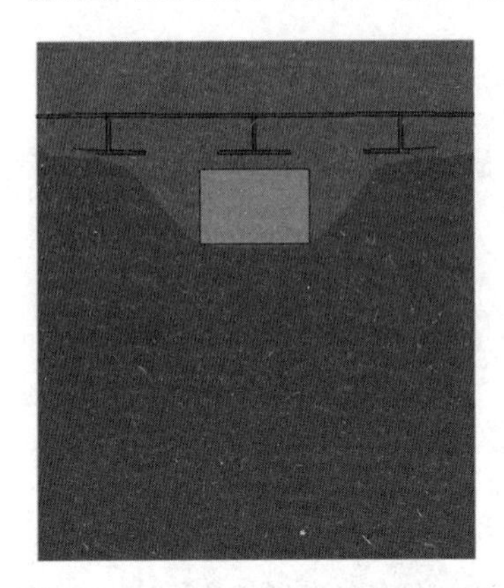

图 10-3 150$\mu$s 时爆炸产物的扩散

## 10.9 参考文献

[1] LS-DYNA KEYWORD USER'S MANUAL [Z]. ANSYS LST, 2020.

[2] 陈皓. Structured ALE Solver 介绍(3)运行与并行计算 [J]. 有限元资讯, 2015, 6: 5-9.

[3] Zoran Bajić, Jovica Bogdanov, Radun Jeremić. Blast Effects Evaluation Using TNT Equivalent [J]. Scientific Technical Review, Vol. LIX, No.-4, 2009.

[4] Bogdanov J. Numerical Modeling of Energetic Materials Detonation Process [D]. University of Belgrade, Faculty of technology and metallurgy, Belgrade, 2009.

[5] M M Swisdak, J W Ward. The New DDESB Blast Effects Computer [J]. Minutes of Papari, 2001.

[6] 辛春亮，等. TrueGrid 和 LS-DYNA 动力学数值计算详解 [M]. 北京：机械工业出版社，2019.

[7] 辛春亮，等. 由浅入深精通 LS-DYNA [M]. 北京：中国水利水电出版社，2019.

[8] Hao Chen. * ALE_STRUCTURED_FSI [J]. 有限元资讯, 2020, 3: 4-8.

[9] 陈皓. Structured ALE Solver 介绍(1)网格的生成 [J]. 有限元资讯, 2015, 5: 7-12.

[10] 陈皓. Structured ALE Solver 介绍(2)关键字设置 [J]. 有限元资讯, 2015, 5: 13-17.

# 第11章

# NVH、疲劳和频域分析

LS-DYNA 在爆炸、冲击、碰撞等瞬态仿真分析中获得了广泛的应用。为了解决汽车、航空、电子等行业中常见的振动、噪声和疲劳损伤等问题，从 LS971 R5 版本开始，黄云博士和崔喆博士在 LS-DYNA 中逐渐增加了频域范围内振动、声学、疲劳分析等方面的计算功能，且实现了声学与结构振动的耦合分析。目前 LS-DYNA 可以在频域范围内进行频率响应函数分析、稳态振动分析、随机振动分析和响应谱分析等对产品的振动性能进行虚拟评估，还可以在频域范围内使用边界元法、有限元法和统计能量分析法进行低、中、高频声学分析。此外在稳态振动和随机振动分析的基础上进行振动、疲劳分析以及在时域范围内进行应力、应变疲劳分析，满足用户进行疲劳分析的需求。

LS-DYNA 振动分析包括：

- 频率响应函数。
- 稳态振动。
- 随机振动。
- 响应谱。

LS-DYNA 声学分析包括：

- 边界元声学。
- 有限元声学。
- 声学模态。
- 统计能量分析法。高频分析频率很高，波长很短，要求单元很小，导致计算模型很大，采用不依赖于网格的统计能量分析法可大大提高计算效率。

疲劳分析是指材料或结构受到多次反复加载后，应力幅值虽然没有超过材料的强度极限甚至弹性极限，可能出现断裂破坏。疲劳分析包括：

- 随机振动疲劳。
- 稳态振动疲劳。
- 时域疲劳。又可分为：
  - ➢ 基于应力的时域疲劳分析，用于线性分析。
  - ➢ 基于应变的时域疲劳分析，用于非线性分析。

NVH 是噪声（noise）、振动（vibration）和声振粗糙度（harshness）的缩写，是衡量汽车舒适度的一个重要指标。由于三者在汽车分析中密不可分，故常常把它们放在一起进行研究。NVH 分析有助于找到声传递和能量传递的路径，从而改进设计，提高汽车的声学和振动品质。

为了方便大型问题的求解，上述功能已经扩展到 LS-DYNA MPP 版本，主要用于汽车(见图 11-1)和飞机的 NVH 分析、土木和水利工程、地震工程、声学模拟、疲劳和耐久性分析等领域。

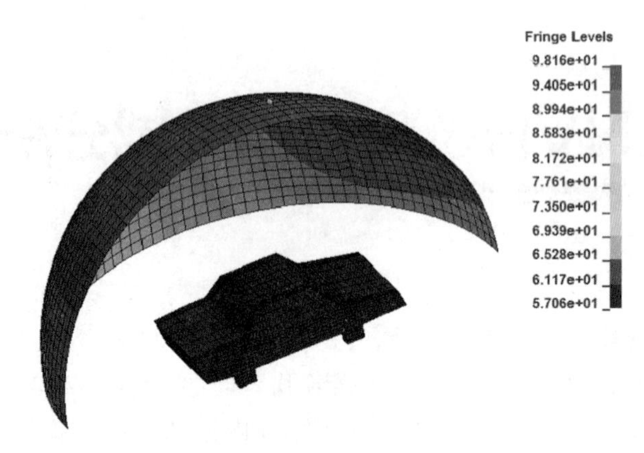


图 11-1 简化汽车模型声压场分析

# 11.1 信号处理基础

振动信号可以被分解为一组具有特定的幅值和频率的正弦信号，正弦信号的幅值和频率就组成了频域信号。

LS-DYNA 中的频率响应函数、稳态振动、随机振动、响应谱分析、边界元声学、有限元声学、随机振动疲劳、SSD 疲劳分析在频域范围内进行，振动分析信号也可来自时域，如 ALE、EM 等求解器的计算结果。而时域疲劳分析则在时域内进行。

时域分析可采用单精度或双精度求解器，特点如下：

- 瞬态分析(侵彻)。
- 冲击(碰撞分析)。
- 大变形(断裂)。
- 非线性。

频域分析只能采用双精度求解器，特点如下：

- 线性分析(稳态振动分析)。
- 长历时(疲劳测试)。
- 不确定性载荷(随机振动)。
- 成本低，速度快。
- 可揭示结构响应与频率的关系。
- 适用于与频率密切相关的振动和声学分析。

傅里叶变换是时域与频域转换的桥梁，如图 11-2 所示。傅里叶变换可将频域函数 $H(f)$用时域函数 $h(t)$表示。

$$H(f)=\int_{-\infty}^{\infty}h(t)\mathrm{e}^{-2\pi\mathrm{i}ft}\,\mathrm{d}t \tag{11.1}$$

傅里叶逆变换可将时域函数 $h(t)$ 用频域函数 $H(f)$ 表示。

$$h(t)=\int_{-\infty}^{\infty} H(f) e^{2\pi i f t} df \tag{11.2}$$

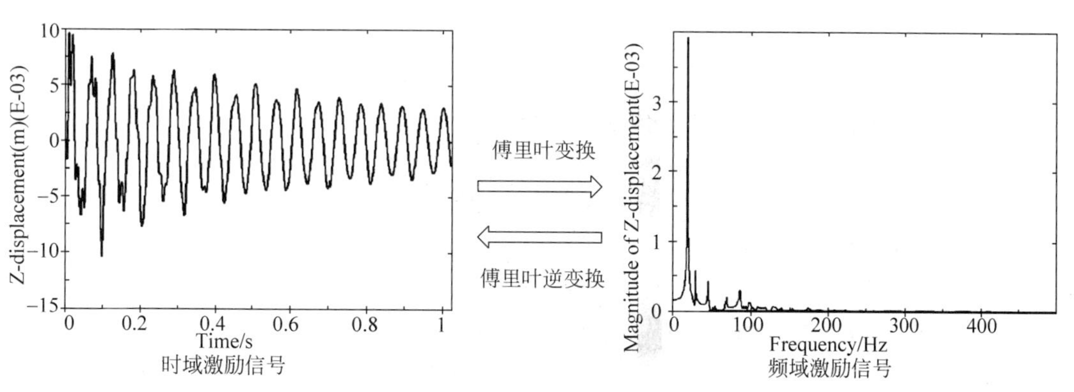


图 11-2　时域和频域信号转换示意图

采样频率定义为单位时间内从连续信号中提取并组成离散信号的采样个数。当采样频率不足时，会把高频信号误认为是低频信号，出现混淆现象。采样定理可以避免混淆，即采样频率大于分析频率的 2 倍。

由于通常截取一段时域信号进行信号分析，截取的这段时域信号在各个频率截取的长度不可能正好都是整数周期，这样在进行信号分析的时候就会导致信号能量遍布整个频谱。这种在整个频域中的能量分散现象，被称为泄漏，即频谱中一个信号的能量被泄漏到所有频率上，解决泄漏主要通过加窗来实现。

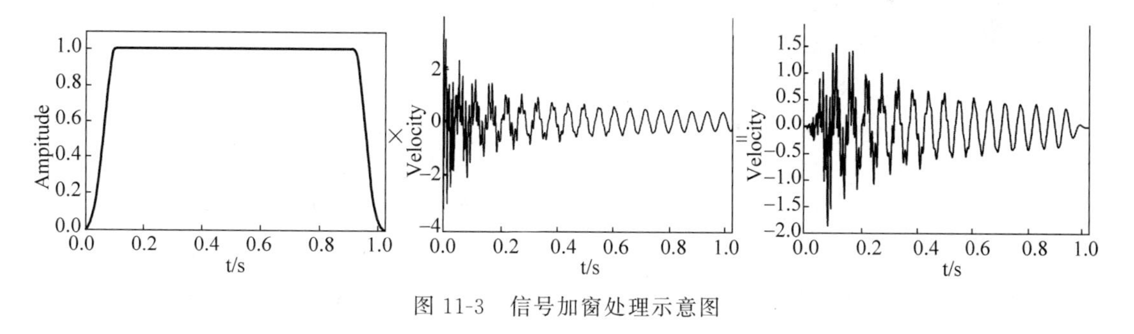


图 11-3　信号加窗处理示意图

时域信号的泄漏主要出现在截取的时域信号的两端，所以根据不同的信号特征和分析目的，选择不同的加窗(见图 11-3)方式来减少泄漏，如随机信号通过增加 Hanning 窗，迅速衰减时域两端信号，减少频率成分的泄漏。LS-DYNA 提供了多种窗函数来消除泄漏现象。

## 11.2　关键字和结果数据处理

LS-DYNA 中增加了一系列新关键字来执行 NVH、疲劳和频域分析功能，它们都包含在 LS-DYNA 关键字用户手册 *FREQUENCY_DOMAIN 和 *FATIGUE 关键字中，相关控制关键字都作了简化处理，大多仅需一个控制关键字即可完成计算设置。

与频域分析相关的 *FREQUENCY_DOMAIN 系列关键字有：

- * FREQUENCY_DOMAIN_ACCELERATION_UNIT。
- * FREQUENCY_DOMAIN_ACOUSTIC_BEM_{OPTION}。
- * FREQUENCY_DOMAIN_ACOUSTIC_FEM。
- * FREQUENCY_DOMAIN_ACOUSTIC_FRINGE_PLOT_{OPTION}。
- * FREQUENCY_DOMAIN_ACOUSTIC_INCIDENT_WAVE。
- * FREQUENCY_DOMAIN_ACOUSTIC_SOUND_SPEED。
- * FREQUENCY_DOMAIN_FRF。
- * FREQUENCY_DOMAIN_LOCAL_{OPTION}。
- * FREQUENCY_DOMAIN_MODE_{OPTION}。
- * FREQUENCY_DOMAIN_PATH。
- * FREQUENCY_DOMAIN_RANDOM_VIBRATION_{OPTION}。
- * FREQUENCY_DOMAIN_RESPONSE_SPECTRUM。
- * FREQUENCY_DOMAIN_SEA_CONNECTION。
- * FREQUENCY_DOMAIN_SEA_INPUT。
- * FREQUENCY_DOMAIN_SEA_SUBSYSTEM。
- * FREQUENCY_DOMAIN_SSD。

与时域疲劳分析相关的 * FATIGUE 系列关键字有：

- * FATIGUE_{OPTION}。
- * FATIGUE_FAILURE。
- * FATIGUE_LOADSTEP。
- * FATIGUE_MEAN_STRESS_CORRECTION。
- * FATIGUE_MULTIAXIAL。
- * FATIGUE_SUMMATION。

结果数据文件采用 * DATABASE _FREQUENCY_BINARY_OPTION 卡片定义的二进制文件和 * DATABASE _FREQUENCY_ASCII_OPTION 卡片定义的 ASCII 文本文件。这些数据库文件都是按照 LS-DYNA 标准数据格式输出，用户可以使用 LS-PrePost 直接打开。

二进制结果文件以 D3 开头，如 D3ACS、D3ACP、D3ACC、D3ATV、D3ERP、D3EIGV、D3EIGV_AC 等，二进制文件包含了模型所有单元和节点的全局信息，数据量很大。典型二进制结果文件包含的内容如下：

- D3PSD：计算的功率谱密度因子，用于随机振动分析。
- D3RMS：位移、速度、加速度等结果的均方根值，用于随机振动分析。
- D3SSD：包含一定频率范围的状态数据，用于稳态振动分析。
- D3SPCM：响应谱分析，时域内出现的峰值，是外包络线。
- D3ATV：包含声传递向量。
- D3ACC：包含边界元声学分析中对所选场点的边界单元声压贡献和贡献百分比。
- D3ACP：边界元法(BEM)声学分析中场点处声压分布云图，包括声压实部和虚部、声压幅值、声压级(dB)。
- D3ACS：有限元法(FEM)或 collocation BEM(配置边界元)声学求解器的计算结果，为节点上的复数形式声压。对于 FEM 声学求解器，用户获得有限元声学体积

(包括表面)中的声压；对于 collocation BEM 声学求解器，用户获得声学体积的表面(边界元网格)上的声压。D3ACS 提供了声压实部与虚部、声强、声压幅值、声压级(dB)和表面节点上的法向速度。

- D3EIGV_AC：声模态向量和自振频率。
- D3ERP：等效辐射声功率密度。
- D3FTG：累积损伤比等疲劳分析结果。

文本结果文件如 NODOUT_SSD、ELOUT_SSD、NODFOR_SSD、NODOUT_PSD、ELOUT_PSD、Press_Pa、Press_dB、Press_Pa_real、Press_Pa_imag、Press_Pa_t、Press_dB_t、Press_Power、Press_radef、Press_dB(A)、Press_dB(B)、Press_dB(C)、Press_dB(D)、panel_contribution_NID，这些文件只包含了特定节点和单元的频域响应数据，如声压，以节省硬盘空间。

LS-DYNA 频域、NVH 和疲劳分析功能及其相应的关键字、结果文件总结如下：

- 频率响应函数。
- ➢ 关键字：* FREQUENCY_DOMAIN_FRF。
- ➢ 结果文件：FRF_AMPLITUDE、FRF_ANGLE。
- 稳态振动。
- ➢ 关键字：* FREQUENCY_DOMAIN_SSD。
- ➢ 结果文件：D3SSD、NODOUT_SSD、ELOUT_SSD、NODFOR_SSD。
- 随机振动和随机疲劳。
- ➢ 关键字：* FREQUENCY_DOMAIN_RANDOM_VIBRATION_{OPTION}。
- ➢ 选项：FATIGUE。
- ➢ 结果文件：D3PSD、D3RMS、D3ZCF、D3FTG、NODOUT_PSD、ELOUT_PSD。
- 响应谱分析。
- ➢ 关键字：* FREQUENCY_DOMAIN_RESPONSE_SPECTRUM。
- ➢ 结果文件：D3SPCM、NODOUT_SPCM、ELOUT_SPCM。
- 有限元声学。
- ➢ 关键字：* FREQUENCY_DOMAIN_ACOUSTIC_FEM。
- ➢ 结果文件：D3ACS、Press_Pa、Press_dB。
- 边界元声学。
- ➢ 关键字：* FREQUENCY_DOMAIN_ACOUSTIC_BEM_{OPTION1}_{OPTION2}。
- ➢ 选项：PANEL_CONTRIBUTION、HALF_SPACE。
- ➢ 结果文件：D3ACP、Press_Pa、Press_dB、panel_contribution_ID。

## 11.3 模态分析

模态是机械结构的固有振动特性，每一个模态都有特定的固有频率、阻尼比和模态振型，分析这些模态参数的过程称为模态分析。模态分析是 NVH 分析的基础。

### 11.3.1 模态分析关键字

模态分析由关键字 * CONTROL_IMPLICIT_GENERAL 和 * CONTROL_

IMPLICIT_EIGENVALUE 启动。

- *CONTROL_IMPLICIT_GENERAL。

LS-DYNA 默认的分析类型是显式分析。模态分析必须采用隐式算法，该关键字将启动隐式分析。

- *CONTROL_IMPLICIT_EIGENVALUE：定义模态分析参数。

在*CONTROL_IMPLICIT_EIGENVALUE 关键字中设置 EIGMTH = MCMS，可进行快速模态分析，适合于具有更多自由度模型的特征值抽取。

除了静模态分析外，LS-DYNA 还可以通过设置*CONTROL_IMPLICIT_EIGENVALUE 中的参数 NEIG < 0，进行动模态分析，即考虑预应力条件下的模态分析。预应力会改变结构整体刚度矩阵，进而影响结构模态，特别是前几阶模态，对后几阶模态影响不大。动模态分析将时域分析和模态分析结合在一起，先做时域分析，让结构变形，然后在计算中间的某个时刻做模态分析，接着继续进行时域分析，再进行二次模态分析……

模态分析计算结果保存在文本文件 ELGOUT 和二进制文件 D3EIGV 中。ELGOUT 中内容为模态阶数、特征值、角频率、频率和周期。D3EIGV 方便用户查看模型自振模态动画。

## 11.3.2 悬臂梁预应力模态分析算例

### 11.3.2.1 计算模型概况

悬臂梁（见图 11-4）左端 1、17、33 号节点固定，在右端 16、32、48 号节点上施加节点力（原始载荷曲线见图 11-5）。分别在 0s 时刻（无预应力）和 1s 时刻（有预应力）输出其模态。单位制采用 lbf*s^2/in、inch、s、lbf、psi。

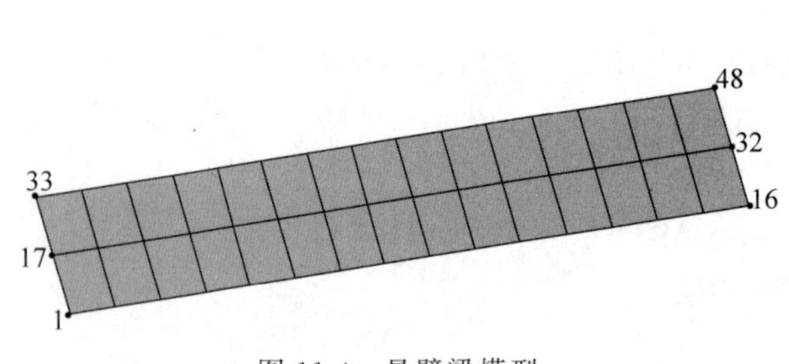

图 11-4 悬臂梁模型

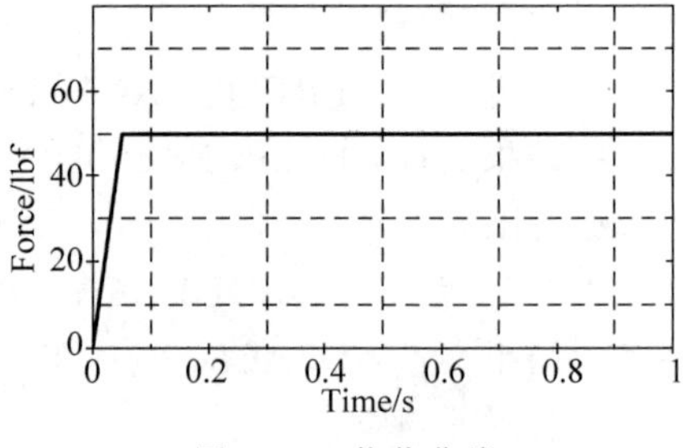

图 11-5 载荷曲线

### 11.3.2.2 关键字文件讲解

```
$ 首行*KEYWORD 表示输入文件采用的是关键字输入格式。
*KEYWORD
$ 设置分析作业标题。
*TITLE
cantilevered shell strip w/ end force
$ 通知 LS-DYNA 进行隐式特征值分析。
*CONTROL_IMPLICIT_EIGENVALUE
$ #    neig    center    lflag    lftend    rflag    rhtend    eigmth    shfscl
        -11     0.000        0     0.000        0     0.000         2     0.000
```

```
$ #   isolid     ibeam    ishell   itshell
          0         0         0         0
$ 激活隐式分析,设置相关控制参数。
* CONTROL_IMPLICIT_GENERAL
$ #   imflag       dt0    imform      nsbs       igs     cnstn      form    zero_v
          1   0.01000         2         0         1         0         0         0
$ * 定义隐式非线性分析所用的求解器类型。
* CONTROL_IMPLICIT_NONLINEAR
$ #   nsolvr    ilimit    maxref     dctol     ectol  not used     lstol      rssf
          2         0         0     0.000     0.000     0.000     0.000     0.000
$ #    dnorm    diverg    istif   nlprint
          2         1         0         2
$ #   arcctl    arcdir    arclen    arcmth    arcdmp
          0         0     0.000         1         2
$ 定义计算结束条件。
* CONTROL_TERMINATION
  1.000000         0     0.000     0.000     0.000
$ 设置二进制文件 D3PLOT 的输出。
* DATABASE_BINARY_D3PLOT
  1.000000         0         0         0         0
$ 定义节点固定约束。
* BOUNDARY_SPC_NODE
         1         0         1         1         1         1         1         1
        17         0         1         1         1         1         1         1
        33         0         1         1         1         1         1         1
$ 施加节点力。
* LOAD_NODE_POINT
        16         2        98  - 0.50000         0         0         0         0
        32         2        98  - 1.00000         0         0         0         0
        48         2        98  - 0.50000         0         0         0         0
$ 定义悬臂梁 Part。
* PART
cantilevered shell
         1         1         1         0         0         0         0         0
$ 定义壳单元算法。
* SECTION_SHELL
         1        16   0.83333         3         1         0         0         1
  0.100000  0.100000  0.100000  0.100000     0.000     0.000     0.000         0
$ 定义材料模型及参数。
* MAT_ELASTIC
         1 7.0000E-4 3.0000E+7  0.300000     0.000     0.000         0
$ 该曲线定义模态直接提取时刻。
* DEFINE_CURVE
        11         0     0.000     0.000     0.000     0.000         0
             0.000         100.0000000
         1.0000000         100.0000000
$ 定义节点力加载曲线。
* DEFINE_CURVE
        98         0     0.000     0.000     0.000     0.000         0
             0.000               0.000
         0.0500000          50.0000000
         1.0000000          50.0000000
```

```
$定义单元。
*ELEMENT_SHELL
       1       1       1      17      18       2
.......................................................................
      30       1      31      47      48      32
$定义节点。
*NODE
$#   nid               x               y               z      tc      rc
       1           0.000           0.000           0.000       0       0
.......................................................................
      48       5.0000000           0.000       1.0000000       0       0
$*END表示关键字输入文件的结束。
*END
```

#### 11.3.2.3 数值计算结果

采用LS-PrePost软件读入d3eigv文件，可显示图11-6所示的无预应力状态下悬臂梁模态振型。

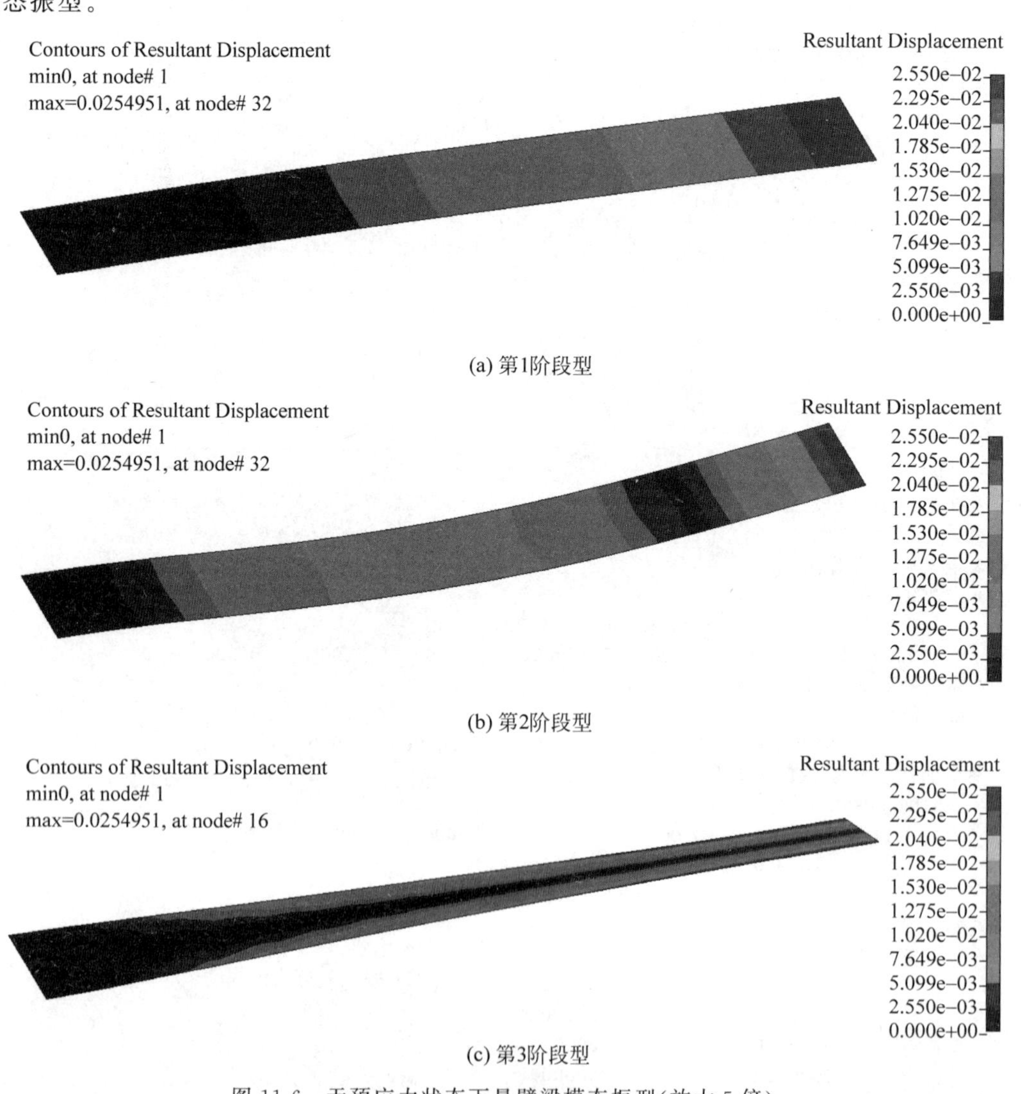


(a) 第1阶段型

(b) 第2阶段型

(c) 第3阶段型

图11-6 无预应力状态下悬臂梁模态振型(放大5倍)

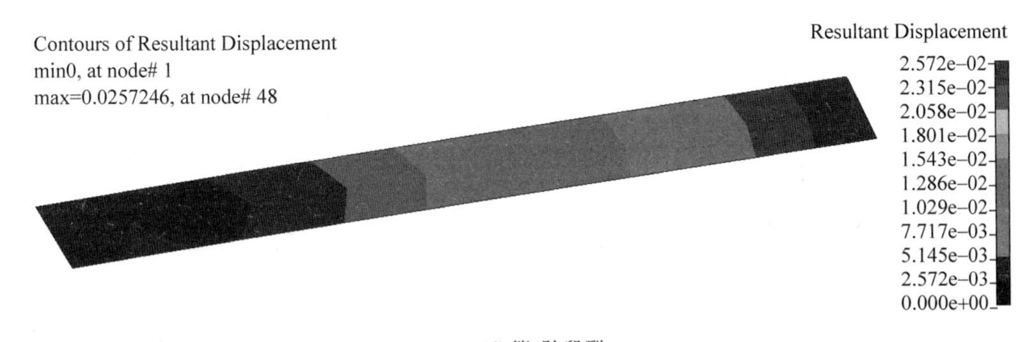


(d) 第4阶段型

图 11-6(续)

表 11-1 是不同时刻悬臂梁的特征频率,取自 ASCII 格式频率文件 eigout1 和 eigout2。由表 11-1 可以看出,施加预应力后悬臂梁刚度变大,特征频率提高。

**表 11-1 不同时刻悬臂梁的特征频率/Hz**

| 模态 | T=0/s | T=1/s | 模态 | T=0/s | T=1/s |
|---|---|---|---|---|---|
| 1 | 1.352480E+02 | 1.453566E+02 | 6 | 3.328776E+03 | 3.794191E+03 |
| 2 | 8.456922E+02 | 7.345263E+02 | 7 | 4.686837E+03 | 4.642239E+03 |
| 3 | 1.093348E+03 | 8.370608E+02 | 8 | 5.707630E+03 | 5.907646E+03 |
| 4 | 1.299388E+03 | 1.556094E+03 | 9 | 6.998300E+03 | 7.151475E+03 |
| 5 | 2.375347E+03 | 2.333260E+03 | | | |

## 11.4 频率响应函数

频率响应函数(frequency response function,FRF),简称频响函数,它是汽车 NVH 分析中常用的数值工具。频响函数定义为稳态振动条件下结构响应与激励荷载之比。这个荷载是定义在一定频率范围内的,因此其响应也是在同一频率范围之内。如图 11-7 所示,这个比值是指输出、输入幅值之比与输入频率的函数关系,以及输出、输入相位差与输入频率的函数关系,根据输入、输出关系可以确立对系统动态特性的认识,如确定路面或发动机激励的载荷传递路径或能量流路径,评估结构特性如动刚度、有效质量等。

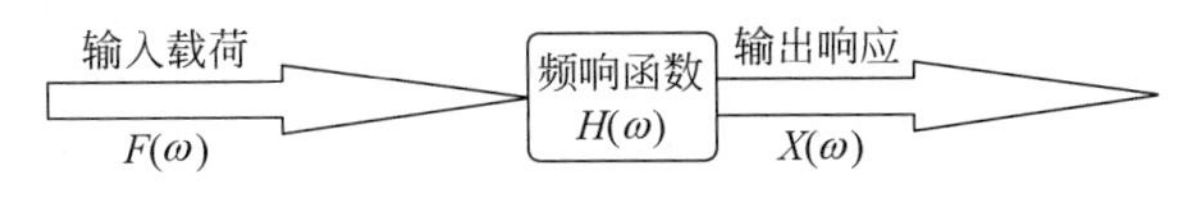


图 11-7 频响函数示意图

频响函数在数学上可表达为

$$H(\omega)=\frac{X(\omega)}{F(\omega)} \tag{11.3}$$

或

$$H(f)=\frac{X(f)}{F(f)} \tag{11.4}$$

这里,$X$ 是频域内的响应;$F$ 是荷载输入;$\omega$ 是圆频率;$f$ 是频率。

可以看出，频响函数描述的是稳态振动条件下结构的响应与激励之间随频率变化的转换关系，实质上是一个转换函数，它反映结构本身的特性，与荷载大小无关。频响函数可以获得结构振动特性，用户输入单位力或位移，经过模态叠加和阻尼系数的计算，就可以获得结构在单位荷载下的频率响应。

在试验测量和计算分析中，按不同的激励方法，频响函数可分为单输入单输出（single input single output，SISO）、单输入多输出（single input multiple output，SIMO）、多输入多输出（multiple input multiple output，MIMO）等。根据输入荷载和输出响应的不同，频响函数也有不同的名称，如表11-2所示。如果输入荷载是节点力，输出响应为位移，则频响函数为动柔度（compliance）；如果输入荷载是节点力，输出响应为速度，则频响函数为流动性（mobility）……

**表11-2　频响函数名称与输出/输入的对应关系**

| 频响函数名称 | 输出/输入 |
|---|---|
| 加速性、惯性 | 加速度/力 |
| 有效质量、表观质量、动态质量 | 力/加速度 |
| 流动性 | 速度/力 |
| 阻抗性 | 力/速度 |
| 动柔度 | 位移/力 |
| 动刚度 | 力/位移 |

频响函数可用于：

- 载荷确定分析。
- 能量传递路径。
- 模态管理。
- 为实验设置提供指导。
- 解释实验结果。

## 11.4.1　关键字和后处理

在LS-DYNA中，频响函数是在结构模态分析的基础上，通过模态叠加的方法得到的。采用关键字*FREQUENCY_DOMAIN_FRF计算频响函数，用户可在此关键字中指定荷载输入的位置、方向、类型、频率范围、阻尼，以及响应输出的位置、方向、类型和计算中使用到的模态范围等。

频响函数计算结果为一系列随频率变化的复数值，可以表达为幅值和相位角（或实部和虚部）的组合。计算结果保存为两个文本文件：FRF_AMPLITUDE和FRF_ANGLE，分别为频响函数的幅值和相位角。根据用户需要，结果也可表示为FRF_REAL和FRF_IMAG，分别对应频响函数的实部和虚部。这些文本文件采用LS-PrePost标准的XYPLOT曲线格式，因此可以使用LS-PrePost的XYPLOT功能显示。

## 11.4.2　平板频响函数分析算例

### 11.4.2.1　计算模型概况

如图11-8所示，在平板500号节点上施加Z方向激励，频率范围为2000HZ，采用随频率变化的阻尼系数，输出节点131和651的加速性，频率范围为1HZ～400HZ。计算单位制采用kg-m-s-N-Pa。

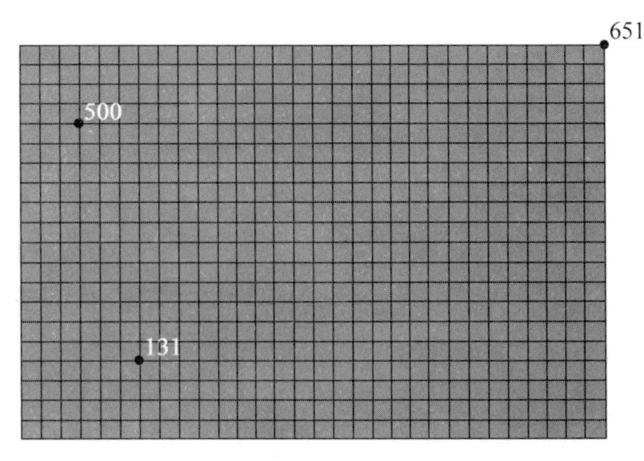


图 11-8 计算模型

#### 11.4.2.2 关键字文件讲解

```
$ 首行 * KEYWORD 表示输入文件采用的是关键字输入格式。
* KEYWORD
$ 设置分析作业标题。
* TITLE
A rectangular plate for FRF computation.
$ 通知 LS-DYNA 进行节点激励下的频响分析。
* FREQUENCY_DOMAIN_FRF
$ #      n1     n1typ    dof1    vad1     vid     fnmax    mdmin   mdmax
        131       0      - 3       3       0    2000.0000    0       0
$ #    dampf    lcdam    lctyp  dmpmas  dmpstf
       0.000      5        1     0.000   0.000
$ #      n2     n2typ    dof2    vad2   relatv
          1       1        3       1
$ #     fmin     fmax    nfreq  fspace  lcfreq    restrt   output
    1.000000 400.00000   400      0       0         0        0
$ 通知 LS-DYNA 进行特征值分析。
* CONTROL_IMPLICIT_EIGENVALUE
$ #    neig   center   lflag   lftend   rflag  rhtend  eigmth  shfscl
        100   0.000      0     0.000      0    0.000     0     0.000
$ #   isolid   ibeam   ishell  itshell
         0       0       0       0
$ 激活隐式分析,设置相关控制参数。
* CONTROL_IMPLICIT_GENERAL
$ #   imflag    dt0     imform  nsbs   igs   cnstn   form   zero_v
         1    1.000000     0      0      0      0      0      0
$ * 定义隐式分析所用的求解器类型。
* CONTROL_IMPLICIT_NONLINEAR
$ #  nsolvr  ilimit  maxref   dctol   ectol  not used  lstol   rssf
        1       0       0     0.000   0.000   0.000   0.000   0.000
$ #   dnorm  diverg   istif  nlprint
        0       0       0       0
$ #  arcctl  arcdir  arclen  arcmth  arcdmp
        0       0     0.000     1       2
$ 定义平板 Part。
```

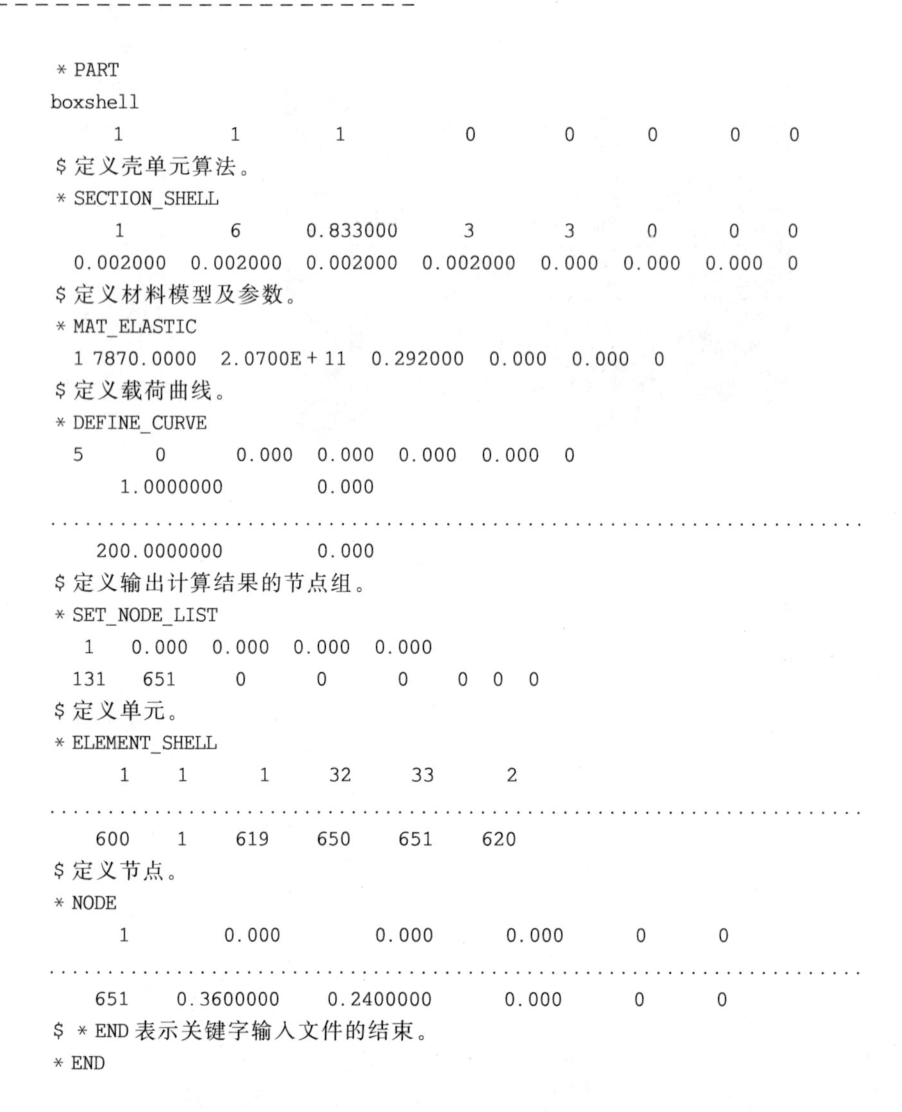

```
*PART
boxshell
     1         1         1          0          0         0        0      0
$定义壳单元算法。
*SECTION_SHELL
     1         6      0.833000       3          3         0        0      0
  0.002000  0.002000  0.002000  0.002000  0.000  0.000  0.000  0
$定义材料模型及参数。
*MAT_ELASTIC
  1 7870.0000  2.0700E+11  0.292000  0.000  0.000  0
$定义载荷曲线。
*DEFINE_CURVE
  5       0        0.000  0.000  0.000  0.000  0
      1.0000000          0.000
........................................................................
    200.0000000          0.000
$定义输出计算结果的节点组。
*SET_NODE_LIST
   1    0.000  0.000  0.000  0.000
  131    651      0       0       0     0  0  0
$定义单元。
*ELEMENT_SHELL
     1    1       1      32      33       2
........................................................................
    600    1     619     650     651     620
$定义节点。
*NODE
     1          0.000           0.000          0.000         0        0
........................................................................
    651    0.3600000     0.2400000         0.000         0        0
$ *END 表示关键字输入文件的结束。
*END
```

#### 11.4.2.3 数值计算结果

节点 131 和 651 频响函数的幅值随频率变化特性如图 11-9 所示。

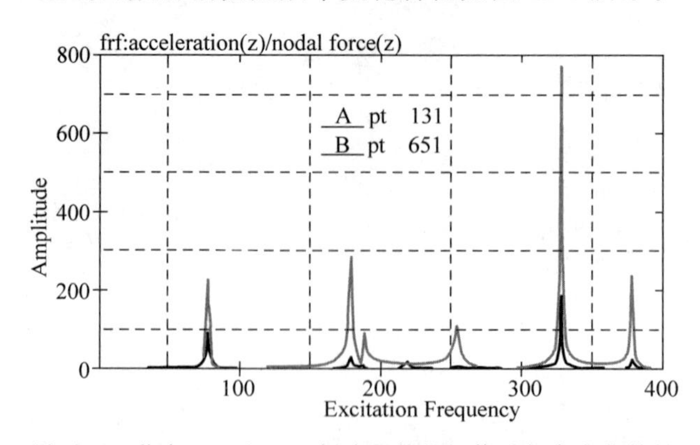


图 11-9 节点 131 和 651 频响函数的幅值随频率变化特性

# 11.5　稳态振动

在结构的动力响应分析中，稳态振动（steady state dynamics，SSD，又称简谐振动、稳态动力学、正弦扫频）是经常用到的数值工具。稳态振动定义为结构在稳态正弦荷载激励下的响应。这个激励荷载是定义在一定频率范围内的，因此其响应也在同一频率范围内。稳态振动是频率响应函数（FRF）的延伸，FRF 仅仅是一个传递或转化函数，假设载荷为 1，稳态振动则是实际载荷下的真实受力，FRF 乘以荷载就是稳态振动。

稳态振动分析主要用于往复周期性加载场合，如疲劳试验、汽车在锯齿状路面行驶。

稳态振动分析假设：

- 忽略瞬态响应，只留下稳态响应，稳态响应频率与激振频率是一致的。
- 响应的幅值和激励的幅值之间是线性关系。

如果结构受到强迫振动，LS-DYNA 稳态振动计算方法有两种：相对位移法和大质量法，这两种方法计算结果基本一致。

相对位移法基于惯性力，如果结构受到的荷载是均布的或只在一个约束位置受到加载，则采用该方法。荷载激励以基底加速度的形式给出，LS-DYNA 计算中只考虑相对运动量。承受加速度荷载各点在荷载方向被固定。结构最终响应计算公式为

$$u = u_{\text{relative}} + u_{\text{base}} \tag{11.5}$$

$$v = v_{\text{relative}} + v_{\text{base}} \tag{11.6}$$

$$a = a_{\text{relative}} + a_{\text{base}} \tag{11.7}$$

如果结构受到多个不同的强迫振动，则采用大质量法。大质量法在强迫振动的节点附近加大质量（一般为结构本身总质量的 $10^5 \sim 10^7$ 倍），并施加大集中节点力，以使该节点产生期望的强迫振动，如用户预期的位移、速度、加速度频谱。根据载荷形式的不同（加速度、速度或者位移），大集中力的计算公式分别为：

$$p_L = m_L \ddot{u} \tag{11.8}$$

$$p_L = \mathrm{i}\omega m_L \dot{u} \tag{11.9}$$

$$p_L = -\omega^2 m_L u \tag{11.10}$$

## 11.5.1　关键字和后处理

在 LS-DYNA 中，稳态振动是在结构模态分析的基础上，通过模态叠加的方法得到。采用关键字 * FREQUENCY_DOMAIN_SSD 计算稳态振动响应，用户在此关键字中指定荷载输入的位置、方向、类型、频谱曲线、阻尼，以及响应输出的位置、方向、类型和计算中使用到的模态范围等。计算结果包括结构各节点的位移、速度、加速度和单元应力的频谱响应。

LS-DYNA 采用关键字 * DATABASE_FREQUENCY_BINARY_D3SSD 来定义输出频率范围（最大和最小输出频率）、分布方式等（如线性分布、对数分布或者偏向于结构自振频率的分布）。输出的结果保存在文件 D3SSD 中。和 D3PLOT、D3EIGV 等数据库文件一样，D3SSD 可用后处理软件 LS-PrePost 打开。

由于稳态振动计算结果为复数，包括实部和虚部，或者是幅值和相位角，只有较新版本LS-PrePost才能打开。当在关键字 *DATABASE_FREQUENCY_BINARY_D3SSD中设置BINARY=1（默认值）时，LS-DYNA只输出各变量的幅值，旧版本LS-PrePost也能打开。

用户也可以输出节点结果文件NODOUT_SSD和单元结果文件ELOUT_SSD，用于表达节点位移、速度、加速度和单元应力。NODOUT_SSD中输出的节点通过关键字 *DATABASE_HISTORY_NODE定义；ELOUT_SSD中输出的单元通过关键字 *DATABASE_HISTORY_SOLID、*DATABASE_HISTORY_BEAM、*DATABASE_HISTORY_SHELL、*DATABASE_HISTORY_TSHELL分别定义。NODOUT_SSD和ELOUT_SSD存在二进制文件BINOUT中，可在LS-PrePost中处理显示。

## 11.5.2 平板强迫振动分析

### 11.5.2.1 计算模型概况

图11-10所示的平板结构左端受强迫振动，计算右端556号节点的振动响应。平板采用壳单元模拟，荷载以加速度频谱的形式施加在左端各点。计算模型中分别采用了相对位移法和大质量法。

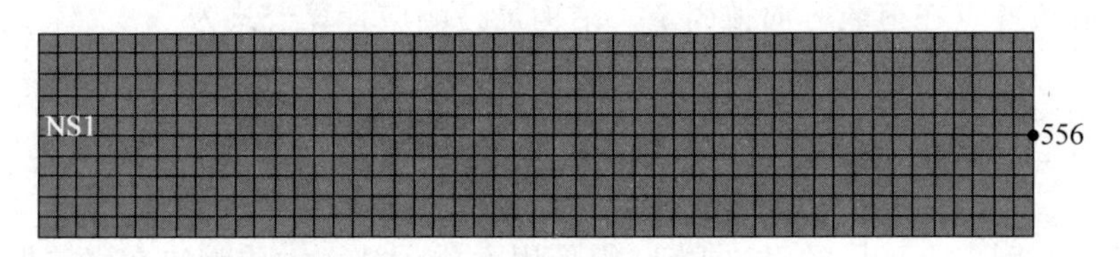


图11-10 计算模型

### 11.5.2.2 关键字文件讲解

相对位移法关键字文件如下：

```
$首行 *KEYWORD表示输入文件采用的是关键字输入格式。
*KEYWORD
$设置分析作业标题。
*TITLE
A rectangular plate subjected to base acceleration excitation
$在给定激励下进行稳态振动分析。
*FREQUENCY_DOMAIN_SSD
$#    mdmin     mdmax     fnmin     fnmax    restmd    restdp    lcflag    relatv
          1        20     0.000     0.000         0         0
$#    dampf     lcdam     lctyp    dmpmas    dmpstf    dmpflg
   0.020000         0         0     0.000     0.000
$#     nout     notyp      nova
          1         2         0
$#      nid      ntyp       dof       vad       lc1       lc2       lc3       vid
          0         0         3         3       100       200         0         0
$设置输出ASCII格式的NODFOR_SSD文件。
*DATABASE_FREQUENCY_ASCII_NODFOR_SSD
```

```
$ #      fmin        fmax     nfreq  fspace  lcfreq
     1.000000  500.00000   500
$ 设置输出 ASCII 格式的 NODOUT_SSD 数据。
* DATABASE_FREQUENCY_ASCII_NODOUT_SSD
$ #      fmin        fmax     nfreq  fspace  lcfreq
     1.000000  500.00000   500
$ 设置输出二进制格式的 D3SSD 文件。
* DATABASE_FREQUENCY_BINARY_D3SSD
$ #    binary
          1
$ #      fmin        fmax     nfreq  fspace  lcfreq
     1.000000  500.00000     2
$ 通知 LS-DYNA 进行特征值分析。
* CONTROL_IMPLICIT_EIGENVALUE
$ #     neig    center    lflag    lftend    rflag   rhtend   eigmth   shfscl
         20     0.000        0     0.000        0    0.000        0    0.000
$ #   isolid    ibeam    ishell   itshell
          0         0        0         0        1
$ 激活隐式分析,设置相关控制参数。
* CONTROL_IMPLICIT_GENERAL
$ #   imflag     dt0    imform   nsbs    igs   cnstn    form   zero_v
          1    0.000        0       0      0       0       0       0
$ 为隐式分析定义线性/非线性求解控制参数。
* CONTROL_IMPLICIT_SOLUTION
$ #   nsolvr   ilimit   maxref     dctol     ectol     rctol     lstol   abstol
          1         0        0     0.000     0.000     0.000     0.000    0.000
$ #    dnorm   diverg    istif   nlprint   nlnorm   d3itctl
          2         1        1         0        2         0
$ #   arcctl   arcdir   arclen    arcmth    arcdmp
          0         0    0.000         1         2
$ 将节点组的数据输出到 binout 文件。
* DATABASE_HISTORY_NODE_SET
          2         0         0         0         0         0         0         0
$ 将节点组的数据输出到 NODFOR_SSD 文件。
* DATABASE_NODAL_FORCE_GROUP
         11         0
         12         0
$ 在节点组上施加约束(约束全部自由度)。
* BOUNDARY_SPC_SET
          1         0         1         1         1         1         1         1
$ 定义施加约束的节点组。
* SET_NODE_LIST
          1     0.000     0.000     0.000     0.000
          1         2         3         4         5         6         7         8
          9        10        11         0         0         0         0         0
$ 定义输出到 NODFOR_SSD 文件的节点组。
* SET_NODE_LIST
         11     0.000     0.000     0.000     0.000
          1         2         3         4         5         6         7         8
$ 定义输出到 NODFOR_SSD 文件的节点组。
* SET_NODE_LIST
```

```
        12     0.000     0.000     0.000     0.000
         9        10        11         0         0         0         0         0
$ 定义 Part。
* PART
shells
         1         1         1         0         0         0         0         0
$ 定义壳单元算法。
* SECTION_SHELL
         1        18  0.833333         3         0         0         0         0
  0.005000  0.005000  0.005000  0.005000  0.000     0.000     0.000     0
$ 定义材料模型及参数。
* MAT_ELASTIC
         1 7830.0000  2.0700E+11  0.300000     0.000     0.000         0
$ 定义节点幅值载荷曲线。
* DEFINE_CURVE
       100         0     0.000     0.000     0.000     0.000         0
            1.0000000        100.0000000
          500.0000000        100.0000000
$ 定义节点相位角载荷曲线。
* DEFINE_CURVE
       200         0     0.000     0.000     0.000     0.000         0
            1.0000000              0.000
          500.0000000              0.000
$ 定义输出数据到 binout 文件的节点组。
* SET_NODE_LIST
         2     0.000     0.000     0.000     0.000
         6       556         0         0         0         0         0         0
$ 定义输出数据到 bin_ssd 文件的面段组。
* SET_SEGMENT
         1     0.000     0.000     0.000     0.000
       521       522       511       510
..........................................................................
       265       266       255       254
$ 定义单元。
* ELEMENT_SHELL
       1       1      12      13       2       1
..........................................................................
     500       1     560     561     550     549
$ 定义节点。
* NODE
       1          0.000            0.000            0.000       0       0
..........................................................................
     561      0.5000000      0.1000000            0.000       0       0
$ * END 表示关键字输入文件的结束。
* END
```

大质量法关键字文件如下：

```
$ 首行 * KEYWORD 表示输入文件采用的是关键字输入格式。
* KEYWORD
$ 设置分析作业标题。
```

```
*TITLE
A rectangular plate subjected to enforced acceleration excitation
$在给定激励下进行稳态振动分析。
*FREQUENCY_DOMAIN_SSD
$#   mdmin    mdmax    fnmin    fnmax   restmd   restdp   lcflag   relatv
         1       31    0.000    0.000        0        0
$#   dampf    lcdam    lctyp   dmpmas   dmpstf   dmpflg
  0.020000        0        0    0.000    0.000
$#                                                  nout    notyp     nova
                                                       1        2        0
$#     nid     ntyp      dof      vad      lc1      lc2      lc3      vid
         1        1        3        6      100      200        0        0
$设置输出 ASCII 格式的 NODFOR_SSD 文件。
*DATABASE_FREQUENCY_ASCII_NODFOR_SSD
$#    fmin        fmax     nfreq   fspace   lcfreq
    1.000000   500.00000     500
$设置输出 ASCII 格式的 NODOUT_SSD 数据。
*DATABASE_FREQUENCY_ASCII_NODOUT_SSD
$#    fmin        fmax     nfreq   fspace   lcfreq
    1.000000   500.00000     500
$设置输出二进制格式的 D3SSD 文件。
*DATABASE_FREQUENCY_BINARY_D3SSD
$#  binary
         1
$#    fmin       fmax      nfreq   fspace   lcfreq
    1.000000 500.00000         2
$设置每个节点添加的大质量。
*CONTROL_FREQUENCY_DOMAIN
              2.00e+06
$通知 LS-DYNA 进行特征值分析。
*CONTROL_IMPLICIT_EIGENVALUE
$#    neig   center    lflag   lftend    rflag   rhtend   eigmth   shfscl
        31    0.000        0    0.000        0    0.000        0    0.000
$#  isolid    ibeam   ishell  itshell
         0        0        0        0        1
$激活隐式分析,设置相关控制参数。
*CONTROL_IMPLICIT_GENERAL
$#  imflag      dt0   imform     nsbs      igs    cnstn     form   zero_v
         1    0.000        0        0        0        0        0        0
$为隐式分析定义线性/非线性求解控制参数。
*CONTROL_IMPLICIT_SOLUTION
$#  nsolvr   ilimit   maxref    dctol    ectol    rctol    lstol   abstol
         1        0        0    0.000    0.000    0.000    0.000    0.000
$#   dnorm   diverg    istif  nlprint   nlnorm  d3itctl
         2        1        1        0        2        0
$#  arcctl   arcdir   arclen   arcmth   arcdmp
         0        0    0.000        1        2
$将节点组的数据输出到 binout 文件。
*DATABASE_HISTORY_NODE_SET
         2        0        0        0        0        0        0        0
$将节点组的数据输出到 NODFOR_SSD 文件。
```

```
*DATABASE_NODAL_FORCE_GROUP
        11         0
        12         0
$在节点组上施加约束(Z向平动以外的全部自由度)。
*BOUNDARY_SPC_SET
         1         0         1         1         0         1         1         1
$定义施加约束的节点组。
*SET_NODE_LIST
         1     0.000     0.000     0.000     0.000
         1         2         3         4         5         6         7         8
         9        10        11         0         0         0         0         0
$定义输出到NODFOR_SSD文件的节点组。
*SET_NODE_LIST
        11     0.000     0.000     0.000     0.000
         1         2         3         4         5         6         7         8
$定义输出到NODFOR_SSD文件的节点组。
*SET_NODE_LIST
        12     0.000     0.000     0.000     0.000
         9        10        11         0         0         0         0         0
$定义Part。
*PART
shells
         1         1         1         0         0         0         0         0
$定义壳单元算法。
*SECTION_SHELL
         1        18  0.833333         3         0         0         0         0
  0.005000  0.005000  0.005000  0.005000     0.000     0.000     0.000         0
$定义材料模型及参数。
*MAT_ELASTIC
         1 7830.0000 2.0700E+11  0.300000     0.000     0.000         0
$定义节点幅值载荷曲线。
*DEFINE_CURVE
       100         0     0.000     0.000     0.000     0.000         0
           1.0000000          100.0000000
         500.0000000          100.0000000
$定义节点相位角载荷曲线。
*DEFINE_CURVE
       200         0     0.000     0.000     0.000     0.000         0
           1.0000000                0.000
         500.0000000                0.000
$定义输出数据到binout文件的节点组。
*SET_NODE_LIST
         2     0.000     0.000     0.000     0.000
         6       556         0         0         0         0         0         0
$定义输出数据到bin_ssd文件的分段组。
*SET_SEGMENT
         1     0.000     0.000     0.000     0.000
       521       522       511       510
.............................................................................
       265       266       255       254
$定义单元。
```

```
*ELEMENT_SHELL
       1       1      12      13       2       1
...................................................................
     500       1     560     561     550     549
$将大质量平均分配至节点组。
*ELEMENT_MASS_NODE_SET
$#   eid    nsid            mass     pid
     501       1  2.2000000e+07       0
$定义节点。
*NODE
$#   nid               x                y                   z      tc      rc
       1           0.000            0.000               0.000       0       0
...................................................................
     561       0.5000000        0.1000000               0.000       0       0
$ *END表示关键字输入文件的结束。
*END
```

#### 11.5.2.3 数值计算结果

图11-11比较了两种算法给出的556号节点加速度响应曲线。在频域内，其响应包括幅值和相位角两部分，相对位移法和大质量法给出的计算结果几乎完全重合。

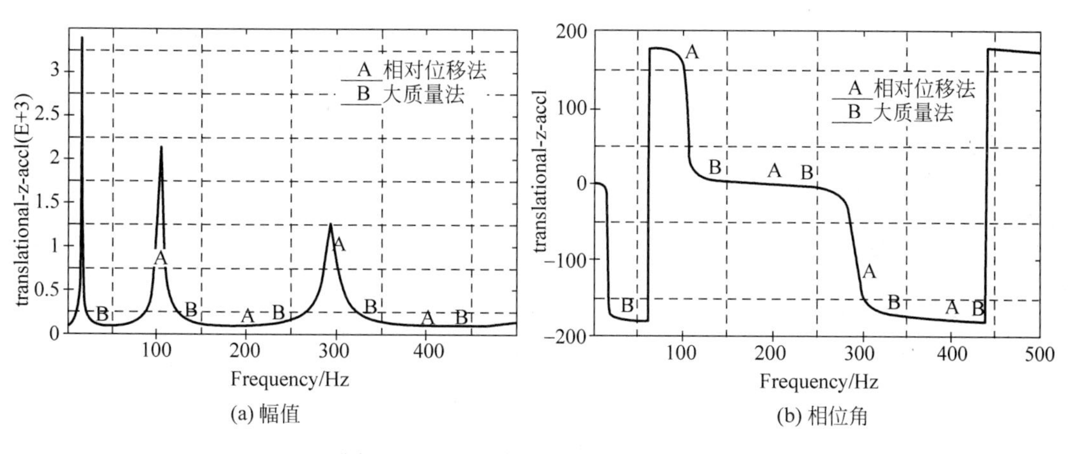


(a) 幅值　　(b) 相位角

图11-11　556号节点加速度响应曲线

### 11.5.3 等效辐射功率计算

辐射噪声计算是车辆NVH分析的重要内容。目前LS-DYNA中的边界元法(BEM)、有限元法(FEM)和统计能量分析(SEA)法等可以用于NVH分析。如果数值模型有足够数量的单元，BEM和FEM方法可以提供比较准确的计算结果，但CPU和内存耗费也很大。SEA需要较少的计算资源，但它主要适用于中高频率的问题，并且SEA仅提供一个统计平均的结果。

等效辐射功率(ERP)方法是一种替代解决方法。ERP法基于辐射声波的平面波假设，可采用较少的计算资源来解决结构噪声辐射计算问题，特别适用于产品开发的早期阶段。使用ERP法，工程师可以快速计算并查看在给定频域内的激励条件下可能的最大辐射功率和每个面板对总噪声辐射的贡献量，并据此对结构进行辐射噪声优化。

LS-DYNA 提供了 ERP 计算功能(见图 11-12),并以此作为结构稳态振动分析的扩展选项(见关键字 * FREQUENCY_DOMAIN_SSD_ERP)。

ERP 给出了两种计算结果文件,两种文件都可用 LS-PrePost 读取。

- 二进制文件 D3ERP。由关键字 * DATABASE_FREQUENCY_BINARY_D3ERP 激活,给出了噪声辐射的分布云图,包含的计算结果有表面上的法向速度(实部、虚部和幅值)、声强、ERP 密度。
- 文本文件 ERP_abs 和 ERP_dB。给出了功率或功率级随频率变化的曲线。

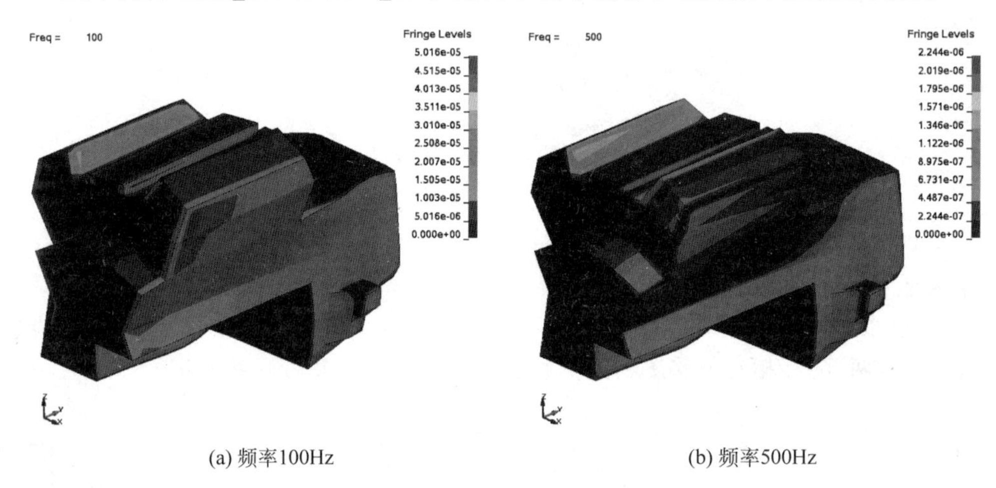


(a) 频率100Hz (b) 频率500Hz

图 11-12 简化汽车发动机模型的 ERP 密度

## 11.6 边界元声学

对于振动噪声相关问题,LS-DYNA 提供边界元声学计算方法,计算结构振动所产生的声音,输入频域振动信号,获得空间点特定场点的压力和分贝值。

### 11.6.1 声学计算基础

声压即流体中某一点处压强的变化,即为大气压强的余压。假设初始状态下压强为 $P_0$,受到声波扰动时,压强变为 $P$,则此处压强的变化即为声压:

$$P' = P - P_0 \tag{11.11}$$

对于 1000Hz 的纯音来说,人耳能够感知到的最小声压值为 $2\times10^{-5}$Pa,称为“听阈声压”,因此,声场计算设置的参考压力为 $2\times10^{-5}$Pa。人耳无法容忍的声压值为 20Pa,称为“痛阈声压”,两者量级差别很大,使得用声压来表示声音的强弱很不方便,因此在实际的统计中,引入“级”的概念进行声音的评价,单位是分贝,记作 dB。

声压级定义为

$$L_P = 10\lg\frac{P^2}{P_0^2} = 20\lg\frac{P}{P_0} \tag{11.12}$$

式中,$P$ 为实际声压值;$P_0$ 为参考声压值。

由于人耳是一个非线性系统，对不同频率的声音的敏感程度不同，故需要对声音信号进行加权处理，以使声音的客观量度和人耳听觉主观感受近似取得一致。用户可以通过在边界元声学或有限元声学中设置不同的 A 加权分贝数(A-weighted decibel，DBA)值来计算计权声压级 A、B、C 和 D。以下是有关计权声压级的信息。

- A 计权：A 计权滤波器覆盖整个音频范围 20Hz～20kHz，模拟人耳对低强度噪声的感觉。
- B 计权：不再常用，最初开发用于覆盖 A 计权和 C 计权之间的中间范围，模拟人耳对中等强度噪声的响度感觉。
- C 计权：声级计的标准频率计权，通常用于更高级别的测量和峰值声压级。A 计权曲线广泛用于通用噪声测量，但 C 计权与人类对高噪声水平的响应更好地相关。
- D 计权：D 计权通常用于航空噪声的测量，尤其是非旁路军用发动机。自 IEC 61672 2003 以来，它没有得到普遍使用。更新的 ISO 标准建议对商用飞机噪声进行 A 计权。

声功率是每单位时间发出、反射、透射或接受声能量的比例。声功率的国际单位是瓦特(W)。它是声波传播介质表面上的声音力。对于声源，与声压不同，声功率既不依赖于空间也不依赖于距离。声压是声源附近空间点的测量值，而声源的声功率是该声源在所有方向上发射的总功率，它通过 collocation BEM 计算并输出到 Press_Power。

## 11.6.2　边界元声学计算公式和方法

声学计算的基础是描述间谐声波的亥姆霍兹(Helmholtz)公式：

$$\nabla^2 p + k^2 p = 0 \tag{11.13}$$

在公式中，$p$ 代表声压，$k=\omega/c$ 是波数($\omega$ 为圆频率，$c$ 为波速)。采用上述微分方程的基本解 $\psi$ 作为加权函数，进行积分，并采用高斯公式，可得到边界积分公式如下

$$p(P) = -\int_S \left(\mathrm{i}\rho\omega v_n \psi + p\frac{\partial \psi}{\partial n}\right)\mathrm{d}S \tag{11.14}$$

其中，$\rho$ 为流体密度。三维空间基本解 $\psi$ 可表示为

$$\psi = \frac{\mathrm{e}^{-\mathrm{i}kr}}{4\pi r} \tag{11.15}$$

其中，$r$ 为积分点与空间声压计算点的距离。

根据边界积分公式，如果已知边界法向速度 $v_n$ 和压力，通过对边界 $S$ 积分，可求得空间任何一点 $P$ 的声压 $p(P)$。通过对边界积分公式的离散、求解，可以解决一系列的声学问题，特别是振动声学问题。

振动声学(vibro-acoustics)是工业界面临的常见问题。通过边界元声学与结构振动分析相结合，LS-DYNA 可以提供完整的振动声学解决方案，如图 11-13 所示。用户可以选择结构振动分析方法，包括时域分析或频域分析(见 *FREQUENCY_DOMAIN_SSD)。如果结构的振动模拟采用时域有限元分析方法，其计算结果将通过快速傅里叶变换(fast Fourier transform，FFT)自动转入频域作为声学计算的边界条件。

LS-DYNA 提供了一系列的边界元法和简化的边界积分方法求解声学问题，如表 11-3 所示。

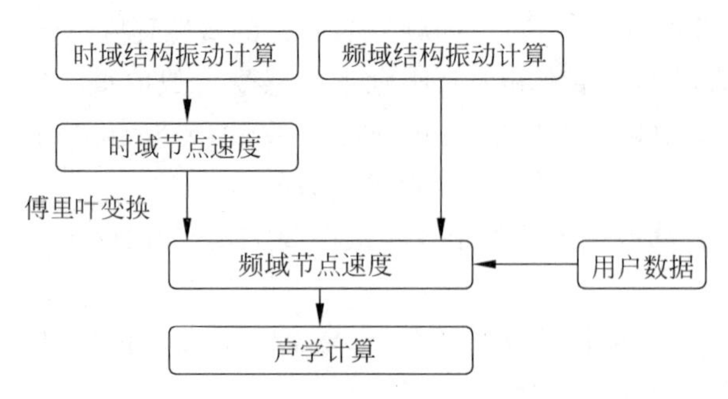


图 11-13 LS-DYNA 声学解决方案

**表 11-3 LS-DYNA 求解声学问题的边界元法和简化的边界积分方法**

| METHOD | 含　　义 | 特　　点 |
| --- | --- | --- |
| 0 | Rayleigh 方法 | 计算速度快、适用于平板结构。 |
| 1 | Kirchhoff 方法 | 计算速度快，适用于外部问题。在结构外表面包上一层声学流体，可以考虑结构和流体( * MAT_ACOUSTIC)之间的强耦合。 |
| 2 | 基于变分原理的非直接边界元法 | 结果精确，适用于内部、外部问题，可用子域法和矩阵的低阶模拟提高计算速度。 |
| 3 | 直接边界元法(collocation BEM) | 结果精确，适用于内部、外部问题，可用子域法和矩阵的低阶模拟提高计算速度。 |
| 4 | 基于 Burton-Miller 公式的直接边界元法(collocation BEM) | 可处理外部声学的奇异频率问题。 |

边界元方法的缺点：

- 满秩矩阵，计算量大。
- 矩阵需要在每个单独频率上进行重组。
- 仅适用于均质材料、均质空间。

边界元声学可以计算外部声学和内部声学，要求法线方向背离声场方向：外部声学指向里面，内部声学指向外面，如图 11-14 所示。

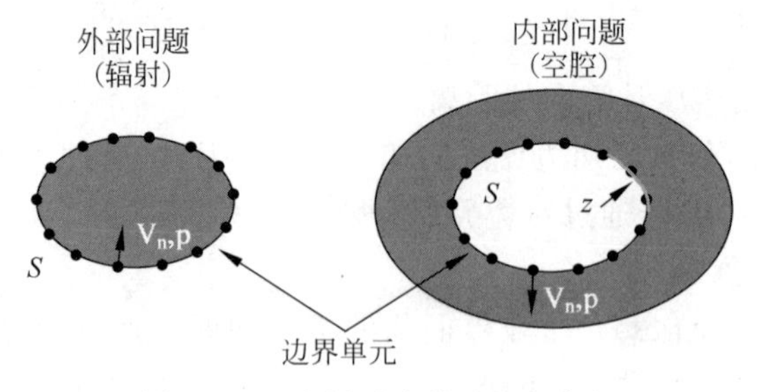


图 11-14 边界元法单元法向定义

LS-DYNA 的边界元声学计算可用于计算结构振动产生的辐射噪声，也可以提供单元、面板声学贡献分析。为求解多工况的声学问题，声学边界元采用了声传递向量技术。因此，它具有广泛的应用领域，如汽车、飞机等的 NVH 分析、运动器材(如高尔夫球杆等)的声学品质分析、工业设备的噪声控制等。

### 11.6.3 关键字和后处理

在关键字 * FREQUENCY_DOMAIN_ACOUSTIC_BEM 中，用户需提供以下信息：

(1) 流体(如空气)的密度、声速，以及将声压强(如帕斯卡)转为声压级(分贝)的参考声压(在空气中，一般为 $2\times10^{-5}$Pa)。

(2) 计算的频域范围。

(3) 声场输出点的空间位置。

(4) 计算方法和参数的选择。

(5) 流体的边界单元定义和边界条件。

由于采用了边界元法，在(5)中，用户只需在流体表面定义一层单元，而无需考虑流体内部的网格。和有限元计算相比，边界元方法把一个三维问题降低为二维问题，大大简化了前处理建模的工作量，并使问题的自由度数量大大减少。

此外，* FREQUENCY_DOMAIN_ACOUSTIC_BEM 还提供了以下两个选项：

(1) PANEL_CONTRIBUTION。用于分析各个组成面板对声场输出点声压的贡献百分比，这有助于后续的声场优化分析。

(2) HALF_SPACE。用于考虑来自地面或其他刚性反射面的声波反射，用户需要使用关键字 * DEFINE_PLANE 来定义一个平面。

边界元声学计算结果默认保存在两个文本文件 Press_Pa 和 Press_dB 中。Press_Pa 给出了各场点的压强随频率变化的曲线，Press_dB 给出了各场点的声压级随频率变化的曲线，可使用 LS-PrePost 的 XYPLOT 功能打开。

声压是一个复数变量。如果在边界元声学计算 * FREQUENCY_DOMAIN_ACOUSTIC_BEM 关键字或有限元声学计算关键字 * FREQUENCY_DOMAIN_ACOUSTIC_FEM 中设置 IPFILE=1，则声压的实部和虚部输出到 ASCII 文件 Press_Pa_real 和 Press_Pa_imag 中。如果 BEM 中的 TRSLT 大于零，LS-DYNA 使用傅里叶逆变换计算声压和声压级的时域数据，并输出到 ASCII 文件 Press_Pa_t 和 Press_dB_t 中。LS-PrePost 还可以将该数据转换为音频信号，转换步骤如图 11-15 所示。

### 11.6.4 平板振动噪声计算算例

#### 11.6.4.1 计算模型概况

图 11-16 所示周边固定的平板结构上 477 号节点受集中力(见图 11-17)后产生振动，计算由振动引起的辐射噪声。噪声输出点(10000 号节点)距平板 1m。计算单位制采用 kg-m-s-N-Pa。

LS-DYNA 首先计算平板结构的振动响应，然后通过快速傅里叶变换(FFT)将时域节点速度转到频域中。在计算模型中，分别采用了三种不同的声学计算方法(非直接边界元法、Rayleigh 和 Kirchhoff 方法)。采用 Kirchhoff 方法时，为在振动计算中直接得到边界积分需要的表面压力，在平板表面增加了一层空气单元(使用 * MAT_ACOUSTIC 模拟)，并为空气单元设置了无反射边界条件( * BOUNDARY_NON_REFLECTING)，以模拟无限空间。

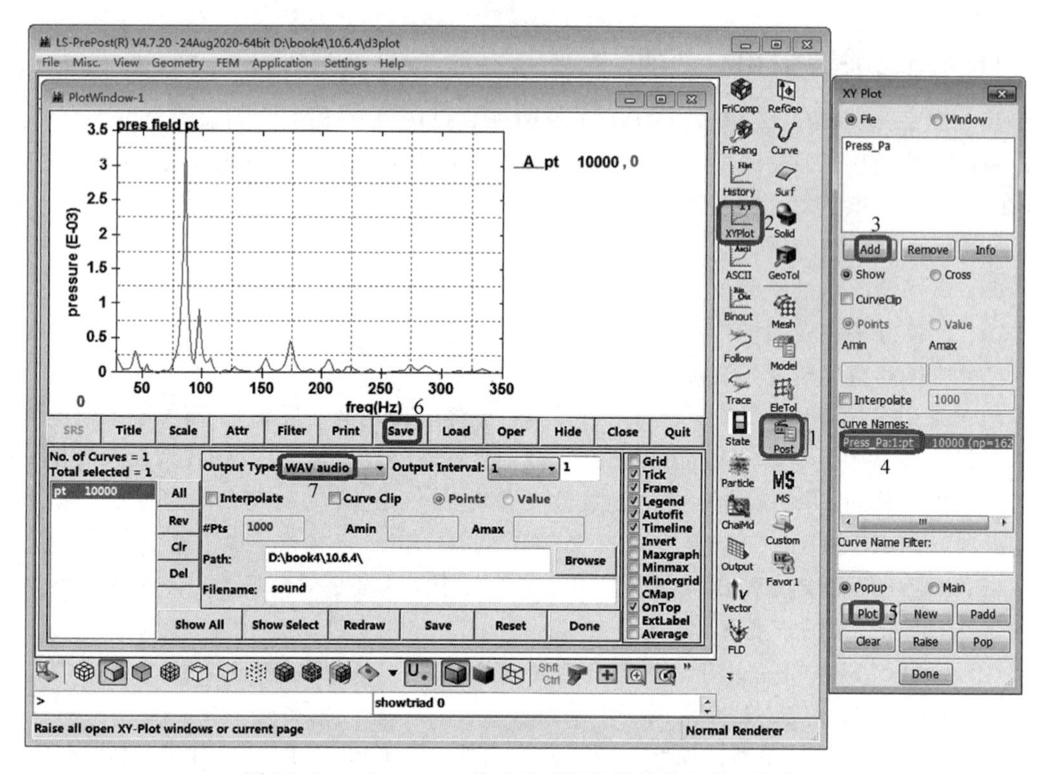


图 11-15 LS-PrePost 将时域声压数据转换为音频信号

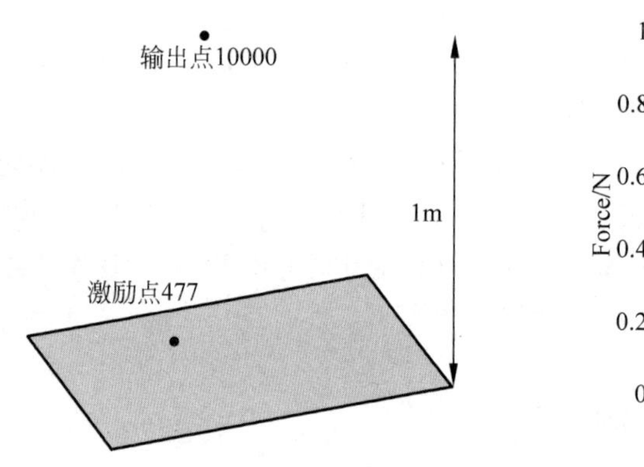


图 11-16 受集中力载荷的平板模型

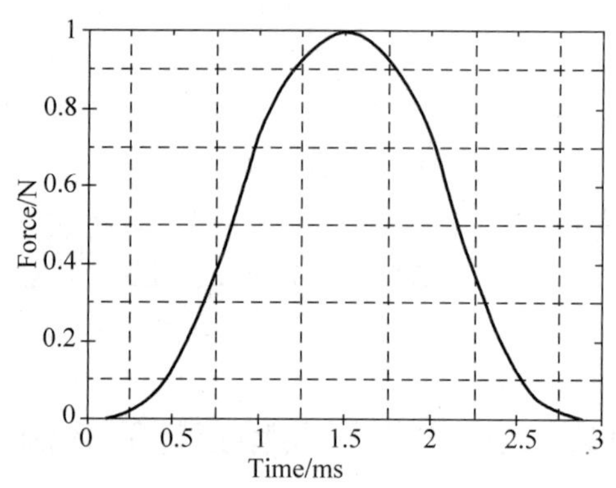


图 11-17 集中力载荷曲线

### 11.6.4.2 关键字文件讲解

非直接边界元法和 Rayleigh 方法关键字输入文件如下：

```
$ 首行 * KEYWORD 表示输入文件采用的是关键字输入格式。
* KEYWORD
$ 设置分析作业标题。
* TITLE
acoustic field generated by a vibrating plate, by variational indirect bem
$ 启动频域边界元声学计算。对于非直接边界元法，设置 method = 2；对于 Rayleigh 法，设置 method = 0。
```

```
*FREQUENCY_DOMAIN_ACOUSTIC_BEM
$#       ro         c       fmin       fmax    nfreq   dt_out  t_start       pref
   1.210000 340.00000  28.000000  350.00000      162    0.001    0.000  2.0000E-5
$#  nsidext   typeext    nsidint    typeint   fftwin    trslt   ipfile     iunits
          1         1          0          0        4
$#   method     maxit        res        ndd    tollr   tolfct    ibdim        npg
          2      1000   1.0000E-6         8
$#                nbc     restrt      iedge     noel    nfrup
                    1
$#     ssid    sstype       norm   bem_type      lc1      lc2
          1         1          0          0
$设置沙漏控制。
*CONTROL_HOURGLASS
$#      ihq       qh
          0    0.000
$定义计算结束条件。
*CONTROL_TERMINATION
  1.024000         0     0.000     0.000     0.000
$设置时间步长控制参数。
*CONTROL_TIMESTEP
     0.000  0.900000         0     0.000  -1.100E-6        0         0         0
$设置二进制文件D3PLOT的输出。
*DATABASE_BINARY_D3PLOT
  0.001000         0         0         0         0
$设置二进制文件D3THDT的输出。
*DATABASE_BINARY_D3THDT
  0.001000         0         0         0         0
$在477号节点施加Z方向节点力。
*LOAD_NODE_POINT
       477         3         1     0.000         0         0         0         0
$定义平板Part。
*PART
plate
         1         1         1         0         0         0         0         0
$定义壳单元算法。
*SECTION_SHELL
         1        16  1.000000         3         0         0         0         0
  0.001000  0.001000  0.001000  0.001000     0.000     0.000     0.000         0
$定义材料模型及参数。
*MAT_ELASTIC
         1 7800.0000  2.1000E+11  0.300000     0.000     0.000         0
$定义节点力载荷曲线。
*DEFINE_CURVE
         1         0  1.000000  0.001000     0.000     0.000         0
              0.000                0.000
.........................................................................
          1.0000000                0.000
$定义输出数据的节点组。
*SET_NODE_LIST
         1     0.000     0.000     0.000     0.000
     10000         0         0         0         0         0         0         0
```

```
$将边界单元所在 Part 定义为 Part 组。
*SET_PART_LIST
         1     0.000     0.000     0.000     0.000
         1         0         0         0         0         0         0         0
$定义阻尼。
*DAMPING_FREQUENCY_RANGE
$#    cdamp      flow     fhigh      psid
  0.010000  30.000000  300.00000         0
$定义单元。
*ELEMENT_SHELL
       1       1       1      32      33       2
...........................................................................
     600       1     619     650     651     620
$定义节点。
*NODE
       1            0.000            0.000            0.000       7       7
...........................................................................
   10001        0.3000000        0.1500000        1.0000000       0       0
$*END 表示关键字输入文件的结束。
*END
```

Kirchhoff 方法关键字输入文件如下：

```
$首行*KEYWORD 表示输入文件采用的是关键字输入格式。
*KEYWORD
$设置分析作业标题。
*TITLE
acoustic  field  generated  by  a  vibrating  plate,  by  Kirchhoff  method
$启动频域边界元声学计算。
*FREQUENCY_DOMAIN_ACOUSTIC_BEM
$#        ro         c      fmin      fmax     nfreq    dt_out   t_start      pref
   1.210000  340.00000  28.000000  350.00000   162     0.001     0.000  2.0000E-5
$#  nsidext   typeext   nsidint   typeint    fftwin     trslt    ipfile    iunits
          1         1         0         0         4
$#   method     maxit       res       ndd     tollr    tolfct     ibdim       npg
          1         0     0.000         0
$#                nbc    restrt     iedge      noel     nfrup
                    1
$#     ssid    sstype      norm  bem_type       lc1       lc2
          1         1         0         0
$设置沙漏控制。
*CONTROL_HOURGLASS
          0     0.000
$定义计算结束条件。
*CONTROL_TERMINATION
   1.024000         0     0.000     0.000     0.000
$设置时间步长控制参数。
*CONTROL_TIMESTEP
      0.000  0.900000         0     0.000  -1.100E-6         0         0         0
$设置二进制文件 D3PLOT 的输出。
*DATABASE_BINARY_D3PLOT
```

```
   0.005000          0          0          0          0
$ 设置二进制文件 D3THDT 的输出。
* DATABASE_BINARY_D3THDT
   0.001000          0          0          0          0
$ 定义无反射边界。
* BOUNDARY_NON_REFLECTING
         1      0.000      0.000
$ 在 477 号节点施加 Z 方向节点力。
* LOAD_NODE_POINT
       477         3         1     0.000          0          0          0          0
$ 定义平板 Part。
* PART

         1         1         1         0          0          0          0          0
$ 定义壳单元算法。
* SECTION_SHELL
         1        16    1.000000       3          0          0          0          0
  0.001000   0.001000  0.001000  0.001000    0.000      0.000      0.000       0
$ 为平板定义材料模型及参数。
* MAT_ELASTIC
         1 7800.0000  2.1000E+11  0.300000    0.000     0.000      0
$ 定义空气 Part。
* PART

         2         2         2         0          0          0          0          0
$ 为空气定义声学单元算法。
* SECTION_SOLID
         2         8         0
$ 为空气定义材料模型及参数。
* MAT_ACOUSTIC
$ #      mid        ro         c      beta        cf     atmos      grav
         2    1.210000  340.00000  0.000      0.000   0.000   0.000
$ #        xp        yp        zp        xn        yn        zn
     0.000     0.000     0.000     0.000     0.000     0.000
$ 定义节点力载荷曲线。
* DEFINE_CURVE
         1         0    1.000000  0.001000  0.000   0.000        0
              0.000                     0.000
......................................................................
          1.0000000                     0.000
$ 定义输出数据的节点组。
* SET_NODE_LIST
         1     0.000     0.000     0.000     0.000
     10000         0         0         0          0          0          0          0
$ 定义施加无反射边界的面段组。
* SET_SEGMENT
         1
      1303      1334      1335      1304
......................................................................
      1921      1952      1953      1922
$ 定义阻尼。
```

```
*DAMPING_FREQUENCY_RANGE
$#   cdamp       flow      fhigh          psid
  0.010000  30.000000  300.00000          0
$定义空气域实体单元。
*ELEMENT_SOLID
       1       2       1       2      33      32    1303    1304    1335    1334
......................................................................................
     600       2     619     620     651     650    1921    1922    1953    1952
$定义平板壳单元。
*ELEMENT_SHELL
       1       1       1      32      33       2       0       0       0       0
......................................................................................
     600       1     619     650     651     620       0       0       0       0
$定义节点。
*NODE
       1            0.000            0.000            0.000       7       7
......................................................................................
   10001        0.3000000        0.1500000        1.0000000       0       0
$*END表示关键字输入文件的结束。
*END
```

#### 11.6.4.3 数值计算结果

三种方法的计算结果如图11-18所示。由于本模型为平板结构，满足Rayleigh方法的前提条件，故三种方法的计算结果比较接近。

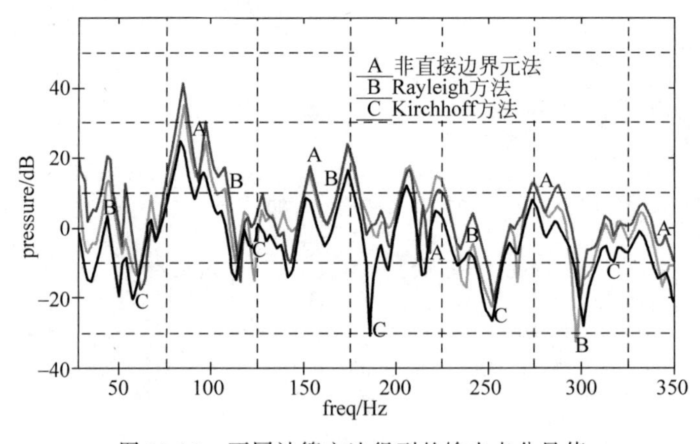


图11-18 不同计算方法得到的输出点分贝值

需要注意的是，边界元声学计算时需要在命令行中用“bem = bemfile”指定边界元文件，用于保存振动数据，方便下次快速计算。

12_144760d.exe  i = 8.1.plate_vibem.k  bem = bemfile  memory = 40m  ncpu = 1

### 11.6.5 远场水下爆炸声固耦合计算

边界元声学还可用于模拟远场水下爆炸。为了模拟流体中的空化效应，水域采用空化声单元。声固耦合界面处的流体和结构网格可以采用三种耦合方式：①共节点；②节点一一对应，必须通过*BOUNDARY_ACOUSTIC_COUPLING定义声固耦合；③节点不匹配，必须通过 * BOUNDARY_ACOUSTIC_COUPLING_MISMATCH 定义声固耦合。

图 11-19 所示的 Bleich-Sandler 平板问题是一个考虑空化效应的远场水下爆炸验证算例。在该问题中，平板浮于 3.81m 高水柱的自由面上，平板和水域只允许垂向（Z 向）运动。图 11-20 是采用边界元声学计算得到的平板垂向速度曲线，图中还叠加了由 LS-DYNA/USA 计算出的曲线，可以看出两条曲线吻合较好。

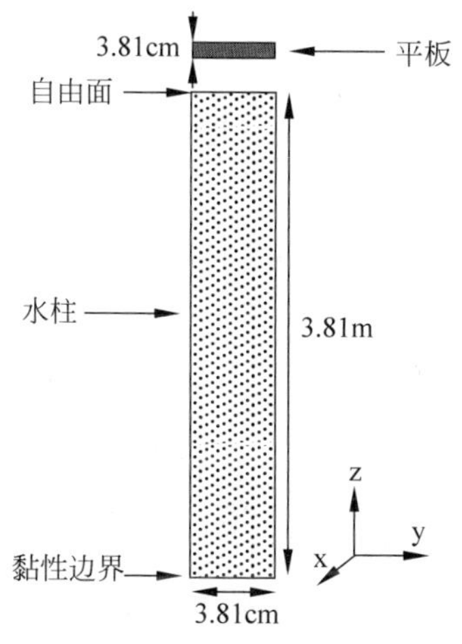


图 11-19　Bleich-Sandler 问题示意图

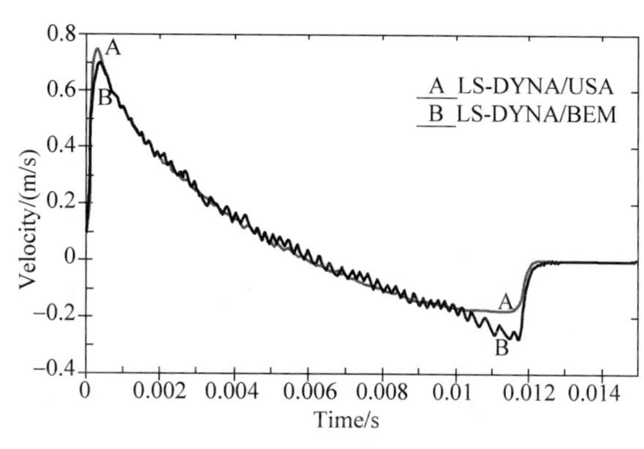


图 11-20　分别采用 USA 和 BEM 得到的平板垂向速度

## 11.7 有限元声学

11.6 节提到过，声学计算的基础是描述简谐声波的 Helmholtz 公式：

$$\nabla^2 p + k^2 p = 0 \tag{11.16}$$

在公式中，$p$ 代表声压，$k=\omega/c$ 是波数（$\omega$ 为圆频率，$c$ 为波速）。采用加权余量法，并采用形函数作为加权函数，可得到如下积分公式：

$$\int_V \nabla^2 p N_i \mathrm{d}V + \int_V k^2 p N_i \mathrm{d}V = 0 \tag{11.17}$$

采用格林公式，上式可改写成：

$$-\int_V \nabla p \ \nabla N_i \mathrm{d}V + k^2 \int_V p N_i \mathrm{d}V = -\int_\Gamma \frac{\partial p}{\partial n} N_i \mathrm{d}\Gamma \tag{11.18}$$

代入边界条件：

$$\partial p/\partial n = -\mathrm{i}\rho\omega v_n \tag{11.19}$$

并将节点声压作为未知量，可建立线性方程组，求解此线性方程组，可得到流体内各节点的声压。

有限元是最流行的声学计算方法，但这种方法需要对整个声场域进行离散处理，当场点被设置在离振动声源比较远的位置时，计算模型的网格数量就会很大。因此，与边界元声学相比，有限元声学更适合封闭流体域的计算，即内部声学问题，要求在整个内部空间内都要有单元。有限元声学可以采用六面体、四面体和五面体单元，可输出声场每个场点声压分布云图。

LS-DYNA 的有限元声学可用于计算结构的振动噪声、声腔特征值和声振模态，具有广泛的应用领域,如汽车、飞机等的NVH分析。

## 11.7.1 关键字和后处理

在关键字 * FREQUENCY_DOMAIN_ACOUSTIC_FEM 中,用户需提供以下信息:

(1) 流体(如空气)的密度、声速,以及将声压强(如帕斯卡)转为声压级(分贝)的参考声压(在空气中,一般为 $2\times10^{-5}$ Pa)。

(2) 计算的频域范围。

(3) 流体域的定义。

(4) 流体的边界条件定义。

(5) 输出点的空间位置。

在有限元声学中,每个节点只有一个未知量,且有限元法得到的矩阵是稀疏矩阵,只有对角线上的元素才随频率改变,所以计算速度较快。

流体的边界条件可以通过结构的时域计算得到。例如,对于汽车车腔内的空气,其边界振动速度可以由汽车本身在时域内的振动计算得到,LS-DYNA 使用快速傅里叶变换(FFT)将其转化为频域信号。此外,流体的边界条件也可通过结构的频域振动分析得到(即结构稳态振动 SSD 分析,见关键字 * FREQUENCY_DOMAIN_SSD),也可以通过 * DEFINE_CURVE 直接定义。

有限元声学计算结果保存在文本文件和二进制文件中。文本文件 Press_Pa 给出了各指定声场点的压强随频率变化的曲线;Press_dB 给出了各声场点的声压级随频率变化的曲线。可使用 LS-PrePost 的 XYPLOT 功能打开。二进制文件 D3ACS 给出了流体域节点声压对于各频率的分布云图,可用 LS-PrePost 打开。

## 11.7.2 简化汽车车腔声学计算算例

### 11.7.2.1 计算模型概况

本算例计算一个简化的汽车车腔模型受到底板振动而引起的噪声。车腔模型如图 11-21 所示,包括 2688 个声学单元。计算单位制采用 ton-mm-s。

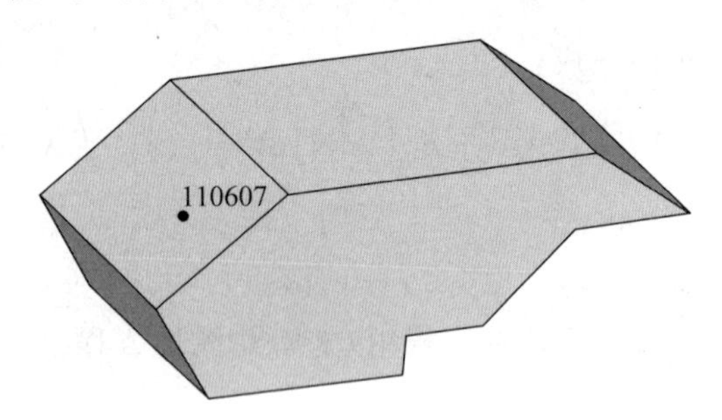


图 11-21 简化汽车车腔模型

### 11.7.2.2 关键字文件讲解

```
$ 首行 * KEYWORD 表示输入文件采用的是关键字输入格式。
* KEYWORD
```

```
$ 设置分析作业标题。
*TITLE
Acoustic analysis of a simplified compartment model by FEM
$ 启动频域有限元声学计算。
*FREQUENCY_DOMAIN_ACOUSTIC_FEM
 $ #      ro         c      fmin   fmax   nfreq   dtout   tstart     pref
1.2300   E-12   340000.   10.    500.    491                        2.e-11
 $ #     pid      ptyp
          3         0
 $ #     sid      styp      vad    dof   lcid1   lcid2     sf        vid
          1         2        11     5      3       2       1.
 $ #     nid      ntyp
         200        1
$ 定义二进制文件 D3ACS 的输出。
*DATABASE_FREQUENCY_BINARY_D3ACS
$ #   binary
          1
$ 定义计算结束条件。
*CONTROL_TERMINATION
  0.187970   0   0.000   0.000   50.000000
$ 设置时间步长控制参数。
*CONTROL_TIMESTEP
    0.000   0.800000
$ 设置重启动文件 D3DUMP 的输出。
*DATABASE_BINARY_D3DUMP
  10000.000
$ 设置二进制文件 D3PLOT 的输出。
*DATABASE_BINARY_D3PLOT
  0.001000
$ 设置二进制文件 D3THDT 的输出。
*DATABASE_BINARY_D3THDT
  5.0000E-4
$ 设置重启动文件 RUNRSF 的输出。
*DATABASE_BINARY_RUNRSF
  5000.0000
$ 定义车腔 Part。
*PART
acoustic medium
          3      3      3
$ 为空气定义实体单元算法。
*SECTION_SOLID
          3      2
$ 为空气定义材料模型及参数。
*MAT_ELASTIC_FLUID
$ #    mid         ro          e        pr       da       db          k
         3     1.23E-12   0.000    0.000    0.000    0.000    1.4103E-1
$ #      vc          cp
       0.000       0.000
$ 定义组成空气域的实体单元。
*ELEMENT_SOLID
  1041   3  108622  108623  108624  108625  183      170       887       886
```

```
......................................................................
  3728   3  111729   108969   109005   111044   111728   108967   109003   111042
$ 定义组成空气域的节点。
* NODE
       1
......................................................................
  111729  460.5716248  599.9999390  134.3750000
$ 定义输出数据的节点组。
* SET_NODE_LIST
        200     0.000      0.000      0.000      0.000
  110607
$ 定义载荷曲线。
* DEFINE_CURVE
         2           0     0.000      0.000      0.000      0.000      0
               0.000                 0.000
      1000.0000000                   0.000
$ 定义载荷曲线。
* DEFINE_CURVE
         3           0     0.000      0.000      0.000      0.000      0
               0.000            7.0000000
      1000.0000000              7.0000000
$ 定义加载的面段组。
* SET_SEGMENT
       1
  108873  108909  108908  108872
.................................................................
  108872  108908  108907  108871
* END
```

#### 11.7.2.3 数值计算结果

声压计算结果如图 11-22 所示,可见,对于此简化模型,在低频范围内,在汽车前部如驾驶员位置,声压较高。

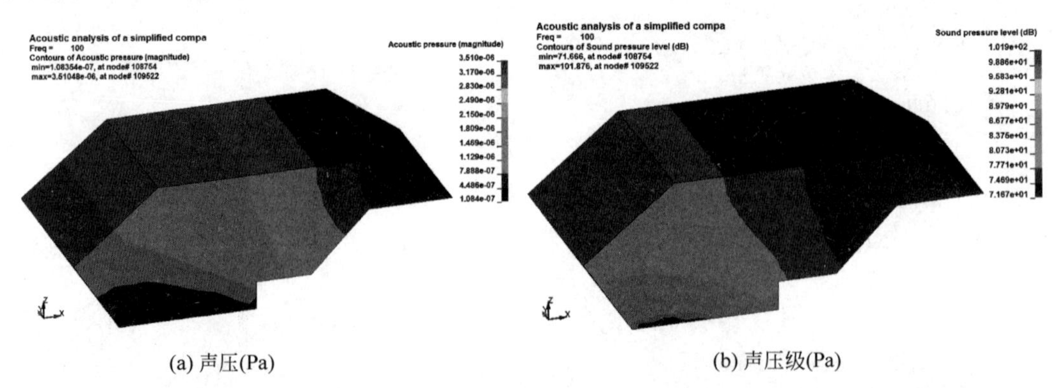


(a) 声压(Pa)　　(b) 声压级(Pa)

图 11-22　车腔声压分布图

节点 110607 处的噪声如图 11-23 所示。

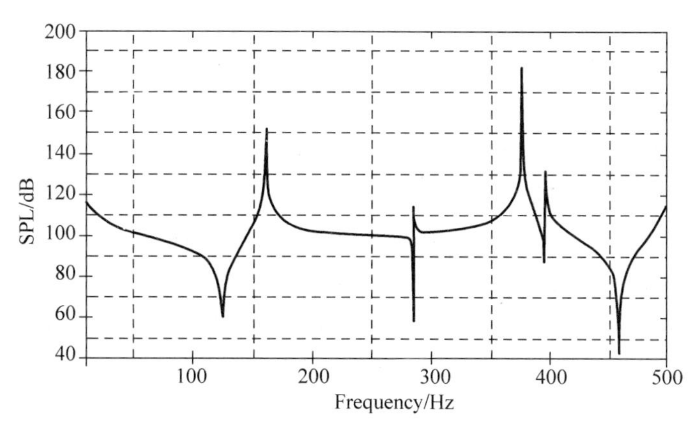


图 11-23 节点 110607 处的噪声水平(分贝)曲线

# 11.8 随机振动

在结构的动力响应分析中,随机振动分析(random vibration analysis)是经常用到的数值工具。

工程实践中的很多结构所受荷载是随机的,即不确定的,如风力发电设备中金属叶片受到的风力荷载、石油钻井平台受到的海浪压力、汽车行驶中轮子受到的地面作用力等。虽然这些荷载在时间域内具有一定的随机性,但是经过多次的记录和统计分析,可以看到它们在频域内的分布依然具有一定的规律。换句话说,它们在频域内的功率谱密度函数(power spectral density)是一定的。这就为我们在频域内对其进行分析提供了基础。

同时,工程实践中的很多结构所受荷载是长期的,动辄以日、月或年计。如港口平台所受的潮汐压力、风力发电设备在其寿命周期内的受力历程。这样的超长周期荷载为传统的时域分析带来了巨大的困难。随机振动分析,为此类超长周期荷载的问题,提供了一种快捷、方便的替代分析工具。

随机振动分析的目的,就是要得到结构响应在一定频率范围内的分布函数及均方根(root mean square,RMS)。这些计算结果,不仅能有助于预测振动响应的集中频率、幅度,判别结构的应力集中、变形集中区域,也能用于结构的疲劳分析。

## 11.8.1 关键字和后处理

在 LS-DYNA 中,随机振动是在结构模态分析的基础上,通过模态叠加的方法得到。采用关键字 * FREQUENCY_DOMAIN_RANDOM_VIBRATION 计算随机振动响应,在此关键字中指定荷载输入的位置、方向、类型、频谱曲线、阻尼,以及响应输出的位置、方向、类型和计算中使用到的模态范围等。计算结果包括结构各节点的位移、速度、加速度和单元应力的频谱响应。

LS-DYNA 采用二进制文件 D3PSD 来存储随机振动响应的 PSD 值,包括节点的位移、速度、加速度和各单元的各应力分量、Von Mises 应力。同 D3PLOT 一样，D3PSD 包含多个状态（state），每个状态对应于一个频率响应 PSD。由关键字 * DATABASE_FREQUENCY_BINARY_D3PSD 来定义输出频率范围（最大和最小输出频率）、分布方式等（如线性分布、对数分布或者偏向于结构自振频率的分布）。和 D3PLOT、D3EIGV 等数据库文件一样，D3PSD 可用后处理软件 LS-PrePost 打开。

LS-DYNA 采用二进制文件 D3RMS 来存储随机振动响应的 RMS 值。D3RMS 只有一个状态。D3RMS 文件的输出由关键字 * DATABASE_FREQUENCY_BINARY_D3RMS 来控制，该文件可用后处理软件 LS-PrePost 打开。

用户也可以输出节点结果文件 NODOUT_PSD 和单元结果文件 ELOUT_PSD，用于表达节点位移、速度、加速度和单元应力的 PSD 值。NODOUT_PSD 中输出的节点通过关键字 * DATABASE_HISTORY_NODE 定义；ELOUT_PSD 中输出的单元通过关键字 * DATABASE_HISTORY_SOLID、* DATABASE_HISTORY_BEAM、* DATABASE_HISTORY_SHELL、* DATABASE_HISTORY_TSHELL 分别定义。NODOUT_PSD 和 ELOUT_PSD 存储在二进制文件 BINOUT 中，可在 LS-PrePost 中处理显示。

## 11.8.2 压力作用下平板随机振动计算算例

### 11.8.2.1 计算模型概况

计算图 11-24 所示的正方形平板在均匀分布的压力作用下的随机振动响应。压力 PSD 曲线如图 11-25 所示。

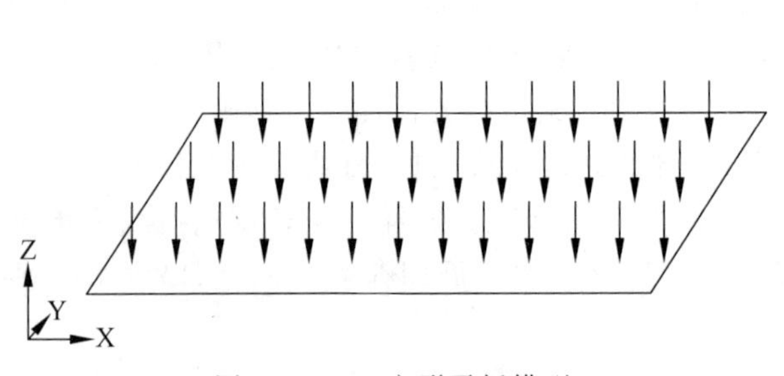


图 11-24 正方形平板模型

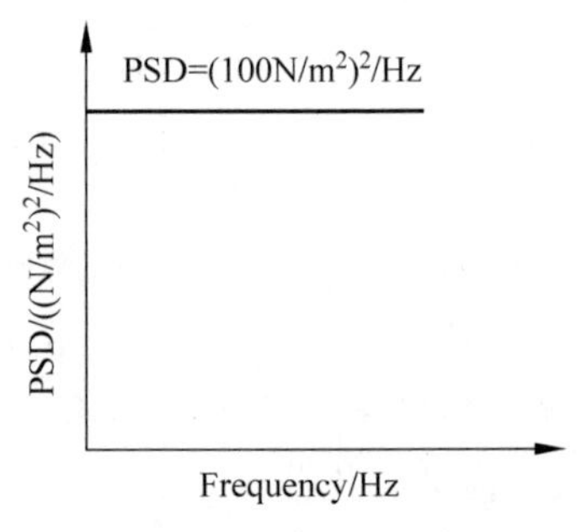


图 11-25 压力 PSD 曲线

此平板长、宽均为 10m，厚 0.05m，约束平板部分自由度。材料弹性模量 200GPa，泊松比 0.3，密度 8000kg/$m^3$。计算单位制采用 kg-m-s-N-Pa。

### 11.8.2.2 关键字文件讲解

```
$ 首行 * KEYWORD 表示输入文件采用的是关键字输入格式。
* KEYWORD
$ 设置分析作业标题。
* TITLE
Benchmark example of rectangular plate for random vibration
$ 设置随机振动计算控制参数。
* FREQUENCY_DOMAIN_RANDOM_VIBRATION
```

```
$ #    mdmin     mdmax    fnmin     fnmax    restrt              restrm
          1        16     0.000     0.000       0
$ #    dampf     lcdam    lctyp    dmpmas    dmpstf    dmptyp
    0.020000       0        0     0.000     0.000        0
$ #   vaflag    method     unit      umlt     vapsd     varms     napsd     ncpsd
         2         1        0     0.000       0         0         0         0
$ #    ldtyp   ipanelu  ipanelv   temper              dsflag
         0         0        0
$ #      sid     stype      dof     ldpsd     ldvel     ldflw     ldspn       cid
         1         2        3      2001       0         0         0         0
$ 设置将 NODOUT_PSD 数据输出至 BINOUT 文件中。
*DATABASE_FREQUENCY_ASCII_NODOUT_PSD
$ #      fmin         fmax     nfreq    fspace    lcfreq
    1.000000    10.000000     9001        0         0
$ 设置将 ELOUT_PSD 数据输出至 BINOUT 文件中。
*DATABASE_FREQUENCY_ASCII_ELOUT_PSD
$ #      fmin         fmax     nfreq    fspace    lcfreq
    1.000000    10.000000     9001        0         0
$ 设置 D3PSD 文件的输出。
*DATABASE_FREQUENCY_BINARY_D3PSD
$ #     binary
           1
$ #      fmin         fmax     nfreq    fspace    lcfreq
    1.000000    10.000000       91        0         0
$ 设置 D3RMS 文件的输出。
*DATABASE_FREQUENCY_BINARY_D3RMS
$ #    binary
         1
$ 通知 LS-DYNA 进行特征值分析。
*CONTROL_IMPLICIT_EIGENVALUE
$ #     neig    center    lflag    lftend     rflag    rhtend    eigmth    shfscl
        100     0.000       0     0.000       0      0.000       0       0.000
$ #   isolid     ibeam   ishell   itshell    mstres
         0         0        0         0         1
$ 激活隐式分析,设置相关控制参数。
*CONTROL_IMPLICIT_GENERAL
$ #   imflag       dt0     imform    nsbs     igs     cnstn     form    zero_v
         1    1.000000       0        0       0         0        0        0
$ *定义隐式分析所用的求解器类型。
*CONTROL_IMPLICIT_NONLINEAR
$ #   nsolvr    ilimit   maxref     dctol     ectol   not used    lstol      rssf
         1         0        0     0.000     0.000     0.000     0.000     0.000
$ #    dnorm    diverg    istif   nlprint
         0         0        0         0
$ #   arcctl    arcdir   arclen    arcmth    arcdmp
         0         0     0.000        1         2
$ 定义计算结束条件。
*CONTROL_TERMINATION
   1.000000        0     0.000     0.000     0.000
$ 设置二进制文件 D3PLOT 的输出。
*DATABASE_BINARY_D3PLOT
```

```
    0.000       0       0       0       0
$ 为节点组定义输出 NODOUT_PSD 数据。
* DATABASE_HISTORY_NODE_SET
         6       0       0       0       0       0       0       0
$ 为壳单元组定义输出 ELOUT_PSD 数据。
* DATABASE_HISTORY_SHELL_SET
         1       0       0       0       0       0       0       0
$ 为节点组定义约束。
* BOUNDARY_SPC_SET
         1       0       1       1       0       0       0       1
$ 定义节点组。
* SET_NODE_LIST
         1   0.000   0.000   0.000   0.000MECH
         1       2       3       4       5       6       7       8
......................................................................
      6561
$ 为节点组定义约束。
* BOUNDARY_SPC_SET
         2       0       0       0       1       1       0       0
$ 定义施加约束的节点组。
* SET_NODE_LIST
         2   0.000   0.000   0.000   0.000MECH
        26      25      24      23      22      21      20      19
......................................................................
        81
$ 为节点组定义约束。
* BOUNDARY_SPC_SET
         3       0       0       0       1       1       0       0
$ 定义施加约束的节点组。
* SET_NODE_LIST
         3   0.000   0.000   0.000   0.000MECH
      6498    6499    6500    6501    6502    6503    6504    6505
......................................................................
      6481
$ 为节点组定义约束。
* BOUNDARY_SPC_SET
         4       0       0       0       1       0       1       0
$ 定义节点组。
* SET_NODE_LIST
         4   0.000   0.000   0.000   0.000MECH
      5185    5266    5347    5428    5509    5590    5671    5752
......................................................................
         1
$ 为节点组定义约束。
* BOUNDARY_SPC_SET
         5       0       0       0       1       0       1       0
$ 定义节点组。
* SET_NODE_LIST
         5   0.000   0.000   0.000   0.000MECH
      4860    4941    4779    4698    4617    4536    4455    4374
......................................................................
      6561
```

```
$ 定义面段组。
* SET_SEGMENT
         1
      6456      6457      6376      6375
..................................................................
       335       336       255       254
$ 定义 Part。
* PART
shell_4p
         1         1         1         0         0         0         0         0
$ 定义壳单元算法。
* SECTION_SHELL
         1        20  0.833000         3         3         0         0         0
  0.050000  0.050000  0.050000  0.050000     0.000     0.000     0.000         0
$ 为平板定义材料模型及参数。
* MAT_ELASTIC
         1  8000.0000  2.0000E+11  0.300000     0.000     0.000         0
$ 定义加载曲线。
* DEFINE_CURVE
      2001         0     0.000     0.000     0.000     0.000         0
         0.1000000       10000.000000
        40.0000000       10000.000000
$ 定义节点组,以输出数据。
* SET_NODE_LIST
         6     0.000     0.000     0.000     0.000
      3281         0         0         0         0         0         0         0
$ 定义面段组,以输出数据。
* SET_SHELL_LIST
         1     0.000     0.000     0.000     0.000
      3160      3161      3240      3241         0         0         0         0
$ 定义单元。
* ELEMENT_SHELL
       1       1      82      83       2       1
..................................................................
    6400       1    6560    6561    6480    6479
$ 定义节点。
* NODE
       1              0.000              0.000         0.000         0         0
..................................................................
    6561         10.0000000         10.0000000         0.000         0         0
$ * END 表示关键字输入文件的结束。
* END
```

#### 11.8.2.3　数值计算结果

计算得到的平板垂向(Z 方向)位移和 Von Mises 应力的 RMS 分布如图 11-26～图 11-27 所示。

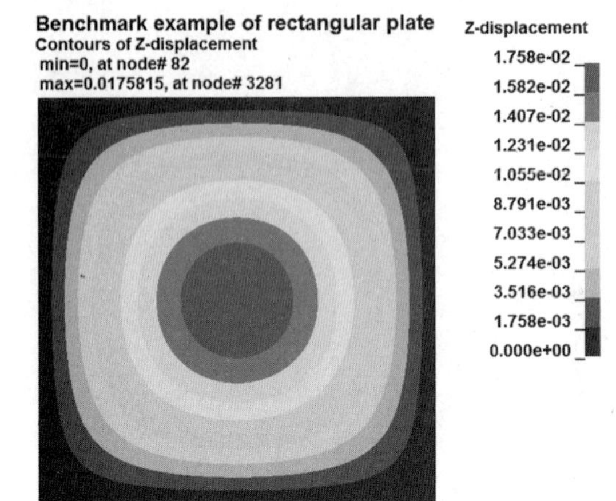


图 11-26 垂向位移 RMS

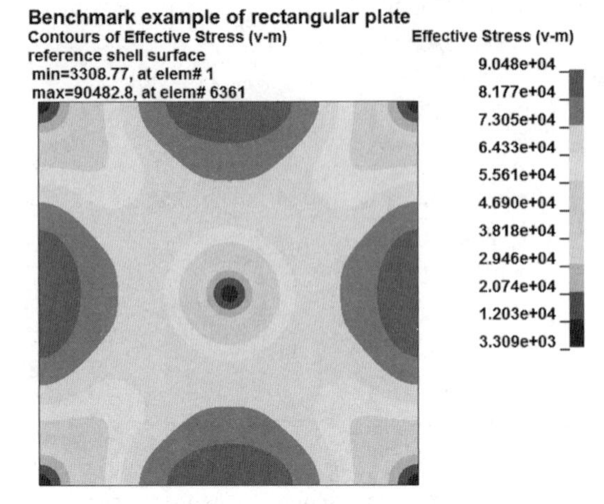


图 11-27 Von Mises 应力 RMS

## 11.9 随机振动疲劳

在工程实践中，疲劳破坏是常见的失效、破坏形式之一。

疲劳破坏是结构在远小于屈服强度的外力反复加载下的破坏。虽然结构受到的应力远小于屈服强度，但是经过足够多次的应力循环和损伤累积，结构仍然会出现裂缝，且裂缝失稳扩展。

LS-DYNA 疲劳分析可在时域和频域内进行。对于频域疲劳分析，指标变量是应力，方法基于 S-N 曲线，在稳态振动或随机振动分析的基础上，计算各应力的循环次数，进而根据材料 S-N 曲线和荷载作用时间，计算疲劳损伤系数。时域疲劳分析一般采用雨流计数法进行，应力和应变都可以作为变量，因此可以使用 S-N 曲线和 E-N 曲线。如果荷载历程很长，时域疲劳将会花费较长时间。

在疲劳分析中，根据塑性应变的大小，可分别采用基于应力或基于应变的分析方法。对于低应力、高周循环（循环次数高于 $10^5$）的情况，可以使用基于材料 S-N 曲线的、以应力为指标的分析方法；而对于高应力、低周循环（循环次数低于 $10^5$）的情况，应采用基于材料 E-N 曲线的、以应变为指标的分析方法。

随机疲劳分析在飞机、汽车、铁路、国防、海洋工程等行业都有非常广泛的应用。

### 11.9.1 如何定义 S-N 曲线

材料的 S-N 曲线是材料的特性之一，往往需要重复上百次的试验才能获得。典型的金属材料的 S-N 曲线见图 11-28。

S-N 曲线往往是通过试件的单轴拉伸试验来获得。实际结构的应力状态往往是三维的，因此常常使用 Von Mises 应力，或第一主应力，或最大剪应力等来作为应力指标，通过对比 S-N 曲线，得到结构在给定应力条件下疲劳破坏所需的循环次数 $N$。S-N 材料试验中的应力循环是完整循环的（例如从 $-S$ 到 $+S$），无平均应力（mean stress）。但对于实际结构

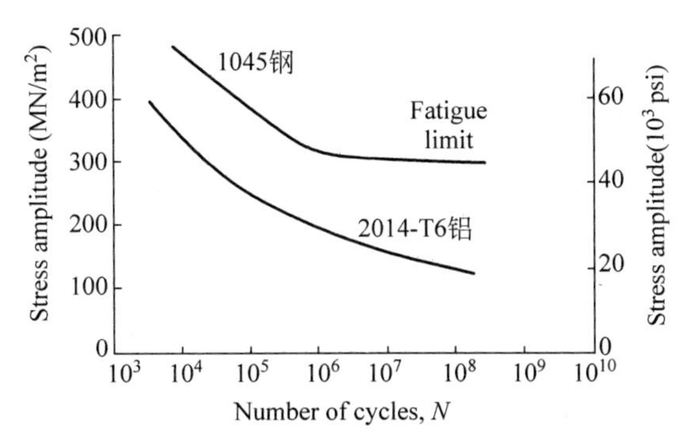


图 11-28　1045 钢和 2014-T6 铝的 S-N 曲线

的应力状态，往往需要考虑非零的平均应力，并根据温度、表面处理等条件对 S-N 曲线进行修正。

有些材料（如一些低强度碳合金和不锈钢、钛合金等）的 S-N 曲线有明显的临界值。当应力值低于该临界值时，不论经历多少次应力循环，都不会对材料造成损伤。如图 11-28 中 1045 钢所示。但另一些材料，如铝、铜、镍、一些高强度碳合金、磁铁等，其 S-N 曲线没有临界值。不论是多低的应力值，经过足够次数的循环后，都会对材料造成损伤，如图 11-28 中 2014-T6 铝。

LS-DYNA 中提供了 3 种选项来考虑当应力低于 S-N 曲线中最小值时，疲劳破坏所需的循环次数 N：

（1）采用 S-N 曲线中最低应力值对应的 N 作为破坏所需循环次数（这个选项偏保守）。

（2）根据 S-N 曲线中的最后两点外插。

（3）假设破坏所需循环次数为无限次（适用于 S-N 曲线有临界值的情况，如 1045 钢）。

LS-DYNA 提供了 3 种方法定义材料的 S-N 曲线：

（1）使用 *DEFINE_CURVE 定义。

（2）使用指数公式 $NS^m = a$ 定义。这里，$N$ 代表在应力幅值 $S$ 下疲劳破坏所需的循环次数。$m$ 和 $a$ 为材料参数，可通过试验测得。

（3）使用对数公式 $\log S = a - b\log N$ 定义。这里，$a$ 和 $b$ 为材料参数。

## 11.9.2　米勒线性累积疲劳理论

米勒累积疲劳理论也叫 Palmgren-Miner 理论。该理论最早由 A. Palmgren 在 1924 年提出，在 1945 年被 M. A. Miner 推广。根据这个理论，假设一个结构受到 $k$ 个不同的应力水平作用，且按每个应力水平导致的疲劳损伤系数为 $n_i / N_i$，则结构总的疲劳损伤系数可表达为

$$R = \sum_{i=1}^{k} \frac{n_i}{N_i} \tag{11.20}$$

这里，$n_i$ 为应力水平 $S_i$ 的循环次数；$N_i$ 代表在应力幅值 $S_i$ 下疲劳破坏所需的循环次数，根据材料的 S-N 曲线得到。

可以看到，米勒理论是一个线性理论，其基本假设是各应力引起的疲劳损伤彼此独立，

故可以线性叠加。根据米勒理论，当 $R=1$ 时，疲劳失效就发生了。

### 11.9.3 疲劳分析方法

在 LS-DYNA 中，提供了以下几种常用的方法来计算 $R$：

- 三应力法。
- Dirlik 方法。
- Narrow band 方法。
- Wirsching 方法。
- Chaudhury& Dover 方法。
- Tunna 方法。
- Hancock 方法。

这些方法基于不同的假设计算各应力水平的分布概率或概率密度函数（probability density function，PDF），再计算各应力的循环次数。例如，三应力法只统计结构在 $1\sigma$（1 倍标准偏差）、$2\sigma$（2 倍标准偏差）、$3\sigma$（3 倍标准偏差）下的疲劳损伤。结构的应力响应假设符合正态分布。对于 Dirlik 方法，需计算应力功率谱密度函数的矩（moments），因此计算较为复杂，耗费 CPU 时间也较长。

对于三应力法，$R$ 的计算公式为

$$R=\frac{n_1}{N_1}+\frac{n_2}{N_2}+\frac{n_3}{N_3} \tag{11.21}$$

其中，$n_1=E(0).\mathrm{T}.0.683$，$n_2=E(0).\mathrm{T}.0.271$，$n_3=E(0).\mathrm{T}.0.0433$，分别为 $1\sigma$、$2\sigma$、$3\sigma$ 下的循环次数。$E(0)$是带有正斜率的过零（zero-crossing）频率，T 为载荷的作用时间。

建议随机振动疲劳分析时采用线性材料模型如 *MAT_ELASTIC，单元类型也采用线性如 18 号（即在 *SECTION_SOLID 中设置 ELFORM = 18）。接触方式建议采用 *CONTACT_TIED，不建议采用其他类型接触。

### 11.9.4 关键字和后处理

随机振动疲劳分析由 *FREQUENCY_DOMAIN_RANDOM_VIBRATION_FATIGUE 关键字卡片激活，计算结构损伤比和预期寿命，可视为 *FREQUENCY_DOMAIN_RANDOM_VIBRATION 的扩展，即在随机振动分析的基础上，增加一些新的参数，进行疲劳分析计算。需要注意的是，结构往往由多种不同材料组成，因此常常需要定义多条 S-N 曲线，并应用于不同的 Part。

疲劳计算结果包括结构的累积疲劳损伤系数、预期寿命等。计算结果文件存储在二进制文件 D3FTG 中，需要使用关键字 *DATABASE_FREQUENCY_BINARY_D3FTG 来激活此文件的输出，可使用 LS-PrePost 显示该文件中的内容。D3FTG 文件中包括 6 个状态信息：

- 累积损伤疲劳系数。
- 预期疲劳寿命。
- 过零频率。

- 过峰(peak-crossing)频率。
- 不规则因子(irregularity factor)。
- 预期的疲劳周期。

不规则因子是一个介于0和1之间的小数。当它接近于0时,表示应力响应接近于宽带(broad band),即在广泛的频率范围内有均匀分布;当它接近于1时,表示应力响应接近于窄带(narrow band),即分布频率很窄或集中在少数的几个频率(这时更适宜采用narrow band疲劳分析方法)。

## 11.9.5 铝板疲劳分析算例

### 11.9.5.1 计算模型概况

图11-29所示局部(图中的NS1)固定在振动台上的铝板,受到加速度PSD的激励,荷载作用时间为30min。计算单位制采用kg-m-S-N-Pa。

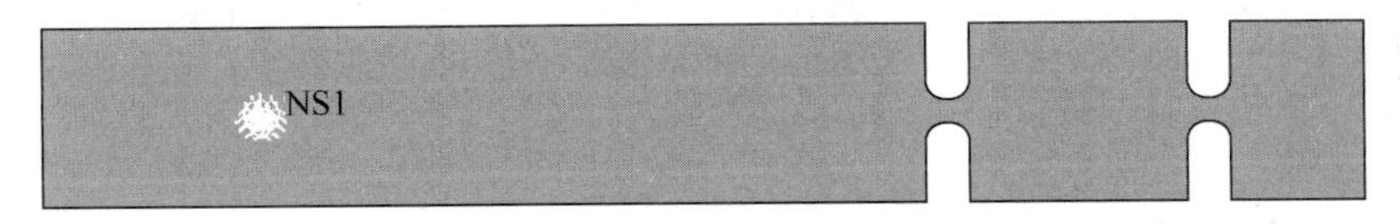


图11-29 铝板疲劳分析计算模型

LS-DYNA首先进行随机振动分析,得到各个应力分量和Von Mises应力的PSD和RMS分布。在随机振动分析结果的基础上,结合材料本身的S-N疲劳曲线,计算在各个应力水平下的疲劳损伤比,并根据米勒理论进行累加,从而得到各个单元的累积损伤比。

### 11.9.5.2 关键字文件讲解

```
$ 首行 * KEYWORD 表示输入文件采用的是关键字输入格式。
* KEYWORD
$ 设置分析作业标题。
Aluminium_beam
$ 激活随机振动疲劳分析。
* FREQUENCY_DOMAIN_RANDOM_VIBRATION_FATIGUE
$ #     mdmin     mdmax     fnmin     fnmax    restrt    restrm
            1        10     0.000     0.000         0
$ #     dampf     lcdam     lctyp    dmpmas    dmpstf    dmptyp
     0.035000         0         0     0.000     0.000         0
$ #    vaflag    method      unit      umlt     vapsd     varms     napsd     ncpsd
            1         0         1  0.000000         1         1         1
$ #     ldtyp   ipanelu   ipanelv    temper    ldflag
            0         0         0     0.000         1
$ #       sid     stype       dof     ldpsd     ldvel     ldflw     ldspn       cid
            0         0         3         1         0         0         0         0
$ #      mftg      nftg    sntype    texpos     stfsf     inftg
            2         1         0   1800.00
$ #       pid      lcid     ptype     ltype         a         b    sthres    snlimt
            1         2         0         1                                       2
$ 设置 D3PSD 文件的输出。
```

```
*DATABASE_FREQUENCY_BINARY_D3PSD
$#    binary
          1
$#      fmin        fmax     nfreq    fspace    lcfreq
     10.000   300.00000       290         0         0
$设置 D3RMS 文件的输出。
*DATABASE_FREQUENCY_BINARY_D3RMS
$#    binary
          1
$设置 D3FTG 文件的输出。
*DATABASE_FREQUENCY_BINARY_D3FTG
$#    binary
          1
$通知 LS-DYNA 进行特征值分析。
*CONTROL_IMPLICIT_EIGENVALUE
$#      neig    center     lflag      lftend     rflag      rhtend    eigmth    shfscl
          10     0.000         0  -1.000E+29         0  1.0000E+29         2     0.000
$#    isolid     ibeam    ishell     itshell    mstres
           0         0         0           0         1
$激活隐式分析,设置相关控制参数。
*CONTROL_IMPLICIT_GENERAL
$#    imflag       dt0    imform      nsbs       igs     cnstn      form    zero_v
           1     0.000         2         1         2         0         0         1
$*定义隐式非线性分析所用的求解器类型。
*CONTROL_IMPLICIT_NONLINEAR
$#    nsolvr    ilimit    maxref     dctol     ectol  not used     lstol      rssf
           1         0         0     0.000     0.000     0.000     0.000     0.000
$#     dnorm    diverg    istif    nlprint
           0         0         0         0
$#    arcctl    arcdir    arclen    arcmth    arcdmp
           0         0     0.000         1         2
$定义计算结束条件。
*CONTROL_TERMINATION
   1.000000         0     0.000     0.000     0.000
$设置二进制文件 D3PLOT 的输出。
*DATABASE_BINARY_D3PLOT
   1.000000         0         0         0         0
$在节点组施加约束。
*BOUNDARY_SPC_SET
           1         0         1         1         1         1         1         1
$定义施加约束的节点组。
*SET_NODE_LIST
           1     0.000     0.000     0.000     0.000MECH
        5867      5865      5870      5868      5863      5862      5864      5866
        5869      5871      5873      5872      2221      2222      2223      2224
        2225      2226      2215      2216      2217      2218      2219      2220
$定义 Part。
*PART
```

```
aluminum_beam
         1         1         1         0         0         0         0         0
$定义壳单元算法。
*SECTION_SHELL_TITLE
beam
         1        18  1.000000         3         0         0         0         0
  0.001270  0.001270  0.001270  0.001270     0.000     0.000     0.000         0
$定义材料模型及参数。
*MAT_ELASTIC
         1 2800.0000  7.0000E+10  0.330000     0.000     0.000         0
$定义单元。
*ELEMENT_SHELL
    2030       1    2203    2204    2207    2208       0       0       0       0
.....................................................................................
    7735       1    4382    4381    4386    8188       0       0       0       0
$定义节点。
*NODE
    2195       0.1885002        0.0254000     0.000      0       0
.....................................................................................
    8189      -0.0095968       -0.0032071     0.000      0       0
$定义载荷曲线。
*DEFINE_CURVE_TITLE
PSD_vertical
         1         0     0.000     0.000     0.000     0.000         0
       10.0000000          0.0400000
.....................................................................................
      300.0000000          0.2000000
$定义S-N疲劳曲线。
*DEFINE_CURVE_TITLE
SN_FAT71
         2         0     0.000     0.000     0.000     0.000         0
      1.0000000e+005    1.0890000e+008
      1.0000000e+008    4.0600000e+007
*END
```

#### 11.9.5.3 数值计算结果

图 11-30 为在随机振动条件下，铝板 Von Mises 应力的 RMS 分布，LS-PrePost 显示操作步骤如下：

- FEM→Post→FriComp。
- 选择 Upp。
- 在 D3RMS 中单击 Von Mises stress。

图 11-31 为在随机振动分析结果的基础上计算得到的累积损伤比分布。对比图 11-30 和图 11-31 可以看到，累积损伤比最大值出现在 Von Mises 应力的 RMS 值最大的地方，即结构的 U 形缺口处，符合预期。累积损伤比最大值大于 1，因此，可以判断铝板已经出现了疲劳破坏。

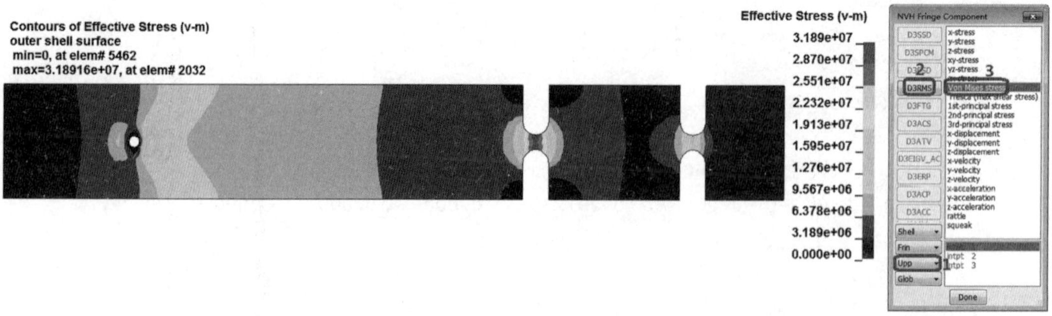

图 11-30 铝板 Von Mises 应力的 RMS 分布

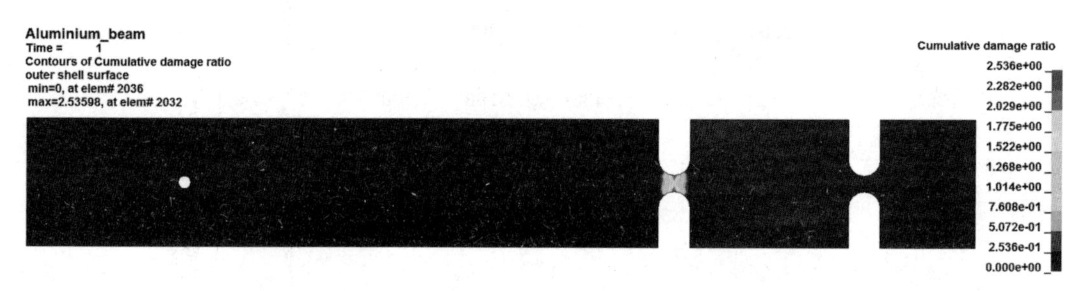


图 11-31 累积损伤比分布

## 11.10 时域疲劳

LS-DYNA 的时域疲劳分析通过对应力或应变的时程响应进行雨流计数统计，结合材料的 S-N 曲线或 E-N 曲线，计算材料的累积损伤比和预期疲劳寿命。得益于 LS-DYNA 强大丰富的时程应力、应变求解工具（显式、隐式、热力学、流固耦合、电磁、ICFD 或 CESE 等，见图 11-32），LS-DYNA 的时域疲劳求解器可提供多种物理场工况、多种加载方式和多种边界条件下的疲劳分析。

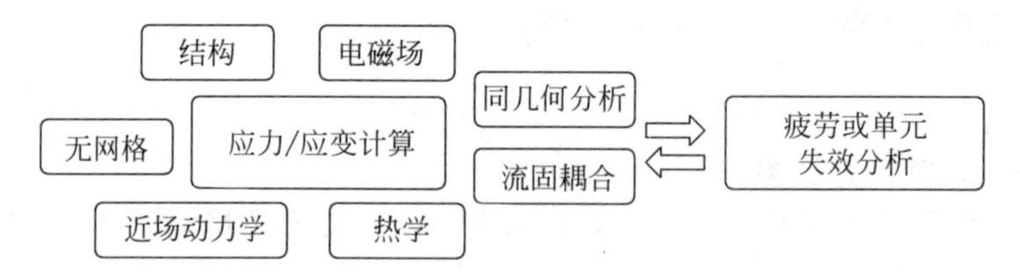


图 11-32 多物理场耦合时域疲劳分析

LS-DYNA 时域疲劳分析非常适合进行非线性疲劳分析，求解器分为两种，分别基于应力和应变。

### 11.10.1 关键字和后处理

时域疲劳分析关键字为 * FATIGUE。要进行平均压力校正，需要关键字 * FATIGUE_MEAN_STRESS_CORRECTION。

在时域中进行疲劳分析的一种简单方法是使用ELOUT中保存的应力/应变数据(请参见 * DATABASE_ELOUT、* DATABASE_HISTORY_SHELL、* DATABASE_HISTORY_SOLID)。要使用ELOUT,只需要将选项ELOUT添加到 * FATIGUE并跳过此关键字中的前两张卡片。如要将应变结果保存到ELOUT,需要在 * DATABASE_EXTENT_BINARY中设置STRFLG=1。

材料的疲劳属性可以通过关键字 * MAT_ADD_FATIGUE(对于S-N曲线)或 * MAT_ADD_FATIGUE_EN(对于E-N曲线)来定义。

还可以基于Goodman方法、Soderberg方法、Gerber方法和仅拉伸张力的Goodman方法以及Gerber方法(参见 * FATIGUE_MEAN_STRESS_CORRECTION)进行平均应力修正。

* FATIGUE_FAILURE可以预定义单元的疲劳损伤比阈值,达到该阈值的失效单元将在后续的计算中从结构中移除,实现结构力学分析和疲劳分析的无缝耦合。

时域疲劳功能仅存在于LS-DYNA R11.0以后版本,时域疲劳分析的计算结果文件D3FTG中仅提供累积损伤比(cumulative damage ratio),其他结果均为零。

## 11.10.2 基于应力的时域疲劳分析算例

### 11.10.2.1 计算模型概况

一端固定的金属管模型(见图11-33)经受温度震荡。这种管道可以是炮管或枪管,温度震荡可能是由于持续的枪弹发射,由温度震荡引起的应力循环会引起金属的疲劳损坏。在足够数量的射击次数后,累积损伤比达到1就表明枪管寿命的结束。

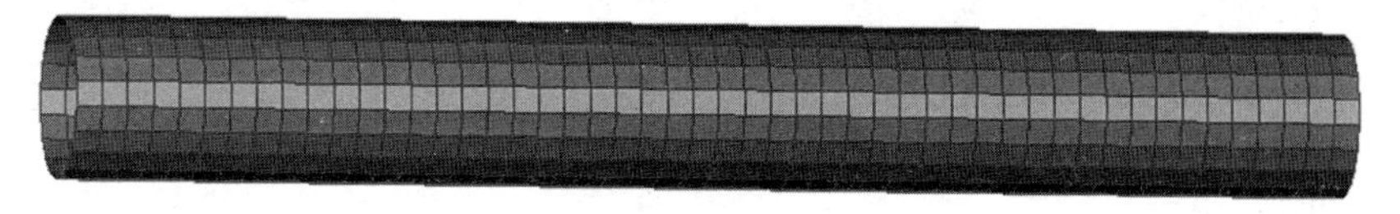

图11-33 计算网格

金属管材料模型采用 * MAT_ELASTIC_PLASTIC_THERMAL,疲劳属性由 * MAT_ADD_FATIGUE定义,S-N曲线见图11-34,采用 * LOAD_THERMAL_LOAD_CURVE关键字定义图11-35所示的温度载荷。计算单位制采用ton-mm-s-N-MPa。

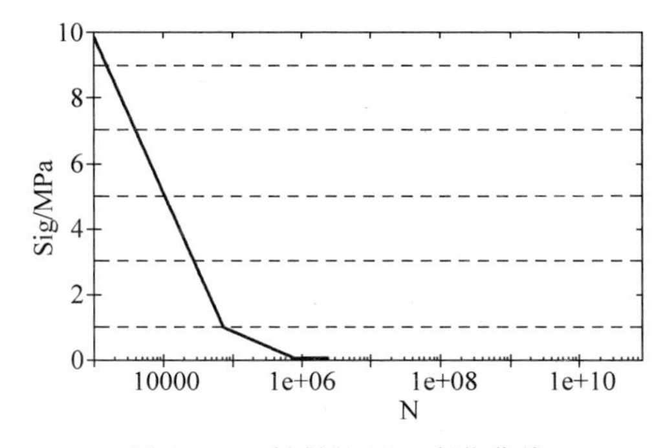


图11-34 材料的S-N疲劳曲线

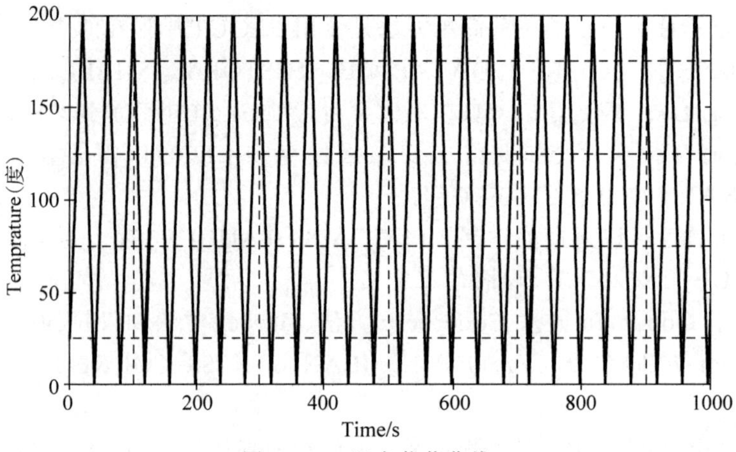


图 11-35 温度载荷曲线

### 11.10.2.2 关键字文件讲解

```
$首行*KEYWORD表示输入文件采用的是关键字输入格式。
*KEYWORD
$设置分析作业标题。
*TITLE
pipe simulation
$为材料添加疲劳属性。
*MAT_ADD_FATIGUE
$#      mid     lcid     ltype     a        b    sthres    snlimt    sntype
          2     400        0      0.0      0.0     0.0        0         0
$启动疲劳分析。
*FATIGUE_ELOUT
$#    ssid  sstype
$
$#      dt
$
$#    stres   index

$为材料定义半对数S-N疲劳曲线。
*DEFINE_CURVE
        400        0        1.0        1.0        0.0        0.0        0        0
             100.0                    10.0
..................................................................................
   8.0000000000e+09   9.9999997474e-07
$施加温度载荷曲线。
*LOAD_THERMAL_LOAD_CURVE
$#      lcid     lciddr
        888        0
$为材料定义温度载荷曲线。
*DEFINE_CURVE
        888        0        1.0        1.0        0.0        0.0        0        0
               0.0                     0.0
..................................................................................
            1000.0                     0.0
```

```
$ 定义附加时程变量的输出。
*DATABASE_EXTENT_BINARY
$ #   neiph     neips    maxint    strflg    sigflg    epsflg    rltflg    engflg
          0         0         0         0         1         1         1         1
$ #  cmpflg    ieverp    beamip     dcomp      shge     stssz    n3thdt   ialemat
          0         0         1         1         1         1         2         1
$ # nintsld   pkp_sen      sclp     hydro     msscl     therm    intout    nodout
          0         0  1.000000         0         0             0STRESS    STRESS
$ #    dtdt    resplt
          0         0
$ 定义计算结束条件。
*CONTROL_TERMINATION
     1000.0         0     0.000     0.000     0.000
$ 设置二进制文件 D3PLOT 的输出。
*DATABASE_BINARY_D3PLOT
        10.         0         0         0         0
$ 设置二进制文件 D3THDT 的输出。
*DATABASE_BINARY_D3THDT
  100.00000         0         0         0         0
$ 使用 ELOUT 中保存的应力/应变数据进行时域疲劳分析。
*DATABASE_ELOUT
1.00000E-5          2         0         1         0         0         0         0
$ 定义输出单元组的数据。
*DATABASE_HISTORY_SHELL_SET
          1         0         0         0         0         0         0         0
$ 施加边界固定约束。
*BOUNDARY_SPC_SET
          1         0         1         1         1         1         1         1
$ 定义施加约束的节点组。
*SET_NODE_LIST
          1     0.000     0.000     0.000     0.000MECH
       1000      1001      1102      1153      1204      1255      1306      1357
       1408      1459      1510      1611      1662      1713      1764      1815
       1866      1917      1968      2019         0         0         0         0
$ 定义 Part。
*PART
pipe
          2         2         2         0         0         0         1         0
$ 定义壳单元算法。
*SECTION_SHELL
          2        16     0.000         3         0         0         0         0
  10.000000 10.000000 10.000000 10.000000     0.000     0.000     0.000         0
$ 定义材料模型及参数。
*MAT_ELASTIC_PLASTIC_THERMAL
          2   0.00283
       -1.0     100.0       0.0       0.0       0.0       0.0       0.0       0.0
      207.0     207.0       0.0       0.0       0.0       0.0       0.0       0.0
       0.29      0.29       0.0       0.0       0.0       0.0       0.0       0.0
1.00000E-6 1.00000E-6       0.0       0.0       0.0       0.0       0.0       0.0
       0.45      0.45       0.0       0.0       0.0       0.0       0.0       0.0
       0.15      0.15       0.0       0.0       0.0       0.0       0.0       0.0
```

```
$ 定义壳单元组。
* SET_SHELL_LIST
         1        0.0        0.0        0.0        0.0
      1000       1001       1002       1003       1004       1005       1006       1007
......................................................................................
      1992       1993       1994       1995       1996       1997       1998       1999
$ 定义壳单元。
* ELEMENT_SHELL
    1000    2    1000    1001    1002    1003
......................................................................................
    1999    2    2018    1511    1510    2019
$ 定义节点。
* NODE
    1000     635.0000000     -635.0000000      89.6224976     0     0
......................................................................................
    2019     659.3049316     -635.0000000     243.0779724     0     0
$ * END 表示关键字输入文件的结束。
* END
```

#### 11.10.2.3 数值计算结果

金属管累积损伤比分布见图 11-36，由图可见，峰值出现在金属管中部，这与图 11-37 中 Von Mises 应力峰值的位置一致。

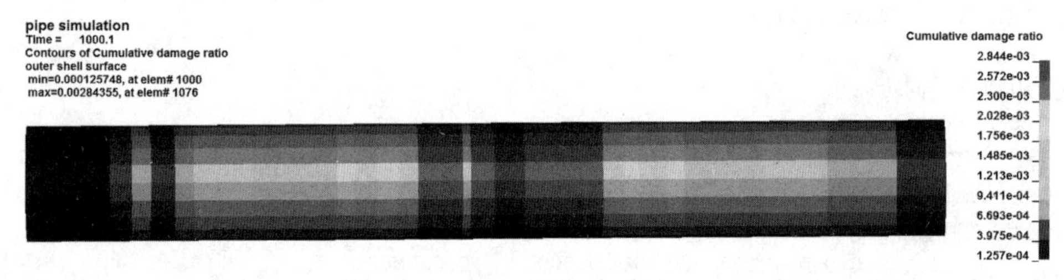


图 11-36 金属管累积损伤比分布

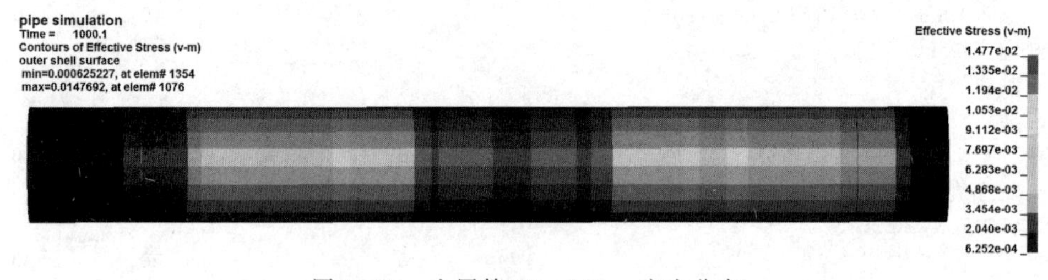


图 11-37 金属管 Von Mises 应力分布

### 11.10.3 基于应变的时域疲劳分析

虽然许多结构和工程零件在正常工作载荷下处于弹性受力状态，但由于局部应力集中可能产生屈服，并导致裂纹萌生。基于应变的疲劳分析需要描述材料对循环弹塑性应变的响应，以及这些应变与裂纹萌生的疲劳寿命之间的关系。

基于应变的疲劳分析，使用局部应变寿命方程：

$$\frac{\Delta\varepsilon}{2}=\frac{\sigma'_f}{E}(2N_f)^b+\varepsilon'_f(2N_f)^c \tag{11.22}$$

使用 Smith-Watson-Topper 平均应力校正，等式(11.22)变为

$$\frac{\Delta\varepsilon}{2}\sigma_{\max}=\frac{(\sigma'_f)^2}{E}(2N_f)^{2b}+\sigma'_f\varepsilon'_f(2N_f)^{b+c} \tag{11.23}$$

使用 Morrow 平均应力校正，等式(11.22)变为

$$\frac{\Delta\varepsilon}{2}=\frac{\sigma'_f-\sigma_{\mathrm{m}}}{E}(2N_f)^b+\varepsilon'_f(2N_f)^c \tag{11.24}$$

式(11.22)～式(11.24)中，$\Delta\varepsilon$ 为应变幅值；$N_f$ 为耐久性或失效的循环次数；$b$ 为疲劳强度指数；$\sigma_f'$为疲劳强度系数；$\sigma_{\max}$ 为最大压力；$\sigma_{\mathrm{m}}$ 为平均压力；$c$ 为疲劳延性指数；$\varepsilon_f'$为疲劳延性系数，即 $2N_f=1$ 时的塑性应变振幅；$E$ 为弹性模量。

如果在应力-应变循环计算中使用纯弹性材料，则使用 Neuber 规则将弹性应力/应变转换为局部真应力/应变：

$$\sigma\varepsilon=\sigma^e\varepsilon^e \tag{11.25}$$

其中，$\sigma$ 与 $\varepsilon$ 是局部应力和应变，$\sigma^e$ 与 $\varepsilon^e$ 是弹性应力和应变。

基于应变的疲劳分析采用 *MAT_ADD_FATIGUE_EN，适用于低循环数、高应力幅值的工况。

## 11.11 响应谱分析

响应谱分析通过输入地震波或其他冲击荷载的频谱，利用模态组合方法(CQC 和 SRSS 等)，求取结构响应的最大值。

响应谱分析在土木、水利等建筑行业有着十分重要的应用，可为土木工程师提供极端条件下结构安全的评估。到今天为止，响应谱法仍然是结构地震响应分析中应用最广泛的方法。特别是对于重要建筑物如桥梁、高层建筑、核反应堆等的抗震设计和分析，响应谱分析起着不可替代的作用。目前 LS-DYNA 的响应谱分析已扩展至动态设计分析方法(dynamic design analysis method，DDAM)，可用于舰船设备的抗水下爆炸冲击安全分析。

### 11.11.1 输入响应谱

响应谱分析用于计算结构在地震或其他激励条件下可能出现的最大响应。响应谱包括位移谱、速度谱和加速度谱，定义为在给定的激励(如地震加速度)作用时间内，单自由度体系的峰值位移响应、速度响应和加速度响应随体系自振周期变化的曲线。实际上，由于阻尼的影响，试验或者测试中得到的响应谱应该为一组曲线。每一条曲线对应于一个阻尼系数。图 11-38 是一组具有相同阻尼 $\xi$、不同自振周期 $\omega$ 的单自由度体系，在同一地震作用下的最大反应，即为该地震的响应谱。

在工业和民用建筑上，常常采用一些著名的地震加速度记录作为设计和研究的依据，例如，图 11-39 所示的 1940 年 EI Centro 地震南北方向水平地面加速度记录，这是世界上第一条成功记录全过程数据的地震波，对于人类地震的研究有着重大的意义。

在响应谱分析中，往往采用设计响应谱作为输入。因为工程结构抗震设计需要考虑将

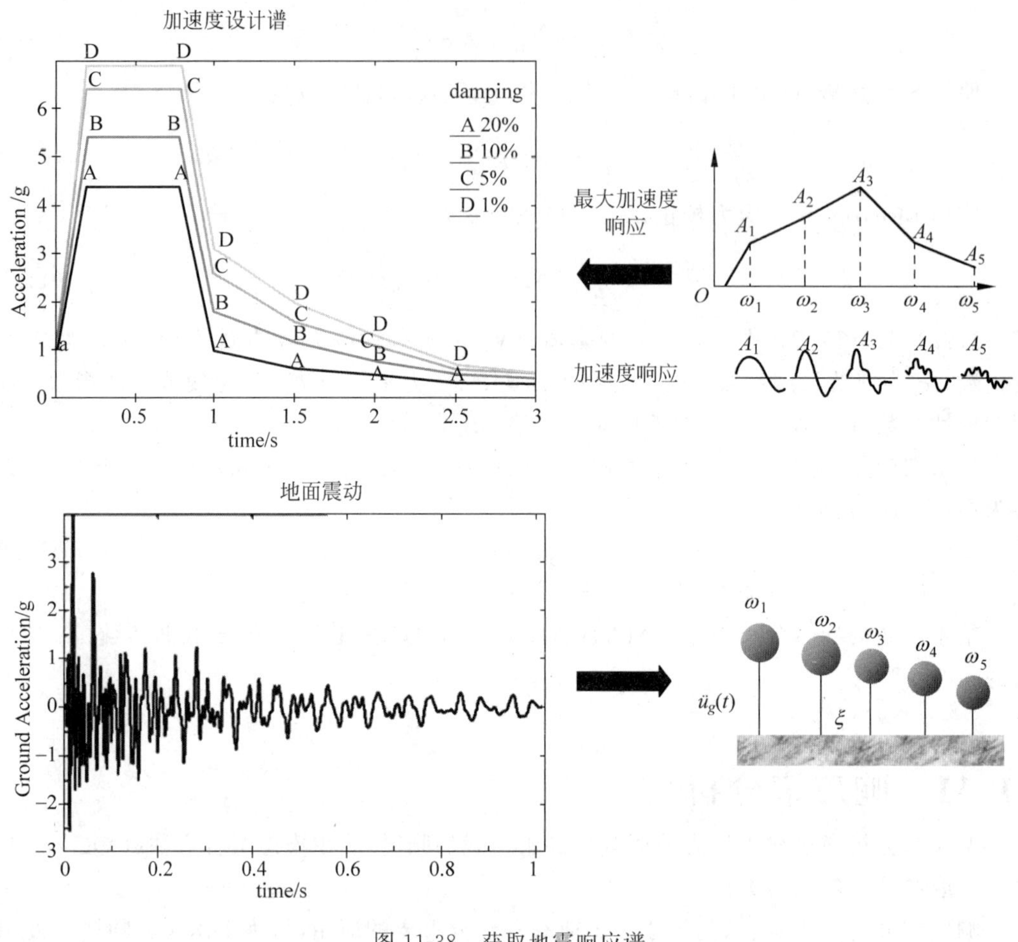


图 11-38 获取地震响应谱

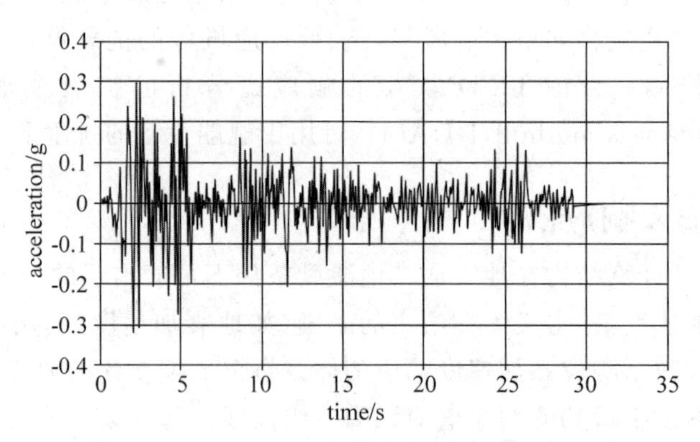


图 11-39 EI Centro 地震水平地面加速度记录

来发生的地震对结构造成的影响。由于地震的随机性，即使同一地点不同时间发生的地震也不会完全相同，因此地震响应谱也将不同。为便于工程抗震设计，在大量的调查研究和统计分析的基础上，考虑一定的安全系数，设计出标准的响应谱，成为设计响应谱。

### 11.11.2 响应谱分析理论基础

响应谱理论考虑了结构动力特性与激励(如地震)动特性之间的动力关系,通过响应谱计算由结构动力特性所产生的共振效应。但在计算中,对每个模态的响应,采用静力计算的方式,即将地震惯性力作为静力荷载作用到结构上。因此它是一种准动力理论。与时程分析相比,它虽然能够考虑结构各频段振动的振幅和频谱两个主要要素,但对于激励作用时间这一要素未得到体现。此外,响应谱法忽略了结构和地基的相互作用,将结构响应简化为弹性响应,而忽略了塑性变形。但它也有一定的优势,即由于无需分步积分,而是采用振型组合的方法,求解较快。在工程实践中,响应谱法已被工程界普遍接受。

### 11.11.3 振型组合方法

LS-DYNA 中实现了多种振型组合方法,包括 CQC 方法、SRSS 方法、Double Sum 方法、NRC Sum 方法等,各方法以不同的方式考虑各模态之间的相互影响。

例如,对于 SRSS 方法,总的响应 $R$ 可由各模态响应 $R_i$ 计算得到。

$$R = \left[\sum_{i=1}^{N}\sum_{j=1}^{N} C_{ij} R_i R_j\right]^{1/2} \tag{11.26}$$

其中,如果 $i=j$(即为同一模态),则系数 $C_{ij}=1.0$;否则 $C_{ij}=0$。这就意味着完全忽略不同模态之间的相互影响,即认为各模态的响应是独立的。这个假设比较适合于结构的各自振频率间距较大的情况。如果各自振频率间距较小,宜采用 CQC 方法或别的振型组合方法。

对于多分量地震作用下的振型组合(即二次组合),LS-DYNA 提供了两种方法:(1)采用 SRSS 方法,即将各地震分量下的最大响应,取平方和的平方根;(2)根据 ASCE4-98 标准的 100-40-40 方法(又称为 Newmark 方法)。根据该方法,三向地震波作用下,结构的响应取为以下三种叠加的最大值

$$R = \pm\left[R_x \pm 0.4R_y \pm 0.4R_z\right],\quad \text{或} R = \pm\left[R_y \pm 0.4R_z \pm 0.4R_x\right],\quad \text{或} R = \pm\left[R_z \pm 0.4R_x \pm 0.4R_y\right] \tag{11.27}$$

这里,$R_x$、$R_y$ 和 $R_z$ 分别是结构在 $x$、$y$ 和 $z$ 方向地震波作用下的最大响应。这个方法假设当一个方向的地震波发生时,其他方向地震波产生的响应为其单独发生时的峰值的 40%。

### 11.11.4 关键字和后处理

在 LS-DYNA 中,采用 *FREQUENCY_DOMAIN_RESPONSE_SPECTRUM 关键字启动响应谱分析功能。关键字定义需要考虑模态、阻尼系数,以及输入响应谱的类型、方向等。

响应谱计算的结果包括结构的各项响应最大值(如节点位移、速度、加速度和单元应力等)。计算结果文件为二进制文件 D3SPCM,可使用 LS-PrePost 读取此文件。D3SPCM 文件中只包含一个状态。用户需要使用关键字 *DATABASE_FREQUENCY_BINARY_D3SPCM 来激活此文件的输出。

### 11.11.5 高层建筑框架结构响应谱分析算例

#### 11.11.5.1 计算模型概况

如图 11-40 所示，考虑一约 40m 高的多层建筑，地震加速度同时施加在 X 和 Y 方向。要求计算该结构相对于地面的最大加速度和最大应力响应。建筑混凝土密度 2500kg/m$^3$，弹性模量 30GPa，临界阻尼系数 0.001。计算单位制采用 kg-m-s-N-Pa。

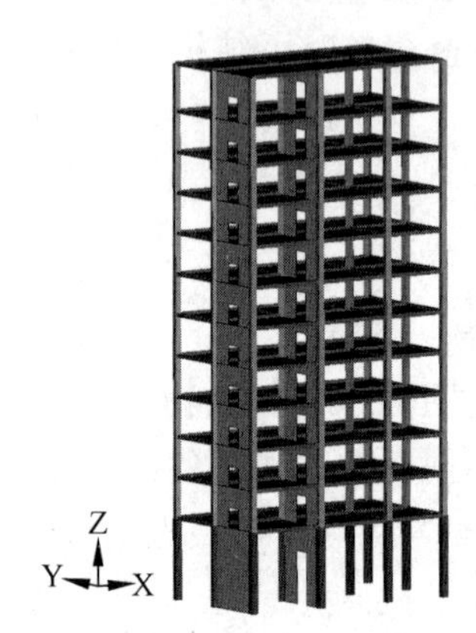


图 11-40　高层建筑框架结构有限元模型

#### 11.11.5.2 关键字文件讲解

```
$ 首行 * KEYWORD 表示输入文件采用的是关键字输入格式。
* KEYWORD
$ 启动响应谱分析。
* FREQUENCY_DOMAIN_RESPONSE_SPECTRUM
$ #     mdmin      mdmax      fnmin      fnmax     restrt      mcomb     relatv
            1        200         0.       100.
$ #     dampf     lcdamp      ldtyp     dmpmas     dmpstf
         .001
$ #     lctyp        dof    lc/tbid         sf        vid       lnid      lntyp     inflag
            1          1      27000         0.
            1          2      27000         0.
$ 设置 D3SPCM 文件的输出。
* DATABASE_FREQUENCY_BINARY_D3SPCM
$ #    binary
            1
$ 定义输出节点组中的节点力。
* DATABASE_NODAL_FORCE_GROUP
           10          0
           20          0
$ 在节点组上施加约束。
* BOUNDARY_SPC_SET
            1          0          1          1          1          1          1          1
$ 定义施加约束的节点组。
* SET_NODE_LIST
```

```
        1       0.000       0.000       0.000       0.000
        1          22          43          64          85         106         127         148
      169         190         211         232        4280        4281        4282        4283
     4284        4285        4286        4793        4794        4795        4805        4811
     4812
$ 定义输出节点力的节点组。
* SET_NODE_LIST
       10
        1      4286        4285        4284        4283        4282        4281          85
     4280
$ 定义输出节点力的节点组。
* SET_NODE_LIST
       20
       22      4812        4811        4805        4793        4795        4794         106
$ 定义 Part。
* PART
Part            1 for Mat         1 and Elem Type         1
        1         1         1
$ 定义梁单元算法。
* SECTION_BEAM
        1         1  1.000000         2         0      0.000      0.000
 0.520000  0.520000  0.500000  0.500000      0.000    0.000
$ 定义材料模型及参数。
* MAT_ELASTIC
        1 2500.0000  3.0000E+10  0.200000      0.000      0.000       0
$ 定义 Part。
* PART
Part            2 for Mat         1 and Elem Type         2
        2         2         1         0         0         0         0         0
$ 定义梁单元算法。
* SECTION_BEAM
        2         1  1.000000         2         0      0.000      0.000
 0.450000  0.450000  0.450000  0.450000    0.000    0.000
$ 定义 Part。
* PART
Part            3 for Mat         1 and Elem Type         3
        3         3         1         0         0         0         0         0
$ 定义梁单元算法。
* SECTION_BEAM
        3         1  1.000000         2         0      0.000      0.000
 0.300000  0.300000  0.300000  0.300000    0.000   0.000
$ 定义 Part。
* PART
Part            4 for Mat         1 and Elem Type         4
        4         4         1         0         0         0         0         0
$ 定义壳单元算法。
* SECTION_SHELL
        4        21  1.000000         3         1         0         0         1
```

```
  0.250000  0.250000  0.250000  0.250000     0.000      0.000      0.000        0
$ 定义 Part。
* PART
Part         5 for Mat        1 and Elem Type       5
         5       5        1        0        0        0        0        0
$ 定义壳单元算法。
* SECTION_SHELL
         5      21  1.000000        3        1        0        0        1
  0.100000  0.100000  0.100000  0.100000     0.000      0.000      0.000        0
$ 设置 D3PLOT 文件的输出。
* DATABASE_BINARY_D3PLOT
  0.050000         0        0        0        0
$ 采用表定义载荷。
* DEFINE_TABLE
     27000     0.000     0.000
          0.0010000     27001
          0.0100000     27002
$ 定义加速度载荷曲线。
* DEFINE_CURVE
     27001         0     0.000     0.000     0.000     0.000        0
             0.300              1.00
             0.500             1.416
             1.000             2.178
             1.250             4.356
             5.000             4.356
           100.000             2.200
$ 定义加速度载荷曲线。
* DEFINE_CURVE
     27002         0     0.000     0.000     0.000     0.000        0
             0.300              0.98
             0.500             1.274
             1.000             1.960
             1.250             3.920
             5.000             3.920
           100.000             2.156
$ 通知 LS-DYNA 进行特征值分析。
* CONTROL_IMPLICIT_EIGENVALUE
$ #    neig    center     lflag    lftend     rflag    rhtend    eigmth    shfscl
        200     0.000         0     0.000         0     0.000         2     0.000
$ #  isolid     ibeam    ishell   itshell    mstres    evdump
          0         0         0         0         1         0
$ 激活隐式分析,设置相关控制参数。
* CONTROL_IMPLICIT_GENERAL
$ #  imflag       dt0    imform      nsbs       igs     cnstn      form    zero_v
          1  1.000000         2         0         2         0         0         0
$ * 定义隐式分析所用的求解器类型。
```

```
*CONTROL_IMPLICIT_NONLINEAR
$ #   nsolvr    ilimit    maxref     dctol     ectol  not used     lstol      rssf
         1         0         0     0.000     0.000     0.000     0.000     0.000
$ #    dnorm    diverg     istif   nlprint
         2         1         0         2
$ #   arcctl    arcdir    arclen    arcmth    arcdmp
         0         0     0.000         1         2
$定义计算结束条件。
*CONTROL_TERMINATION
  1.000000         0     0.000     0.000     0.000
$定义壳单元。
*ELEMENT_SHELL
    2221       4       1       3    4287    4286       0       0       0       0
.......................................................................................
    7808       5    8815    4264    1563    4174       0       0       0       0
$定义梁单元。
*ELEMENT_BEAM
       1       1       1       3      12       0       0       0       0       2
.......................................................................................
    2220       3    4264    1563    4272       0       0       0       0       2
$定义节点。
*NODE
       1           0.000           0.000           0.000       0       0
.......................................................................................
    8815       16.375000        9.375000       39.500000       0       0
$ *END表示关键字输入文件的结束。
*END
```

### 11.11.5.3 数值计算结果

从图 11-41 和图 11-42 可以看到，建筑 X 和 Y 方向的最大加速度都发生在建筑物的顶部。应力响应如图 11-43 所示，最大应力发生在建筑物与地面交界部位。

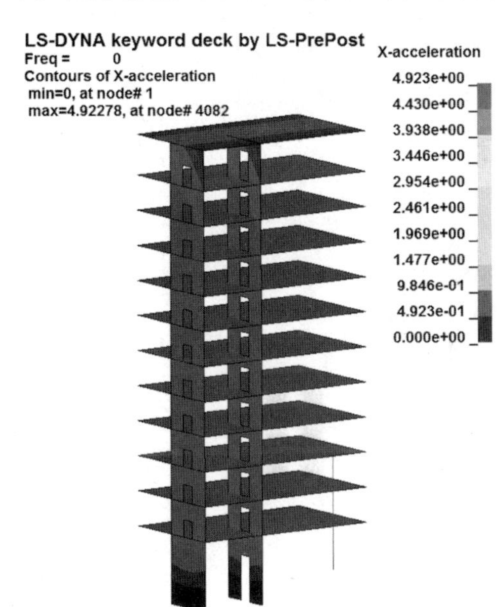

图 11-41　X 方向加速度响应

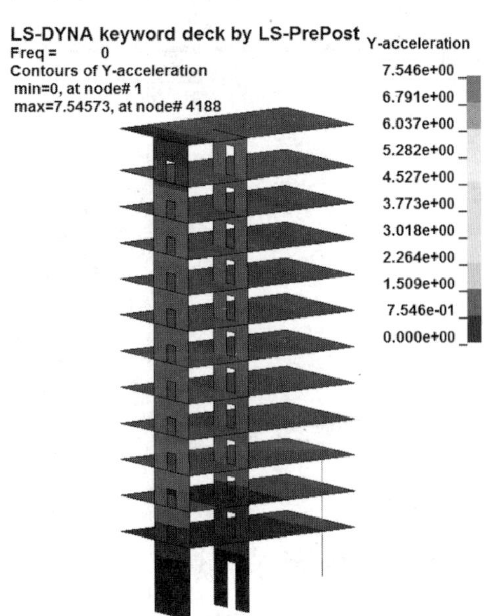


图 11-42　Y 方向加速度响应

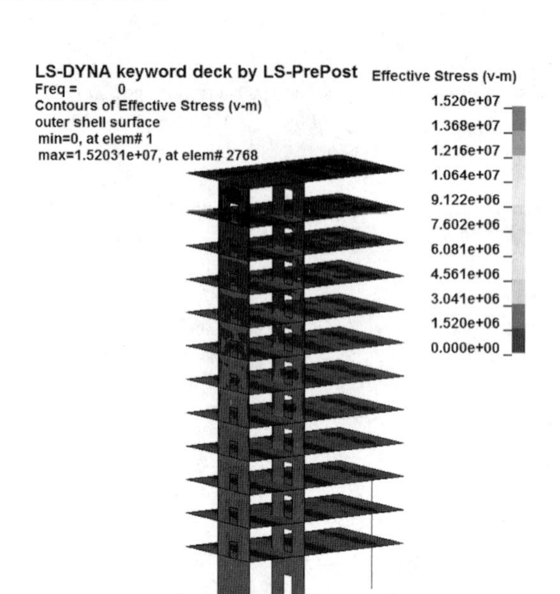

图 11-43 Von Mises 应力响应

## 11.12 统计能量分析法

统计能量分析(statistical energy analysis,SEA)法使用统计学方法在高频范围内研究振动和声学。SEA 方法适用的频率范围见图 11-44。在 SEA 分析中不使用单元或网格,一个系统用许多耦合的子系统(见图 11-45)来表示,并推导出一套描述各个子系统之间能量的输入、存储、传输和耗散的线性方程。

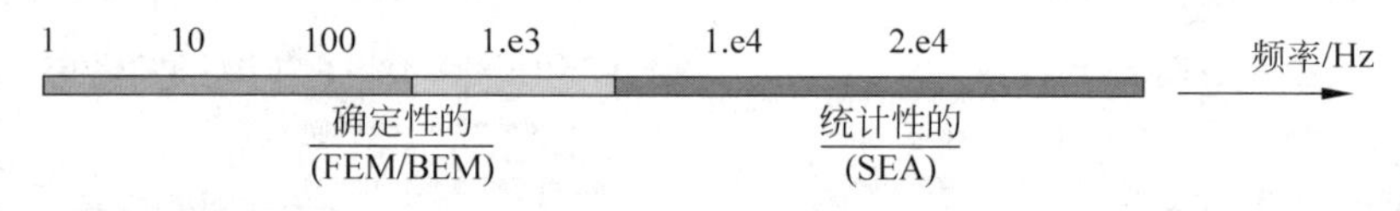

图 11-44 SEA 方法适用频率范围

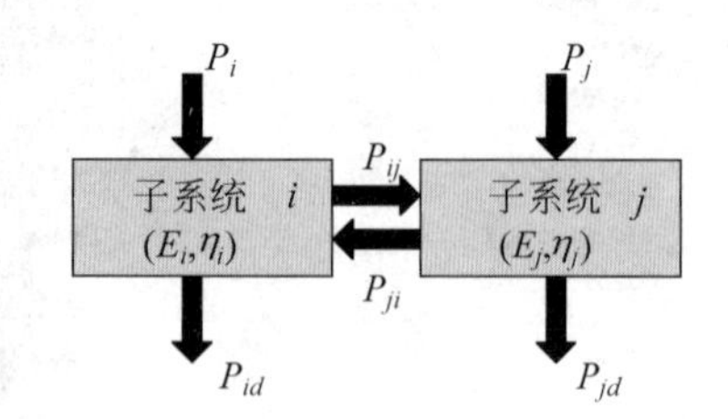

图 11-45 带有两个子系统的 SEA 模型

## 11.13 参考文献

[1] LS-DYNA KEYWORD USER'S MANUAL [Z]. ANSYS LST, 2020.

[2] 黄云,崔喆. LS-DYNA® NVH 及频域计算简介 [J]. 有限元资讯, 2015, 1: 6-8.

[3] 黄云,崔喆. LS-DYNA® NVH 及频域计算简介(2)——频率响应函数 [J]. 有限元资讯, 2015, 1: 9-11.

[4] 黄云，崔喆. LS-DYNA® NVH 及频域计算简介(3)——稳态振动 [J]. 有限元资讯，2015，1：12-15.

[5] 黄云，崔喆. LS-DYNA® NVH 及频域计算简介(4)——边界元声学 [J]. 有限元资讯，2015，1：16-19.

[6] 黄云，崔喆. LS-DYNA® NVH 及频域计算简介(5)——有限元声学 [J]. 有限元资讯，2015，1：20-23.

[7] 黄云，崔喆. LS-DYNA® NVH 及频域计算简介(6)——随机振动 [J]. 有限元资讯，2015，1：24-26.

[8] 黄云，崔喆. LS-DYNA® NVH 及频域计算简介(7)——随机疲劳 [J]. 有限元资讯，2015，1：27-30.

[9] 黄云，崔喆. LS-DYNA® NVH 及频域计算简介(8)——反应谱分析 [J]. 有限元资讯，2015，1：31-33.

[10] 黄云，崔喆. LS-DYNA® 声学计算的后处理数据库探讨 [J]. 有限元资讯，2019，1：6-14.

[11] 黄云，崔喆. LS-DYNA® 的 NVH，疲劳和频域分析 [R]. LSTC，2019.

[12] www.dynaexamples.com.

[13] 辛春亮等. 远场水下爆炸作用下平板的冲击响应仿真[J]. 弹箭与制导学报，2017，37(2)：80-94.

# 第12章

# SPH法

传统的基于网格的计算方法如有限元法依赖于网格，这类方法一般可分为两类：一类基于拉格朗日描述，在求解大变形问题时，网格会发生严重扭曲，从而造成计算精度下降、计算时间步长的减小以致计算终止；另一类基于欧拉描述，但难以跟踪物质边界。

无网格方法的主要思想是：通过使用一系列任意分布的节点（或粒子）来求解具有各种各样边界条件的积分方程或偏微分方程组，从而得到精确稳定的数值解。这些节点或粒子不需要网格进行连接，从而相对于网格类方法在求解大变形问题时具有很大的优势。

LS-DYNA 中的无网格方法有 SPH、EFG、SPG 等，其中以 SPH 法应用最为广泛。

## 12.1 SPH 法简介

光滑粒子流体动力学（smoothed particle hydrodynamics，SPH）法是一种无网格拉格朗日算法，该方法的基本思想是将连续的流体（或固体）用相互作用的质点来描述，各个物质点上承载各种物理量，包括质量、速度等，通过求解质点组的动力学方程和跟踪每个质点的运动轨迹，求得整个系统的力学行为。光滑粒子流体动力学法的核心和精髓完全地包含在光滑、粒子和流体动力学这三个术语中，光滑描述的是对邻近粒子进行加权平均而得到稳定的光滑近似性质，粒子指的是该方法为粒子方法，流体动力学是指该方法应用在流体动力学领域内。

SPH 法不存在网格畸变和单元失效问题，可以方便地跟踪物质的运动轨迹和处理不同介质的交界面，适合描述固体结构的大变形和极大变形、流体界面的运动以及流体与固体的相互作用问题。这种方法的应用范围非常广，由流体到固体问题，由微观、宏观到天文尺度，由离散系统到连续系统，典型的应用包括：不可压缩流、自由表面流、高度可压缩流（参见图 12-1）、高能炸药起爆、碰撞和侵彻等。

SPH 法的优点：

- SPH 法是完全的粒子方法，适用于求解大变形问题。
- 适合解决移动边界、自由表面、自由界面问题。
- 自适应 SPH 编程实现简单。
- SPH 基于拉格朗日坐标系，易于获得粒子的时间历程。

SPH 法的缺点：

- 存在拉伸不稳定和零能模式。SPH 法不需要特别的失效准则，粒子之间离开一定距

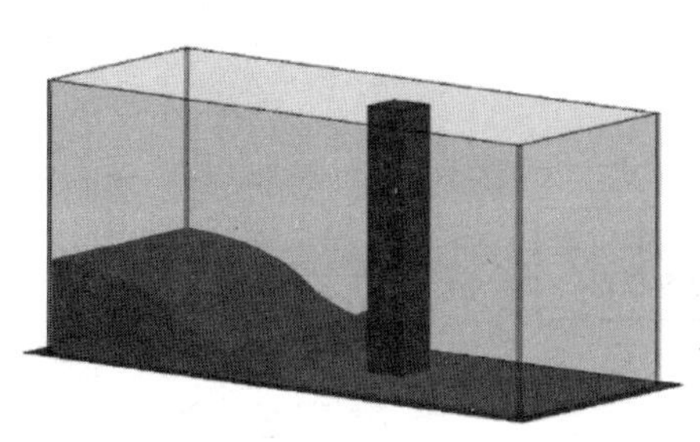

图 12-1 溃坝模拟

离超出粒子影响域后，就自然裂开形成裂纹。在模拟固体结构的断裂时，由于 SPH 法存在拉伸不稳定性，容易形成虚假的“数值断裂”。

- 边界条件处理困难。通常采用虚拟粒子和边界力来解决。
- 传统的 SPH 算法缺乏连续性。
- 基于配点法，准确度不高。
- 与传统有限元法相比，SPH 法计算效率低。
- 不支持局部坐标，不支持复合材料，SPH 也不适合模拟薄壳类结构。
- 没有通过分片实验(path test)。

## 12.2 SPH 近似算法

考虑材料的弹塑性效应，全应力张量空间中 SPH 插值公式的质量、动量和能量守恒方程分别表示为

$$\frac{\mathrm{d}\rho_i}{\mathrm{d}t}=\rho_i\sum_j\frac{m_j}{\rho_j}(v_i^\beta-v_j^\beta)W_{ij,\beta} \tag{12.1}$$

$$\frac{\mathrm{d}v_i^\alpha}{\mathrm{d}t}=-\sum_j m_j\left(\frac{\sigma_i^{\alpha\beta}}{\rho_i^2}-\frac{\sigma_j^{\alpha\beta}}{\rho_j^2}\right)W_{ij,\beta} \tag{12.2}$$

$$\frac{\mathrm{d}e_i}{\mathrm{d}t}=\frac{\sigma_i^{\alpha\beta}}{\rho_i^2}\sum_j m_j(v_i^\alpha-v_j^\alpha)W_{ij,\beta} \tag{12.3}$$

其中，$\rho_i$ 为密度，$\rho_i=\sum_j m_jW_{ij}$；$m$ 为粒子质量；$v$ 为粒子速度；$\sigma^{\alpha\beta}$ 为应力张量(上角标 $\alpha$ 和 $\beta$ 表示张量坐标)；$e_i$ 为内能；$W$ 为核函数；下标 $i$ 为粒子编号，下标 $j$ 为 $i$ 粒子的近邻粒子编号。核函数取最常用的三次 B 样条函数：

$$W(x_i-x_j,h)=\frac{1}{h}\theta\left\{\frac{x_i-x_j}{h(x,y)}\right\} \tag{12.4}$$

$$\theta(d)=C\cdot\begin{cases}1-\frac{3}{2}d^2+\frac{3}{4}d^3, & 当\ 0\leqslant d\leqslant 1\\ \frac{1}{4}(2-d)^3, & 当\ 1<d\leqslant 2\\ 0, & 其他\end{cases} \tag{12.5}$$

其中，$x$ 为位置矢量；$h$ 是光滑长度；$C=1/(\pi h^3)$ 为常数；$d=|x-x'|/h$；函数的影响域 $|x|=2h$。

SPH 法的计算流程如图 12-2 所示。

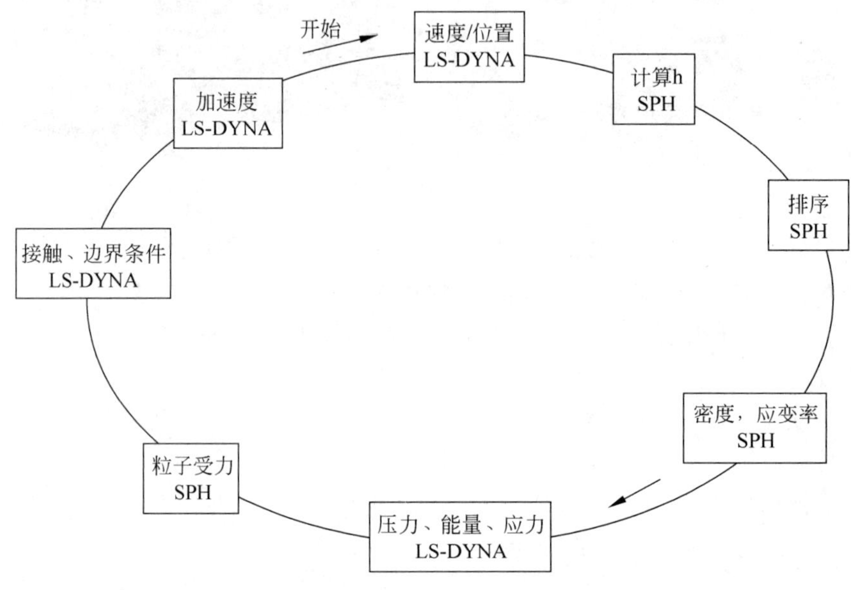


图 12-2　SPH 法的计算流程

传统的 SPH 近似算法在内部区域具有 C1 连续，但在边界处被截断（见图 12-3），甚至不能保持 C0 核连续。当采用不规则分布的粒子（见图 12-4）或可变光滑长度时，早期的 SPH 算法甚至不能保持 C0 连续。较差的连续性导致较差的计算精度。

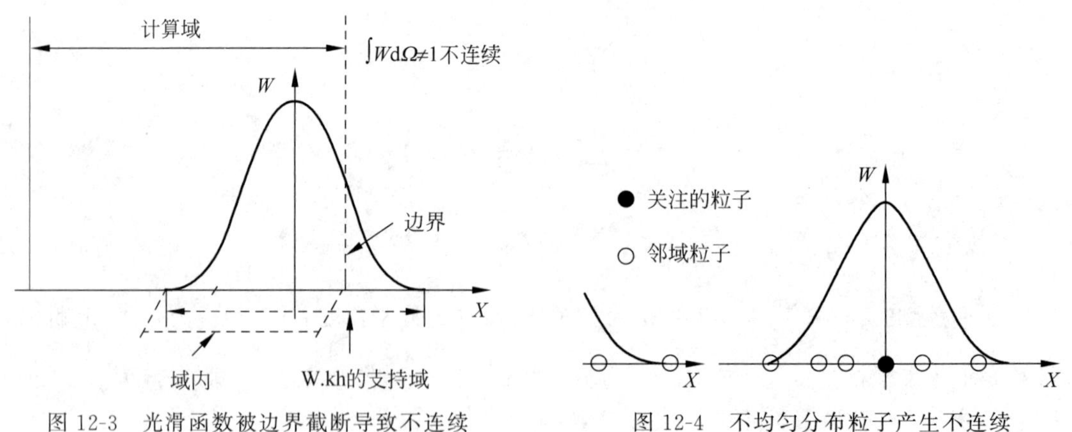


图 12-3　光滑函数被边界截断导致不连续　　图 12-4　不均匀分布粒子产生不连续

LS-DYNA 软件通过 * CONTROL_SPH 关键字实现了多种 SPH 近似算法，每种算法都有对应的归一化算法。对于边界处的粒子和不均匀粒子，通过归一化算法进行更正，可大幅提高求解精度，降低震荡，但对某些材料，归一化算法有可能产生负的核函数。用户可通过在 * CONTROL_SPH 中设置参数 FORM，来实现各种近似算法及其归一化算法。

- FORM = 0，传统标准（Rappel）算法。动量守恒方程为

$$\frac{\mathrm{d}v_i}{\mathrm{d}t}=-\sum_{j\in p}m_j\left(\frac{\sigma_i}{\rho_i^2}A_{ij}-\frac{\sigma_j}{\rho_j^2}A_{ji}\right) \tag{12.6}$$

- FORM=1,归一化标准算法,用于固体结构领域。
- FORM=2,对称算法,有助于提高数值精度。动量守恒方程为

$$\frac{\mathrm{d}v_i}{\mathrm{d}t}=-\sum_{j\in p}m_j\left(\frac{\sigma_i}{\rho_i^2}+\frac{\sigma_j}{\rho_j^2}\right)\nabla_i W_{ij} \tag{12.7}$$

- FORM=3,归一化对称算法。
- FORM=4,张量算法。
- FORM=5,流体(Nouvelles)算法。动量守恒方程为

$$\frac{\mathrm{d}v_i}{\mathrm{d}t}=-\sum_{j\in p}\frac{m_j}{\rho_i\rho_j}(\sigma_i A_{ij}-\sigma_j A_{ji}) \tag{12.8}$$

- FORM=6,归一化流体算法。
- FORM=7,完全拉格朗日算法。变量基于初始构形,完全避免拉伸不稳定问题,但不适用于大变形和极大变形,如爆炸和高速碰撞问题。
- FORM=8,归一化完全拉格朗日算法。变量基于初始构形,完全避免拉伸不稳定问题,但不适用于大变形和极大变形,如爆炸和高速碰撞问题。
- FORM=9,自适应 SPH,即 ASPH 算法。等同于 FORM=0+各向异性核(欧拉核),支持域为椭圆形,核函数带有方向性,三个方向变形张量随着变形(局部密度的变化)而更新,可减缓拉伸不稳定问题。
- FORM=10,归一化自适应 SPH(ASPH)算法。等同于 FORM=1+各向异性核(欧拉核)。在图 12-5 中,FORM=10 和五次 B 样条光滑函数用于金属正交切削模拟,可以准确模拟剪切带现象。

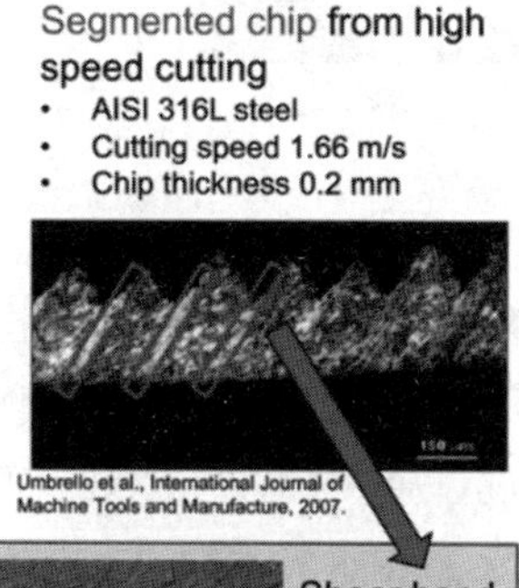


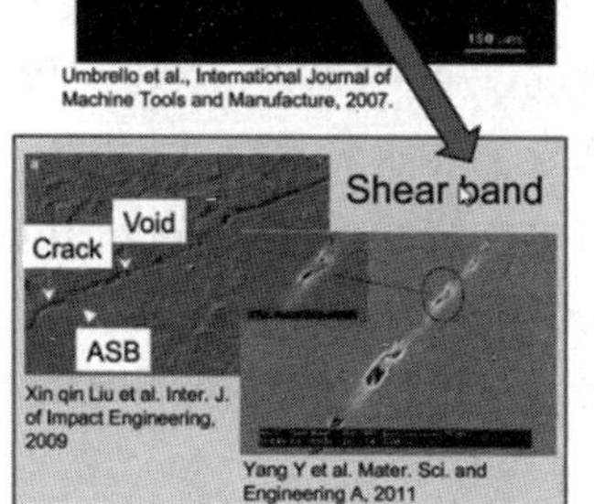


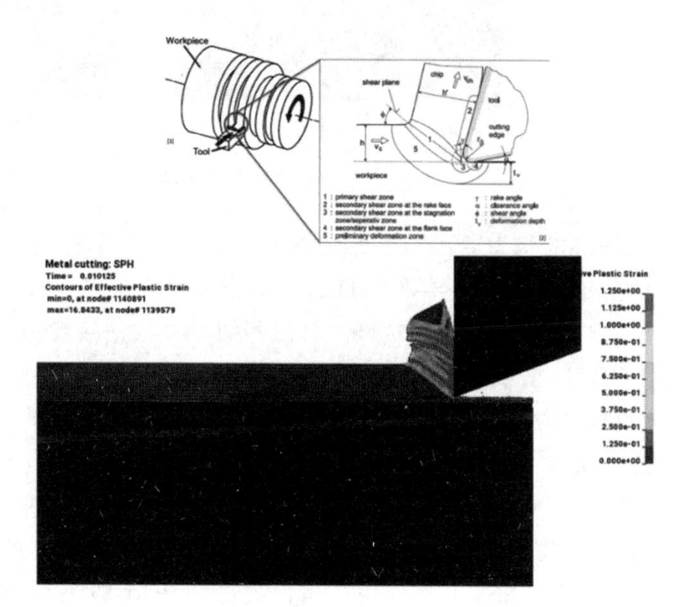


图 12-5 FORM=10 用于金属正交切削模拟

- FORM = 12,最小移动二乘算法。避免拉伸不稳定现象(见图 12-6),可施加本质边界条件,目前仅有 MPP 版本。
- FORM = 13,大部分 SPH 算法采用显式时间积分,而 FORM = 13 采用隐式不可压缩 SPH 算法,允许较大的时间步长,适用于不可压缩流体计算,如涉水计算问题(见图 12-7)。
- FORM = 15,增强流体算法。在 FORM = 5 基础上通过对密度进行光滑,得到光滑的压力场,消除棋盘格现象,如图 12-8 所示。
- FORM = 16,归一化增强流体算法。在 FORM = 6 基础上通过对密度进行光滑,得到光滑的压力场。

图 12-6 FORM=12 可避免拉伸不稳定

图 12-7 FORM=13 用于汽车涉水计算

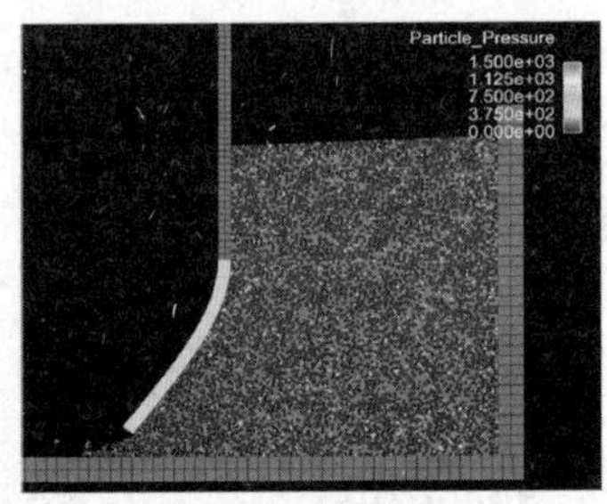


(a) FORM=0无压力场平滑

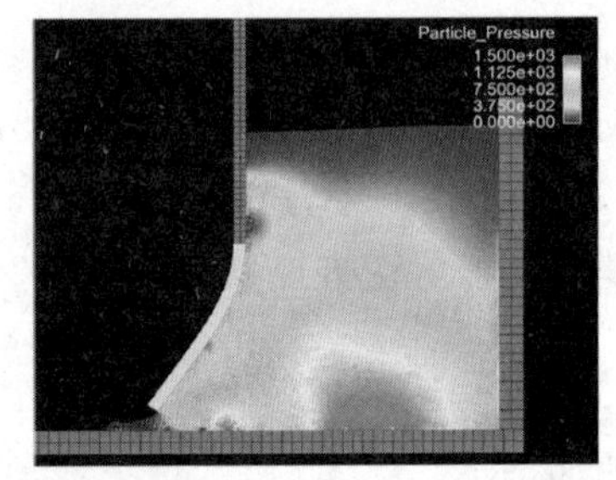


(b) FORM=15有压力场平滑

图 12-8 压力场平滑前后的对比

SPH 的张力(拉伸)不稳定现象指的是当 SPH 粒子处于拉伸应力状态时,有时粒子的运动会变得不稳定,导致 SPH 粒子凝集或完全崩溃。在固体的破坏或者断裂的计算中,这会严重影响计算结果,如出现"数值断裂",并低估接触力。通过设置 * CONTROL_SPH 中的 FORM = 7 或 8,用完全拉格朗日算法可避免拉伸不稳定现象。在这种算法中,光滑函数(核函数)是建立在初始构形上($t = 0$,即只在初始时计算),所以在模拟过程中每个 SPH 粒子的紧支域(权函数只在节点周围的有限区域内大于零,而在该区域外等于零)所含的 SPH 粒子数及相应的粒子也保持不变。而在预置光滑函数的计算过程中,该函数每个周期重新更新,以致每个粒子的紧支域所含的 SPH 粒子数及相应的粒子保持变动中。

用户需要根据具体应用选用合适的 FORM,以下是指导准则:

- 对于大多数固体结构应用分析,推荐 FORM = 1,在边界处可获得更准确的结果。

- 对于流体/流体类似材料的应用分析，推荐 FORM=15 或 16，FORM=16 准确度更高，但 CPU 耗费更大。FORM=15 或 16 包含压力场平滑算法，不推荐用于材料失效或带有严重应变局部化的问题中。
- 所有带有欧拉核函数的 SPH 算法，特别是 FORM=0、6、15 或 16，可用于大变形或极大变形领域，但会存在拉伸不稳定问题。任何情况下不推荐采用 FORM=2 或 3。
- 所有带有拉格朗日核函数的 SPH 算法，即 FORM=7 或 8，可避免拉伸不稳定，但不适用于大变形和极大变形分析。
- 为了提高精度和拉伸稳定性，提供了基于最小二乘法的算法 FORM=12，该算法可用于极大变形分析，但 CPU 时间耗费很大，且仅用于 MPP 分析。强烈建议采用该算法时在 *SECTION_SPH 中设置 HMIN=1.0 和 HMAX=1.0，即保持不变光滑长度。
- 只有 FORM=0、1、15 或 16 可用于二维轴对称分析（必须同时设置 IDIM=-2）。
- FORM=9 或 10，带有各向异性核（欧拉核）的自适应 SPH 算法。根据局部密度的变化自定义光滑长度张量随空间和时间变化。与标准 SPH 相比，相同的节点数量，ASPH 算法可大大提高空间分辨率。需要与关键字 *SECTION_SPH_ELLIPSE 一起使用。这些算法比标准 SPH 更准确，稳定性更高，可用于三维极大变形分析如超高速碰撞领域，目前只有 SMP 版本。

在上面给出的算法中，除了 FORM=7 或 8 采用了拉格朗日核函数外，其他算法均采用了欧拉核函数。

- 拉格朗日核函数：通过初始构形定义支持域，计算过程中支持域覆盖了同一材料点集，邻域始终不变，用于邻域搜索花费的 CPU 时间较少，可避免拉伸不稳定现象，但不适用于大变形和极大变形分析。
- 欧拉核函数：通过当前构形定义支持域，计算过程中支持域覆盖了不同材料点集，每个循环都要进行邻域搜索，可用于大变形分析。

## 12.3 核函数

LS-DYNA 中的 SPH 有多种核函数（光滑函数）：

- SPHKERN=0，三次 B 样条光滑函数。

$$\theta(d)=C\cdot\begin{cases}1-\dfrac{3}{2}d^2+\dfrac{3}{4}d^3, & \text{当 } 0\leqslant d\leqslant 1\\ \dfrac{1}{4}(2-d)^3, & \text{当 } 1<d\leqslant 2\\ 0, & \text{其他}\end{cases} \tag{12.9}$$

其中：$d=r/h$；$C=\dfrac{1}{\pi h^3}$为常数。

- SPHKERN=1，五次 B 样条光滑函数，建议设置较大的支持域，即初始光滑长度

CSLH＝1.1～2.0，且最大支持域 HMAX≥3.0。五次 B 样条核函数计算精度高，有助于减少但不能完全避免欧拉核带来的拉伸不稳定，有 SMP 和 MPP 版本，仅用于三维情况下 FORM＝0、1、5、6、9 和 10 的工况。

$$\theta(d)=C\cdot\begin{cases}(3-d)^5-6(2-d)^5+15(1-d)^5, & 当\ 0\leqslant d<1\\(3-d)^5-6(2-d)^5, & 当\ 1\leqslant d<2\\(3-d)^5, & 当\ 2\leqslant d\leqslant 3\\0, & d>3\end{cases} \tag{12.10}$$

其中：$d=r/h$；$C=\dfrac{3}{359\pi h^3}$为常数。

- SPHKERN＝2，二次 B 样条光滑函数，有助于减缓超高速碰撞分析时的压缩不稳定，仅用于三维情况下 FORM＝0、1、5 和 6 的工况。

$$\theta(d)=C\cdot\begin{cases}\dfrac{3}{16}d^2-\dfrac{3}{4}d+\dfrac{3}{4}, & 当\ 0\leqslant d\leqslant 2\\0, & 其他\end{cases} \tag{12.11}$$

其中：$d=r/h$；$C=\dfrac{5}{4\pi h^3}$为常数。

- SPHKERN＝3，四次 B 样条光滑函数，类似于三次 B 样条核函数，但更稳定，仅用于三维情况下 FORM＝0、1、5 和 6 的工况。

## 12.4 相关关键字

LS-DYNA 软件中有三维、二维、轴对称 SPH 求解器。SPH 相关关键字有：

- *CONTROL_SPH

用于设置 SPH 计算参数。

- *SECTION_SPH_{OPTION}

其中的参数 CSLH 用于定义初始邻域粒子数量。

$$\mathrm{CSLH}=\frac{h}{\Delta x} \tag{12.12}$$

建议 CSLH 取自 1.05～1.3。CSLH 太大，覆盖的粒子很多，太过光滑，导致计算结果平均化；CSLH 太小，覆盖的粒子太少，容易导致计算不稳定。

$h_0$ 的计算流程如下：

➢ 对于每个粒子 $i$，LS-DYNA 首先求该粒子与周围粒子之间距离（见图 12-9）的最小值：

$$d_i=\min_i\{d_{ij}\} \tag{12.13}$$

➢ 然后再取所有粒子最小距离中的最大值：

$$d_0=\max_i\{d_i\} \tag{12.14}$$

➢ 最后：

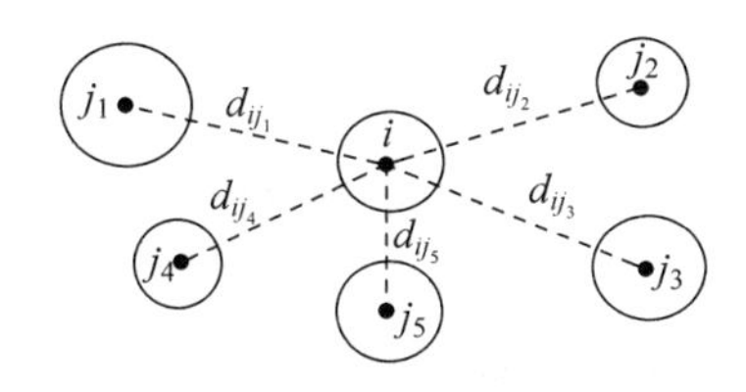


图 12-9 计算粒子与周围粒子的距离

$$h_0 = \mathrm{CSLH} \cdot d_0 \tag{12.15}$$

其中，$d_0$ 为粒子之间的距离，$2h_0$ 为支持域的大小。

对于每个粒子，$h$ 随着局部速度场变化：

$$\frac{\mathrm{d}h(t)}{\mathrm{d}t} = \frac{1}{\alpha}h(t) \cdot \mathrm{div}(v) \tag{12.16}$$

对于拉格朗日核函数，为了保持邻域内的粒子数量不变，在计算过程中 $h$ 不断变化，压缩时 $h$ 变小，拉伸时 $h$ 变大，如图 12-10 所示。

$$\mathrm{HMIN} \cdot h_0 < h(t) < \mathrm{HMAX} \cdot h_0 \tag{12.17}$$

如果设置 HMIN = HMAX，则 $h$ 在时间和空间上保持为常数。

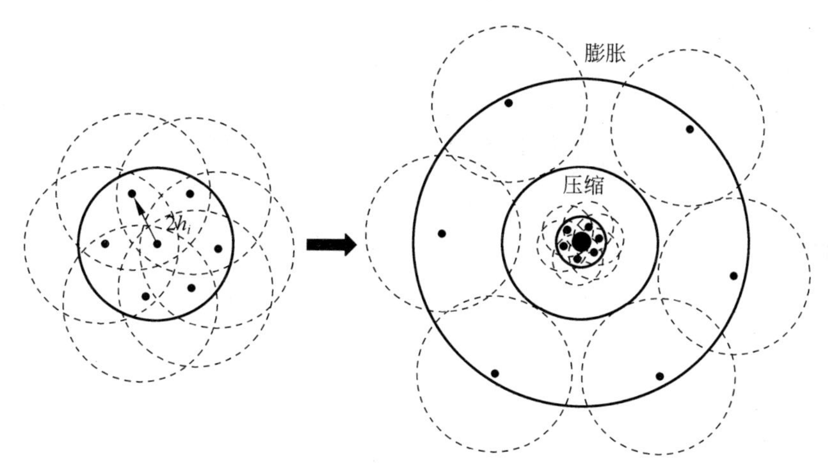


图 12-10 可变光滑长度示意

• *ELEMENT_SPH

定义粒子质量（在 LS-PrePost 中输入的密度为正值）或体积（在 LS-PrePost 中输入的密度为负值，如输入 -1）。

• *BOUNDARY_SPH_FLOW

定义沿着某个方向粒子的流动，粒子经过某一面时被激活。该关键字已被 *DEFINE_SPH_INJECTION 替代。

• *BOUNDARY_SPH_NON_REFLECTING

为 SPH 定义无反射平面。

• *BOUNDARY_SPH_SYMMRY_PLANE

为 SPH 定义对称平面。

• *DEFINE_BOX_SPH

定义包含 SPH 粒子的方盒。

• *DEFINE_ADAPTIVE_SOLID_TO_SPH

将拉格朗日节点转换为 SPH 粒子。

• *DEFINE_SPH_TO_SPH_COUPLING

定义 SPH Part 之间的耦合。

• *DEFINE_SPH_ACTIVE_REGION

定义 SPH 粒子活动区域。

• *DEFINE_SPH_INJECTION

基于用户自定义粒子自动生成注入大量粒子。

• *DATABASE_SPHOUT

定义 ASCII 格式时间历程文件 SPHOUT 文件的输出时间间隔。

• *DATABASE_HISTORY_SPH_OPTION

定义输出时间历程结果的粒子点或粒子点集。

## 12.5 时间步长

对于一维、二维和三维 SPH 问题，邻域粒子数量分别为 5、21 和 57 个，为了维持邻域粒子数量相对稳定，每个循环粒子位移不可超过可变光滑长度。SPH 时间步长计算公式如下：

$$\delta t = C_{\mathrm{CFL}} \cdot \min\left\{\frac{h(i)}{c(i)+v(i)}\right\} \tag{12.18}$$

其中，$C_{\mathrm{CFL}}$ 为时间步长稳定系数，$c(i)$是声速，$v(i)$ 是粒子速度。

## 12.6 人工黏性

人工黏性多用于冲击波计算，以保持 SPH 求解稳定性，防止 SPH 突然“炸掉”或时间步长急剧下降。

通过 *CONTROL_BULK_VISCOCITY 卡片设置模型整体黏性，或通过 *CONTROL_HOURGLASS_OPTION 为特定 Part 设置黏性。

LS-DYNA 中有两种 SPH 人工黏性算法。

第一种为标准人工黏性算法，通过设置 *CONTROL 中的 IAVIS = 1 来激活。

$$q = \begin{cases} \rho l (Q_1 l \dot{\varepsilon}_{kk}^2 - Q_2 a \dot{\varepsilon}_{kk}), & \dot{\varepsilon}_{kk} < 0 \\ 0, & \dot{\varepsilon}_{kk} \geqslant 0 \end{cases} \tag{12.19}$$

这里，$Q_1$ 和 $Q_2$ 为无量纲系数；$l$ 为特征长度，对于二维和三维模型，$l$ 分别为面积的平方根和体积的立方根；$a$ 是局部声速。

第二种为程序推荐采用的专用于 SPH 算法的 Monaghan 类型人工黏性，通过设置 *CONTROL_SPH 中的 IAVIS = 0 来激活。

$$q=\begin{cases}\dfrac{-Q_2\bar{c}_{ij}\varphi_{ij}+Q_1\varphi_{ij}^2}{\bar{\rho}_{ij}}, & v_{ij}x_{ij}<0\\ 0, & v_{ij}x_{ij}\geqslant 0\end{cases} \tag{12.20}$$

这里，$\varphi_{ij}=\dfrac{h_{ij}v_{ij}x_{ij}}{|x_{ij}|^2+\phi^2}$，$\bar{c}_{ij}=0.5(c_i+c_j)$，$\bar{\rho}_{ij}=0.5(\rho_i+\rho_j)$，$h_{ij}=0.5(h_i+h_j)$，$\phi=0.1h_{ij}$。

对于SPH固体结构，建议$Q_1=1.0$，$Q_2=1.0$，这与有限元固体计算人工黏性缺省值($Q_1=1.5$，$Q_2=0.06$)不同。

由于流体能够承压而不能承拉，无张力不稳定问题，因此SPH法最适合模拟流体问题。采用SPH法模拟流体时，黏性系数$Q_1$和$Q_2$要设置为很小的值，例如$Q_1=0.001$，$Q_2=1.0E-12$。黏性系数过高会使得流体呈现很强的黏性，与实际不符。

## 12.7 活动粒子和不活动粒子

可通过*DEFINE_SPH_ACTIVE_REGION、*DEFINE_BOX_SPH或*CONTROL_SPH中的BOXID定义活动粒子/不活动粒子，有效避免由于粒子分布极不均匀引起的不稳定问题。

- 活动粒子：程序计算粒子近似插值，粒子与周围粒子发生作用。
- 不活动粒子：若粒子超出指定的区域，程序不再计算粒子近似。不活动粒子保持不活动前的动量，且粒子之间互不影响。

此外，材料模型中的失效准则或*MAT_ADD_EROSION或*CONTROL_TIMESTEP中的ERODE也会将活动粒子变为不活动粒子，这通过*CONTROL_SPH中的IEROD设置。

➢ IEROD=0。SPH粒子保持活动状态。对带失效的材料模型，通常不建议采用该选项，因为许多材料模型会依旧将应力场置为零。要想应力场不变，只需去掉材料模型中的失效准则。

➢ IEROD=1。SPH粒子失效后部分停用，也就是说，不活动粒子的应力状态被置为零，但为了保持计算稳定，这些粒子依旧用于域积分，还与其他粒子发生作用。

➢ IEROD=2。SPH粒子失效后全被停用，这样应力状态被置为零，这些粒子不再用于域积分。

➢ IEROD=3。SPH粒子失效后保持活动状态，偏应力被置为零。如果采用了状态方程，体积响应不受影响；如果没有采用状态方程，体积应力也被置为零。

通过设置ISHOW=1，可在后处理中区分活动/不活动粒子，活动粒子用球表示，不活动粒子用点表示。

设置ICONT=1，可使不活动粒子不参与接触计算。

## 12.8 材料模型和状态方程

LS-DYNA中的SPH求解器支持大多数材料模型和全部状态方程。其中*EOS_

MURNAGHAN 用于模拟不可压缩流体和弱可压缩流体的流动，更适合于 SPH 求解器。在该状态方程中，流体中的压力通过

$$p=k_0\left[\left(\frac{\rho}{\rho_0}\right)^{\gamma}-1\right] \tag{12.21}$$

计算，式中，$\rho_0$ 是静流体密度，为了准确模拟流体，$\gamma$ 通常设为 7，通过下式选取 $k_0$：

$$c_0=\sqrt{\frac{\gamma k_0}{\rho_0}}\geqslant 10v_{\max} \tag{12.22}$$

式中，$v_{\max}$ 是流体最大速度，该状态方程使流体保持较低的压缩性，通过数值降低流体声速来提高时间步长。

## 12.9 边界条件

与拉格朗日单元不一样，SPH 在边界上光滑核函数被截断，不建议在边界上直接施加力和位移。

*BOUNDARY_SPC_OPTION 仅用于定义小变形下的单点约束，不能用于定义对称约束，否则内部节点可能穿出边界。

对于大变形，建议用 *CONTACT_NODE_TO_SURFACE 定义 SPH 粒子与其他固体 Part 的接触，或用 *RIGIDWALL_OPTION1_OPTION2 定义 SPH 粒子与刚性墙之间的接触。

建议采用 *BOUNDARY_SPH_SYMMETRY_PLANE 定义对称面，该关键字在对称平面另一侧添加虚拟粒子，如图 12-11 所示。

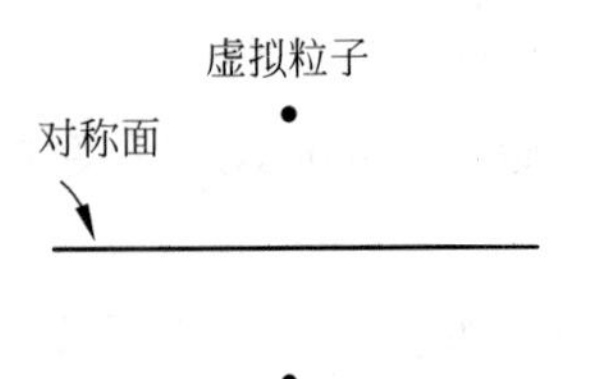


图 12-11 在对称平面另一侧生成虚拟粒子

## 12.10 SPH 热学计算

固体结构热学计算一般采用隐式算法，而 SPH 采用显式算法进行热学计算及热固耦合分析，这通过设置 *CONTROL_SOLUTION 关键字中的 SOLN=2 激活。

SPH 热学计算支持以下热学载荷关键字：

- *INITIAL_TEMPERATURE_OPTION。
- *BOUNDARY_TEMPERATURE_OPTION。
- *BOUNDARY_FLUX_OPTION。
- *BOUNDARY_CONVECTION_OPTION。
- *BOUNDARY_RADIATION_OPTION。
- *LOAD_THERMAL_OPTION。

通过热应力材料模型可实现 SPH 热固耦合分析。SPH 热学计算支持以下材料模型：

- *MAT_THERMAL_ISOTROPIC。
- *MAT_THERMAL_ISOTROPIC_TD_LC。

- * MAT_ADD_THERMAL_EXPANSION。
- * MAT_VISCOELASTIC_THERMAL。
- * MAT_ELASTIC_VISCOPLASTIC_THERMAL。
- * MAT_ELASTIC_PLASTIC_THERMAL。

由于 SPH 粒子是点,没有单元也就没有接触面积,无法使用标准热接触。通过在 * DEFINE_ADAPTIVE_SOLID_TO_SPH 中设置 ICPL = 3 和 IOPT = 0,可更新接触面,专门用于粒子和固体结构接触热分析,正确计算 SPH 粒子和实体单元之间的接触面积。

若要计算摩擦生热,则需要设置 * CONTROL_CONTACT 中的 FRCENG = 1,接触界面两侧的 SPH 粒子和固体结构各分担 50%的摩擦热。

## 12.11 SPH 与其他 Part 的作用

LS-DYNA 有多种 SPH 作用方法,不同的相互作用方法可以用于同一计算模型以达到最佳应用效果。

- 标准 SPH 近似插值法。

传统方法中 SPH 粒子与同一 Part 的其他 SPH 粒子或者其他 Part 的 SPH 粒子之间的相互作用可以通过粒子的近似插值来实现,SPH 粒子之间不仅在压缩方向有相互作用力而且在拉伸方向也存在着相互作用力,从而不需要在不同 SPH Part 的界面上施加接触。这种方法适用于不同 SPH Part 之间具有相近的密度和材料特性的场合,通过标准 SPH 插值法产生相互作用使界面的结果更加一致。

通过标准 SPH 插值,并设置 * CONTROL_SPH 中的 CONT = 0,不同 SPH Part 可在相互作用后黏在一起。

- 采用 * DEFINE_SPH_TO_SPH_COUPLING 在不同 SPH Part 之间定义接触。

传统的标准 SPH 法处理不同 SPH Part 之间的相互作用是通过 SPH 插值函数(即视不同 SPH Part 为一个 SPH Part)实现的。在 SPH 中,每个粒子有一个特殊空间距离(光滑长度),在其上它们的性质(如密度、压力)是由核函数做平均的。但如果光滑长度空间中的相邻粒子的密度和质量变化很大,如气液界面,由核函数做平均得到的值一般不精确,高估或低估 SPH 界面的密度会导致计算出错误的压力值,这个压力值可能会产生非自然的加速度,引起非物理的密度和压力变化,以及虚假的、不自然的界面张力,甚至严重的数值不稳定。

设置 * CONTROL_SPH 中的 CONT = 1,以停用 SPH Part 之间通过标准近似插值的相互作用,然后通过 * DEFINE_SPH_TO_SPH_COUPLING 可定义不同 SPH Part 之间压缩方向的耦合作用力,这是基于罚函数的接触类型。采用平均光滑长度作为接触准则,当两个 SPH 粒子中心点的距离小于平均光滑长度时,则发生接触。根据传统的接触与碰撞计算方法计算接触力的大小,其值等于接触刚度乘以渗透距离。

* DEFINE_SPH_TO_SPH_COUPLING 允许用户根据仿真问题,通过选择所需的罚函数比例因子来定义两 SPH Part 之间期望的接触力,从而避免由于界面处大密度比引起的不稳定性,适用于材料密度或粒子质量差异较大的 SPH Part 之间的相互接触,消除虚假的界面拉伸和流体中的空隙,减少计算不稳定现象。

图 12-12 的例子显示了在 SPH Part 之间定义接触来计算超高速碰撞问题。

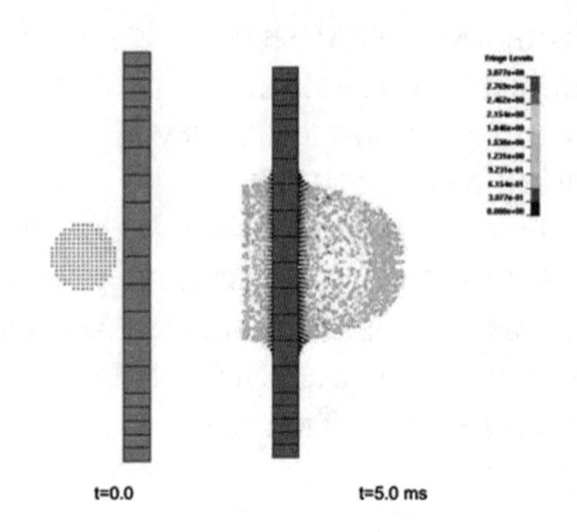


图 12-12　SPH Part 接触方法用于超高速碰撞模拟

- 通过 * SECTION_SPH_INTERACTION 合并标准 SPH 近似插值和粒子与不同 SPH Part 之间的接触定义方法。

若在 * CONTROL_SPH 中设置 CONT = 0，则标准粒子近似插值方法用于处理所有 SPH Part 之间的接触。

若在 * CONTROL_SPH 中设置 CONT = 1，并与关键字 * SECTION_SPH_INTERACTION 结合，则模型中不同 SPH Part 之间既可通过标准的 SPH 插值进行作用，也可通过粒子与粒子之间的接触发生相互作用。所有采用 * SECTION_SPH_INTERACTION 关键字定义的 SPH Part 将自动通过标准的插值方法而相互作用。任何未经 * SECTION_SPH_INTERACTION 定义的 SPH Part 与其他 SPH Part（所有未经或经过 * SECTION_SPH_INTERACTION 定义的 SPH Part）之间的相互作用需要通过 * DEFINE_SPH_TO_SPH_COUPLING 定义粒子与粒子之间的接触作用。

采用标准 SPH 插值算法计算两种具有不同密度的静止混合流体，插值时（CONT = 0）将界面处的粒子看做一个 Part 进行处理，施加插值力，不需要接触，在共享边处会产生密度梯度，进而产生压力梯度、非自然的加速度和虚假的界面拉伸，导致较低密度的流体立刻偏离较高密度流体（见图 12-13），甚至程序崩溃。

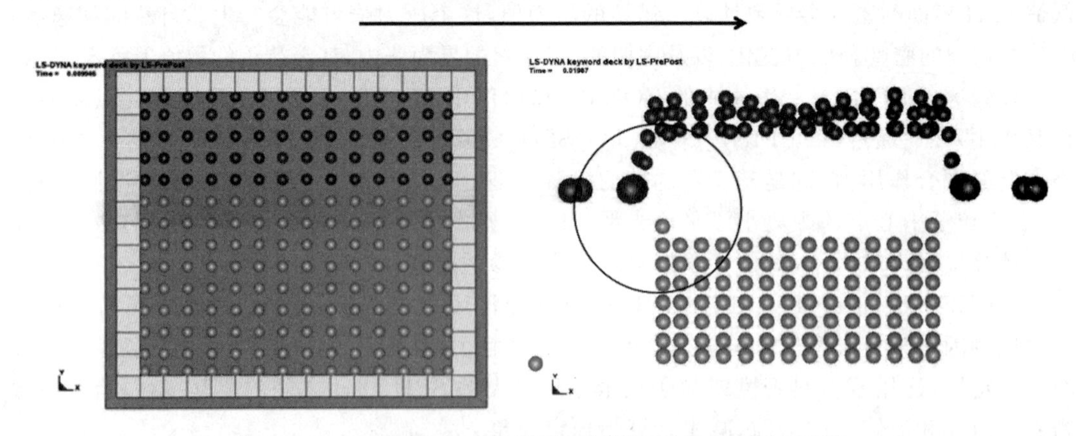


图 12-13　采用标准 SPH 插值算法计算两种具有不同密度的静止混合流体导致数值不稳定

*SECTION_SPH_INTERACTION 在界面处施加接触，界面两边的粒子分属不同的Part，在局部区域内分别进行插值(CONT=0)，允许用户根据仿真问题，通过设置惩罚比例因子来定义两 SPH Part 之间期望的接触力，从而避免由于界面处大密度比(密度之比>50)引起的不稳定性。如图 12-14～图 12-15 所示。

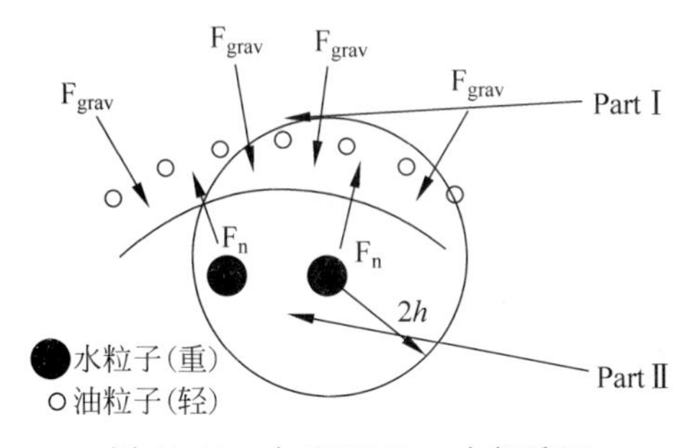


图 12-14　在 SPH Part 内部采用标准 SPH 插值算法

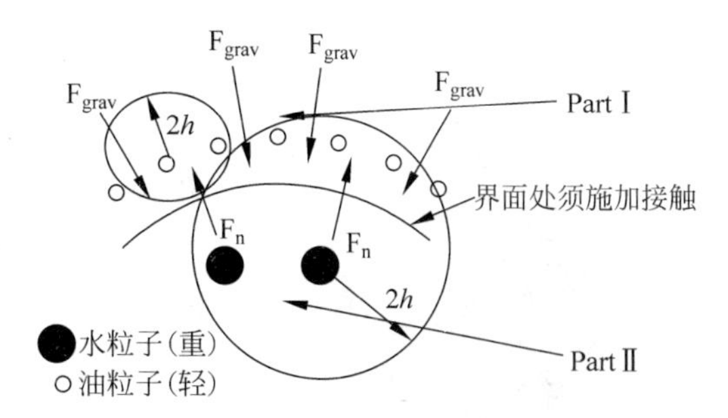


图 12-15　在界面处施加接触

• 与拉格朗日 Part 的自适应耦合(混合单元)。

在传统有限元中，当结构实体单元因受力达到失效状态时，根据用户定义的失效准则，单元会从计算中去除。这将引起物理上材料人为的空缺，进而引起邻近材料的回弹。LS-DYNA 构造混合单元用于 SPH 粒子和拉格朗日 Part 之间的耦合，联结 SPH 粒子和传统有限元单元，当满足某一标准时这种方法可以自动地将失效的实体单元变成 SPH 粒子，并允许转换来的 SPH 粒子与邻近的实体单元进行耦合或者不耦合。

*DEFINE_ADAPTIVE_SOLID_TO_SPH，将失效的拉格朗日单元转换为 SPH 粒子，允许转成的 SPH 粒子与邻近的实体单元进行耦合(ICPL=1，合为一体，用于由于屈服引起的材料软化过程即本构关系的改变)或者不耦合(ICPL=0，用于材料破碎分析)。

变量 IOPT 用于指定耦合开始的时间(仅用于 ICPL=1)。IOPT=0 用于指定耦合从 $t=0$ 时开始，在这里耦合被视为一种约束，用于连接独立的 SPH 粒子与结构实体单元。IOPT=1 时，只有当结构实体单元失效时，新产生的 SPH 粒子才与结构实体单元开始耦合作用。

在实际工程应用中，SPH Part 可能存在非常复杂的自由表面和材料界面，例如每个循环与实体单元接触时 SPH Part 会破碎为多个破片，自动产生新表面，传统的点面热学接触在更新接触面和计算接触面积时非常困难。通过*DEFINE_ADAPTIVE_SOLID_TO_SPH 中设置 ICPL=3 和 IOPT=0，用于接触热分析时可更新接触面，正确计算 SPH 粒子和实体单元之间的接触面积。

• SPH Part 和 FEM Part 之间采用接触。

SPH Part 和 FEM Part 之间的相互作用，可采用点面接触，这是因为这两种方法都是基于拉格朗日描述。

同一结构的不同部分也可分别采用 SPH 法和 FEM 方法，二者之间用*CONTACT_TIED_NODES_TO_SURFACE_OPTION(用于三维模型)或*CONTACT_2D_NODE_TO_SOLID_TIED(用于二维模型)进行连接。若固连的 SPH 粒子点不在 FEM 的表面上，则 SST 或 MST 必须定义为负值，当点与面之间的距离小于某个值时，自动连接在一起。建议 SPH 粒子点的密度至少是 FEM 节点密度的两倍。

➢ 基于罚函数的接触。

√ *CONTACT_AUTOMATIC_NODES_TO_SURFACE。

√ *CONTACT_NODES_TO_SURFACE。

√ *CONTACT_2D_NODE_TO_SOLID_ID。

√ *CONTACT_ERODING_NODES_TO_SURFACE。

图 12-16 高速水射流破岩模拟

图 12-16 是高速水射流破岩模拟，由图可见，水射流和岩石分别采用 SPH 法和 FEM 方法，FEM 结构局部发生失效后，*CONTACT_ERODING_NODES_TO_SURFACE 可以重新建立新的接触界面，不再出现接触渗透现象。

➢ 基于约束方法的接触。

√ *CONSTRAINT_NODES_TO_SURFACE。

√ *CONTACT_TIED_NODES_TO_SURFACE_OPTION。

√ *CONTACT_TIEBREAK_NODES_TO_SURFACE。

√ *CONTACT_TIEBREAK_NODES_ONLY。

➢ 刚体接触。这通过 *RIGIDWALL_PLANAR 关键字实现。

- *DEFINE_SPH_DE_COUPLING 定义 SPH 求解器与 DES 离散元求解器之间的基于罚函数接触算法的耦合。
- *ALE_COUPLING_NODAL 定义 SPH Part 与流体 Part 的罚耦合。此功能并不成熟，目前接近废止状态。
- SPH 与 SPG 之间的接触。这通过 *CONTACT_SPG_SPH 关键字实现。
- SPH 粒子与 PD 之间的耦合。这通过 *DEFINE_PERI_TO_SPH_COUPLING 关键字实现。

## 12.12 SPH 粒子生成和显示

### 12.12.1 SPH 粒子生成

在 LS-PrePost 软件中通过 FEM→Element and Mesh→SphGen 生成 SPH 粒子。SPH 粒子有多种生成方法：Box、Sphere、Cylinder、Cone、Solid Center、Solid Nodes、Shell Volume、Circle、4-Point quad area、Shell Center、Shell Nodes、Beam Area。

基于 Box 方法的 SPH 粒子生成步骤如图 12-17 所示。

- 在图 12-17 所示的步骤 5 中，X、Y、Z 右侧要求输入 SPH Part 三维最小和最大坐标。
- 在步骤 6 中，NumX、NumY、NumZ 分别为 X、Y、Z 方向 SPH 粒子数量。
- 在步骤 7 中，Ratio(%)为空间被粒子填充的体积百分比。
- 在步骤 8 中，Density 为 SPH Part 的材料密度。
- 在步骤 9 中，Start NID 和 Start PID 分别为生成粒子起始节点 ID 和 Part ID。

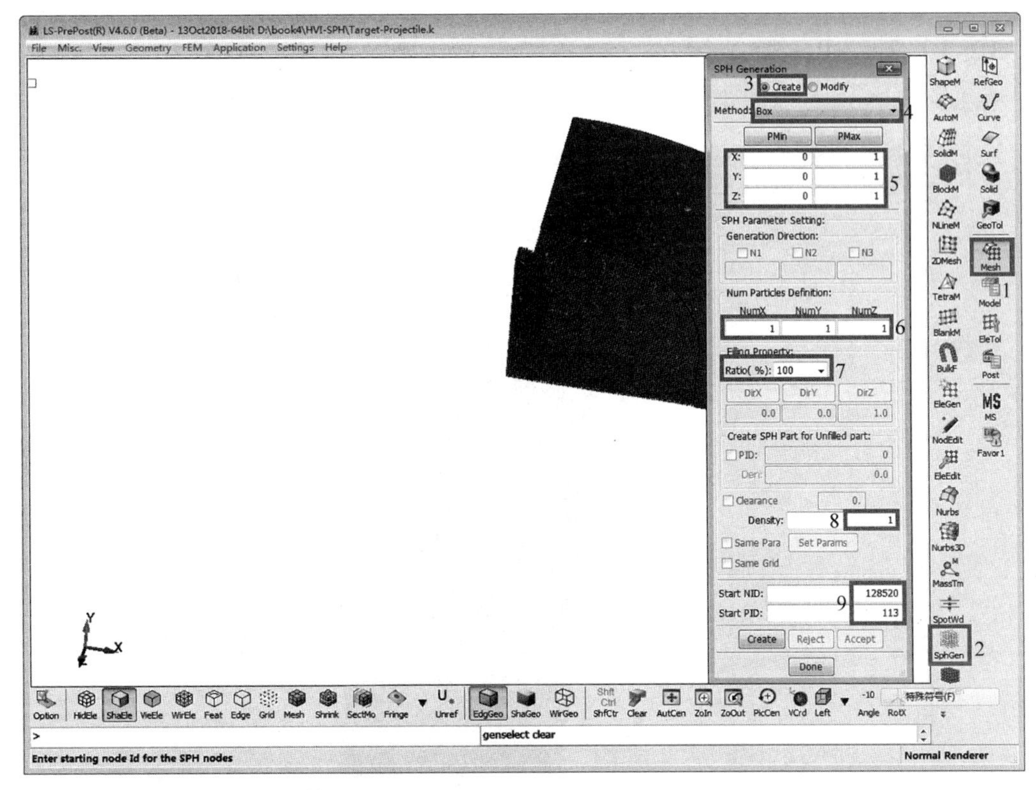

图 12-17 基于 Box 方法的 SPH 粒子生成步骤

SPH 生成注意事项：

(1) 粒子分布尽量均匀。如图 12-18 所示。

(2) SPH 粒子质量不要接近于 0，不同 Part 之间 SPH 粒子质量不要差异过大，尽量不要超过 5 倍，若差别太大(见图 12-19)，容易导致计算不稳定。

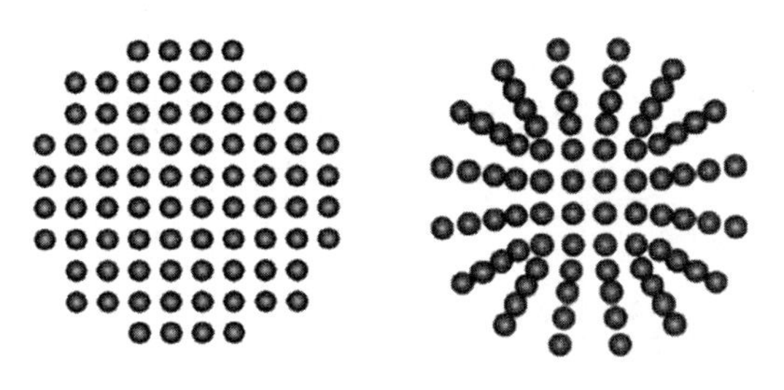

图 12-18 均匀分布和不均匀分布的粒子

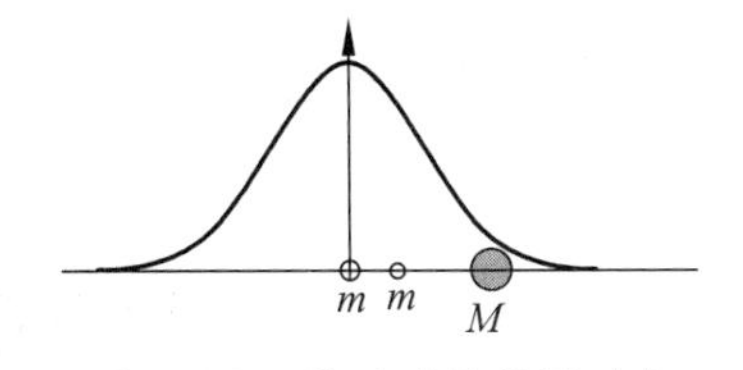


图 12-19 粒子质量差异过大

(3) 与有限元和无单元伽辽金(EFG)算法相比，SPH 法准确度不高，需要较多的粒子来确保计算结果准确，若粒子稀疏则计算曲线可能震荡较大。要达到与拉格朗日算法同等的计算精度，SPH 粒子密度至少超过拉格朗日网格两倍。

(4) 在 LS-PrePost 中也可通过填充 SPH 粒子替换已有有限元 Part，推荐采用 Solid Nodes 填充模式，即粒子置于结构节点处，便于定义接触，若采用 Solid Center 模式，定义接触时需要偏移粒子间距的一半。

### 12.12.2 SPH 粒子显示

在 LS-PrePost 中 SPH 粒子的球形显示模式设置步骤如图 12-20 所示。

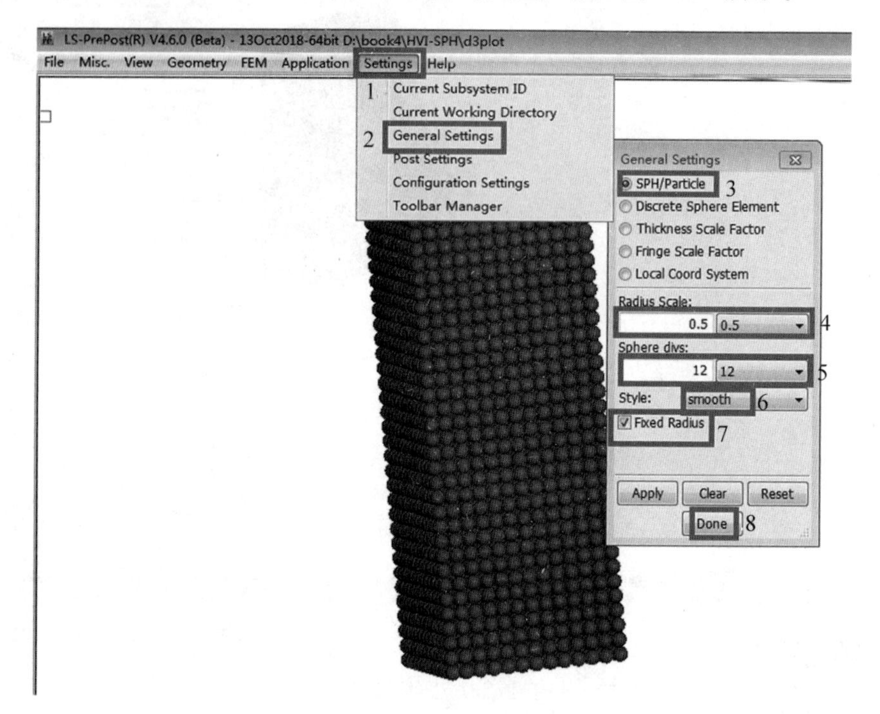


图 12-20　SPH 粒子显示设置

## 12.13 容器内水流计算算例

### 12.13.1 计算模型概况

图 12-21 所示的容器内左端充满了水，中间底部隔板被抽起后，水在重力作用下向容器右端流动，然后逐渐稳定下来。在本算例中，水采用 SPH 粒子模拟，而容器则采用拉格朗日算法，计算单位制采用 kg-m-s。

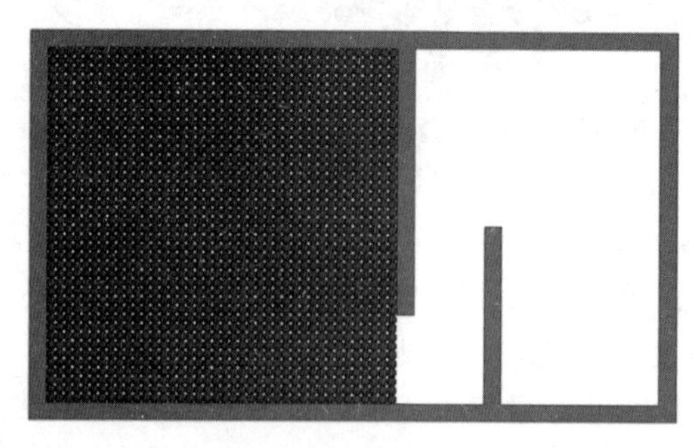

图 12-21　计算模型

### 12.13.2 关键字文件讲解

```
$ 首行 * KEYWORD 表示输入文件采用的是关键字输入格式。
* KEYWORD
$ 设置分析作业标题。
* TITLE
Copyright, 2018 DYNAmore GmbH
$ 定义 SPH 控制参数。
* CONTROL_SPH
$ #    ncbs      boxid       dt    idim   memory    form    start    maxv
         1    01.00000E20           2      150      15      0.0    10.0
$ #    cont      deriv      ini  ishow    ierod   icont    iavis   isymp
         0          0        0      1        0       0        0     100
$ #    ithk
         1
$ 定义计算结束条件。
* CONTROL_TERMINATION
       2.0         0      0.0      0.01.000000E8        0
$ 设置时间步长控制参数。
* CONTROL_TIMESTEP
       0.0       0.7         0       0.0       0.0         0         0         0
$ 设置二进制文件 D3PLOT 的输出。
* DATABASE_BINARY_D3PLOT
      0.02         0         0         0         0
$ 施加重力加速度。
* LOAD_BODY_Y
         1       1.0         0       0.0       0.0       0.0         0
$ 定义重力加速度载荷曲线。
* DEFINE_CURVE
         1         0       1.0       1.0       0.0       0.0         0         0
                 0.0                 0.0
                 0.2                9.81
              1000.0                9.81
$ 定义容器 Part。
* PART
Structure
         1         1         1         0         0         0         0         0
$ 为容器定义平面应变单元算法。
* SECTION_SHELL
         1        13       1.0         2       1.0         0         0         1
       0.1       0.1       0.1       0.1       0.0       0.0       0.0         0
$ 为容器定义刚体材料模型及参数。
* MAT_RIGID
         1    1000.0   1000000       0.3       0.0       0.0       0.0
       1.0         7         7
       0.0       0.0       0.0       0.0       0.0       0.0
$ 定义水 Part。
* PART
Water
```

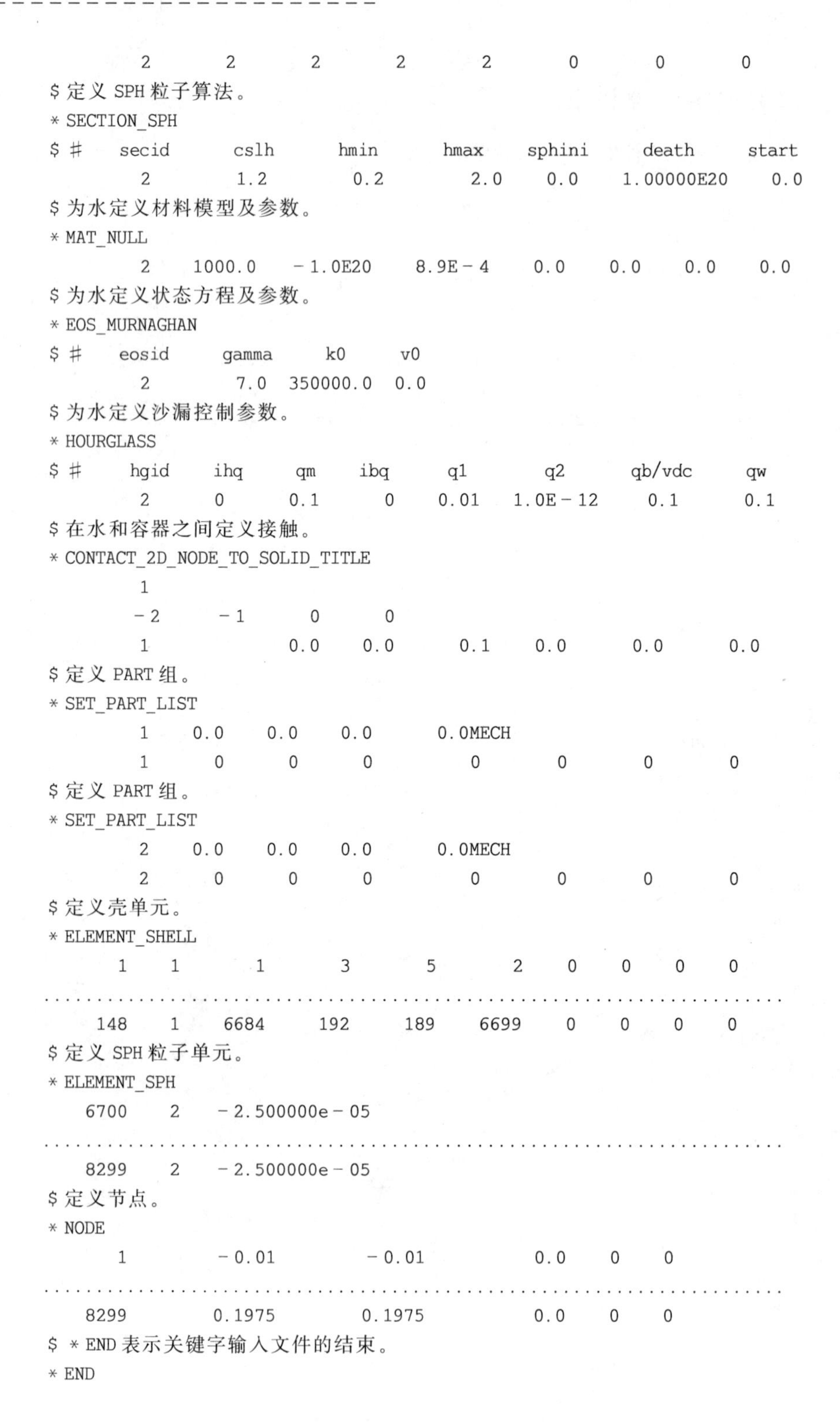

```
        2        2        2        2        2        0        0        0
$ 定义 SPH 粒子算法。
* SECTION_SPH
$ #    secid      cslh      hmin      hmax    sphini      death      start
        2        1.2       0.2       2.0      0.0    1.00000E20    0.0
$ 为水定义材料模型及参数。
* MAT_NULL
        2    1000.0    -1.0E20    8.9E-4    0.0     0.0     0.0     0.0
$ 为水定义状态方程及参数。
* EOS_MURNAGHAN
$ #    eosid     gamma      k0      v0
        2        7.0   350000.0   0.0
$ 为水定义沙漏控制参数。
* HOURGLASS
$ #     hgid     ihq      qm     ibq      q1       q2      qb/vdc      qw
        2       0       0.1      0      0.01    1.0E-12     0.1      0.1
$ 在水和容器之间定义接触。
* CONTACT_2D_NODE_TO_SOLID_TITLE
        1
       -2      -1       0       0
        1              0.0     0.0       0.1     0.0       0.0      0.0
$ 定义 PART 组。
* SET_PART_LIST
        1     0.0     0.0     0.0       0.0MECH
        1       0       0       0         0       0       0       0
$ 定义 PART 组。
* SET_PART_LIST
        2     0.0     0.0     0.0       0.0MECH
        2       0       0       0         0       0       0       0
$ 定义壳单元。
* ELEMENT_SHELL
      1    1       1       3       5       2    0    0    0    0
.........................................................................
    148    1    6684     192     189    6699    0    0    0    0
$ 定义 SPH 粒子单元。
* ELEMENT_SPH
   6700     2    -2.500000e-05
.........................................................................
   8299     2    -2.500000e-05
$ 定义节点。
* NODE
      1          -0.01          -0.01          0.0     0     0
.........................................................................
   8299         0.1975         0.1975          0.0     0     0
$ * END 表示关键字输入文件的结束。
* END
```

### 12.13.3 数值计算结果

容器中水的流动过程如图 12-22 所示。

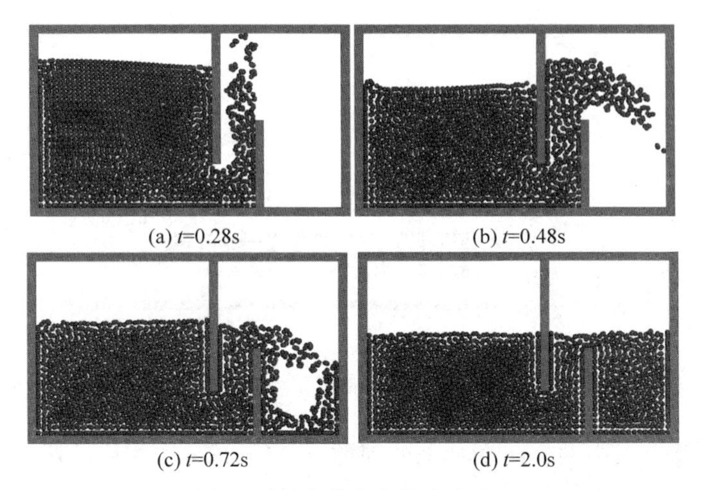


图 12-22 容器中水的流动过程

## 12.14 参考文献

[1] LS-DYNA KEYWORD USER'S MANUAL [Z]. ANSYS LST, 2020.

[2] G. R. Liu, M. B. Liu. 光滑粒子流体动力学：一种无网格粒子法 [M]. 韩旭，杨刚，强洪夫，译. 长沙：湖南大学出版社，2005.

[3] Jing Xiao Xu, You Cai Wu. Smoothed Particle Hydrodynamics in LS-DYNA [R]. LSTC, 2019.

[4] 许敬晓，王季先. LS-DYNA 中的光滑粒子流体动力学(SPH)及其应用[J]. 有限元资讯，2015，4：32-36.

[5] 许敬晓，王季先. LS-DYNA 中光滑粒子流体动力学(SPH)的一些最新进展[J]. 有限元资讯，2015，4：37-39

[6] 许敬晓，王季先. LS-DYNA 中多个 SPH 部件(流体，固体)间的相互作用方法[J]. 有限元资讯，2015，4：40-48.

[7] 辛春亮，等. TrueGrid 和 LS-DYNA 动力学数值计算详解[M]. 北京：机械工业出版社，2019.

[8] 辛春亮，等. 由浅入深精通 LS-DYNA [M]. 北京：中国水利水电出版社，2019.

# 第13章

# EFG算法

为处理大变形分析中网格畸变带来的问题，LS-DYNA软件从早期版本开始就具有网格的自适应重分功能。在对其不断地改进和完善的过程中，包括动边界处理和局部特征捕捉等多种问题正在丰富自适应网格重分功能的应用。

无单元伽辽金（element free Galerkin，EFG）算法在20世纪90年代中期由Ted Belytschko教授提出，随后被广泛应用于解决固体结构分析中的大变形、波动和动边界等问题。相对传统有限单元法，EFG算法的近似函数构造不依赖于单元，同时在数学上具有多尺度（多重解析度）特征和自然的一致性。正是基于EFG算法这些独特的优势，LS-DYNA发展了相应的计算模块，并结合已有的其他计算功能来共同解决具有挑战性的工程实际问题。

相对于传统的有限元法，EFG算法的近似函数是基于节点构造，完全不依赖于单元，但在变形问题中降低了网格畸变带来的影响，同时在数值精度、收敛速度、计算场的光滑度和构造高阶近似函数的灵活性上有显著的提高，也没有体积锁死现象。

EFG算法的缺点是：(1)计算耗费大，在节点数量相同的情况下，EFG算法计算时间是有限元法的2～3倍；(2)对于背景积分网格的依赖使得EFG算法在处理极大变形和材料破坏方面仍然面临和有限元法相同的困难，为缓解该问题，LS-DYNA中加入了EFG三维自适应网格重分方法。

## 13.1　EFG算法简介

在大型商用有限元软件领域，LS-DYNA最先将EFG算法引入到实际应用中。近年来，EFG算法在实体和板壳结构计算方面的应用越来越受到工业界的重视，尤其是在对计算精度有较高要求的非线性结构计算领域。通过结合自适应网格重分算法，LS-DYNA EFG算法进一步摆脱了使用拉格朗日型背景积分网格对材料变形程度的局限，使其成为目前LS-DYNA应用于三维金属加工成形模拟中非常重要的工具。

在LS-DYNA EFG算法功能中，加入了多种当前流行的无单元近似函数构造方法，并且针对无单元法在处理边界条件方面固有的困难，发展出快速变换法（fast transformation method），提高了经典无单元函数在边界点处所需变换的效率。考虑到各种不同的材料特性，尤其是可压缩性和裂纹破坏模型，提供了多种数值积分方法供用户灵活使用。对于近不可压缩材料，比如橡胶和处于塑性区的金属材料，压力场的计算对应力分析结果影响很大。而压力场平滑(pressure smoothing)则很好地改进了计算精度。对于一般的工程应用而言，无单元法的计算速度相对有限元法较慢，在隐式计算中的刚度矩阵带宽较大、条件数较高。利用背景网格的拓扑关系，LS-DYNA EFG 算法开发者改进了无单元近似计算中找点速度和分布质量，直接提高了总体的计算效率。目前 LS-DYNA EFG 算法的计算过程可以控制在相同模型下有限元法的 2～3 倍时间之内。考虑到 EFG 算法单元使用部分(大变形区域)在整体模型中所占的比例以及并行计算的效率提升，LS-DYNA EFG 算法已经具备在实际工程中通过可接受的计算时间获得计算精度的跃升。

自适应网格重分涉及三维表面、实体单元重分和计算物理量在新旧网格间的映射过程，其中引入的误差很大程度上取决于映射函数的阶数。低阶非光滑映射函数，比如自适应有限元法通常使用的线性单元差分，会造成数值结果在每经过一次重构映射就进行一次低阶平均(类似低通滤波的效果)，高阶函数特性比如局部应力集中等都会被多次重构过程所抹平，严重影响计算精度。LS-DYNA 自适应 EFG 算法将无网格高阶光滑近似函数构造引入网格重构映射，建立高精度的映射函数，减少了误差和人为扩散(diffusion)。在定义接触的问题中，LS-DYNA 提供基于接触表面曲率的局部网格加密方法，结合 EFG 算法高精度映射函数，接触区域局部高应力场的计算精度将获得极大提高。此外，还加入了动态自适应过程，可以根据 LS-DYNA EFG 算法背景积分网格的畸变程度自动启动网格重构，方便用户处理复杂大变形问题，提高总体计算效率和精度。

## 13.2 *SECTION_SOLID_EFG

*SECTION_SOLID_EFG 关键字为 EFG 算法设置参数，关键字卡片参数详细说明见表 13-1～表 13-2。

**表 13-1 *SECTION_SOLID_EFG 关键字卡片 1**

| Card 1 | 1 | 2 | 3 | 4 | 5 | 6 | 7 | 8 |
|---|---|---|---|---|---|---|---|---|
| Variable | SECID | ELFORM | AET | | | | | |
| Type | I/A | I | I | | | | | |

**表 13-2 *SECTION_SOLID_EFG 关键字卡片 2**

| Card 2 | 1 | 2 | 3 | 4 | 5 | 6 | 7 | 8 |
|---|---|---|---|---|---|---|---|---|
| Variable | DX | DY | DZ | ISPLINE | IDILA | IEBT | IDIM | TOLDEF |
| Type | F | F | F | I | I | I | I | F |
| Default | 1.01 | 1.01 | 1.01 | 0 | 0 | 1 | 2 | 0.01 |

- SECID：单元/粒子属性(算法)ID。SECID 由 *PART 引用，可为数字或字符，不能重名。
- ELFORM：定义 EFG 单元/粒子算法。

➢ ELFORM=41：EFG 算法。41 号单元使用四节点、六节点、八节点背景积分网格，既可用于一般三维固体结构的网格重分过程,又能进行三维旋转轴对称的网格重构。

➢ ELFORM=42:自适应四节点 EFG 算法。42 号单元从 41 号单元发展而来,专门针对四节点三维网格重分过程进行了计算效率的优化。

• AET:环境单元类型,这里不用定义。

• DX、DY、DZ:定义 X、Y、Z 三个方向基础影响域尺寸的放大系数。

• ISPLINE:样条函数(即影响域)类型。此处的定义会覆盖 * CONTROL_EFG 中的定义。

➢ ISPLINE=0:立方体形样条函数(默认设置)。

➢ ISPLINE=1:二次形样条函数。

➢ ISPLINE=2:球形样条函数。对于球形影响域,DX 用来定义半径的放大系数。

• IDILA:EFG 核函数归一化扩张参数。此处的定义会覆盖 * CONTROL_EFG 中的定义。

➢ IDILA=0:基于背景网格定义最大距离。

➢ IDILA=1:基于周围节点定义最大距离。

• IEBT:本质边界条件变换处理方法。经典 EFG 近似函数不具备类似有限元插值函数的 Kronecker delta 特性,这给本质边界条件的施加带来了困难。传统的拉格朗日乘子法通过额外的自由度将本质边界条件引入变分方程,虽然解决了问题,但是增加了软件开发的复杂度和计算时间。EFG 近似函数不是插值函数,节点位移自由度并不是节点处真实的位移,可以称之为节点的广义位移自由度。所谓变换法,就是通过代数变换的方法将广义自由度用节点真实值来表示,所得到的变换矩阵作用于系统总体方程完成变换。

➢ IEBT=1:完全变换方法(默认设置)。完全变换法是在所有无网格节点上进行这样的变换。

➢ IEBT=-1:不采用完全变换方法。

➢ IEBT=2:部分变换方法。部分变换法仅针对具有本质边界条件的节点。部分变换法与完全变换方法理论上是等同的,不过部分变换法的效率更高。

➢ IEBT=3:有限元/无网格耦合。边界区域使用有限单元法,域内为无网格离散,中间使用耦合算法过渡。这是一种快速有效的方法,适合于对边界区域的计算精度没有太高要求的问题。

➢ IEBT=4:快速变换方法。直接变换 EFG 近似函数及其导数,使其具有插值函数的特征。相比完全变换方法,快速变换法无需在每一个时间步对系统方程进行变换,提高了效率,适用于显式格式的计算。

➢ IEBT=-4:不采用快速变换方法。

➢ IEBT=5:状态方程和 * MAT_ELASTIC_FLUID 材料模型使用的流体粒子方法。目前仅支持四节点背景网格。

➢ IEBT=7:最大熵近似函数。通过使用非负的基函数和求解完备条件约束下的最大熵优化方程,近似函数在求解域边界处自动满足 Kronecker delta 条件。这种新型无网格法具备很多其他的优点,已用于通用无网格法。

• IDEM:区域积分方法:

➢ IDEM=1:局部边界积分。

➢ IDEM＝2：两点高斯积分(默认)。

➢ IDEM＝3,改进的高斯积分,用于 IEBT＝4 或－4。

➢ IDEM＝－1：稳定的EFG积分方法(用于六节点网格、八节点网格或这两种混合网格)。

➢ IDEM＝－2：EFG断裂方法,只用于四节点网格和SMP。目前已废弃。

• TOLDEF：用于激活自适应EFG半拉格朗日和欧拉核函数的变形容差。

➢ TOLDEF＝0：拉格朗日核函数。

➢ TOLDEF＝1：半拉格朗日核函数。

➢ TOLDEF＝2：欧拉核函数。

EFG算法的近似函数是基于离散节点构造的紧支函数。每个节点都有其对应的影响域,为构建无网格形函数提供光滑性和紧支性。各节点名义上可以定义不同的影响域尺寸和形状(见图13-1)。

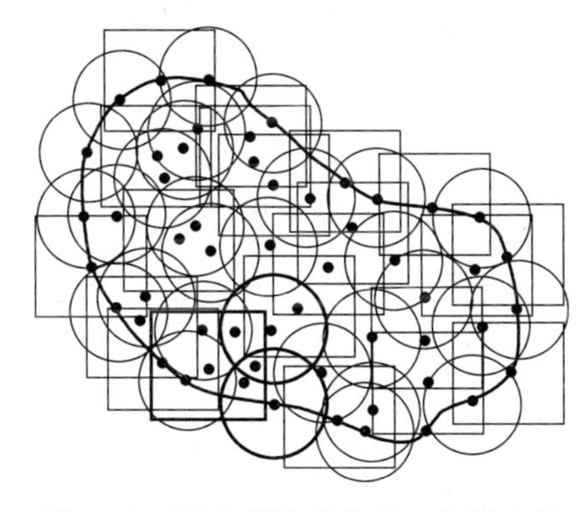

图13-1 EFG算法离散节点和影响域

通过参数ISPLINE,用户可以选择球形或者立方体形影响域。对于一般EFG计算,这两种影响域形状的计算结果区别不大。相比而言,影响域大小更为重要。可以通过归一化影响域尺寸DX、DY、DZ和扩张参数IDILA来调整最终影响域大小。扩张参数用来指定两种不同的计算基础影响域尺寸的方式：基于邻近积分单元尺寸和基于周围节点间距。一般来说通过后一种方式得到的影响域尺寸较小。DX、DY、DZ分别定义三个方向基础影响域尺寸的放大系数。对于球形影响域,DX用来定义半径的放大系数。EFG算法要求所有节点影响域的合集足以形成对计算区域的完整覆盖,同时任何一个计算点需要有足够多非线性相关的影响节点来构造近似函数,比如三维一阶精度近似函数的构造需要至少四个非共面的影响节点。需要指出的是,影响域过大不仅会极大增加计算时间,而且可能会造成精度下降甚至近似函数构造失败。开发者对LS-DYNA中的EFG的影响域定义和节点搜索做了优化,以上两个参数在默认设置下就可以处理大部分的计算。为了获得更好的计算结果,请参照表13-3选择最优的归一化参数。

**表13-3 归一化影响域尺寸DX、DY、DZ的推荐设置**

| 材料类型 | 规则节点分布 | 不规则节点分布 |
|---|---|---|
| 泡沫类材料 | 1.0～1.2 | 1.0～1.2 |
| 金属材料 | 1.2～1.4 | 1.0～1.2 |
| 流体/EOS材料 | 1.4～1.6 | 1.2～1.4 |

EFG 近似函数的性质由核函数(kernel function)和基函数(basis function)决定。核函数控制紧支性(locality)和光滑度(smoothness)。前面提到的影响域就是对应节点核函数非零的区域。光滑度反映函数导数的连续性。典型的线性有限元单元插值函数为零阶光滑函数,其导数在单元边界处不连续。在基于位移自由度的有限元法中,这样的插值函数会给出单元间不连续的应力应变场。EFG 算法通常采用具有二阶或三阶光滑性的样条函数(spline function)作为核函数,应力应变的计算结果在全局都是连续平滑的。EFG 算法的基函数是一组多项式,其阶数和完备性将决定计算结果的收敛速度和误差精度。在一般的三维工程问题中,推荐采用默认的线性基函数$(1,x,y,z)$。对于精度要求较高的问题,双线性基函数$(1,x,y,z,xy,yz,xz)$将会是更好的选择。

## 13.3 通用无网格法和最大熵近似函数法

在上节关于 *SECTION_SOLID_EFG 关键字的介绍中提到了通用无网格法和最大熵近似函数法。

通用无网格法(General Mesh-Less,GMF)采用如下的近似函数构造方程(以节点 $i$ 为例):

$$\psi_i(x)=\frac{\phi_a(x;x-x_i)\Gamma_i(x-x_i;\lambda)}{\sum_{j=1}^{n}\phi_a(x;x-x_j)\Gamma_j(x-x_j;\lambda)} \tag{13.1}$$

其中,$\phi_a$ 为紧支权函数(影响域尺寸为 $a$),$n$ 为节点总数,$\Gamma_i$ 为基函数。通过使用不同的基函数,可以推导出各种已有的无网格法的等效形式,其中包括移动最小二乘近似(moving least square,MLS)、再生核质点法(reproducing kernel particle method,RKPM)和最大熵近似函数,等等。例如:

(1) $\Gamma_i(x-x_i;\lambda)=1$:近似函数退化成最为简单的局部 Shepherd 函数,精度上仅为零阶函数,无法精确拟合线性场。

(2) $\Gamma_i(x-x_i;\lambda)=1+\lambda(x)(x-x_i)$:基函数包含线性函数和对应的系数 $\lambda$,$\lambda$ 的求解依赖于整体近似函数满足线性完备性条件:$\sum_{i=1}^{n}\Psi_i(x;x-x_i)(x-x_i)=0$。数学上可以证明这种 GMF 近似函数完全等价于使用线性完备基函数的 MLS 和 RKPM 无网格近似函数。

(3) $\Gamma_i(x-x_i;\lambda)=1+\sum_{k=1}^{m}e_k[\lambda(x)(x-x_i)]^k$:基函数为非线性函数。考虑自然指数函数的泰勒级数展开,可以获得以下形式的基函数表达形式:

$$\Gamma_i=1+[\lambda(x-x_i)]+\frac{[\lambda(x-x_i)]^2}{2!}+\frac{[\lambda(x-x_i)]^3}{3!}+\cdots=e^{\lambda(x-x_i)} \tag{13.2}$$

基于自然指数基函数的 GMF 等价于最大熵近似函数。由于基函数为非线性函数,为满足线性完备条件 $\sum_{i=1}^{n}\Psi_i(x;x-x_i)(x-x_i)=0$,求解系数 $\lambda$ 需要依靠数值迭代法。LS-DYNA 中已经植入了这种类型的无网格近似函数,即在 *SECTION_SOLID_EFG 中设置 IEBT=7。通过引入其他非线性函数的泰勒级数展开,可以构造不同类型的基函数,从而丰富 GMF 无网格近似函数的特性和使用选择。

GMF近似函数具备一般无网格函数的优点，比如紧支性和光滑性。使用非负基函数的GMF近似函数（比如最大熵函数近似）为凸函数，使用这种近似函数有利于降低数值振荡，提高数值方法的稳定性。非负GMF函数在边界处自然满足插值函数特性，便于精确施加本质边界条件，提高计算效率。在无网格法的实际应用中，如何选取最优的影响域大小一直是困扰用户的难题。新型的GMF非负近似函数能有效解决这一问题，在保证计算域内各处都有足够影响域覆盖的前提下，影响域大小将不会对计算解的精度产生大的影响。此外，GMF非负近似函数对近不可压缩材料的计算结果平滑，对大变形问题中网格畸变的敏感程度很低。

## 13.4 EFG三维自适应网格重分

有限元法的自适应网格重分功能主要是为了处理大变形分析中网格畸变带来的问题。EFG算法的近似函数虽然不依赖于网格，但是它的积分单元以及离散方程仍然建立在拉格朗日体系之上（也就是初始未变形状态）。当材料发生的局部变形超过网格尺寸一定程度时，拉格朗日型方法的某些力学假设及相应数学前提（譬如连续性假设和函数映射的可逆性）不再成立，导致计算终止。对于不同的问题，在EFG算法的功能中加入了不同的算法来克服极大变形带来的困难，比如加入了实时（欧拉型）的节点影响域重定义来模拟流体问题，加入了分时（半拉格朗日型）的版本来处理泡沫类材料的极大变形。将自适应网格重分功能引入EFG算法主要针对以下需求：

- 对于精度要求较高的计算问题，比如材料加工表面的计算、高梯度场的问题。
- Part残余应力对低速冲击碰撞结果的影响。
- 多步分析问题，其中包括动边界的处理。
- 金属热锻压、冷成形及切削加工等问题。

EFG算法网格重分功能继承了LS-DYNA中有限元法已有的整体三维四面体单元网格重分模块，其中包含三维表面三角形网格重分和由表及里的实体四面体单元划分。以下是主要的功能及应用要点：

- 显式及隐式求解。
- 热固耦合。
- 支持四面体单元（积分网格）。由六节点或八节点单元构成的模型将自动重划分为四节点网格。
- 支持EFG三维实体单元的各种无网格近似函数及相关选项。
- 在新旧网格的场变量映射模块中引入了EFG型高阶近似函数。这种近似函数极大提高了映射精度，降低了数值扩散（diffusion）。
- 压力场平滑算法。
- 加工面附近网格局部加密算法。
- 动态自适应网格重分。
- 专门针对切削问题发展的表面单元侵蚀和表面单元重分算法。

另外，LS-DYNA还有六节点/八节点三维旋转轴对称模型的网格重分功能，解决了在旋转加工问题上使用四面体单元精度不足的问题。

图13-2是一个经典圆柱形泰勒杆冲击问题，分别使用了三种不同计算方法。基于对称

性，使用了四分之一模型进行计算。在右图中给出了变形及塑性应变结果。在冲击区域，有限元法基本捕捉到了高梯度的应变场，但网格质量差，影响计算精度；在使用若干次网格重分之后，有限元法基本丢失了高梯度解；由于具有较高的映射精度，EFG 网格重分法在提高了网格质量的同时，仍然保持了对高梯度场的解析精度。

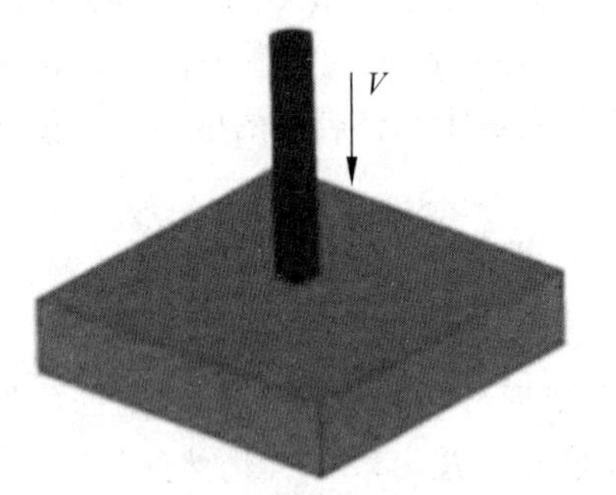


(a) 计算模型

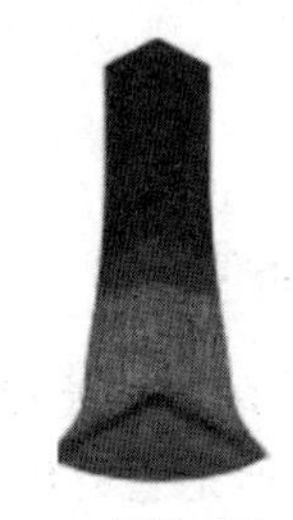

(b) 有限元法

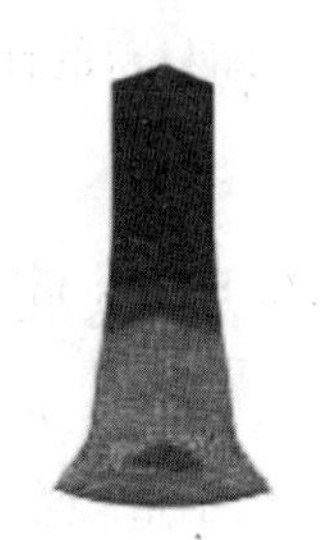

(c) 有限元+网络重分

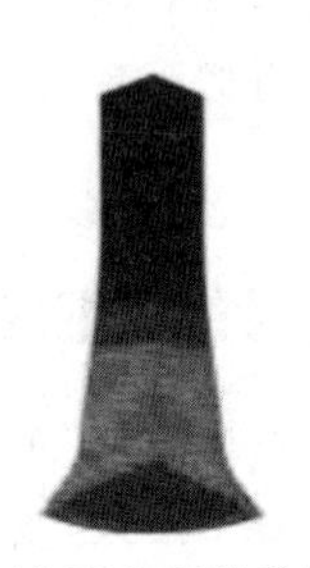

(d) EFG+网络重分

图 13-2　不同计算方法得到的泰勒杆变形和塑性应变结果

LS-DYNA 中 EFG 的三维自适应网格重分主要涉及两个关键字 *CONTROL_ADAPTIVE 和 *CONTROL_REMESHING_EFG。

(1) *CONTROL_ADAPTIVE

- ADPFREQ：定义网格重分的时间步。在复杂的固体结构变形过程中，这种预设的固定时间间隔往往无法有效地启动重分来避免网格过分畸变导致的分析失败。从 LS-DYNA R5.0 版开始，EFG 算法的网格重分引入了若干衡量网格畸变的参数，动态跟踪网格变形情况，在网格畸变失效前进行网格重分。动态网格重分的相关参数定义请参见 *CONTROL_REMESHING_EFG 关键字的介绍。
- ADPOPT：三维网格重分需要将此参数设置为 7。与此相对应，对于涉及重分的 Part，还需要将 *PART 关键字下的参数 ADPOPT 设置为 2(一般三维网格重分)或 3(三维旋转轴对称网格重分)。
- ADPENE：当 *PART 关键字下的参数 ADPOPT＝2 且 ADPENE＞0 时，此参数开启接触表面区域的局部网格加密。所谓接触表面局部网格加密就是在有接触的区域通过计算模具或刀具的曲率来定义新网格的网格密度，曲率越高的地方(尖锐的模具拐角和刀具前端)网格尺寸越小，密度越大。图 13-3 展示了一个成形分析过程中网格局部加密的结果。

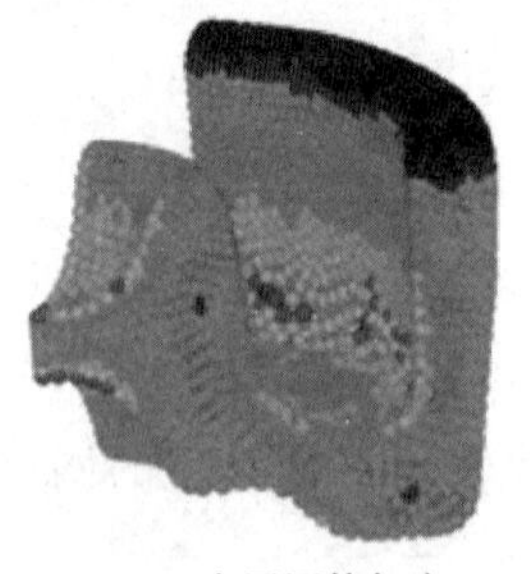

(a) 全局网格加密

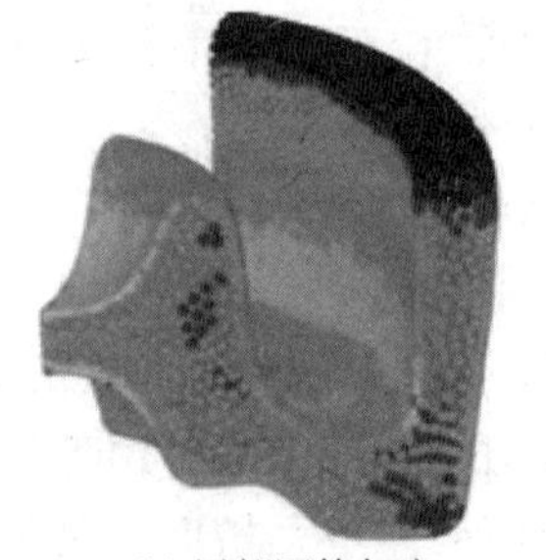

(b) 局部网格加密

图 13-3　成形分析过程中 EFG 网格加密

(2) * CONTROL_REMESHING_EFG

* CONTROL_REMESHING_EFG 关键字为 EFG 自适应网格重分设置控制参数。关键字卡片分别见表 13-4～表 13-6 及其参数详细说明。

**表 13-4　* CONTROL_REMESHING_EFG 关键字卡片 1**

| Card 1 | 1 | 2 | 3 | 4 | 5 | 6 | 7 | 8 |
|---|---|---|---|---|---|---|---|---|
| Variable | RMIN | RMAX | VF_LOSS | MFRAC | DT_MIN | ICURV | CID | SEGANG |
| Type | F | F | F | F | F | I | I | F |
| Default | none | none | 1.0 | 0.0 | 0. | 4 | 0 | 0.0 |

- RMIN：Part 表面最小网格尺寸。
- RMAX：Part 表面最大网格尺寸。
- VF_LOSS：对于 EFG 网格重分，该算法无用。
- MFRAC：用于激活网格重分的质量增益率。
- DT_MIN：用于激活网格重分的最小时间步长。
- ICURV：网格重分时沿着半径的网格划分数。对于有倒角或者特征边界线的计算模型，用户可以通过增加这个参数值进行网格细分，从而使网格重分在有倒角或者特征线的地方更好地保留原有模型的几何细节。
- CID：三维轴对称网格重分的坐标系 ID。
- SEGANG：在旋转轴对称网格重分中定义离散模型在旋转方向的弧度间隔。不同于四面体单元的通用网格重分，旋转轴对称网格重分基于六节点和八节点网格。图 13-4 是使用旋转轴对称网格重分的计算结果。

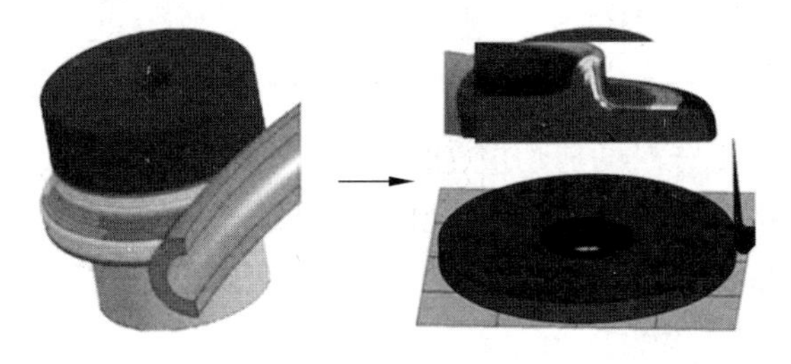

图 13-4　EFG 旋转轴对称网格重分计算

**表 13-5　* CONTROL_REMESHING_EFG 关键字卡片 2**

| Card 2 | 1 | 2 | 3 | 4 | 5 | 6 | 7 | 8 |
|---|---|---|---|---|---|---|---|---|
| Variable | IVT | IAT | IAAT | IER | MM | | | |
| Type | I | I | I | I | I | | | |
| Default | 1 | 0 | 0 | 0 | 0 | | | |

- IVT：自适应 EFG 算法将无网格近似函数构造引入计算参量的重映射过程。通过这个参数用户可以选择映射函数阶数及插值特性。用户需要注意，当选择高精度的重映射函数时，推荐采用双精度的 LS-DYNA。

➢ IVT=1：具有 Kronecker delta 特性的最小二乘近似。

➢ IVT=－1：无 Kronecker delta 特性的最小二乘近似。

➢ IVT=2：具有 Kronecker delta 特性的单位分解近似。

➢ IVT = -2：无 Kronecker delta 特性的单位分解近似。
➢ IVT = -3：有限元近似。
• IAT：此参数控制自适应网格重分的动态启动。所谓"动态启动"指在计算分析过程中 LS-DYNA 实时监控单元畸变程度，如果超过阈值就自动启动网格重分进行优化。相对预定义重分，动态重分整体上减少了重分次数，降低了因重分过程带来的累积误差。
➢ IAT = 0：不自动启动网格重分。
➢ IAT = 1：自动启动网格重分 + 预定义网格重分。
➢ IAT = 2：仅自动启动网格重分，网格重分时间间隔受制于 ADPFREQ。
➢ IAT = 3：仅自动启动网格重分。
• IAAT：自动启动网格重分时是否调整阈值：
➢ IAAT = 0：自动启动网格重分时不调整阈值。
➢ IAAT = 1：自动启动网格重分时调整阈值。LS-DYNA 会自动根据变形历史调整阈值，使得重分不会进行的过于频繁而影响计算效率。
• IER：带有单元失效的自动网格重分，用于金属切削。
➢ IER = 1：删除失效单元，在网格重分前重构切削面。
• MM：自动网格重分时单调整网格尺寸。
➢ MM = 1：自适应网格重分不粗化网格。

**表 13-6　*CONTROL_REMESHING_EFG 关键字卡片 3**

| Card 3 | 1 | 2 | 3 | 4 | 5 | 6 | 7 | 8 |
|---|---|---|---|---|---|---|---|---|
| Variable | IAT1 | IAT2 | IAT3 | | | | | |
| Type | F | F | F | | | | | |
| Default | $10^{20}$ | $10^{20}$ | $10^{20}$ | | | | | |

• IAT1：自动网格重分时的剪切应变阈值。
• IAT2：自动网格重分时的最大边长比。
• IAT3：自动网格重分时的单元体积归一化改变阈值，推荐值为 0.5。

# 13.5　金属锻造计算算例

## 13.5.1　计算模型概况

重锤以 555mm/s 的恒定速度对方形钢件进行锻造，计算模型见图 13-5。计算单位制采用 ton-mm-s。

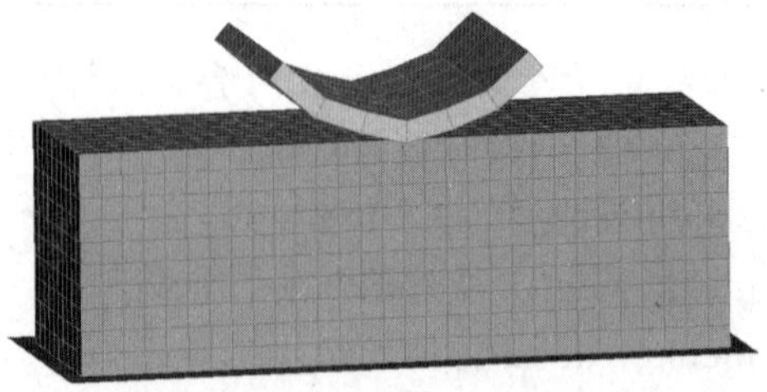

图 13-5　计算模型

## 13.5.2 关键字文件讲解

```
$ 首行 * KEYWORD 表示输入文件采用的是关键字输入格式。
* KEYWORD
$ 设置自动网格重分。
* CONTROL_ADAPTIVE
$   adpfreq    adptol    adpopt    maxlvl    tbirth    tdeath    lcadp    ioflag
    1.0e-3                 7         3
$   adpsize    adpass    ireflg    adpene    adpth    memory    orient    maxel
                  0                  3.0
$ 设置自动网格重分控制参数。
* CONTROL_REMESHING
$      RMIN      RMAX   VF_LOSS     MFRAC    DT_MIN    ICURVE
       0.50      3.00       0.0       0.0       0.0         0
$ 为钢件定义 EFG 算法。
* SECTION_SOLID_EFG
$     SECID    ELFORM       AET
          1        41
$        DX        DY        DZ  ISPLINE     IDILA      IEBT      IDIM   TOLDEF
        1.2       1.2       1.2                            3         2
$       IPS
          1
$ 定义体积黏性控制参数。
* CONTROL_BULK_VISCOSITY
        1.5    6.0E-2         1
$ 定义接触控制参数。
* CONTROL_CONTACT
        0.0       0.0         2         0         0         0         1         0
          0         0        10         0       4.0         0         0         0
$ 定义计算结束条件。
* CONTROL_TERMINATION
       0.01         0       0.0       0.0       0.0
$ 设置时间步长控制参数。
* CONTROL_TIMESTEP
        0.0       0.0         0       0.0  -1.0e-07         0         0         0
$ 设置二进制文件 D3PLOT 的输出。
* DATABASE_BINARY_D3PLOT
     2.0E-4         0         0         0
$ 为钢件定义材料模型及参数。
* MAT_PIECEWISE_LINEAR_PLASTICITY
          1   7.89E-9  207000.0       0.3     200.0    2.0E-2    1.0E21     0.0
        0.0       0.0         0         0       0.0
        0.0       0.0       0.0       0.0       0.0       0.0       0.0       0.0
        0.0       0.0       0.0       0.0       0.0       0.0       0.0       0.0
$ 为重锤定义材料模型及参数。
* MAT_RIGID
          2   7.89E-9  207000.0       0.3       0.0       0.0       0.0
        1.0       4.0       7.0
          0       0.0       0.0       0.0       0.0       0.0
```

```
$ 为重锤定义壳单元算法。
*SECTION_SHELL
         2         2       1.0         2       1.0       0.0         0         1
       1.0       1.0       1.0       1.0       0.0       0.0       0.0         0
$ 定义重锤 Part。
*PART
shell_4p
         2         2         2         0         0         0         0         0
$ 定义钢件 Part。
*PART
boxsolid
         3         1         1         0         0         0         2         0
$ 定义节点。
*NODE
     684       9.0000000      11.000000      13.500000       0       0
......................................................................
    4494       30.000000      10.000000      10.000000       0       0
$ 为重锤定义壳单元。
*ELEMENT_SHELL
     611       2     690     691     685     684
......................................................................
     640       2     730     731     725     724
$ 为钢件定义实体单元。
*ELEMENT_SOLID
     651       3     744     745     776     775    1085    1086    1117    1116
..........................................................................
    3650       3    4121    4122    4153    4152    4462    4463    4494    4493
$   定义重锤锻造速度曲线。
*DEFINE_CURVE_TITLE
bpm
         1          0       1.0       1.0       0.0       0.0          0
                  0.0                 0.0
       2.0000001E-3           555.00000
       9.9999998E-3           555.00000
       5.0000001E-2           555.00000
$   为重锤施加锻造速度。
*BOUNDARY_PRESCRIBED_MOTION_RIGID
         2         3         0         1      -1.0         0    1.0E28       0.0
$   定义刚性墙,约束方形钢件底面的运动。
*RIGIDWALL_PLANAR
         0         0         0       0.0       0.0    1.0E20       1.0
       0.0       0.0       0.0       0.0       0.0       1.0       0.2       0.0
$   在重锤和钢件之间定义接触。
*CONTACT_AUTOMATIC_SURFACE_TO_SURFACE_ID
         1contact
         2         3         3         3         0         0         0         0
       0.1       0.1       0.0       0.0       0.0         0       0.0    1.0E20
       1.0       1.0       0.0       0.0       1.0       1.0       1.0       1.0
         0       0.0         0       0.0       0.0         0         0         0
       0.0         0         0         0         0         0       0.0       0.0
*END
```

### 13.5.3 数值计算结果

金属锻造 EFG 网格重分计算结果如图 13-6 所示。

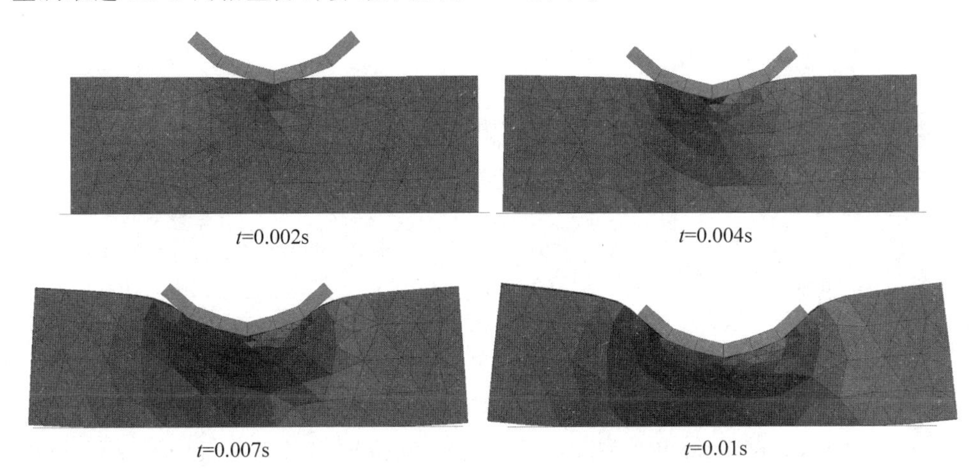


图 13-6 金属锻造 EFG 网格重分计算结果

## 13.6 参考文献

[1] LS-DYNA KEYWORD USER'S MANUAL [Z]. ANSYS LST，2020.

[2] 吴政唐，胡炜. LS-DYNA 三维自适应 EFG 功能系列(1)[J]. 有限元资讯，2012，3:3-4.

[3] 吴政唐，胡炜. LS-DYNA 三维自适应 EFG 功能系列(2)[J]. 有限元资讯，2012，4：3-5.

[4] 吴政唐，胡炜. LS-DYNA 三维自适应 EFG 新功能系列(3)[J]. 有限元资讯，2012，5：3-6.

[5] 吴政唐，胡炜. LS-DYNA 三维自适应 EFG 新功能系列(4)[J]. 有限元资讯，2012，6：3-6.

[6] 吴政唐，胡炜. LS-DYNA 三维自适应 EFG 新功能系列(5)[J]. 有限元资讯，2013，2：5-7.

# 第14章

# SPG算法

现有大部分数值算法难以准确模拟材料的失效行为。材料的失效与尺度、材料、单元算法相关，涉及多尺度和多物理场。对于材料在极限条件下力学行为的预测，裂纹扩展、碎裂、层裂以及碎片云的数值模拟是极其关键的一个环节。然而现有的裂纹扩展算法，包括内聚单元法(cohesive zone model)、单元删除法(element erosion)以及各种损伤失效算法(damage algorithms)，理论上都是不收敛的，以及网格或者离散相关的。上述算法的误差并非随着网格或者离散的细化而减少，当单元大小趋于零时不会收敛到正确的结果。最常用的单元删除法还会导致质量和能量的损失，进而低估结构外力响应(强度)、错误预测结构失效模态。

为了更准确地模拟材料破坏，20 世纪末兴起的无网格技术得到了重视和发展，在近十几年开始进入了工业应用领域。但现有的无网格法仍有其自身的局限性，比如：基于强形式的配点法不能保证数值收敛性；欧拉核函数的拉伸不稳定性；对于伽辽金弱形式，用高斯积分(或任何基于背景网格的积分)不利于失效破坏分析(因破坏后难以建立有效的积分网格)，而用直接点积分(Direct Nodal Integration，DNI)则会产生低能(沙漏)模式。

为了能够准确有效地预测材料的失效与破坏，吴政唐博士和胡炜博士开发了光滑粒子伽辽金(Smooth Particle Galerkin，SPG)算法，开发之初主要用于材料的加工制造分析(见图 14-1)，后来逐渐延伸到碰撞冲击领域。

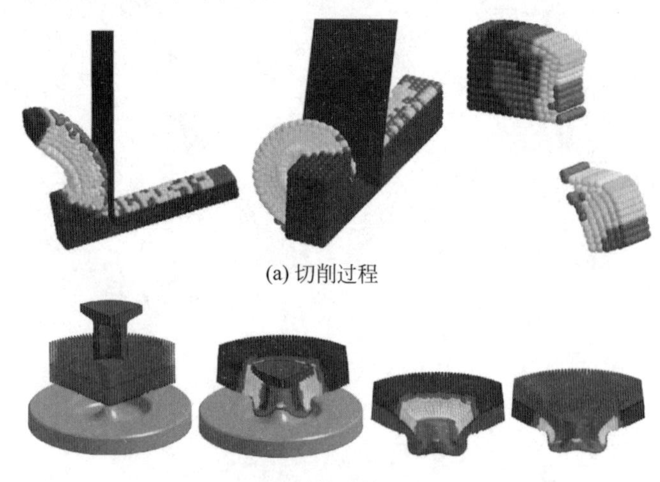

(a) 切削过程

(b) 铆接过程

图 14-1　典型机械加工过程 SPG 模拟

## 14.1 SPG 算法基本理论

SPG 算法是一种完全的无网格法，通过特殊的位移场光滑算法，解决了典型的基于节点积分型无网格法的数值震荡问题。相对 EFG 算法，在不牺牲计算精度的同时摆脱了对背景网格的依赖。在显式大变形计算中，SPG 算法通过更新节点影响域和光滑位移场极大稳定了时间步长，提高了计算效率。与 SPH 法相比，SPG 算法无拉伸不稳定和零能伪模态问题，主要是在节点积分的变形能的基础上加上一个罚函数项，该罚函数项为节点积分提供了相应的稳定源，从而克服了节点积分方法的伪零能模态的出现。与有限元法相比，SPG 不用删除单元和节点，能够保持系统能量守恒。

SPG 是采用直接点积分(DNI)的伽辽金法，它依照位移光滑理论导出了数值稳定性的增强项，从而抑制了弱形式常规 DNI 导致的低能(沙漏)模式，能够获得稳定收敛的数值解，进而可用于材料的破坏与失效分析。

通常情况下，求解显式动力学问题的半离散方程为

$$\boldsymbol{M}^{\mathrm{lump}}\ddot{\hat{\boldsymbol{U}}}=\boldsymbol{f}^{\mathrm{ext}}-\boldsymbol{f}^{\mathrm{int}} \tag{14.1}$$

其中，$\boldsymbol{M}^{\mathrm{lump}}$ 是集中质量矩阵，$\boldsymbol{f}^{\mathrm{ext}}$ 是外力，$\boldsymbol{f}^{\mathrm{int}}$ 是内力。内力是整个计算过程中最耗时的，因此，希望采用 DNI 以提高效率。但是，如前所述，直接使用 DNI 来计算伽辽金弱形式的内力，会产生低能模式。

为了抑制常规 DNI 所导致的低能模式，SPG 对位移进行了光滑处理(由此得名光滑粒子伽辽金算法)，导出了稳定性增强项。于是，要求解的半离散方程可被推导为

$$\boldsymbol{M}^{\mathrm{lump}}\ddot{\hat{\boldsymbol{U}}}=\boldsymbol{f}^{\mathrm{ext}}-\boldsymbol{f}^{\mathrm{int}}-\hat{\boldsymbol{f}}^{\mathrm{stb}} \tag{14.2}$$

这里，$\hat{\boldsymbol{f}}^{\mathrm{stb}}$ 就是因光滑位移而导出的稳定性增强项，其他变量与式(14.1)相同。通过 DNI，$\hat{\boldsymbol{f}}^{\mathrm{stb}}$ 可由下式来计算：

$$\hat{\boldsymbol{f}}^{\mathrm{stb}}\overset{\mathrm{DNI}}{=\!=\!=}\sum_{N=1}^{NP}\hat{\boldsymbol{B}}_I^{\mathrm{T}}(X_N)\,\hat{\boldsymbol{\sigma}}(X_N)J^0V_N^0 \tag{14.3}$$

式中，$\boldsymbol{B}$ 是与位移光滑函数以及位移近似函数相关的梯度矩阵，$\boldsymbol{\sigma}$ 是稳定增强应力。

为了模拟材料的破坏与分离，还在 SPG 框架下开发了键断裂模型，在 SPG 算法中，每个粒子都有一个大小一定的影响域，域内每个粒子之间的联系都被视为一个键(类似于化学上的分子键)，该键可以断裂以模拟材料的破坏。在图 14-2(a)中，左侧椭圆为点 3 的影响域，它覆盖点 3 本身及点 1、2、4，于是形成键 3-1、3-2、3-4；右侧椭圆为点 4 的影响域，它覆盖点 4 本身及点 3、5、6，于是形成键 4-3、4-5、4-6。

经过变形后，破坏准则在键 3－4(或 4－3)上得到满足，则该键断裂，如图 14-2(b)所示，也就是发生材料破坏。于是点 3 的近似函数在点 4 处被置零，反之，点 4 的近似函数在点 3 处也被置零。此过程中，点 3、4 的应变计算方法与点 1、2、5、6 等并无不同，只是在计算点 3 的应变时没有点 4 的贡献，计算点 4 的应变时不考虑点 3 的贡献，尽管从几何空间上看，点 3、4 仍互相在对方的影响域内。因此，尽管有键断裂(材料失效或破坏)发生，应力依然可由材料本构来给出，而不是像有限元那样把积分点(这里点 3、4 既是物质点又是积分点)的应

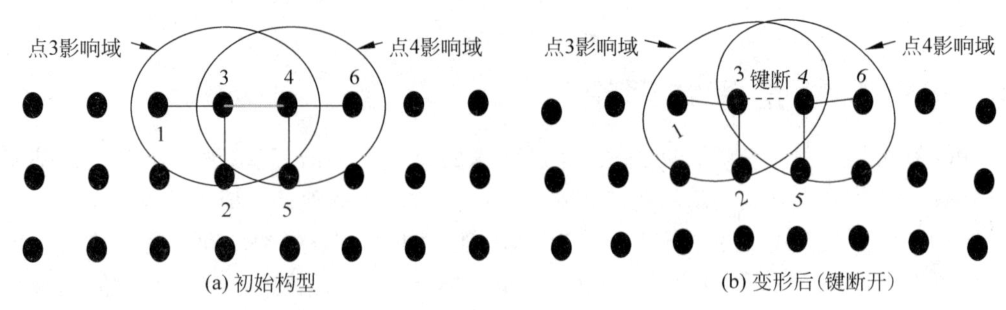


图 14-2 SPG 键断裂模型

力置零同时删除单元，从而导致动量及能量损失。所以 SPG 算法仅仅把键 3-4 切断，而不删除任何材料，也不把应(内)力归零，从而保证物质及能量守恒。

表 14-1 是 SPG 算法特点，由表可见，SPG 算法支持各种并行计算，但粒子方法存在邻域，并行计算效率不高。

**表 14-1 SPG 算法特点**

| SPG 算法属性 | 特　　点 |
| --- | --- |
| 时间步长 | 时间步长依赖于影响域的大小，不依赖于点距，时间步长基本不变。 |
| 计算精度 | 核函数的导数连续，而有限元核函数的导数不连续，SPG 计算精度略高于有限元。 |
| 计算耗费 | CPU 耗费大，计算时间很长。 |
| 并行计算 | 粒子方法存在邻域，并行处理很麻烦。 |
| 计算结果稳定性 | 对网格尺寸和失效准则较不敏感，不需要调试参数，就可以得到稳定解。 |
| 守恒性 | 保证质量和能量守恒。 |

LS-DYNA SPG 算法目前只支持实体单元，直接接收各种 4 节点、6 节点和 8 节点实体单元有限元网格作为输入，但不接受高阶实体单元网格，如 20 和 27 节点单元。

SPG 算法的时间步长与点距无关，只与邻域大小有关，且计算过程中时间步长基本保持不变。SPG 算法计算速度很慢，在节点数量相同的情况下，SPG 算法计算时间是有限元法的 2～5 倍，因此，建议 SPG 算法只用于发生大变形和材料破坏的区域，然后通过共节点或者接触等算法作用于模型其他部分，获得计算效率和精度上的平衡。SPG 算法接触计算极易出现渗透现象，为了计算稳定，通常将时间步长缩放系数设置为 0.1～0.3，这会进一步导致计算耗时很长。

为了提高计算效率，可将材料密度提高到 $N^2$ 倍，而状态方程中的声速降低到原来的 $1/N$ 倍。材料的变形速度越低，材料密度可提高的倍数就越高。采用提高加载速度也能降低计算物理时间，但这样会将准静态问题转换为高速动态问题，材料的应变率效应显著增加，建议慎用。

## 14.2 主要关键字

### 14.2.1 *SECTION_SOLID_SPG

SPG 算法通过 *SECTION_SOLID_SPG 关键字卡片定义，关键字卡片参数详细说明见表 14-2、表 14-3 和表 14-5。

表 14-2　* SECTION_SOLID_SPG 关键字卡片 1

| Card 1 | 1 | 2 | 3 | 4 | 5 | 6 | 7 | 8 |
|---|---|---|---|---|---|---|---|---|
| Variable | SECID | ELFORM | AET | | | | | |
| Type | I/A | I | I | | | | | |

- SECID：单元/粒子属性(算法)ID。SECID 由 * PART 引用，可为数字或字符，ID 不能重名。
- ELFORM：定义 SPG 单元/粒子算法，对于 SPG 粒子，ELFORM = 47。
- AET：环境单元类型，这里不用定义。

表 14-3　* SECTION_SOLID_SPG 关键字卡片 2

| Card 2 | 1 | 2 | 3 | 4 | 5 | 6 | 7 | 8 |
|---|---|---|---|---|---|---|---|---|
| Variable | DX | DY | DZ | ISPLINE | KERNEL | LSCALE | SMSTEP | SWTIME |
| Type | F | F | F | I | I | F | I | F |
| Default | 1.50 | 1.50 | 1.50 | 0 | 3 | ↓ | 15 | none |

- DX、DY、DZ：核函数在 X、Y、Z 方向的归一化支持尺寸，即节点影响域，用于在构建无网格形函数时提供光滑性和紧支性。节点影响域的大小由该节点附近单元尺寸和输入的系数 DX、DY、DZ 来决定。对于非均匀分布网格，各节点影响域的大小受各自网格密度影响。相对 EFG 算法，SPG 要求较大的节点影响域。该值不得小于 1.0，推荐值为 1.4～1.8，默认值 1.5 适用于绝大多数的分析计算。该值越大，计算成本越高，也易于出现收敛困难问题。

➢ 对于高速变形问题，通常设置 KERNEL = 2，此时 DX、DY、DZ 默认值为 1.5。
➢ 对于以拉伸为主的问题，通常设置 KERNEL = 0，此时 DX、DY、DZ 默认值为 1.6。
➢ 对于制造问题，通常设置 KERNEL = 1，此时 DX、DY、DZ 默认值为 1.8。

- ISPLINE：样条核函数类型：

➢ ISPLINE = 0：三次(立方体形)样条函数(默认)。
➢ ISPLINE = 1：二次样条函数。
➢ ISPLINE = 2：球形支撑三次样条函数。

- KERNEL：核近似函数类型，即影响域类型。无网格方法中的不同核函数对比见表 14-4 和图 14-3。

表 14-4　SPG 算法不同核函数适用范围

| 核函数类型 | 适用的材料 | 主要应用领域 |
|---|---|---|
| 增量拉格朗日核函数 | 金属 | 以拉伸和剪切失效(即以应力偏量第二不变量 J2 作为判断准则的材料本构方程)为主 |
| 欧拉核函数 | 金属、复合材料、金属流体 | 剪切失效 |
| 半伪拉格朗日核函数 | 混凝土、复合材料、金属 | 剪切失效 |

➢ KERNEL = 0：增量拉格朗日核函数，用变形后的支持域在变形后的构形下找邻近

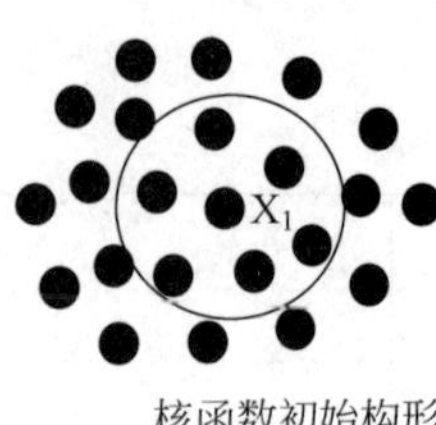

核函数初始构形

完全拉格朗日核函数
邻域定义在初始构形上，
不会更新，计算结果准确

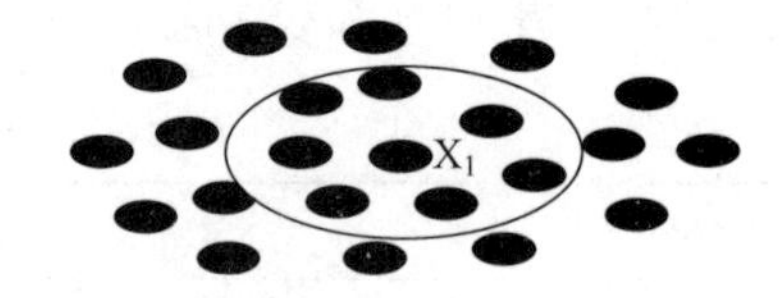

增量拉格朗日核函数
在变形后的构形下用变形
后的支持域找点

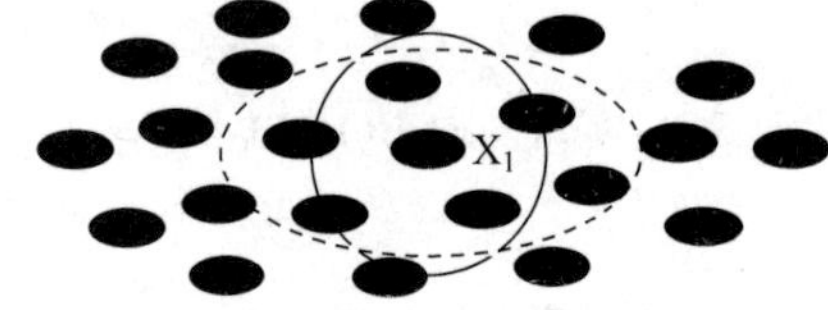

欧拉核函数
在变形后的构形找点，拉伸方向粒子减少，
只剩下自己，易出现拉伸不稳定，导致数值断裂

半伪拉格朗日核函数
在初始构形下找点，若键断开，则移走点

图 14-3　无网格方法中的不同核函数对比

粒子，可能会有新的粒子进来或移走。适用于进行失效和无失效分析、小变形和大变形分析、小剪切变形分析。可用于橡胶和泡沫材料的压缩变形、金属剪切和铆接等领域。

➢ KERNEL＝1：欧拉核函数，用没有变形的支持域在变形后的构形下找邻近粒子。适用于失效分析、大变形和极大变形分析、全局整体响应分析。欧拉型影响域适用范围广泛，可用于各种固体材料特别是金属类延性材料、带状态方程的材料甚至流性材料，如金属剪切、切削、磨削、自冲铆、铆接、内爆等领域。传统的欧拉型影响域大小在空间不变，材料变形时容易导致所谓的拉伸不稳定问题，进而发生非物理的"数值分离"，严重影响固体材料真实破坏情况的预测分析。SPG 的欧拉型影响域会根据材料变形进行调整，保证材料破坏的发生是基于物理模型而非"数值分离"。

➢ KERNEL＝2：半伪拉格朗日核函数，在初始构形的支持域下找邻近粒子，粒子与粒子之间的键断开后，粒子会被移走。适用于失效分析、极大变形分析、局部响应分析。可用于碰撞侵彻、金属切削、研磨、加工等领域。

• LSCALE：目前尚未使用。

• SMSTEP：数值光滑频率，即核函数更新(作光滑处理)间隔的时间步。SPG 通过数值光滑避免基于节点积分的数值震荡，同时通过更新核函数影响域提高对材料大变形和破坏分析的能力。过于频繁地进行数值光滑会提高计算成本，降低计算精度，而过少则会导致数值不稳定问题。对于局部响应问题如碰撞侵彻和金属加工，当 KERNEL＝2 时默认值为 30。对于以拉伸为主的失效分析，当 KERNEL＝0 时默认值为 15。对于全局响应问题，如钻孔、铆接和冲压，当 KERNEL＝1 时默认值为 2。默认每隔 15 个时间步进行一次数值光滑，这适用于大多数分析问题。SMSTEP 的取值通常和时间步长缩放系数 TSSFAC( * CONTROL_TIMESTEP 中的参数)有关。SPG 推荐的 TSSFAC 值在 0.1～0.3。提高 TSSFAC 则需要相应减小 SMSTEP，反之亦然。

- SWTIME：原本打算用于在某个时间变换核函数，目前尚不能使用。

表 14-5　*SECTION_SOLID_SPG 关键字可选卡片 3

| Card 3 | 1 | 2 | 3 | 4 | 5 | 6 | 7 | 8 |
|---|---|---|---|---|---|---|---|---|
| Variable | IDAM | FS | STRETCH | ITB |  | ISC |  |  |
| Type | I | F | F | I |  |  |  |  |
| Default | 0 | ↓ | ↓ | 0 |  |  |  |  |

卡片 3 主要用于定义键断裂的破坏模型参数，用于材料失效破坏模拟。

- IDAM：损伤机制选项。
- ➢ IDAM＝0：LS-DYNA 有很多材料模型都带有失效准则和失效模型，其中绝大多数都是基于宏观尺度实验的经验模型。通过设定 IDAM＝0，SPG 支持这些模型，但不带键失效，如 *MAT_015，损伤达到 1 后，失效节点转化为自由节点，保持原有质量和动量，但积分点的应力置零，这会导致能量损失。还可以通过 *MAT_ADD_EROSION 添加其他材料失效方式，例如等效塑性应变、最大主应力、最大主应变、最大剪应变或材料模型的损伤参数值，如考虑应力三轴度的 Gissmo 模型。*MAT_ADD_EROSION 会删除失效节点。
- ➢ IDAM＝1：唯象应变损伤，即等效塑性应变，这是默认设置。用 IDAM＝1 键断裂模型时，材料破坏是通过断开“键”而非删除单元/粒子的方式实现，所以要关闭材料卡片中为单元/粒子删除而设定的破坏参数，以避免与键模型产生冲突。
- ➢ IDAM＝2：最大主应力。
- ➢ IDAM＝3：最大剪应变。
- ➢ IDAM＝4：最小主应变。
- ➢ IDAM＝5：有效塑性应变＋最大剪应变。
- FS：临界失效阈值。等效塑性应变(IDAM＝1)、最大剪应变、主应力等。
- STRETCH：相对伸长或压缩比率。必须同时满足 FS 和 STRETCH，键才会断裂。
- ITB：稳定化参数。用于定义 SPG 不同的子算法。可不用输入，直接采用缺省值。
- ➢ ITB＝0：标准无网格近似＋键失效算法。
- ➢ ITB＝1：流体粒子近似，这种算法准确但很慢。通常与 KERNEL＝0 或 1 一起使用，ITB＝1 很少与伪拉格朗日核函数一起用。ITB＝1 广泛适用于大变形即破坏分析，如冲压、切削、钻孔、自攻螺接、铆接、内爆。
- ➢ ITB＝2：简化流体粒子近似，这种算法高效稳健。ITB＝2 针对材料破碎飞溅，优化了计算效率。ITB＝2 通常与 KERNEL＝2 一起使用，常用于碰撞侵彻和机加。
- ➢ ITB＝3：动量一致性光滑质点伽辽金无网格法(Momentum Consistent SPG，MCSPG)，提供更加光滑稳定的数值结果，可用于热固耦合分析。
- ISC：自接触指示器：
- ➢ ISC＝0：不考虑自接触。
- ➢ ISC＞0：考虑失效之后的粒子之间的自接触。ISC 取值通常为材料的杨氏模量，对于碰撞侵彻分析很重要，可避免自渗透和材料融合，目前仅有 SMP 版本。

在使用 IDAM 定义塑性应变等破坏准则时，很多情况下还需要考虑材料的应力状态。

例如,如果材料发生局部拉伸和剪切,SPG在键破坏模型中加入键伸长率STRETCH等指标来考虑这些不同的应力状态。

与单元删除法相比,SPG键断裂破坏准则仅仅将键断开,而不删除单元,不把应力(内力)置零,从而保证质量和能量守恒。

### 14.2.2 *CONSTRAINED_IMMERSED_IN_SPG

通过浸入法将梁单元Part耦合在SPG Part中。这种浸入式耦合算法可用于模拟纤维增强材料大变形分析,将描述纤维的梁单元节点转变成基底材料SPG粒子集合的一部分,从而实现纤维和基底材料的变形协调。

*CONSTRAINED_IMMERSED_IN_SPG关键字卡片参数详细说明见表14-6和表14-7。

表14-6 *CONSTRAINED_IMMERSED_IN_SPG关键字SPG Part定义卡片1

| Card 1 | 1 | 2 | 3 | 4 | 5 | 6 | 7 | 8 |
|---|---|---|---|---|---|---|---|---|
| Variable | SPGPID | | | | | | | |
| Type | I | | | | | | | |
| Default | none | | | | | | | |

表14-7 *CONSTRAINED_IMMERSED_IN_SPG关键字BEAM Part定义卡片2

| Card 2 | 1 | 2 | 3 | 4 | 5 | 6 | 7 | 8 |
|---|---|---|---|---|---|---|---|---|
| Variable | IPID1 | IPID2 | IPID3 | IPID4 | IPID5 | IPID6 | IPID7 | IPID8 |
| Type | I | I | I | I | I | I | I | I |
| Default | none | none | none | none | none | none | none | none |

- SPGPID:耦合BEAM Part的SPG Part ID。
- IPID*i*:梁单元Part ID。

## 14.3 传热分析

摩擦钻孔法通常使用坚硬的钨钻头通过高速旋转来和工件产生摩擦以生成大量的热,造成工件待钻孔位置温度升高材料软化,从而让钻头更容易钻透工件,同时在工件的厚度方向生成必要的衬套来增加连接部位的厚度。到目前为止,由于数值计算方法的限制,摩擦钻孔的相关理论研究工作还主要局限于实验研究,数值方法的挑战主要在于钻孔过程中涉及非常大的材料变形以及材料破坏损伤。目前也有一些模拟方面的研究,这些模拟使用传统的有限元法,为了处理材料大变形问题,使用了自适应网格技术以及网格删除技术,但网格删除会导致系统质量、动量和能量的损失,并不能模拟这种钻孔技术的关键环节——生成衬套。

潘小飞新提出的动量一致性光滑质点伽辽金无网格法可进行显式热或热固耦合SPG分析。

除了*SECTION_SOLID_SPG关键字的基本设置外,MCSPG分析还需要设置如下关键字：

（1）对于 * SECTION_SOLID_SPG 关键字，DX、DY 和 DZ 的推荐系数为 1.4～1.8，设置 ITB=3。

（2）设置 * CONTROL_SOLUTION 关键字中的 SOLN=1～2（SOLN=0 结构分析；SOLN=1 热分析；SOLN=2 热固耦合分析）。

（3）* CONTROL_THERMAL_SOLVER 设置。关键字卡片参数详细说明见表 14-8。

**表 14-8　* CONTROL_THERMAL_SOLVER 关键字卡片**

| Card 1 | 1 | 2 | 3 | 4 | 5 | 6 | 7 | 8 |
|---|---|---|---|---|---|---|---|---|
| Variable | ATYPE | PTYPE | SOLVER | CGTOL | GPT | EQHEAT | FWORK | SBC |
| Type | I | I | I | F | I | F | F | F |
| Default | 1 | 0～2 | 3 | | | 0～1.0 | 0～1.0 | |

- ATYPE：热分析类型：
➢ ATYPE=0：稳态分析。
➢ ATYPE=1：瞬态分析。
- SOLVER：热分析求解器类型，目前 MCSPG 只支持显式分析，此处 SOLVER=3。
- EQHEAT：机械能（包括塑性应变能、摩擦功等）转换为热的等效系数。
- FWORK：机械功转换为热的份数。默认值为 1.0。

（4）* CONTROL_THERMAL_TIMESTEP 设置。关键字卡片参数详细说明见表 14-9。

**表 14-9　* CONTROL_THERMAL_TIMESTEP 关键字卡片**

| Card 1 | 1 | 2 | 3 | 4 | 5 | 6 | 7 | 8 |
|---|---|---|---|---|---|---|---|---|
| Variable | TS | TIP | ITS | TMIN | TMAX | DTEMP | TSCP | LCTS |
| Type | I | F | F | F | F | F | F | I |
| Default | | 0.0 | 1.0E-4 | | | | | |

- TIP=0.0 表示进行显式热分析。
- ITS：热学计算初始时间步长，一般为结构分析步长的 10 倍。

潘小飞采用 MCSPG 算法模拟了摩擦钻孔的整个过程，如图 14-4 所示。模拟过程中没有使用任何的单元删除技术，系统质量守恒，应变场和温度场非常光滑，生成衬套明显可见。模拟过程中也没有发现任何的伪低能模态出现。

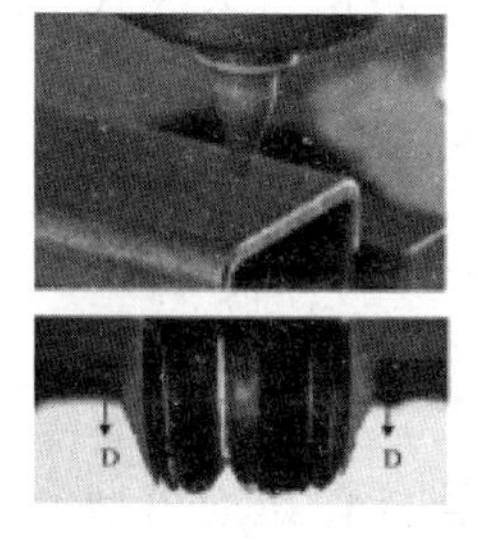


(a) 摩擦钻孔试验

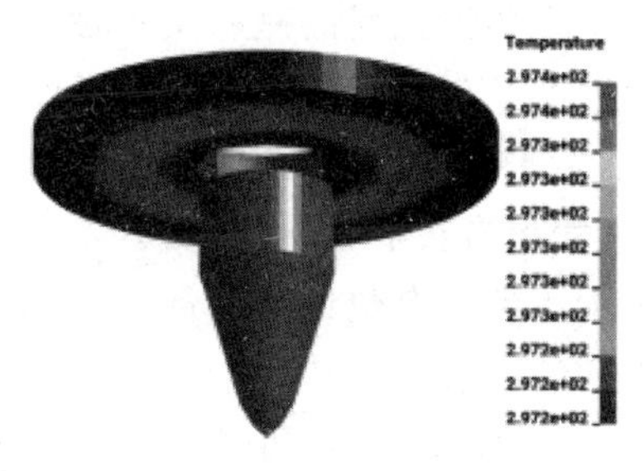


(b) FEM方法模拟结果

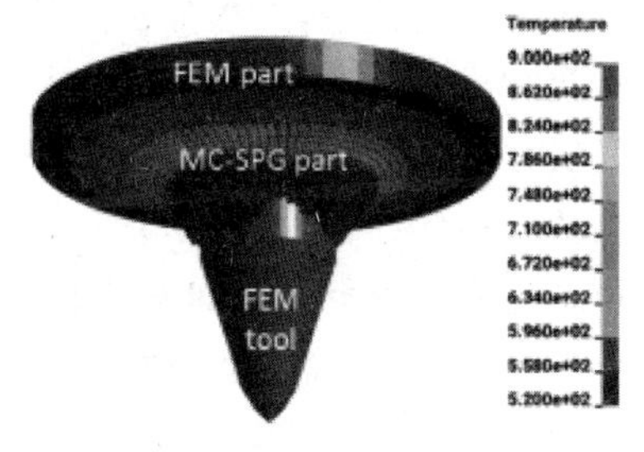


(c) MCSPG方法模拟结果

图 14-4　摩擦钻孔模拟

## 14.4 双重尺度计算

从产品设计的角度，材料选择/加工、零部件设计制造和整体组装是一个完整的流程，会综合影响最终产品的性能。而传统的CAE分析工作往往分散在各个阶段，既不容易共享分析结果，也很难通过分步整合进一步提高分析精度。这就需要引入多尺度计算(见图14-5)，通过发展全新高效的多尺度计算技术将不同尺度下的数学物理模型联系起来。根据具体应用的不同，多尺度模型会有不同的串联方式，例如线下对于大量材料微观结构在多载荷情况下CAE分析结果的机器学习到在线同质化的材料宏观机械性能模型，单个零部件的精细模型和大尺度结构的并行CAE分析，等等。

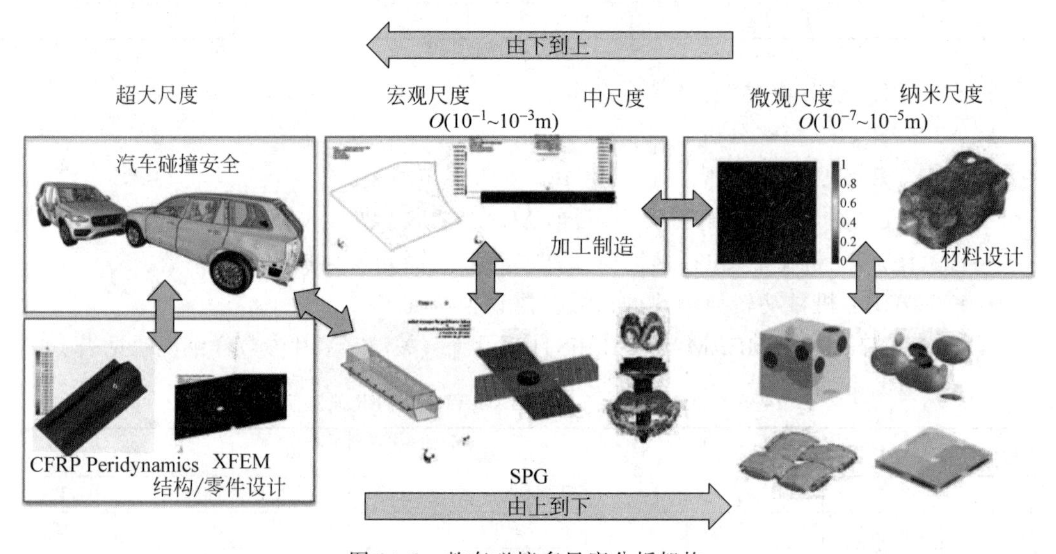


图14-5 整车碰撞多尺度分析架构

很多结构(如汽车)中的连接件对结构的强度有着重要的影响，工程上普遍使用少量的梁/实体单元作为连接件的简化模型，通过实验或CAE模拟获得各种连接件在典型加载工况下的力-变形曲线，然后在简化模型上应用类似材料宏观模型的方式描述连接件的力学行为。这种简化模型无法描述复杂的破坏变形场，也没法描述连接件周边板材的破坏，从而极大地影响了计算精度或者得到完全错误的结构破坏响应。另外，考虑到车体上数量庞大且类型各异的连接件，工程分析人员为拟合各种工况的碰撞实验数据需要付出很大的代价来调整简化模型和调试大量参数，很大程度上降低了CAE模拟的可靠性和可预测性。

SPG算法和键破坏模型能够为连接件提供高可靠性的预测分析结果。但考虑到连接件尺寸与整体结构(如汽车)的单元尺寸相当甚至更小，即使不考虑建模复杂度，精细的连接件模型将极大降低计算时间步长(至少1到2个数量级)，同时带来总体模型单元数量的剧增，综合计算效率将无法满足设计周期的要求。

LS-DYNA新研发了双重尺度先进计算技术，它通过浸入技术将连接件精细模型和结构壳单元耦合，使用并行主/从任务管理和信息交互技术将大量连接件模型计算独立于结构分析之外，解决了由于时间步长差异产生的并行计算负载均衡的问题，如图14-6所示。这一新的计算技术能灵活地配合现有的连接件简化模型，提高含多连接大尺度结构分析的精度和总体计算效率。具体解决方案为：将连接件及周边板材的精细模型和主体结构模型分开成两个尺度（宏观和中间尺度）的并行作业，宏观尺度计算为中间尺度提供实时运动学参量作为边界条件，中间尺度反馈连接作用力作为宏观尺度的连接约束力。宏观尺度模型目前主要是结构的壳单元，中间尺度为连接件的 SPG 实体单元，信息交互通过定义跨尺度的浸入区域实现。由于两个尺度的时间步长不同，信息交互在每个宏观尺度时间步发生，中间尺度的时间步长通过自动微调与宏观尺度保持信息交互的同步。通过并行过程的负载优化，可以在给定计算资源的前提下，获得精度和速度的平衡。

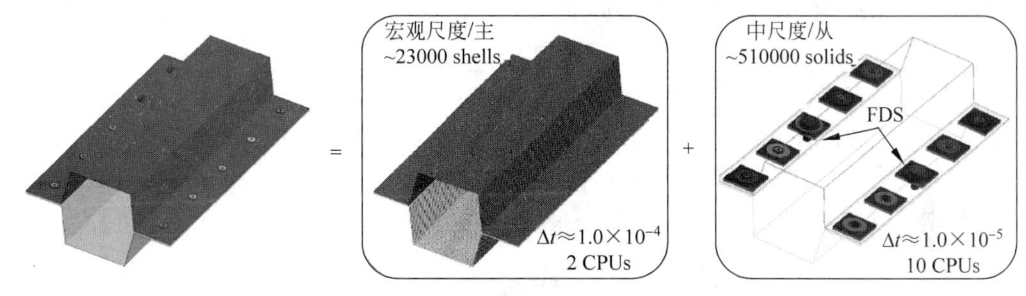


图 14-6 连接件的双重尺度 SPG 计算

由于很多连接件通常是标准件，在未来 ANSYS LST 可基于标准连接件加工过程的 CAE 计算结果和实验数据建立数据模型库，来帮助用户快速生成中间尺度模型。

ANSYS LST 专门成立了计算力学和多尺度研究小组，致力于多尺度计算方法研究，感兴趣的读者可以访问他们的网站 www.lstc-cmmg.org，加入到他们的研究行列当中。

## 14.5 SPG 粒子显示

在 LS-PrePost 中按如下操作步骤（见图 14-7）显示 SPG 粒子：

（1）打开上面菜单栏 Settings→General settings。

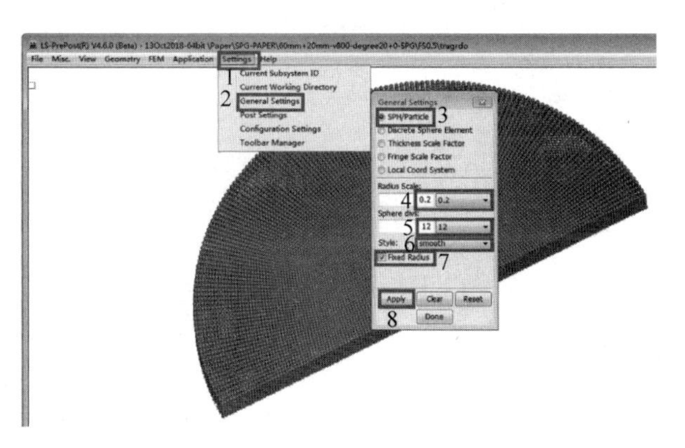


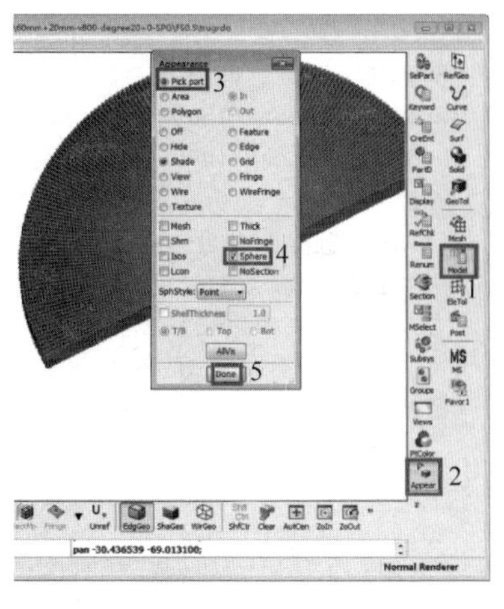


图 14-7 SPG 粒子显示设置

(2) 在 General settings 中,选择 SPH/Particle,并设置合适的 Radius 和 Divs。

(3) 在 General settings 中,选择 Smooth 为 Style,并勾选 Fixed Radius,然后单击 Apply。

(4) 单击右侧工具栏中的 Model and Part Appearance。

(5) 在 Appearance 中,勾选 Sphere,然后拾取目标 Part,被选中 Part 的显示会由网格变成粒子形式。

## 14.6 三点弯曲计算算例

### 14.6.1 计算模型概况

圆柱以 0.025m/s 的恒定速度撞击复合材料梁顶部,梁底部由两个固定不动的圆柱支撑。为了加快计算速度,仅仅在梁中部即大变形部位采用 SPG 算法,梁的其他部分采用拉格朗日算法。计算模型见图 14-8,单位制采用 kg-mm-ms-GPa-kN。

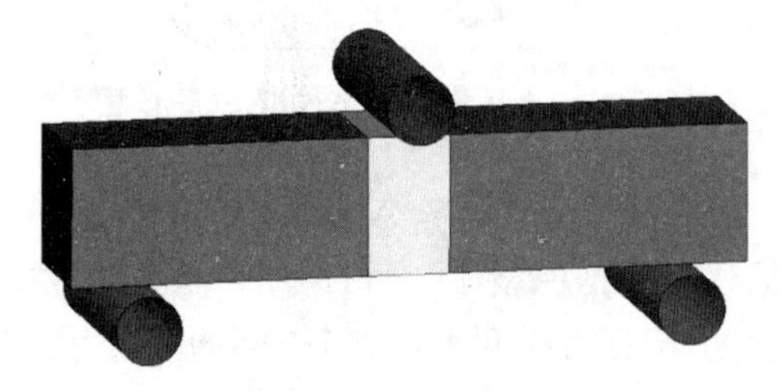

图 14-8 计算模型

### 14.6.2 关键字文件讲解

```
*KEYWORD
$定义参数。参数前的 r 表示该参数为实数。
*PARAMETER_EXPRESSION
rtend     10.00
rRoSt     7.8E-6
rdtout     &tend/2500.0
rdtd3p     &tend/100.0
rvsf      0.1
$设置接触控制参数。
*CONTROL_CONTACT
      0.0       0.0         2         2         0         0         0         0
        0         0         0         0       0.0         0         0         0
      0.0       0.0       0.0       0.0       0.0       0.0       0.0
        0         0         0         0         0         0       0.0
        0         0         1       0.0       1.0         0       0.0         0
        0         0         0         0         0                 0.0
$设置能量耗散控制参数。
*CONTROL_ENERGY
        2         2         1         1
```

```
$ 设置求解控制参数,如曲线离散点数。
*CONTROL_SOLUTION
         0         0         0       100         0         1
$ 定义计算结束条件。
*CONTROL_TERMINATION
     &tend         0       0.0       0.0  1.000000E8     0
$ 设置时间步长控制参数。
*CONTROL_TIMESTEP
       0.0       0.9         0       0.0       0.0         0         1         0
$ 设置二进制文件 D3PLOT 的输出。
*DATABASE_BINARY_D3PLOT
    &dtd3p         0         0         0         0
$ 定义两边拉格朗日梁 Part。
*PART
boxsolid
         1         1      5902         0         0         0         0         0
$ 定义底部支撑圆柱 Part。
*PART
cylindershell
         2         3         2         0         0         0         0         0
$ 定义上圆柱 Part。
*PART

         3         3         3         0         0         0         0         0
$ 定义中间 SPG 梁 Part。
*PART

         4         2      5902         0         0         0         0         0
$ 定义全积分实体单元算法。
*SECTION_SOLID
         1         2         0
$ 定义 SPG 粒子算法。
*SECTION_SOLID_SPG
$#   secid    elform       aet
         2        47         0
$#      dx        dy        dz   ispline    kernel    lscale    smstep    swtime
       0.0       0.0       0.0         0         0       0.0         0       0.0
$#    idam        fs   stretch       itb       isw       isc     idbox       nmc
         1      0.05       1.1         3         0         0         0         0
$ 定义壳单元算法。
*SECTION_SHELL_TITLE
THIN
         3        16     0.83333         5       1.0         0         0         1
2.00000E-2 2.00000E-2 2.00000E-2 2.00000E-2       0.0       0.0       0.0         0
$ 为底部支撑圆柱定义材料模型及参数。
*MAT_RIGID_TITLE

         2     &rost     210.0      0.29       0.0       0.0       0.0
       1.0         7         7
       0.0       0.0       0.0       0.0       0.0       0.0
$ 为上圆柱定义材料模型及参数。
```

```
*MAT_RIGID_TITLE

       3    &rost     210.0      0.29       0.0       0.0       0.0
     1.0        4         7
     0.0      0.0       0.0       0.0       0.0       0.0
$为梁定义材料模型及参数。
*MAT_COMPOSITE_FAILURE_SOLID_MODEL
    5902 0.8623e-6    1.100     1.100     0.825      0.25        .2        .2
   0.440   0.0253    0.0253     1.000         2         1
       0        0         0         1         0         0
       0        0         0         0         0         1
   0.050    0.035     0.035     0.110     0.110     0.055
   0.110    0.110     0.055
$在上圆柱上施加速度。
*BOUNDARY_PRESCRIBED_MOTION_RIGID
       3        3         0         3      &vsf         0       0.0       0.0
$在上圆柱和梁上表面中部之间定义接触。
*CONTACT_NODES_TO_SURFACE
       1        3         4         3         0         0         0         0
     0.3      0.3       0.0       0.0       0.0         0       0.0       0.0
     0.0      0.0       0.0       0.0       0.0       0.0       1.0       1.0
       1      0.0         0       0.0       5.0         0         1         1
$在下圆柱和梁下表面之间定义接触。
*CONTACT_SURFACE_TO_SURFACE
       2        2         0         3         0         0         0         0
     0.3      0.3       0.0       0.0       0.0         0       0.0       0.0
     0.0      0.0       0.0       0.0       0.0       0.0       1.0       1.0
       2      0.0         0       0.0       5.0         0         1         1
$定义速度曲线。
*DEFINE_CURVE
       3        0       0.0      -1.0       0.0       0.0         0         0
                 0.0                0.25
             10000.0                0.25
$定义节点组(梁上表面中部)。
*SET_NODE_LIST_TITLE
Slave
       1      0.0       0.0       0.0       0.0MECH
   42103    42104     42105     42106     42107     42108     42109     42110
......................................................................
   45330    45331     45332     45333         0         0         0         0
$定义面段组(梁下表面)。
*SET_SEGMENT_TITLE
ToPart2
       2      0.0       0.0       0.0       0.0MECH
     505      706       707       506       0.0       0.0       0.0       0.0
......................................................................
     504      705       706       505       0.0       0.0       0.0       0.0
$定义实体单元。
*ELEMENT_SOLID
      26        1        26        27       228       227      2237      2238      2439      2438
......................................................................
```

```
    38975       1    42988    42989    43190    43189    45199    45200    45401    45400
$定义壳单元。
*ELEMENT_SHELL
      361       2    91012    91013    91133    91132        0        0        0        0
......................................................................................
    83840       2    97131    97012    97132    97251        0        0        0        0
$定义节点。
*NODE
       26           -1.25            0.0             0.0        0        0
......................................................................................
    97251        1.124829            0.7       -0.120958        0        0
$ *END表示关键字输入文件的结束。
*END
```

### 14.6.3 数值计算结果

计算结束时刻梁的断裂情况见图14-9。

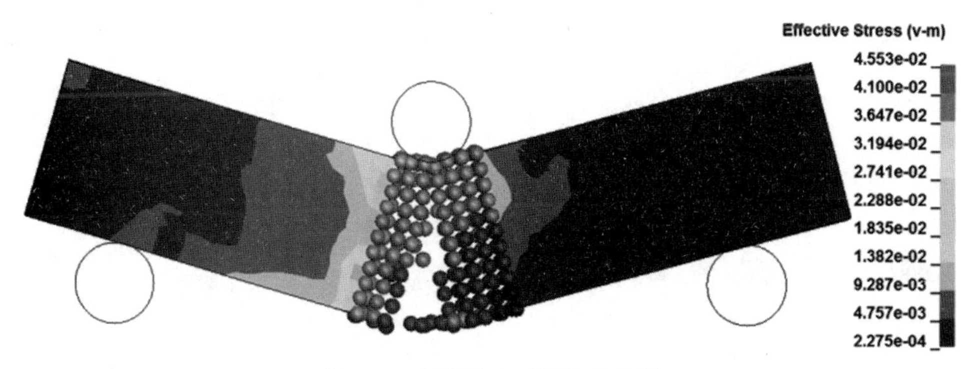


图14-9 计算结束时刻梁的断裂

## 14.7 参考文献

[1] LS-DYNA KEYWORD USER'S MANUAL [Z]. ANSYS LST, 2020.

[2] 胡炜，等. LS-DYNA模拟结构碰撞与连接件破坏的双重尺度模型 [C]. 2019年第四届LS-DYNA中国用户大会论文集，上海，130-139.

[3] C. T. Wu, etc. LS-DYNA® Smoothed Galerkin Method Impact Penetration Analysis [R]. LSTC, 2019.

[4] 辛春亮，等. TrueGrid和LS-DYNA动力学数值计算详解 [M]. 北京：机械工业出版社，2019.

[5] 辛春亮，等. 由浅入深精通LS-DYNA [M]. 北京：中国水利水电出版社，2019.

[6] X. F. Pan, C. T. Wu, W. Hu, Y. C Wu. A Momentum-Consistent Stabilization Algorithm for Lagrangian Particle Methods in Thermo-Mechanical Friction Drilling Analysis [J]. Computational Mechanics, 2019, 64: 625-644.

[7] W. Hu. Advances and Challenges in Computational Modeling of Material Failure: From Single to Multi-Scale Simulations [R]. LSTC, 2018.

[8] 胡炜,等. LS-DYNA 高阶有限元,无网格和粒子法及其工业应用 [J].有限元资讯，2019，3：9-18.

[9] 潘小飞,等.动量一致性光滑质点伽辽金无网格法(MCSPG)在热固耦合问题中的应用 [J].有限元资讯，2018，5：11-21.

[10] 吴政唐,郭勇,胡炜. LS-DYNA Smooth Particle Galerkin(SPG)方法介绍 [J].有限元资讯，2017，1：13-18.

[11] 吴有才,等.DP980 钢焊接头强度模拟[J].有限元资讯，2020，6：12-21.

# 第15章

# 离散元法

颗粒材料通常指直径大于1微米的颗粒组成。在自然界和工农业生产领域，存在着大量的颗粒材料，如农产品、肥料、土壤、药品、煤炭和岩石等。据估计世界上50%的产品和75%的原材料都是颗粒材料。在农业生产领域，耕地、开沟、播种、施肥、镇压、脱粒、分离、清选、粉碎、干燥、输送、仓储、分级、加工和包装等过程中，始终存在着颗粒材料与农机部件的接触作用和颗粒材料的流动过程。在众多工业生产领域，如制药、食品、化工、冶金、采矿、能源、岩土工程等领域，也大量存在着颗粒材料与机械部件的接触作用和颗粒材料的流动过程，如物料流动、搅拌、传送、混合。

散装颗粒很难理想化，因为虽然单个颗粒是固体，但是散装材料的整体行为更像是流体。散装材料承受剪切应力的能力远远小于同种材料的单个颗粒。此外，散装材料的剪切强度可能更依赖于颗粒大小、形状，而不是依赖于单个颗粒的剪切强度。

连续介质理论的基本控制方程是连续方程、动量方程和能量守恒方程。连续介质力学把散装材料作为一个整体来考虑，研究的重点放在建立粒子集合的本构关系，从粒子集合整体的角度研究散装材料的力学行为，不考虑颗粒物性参数、粒径形状、大小及其分布等对颗粒流的影响，因此用连续介质模型不能体现颗粒间的复杂相互作用及高度非线性行为，不能真实刻画散装材料的流动变形特征，分析颗粒流一般误差较大。

离散元法(Discrete Element Method 或者 Distinct Element Method，DEM)的思想源于较早的分子动力学，从本质上讲，离散元和分子动力学方法类似，都是把整个介质离散成一系列独立运动的粒子(颗粒/原子)。在离散元和分子动力学中，每个颗粒/原子都和邻近的颗粒/原子发生相互作用，颗粒/原子的运动受经典运动方程控制，通过求解牛顿方程得到颗粒/原子的运动轨迹。然而二者还有很大差别：分子动力学计算原子间的相互作用力通过对势函数的求导得出，而离散元中颗粒的相互作用力基于接触力学。此外，分子动力学中每个原子通常只有3个平动自由度，而离散元方法中每个颗粒有6个自由度，除了平动外通常还需要考虑颗粒在外力作用下的旋转运动。另外，离散元中颗粒的形状、颗粒尺寸分布以及颗粒之间填充的气体、液体对颗粒材料宏观性能都有很大的影响。

离散元法允许单元间的相对运动，不一定要满足位移连续和变形协调条件，计算速度快，所需存储空间小，尤其适合求解大位移和非线性问题，适用于模拟颗粒群体的接触或碰撞过程，在处理颗粒系统、不连续介质力学中被认为是一种卓有成效的数值算法，它的出现补充了连续力学方法的不足，广泛应用于岩土、矿冶、农业、食品、化工、制药和环境等领域。

DEM还能与ALE、S-ALE、ICFD等算法进行耦合计算，如图15-1所示。

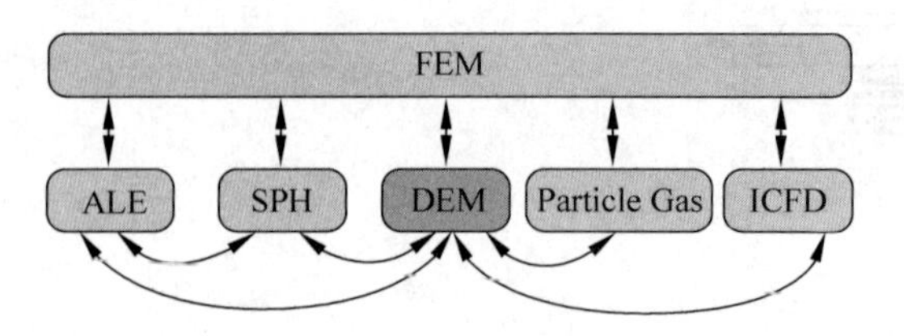


图 15-1 DEM 与其他求解器耦合

# 15.1 DES 基础

LS-DYNA 中每个颗粒为一个单元，单元形状采用圆球颗粒模型，简称离散球（Discrete Element Shere，DES），DES 法是一种基于在处理大变形、颗粒流、混合过程、谷仓存储与卸货、输送带传送等问题时卓有成效的离散元法而开发的一种颗粒解法。每个 DES 颗粒都由一个有限元节点代表，从而可以方便地利用惩罚接触方法来描述它与其他有限元结构或者刚体的相互作用，DES 法充分利用了并行计算，可处理包含上亿个颗粒的模型。

不久的将来 LS-DYNA 还将添加非球形的离散元。

## 15.1.1 DES 单元受力

DEM 中典型的力有：

（1）体力。体力在粒子质心处起作用，不会对粒子产生转矩。

（2）接触力。由接触中的粒子表面变形引起，通常可分解为法向接触力和切向接触力，法向力与切向力无关，切向接触力与法向力相关。

（3）内聚力（液桥）。内聚力又称毛细力，是由具有固定容积的液桥引起的，用于湿颗粒。

（4）键力。用于连续体分析。

每个 DES 单元有 6 个自由度，包含 3 个平动自由度和 3 个转动自由度。DES 单元本身是不可变形的，但是单元和单元之间允许有很小的假性重叠来提供惩罚接触力。基于 DES 单元的位置和速度，所有单元的运动可以通过求解牛顿方程和欧拉方程得到。

$$m_i \frac{\mathrm{d}v_i}{\mathrm{d}t} = \sum f_{ji}^c + f_i \tag{15.1}$$

$$I_i \frac{\mathrm{d}\omega_i}{\mathrm{d}t} = \sum r_i \times f_{ji}^c + M_i \tag{15.2}$$

其中，$m_i$ 和 $I_i$ 分别是 DES 单元的质量和转动惯量，$v_i$ 和 $\omega_i$ 分别是 DES 单元的速度和角速度，$f_i$ 是外部作用在 DES 单元上的力，$M_i$ 是作用在 DES 单元上的力矩，$f_{ji}^c$ 是第 $j$ 个 DES 单元对第 $i$ 个 DES 单元的接触力，$r_i$ 是第 $i$ 个 DES 单元中心到接触点的向量。

接触模型是离散元计算的核心，所谓接触模型就是确定颗粒接触时的相互作用力。离散元计算中首先把相互作用力分解为法向力和切向力（法向指的是两接触颗粒中心之间的连线），所以接触模型一般包括法向相互作用和切向相互作用。LS-DYNA 采用弹簧-阻尼器接触模型，其示意图如图 15-2 所示。

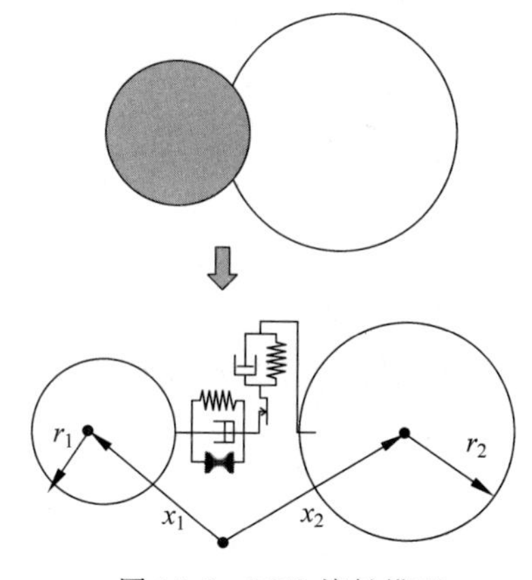


图 15-2　DES 接触模型

法向力和切向力可以根据两个单元的相对位移来计算。

$$f_{\mathrm{n}} = -k_{\mathrm{n}}\delta + d_{\mathrm{n}}v_{\mathrm{n}} \tag{15.3}$$

$$f_{\mathrm{t}} = \min\left\{\mu f_{\mathrm{n}}, -\int k_{\mathrm{t}}v_{\mathrm{t}}\mathrm{d}t + d_{\mathrm{t}}v_{\mathrm{t}}\right\} \tag{15.4}$$

其中，$k_{\mathrm{n}}$ 为法向刚度，$k_{\mathrm{t}}$ 为切向刚度，$d_{\mathrm{n}}$ 为法向阻尼，$\mu$ 为摩擦系数，通常根据试验或经验确定。

可以用 *CONTROL_DISCRETE_ELEMENT 中的 CAP=1 定义湿颗粒，定义湿颗粒材料行为的参数可以参考 Rabinovich 等人[6]提出的方程。

### 15.1.2　DES 计算流程

LS-DYNA 中 DES 的计算流程主要包含图 15-3 所示的几个过程：

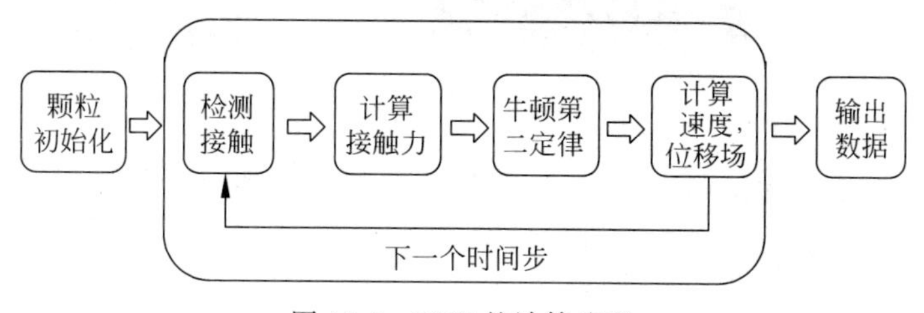


图 15-3　DES 的计算流程

(1) 检测接触，计算哪些颗粒间相互产生作用。

(2) 根据相应的接触算法计算接触力。同时计算和其他单元（FEM、ALE、SPH、PBM、…）的耦合力。

(3) 运动方程判断，单元物理量的更新。

(4) 计算时间增量，进入下一个时间步。

### 15.1.3　DES 键接模型

DES 方法中的键接（bond）模型应用键接来连接离散颗粒，从而形成连续介质。通过键连接的方式将颗粒与其相邻的颗粒黏结在一起,形成任意形状的颗粒团来模拟块体材料,颗粒团有着与固体材料相同的材料性质,例如刚度和变形能。颗粒之间接触点处的键可以承受外载荷,当所受载荷超过连接键的强度时,键发生断裂,能自然地处理裂纹的产生和扩展。键接模型作为离散颗粒与连续介质理论之间的桥梁,提供了两种尺度间的无缝连接。键接模型具有如下几种优点:

(1) 键接刚度仅由杨氏模量和泊松比确定。

(2) 裂纹条件可由断裂能密度(结构刚出现裂纹时的能量密度,通过应力-应变曲线中断裂点前的面积计算得到)直接求出。

(3) 材料行为与颗粒尺度无关。

## 15.2 DES 粒子生成

DES 粒子生成流程如图 15-4 所示。

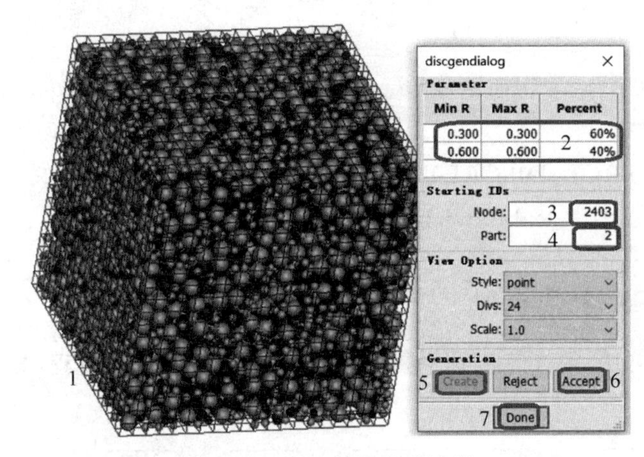


图 15-4 DES 粒子生成流程

- 首先建立封闭壳体网格,壳体法向均指向封闭壳体外部。
- Fem→Element and Mesh→DiscGen。
- 拾取封闭壳体。
- 定义粒子半径及粒子数量百分比。
- 定义起始节点号和 Part 号。
- 依次单击 Create、Accept 和 Done。

一个典型的 DEM 模拟通常包含上百万的颗粒,计算耗费大。为了保证一个合理的运行时间,并能准确捕获系统的行为,可采用类似有限元的方法选择 DEM 颗粒尺寸的大小:在散料输运设备的宽度方向至少需要 8 个单元,即离散元颗粒的直径不应大于储料器、传送带、螺旋输运机、桶或其他容器宽度的 1/8。同样的经验法则也适用于当颗粒材料流过开口时:DEM 颗粒的最大直径应为开口直径的 1/8。当颗粒材料通过堆叠组装成一个圆锥形堆时,为了准确地捕捉材料的行为,堆的高度需要超过 DEM 颗粒直径的 15 倍。

# 15.3 主要关键字

## 15.3.1 *CONTROL_DISCRETE_ELEMENT_{OPTION}

*ELEMENT_DISCRETE_SPHERE_{OPTION}用于为 DEM 计算定义离散球 DES 单元。关键字卡片参数详细说明见表 15-1～表 15-2。

表 15-1 *CONTROL_DISCRETE_ELEMENT 关键字卡片 1

| Card 1 | 1 | 2 | 3 | 4 | 5 | 6 | 7 | 8 |
|---|---|---|---|---|---|---|---|---|
| Variable | NDAMP | TDAMP | FRICS | FRICR | NORMK | SHEARK | CAP | VTK |
| Type | F | F | F | F | F | F | I | I |
| Default | 0. | 0. | 0. | 0. | 0.01 | 2/7 | 0 | 0 |

表 15-2 CAP≠0 时的附加卡

| Card 2 | 1 | 2 | 3 | 4 | 5 | 6 | 7 | 8 |
|---|---|---|---|---|---|---|---|---|
| Variable | GAMMA | VOL | ANG | GAP | | IGNORE | NBUF | PARALLEL |
| Type | F | F | F | F | | I | I | I |
| Default | 0. | 0. | 0. | 0. | | 0 | 6 | 0 |

- NDAMP：法向阻尼系数。
- TDAMP：切向阻尼系数。
- FRICS：静摩擦系数。
  - ➢ FRICS=0：3 自由度。
  - ➢ FRICS≠0：6 自由度(考虑转动自由度)。
- FRICR：滚动摩擦系数。
- NORMK：可选项，法向弹簧常数的缩放系数。根据下式计算法向接触刚度：

$$K_n = \begin{cases} \dfrac{k_1 r_1 k_2 r_2}{k_1 r_1 + k_2 r_2}\text{NORMK}, & \text{如果 NORMK} > 0 \\ |\text{NORMK}|, & \text{如果 NORMK} \leqslant 0 \end{cases} \tag{15.5}$$

- SHEARK：可选项，$K_t/K_n$ 的比值，即根据下式计算切向刚度：

$$K_t = \text{SHEARK} \cdot K_n \tag{15.6}$$

- CAP：干、湿颗粒分类。
  - ➢ CAP=0：干颗粒。
  - ➢ CAP≠0：湿颗粒。用于计算毛细力，这需要附加输入卡片。
- VTK：以 ParaView 软件的 VTK 格式输出 DES。
  - ➢ VTK=0：不输出。
  - ➢ VTK≠0：输出。
- GAMMA：液体表面张力，$\gamma$。
- VOL：体积分数。

• ANG：接触角度，$\theta$。
• GAP：影响液桥空间限额的可选参数。
➢ GAP=0：CAP=0，表示模拟的是干颗粒。
➢ GAP≠0：当 $\delta$ 小于或等于 $\min\{GAP, d_{rup}\}$，就存在液桥，见图 15-5。$d_{rup}$ 是 LS-DYNA 自动计算出的液桥断裂距离。

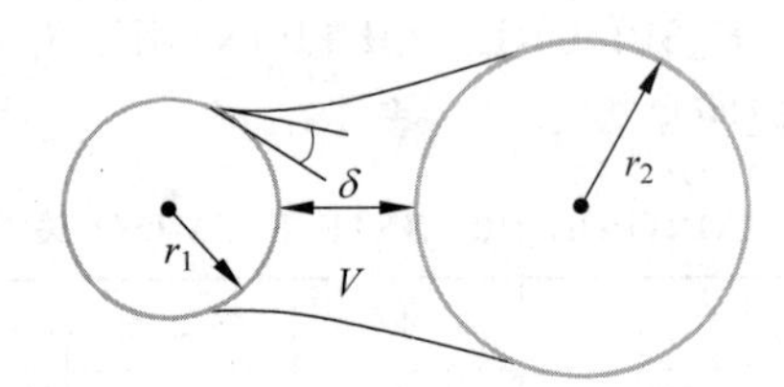


图 15-5　液桥力示意图

• IGNORE：是否忽略初始穿透：
➢ IGNORE=0：根据初始穿透计算 DES 接触力。
➢ IGNORE>0：忽略根据初始穿透计算的 DES 接触力。
• NBUF：NBUF≥0：异步消息缓冲区使用的内存因素，默认值为 6。
　　　　NBUF<0：关闭异步模式，数据传输采用最小内存。
• PARALLEL：键接 DES 之间接触力计算标志：
➢ PARALLEL=0：忽略键接 DES 之间的接触力计算(默认)。
➢ PARALLEL=1：计算键接 DES 之间的接触力。

### 15.3.2　*DEFINE_DE_BOND

在离散球之间定义键接模型。关键字卡片参数详细说明见表 15-3～表 15-4。

**表 15-3　*DEFINE_DE_BOND 关键字卡片 1**

| Card 1 | 1 | 2 | 3 | 4 | 5 | 6 | 7 | 8 |
|---|---|---|---|---|---|---|---|---|
| Variable | SID | STYPE | BDFORM | | | | | |
| Type | I | I | I | | | | | |
| Default | none | 0 | 1 | | | | | |

**表 15-4　BDFORM=1 时的卡片 2**

| Card 2 | 1 | 2 | 3 | 4 | 5 | 6 | 7 | 8 |
|---|---|---|---|---|---|---|---|---|
| Variable | PBN | PBS | PBN_S | PBS_S | SFA | ALPHA | | MAXGAP |
| Type | F | F | F | F | F | F | | F |
| Default | none | none | none | none | 1.0 | 0.0 | | 1E-4 |

• SID：DES 节点。
• STYPE：SID 类型：
➢ STYPE=0：DES 节点组。
➢ STYPE=1：DES 节点。
➢ STYPE=2：DES PART 组。

➢ STYPE＝3：DES Part。

• BDFORM：键接算法：

➢ BDFORM＝1：线性键接算法。

• PBN：平行键接模量[Pa]。

• PBS：平行键接刚度比，即剪切刚度/法向刚度。

• PBN_S：平行键接最大法向应力。零值定义无限的最大法向应力。

• PBS_S：平行键接最大切向应力。零值定义无限的最大切向应力。

• SFA：键接半径乘数。

• ALPHA：数值阻尼。

• MAXGAP：两个键接球之间的最大间隙。

➢ MAXGAP≥0.0：将两个键接球体的较小半径与 MAXGAP 的乘积定义为最大间隙，即 MAXGAP · $\min\{r_1, r_2\}$。

➢ MAXGAP<0.0：MAXGAP 的绝对值定义为最大间隙。

### 15.3.3 *DEFINE_DE_INJECTION_{OPTION}

在给定区域以给定速度注入 DES 粒子流。选项为空时，区域假定为矩形，ELLIPSE 选项表示区域为椭圆。关键字卡片参数详细说明见表 15-5～表 15-6。

**表 15-5 *DEFINE_DE_INJECTION 关键字卡片 1**

| Card 1 | 1 | 2 | 3 | 4 | 5 | 6 | 7 | 8 |
|---|---|---|---|---|---|---|---|---|
| Variable | PID | SID | XC | YC | ZC | XL | YL | CID |
| Type | I | I | F | F | F | F | F | I |
| Default | none | none | 0.0 | 0.0 | 0.0 | 0.0 | 0.0 | 0 |

**表 15-6 *DEFINE_DE_INJECTION 关键字卡片 2**

| Card 2 | 1 | 2 | 3 | 4 | 5 | 6 | 7 | 8 |
|---|---|---|---|---|---|---|---|---|
| Variable | RMASS | RMIN | RMAX | VX | VY | VZ | TBEG | TEND |
| Type | F | F | F | F | F | F | F | F |
| Default | none | none | RMIN | 0.0 | 0.0 | 0.0 | 0.0 | 1E20 |

• PID：注入的 DES Part ID。

• SID：节点组 ID。

• XC，YC，ZC：注入平面中心点的 X、Y、Z 坐标。

• XL：对于矩形平面，XL 是在坐标系 CID 下的 X 方向长度；对于椭圆平面，XL 是长轴长度。

• YL：对于矩形平面，YL 是在坐标系 CID 下的 Y 方向长度；对于椭圆平面，YL 是短轴长度。

• CID：可选的局部坐标系 ID。

• RMASS：质量流速。

➢ RMASS<0：曲线 ID。

- RMIN：最小 DES 半径。
- RMAX：最大 DES 半径。
- VX,VY,VZ：注入的 DES 在坐标系 CID 下的 X、Y、Z 方向速度。
- TBEG：起始时间。
- TEND：结束时间。

### 15.3.4 *DEFINE_DE_TO_SURFACE_COUPLING

在 DEM 粒子和结构 Part(壳单元 Part 或实体单元 Part)之间定义接触，目前尚不支持厚壳单元。关键字卡片参数详细说明见表 15-7～表 15-8。

**表 15-7 *DEFINE_DE_TO_SURFACE_COUPLING 关键字卡片 1**

| Card 1 | 1 | 2 | 3 | 4 | 5 | 6 | 7 | 8 |
|---|---|---|---|---|---|---|---|---|
| Variable | SLAVE | MASTER | STYPE | MTYPE | | | | |
| Type | I | I | I | I | | | | |
| Default | none | none | 0 | 0 | | | | |

**表 15-8 *DEFINE_DE_TO_SURFACE_COUPLING 关键字卡片 2**

| Card 2 | 1 | 2 | 3 | 4 | 5 | 6 | 7 | 8 |
|---|---|---|---|---|---|---|---|---|
| Variable | FRICS | FRICD | DAMP | BSORT | LCVX | LCVY | LCVZ | WEARC |
| Type | F | F | F | I | I | I | I | F |
| Default | 0.0 | 0.0 | 0.0 | 100 | 0 | 0 | 0 | 0. |

- SLAVE：定义为接触从面的 DES 节点组 ID、节点 ID、PART 组 ID 或 Part ID。
- MASTER：定义为接触主面的 PART 组 ID 或 Part ID。
- STYPE：从面类型：
  - ➢ STYPE=0：从节点组。
  - ➢ STYPE=1：从节点。
  - ➢ STYPE=2：从 PART 组。
  - ➢ STYPE=3：从 Part。
- MTYPE：主面类型：
  - ➢ MTYPE=0：PART 组。
  - ➢ MTYPE=1：Part。
- FRICS：摩擦系数。
- FRICD：滚动摩擦系数。
- DAMP：阻尼系数(无量纲)。如果离散球以速度 $v_{impact}$ 撞击刚性面，则回弹速度为

$$v_{rebound} = (1 - DAMP) v_{impact} \tag{15.7}$$

- BSORT：桶排序间隔的循环数。默认值为 100。对于 DEM 粒子速度很高的爆炸计算，建议设置 BSORT=20 或更小。
  - ➢ BSORT<0：|BSORT|是桶排序间隔的最小循环数。可以在运行期间通过跟踪潜在耦合对的速度来增加该值。该功能目前仅用于 MPP。

• LVCX：X 方向结构表面速度。
• LVCY：Y 方向结构表面速度。
• LVCZ：Z 方向结构表面速度。
• WEARC：磨损系数。
➢ WEARC>0：Archard 磨损定律。
➢ WEARC=－1：Finnie 磨损定律。
➢ WEARC=100：用户自定义磨损模型。

## 15.3.5 *ELEMENT_DISCRETE_SPHERE_{OPTION}

*ELEMENT_DISCRETE_SPHERE_{OPTION}用于为 DEM 计算定义离散球 DES 单元。请注意，对于每个 DES Part 需要定义 *PART、*SECTION 和 *MAT，但会忽略 *SECTION 中的单元类型和算法。DEM 从 *MAT 中读取体积模量用于计算耦合刚度和时间步长，如果 *ELEMENT_DISCRETE_SPHERE_{OPTION}没有采用 VOLUME 选项，DEM 就从 *MAT 中读取密度来计算质量。*MAT_ELASTIC 和 *MAT_RIGID 最常用，也可采用其他材料模型。关键字卡片参数详细说明见表 15-9～表 15-10。

**表 15-9 *ELEMENT_DISCRETE_SPHERE 关键字卡片 1a**

| Card 1a | 1 | 2 | 3 | 4 | 5 | 6 | 7 | 8 |
|---|---|---|---|---|---|---|---|---|
| Variable | NID | PID | MASS | INERTIA | RADIUS | | | |
| Type | I | I | F | F | F | | | |
| Default | none | none | none | none | none | | | |

• NID：DES 节点 ID。
• PID：DES Part ID。
• MASS：质量。
• INERTIA：质量惯性矩。
• RADIUS：粒子半径，用于定义粒子之间的接触。

**表 15-10 *ELEMENT_DISCRETE_SPHERE_VOLUME 关键字卡片 1b**

| Card 1b | 1 | 2 | 3 | 4 | 5 | 6 | 7 | 8 |
|---|---|---|---|---|---|---|---|---|
| Variable | NID | PID | VOLUME | INERTIA | RADIUS | | | |
| Type | I | I | F | F | F | | | |
| Default | none | none | none | none | none | | | |

• NID：DES 节点 ID。
• PID：DES Part ID。
• VOLUME：体积。质量通过下式计算：

$$M = \mathrm{VOLUME} \cdot \rho_{\mathrm{mat}} \tag{15.8}$$

• INERTIA：单位密度惯量，实际根据材料计算：

$$I = \mathrm{INERTIA} \times \rho_{\mathrm{mat}} \tag{15.9}$$

• RADIUS：粒子半径，用于定义粒子之间的接触。

# 15.4 离散元块体运动计算算例

## 15.4.1 计算模型概况

采用键接模型定义的离散元块体在推块的推动下，沿着滑板运动，然后掉落在平板上发生破碎。计算模型见图 15-6。注：本模型中的参数仅用于演示 DEM 相关关键字的使用，不具有实际物理意义。

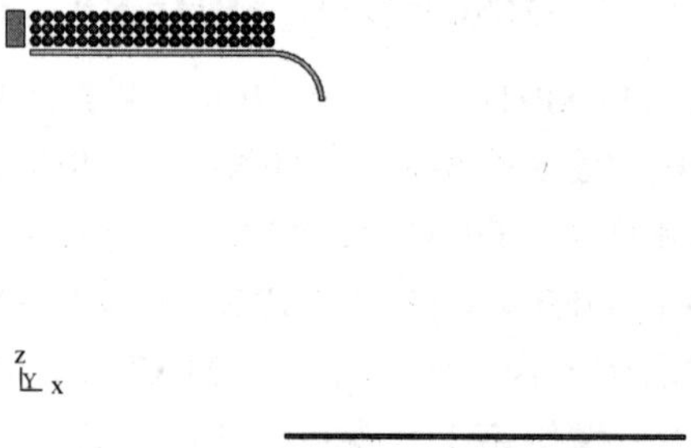

图 15-6 计算模型

## 15.4.2 关键字文件讲解

```
$ 首行 * KEYWORD 表示输入文件采用的是关键字输入格式。
* KEYWORD
$ 为离散元法设置全局控制参数。
* CONTROL_DISCRETE_ELEMENT
$ #     ndamp     tdamp      fric     fricr     normk    sheark       cap     mxnsc
  0.100000  0.100000     0.000     0.000     0.000     0.000         0         0
$ 定义计算结束条件。
* CONTROL_TERMINATION
  6.000000         0     0.000     0.000     0.000
$ 设置时间步长控制参数。
* CONTROL_TIMESTEP
     0.000  0.900000         0     0.000     0.000         3         0         0
$ 设置二进制文件 D3PLOT 的输出。
* DATABASE_BINARY_D3PLOT
$ #       dt      lcdt      beam     npltc    psetid
 2.0000E-2         0         0         0         0
$ 为推块施加恒定速度。
* BOUNDARY_PRESCRIBED_MOTION_RIGID_ID
$ #       id                                                               heading
          0Pusher block speed
$ #      pid       dof       vad      lcid        sf       vid     death     birth
           2         1         0         4  1.000000         0 1.0000E+28     0.000
$ 施加重力加速度。
```

```
* LOAD_BODY_Z
$ #      lcid          sf      lciddr          xc          yc          zc          cid
            2   386.39999        0       0.000       0.000       0.000           0
$ 在离散元颗粒和推块之间定义接触。
* CONTACT_AUTOMATIC_NODES_TO_SURFACE_ID
         2DEs to block
           38           2           4           3           1           1           0           0
  0.300000    0.300000       0.000       0.000       0.000           0       0.000  1.0000E+20
  1.000000    1.000000       0.000       0.000    1.000000    1.000000    1.000000    1.000000
$ 定义节点组。
* SET_NODE_LIST_GENERATE_TITLE
Range of DES nodes
           38       0.000       0.000       0.000       0.000MECH
         1518        1714           0           0           0           0           0           0
$ 定义推块 Part。
* PART
Pusher solid
            2           6           2           0           0           0           0           0
$ 为推块定义实体单元算法。
* SECTION_SOLID_TITLE
Solid pusher
            6           1           0
$ 为推块定义刚体材料模型及参数。
* MAT_RIGID_TITLE
Rigid push X trans
            2 7.3300E-4 3.0000E+7       0.000       0.000       0.000       0.000
  1.000000          5.          7.
     0.000       0.000       0.000       0.000       0.000       0.000
$ 定义滑板 Part。
* PART
Sheet
            4           5           3           0           0           0           0           0
$ 为滑板定义壳单元算法。
* SECTION_SHELL_TITLE
sheet
            5           2       0.000           0           1           0           0           1
  0.105000    0.105000    0.105000    0.105000       0.000       0.000       0.000           0
$ 为滑板定义刚体材料模型及参数。
* MAT_RIGID_TITLE
Rigid sheet
            3 7.3300E-4 3.0000E+7       0.000       0.000       0.000       0.000
  1.000000          7.          7.
     0.000       0.000       0.000       0.000       0.000       0.000
$ 定义离散元颗粒 Part。
* PART
DEM nodes
```

```
$ #    pid    secid     mid    eosid     hgid     grav    adpopt     tmid
       22       4        1        0        0        0        0         0
$ 为离散元颗粒定义单元算法。
*SECTION_SOLID_TITLE
DEM nodes
        4       0        0
$ 为离散元颗粒定义材料模型及参数。
*MAT_ELASTIC_TITLE
DEM nodes
         1 2.2900E-4 70000.000  0.300000    0.000    0.000         0
$ 在离散元和滑板之间定义非固连耦合界面。
*DEFINE_DE_TO_SURFACE_COUPLING
$ #    slave    master    stype    mtype
       38        4        0        1
$ #    frics    fricd     damp     bsort     lcvx     lcvy     lcvz
  0.300000    0.300  0.000000         1        0        0        0
$ 定义键接模型。
*DEFINE_DE_BOND
$ #     sid     stype    bdform
       38        0        1
$ #     pbn       pbs     pbn_s     pbs_s      sfa     alpha         -    maxgap
$ 00.00000  1.000000      0.0       0.0  1.000000  0.800000     0.000  -5.000E-2
 300.00000  1.000000      0.0       0.0  1.000000  0.000000     0.000  -5.000E-2
$ 定义加速度载荷曲线。
*DEFINE_CURVE_TITLE
Gravity
         2        0    0.000     0.000     0.000     0.000         0
              0.000             1.000000
         100.000000             1.000000
$ 通过该曲线人工定义时间步长。
*DEFINE_CURVE_TITLE
Timestep
         3        0    0.000     0.000     0.000     0.000         0
              0.000         1.000000e-005
         100.000000         1.000000e-005
$ 为推块定义恒定速度。
*DEFINE_CURVE_TITLE
Pusher speed
         4        0    0.000     0.000     0.000     0.000         0
              0.000             1.000000
         100.000000             1.000000
*INCLUDE
DES_mesh.k
*INCLUDE
DES_nodes.k
*INCLUDE
mesh.k
*END
```

### 15.4.3　数值计算结果

离散元块体的运动破碎过程见图 15-7。

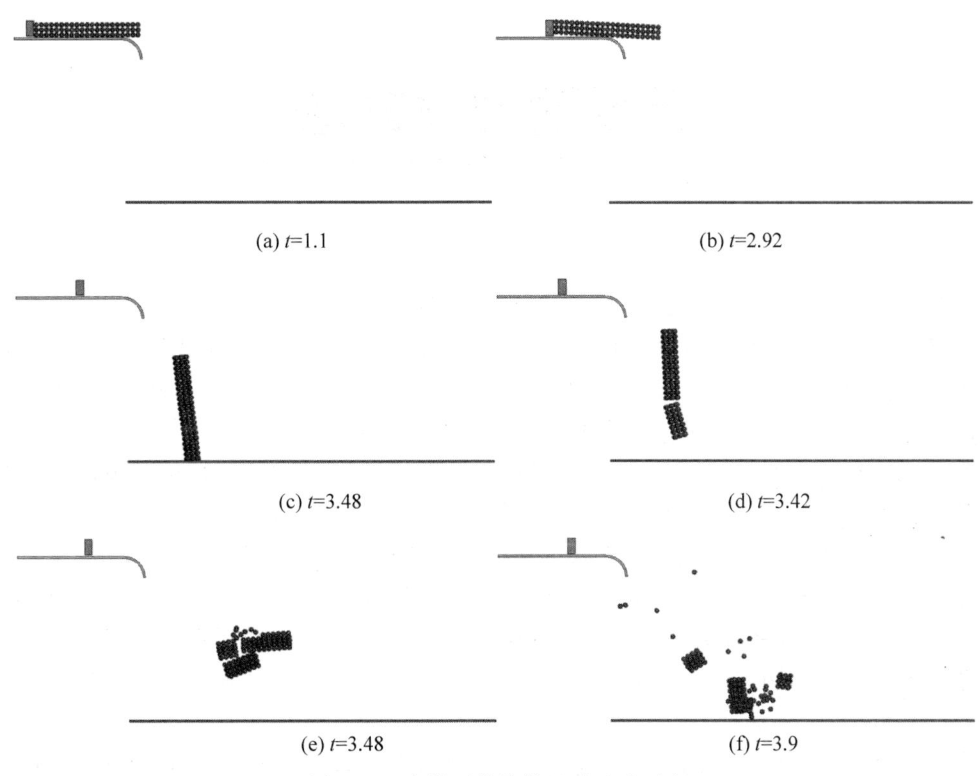


图 15-7　离散元块体的运动破碎过程

## 15.5　参考文献

[1]　LS-DYNA KEYWORD USER'S MANUAL [Z]. ANSYS LST，2020.

[2]　滕海龙，王季先. LS-DYNA 中的离散元法[J]. 有限元资讯，2014，5：6-8.

[3]　于文会，等. DES 颗粒生成及渲染技术在 LS-PrePost 中的应用[J]. 有限元资讯，2013，5：23-27.

[4]　辛春亮，等. TrueGrid 和 LS-DYNA 动力学数值计算详解[M]. 北京：机械工业出版社，2019.

[5]　辛春亮，等. 由浅入深精通 LS-DYNA[M]. 北京：中国水利水电出版社，2019.

[6]　Rabinovich Y，etc. The flow behavior of the liquid/powder mixture，theory and experiment，I. The effect of the capillary Force (bridging ruptue) [J]. Powder Technology. 2010，204：17-39.

# 第16章

# 近场动力学方法

脆性材料的破坏，涉及由连续到不连续现象的自发形成过程。目前，有很多学者针对不连续问题提出了很多模拟方法，主要有限元法、扩展有限元法（XFEM）、有限差分法（FDM）、边界元法、离散元法（DEM）、非连续位移分析（discontinuous deformation analysis，DDA）法等，且都取得了丰富的成果，但都存在各自的缺陷。

有限元法在处理断裂问题时，需要重划网格、引入外部的破坏准则、提前预设裂纹扩展路径等。因此，有强烈的网格依赖性，从而不能模拟裂纹的萌生和自然生长。

扩展有限元法用局部增强函数来获得穿过裂纹和靠近裂尖处的不连续位移。虽然解决了有限元法在处理断裂时的网格重划分问题。但是，靠近裂尖单元处的单元是局部增强的，因此，在裂尖增强单元和普通单元的混合区域的解会出现不准确，这就阻止了扩展有限元法应用于复杂的裂纹扩展和交叉。而且扩展有限元法还需要额外的准则来确定不连续位移增强函数。

有限差分法在处理断裂问题时，遇到了和有限元法类似的问题，比如必须预先知道裂纹是否存在及其位置和尺寸，计算结果也具有强烈的网格依赖性等。

边界元法作为有限元法的重要补充，也存在很多缺点。它的解题需要求出问题的基本解，基本解的推导一般较复杂，且不是每一种问题都能求出基本解。此外它的应用范围以存在相应的微分算子的基本解为前提，对于非均匀介质等问题难以适用，只能处理中小规模问题，在处理弹塑性问题或大变形问题时都会遇到困难。

离散元法是一种适合求解非连续介质力学问题的计算方法，该方法把物体视为由离散的块体和块体间的节理面组成，允许块体平移、转动和变形，而节理面可被压缩、分离或滑动。可以较真实地模拟大位移、旋转和滑动乃至块体的分离。但离散元法自身带有理论严密性先天性不足，运动、受力、变形这三大要素都有假设，在这些假定前提下，模拟的结果有可能与实际偏离很大。

非连续位移分析法是一种用来分析块体系统变形和运动的数值方法，适用于离散结构体系，只能模拟块体沿预设的结构面开裂破坏，不能模拟物体从连续到破裂和运动的全过程，且在复杂几何形状区域还需要引入不同类型的人工节理。

综上所述，有限元、有限差分等方法在连续介质力学领域虽然是最重要的数值方法，而在它们遇到重大挑战的领域（如连续－非连续、大变形等问题），近场动力学方法正日益受到学者们的重视。因为，传统的数值模拟方法在模拟断裂、破坏等不连续问题时，都遇到了不可避免的困难，虽然诸多学者通过修补措施进行了改进，但不能从根本上解决问题。

## 16.1 近场动力学方法简介

鉴于上述传统数值方法的缺点，2000 年 Silling 提出了近场动力学理论（Peridynamics，PD）。与传统连续介质力学中使用位移微分方程及只考虑接触的局部相互作用不同，PD 方法考虑非局部相互作用，控制方程采用时间微分-位移积分方程描述物体行为来解决不连续问题，不需要借助于任何的裂纹扩展准则，且（多条）裂纹可自发形成，在任意的方向扩展。材料中的每一个点表示了一个物质点的位置，这些大量的物质点构成了一个连续体，每一个物质点与局部区域内的所有其他物质点通过"键"相互作用。键的极限伸长率与材料属性相关，当键的伸长量超过其极限伸长率时，键发生断裂，通过键相互作用的物质点之间不再相互影响。物质点间相互作用力的局部性取决于局部作用范围，当减小局部作用范围 $\delta$ 时，物质点间相互作用变得更加局部性。因此，传统的弹性理论可以视为近场动力学的局部作用范围 $\delta$ 趋于 0 的一种极限情况。近场动力学可视为连续版的分子动力学方法。图 16-1 中给出了传统连续介质力学、近场动力学和分子动力学之间的关系图。

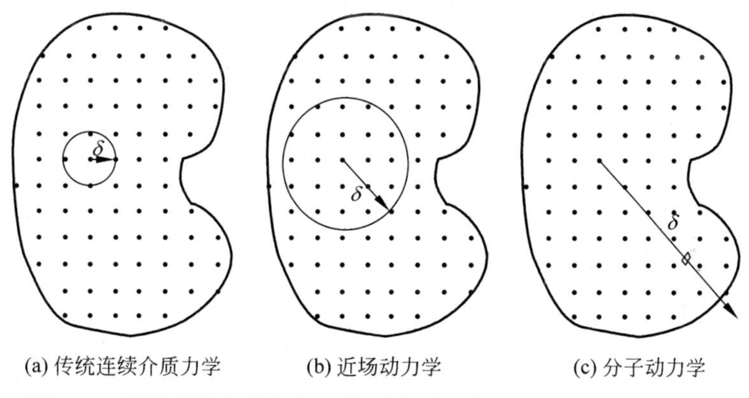


图 16-1 传统连续介质力学、近场动力学和分子动力学的关系示意图

Silling 最初提出的 PD 方法，通常被称为键基 PD 方法。键基近场动力学的控制方程中包含了定义材料的裂纹萌生、扩展、破坏的项，不需要引入任何外部准则和特殊的裂纹扩展处理方法，这些性质允许裂纹沿着任意路径自然地开裂和传播。但是键基 PD 方法假设物质点间的相互作用力大小相等、方向相反，且物质点间的相互作用相互独立，即两个物质点之间的相互作用力只与这两个物质点有关，其他物质点对此不构成任何影响，这就导致了该方法存在很多局限性和缺陷，例如，固定了材料的泊松比，对于各向同性材料，二维平面应力情况下的泊松比只能是 1/3；平面应变情况下的泊松比只能是 1/4；三维情况下的泊松比只能是 1/4。

由于 PD 考虑非局部作用，计算效率比其他基于连续介质力学的数值方法低（如有限元法）。而且 PD 方法中的边界概念很模糊，存在边界效应显著、计算结果精度不高、位移边界施加不便、尤其是应力边界无法施加等难题。再加上 PD 最原始的动态松弛法求解方法，PD 的计算精度进一步降低。

通常近场动力学计算域被离散为一系列材料点，然后通过节点积分来实现近场动力学控制方程中的非局部积分项。在 LS-DYNA 中，近场动力学模型采用有限元法体系，通过有限元形函数插值构建单元内连续的位移场。该方法继承了有限元法的固有优点，如直接的位移边界条件施加和非均匀网格计算中的稳定性。为了模拟近场动力学计算域中的非连续性(材料破坏)，这里的有限元网格是非连续网格，即相邻的单元不共享节点编号。显式积分键基近场动力学模型基于有限元理论并采用非连续伽辽金虚功方程。

## 16.2 主要关键字

近场动力学方法主要应用于模拟脆性材料多裂纹扩展以及结构破坏分析。LS-DYNA 软件中包含了两类近场动力学模型：(1)三维各向同性材料模型 *MAT_ELASTIC_PERI，用于模拟复合型裂纹在三维脆性材料中的扩展；(2)纤维增强层压复合材料模型 *MAT_ELASTIC_PERI_LAMINATE，用于模拟层压复合材料中复杂的破坏模式包括分层、层内以及分层-层内耦合等破坏模态。

### 16.2.1 *SECTION_SOLID_PERI

*SECTION_SOLID_PERI 用于设置近场动力学算法。关键字卡片参数详细说明见表 16-1～表 16-2。

表 16-1 *SECTION_SOLID_PERI 关键字卡片 1

| Card 1 | 1 | 2 | 3 | 4 | 5 | 6 | 7 | 8 |
|---|---|---|---|---|---|---|---|---|
| Variable | SECID | ELFORM | AET | | | | | |
| Type | I/A | I | I | | | | | |

表 16-2 *SECTION_SOLID_PERI 关键字卡片 2

| Card 2 | 1 | 2 | 3 | 4 | 5 | 6 | 7 | 8 |
|---|---|---|---|---|---|---|---|---|
| Variable | DR | PTYPE | | | | | | |
| Type | F | I | | | | | | |
| Default | 1.01 | 1 | | | | | | |

- SECID：单元算法 ID。SECID 被 *PART 卡片引用，可为数字或字符，其 ID 必须唯一。
- ELFORM：单元算法，ELFORM=48，支持 4 节点、6 节点和 8 节点实体单元。与传统的有限元网格相比，近场动力学模型使用的网格为非连续网格，也就是说，相邻的单元间不共享节点，每个单元都有自己的节点编号，见图 16-2。该非连续性网格在初始时互相无缝重叠，如同传统的有限元网格。材料的连续性是通过连接邻近单元积分点的近场动力学键实现的。近场动力学单层实体单元对于模拟薄层结构有很好的精度和稳定性，没有传统实体单元的剪切锁定问题。
- DR：归一化的邻域大小。该参数类似于无网格方法中的归一化影响域大小，绝大多数情况下推荐使用默认值。DR 为邻域实际大小与单元最长对角线长度的比值。如果用户网格为极端不规则网格，LS-DYNA 将自动调整 DR 大小使每个材料点的

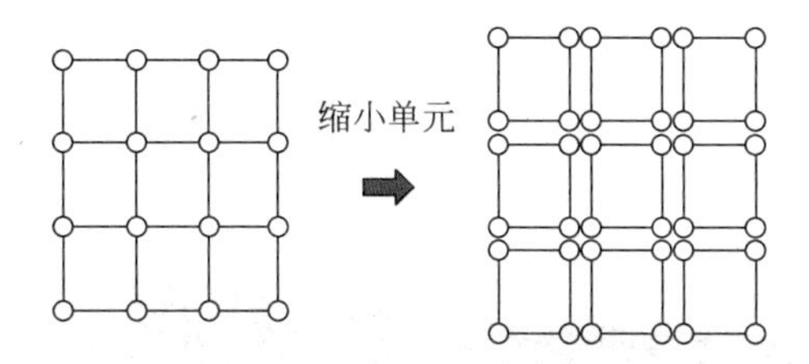


图 16-2 近场动力学中的非连续网格示意图

相邻材料点数 $ng$ 满足 $10 \leqslant ng \leqslant 136$。

- PTYPE：PTYPE =1 为键基近场动力学模型。

### 16.2.2 *MAT_ELASTIC_PERI

*MAT_ELASTIC_PERI 为 PD 算法定义各向同性材料模型及材料参数。关键字卡片参数详细说明见表 16-3。

**表 16-3 *MAT_ELASTIC_PERI 关键字卡片**

| Card 1 | 1 | 2 | 3 | 4 | 5 | 6 | 7 | 8 |
|---|---|---|---|---|---|---|---|---|
| Variable | MID | RO | E | $G_T$ | $G_S$ | | | |
| Type | I/A | F | F | F | F | | | |
| Default | | | | 1.0e20 | 1.0e20 | | | |

- MID：材料模型 ID。MID 不能重名。
- RO：材料密度。
- E：材料杨氏模量。
- $G_T$：断裂能量释放率，断裂力学中针对脆性材料（玻璃、水泥、硬塑料等）的材料参数。
- $G_S$：主要针对以压缩为主的材料的破坏参数。该参数为人为定义的值，对大多数以压缩为主的问题，$G_S = 2.0G_T$，对于其他问题，直接使用缺省值。

### 16.2.3 定义层压复合材料的 PD 关键字

图 16-3 是层压复合材料面外三点弯曲 PD 模拟结果。对于纤维增强层压复合材料模型，除了需要定义 *SECTION_SOLID_PERI 关键字外，还需要定义 *ELEMENT_SOLID_PERI、*MAT_ELASTIC_PERI_LAMINATE 和 *SET_PERI_LAMINATE 关键字。

（1）*ELEMENT_SOLID_PERI 关键字引入多层有限元网格。每层均布网格能处理不同方向的纤维分布，由此将总体模型解耦为单一均质基底材料加分层各向异性纤维增强材料，如图 16-4 所示，相应的近场动力学模型中键的定义包含层间及层内两种类型。*ELEMENT_SOLID_PERI 定义类似于有限元壳体单元，支持三节点或四节点网格。近场动力学单层实体网格对于模拟薄层结构有很好的精度和稳定性，没有传统有限元实体单元的剪切锁死问题。*ELEMENT_SOLID_PERI 关键字卡片参数详细说明见表 16-4～表 16-5。

(a) 0°

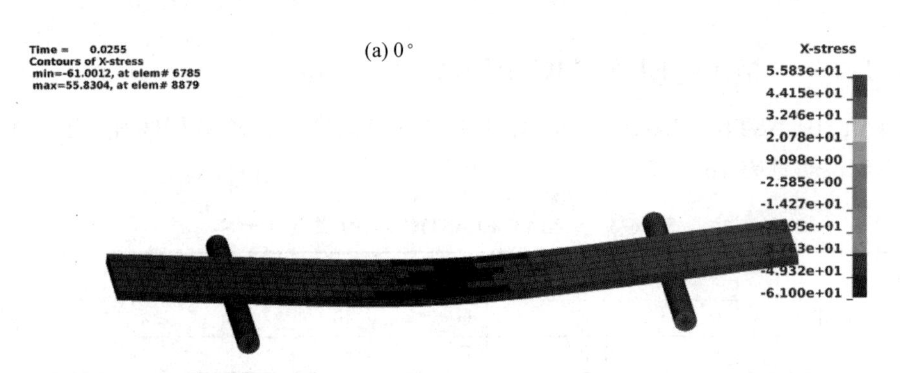


(b) 45° 方向

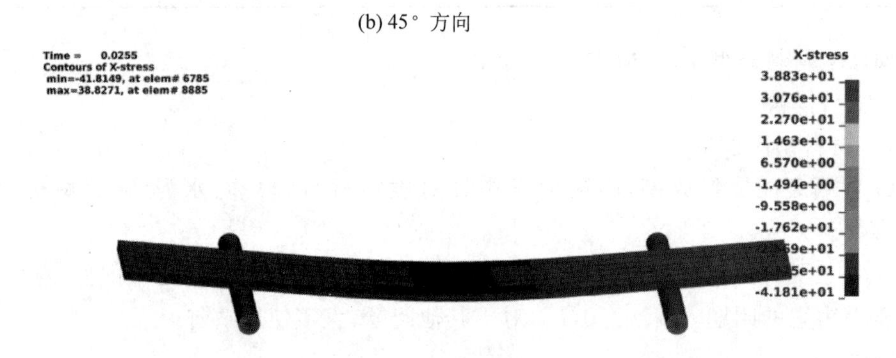


(c) 90° 方向

图 16-3 层压复合材料面外三点弯曲 PD 模拟

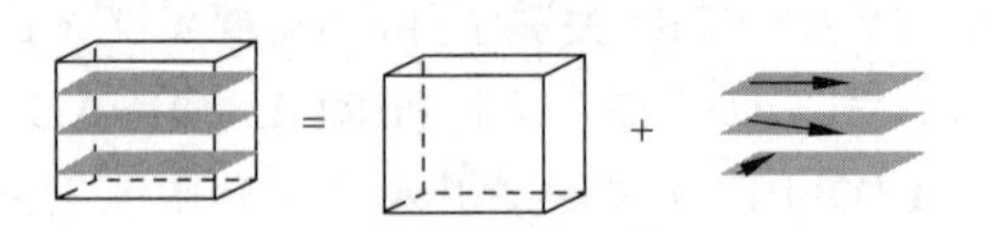


图 16-4 复合材料近场动力学模型解耦

**表 16-4 *ELEMENT_SOLID_PERI 卡片**

| Card 1 | 1 | 2 | 3 | 4 | 5 | 6 | 7 | 8 |
|---|---|---|---|---|---|---|---|---|
| Variable | EID | PID | N1 | N2 | N3 | N4 | | |
| Type | I | I | I | I | I | I | | |
| Default | none | none | none | none | none | none | | |

• EID：单元 ID。
• PID：Part ID。
• N1、N2、N3、N4：构成单元的四个节点 ID。

（2） * MAT_ELASTIC_PERI_LAMINATE 关键字定义层压复合材料模型参数，如表 16-5～表 16-7 所示。

**表 16-5　* MAT_ELASTIC_PERI_LAMINATE 卡片 1**

| Card 1 | 1 | 2 | 3 | 4 | 5 | 6 | 7 | 8 |
|---|---|---|---|---|---|---|---|---|
| Variable | MID | RO | E1 | E2 | PR12 | G12 | | |
| Type | I | F | F | F | F | F | | |
| Default | none | none | none | none | none | none | | |

• MID：用户定义的材料模型 ID。
• RO：材料密度。
• E1：单层材料沿纤维长度方向的弹性模量。
• E2：单层材料垂直于纤维长度方向的弹性模量。
• PR12：叠层平面内的泊松比。
• G12：1-2 方向剪切模量。

**表 16-6　* MAT_ELASTIC_PERI_LAMINATE 卡片 2**

| Card 2 | 1 | 2 | 3 | 4 | 5 | 6 | 7 | 8 |
|---|---|---|---|---|---|---|---|---|
| Variable | FOPT | FC1 | FC2 | FCC1 | FCC2 | FCD | FCDC | |
| Type | I | F | F | F | F | F | F | |
| Default | 1 | none | none | none | none | none | none | |

• FOPT：失效准则类型：
➢ FOPT=1：能量释放率。
➢ FOPT=2：键拉伸率。
• FC1：沿纤维长度方向（方向 1）键的拉伸失效阈值。
• FC2：垂直于纤维长度方向（方向 2）键的拉伸失效阈值。
• FCC1：沿纤维长度方向（方向 1）键的压缩失效阈值。
• FCC2：垂直于纤维长度方向（方向 2）键的压缩失效阈值。
• FCD：拉伸分层失效阈值。
• FCDC：压缩分层失效阈值。

**表 16-7　* MAT_ELASTIC_PERI_LAMINATE 卡片 3**

| Card 3 | 1 | 2 | 3 | 4 | 5 | 6 | 7 | 8 |
|---|---|---|---|---|---|---|---|---|
| Variable | V1 | V2 | V3 | | | | | |
| Type | F | F | F | | | | | |
| Default | none | none | none | | | | | |

- V1、V2 和 V3：定义在全局坐标系下的基准纤维长度方向。各层纤维长度方向角度(由 *SET_PERI_LAMINATE 定义)根据这个基准向量来设置。

(3) *SET_PERI_LAMINATE 关键字将多层独立的近场动力学网格定义成层压模型。关键字卡片参数详细说明见表 16-8～表 16-9。

表 16-8 *SET_PERI_LAMINATE 卡片 1

| Card 1 | 1 | 2 | 3 | 4 | 5 | 6 | 7 | 8 |
|---|---|---|---|---|---|---|---|---|
| Variable | SID | | | | | | | |
| Type | I | | | | | | | |
| Default | none | | | | | | | |

- SID：组 ID。

表 16-9 *SET_PERI_LAMINATE 卡片 2

| Card 2 | 1 | 2 | 3 | 4 | 5 | 6 | 7 | 8 |
|---|---|---|---|---|---|---|---|---|
| Variable | PID1 | A1 | T1 | PID2 | A2 | T2 | | |
| Type | I | F | F | I | F | F | | |
| Default | none | none | none | none | none | none | | |

- PID1 和 PID2 分别是第一层和第二层复合材料 Part ID。
- A1 和 A2 定义纤维长度方向角。
- T1 和 T2 定义厚度。

单张卡片 2 最多定义两层网格，重复定义卡片 2 直到完成所有纤维层。

# 16.3 复合材料平板拉伸计算算例

## 16.3.1 计算模型概况

复合材料平板左端固定，右端施加恒定的拉伸速度。计算模型见图 16-5，采用的单位制为 ton-mm-s。

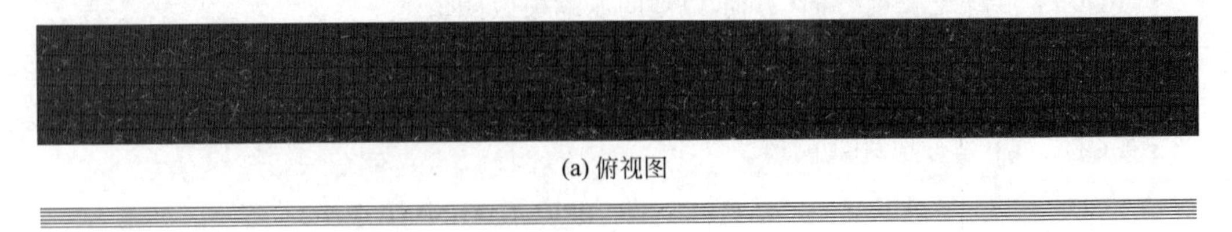

(a) 俯视图

(b) 侧视图

图 16-5 复合材料平板模型

LS-PrePost 或 TrueGrid 生成的模型要经 LS-PrePost 软件进行节点分离，使模型中相邻单元不再共享节点和边，分离步骤见图 16-6。

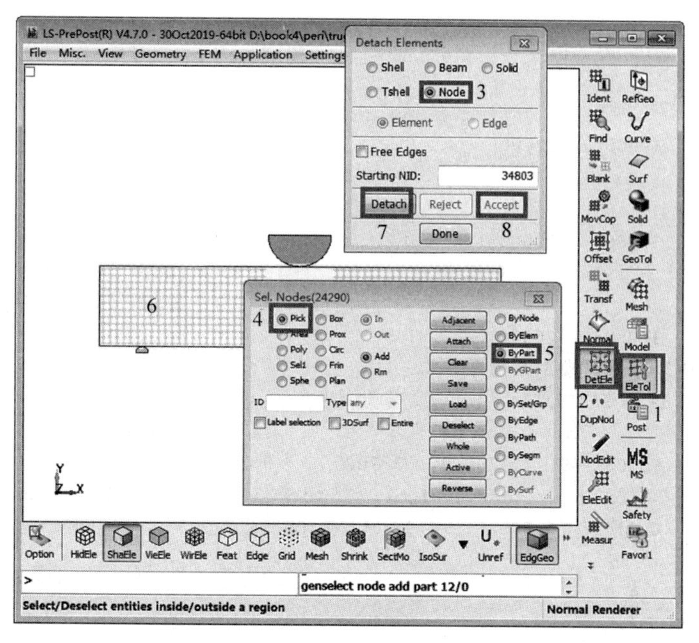

图 16-6 分离节点步骤

## 16.3.2 关键字文件讲解

```
$ 首行 * KEYWORD 表示输入文件采用的是关键字输入格式。
*KEYWORD
$ 定义计算结束条件。
*CONTROL_TERMINATION
     0.01      0      0.0      0.0      0.0      0
$ 设置时间步长控制参数。
*CONTROL_TIMESTEP
      0.0      0.7      0      0.0      0.0      0      0      0
$ 设置二进制文件 D3PLOT 的输出。
*DATABASE_BINARY_D3PLOT
        0      0      0      100      0
$ 定义 PD 算法。
*SECTION_SOLID_PERI
$#   secid   elform
     10000       48
$#      dr    ptype
      1.01        1
$ 定义单个铺层 Part。
*PART
1st layer
         1   10000   10000      0      0      0      0      0
*PART
2 layer
         2   10000   10000      0      0      0      0      0
*PART
```

```
3 layer
         3    10000    10000       0        0        0        0        0
*PART
4 layer
         4    10000    10000       0        0        0        0        0
*PART
5 layer
         5    10000    10000       0        0        0        0        0
*PART
6 layer
         6    10000    10000       0        0        0        0        0
$定义PD层压复合材料模型及参数。
*MAT_ELASTIC_PERI_LAMINATE
$#      mid          ro          e1         e2         v12        G12
     10000  1.65000E-9   125260.0     8890.0       0.33     4850.0
$#     fopt        fc1        fc2       fcc1       fcc2        fcd       fcdc  reserved
       2.0      0.014      0.005       0.14       0.05      0.005       0.05
$#       v1         v2         v3
       0.0        1.0        0.0
$定义拉伸速度曲线。
*DEFINE_CURVE_TITLE
tab_velocity
         2         0       1.0        1.0        0.0        0.0         0         0
                 0.0                  167
              1000.0                  167
$将多层独立的近场动力学网格定义成层压模型。
*SET_PERI_LAMINATE
$#      sid
     10000
$#      pid         a1         t1        pid         a2         t2
         1       30.0      0.404          2       30.0      0.404
         3       30.0      0.404          4       30.0      0.404
         5       30.0      0.404          6       30.0      0.404
$在边界节点组上施加拉伸速度曲线。
*BOUNDARY_PRESCRIBED_MOTION_SET
         1         2         0          2        0.0          0        0.0        0.0
$在边界节点组上施加约束。
*BOUNDARY_SPC_SET
         1         0         1          0          1          1          1          1
$在边界节点组上施加固定约束。
*BOUNDARY_SPC_SET
         2         0         1          1          1          1          1          1
$定义节点组(约束和施加拉伸载荷)。
*SET_NODE_LIST
         1       0.0        0.0        0.0        0.0MECH
       694       695        696        697        698        699        700        701
......................................................................
     15353     15354      15355      15356      15357      15358      15359      15360
$定义节点组(固定约束)。
*SET_NODE_LIST
         2       0.0        0.0        0.0        0.0MECH
```

```
        1         2         3         4         5         6         7         8
...................................................................................
    13598     13599     13600     13601     13602     13603     13604     13605
$ 定义 PD 单元。
* ELEMENT_SOLID_PERI
       1        1    4382    4385    4375       1         0         0         0         0
...................................................................................
    3840        6    4373    4374    4365    4364         0         0         0         0
$ 定义节点。
* NODE
       1           0.0             0.0             0.0         0         0
...................................................................................
   15360        11.312          129.28            2.02         0         0
$ * END 表示关键字输入文件的结束。
* END
```

### 16.3.3 数值计算结果

计算完毕后,可在 LS-PrePost 中显示如图 16-7 所示的平板拉伸破坏过程,步骤如下:

- File→Open→Binary Plot,读入 D3PLOT 文件。
- FEM→POST→FriComp。
- 单击 Stress→effective plastic strain,显示裂纹扩展过程。

(a) $t$=0.003434s

(b) $t$=0.005353s

图 16-7 平板拉伸破坏过程

## 16.4 参考文献

[1] LS-DYNA KEYWORD USER'S MANUAL[Z]. ANSYS LST, 2020.

[2] Bo Ren, C. T Wu. LS-DYNA® 中应用于脆性材料破裂动力分析的 3 维键型近场动力学模型[J]. 有限元资讯, 2018, 1: 9-14.

[3] 辛春亮, 等. TrueGrid 和 LS-DYNA 动力学数值计算详解 [M]. 北京: 机械工业出版社, 2019.

[4] 辛春亮, 等. 由浅入深精通 LS-DYNA [M]. 北京: 中国水利水电出版社, 2019.

[5] 别智舞. 键基近场动力学有限元化方法及其在脆性材料破坏模拟中的基础研究[D]. 广西大学硕士论文, 2017.

[6] 曹学强.基于近场动力学与有限元结合的复合材料层合板建模及冲击响应研究[D].哈尔滨工业大学硕士论文，2016.

[7] 胡炜，吴政唐，吴有才，等.LS-DYNA 高级有限元、无网格和粒子法及其工业应用(2) [J].有限元资讯，2019，4：14-20.

[8] Danielle Z.，C.T. W.，Pablo S.，Bo R.，Dandan L.，ZeliangL.The Validation of Peridynamics model for CFRP laminate [R]. LSTC，2019.

# 第17章

# CESE算法

时空守恒元/解元方法(CE/SE),又称时-空守恒格式,是近年来兴起的一种全新的高精度、高分辨率和高效率的守恒方程型计算方法。它具有物理概念清晰、计算精度高和格式构造简单等优点,是一种具有广阔发展前景的计算流体力学方法。

## 17.1 CESE 算法简介

CESE 方法是由美国航空航天局格伦研究中心的 CHANG 博士首先提出来,之后许多学者对该方法作了进一步的改进和完善。这是一种全新的守恒方程数值框架,具有许多独特之处:

- 统一的空间和时间处理方法,而不像绝大多数计算方法那样把它们分开来进行处理。
- 在统一的时-空 4 维空间中通过巧妙地引进守恒元(CE)和解元(SE),在每个解元中采用某种连续函数来逼近各个流体变量,而在每个守恒元中则令流体各个守恒方程得到满足,进而得到一组离散的代数方程组来解出各流体变量。这样构造出来的计算格式可以使流体守恒律在时－空中始终都得到满足。
- 采用新的简单的加权平均方法来自动捕捉激波,既不用引入人工参数来调节格式黏性以达到计算稳定的目的,也不用像许多传统方法那样去求解黎曼问题,这大大简化了计算,同时也减少了人为因素的干扰。
- 将流体变量及其空间的一阶偏导数都作为未知量来同时进行求解,从而提高计算精度,尽管 CESE 格式是二阶精度格式,但其实际计算精度却高于普通二阶精度格式。

CESE 方法主要应用于不定常可压缩流(马赫数 $M>0.3$),尤其是高速复杂流动的计算(包括有黏流和无黏流),例如爆轰波、激波/声波相互作用、空化流、超声速液体射流和化学反应流。CESE 方法还非常适合小扰动流,例如声波的模拟,以及现实生活中大量存在的激波和声波共存的流动问题计算。该方法还可与 LS-DYNA 结构求解器结合进行流固耦合分析。CESE 方法为显格式,所以很容易进行并行化处理,有 SMP 和 MPP 两种版本。

可压缩流体 CESE 计算模块以及相应的流固耦合模块经过多年的发展、用户的试用、不断地改进和完善,目前已经日渐成熟。

- 该计算程序包括串行和并行两种,用户可用一个或多个处理器来进行计算。

• 流体模块的空间三维网格可以是六面体、五面体、四面体或者它们的混合。
• 该模块以三维程序为主，但为了方便用户，也增加了二维和二维轴对称程序作为其三维程序的特例，供用户选用。
• 流固耦合模块中，用户可根据具体问题选用以下两种耦合方式之一：即边界沉浸式法（流体网格固定，固体结构在流场中运动）和动网格法（流体网格随固体结构的运动来作相应的调整），两者各有利弊。
• 还开发了三个专用子模块，如图 17-1 所示。

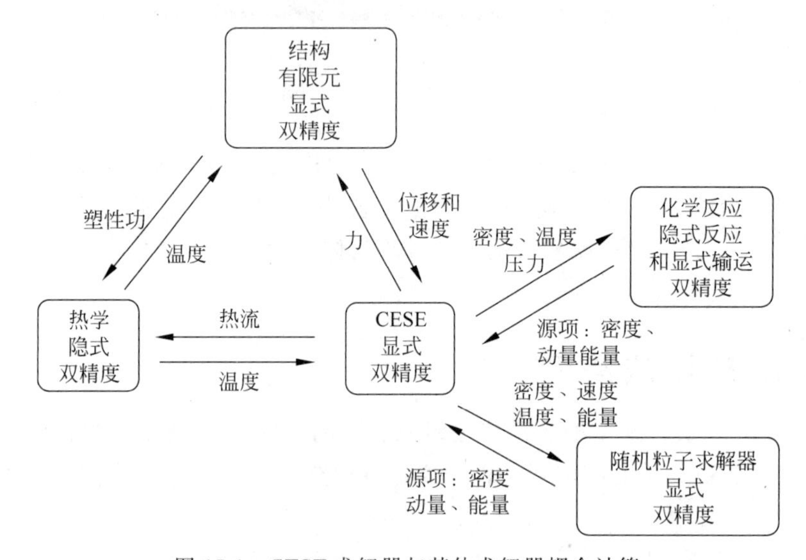


图 17-1　CESE 求解器与其他求解器耦合计算

➢ 空化流子模块。
➢ 随机颗粒流子模块。其中可以选择的模型包括：
√ 两种不同的颗粒分裂模型。
√ 一种有效的碰撞模型。
√ 一种蒸发处理模块，并与化学反应模块结合。
√ 十种具有不同热力学性质的液体燃料可供用户选择。
➢ 化学反应流子模块。其中可以选择的模型包括：
√ 单步反应模型，即 ZND。
√ 多步有限速率的完全化学反应模型。
√ 计算奇异摄动（CSP）简化反应模型。
√ G-格式简化反应模型。
• 最近开发的 DUALCESE 求解器，计算准确度和稳定性更高。目前 ANSYS LST 正在为 DUALCESE 求解器开发电池模型。
➢ 一维电化学模型（ECM、P2D 和伪二维模型）。
➢ 电化学模型可与固体传热、结构进行耦合。
➢ 热失控模型（开发中）。
➢ 下一步准备开发电池内部短路、针刺和外部短路模型。

## 17.2 CESE 主要应用

CESE 模块的主要应用如下：

- 本模块主要适合于可压缩流(马赫数 M≥0.3,包括无黏流和有黏流),尤其适合于含有激波等强间断的高速复杂流动问题,以及激波/声波相互干扰问题,如图 17-2 所示。

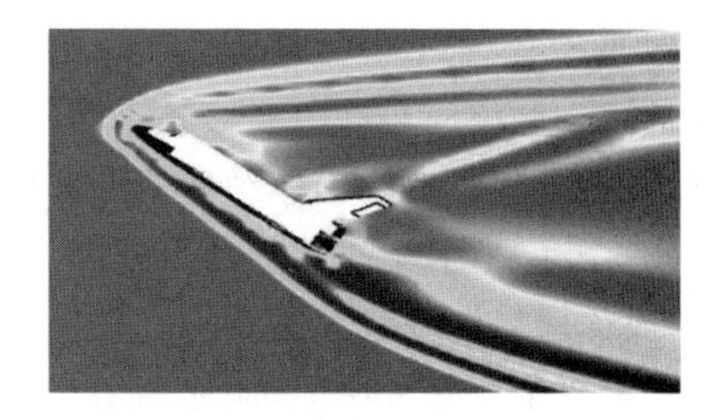

图 17-2 航天飞机再入大气

- 空化流问题。
- 工程实际中的很多流固耦合问题及耦合传热问题。
- 各种随机颗粒流问题,如普通或加压环境下的水射流问题、汽车和航空航天工业中的燃料喷射问题(见图 17-3)、涂料行业中的喷漆问题、各种颗粒混合及粉尘问题。

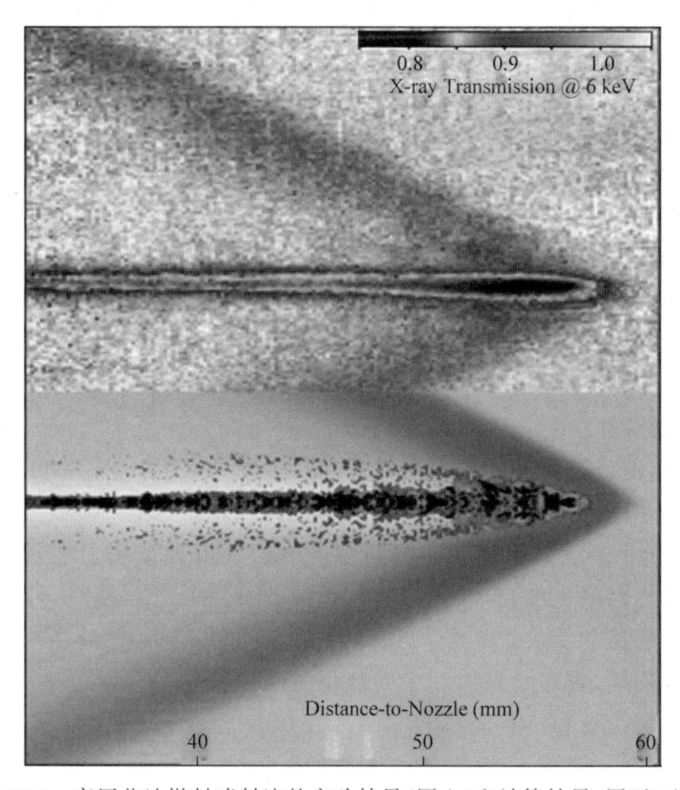


图 17-3 高压柴油燃料喷射流的实验结果(图上)和计算结果(图下)比较

- 各种化学反应问题,如恒容与恒压环境下的化学反应问题、气体燃烧,尤其是高超音速流的燃烧问题、爆炸及爆轰波问题、流固耦合并伴有气体燃烧的各种应用问题。

在目前的空化流子模块中,采用的是 Schmidt 的各向同性模型,该模型虽然非常简单但它包括了空化流的一些主要特征信息,主要适用于小几何尺度下的高速流动所产生的空化流问题,如汽车燃料喷射系统中的空化流问题。

## 17.3 CESE 流固耦合

CESE 流固耦合采用的是松散的耦合方式，流场计算采用的是 CESE 方法，而固体结构分析则使用 LS-DYNA 中的结构求解器 FEM，两者交替地进行计算。在接触界面上，CESE 模块从固体结构模块处得到接触界面的位移以及运动速度等信息，而反馈给固体结构模块的则是压力，用来作为固体结构的外部压力边界条件。

CESE 有两种流固耦合界面处理方法：浸入式边界法（Immersed Boundary Method，IBM，或称边界沉浸式方法）和动网格法（Moving Mesh Method，MMM）。

在边界沉浸式方法中，流体网格和固体结构网格是完全独立的，即流体计算网格是固定的，而固体结构网格则随着固体结构一起运动。在流体网格中接触界面的位置是由固体结构模块所提供的位移信息来决定的，流体域需要覆盖结构可能的运动区域。边界沉浸式方法的优点是方法简单，计算高效、稳定，且可以用来处理大变形的流固耦合问题。边界沉浸式方法的缺点是耦合界面处的计算精度不是太高，界面处需要采用细密网格提高计算精度。在这种方法中，CESE 求解器中的流体自动与其中的结构发生耦合作用。要想流体不与某个结构 Part 发生耦合，仅需为该 Part 指定一个很大的 ID 号如 10000，或采用 *CESE_FSI_EXCLUDE 排除特定 Part。

在动网格法中，要求用户必须指定与结构求解器发生流固耦合作用的流体面 Part。流体网格会随着固体结构的运动而进行调整。首先根据固体结构模块所提供的位移信息来调整接触界面上的流体边界网格，然后应用某种网格移动技术来调整整个流体内部的网格。由于流体网格始终保持和接触界面相吻合，所以它对接触界面处的处理精度较高。但是，由于每个时间步流体网格都要随着固体结构的不断运动而进行调整，有时甚至当网格质量实在太差时，整个流体网格还要进行重构，所以该方法的计算时间较长，而且主要适用于只有小变形的流固耦合问题。

这两种方法中，流体网格和结构网格都是相互独立的，CESE 采用准静态约束方法自动跟踪流体/结构界面，用户不需要额外输入其他信息。

CESE 流固耦合从不会发生耦合泄漏问题。但为了得到结构上准确的压力载荷，通常建议流体网格比结构网格更细。

由于 CESE 求解器和结构求解器均独立运行，时间步长均受各自的 CFL 条件数的限制。对于流固耦合问题，程序会采用其中的最小时间步长。

## 17.4 CESE 算例建模计算流程

CESE 算例通常的建模计算流程如下：

(1) 定义计算域流体网格。有两种定义方法：

- 方法 1：用户提供计算域流体网格。对于固定欧拉或边界浸入式流固耦合，这种方法最常用。
- 方法 2：由 LS-DYNA 自动生成计算域流体网格。用户首先通过 *MESH_

SURFACE_ELEMENT 定义面网格，然后通过 * MESH_VOLUME 引用这些流体面网格，形成封闭体，LS-DYNA 自动生成计算域流体网格，接着通过 * MESH_VOLUME_PART 引用 * MESH_VOLUME 定义的 VOLID，生成流体计算域网格 Part（VOLPRT）。对于动网格流固耦合，这种方法最常用。

（2）采用 * CESE_EOS 定义定义材料状态方程及其参数。对于黏性流动，还需通过 * CESE_MAT 定义材料模型及其参数。对于非黏流动，无需定义 * CESE_MAT。

（3）通过 * CESE_PART 引用定义的 MID 和 EOSID，生成流体 Part。

若采用方法 2 由程序自动生成计算域流体网格，* CESE_PART 定义的 PID 必须和前面定义的 VOLPRT 一致。

（4）采用 * CESE_INITIAL 初始化计算流场。

（5）定义边界条件，以施加压力、密度、温度、速度，或定义无反射边界、反射边界、循环对称、刚性墙边界。

- * CESE_BOUNDARY_PRESCRIBED：定义流体边界处压力、密度、温度、速度。
- * CESE_BOUNDARY_NON_REFLECTIVE：定义无反射边界。
- * CESE_BOUNDARY_REFLECTIVE：定义反射边界。
- * CESE_BOUNDARY_SLIDING：定义滑移边界。
- * CESE_BOUNDARY_SOLID_WALL：定义刚性墙边界。

（6）如果是流固耦合问题，则：

- * CESE_CONTROL_SOLVER：可设置流固耦合算法。
- * CESE_BOUNDARY_FSI：对于动网格流固耦合方法，需要设置参与耦合的流体面。
- * CESE_FSI_EXCLUDE：定义不参与流固耦合计算的结构 Part。

（7）设置计算控制参数，如计算维数、终止时间、时间步长和过程监控。

- * CESE_CONTROL_SOLVER：设置计算维数、流动性质（黏性流或非黏性流）等。
- * CESE_CONTROL_TIMESTEP：设置计算时间步长。
- * CESE_CONTROL_LIMITER：设置稳定性计算参数。
- * CONTROL_TERMINATION：设置计算终止时间。

（8）计算结果输出。

- * CESE_DATABASE_FSIDRAG：设置输出阻力。
- * DATABASE_BINARY_D3PLOT：设置输出 D3PLOT 文件。

## 17.5 CESE 主要关键字

### 17.5.1 * CESE_BOUNDARY_AXISYMMETRIC

可用选项有：

- MSURF
- MSURF_SET
- SET

- SEGMENT

该关键字为2D轴对称CESE求解器在对称轴上设置轴对称边界条件。当采用*ELEMENT_SOLID卡片定义CESE网格时使用SET或SEGMENT选项；当采用*MESH卡片定义网格时使用MSURF或MSURF_SET选项。

*CESE_BOUNDARY_AXISYMMETRIC关键字卡片参数详细说明见表17-1～表17-4。

**表17-1 关键字选项MSURF的卡片1a**

| Card 1a | 1 | 2 | 3 | 4 | 5 | 6 | 7 | 8 |
|---|---|---|---|---|---|---|---|---|
| Variable | MSURFID | | | | | | | |
| Type | I | | | | | | | |
| Default | none | | | | | | | |

**表17-2 关键字选项MSURF_SET的卡片1b**

| Card 1b | 1 | 2 | 3 | 4 | 5 | 6 | 7 | 8 |
|---|---|---|---|---|---|---|---|---|
| Variable | MSURF_S | | | | | | | |
| Type | I | | | | | | | |
| Default | none | | | | | | | |

**表17-3 关键字选项SET的卡片1c**

| Card 1c | 1 | 2 | 3 | 4 | 5 | 6 | 7 | 8 |
|---|---|---|---|---|---|---|---|---|
| Variable | SSID | | | | | | | |
| Type | I | | | | | | | |
| Default | none | | | | | | | |

**表17-4 关键字选项SEGMENT的卡片1d**

| Card 1d | 1 | 2 | 3 | 4 | 5 | 6 | 7 | 8 |
|---|---|---|---|---|---|---|---|---|
| Variable | N1 | N2 | N3 | N4 | | | | |
| Type | I | I | I | I | | | | |
| Default | none | none | none | none | | | | |

- MSURFID：*MESH_SURFACE_ELEMENT卡片引用的网格边界面Part ID。
- MSURF_S：由*LSO_ID_SET卡片定义的网格边界面PART组ID，这里，组中的每个网格边界面Part ID被*MESH_SURFACE_ELEMENT卡片所引用。
- SSID：面段组ID。
- N1，N2，…：通过几个节点ID定义面段。

以下关键字卡片格式与*CESE_BOUNDARY_AXISYMMETRIC相同：

- *CESE_BOUNDARY_NON_REFLECTIVE_OPTION定义无反射边界条件。
- *CESE_BOUNDARY_REFLECTIVE_OPTION定义反射边界条件。
- *CESE_BOUNDARY_SLIDING_OPTION定义滑移边界条件。
- *CESE_BOUNDARY_FSI_OPTION为动网格可压缩流求解器CESE定义FSI边界条件。

### 17.5.2 * CESE_BOUNDARY_NON_REFLECTIVE_OPTION

可用选项有：

- MSURF
- MSURF_SET
- SET
- SEGMENT

该关键字为 CESE 可压缩流定义被动边界条件，该无反射边界条件为被动开放边界提供人工计算边界。

OPTION = SET 和 OPTION = SEGMENT 用于用户输入的网格(即 * ELEMENT_SOLID 卡片定义的单元)，而 OPTION = MSURF 或 MSURF_SET 用于 LS-DYNA 程序中自动体网格生成器创建的网格(即 * MESH 卡片定义的单元)。

* CESE_BOUNDARY_NON_REFLECTIVE 关键字卡片参数详细说明见表 17-5～表 17-8。

**表 17-5 关键字选项 MSURF 的卡片 1a**

| Card 1a | 1 | 2 | 3 | 4 | 5 | 6 | 7 | 8 |
|---|---|---|---|---|---|---|---|---|
| Variable | MSURFID | | | | | | | |
| Type | I | | | | | | | |
| Default | none | | | | | | | |

**表 17-6 关键字选项 MSURF_SET 的卡片 1b**

| Card 1b | 1 | 2 | 3 | 4 | 5 | 6 | 7 | 8 |
|---|---|---|---|---|---|---|---|---|
| Variable | MSURF_S | | | | | | | |
| Type | I | | | | | | | |
| Default | none | | | | | | | |

**表 17-7 关键字选项 SET 的卡片 1c**

| Card 1c | 1 | 2 | 3 | 4 | 5 | 6 | 7 | 8 |
|---|---|---|---|---|---|---|---|---|
| Variable | SSID | | | | | | | |
| Type | I | | | | | | | |
| Default | none | | | | | | | |

**表 17-8 SEGMENT 卡片 1d**

| Card 1d | 1 | 2 | 3 | 4 | 5 | 6 | 7 | 8 |
|---|---|---|---|---|---|---|---|---|
| Variable | N1 | N2 | N3 | N4 | | | | |
| Type | I | I | I | I | | | | |
| Default | none | none | none | none | | | | |

- MSURFID：* MESH_SURFACE_ELEMENT 卡片引用的网格边界面 Part ID。
- MSURF_S：由 * LSO_ID_SET 卡片定义的网格边界面 PART 组 ID，这里，组中的

每个网格边界面 Part ID 被 * MESH_SURFACE_ELEMENT 卡片所引用。

- SSID：面段组 ID。
- N1,N2,…：由几个节点 ID 定义面段 SEGMENT。

**备注：**

1. 该边界条件通常施加在远离关注的扰动流的开放面上，进一步说，该边界面上的流动应基本为均匀流。

2. 如果流体边界没有被 * CESE_BOUNDARY_…卡片定义边界条件，则默认为无反射边界。

### 17.5.3 * CESE_BOUNDARY_PRESCRIBED_OPTION

可用选项有：

- MSURF
- MSURF_SET
- SET
- SEGMENT

该关键字为 CESE 求解器指定流体边界上的速度、密度、压力和温度值，数值施加在与边界相连的单元的质心上。OPTION = SET 和 OPTION = SEGMENT 用于 * ELEMENT_SOLID 卡片定义的网格，而 OPTION = MSURF 或 MSURF_SET 用于 * MESH 卡片定义的网格。

卡片 1 指定施加边界条件的实体，其格式由关键字选项决定。

卡片 2 读入载荷曲线 ID。

卡片 3 读入缩放系数。

* CESE_BOUNDARY_PRESCRIBED 关键字卡片参数详细说明见表 17-9～表 17-14。

**表 17-9 关键字选项 MSURF 的卡片 1a**

| Card 1a | 1 | 2 | 3 | 4 | 5 | 6 | 7 | 8 |
|---|---|---|---|---|---|---|---|---|
| Variable | MSURFID | IDCOMP | | | | | | |
| Type | I | I | | | | | | |
| Default | none | none | | | | | | |

**表 17-10 关键字选项 MSURF_SET 的卡片 1b**

| Card 1b | 1 | 2 | 3 | 4 | 5 | 6 | 7 | 8 |
|---|---|---|---|---|---|---|---|---|
| Variable | MSURF_S | IDCOMP | | | | | | |
| Type | I | I | | | | | | |
| Default | none | none | | | | | | |

**表 17-11 关键字选项 SET 的卡片 1c**

| Card 1c | 1 | 2 | 3 | 4 | 5 | 6 | 7 | 8 |
|---|---|---|---|---|---|---|---|---|
| Variable | SSID | IDCOMP | | | | | | |
| Type | I | I | | | | | | |
| Default | none | none | | | | | | |

表 17-12 关键字选项 SEGMENT 的卡片 1d

| Card 1d | 1 | 2 | 3 | 4 | 5 | 6 | 7 | 8 |
|---|---|---|---|---|---|---|---|---|
| Variable | N1 | N2 | N3 | N4 | IDCOMP | | | |
| Type | I | I | I | I | I | | | |
| Default | none | none | none | none | none | | | |

表 17-13 载荷曲线卡片 2

| Card 2 | 1 | 2 | 3 | 4 | 5 | 6 | 7 | 8 |
|---|---|---|---|---|---|---|---|---|
| Variable | LC_U | LC_V | LC_W | LC_RHO | LC_P | LC_T | | |
| Type | I | I | I | I | I | I | | |
| Default | 1,2,3 | 1,2,3 | 1,2,3 | 1,2,3 | 1,2,3 | 1,2,3 | | |

表 17-14 缩放系数卡片 3

| Card 3 | 1 | 2 | 3 | 4 | 5 | 6 | 7 | 8 |
|---|---|---|---|---|---|---|---|---|
| Variable | SF_U | SF_V | SF_W | SF_RHO | SF_P | SF_T | | |
| Type | F | F | F | F | F | F | | |
| Default | 1.0 | 1.0 | 1.0 | 1.0 | 1.0 | 1.0 | | |

- MSURFID：* MESH_SURFACE_ELEMENT 卡片引用的网格边界面 Part ID。
- MSURF_S：由 * LSO_ID_SET 卡片定义的网格边界面 PART 组 ID，这里，组中的每个网格边界面 Part ID 被 * MESH_SURFACE_ELEMENT 卡片所引用。
- SSID：面段组 ID。
- N1，N2，…：由几个节点 ID 定义面段 SEGMENT。
- IDCOMP：对于化学反应流问题中的流入边界，流入计算域的化学组分 ID 由 * CHEMISTRY_COMPOSITION 定义。
- LC_U：定义 X 方向速度分量随时间变化的曲线 ID，参见 * DEFINE_CURVE。
- LC_V：定义 Y 方向速度分量随时间变化的曲线 ID。
- LC_W：定义 Z 方向速度分量随时间变化的曲线 ID。
- LC_RHO：定义密度随时间变化的曲线 ID。
- LC_P：定义压力随时间变化的曲线 ID。
- LC_T：定义温度随时间变化的曲线 ID。
- SF_U：LC_U 的缩放系数(默认值为 1.0)。
- SF_V：LC_V 的缩放系数(默认值为 1.0)。
- SF_W：LC_W 的缩放系数(默认值为 1.0)。
- SF_RHO：LC_RHO 的缩放系数(默认值为 1.0)。
- SF_P：LC_P 的缩放系数(默认值为 1.0)。
- SF_T：LC_T 的缩放系数(默认值为 1.0)。

**备注：**

1. 在每个质点或一组质点上，变量 $vx$，$vy$，$vz$，$\rho$，$P$，$T$ 必须协调一致，不能相互冲突，这样模型才能适定(这样模型才能有解，且解是唯一的和物理的)。

2. 如果载荷曲线 ID 为 0,则对应变量取值为相应的缩放系数。例如,如果 LC_RHO = 0,那么此边界处的密度取常数 SF_RHO。

3. 如果载荷曲线 ID 为 -1,则对应变量的边界值由求解器计算得出,不由用户指定。

### 17.5.4 *CESE_CONTROL_LIMITER

*CESE_CONTROL_LIMITER 设置用于 CESE 格式的稳定性参数。关键字卡片参数详细说明见表 17-15。

**表 17-15 *CESE_CONTROL_LIMITER 关键字卡片**

| Card 1 | 1 | 2 | 3 | 4 | 5 | 6 | 7 | 8 |
|---|---|---|---|---|---|---|---|---|
| Variable | IDLMT | ALFA | BETA | EPSR | | | | |
| Type | I | F | F | F | | | | |
| Default | 0 | 0.0 | 0.0 | 0.0 | | | | |

- IDLMT:设置稳定性限制器选项:
- ➢ IDLMT = 0:限制器格式 1(再加权)。
- ➢ IDLMT = 1:限制器格式 2(松弛)。
- ALFA:再加权系数 $\alpha$,$\alpha \geqslant 0$,$\alpha$ 越大,稳定性越高,准确度越低。对于正反射冲击波,推荐 $\alpha = 2.0$ 或 $\alpha = 4.0$。
- BETA:数值黏性控制系数 $\beta$,$0 \leqslant \beta \leqslant 1$,$\beta$ 越大,稳定性越高,对于冲击波问题,建议 $\beta = 1.0$。
- EPSR:稳定性控制系数 $\varepsilon$,$\varepsilon \geqslant 0$,$\varepsilon$ 越大,稳定性越高,准确度越低。

### 17.5.5 *CESE_CONTROL_MESH_MOV

该关键字为 CESE 动网格算法设置参数,用于计算网格运动。关键字卡片参数详细说明见表 17-16。

**表 17-16 *CESE_CONTROL_MESH_MOV 关键字卡片**

| Card 1 | 1 | 2 | 3 | 4 | 5 | 6 | 7 | 8 |
|---|---|---|---|---|---|---|---|---|
| Variable | MMSH | LIM_ITER | RELTOL | | | | | |
| Type | I | I | F | | | | | |
| Default | 1 | 100 | 1.0e-3 | | | | | |

- MMSH:网格运动方法:
- ➢ MMSH = 1:网格运动采用隐式球-点弹簧方法。
- ➢ MMSH = 9:采用 IDW 格式移动网格。
- LIM_ITER:球-点线性系统中线性求解器最大迭代数。
- RELTOL:线性迭代求解器终止的相对容差。

### 17.5.6 *CESE_CONTROL_SOLVER

为 CESE 可压缩流求解器设置通用选项,如流固耦合算法、计算维数、流动性质(黏性流或非黏性流)等。关键字卡片参数详细说明见表 17-17。

表 17-17　*CESE_CONTROL_SOLVER 关键字卡片

| Card 1 | 1 | 2 | 3 | 4 | 5 | 6 | 7 | 8 |
|---|---|---|---|---|---|---|---|---|
| Variable | ICESE | IFLOW | IGEOM | IFRAME | MIXID | IDC | ISNAN | |
| Type | I | I | I | I | I | F | I | |
| Default | 0 | 0 | none | 0 | none | 0.25 | 0 | |

- ICESE：设置 CESE 基本算法体系框架：
- ➢ ICESE=0：固定欧拉。
- ➢ ICESE=100：动网格流固耦合,简称为 MMM 方法。
- ➢ ICESE=200：边界浸入式流固耦合,简称为 IBM 方法。
- IFLOW：设置不可压缩流类型：
- ➢ IFLOW=0：黏性流(层流)。
- ➢ IFLOW=1：无黏流。
- IGEOM：设置几何模型维数：
- ➢ IGEOM=2：二维问题。
- ➢ IGEOM=3：三维问题。
- ➢ IGEOM=101：二维轴对称问题。
- IFRAME：设置参考坐标系：
- ➢ IFRAME=0：通常的非运动参考坐标系(默认)。
- ➢ IFRAME=1000：非惯性旋转参考坐标系。
- MIXID：定义化学组分的化学模型 ID。
- IDC：接触作用探测系数(用于流固耦合和共轭传热问题)。
- ISNAN：每个时间步结束时检查 CESE 求解器求解矩阵中是否存在 NaN 数的标志。可用于调试,打开后会增加计算耗费。
- ➢ ISNAN=0：不打开。
- ➢ ISNAN=1：打开。

### 17.5.7　*CESE_CONTROL_TIMESTEP

为 CESE 可压缩流求解器设置时间步长控制参数。关键字卡片参数详细说明见表 17-18。

表 17-18　*CESE_CONTROL_TIMESTEP 关键字卡片

| Card 1 | 1 | 2 | 3 | 4 | 5 | 6 | 7 | 8 |
|---|---|---|---|---|---|---|---|---|
| Variable | IDDT | CFL | DTINT | | | | | |
| Type | I | F | F | | | | | |
| Default | 0 | 0.9 | 1.E-3 | | | | | |

- IDDT：时间步长设置选项：
- ➢ IDDT=0：采用固定时间步长 DTINT。

➢ IDDT=1：根据 CFL 数和上一时间步的流动解算结果计算时间步长。
- CFL：CFL 数(Courant-Friedrichs-Lewy 条件)，0.0<CFL≤1.0。
- DTINT：初始时间步长。

### 17.5.8 *CESE_DATABASE_ELOUT

定义输出 CESE 特定单元的数据。输出文件名为 cese_elout.dat，若定义输出多个单元组，则生成多个输出文件。关键字卡片参数详细说明见表 17-19～表 17-20。

表 17-19 *CESE_DATABASE_ELOUT 关键字卡片 1

| Card 1 | 1 | 2 | 3 | 4 | 5 | 6 | 7 | 8 |
|---|---|---|---|---|---|---|---|---|
| Variable | OUTLV | DTOUT | | | | | | |
| Type | I | F | | | | | | |
| Default | 0 | 0. | | | | | | |

- OUTLV：是否生成输出文件：
➢ OUTLV=0：不生成输出文件。
➢ OUTLV=1：生成输出文件。
- DTOUT：输出时间间隔，如果 DTOUT=0.0，就采用 CESE 时间步长作为输出时间间隔。

表 17-20 *CESE_DATABASE_ELOUT 关键字卡片 2

| Card 2 | 1 | 2 | 3 | 4 | 5 | 6 | 7 | 8 |
|---|---|---|---|---|---|---|---|---|
| Variable | ELSID | | | | | | | |
| Type | I | | | | | | | |
| Default | none | | | | | | | |

- ELSID：单元组 ID。

### 17.5.9 *CESE_DATABASE_FSIDRAG

在流固耦合问题中每个时间步输出作用在结构 Part 上的流体总压力。根据采用的结构单元类型，输出的数据文件名相应为 cese_dragsol.dat、cese_dragshell.dat、cese_dragsol2D.dat 和 cese_dragbeam.dat。关键字卡片参数详细说明见表 17-21。

表 17-21 *CESE_DATABASE_FSIDRAG 关键字卡片

| Card 1 | 1 | 2 | 3 | 4 | 5 | 6 | 7 | 8 |
|---|---|---|---|---|---|---|---|---|
| Variable | OUTLV | | | | | | | |
| Type | I | | | | | | | |
| Default | 0 | | | | | | | |

- OUTLV：是否生成输出文件：
➢ OUTLV=0：不生成输出文件。
➢ OUTLV=1：生成输出文件。

### 17.5.10　*CESE_DRAG

定义远场(自由流)流体压力。关键字卡片参数详细说明见表 17-22。

表 17-22　*CESE_DRAG 关键字卡片

| Card 1 | 1 | 2 | 3 | 4 | 5 | 6 | 7 | 8 |
|---|---|---|---|---|---|---|---|---|
| Variable | PRESS | | | | | | | |
| Type | F | | | | | | | |

- PRESS：自由流流体压力值。

### 17.5.11　*CESE_EOS_IDEAL_GAS

为 CESE 求解器定义理想气体状态方程系数 Cv 和 Cp。关键字卡片参数详细说明见表 17-23。

表 17-23　*CESE_EOS_IDEAL_GAS 关键字卡片 1

| Card 1 | 1 | 2 | 3 | 4 | 5 | 6 | 7 | 8 |
|---|---|---|---|---|---|---|---|---|
| Variable | EOSID | Cv | Cp | | | | | |
| Type | I | F | F | | | | | |
| Default | none | 717.5 | 1004.5 | | | | | |

- EOSID：状态方程 ID。
- Cv：定容比热。
- Cp：定压比热。

### 17.5.12　*CESE_FSI_EXCLUDE

定义不参与 CESE 流固耦合的结构 Part。关键字卡片参数详细说明见表 17-24。

表 17-24　*CESE_FSI_EXCLUDE 关键字卡片

| Card 1 | 1 | 2 | 3 | 4 | 5 | 6 | 7 | 8 |
|---|---|---|---|---|---|---|---|---|
| Variable | PID1 | PID2 | PID3 | PID4 | PID5 | PID6 | PID7 | PID8 |
| Type | I | I | I | I | I | I | I | I |
| Default | none | none | none | none | none | none | none | none |

- PID*n*：在 CESE 流固耦合计算中排除在外的 Part ID。

### 17.5.13　*CESE_INITIAL

在 CESE 计算域每个流体单元质心为流体变量设置初值。关键字卡片参数详细说明见表 17-25。

表 17-25　＊CESE_INITIAL 关键字卡片

| Card 1 | 1 | 2 | 3 | 4 | 5 | 6 | 7 | 8 |
|---|---|---|---|---|---|---|---|---|
| Variable | U | V | W | RHO | P | T | | |
| Type | F | F | F | F | F | F | | |
| Default | 0 | 0.0 | 0.0 | 1.225 | 0.0 | 0.0 | | |

- U、V、W：分别为 X、Y、Z 速度分量。
- RHO：密度，$\rho$。
- P：压力，$P$。
- T：温度，$T$。

**备注：**

1．＊CESE_INITIAL 关键字必须的输入值：通常只需输入 RHO、P 和 T 中的两个即可(速度除外)，如果全部给定这三个参数，则只采用 RHO 和 P。

2．＊CESE_INITIAL 关键字应用的单元：这些初值只施加在没有被＊CESE_INITIAL_OPTION 卡片赋值的单元上。

### 17.5.14　＊CESE_INITIAL_CHEMISTRY

初始化 CESE 全部单元流场和化学反应状态，若单元已被＊CESE_INITIAL_CHEMISTRY_…卡片初始化，则该卡片不会作用于这些单元。关键字卡片参数详细说明见表 17-26～表 17-27。

表 17-26　＊CESE_INITIAL_CHEMISTRY 关键字卡片 1

| Card 1 | 1 | 2 | 3 | 4 | 5 | 6 | 7 | 8 |
|---|---|---|---|---|---|---|---|---|
| Variable | CHEMID | COMPID | | | | | | |
| Type | I | I | | | | | | |
| Default | none | none | | | | | | |

表 17-27　＊CESE_INITIAL_CHEMISTRY 关键字卡片 2

| Card 2 | 1 | 2 | 3 | 4 | 5 | 6 | 7 | 8 |
|---|---|---|---|---|---|---|---|---|
| Variable | UIC | VIC | WIC | RHOIC | PIC | TIC | HIC | |
| Type | F | F | F | F | F | F | F | |
| Default | none | none | none | none | none | none | none | |

- CHEMID：化学反应控制卡片 ID。
- COMPID：化学组分 ID。
- UIC：流体速度 X 方向分量。
- VIC：流体速度 Y 方向分量。
- WIC：流体速度 Z 方向分量。
- RHOIC：流体初始密度。
- PIC：流体初始压力。
- TIC：流体初始温度。

- HIC：流体初始焓。但当 CHEMID 引用 ZND 一步反应卡片时，HIC 是累进变量（燃烧度）。

## 17.5.15 *CESE_INITIAL_OPTION

在一组或一个流体单元的质心为流体变量设置初值。关键字卡片参数详细说明见表 17-28。

表 17-28 *CESE_INITIAL_OPTION 关键字卡片

| Card 1 | 1 | 2 | 3 | 4 | 5 | 6 | 7 | 8 |
|---|---|---|---|---|---|---|---|---|
| Variable | EID/ESID | U | V | W | RHO | P | T | |
| Type | I | F | F | F | F | F | F | |
| Default | none | 0 | 0.0 | 0.0 | 1.225 | 0.0 | 0.0 | |

- EID/ESID：单元标识(Element ID，EID)或单元组标识(Element Set ID，ESID)。
- U、V、W：分别为 X、Y、Z 速度分量。
- RHO：密度，$\rho$。
- P：压力，$P$。
- T：温度，$T$。

**备注：**

1. 必须输入值：通常只需输入 RHO、P 和 T 中的两个即可（和速度一起），如果全部给定这三个参数，则只采用 RHO 和 P。

2. 初始条件设置优先权：该卡片的优先权高于 *CESE_INITIAL，这意味着单元一旦被该卡片赋值，*CESE_INITIAL 就不再给该单元赋值。

## 17.5.16 *CESE_MAT_000

为 CESE 求解器定义黏性流中的流体（气体）特性。关键字卡片参数详细说明见表 17-29。

表 17-29 *CESE_MAT_000 关键字卡片

| Card 1 | 1 | 2 | 3 | 4 | 5 | 6 | 7 | 8 |
|---|---|---|---|---|---|---|---|---|
| Variable | MID | MU | K | | | | | |
| Type | I | F | F | | | | | |
| Default | none | none | none | | | | | |

- MID：材料模型 ID。
- MU：材料动力黏度。对于 15℃下的空气，MU $=1.81\times10^{-5}$ kg/ms。对于无黏流，不需要该材料卡片。
- K：材料的热传导系数。

### 17.5.17 *CESE_MAT_001(_GAS)

为 CESE 求解器定义黏性流中的流体(气体)特性。关键字卡片参数详细说明见表 17-30。

表 17-30 *CESE_MAT_001(_GAS)关键字卡片

| Card 1 | 1 | 2 | 3 | 4 | 5 | 6 | 7 | 8 |
|---|---|---|---|---|---|---|---|---|
| Variable | MID | C1 | C2 | PRND | | | | |
| Type | I | F | F | F | | | | |
| Default | none | 1.458E-6 | 110.4 | 0.72 | | | | |

- MID:材料 ID。
- C1,C2:Sutherland 黏性公式的两个系数,用于计算黏性流中的黏度。

$$\mu = \frac{C_1 T^{\frac{3}{2}}}{T + C_2} \tag{17.1}$$

其中,$C_1$ 和 $C_1$ 是给定气体常数。例如,对于中等温度下的空气,$C_1 = 1.458 \times 10^{-6}$ kg/msK$^{\frac{1}{2}}$,$C_2 = 110.4$K。

对于无黏流,不需要该材料卡片。

- PRND:Prandtl 数,用于确定热固耦合分析中的热传导系数。对于大多数气体,PRND 近似是常数,例如标准条件下的空气,PRND = 0.72。

### 17.5.18 *CESE_PART

定义 CESE 流体 Part,引用定义的材料模型和状态方程。关键字卡片参数详细说明见表 17-31。

表 17-31 *CESE_PART 关键字卡片

| Card 1 | 1 | 2 | 3 | 4 | 5 | 6 | 7 | 8 |
|---|---|---|---|---|---|---|---|---|
| Variable | PID | MID | EOSID | | | | | |
| Type | I | I | I | | | | | |
| Default | none | none | none | | | | | |

- PID:Part ID。注意,该 PID 不能与 *PART 卡片定义的 PID 重名。
- MID:*CESE_MAT_…卡片定义的材料模型 ID。仅在黏性流中需要定义材料黏性,在无黏流动中可不定义 MID。
- EOSID:*CESE_EOS_…卡片定义的状态方程 ID。

### 17.5.19 *MESH_VOLUME_PART

将 *MESH_VOLUME 定义的流体计算域 Part ID 与相应求解器(如 CESE)Part ID 关联。关键字卡片参数详细说明见表 17-32。

表 17-32 * MESH_VOLUME_PART 关键字卡片

| Card 1 | 1 | 2 | 3 | 4 | 5 | 6 | 7 | 8 |
|---|---|---|---|---|---|---|---|---|
| Variable | VOLPRT | SOLPRT | SOLVER | | | | | |
| Type | I | I | A | | | | | |

- VOLPRT：* MESH_VOLUME 卡片定义的计算域 Part ID。
- SOLPRT：采用 SOLVER Part 卡片生成的 Part ID。
- SOLVER：* MESH 卡片生成的网格采用的求解器名称。

# 17.6 化学反应流子模块

在亚音速、超音速和高超音速燃烧领域，人们越来越重视对其中化学反应流的数值模拟，但是由于系统中不同部分的时间尺度相差很大，这给化学反应流的数值模拟带来了巨大的挑战，例如流体、输运及湍流的时间尺度谱要比化学反应的窄很多。

## 17.6.1 化学反应流子模块介绍

在 LS-DYNA 化学反应流子模块中，提供了两种反应模式：完全化学反应模型和简化化学反应模型。在完全化学反应模型中还引入了自适应网格移动技术。当用户要求解 $H_2$-$O_2$ 系统的化学反应流时，可以选用完全化学反应模型；而如果参与化学反应的元素太多，选用完全化学反应模型则会使计算非常耗时，此时可选用简化反应模型。

近年来人们提出了多种方法来简化模型以简化对化学反应的模拟，在化学反应流子模块中引进了两种代表性的方法，即 G-格式和计算奇异摄动(CSP)方法。两种方法的共同之处在于都是企图将化学反应中常微分方程的刚性系统中快速和慢速时间尺度分开，然后只对简化后的微分方程用显式格式如龙格-库塔方法进行数值计算。

化学反应流子模块可以选择的模型包括：

- 单步反应模型，即 ZND。
- 多步有限速率的完全化学反应模型。
- 计算奇异摄动简化反应模型。
- G-格式简化反应模型。

化学反应流子模块主要应用：

- 恒容与恒压环境下的化学反应问题。
- 气体燃烧，尤其是高超音速流的燃烧问题。
- 爆炸及爆轰波问题。
- 流固耦合并伴有气体燃烧的各种应用问题。

关于燃烧推进剂的组分构成以及燃烧时的火焰温度，用户可以用平衡态程序代码或化学计量燃烧反应式来得到。

## 17.6.2 主要关键字

### 17.6.2.1 *CHEMISTRY_COMPOSITION

采用随机偏微分方程进行喷射模拟时定义粒子和其他模型信息。关键字卡片参数详细说明见表17-33～表17-34。

表 17-33 *CHEMISTRY_COMPOSITION 关键字卡片

| Card 1 | 1 | 2 | 3 | 4 | 5 | 6 | 7 | 8 |
|---|---|---|---|---|---|---|---|---|
| Variable | ID | MODELID | | | | | | |
| Type | I | I | | | | | | |
| Default | none | none | | | | | | |

表 17-34 组分表卡片

| Card 2 | 1 | 2 | 3 | 4 | 5 | 6 | 7 | 8 |
|---|---|---|---|---|---|---|---|---|
| Variable | MOLFR | SPECIES | | | | | | |
| Type | F | A | | | | | | |
| Default | none | none | | | | | | |

- ID：全部化学组分中的唯一标识。
- MODELID：兼容 Chemkin 的化学反应模型标识。
- MOLFR：SPECIES 参数中组分的摩尔数。但如果与 *STOCHASTIC_TBX_PARTICLES 卡片一起使用，MOLFR 为摩尔浓度(摩尔/长度$^3$，这里，长度是用户的长度单位)。
- SPECIES：通过化学模型标识 MODELID 定义的兼容 Chemkin 的化学组分名称。

### 17.6.2.2 *CHEMISTRY_CONTROL_0D

单独(不调用 CESE 求解器)进行0维均质化学计算，用于等压或等容工况。关键字卡片参数详细说明见表17-35～表17-37。

表 17-35 *CHEMISTRY_CONTROL_0D 关键字卡片 1

| Card 1 | 1 | 2 | 3 | 4 | 5 | 6 | 7 | 8 |
|---|---|---|---|---|---|---|---|---|
| Variable | ID | COMPID | SOLTYP | PLOTDT | CSP_SEL | | | |
| Type | I | I | I | F | I | | | |
| Default | none | none | none | 1.0e-6 | 0 | | | |

表 17-36 *CHEMISTRY_CONTROL_0D 关键字卡片 2

| Card 2 | 1 | 2 | 3 | 4 | 5 | 6 | 7 | 8 |
|---|---|---|---|---|---|---|---|---|
| Variable | DT | TLIMIT | TIC | PIC | RIC | EIC | | |
| Type | F | F | F | F | F | F | | |
| Default | none | none | none | none | none | none | | |

表 17-37 CSP 参数卡片(CSP_SEL>0 时定义该卡片)

| Card 3 | 1 | 2 | 3 | 4 | 5 | 6 | 7 | 8 |
|---|---|---|---|---|---|---|---|---|
| Variable | AMPL | YCUT | | | | | | |
| Type | F | F | | | | | | |
| Default | none | none | | | | | | |

- ID：0D 计算 ID。
- COMPID：化学组分 ID。
- SOLTYP：0D 计算类型：
➢ SOLTYP＝1：等容。
➢ SOLTYP＝2：等压。
- PLOTDT：输出到屏幕和 isocom.csv 文件的计算时间间隔，LS-PrePost 可读入该文件，绘制曲线。
- CSP_SEL：CSP 求解器选项：
➢ CSP_SEL＝0：不使用计算奇异摄动(CSP)求解器，并忽略参数 AMPL 和 YCUT(默认)。
➢ CSP_SEL>0：使用计算奇异摄动求解器、以及参数 AMPL 和 YCUT。
- DT：初始时间步长。
- TLIMIT：计算时长。
- TIC：初始温度。
- PIC：初始压力。
- RIC：初始密度。
- EIC：初始内能。
- AMPL：Chemkin 输入文件中化学组分质量占比的相对准确度。
- YCUT：Chemkin 输入文件中化学组分质量占比的绝对准确度。

**17.6.2.3 *CHEMISTRY_CONTROL_1D**

导入以前完成的一维爆轰计算结果，用于初始化 CESE 计算，该卡片会覆盖 *CESE_INITIAL_CHEMISTRY_… 卡片的初始化工作。关键字卡片参数详细说明见表 17-38～表 17-40。

表 17-38 *CHEMISTRY_CONTROL_1D 关键字卡片

| Card 1 | 1 | 2 | 3 | 4 | 5 | 6 | 7 | 8 |
|---|---|---|---|---|---|---|---|---|
| Variable | ID | XYZD | DETDIR | CSP_SEL | | | | |
| Type | I | F | I | I | | | | |
| Default | none | none | none | 0 | | | | |

表 17-39 一维计算 LSDA 输入文件卡片

| Card 2 | 1 | 2 | 3 | 4 | 5 | 6 | 7 | 8 |
|---|---|---|---|---|---|---|---|---|
| Variable | FILE | | | | | | | |
| Type | A | | | | | | | |

表 17-40 CSP 参数卡片(CSP_SEL>0 时定义)

| Card 3 | 1 | 2 | 3 | 4 | 5 | 6 | 7 | 8 |
|---|---|---|---|---|---|---|---|---|
| Variable | AMPL | YCUT | | | | | | |
| Type | F | F | | | | | | |
| Default | none | none | | | | | | |

- ID：一维爆轰计算 ID。
- XYZD：沿着 DETDIR 方向的激波阵面位置。
- DETDIR：爆轰传播方向：
➢ DETDIR=1：X。
➢ DETDIR=2：Y。
➢ DETDIR=3：Z。
- CSP_SEL：CSP 求解器选项：
➢ CSP_SEL=0：不使用计算奇异摄动(CSP)求解器，并忽略参数 AMPL 和 YCUT(默认)。
➢ CSP_SEL>0：使用计算奇异摄动求解器、以及参数 AMPL 和 YCUT。
- FILE：包含一维计算结果的 LSDA 文件名称。
- AMPL：Chemkin 输入文件中化学组分质量占比的相对准确度。
- YCUT：Chemkin 输入文件中化学组分质量占比的绝对准确度。

### 17.6.2.4 *CHEMISTRY_CONTROL_CSP

对指定的 Chemkin 化学模型采用计算奇异摄动方法进行简化反应计算，该卡片可用于通用化学反应计算。关键字卡片参数详细说明见表 17-41～表 17-42。

表 17-41 *CHEMISTRY_CONTROL_CSP 关键字卡片

| Card 1 | 1 | 2 | 3 | 4 | 5 | 6 | 7 | 8 |
|---|---|---|---|---|---|---|---|---|
| Variable | ID | IERROPT | | | | | | |
| Type | I | I | | | | | | |
| Default | none | none | | | | | | |

表 17-42 CSP 参数卡片

| Card 2 | 1 | 2 | 3 | 4 | 5 | 6 | 7 | 8 |
|---|---|---|---|---|---|---|---|---|
| Variable | AMPL | YCUT | | | | | | |
| Type | F | F | | | | | | |
| Default | none | none | | | | | | |

- ID：计算奇异摄动求解器 ID。
- IERROPT：选择器：
➢ IERROPT=0：对于全部化学组分需要 AMPL 和 YCUT 的值。
➢ IERROPT=1：需要提供一个 CSP 参数卡片，且用于全部化学组分。
- AMPL：Chemkin 输入文件中化学组分质量占比的相对准确度。
- YCUT：Chemkin 输入文件中化学组分质量占比的绝对准确度。

#### 17.6.2.5 * CHEMISTRY_CONTROL_FULL

对指定的 Chemkin 化学反应模型进行完全化学反应计算，该卡片可用于通用化学反应计算。关键字卡片参数详细说明见表 17-43。

表 17-43 * CHEMISTRY_CONTROL_FULL 关键字卡片

| Card 1 | 1 | 2 | 3 | 4 | 5 | 6 | 7 | 8 |
|---|---|---|---|---|---|---|---|---|
| Variable | ID | ERRLIM | RHOMIN | TMIN | | | | |
| Type | I | F | F | F | | | | |
| Default | none | none | 0.0 | 0.0 | | | | |

- ID：完全化学反应计算 ID。
- ERRLIM：完全化学反应计算误差容限。
- RHOMIN：进行化学反应计算的最小流体密度。
- TMIN：进行化学反应计算的最低温度。

#### 17.6.2.6 * CHEMISTRY_CONTROL_TBX

指定与随机 TBX 粒子一起使用的化学反应求解器，仅用于模拟爆炸反应第二阶段炸药中大颗粒金属粒子的燃烧放热。该卡片通过参数 IDCHEM 指向 * CHEMISTRY_MODEL 卡片及其关联的 * CHEMISTRY_COMPOSITION 卡片，进行初始化设置，即模型中组分的空间分布。

假定在化学反应模型文件中没有化学反应率信息，这通过在 TBX 模拟时引入了特殊的化学反应机制来实现的。如果炸药中的金属粒子不是固体铝粉，则需要加入其他燃烧模型。

* CHEMISTRY_CONTROL_TBX 关键字卡片参数详细说明见表 17-44。

表 17-44 * CHEMISTRY_CONTROL_TBX 关键字卡片

| Card 1 | 1 | 2 | 3 | 4 | 5 | 6 | 7 | 8 |
|---|---|---|---|---|---|---|---|---|
| Variable | IDCHEM | USEPAR | | | | | | |
| Type | I | I | | | | | | |
| Default | none | 1 | | | | | | |

- IDCHEM：化学反应求解器 ID。
- USEPAR：指示该模型中是否使用 * STOCHASTIC_TBX_PARTICLES 卡片的耦合标志：

➢ USEPAR＝1：使用 * STOCHASTIC_TBX_PARTICLES 卡片(默认)。

➢ USEPAR＝0：不使用该卡片。

#### 17.6.2.7 * CHEMISTRY_CONTROL_ZND

计算 ZND 模型一维简化化学反应，随后用于 CESE 求解器中化学反应 Part 的初始化。若使用了该卡片，则 * CESE_INITIAL_CHEMISTRY…卡片必须在参数 HIC 中指定累进变量(燃烧度)。关键字卡片参数详细说明见表 17-45～表 17-46。

表 17-45 *CHEMISTRY_CONTROL_ZND 关键字卡片 1

| Card 1 | 1 | 2 | 3 | 4 | 5 | 6 | 7 | 8 |
|---|---|---|---|---|---|---|---|---|
| Variable | ID | | | | | | | |
| Type | I | | | | | | | |
| Default | none | | | | | | | |

表 17-46 *CHEMISTRY_CONTROL_ZND 关键字卡片 2

| Card 2 | 1 | 2 | 3 | 4 | 5 | 6 | 7 | 8 |
|---|---|---|---|---|---|---|---|---|
| Variable | F | EPLUS | Q0 | GAM | XYZD | DETDIR | | |
| Type | F | F | F | F | F | I | | |
| Default | none | none | none | none | none | none | | |

- ID：此次完全化学反应计算标识。
- F：超驱因子。
- EPLUS：ZND 模型中的参数 EPLUS。
- Q0：ZND 模型中的参数 Q0。
- GAM：ZND 模型中的参数 GAM。
- XYZD：沿着 DETDIR 方向的激波阵面位置。
- DETDIR：爆轰传播方向。

➢ DETDIR＝1：X。

➢ DETDIR＝2：Y。

➢ DETDIR＝3：Z。

#### 17.6.2.8 *CHEMISTRY_DET_INITIATION

首先基于化学组分和初始条件进行一维爆轰计算，随后 CESE 求解器立刻采用该计算结果进行流场初始化，或被 *CHEMISTRY_CONTROL_1D 卡片用于后续计算。该卡片会覆盖 *CESE_INITIAL_CHEMISTRY…卡片的初始化。关键字卡片参数详细说明见表 17-47～表 17-48。

表 17-47 *CHEMISTRY_DET_INITIATION 关键字卡片

| Card 1 | 1 | 2 | 3 | 4 | 5 | 6 | 7 | 8 |
|---|---|---|---|---|---|---|---|---|
| Variable | ID | COMPID | NMESH | DLEN | CFL | TLIMIT | XYZD | DETDIR |
| Type | I | I | I | F | F | F | F | I |
| Default | none | none | none | none | none | none | none | none |

表 17-48 LSDA 输出文件卡片

| Card 2 | 1 | 2 | 3 | 4 | 5 | 6 | 7 | 8 |
|---|---|---|---|---|---|---|---|---|
| Variable | FILE | | | | | | | |
| Type | A | | | | | | | |

- ID：此次一维爆轰计算 ID。
- COMPID：使用的化学组分 ID。

• NMESH：一维计算域中的等宽网格数量。
• DLEN：一维计算域长度。
• CFL：时间步长限制因子。
• TLIMIT：计算时长。
• XYZD：沿着 DETDIR 方向的激波阵面位置。
• DETDIR：爆轰传播方向。
➢ DETDIR＝1：X。
➢ DETDIR＝2：Y。
➢ DETDIR＝3：Z。

#### 17.6.2.9　*CHEMISTRY_MODEL

导入 Chemkin 化学反应模型文件。关键字卡片参数详细说明见表 17-49～表 17-52。

**表 17-49　*CHEMISTRY_MODEL 关键字卡片**

| Card 1 | 1 | 2 | 3 | 4 | 5 | 6 | 7 | 8 |
|---|---|---|---|---|---|---|---|---|
| Variable | MODELID | JACSEL | ERRLIM | | | | | |
| Type | I | I | F | | | | | |
| Default | none | 1 | 1.0e-3 | | | | | |

**表 17-50　Chemkin 输入文件卡片**

| Card 2 | 1 | 2 | 3 | 4 | 5 | 6 | 7 | 8 |
|---|---|---|---|---|---|---|---|---|
| Variable | FILE1 | | | | | | | |
| Type | A | | | | | | | |

**表 17-51　热动力学数据文件卡片**

| Card 3 | 1 | 2 | 3 | 4 | 5 | 6 | 7 | 8 |
|---|---|---|---|---|---|---|---|---|
| Variable | FILE2 | | | | | | | |
| Type | A | | | | | | | |

**表 17-52　传输特性数据文件卡片**

| Card 4 | 1 | 2 | 3 | 4 | 5 | 6 | 7 | 8 |
|---|---|---|---|---|---|---|---|---|
| Variable | FILE3 | | | | | | | |
| Type | A | | | | | | | |

• MODELID：基于 Chemkin 的化学反应模型 ID。
• JACSEL：选择在源项中使用的雅可比矩阵形式：
➢ JACSEL＝0：完全隐式(默认)。
➢ JACSEL＝1：简化隐式。
• ERRLIM：化学反应中单元平衡允许误差。
• FILE1：Chemkin 兼容格式数据库文件名称。
• FILE2：化学热力学数据库文件名称。
• FILE3：化学传输特性数据库文件名称。

# 17.7 随机颗粒流子模块

燃料喷射和高速流中的液体喷射流是现代汽油引擎、柴油引擎、高推力气体透平机械、超音速飞行器等领域中非常重要的一种现象。其中喷射流的雾化程度、渗流程度，以及液体燃料与自由空气流的混合程度等都会大大影响燃烧效率。因此，液体喷射流的研究在上述领域变得非常重要。

## 17.7.1 随机颗粒流子模块介绍

在CESE的随机颗粒流子模块中，引进了多种喷射模型来作为其流场的初始条件，例如单分散随机颗粒模型(mono-dispersed)、Rosin-Rammler随机颗粒模型、卡方(chi-squared)分布随机颗粒模型以及用户自定义随机颗粒模型等。这些模型可用于粉尘、气雾剂、化妆品等工业应用中。

在CESE的颗粒流子模块中，颗粒分裂模型有两种：即泰勒模拟分裂模型(Taylor analogy breakup，TAB)和Kelvin-Helmholtz/Rayleigh-Taylor(K-H/R-T)分裂模型。同时，用户还可以选择无蒸发或有蒸发喷射，而与之相连的化学反应子模块则可为其提供蒸发分子种类的相关信息。此外，还为喷射燃烧模拟提供了十种不同液体燃料性质的数据库供用户根据实际情况进行选择。

随机颗粒流子模块只能用于CESE求解器，且仅限于三维流动问题及单个CPU计算，可供选择的模型有：

- 两种不同的颗粒分裂模型。
- 一种有效的碰撞模型。
- 一种蒸发处理模型，并与化学反应模块结合。
- 十种具有不同热力学性质的液体燃料可供用户选择。

随机颗粒流子模块的主要应用有：

- 普通或加压环境下的水射流问题。
- 汽车工业中的染料喷射问题。
- 涂料行业中的喷漆问题。
- 各种颗粒混合及粉尘问题。

## 17.7.2 主要关键字

### 17.7.2.1 *STOCHASTIC_SPRAY_PARTICLES

采用随机偏微分方程进行喷射模拟时定义粒子和其他模型信息。关键字卡片参数详细说明见表17-53～表17-56。

表17-53 *STOCHASTIC_SPRAY_PARTICLES关键字卡片1

| Card 1 | 1 | 2 | 3 | 4 | 5 | 6 | 7 | 8 |
|---|---|---|---|---|---|---|---|---|
| Variable | INJDIST | IBRKUP | ICOLLDE | IEVAP | IPULSE | LIMPR | IDFUEL | |
| Type | I | I | I | I | I | I | I | |
| Default | 1 | none | none | 0 | none | none | 1 | |

表 17-54 *STOCHASTIC_SPRAY_PARTICLES 关键字卡片 2

| Card 1 | 1 | 2 | 3 | 4 | 5 | 6 | 7 | 8 |
|---|---|---|---|---|---|---|---|---|
| Variable | RHOP | TIP | PMASS | PRTRTE | STRINJ | DURINJ | | |
| Type | F | F | F | F | F | F | | |

表 17-55 喷嘴关键字卡片 1

| Card 3 | 1 | 2 | 3 | 4 | 5 | 6 | 7 | 8 |
|---|---|---|---|---|---|---|---|---|
| Variable | XORIG | YORIG | ZORIG | SMR | VELINJ | DRNOZ | DTHNOZ | |
| Type | F | F | F | F | F | F | F | |

表 17-56 喷嘴关键字卡片 2

| Card 4 | 1 | 2 | 3 | 4 | 5 | 6 | 7 | 8 |
|---|---|---|---|---|---|---|---|---|
| Variable | TILTXY | TILTXZ | CONE | DCONE | ANOZ | AMP0 | | |
| Type | F | F | F | F | F | F | | |

- INJDIST：喷射粒子尺寸分布：
  - ➢ INJDIST=1：标准。
  - ➢ INJDIST=2：Rosin-Rammler(默认)。
  - ➢ INJDIST=3：卡方 2 自由度分布。
  - ➢ INJDIST=4：卡方 6 自由度分布。
- IBRKUP：粒子破碎模型类型：
  - ➢ IBRKUP=0：无破碎。
  - ➢ IBRKUP=1：TAB。
  - ➢ IBRKUP=2：K-H/R-T。
- ICOLLDE：打开/关闭碰撞模型。
- IEVAP：蒸发标志：
  - ➢ IEVAP=0：无蒸发。
  - ➢ IEVAP=1：有蒸发。
- IPULSE：喷射类型：
  - ➢ IPULSE=0：连续喷射。
  - ➢ IPULSE=1：正弦波。
  - ➢ IPULSE=2：方波。
- LIMPR：喷射模拟中父粒子数量上限，该选项不能用于连续喷射工况(IPULSE=0)。
- IDFUEL：选用的喷射液体燃料：
  - ➢ IDFUEL=1：默认，$H_2O$。
  - ➢ IDFUEL=2：苯，$C_6H_6$。
  - ➢ IDFUEL=3：2#柴油，$C_{12}H_{26}$。
  - ➢ IDFUEL=4：2#柴油，$C_{13}H_{13}$。
  - ➢ IDFUEL=5：乙醇，$C_2H_5OH$。

- ➢ IDFUEL＝6：汽油，$C_8H_{18}$。
- ➢ IDFUEL＝7：航空煤油，$C_{12}H_{23}$。
- ➢ IDFUEL＝8：煤油，$C_{12}H_{23}$。
- ➢ IDFUEL＝9：甲醇，$CH_3OH$。
- ➢ IDFUEL＝10：正十二烷，$C_{12}H_{26}$。
- RHOP：粒子密度。
- TIP：粒子初始温度。
- PMASS：粒子总质量。
- PRTRTE：连续喷射中每秒钟喷射的粒子数量。
- STRINJ：喷射开始时间(s)。
- DURINJ：喷射持续时间(s)。
- XORIG：喷嘴出口平面中心 X 坐标。
- YORIG：喷嘴出口平面中心 Y 坐标。
- ZORIG：喷嘴出口平面中心 Z 坐标。
- SMR：Sauter 平均半径。
- VELINJ：喷射速度。
- DRNOZ：喷嘴半径。
- DTHNOZ：喷嘴 j＝1 平面方位角(以逆时针方向测量角度)。
- TILTXY：喷射器 X-Y 平面旋转角度(单位：°)。这里 0.0 指向 3 点钟方向(j＝1 线)，从此处以逆时针方向测量角度。
- TILTXZ：喷射器 X-Z 平面倾斜角度(单位：°)。这里 0.0 指向下方，$x>0.0$ 指向正 X 方向，$x<0.0$ 指向负 X 方向。
- CONE：空心椎体喷雾平均圆锥角度(单位：°)或实心椎体喷雾圆锥角度(单位：°)。
- DCONE：喷射液体射流厚度(单位：°)。
- ANOZ：喷射器面积。
- AMP0：喷射器液滴振荡初始幅值。

#### 17.7.2.2 *STOCHASTIC_TBX_PARTICLES

采用随机偏微分方程模拟温压炸药内嵌粒子时定义粒子和其他模型信息。注意：*CHEMISTRY_COMPOSITION 卡片中参量的单位为组份的摩尔浓度(摩尔/长度$^3$，这里，长度是用户的长度单位)。关键字卡片参数详细说明见表 17-57～表 17-59。

**表 17-57 *STOCHASTIC_TBX_PARTICLES 关键字卡片 1**

| Card 1 | 1 | 2 | 3 | 4 | 5 | 6 | 7 | 8 |
|---|---|---|---|---|---|---|---|---|
| Variable | PCOMB | NPRTCL | MXCNT | PMASS | SMR | RHOP | TICP | T_IGNIT |
| Type | I | I | I | F | F | F | F | F |
| Default | 0 | none | none | none | none | none | none | none |

表 17-58 *STOCHASTIC_TBX_PARTICLES 关键字卡片 2

| Card 2 | 1 | 2 | 3 | 4 | 5 | 6 | 7 | 8 |
|---|---|---|---|---|---|---|---|---|
| Variable | INITDST | AZIMTH | ALTITD | CPS/CVS | HVAP | EMISS | BOLTZ | |
| Type | I | F | F | F | F | F | F | |
| Default | 1 | none | none | none | none | none | none | |

表 17-59 *STOCHASTIC_TBX_PARTICLES 关键字卡片 3

| Card 3 | 1 | 2 | 3 | 4 | 5 | 6 | 7 | 8 |
|---|---|---|---|---|---|---|---|---|
| Variable | XORIG | YORIG | ZORIG | XVEL | YVEL | ZVEL | FRADIUS | |
| Type | F | F | F | F | F | F | F | |
| Default | none | none | none | 0.0 | 0.0 | 0.0 | none | |

• PCOMB：粒子燃烧模型：

➢ PCOMB=0：无燃烧。

➢ PCOMB=1：K 模型。

• NPRTCL：初始父粒子总数(用于计算的离散粒子)。

• MXCNT：模拟中父粒子数量上限。

• PMASS：粒子总质量。

• SMR：排序平均粒子半径。

• RHOP：粒子密度。

• TICP：初始粒子温度。

• T_IGNIT：粒子点火温度。

• INITDST：初始粒子分布：

➢ INITDST=1：空间均匀分布。

➢ INITDST=2：Rosin-Rammler。

➢ INITDST=3：卡方。

• AZIMTH：温压炸药参考坐标系中 X-Y 平面内与 X 轴的夹角(0°<AZMITH<360°)。

• ALTITD：温压炸药参考坐标系中与 Z 轴的夹角(0°<ALTITD<180°)。

• CPS/CVS：比热。

• HVAP：蒸发潜热。

• EMISS：粒子发射率。用于热辐射计算。

• BOLTZ：玻尔兹曼(Boltzmann)系数。

• XORIG：温压炸药初始参考坐标系原点 X 坐标。

• YORIG：温压炸药初始参考坐标系原点 Y 坐标。

• ZORIG：温压炸药初始参考坐标系原点 Z 坐标。

• XVEL：温压炸药粒子初始速度 X 分量。

• YVEL：温压炸药粒子初始速度 Y 分量。

• ZVEL：温压炸药粒子初始速度 Z 分量。

• FRADIUS：炸药半径。

## 17.8 DUALCESE 算法

DUALCESE(dual-mesh CESE,又可简称 dCESE、双网格 CESE、交替网格 CESE)采用双网格交替地在流体单元中心和流体单元节点上求解流体状态变量,而传统的 CESE 求解器的流体变量都在流体单元的中心点上,这种新的 CESE 求解器重新对传统 CESE 求解器进行了编码,与传统 CESE 求解器相比,在采用相同网格的前提下计算结果更加精确,在网格质量不高,尤其是采用三角形和四面体单元的时候,能够提高计算稳定性。图 17-4 是二维斜激波反射问题的两种求解器计算结果,由图可见,DUALCESE 计算结果比 CESE 更为准确。

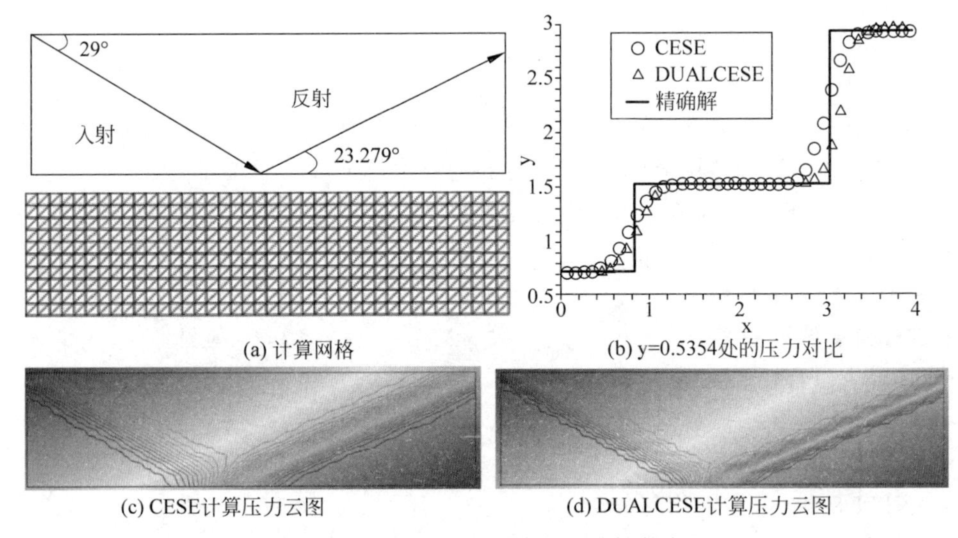


图 17-4 CESE 和 DUALCESE 求解二维斜激波反射问题

今后 ANSYS LST 只对传统 * CESE 求解器进行维护,不再继续开发,而是将其功能逐渐移植到 DUALCESE 中。目前在 DUALCESE 求解器中已实现了 * CESE 求解器的部分功能,包括二维和三维求解器、IBM 流固耦合、MMM 流固耦合,但尚未引入与 * STOCHASTIC_PARTICLE 子模块、* CHEMISTRY 子模块和空化流子模块的耦合功能。目前正在开发的功能有混合多相流以及 IBM 流固耦合时允许材料失效。

DUALCESE 求解器初步实现了 L. Michael 近年来提出的混合型多相流模型,在这个模型中可以应用三种不同的材料:惰性材料、混合爆炸物材料(反应物和产物),主要用于处理高速爆轰特别是液态硝基甲烷的冲击转爆轰问题。DUALCESE 包含两大类算法:多相流算法和增广欧拉算法,可以使用 Mie Gruneisen 类型状态方程(如 JWL EOS、Cochran-Chan EOS、通用 Van der Vaals EOS)和反应率方程(如点火增长模型、简化点火增长模型和压力相关反应率模型)。DUALCESE 求解器可用于分析凝聚态炸药的燃烧转爆轰、密封装药中爆轰波的传播、通过微气泡闭合模拟工业炸药的感度、液体炸药中的冲击空穴闭合,计算实例见图 17-5。

DUALCESE 求解器采用分区求解策略,即允许不同的网格区域采用不同的

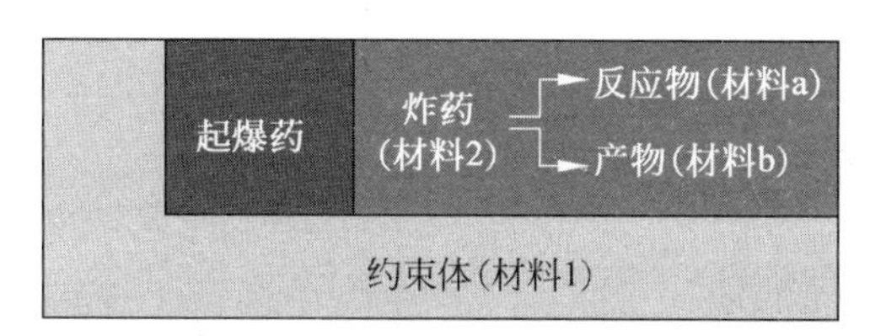


(a) 计算模型

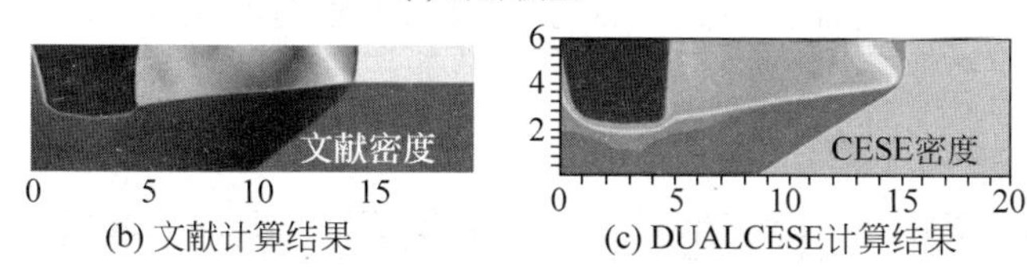


(b) 文献计算结果　　(c) DUALCESE计算结果

图 17-5　DUALCESE 求解炸药爆轰问题

DUALCESE 算法，以提高计算效率。当采用 MMM 算法进行流固耦合计算时，DUALCESE FSI-MMM 算法可以仅用于流固界面附近很小的区域内，大大减少网格运动计算的耗费。

DUALCESE 求解器的输入卡片设置与 LS-DYNA 其他求解器不同。在同一问题中可以有多个 * DUALCESE 模型，每个模型都只能使用一个 * DUALCESE_MODEL 卡片指定包含的关键字文件。该关键字文件可以使用 * DUALCESE_INCLUDE_MODEL 卡片嵌套任意数量的其他关键字文件。但不能使用 * INCLUDE 卡片。在 * DUALCESE_MODEL 卡片包含的文件中，只能使用 * DUALCESE 卡片（* KEYWORD 和 * END 除外），否则将出错。也就是说，任何必需的非 * DUALCESE 关键字卡片都应在其他非 DOALCESE 文件中定义。

DUALCESE 求解器可以使用 REFPROP 和 COOLPROP 状态方程库。由于 REFPROP 和 COOLPROP 状态方程库的使用很复杂，可以通过共享库访问，该共享库必须在运行时通过 * MODULE_LOAD 卡加载到 LS-DYNA 中，例如：

```
*MODULE_LOAD
UserA DUALCESE REFPROP
<REFPROP 共享库安装路径>
```

请注意，如前所述，由于 * MODULE_LOAD 是非 * DUALCESE 关键字，不得在 * DUALCESE_MODEL 卡片的文件层次结构中的关键字文件内使用。

还要注意，ANSYS 不提供 REFPROP 和 COOLPROP 库。为了使用 * DUALCESE_EOS_REFPROP，用户需要从 NIST(www.nist.gov)购买 REFPROP 9.1，然后要求用户从 NIST 提供的 fortran 源文件中构建 REFPROP 共享库。

对于 COOLPROP 共享库，用户可以在此处找到当前的生产版本：

https://sourceforge.net/projects/coolprop/files/CoolProp/6.3.0/shared_library/Linux/64bit/

由于 * DUALCESE 功能尚未在 Windows 版本的 LS-DYNA 中起作用实现，因此请勿尝试使用购买 REFPROP 9.1 附带的 REFPROP 共享库的 Windows DLL 版本，或下载 COOLPROP 的 Windows DLL 版本。

# 17.9 气炮发射弹丸计算算例

## 17.9.1 计算模型概况

高压储气罐向气炮充气推动弹丸。计算采用二维轴对称模型，如图 17-6 所示，单位制采用 g-cm-μs。

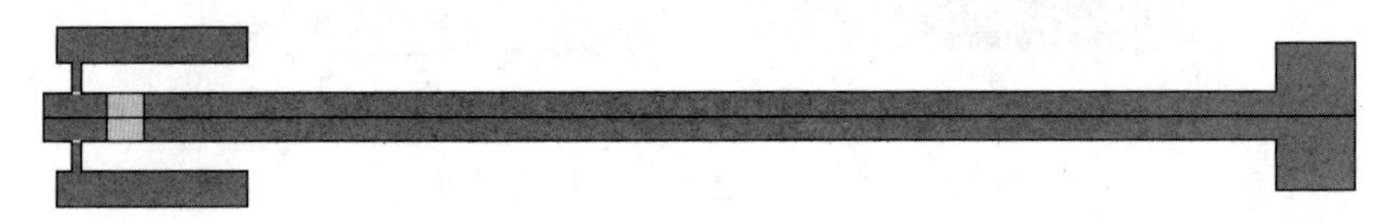

图 17-6 气炮发射弹丸计算模型

## 17.9.2 关键字文件讲解

```
$首行*KEYWORD表示输入文件采用的是关键字输入格式。
*KEYWORD
$设置分析作业标题。
Example provided by Iñaki (ANSYS LST),Copyright, 2015 DYNAmore GmbH
$定义参数。参数前的R表示该参数为实数。
*PARAMETER
R     T_end      8000
R   dt_plot       200
R dt_fluid     0.0001
Rcfl_fluid        0.5
R T_1             293
R P_1            1e-6
R T_2             353
R P_2          3.0e-4
R cv         717.5e-8
R cp        1004.5e-8
R W               130
$为弹丸设置二维轴对称单元算法。
*SECTION_SHELL
         2        14  1.000000         2         1         0         0         1
     0.000     0.000     0.000     0.000     0.000     0.000     0.000         0
$为弹丸定义材料模型及参数。
*MAT_003
3,2.75,0.7,0.3,0.004,0.01

$定义弹丸Part。
*PART

        12         2         3         0         0         0         0         0
$定义计算结束条件。
*CONTROL_TERMINATION
    &T_end
```

```
$ 为 CESE 求解器设置控制选项。
*CESE_CONTROL_SOLVER
$    iframe    iflow    igeom
       200         1      101
$ 为 CESE 求解器设置时间步控制参数。
*CESE_CONTROL_TIMESTEP
$      iddt       cfl     dtint
          2&cfl_fluid &dt_fluid
$ 设置稳定性参数。
*CESE_CONTROL_LIMITER
$      idlmt      alfa      beta      epsr
          0       1.2       1.0       1.2
$ 定义 CESE Part。
*CESE_PART
$       pid        mid     eosid
          1                    3
$ 定义理想气体状态方程及其参数。
*CESE_EOS_IDEAL_GAS
$     eosid         cv         cp
          3        &cv        &cp
$ 为整个 CESE 模型设置密度和压力初始条件。
*CESE_INITIAL
$ #        u          v          w       rho          p          t
                                                   &P_1       &T_1
$ 为储气罐单元组设置密度和压力初始条件。
*CESE_INITIAL_SET
$     setID      Duic        vic        wic     rhoic       pic        tic
        111                                                 &P_2       &T_2
$ 设置无反射边界。
*CESE_BOUNDARY_NON_REFLECTIVE_SET
$      ssid
          5
$ 设置反射边界。
*CESE_BOUNDARY_REFLECTIVE_SET
          1
          2
          3
          4
          6
$ 设置轴对称边界。
*CESE_BOUNDARY_AXISYMMETRIC_SET
          7
$ 设置二进制文件 D3PLOT 的输出。
*DATABASE_BINARY_D3PLOT
&dt_plot
$ 输出作用在弹丸 Part 上的流体总压力。
*CESE_DATABASE_FSIDRAG
1
$ 输出测点的计算结果。
*CESE_DATABASE_POINTOUT
1,,0
```

```
1,0,50,0
2,0,100,0
3,0,172,0
$包含流体网格节点文件。
*INCLUDE
mesh_fluid.k
$包含结构网格节点文件。
*INCLUDE
mesh_struc.k
*END
```

### 17.9.3 数值计算结果

弹丸在气炮膛内运动过程、所受推力、速度如图17-7～图17-9所示。

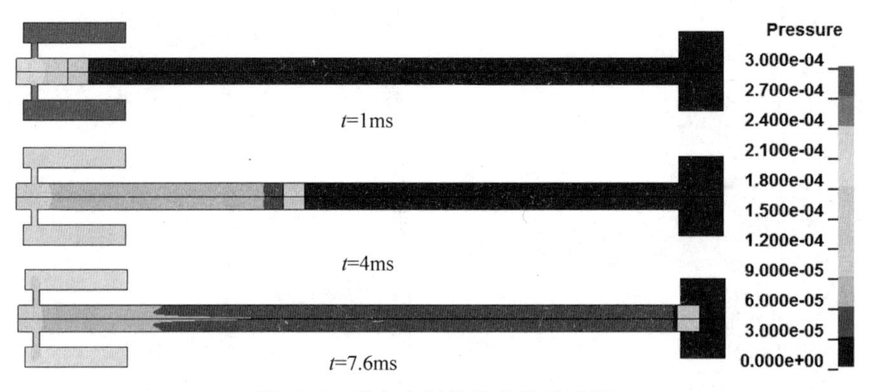


图17-7 弹丸在气炮膛内运动过程

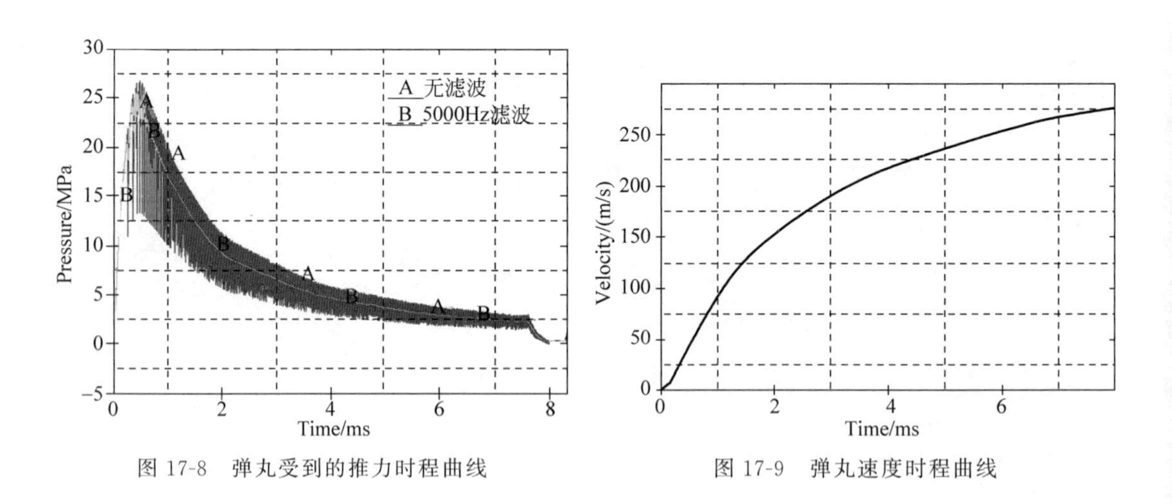


图17-8 弹丸受到的推力时程曲线

图17-9 弹丸速度时程曲线

## 17.10 参考文献

[1] LS-DYNA KEYWORD USER'S MANUAL [Z]. ANSYS LST, 2020.

[2] 张增产. LS-DYNA980中的新功能模块介绍(1)——CESE可压缩流体计算模块[J]. 有限元资讯,

2012，3：5-9.

[3] Kyoung Su Im. LS-DYNA980 中的新功能模块介绍(5)——随机颗粒流及化学反应流应用模块 [J]. 有限元资讯，2013，3：9-12.

[4] Kyoung Su Im，张增产，Grant O. Cook. LS-DYNA980 中新增加的汽车安全气囊发生器(inflator)计算模块介绍 [J]. 有限元资讯，2017，4：13-16.

[5] Zengchan Zhang，Kyoung Su Im，Grant O. Cook. LS-DYNA 中新增可压缩流体及流固耦合计算模块(CESE 模块)的功能特点和应用 [J]. 有限元资讯，2013，4：17-24.

[6] 辛春亮，等. TrueGrid 和 LS-DYNA 动力学数值计算详解[M]. 北京：机械工业出版社，2019.

[7] 辛春亮，等. 由浅入深精通 LS-DYNA [M]. 北京：中国水利水电出版社，2019.

# 第18章

# ICFD算法

不可压缩流求解器ICFD自LS-DYNA R7开始发布，它集合了当今最先进的数值计算技术，可以稳定、高效和准确地对流场进行数值模拟，主要用来模拟汽车、航空航天、船舶等行业涉及的不可压缩流体动力学问题。ICFD采用有限元法求解不可压缩流体力学方程组，可以很容易地处理自由界面流问题，可以采用守恒的欧拉水平集界面追踪技术求解两相流，还提供了一些基本的湍流模型。ICFD求解器具有良好的可扩展性，还可与固体结构、传热及离散元法等求解器进行耦合计算，因而是多物理场耦合计算的理想选择。ICFD可以根据具体问题的流固耦合强弱程度来选择不同的耦合策略，如当流固耦合较弱时可采用显式算法，当流固耦合较强时可采用隐式算法。

LS-DYNA中的ICFD主要应用：

- 地面车辆的气动分析计算(应用算例见图18-1(a))。
- 冷却系统中的流场分析。
- 复合材料生成中的树脂传递。
- 模塑。
- 透平机械内的流场模拟计算。
- 生物医学领域中的流固耦合计算，如图18-1(b)假人戴口罩呼吸模拟，可用于近距离新冠病毒的传播分析。

(a) 地面车辆的气动分析计算

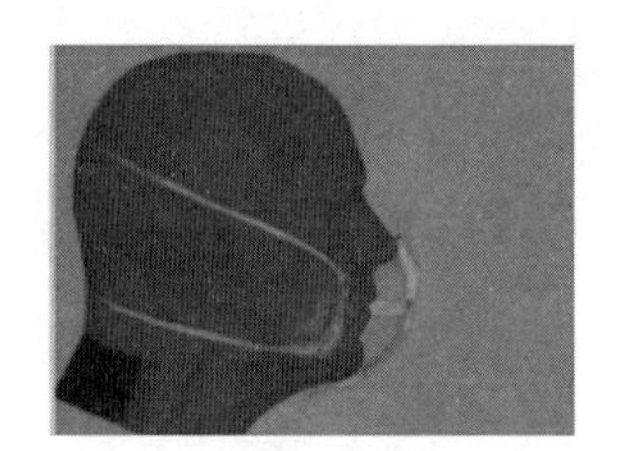

(b) 假人戴口罩呼吸模拟

图18-1　ICFD求解器的不同应用算例

LS-DYNA 中的 ICFD 主要特点：

- ICFD 是基于有限元法。
- 采用动态内存分配方式。
- 支持 2D 和 3D 计算。
- 支持 SMP 和 MPP。
- 不需要划分流体网格，只需要指定边界，自动划分边界层。
- 软件内含有大量的湍流模型（LES、k-e、k-w、realizable k-e、Spalart-Allmaras 和 WALE 等）。
- 可以自动生成计算网格，以及根据流场变化自动调整网格甚至进行网格重构。
- 流固耦合时网格可自动重分。
- 支持双相流、自由界面流和非牛顿流。
- 非惯性参考系中的流场分析。
- 可与 LS-DYNA 其他模块（热、结构、离散元、电磁等）进行耦合求解。
- 引进了多孔介质模型。

ICFD 不可压缩流求解器基于以下三个假设：

- 流场中流体密度不变。
- 低马赫数（Ma<0.3），物体在空气中的速度必须低于 370km/h。
- 流场中温度不会随着流体速度的变化而改变。

## 18.1　ICFD 网格自动生成

ICFD 求解器可采用已生成的 2D 三角形或 3D 四面体网格作为计算域网格。此外，ICFD 求解器还具有计算域网格自动生成功能，用户只需提供计算域的边界面网格，对于 2D 模型只需输入梁网格，对于三维模型只需输入面网格，然后该模块自动生成三维体网格，这极大简化了前处理过程。为此，必须提供高质量的贴体表面网格。前处理器可采用 LS-PrePost、TrueGrid 或 ANSA，网格生成后需要将 *NODE 修改为 *MESH_SURFACE_NODE，将 *ELEMENT_SHELL 修改为 *MESH_SURFACE_ELEMENT。

共有两种网格自动生成方法：

第一种方法，用户在输入模板中提供边界面上的全部网格信息，这些网格信息将被直接用来构建初始的计算域网格。在这个过程中，采用线性插值方法在给定的边界网格之间进行插值来得到计算域网格单元，并采用传统的边界面网格构成技术来使整个流场区域封闭起来。

第二种方法，除了给出边界面上的网格信息外，还可以定义特定区域（如某个方盒、球或圆柱体等）中的局部网格单元的尺寸，在该区域生成计算域网格时作为参考值。这个特定区域无须定义得很完全，但是如果你定义的边界面与该区域相交，或你定义的区域就是整个计算域，则你定义的网格单元尺寸最好与你给定的边界面网格尺寸相匹配，以便保证较好的网格质量。

另外，用户可以预先给定一个网格尺寸的最大界限值，该模块会利用后验误差估计方法来计算新网格与用户给定值之间的差别，一旦两者误差超出某个最大百分比误差值，该模块就会自动进行网格重构。这种自适应网格重构技术与边界层网格要求完全吻合，例如，可以指定将数个不均匀网格加入到边界层中以便更好地计算出近壁边界效应。

对于流固耦合问题，每次网格的移动采用的是任意拉格朗日-欧拉方法(ALE)，而在实际模拟计算中，LS-DYNA 程序一旦发现有大的位移发生，会自动进行网格重构以便确保网格质量。并且，在不可压缩流自身的计算过程中，其网格也可以随着流场的变化来自动进行调整。另外还可以生成边界层网格，这种各向异性网格自动生成技术在需要计算流体近壁剪切力时变得尤为重要。

## 18.2 水平集方法

ICFD 求解器采用水平集(levelset)方法快速可靠地跟踪和显示界面的位置，如图 18-2 所示。在定义流体和真空或两种不同流体之间的界面时，传统的方法是在界面上布置若干个点并让它们随着流体的速度在网格间运动。这种拉格朗日型的界面追踪方法在网格结构不变而且网格变形不大的情形下是可行的。但即使是低速流动也可能引起界面网格的大变形，这时除非频繁地进行网格重构，否则计算精度便会急速下降。而如果频繁地进行网格重构又会大大增加计算时间和成本，而且也会降低并行计算的加速性能。为了避免这些问题的出现，ICFD 模块应用一种隐式距离即水平集函数来定义其界面(即 $\phi$ 为到界面的距离函数，$\phi=0$ 表示界面位置，$\phi$ 在界面两边分别用正负值来表示，$\phi>0$ 表示流体域，$\phi<0$ 表示真空，其数值大小则表示离开界面的距离远近)。界面的演变过程则通过求解一个简单的对流方程来实现，这是一种欧拉型的界面演变和描述方法，界面位置是由一个隐函数 $\phi$ 来跟踪表示的，而不是像传统方法那样用边界点的位移来进行追踪的。水平集方法不用频繁重构网格，并行性能非常好。

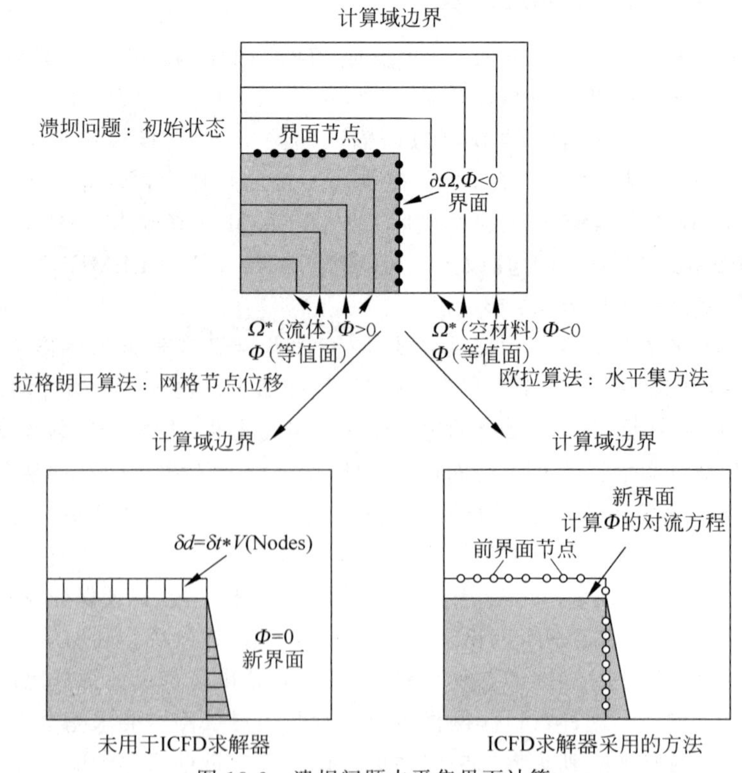


图 18-2 溃坝问题水平集界面计算

## 18.3　流固耦合

ICFD通过关键字＊ICFD_CONTROL_FSI和＊ICFD_BOUNDARY_FSI与结构求解器耦合。对于流固耦合模拟，求解器使用ALE方法进行网格运动，如果位移过大，求解器可以自动更新网格以保持可接受的网格质量。耦合分强耦合（隐式结构求解器的默认耦合方式）和弱耦合（显式结构求解器的默认耦合方式）两种。

在强耦合中载荷和位移通过FSI接口传递，流体和结构求解器时间步长相等，每一时间步内流体和结构求解器都是反复迭代多次，直至边界处所有变量的残差小于指定值。强耦合精确、稳健，但计算耗费大，适用于附带质量较为显著的计算问题，在此类工况中结构要做很多功才能推动流体，根据经验，$\rho_s/\rho_f \approx 1$，典型应用如下：

- 血液动力学。血液和组织密度大致相同。
- 柔性薄膜。
- 稳态分析。

在弱耦合中结构求解器将位移传递给流体求解器，流体和结构求解器时间步长可不相等，每一时间步内不检查收敛性，每一时间步内流体和结构求解器仅被调用一次。弱耦合求解速度快，但准确度和稳健性要低，适用于结构易于推动周围流体的计算问题，根据经验，$\rho_s/\rho_f \gg 1$，典型应用如下：

- 气动弹性分析。
- 刚度很大的固体。
- 非线性程度较低的较重固体。

对于刚体，还有一种单向耦合方式，需要通过关键字＊ICFD_CONTROL_FSI来激活。在这种方式中，流体求解器将力传递给结构求解器，流体中计算出的力不会改变刚体的状态，类似于流固耦合边界处存在速度边界条件。这种耦合方式的求解速度与弱耦合一样快。

所有流固耦合界面都是拉格朗日，流体网格随结构网格的变形而变化，这便于在流固耦合界面处施加精确边界条件，但会导致流体网格严重畸变。要改进网格质量，流体求解器需对流体域进行网格重分。默认情况下，程序检测到反转单元就会重分网格，对大多数问题这种做法很有效，但在某些情况下在单元反转前单元已经严重畸变，以至于使计算恶化。采用关键字＊ICFD_CONTROL_ADAPT_SIZE，求解器可检查全部单元是否满足最低质量约束，若不满足就重分网格，该关键字可更加频繁地进行网格重分。

流固耦合界面处不必匹配网格，节点不必一一对应，但流体和固体必须紧密贴合以自动跟踪界面。

对于流固耦合计算模型，用户可分别建立流体部分和结构部分模型，分别单独调试，调试成功后再组合在一起，进行流固耦合计算。

## 18.4　边界条件

ICFD求解器有多种流体边界条件：自由滑移边界、无滑移边界、入口流速及出口压力等。

- ＊ICFD_BOUNDARY_CONJ_HEAT：指定与固体结构交换热量的流体域边界。

- ＊ICFD_BOUNDARY_FLUX_TEMP：在边界处指定热流。
- ＊ICFD_BOUNDARY_FREESLIP：自由滑移边界，这是空气 Part 边界。
- ＊ICFD_BOUNDARY_FSWAVE：波浪流入边界条件。
- ＊ICFD_BOUNDARY_GROUND：地面边界条件。
- ＊ICFD_BOUNDARY_NONSLIP：无滑移边界，用于流场中的障碍物。
- ＊ICFD_BOUNDARY_PERIODIC：指定周期性边界条件。
- ＊ICFD_BOUNDARY_PRESCRIBED_VEL：入口流速，即来流边界，类似于结构中的强制位移。
- ＊ICFD_BOUNDARY_PRESCRIBED_PRE：出口压力。
- ＊ICFD_BOUNDARY_PRESCRIBED_MOVEMESH：定义流体表面节点以 ALE 方法沿某方向平动。
- ＊ICFD_BOUNDARY_PRESCRIBED_TEMP：在流体边界处指定温度。

### 18.4.1 周期性边界条件

＊ICFD_BOUNDARY_PERIODIC 周期性边界条件，即只仿真模型的局部区域来代表整个区域的仿真结果，这种边界条件被大量地用于旋转系统中，例如涡轮机械。在实现上使用了线性约束来确保流场在周期性边界条件上的连续性以及守恒性。值得注意的是，周期性边界条件上的网格是不需要匹配的。周期性边界条件的设置见图 18-3。

### 18.4.2 滑移网格边界条件

滑移网格是一种可以在不需要网格重划的情况下仿真瞬时旋转系统的技术。当使用滑移网格时，通常至少将仿真区域分成两部分的体网格：一部分网格含有旋转的部件，其他网格则是包含剩下的区域，而在这两种体网格间的界面即是滑移网格。所有区域同时求解，并利用线性约束来连接滑移网格。图 18-4 是滑移网格的一个应用范例，粗黑线的范围表示旋转以及其他区域间的界面。

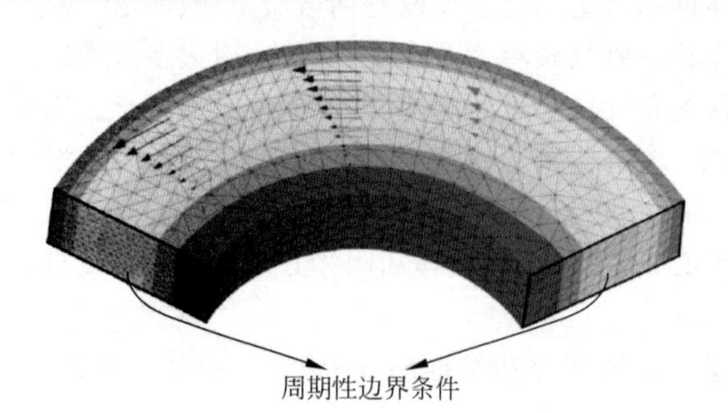

图 18-3 周期性边界条件的设置

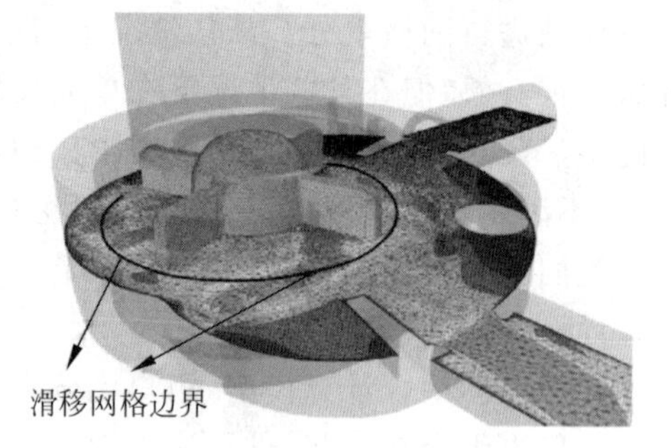

图 18-4 滑移网格应用范例

## 18.5 稳态解与多物理场耦合快速计算方法

在耦合问题中，非线性效应是最大的复杂度之一，非线性效应往往会降低可扩展性，并增加计算成本。非线性耦合具有高度复杂性，需要在深度了解背后的物理本质之后才能正确地建模。但是，在某些类型的问题中或者产品设计的某些阶段，线性化提供了考虑准确性、计算时间，以及模型复杂度的良好妥协。

LS-DYNA ICFD 可使用稳态纳维-斯托克斯解或稳态位势解大幅减少计算成本。当流体力学求解器计算得出稳态的力、速度和温度通量分布之后，在同一个运行中，将物理量流畅地传递到结构求解器。使用关键字 * ICFD_DATABASE_DRAG 可将流场信息存储在 LS-DYNA 结果数据库中，然后从结果数据库中将流场信息导入结构模型中，这样不用额外进行流体的计算，流场信息就可以被反复使用。这种将稳态计算流体力学的解流畅地转移至结构力学计算的能力，可以大大减少解决非线性问题的成本和复杂性，这种方法也可用于共轭传热分析中。

图 18-5 是地面车辆车顶盖在流场作用下变形的流固耦合分析算例。采用三种不同的方法来解决这个问题。第一种方法采用非线性瞬态流固耦合分析，其中固体结构与流体求解器之间采用强耦合和隐式算法求解，这是三种方法中最准确的耦合方式，其纳维-斯托克斯解应被视为参考解。第二种方法采用稳态位势流求解器得到非线性结构解。使用位势流求解器隐含着流场贴近边界和流场为层流的假设，但是实际上，此时流场并非层流，但是仍是贴合边界的，所以所得到的压力场和纳维-斯托克斯解的差别仍在合理范围之中，可以接着用于预测结构位移。第三种方法则将非线性耦合分析求得的结构受力、以及结构模型中的载荷保存到 LS-DYNA 结果文件中。因此，只要将该文件包含在固体结构的输入文件中，用户就可以仅进行结构分析，这样可以大大加快计算速度。图 18-6 是使用和纳维-斯托克斯和位势流求解器的速度场对比。

图 18-5　车顶盖在流场作用下的变形分析

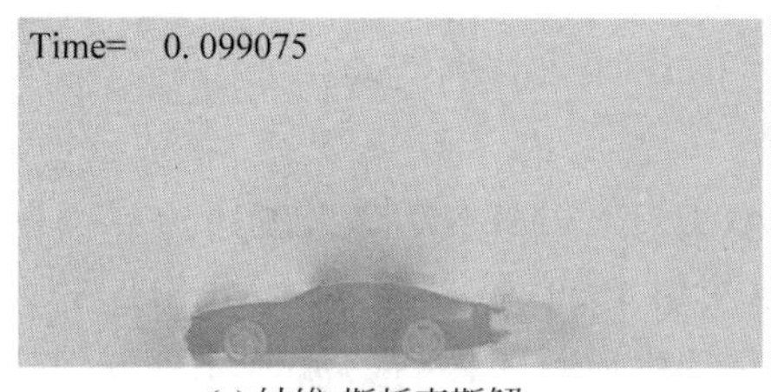


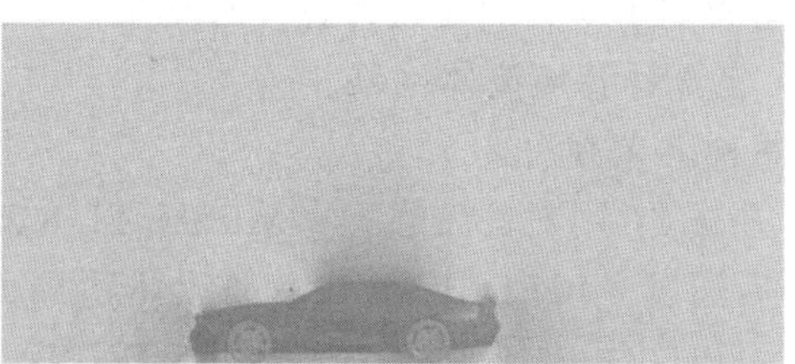

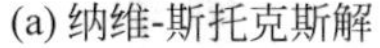

(a) 纳维-斯托克斯解　　(b) 位势流解

图 18-6　使用和纳维-斯托克斯和位势流求解器的速度场对比

车顶盖是我们感兴趣的区域，图 18-7 显示了采用上面三种方法所得到的结果，由图可见，三种方法都得到了非常相似的位移场。需要指出的是，虽然第三种简化方法的准确度相对较差，但所用时间很少，用户可以对具体问题的准确度要求和计算时间进行权衡后，选择一种合适的耦合方法。

(a) 纳维-斯托克斯解

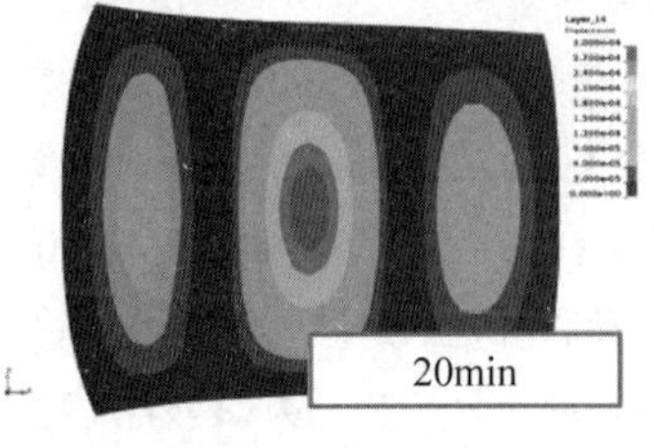


(b) 位势流解

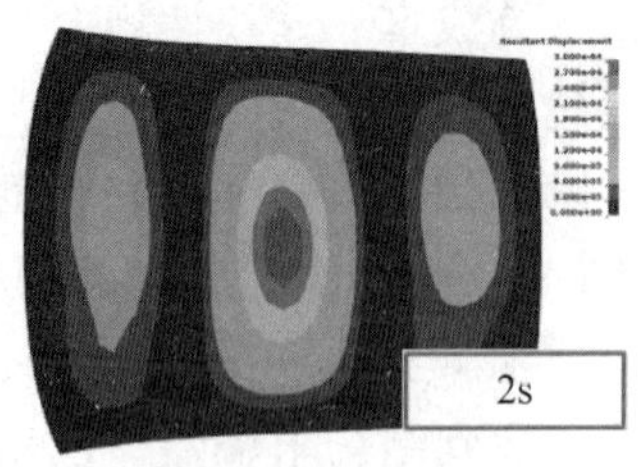


(c) 采用* LOAD_SEGMENT 加载纳维-斯托克斯解

图 18-7 三种计算方法得到的车顶盖位移分布和所用计算时间

## 18.6 沉浸界面

沉浸界面法使用了不贴合边界的网格，简化了复杂边界形状的前处理过程。其目的在于根据在模型中不同部分的流场性质，结合使用沉浸界面以及贴合边界的网格。这种新方法基于非连续有限元近似，可处理尖锐界面且允许结构相互接触。图 18-8 是使用沉浸界面的凸轮泵问题，由于凸轮彼此互相接触，若使用典型的网格重构方法难度很大。

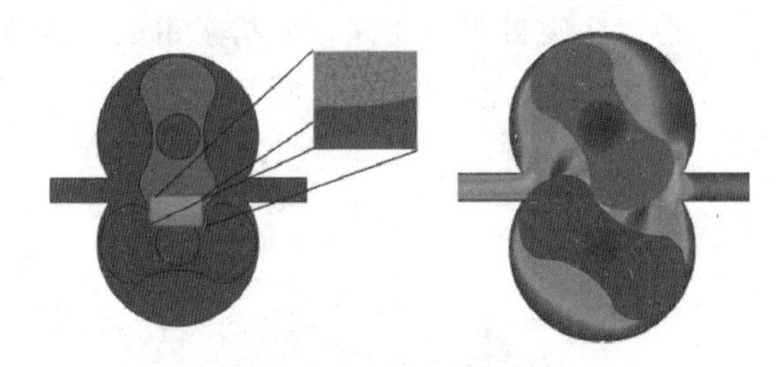

图 18-8 使用沉浸界面的凸轮泵算例

## 18.7 ICFD 算例建模计算流程

典型的 ICFD 算例建模计算流程如下。

(1) 定义计算域流体网格。

有两种定义方法：

- 方法 1：用户首先通过 * MESH_SURFACE_ELEMENT 定义流体边界面网格，然后通过 * ICFD_PART 定义流体边界面网格 Part，接着通过 * MESH_VOLUME 引用这些 Part，形成封闭体，LS-DYNA 自动生成封闭体内的流体计算域网格，这是最常用的模式。注意，* MESH_VOLUME 定义的 VOLID 可被 * MESH_INTERF、* MESH_SIZE、* MESH_EMBEDSHELL 等关键字所引用，并没有被 * ICFD_PART_VOL 定义的 Part 引用。此外，流体边界网格构成的封闭几何不能存在间隙或重合节点。
- 方法 2：用户提供计算域流体网格，并通过 * ICFD_SET_NODE_LIST 将边界上的节点关联到流体边界面网格 Part。目前仅支持三角形和四面体网格。

（2）通过＊ICFD_MAT 定义材料模型及其参数，用户需要输入密度 RO 及黏性系数 VIS。

（3）通过＊ICFD_SECTION 定义单元算法。

（4）通过＊ICFD_PART 引用定义的 SECID 和 MID，生成带有物理属性的流体边界面网格 Part。

通过＊ICFD_PART_VOL 引用定义的 SECID、MID 和流体边界面网格 Part，生成带有物理属性的流体计算域网格 Part。注意，＊ICFD_PART_VOL 定义的 PID 没有被其他关键字引用。

（5）定义边界条件，即自由滑移边界、无滑移边界、地面边界、入口流速、出口压力等。

➢ ＊ICFD_BOUNDARY_FREESLIP：自由滑移边界。

➢ ＊ICFD_BOUNDARY_NONSLIP：无滑移边界。

➢ ＊ICFD_BOUNDARY_GROUND：地面边界。

➢ ＊ICFD_BOUNDARY_PRESCRIBED_VEL：入口流速边界。

➢ ＊ICFD_BOUNDARY_PRESCRIBED_PRE：出口压力边界。

（6）必要的话，在流体和结构之间定义流固耦合。

➢ ＊ICFD_CONTROL_FSI：设置流固耦合算法及相关控制参数。

➢ ＊ICFD_BOUNDARY_FSI：定义参与流固耦合计算的结构面 Part。

➢ ＊ICFD_BOUNDARY_FSI_EXCLUDE：定义不参与流固耦合计算的结构 Part。

（7）设置计算控制参数，如计算终止时间、时间步长和过程监控。

➢ ＊ICFD_CONTROL_TIME：TTM 是计算终止时间，DT 为时间步长。

➢ ＊ICFD_CONTROL_OUTPUT：输出计算过程的信息。

（8）计算结果输出。

➢ ＊ICFD_DATABASE_DRAG：设置输出阻力。

➢ ＊DATABASE_BINARY_D3PLOT：设置输出 D3PLOT 文件。

## 18.8 主要关键字

### 18.8.1 ＊ICFD_BOUNDARY_CONJ_HEAT

＊ICFD_BOUNDARY_CONJ_HEAT 定义与结构进行热交换的流体域边界。关键字卡片参数详细说明见表 18-1。

**表 18-1 ＊ICFD_BOUNDARY_CONJ_HEAT 关键字卡片**

| Card 1 | 1 | 2 | 3 | 4 | 5 | 6 | 7 | 8 |
|---|---|---|---|---|---|---|---|---|
| Variable | PID | | | | | | | |
| Type | I | | | | | | | |
| Default | none | | | | | | | |

• PID：与结构表面接触的流体边界面 Part ID。

### 18.8.2 *ICFD_BOUNDARY_FREESLIP

*ICFD_BOUNDARY_FREESLIP 在流体边界上定义自由滑移边界条件。关键字卡片参数详细说明见表 18-2。

表 18-2 *ICFD_BOUNDARY_FREESLIP 关键字卡片

| Card 1 | 1 | 2 | 3 | 4 | 5 | 6 | 7 | 8 |
|---|---|---|---|---|---|---|---|---|
| Variable | PID | | | | | | | |
| Type | I | | | | | | | |
| Default | none | | | | | | | |

- PID：定义自由滑移边界条件的流体边界面 Part ID。

### 18.8.3 *ICFD_BOUNDARY_FSI

*ICFD_BOUNDARY_FSI 定义流固耦合分析中与结构表面接触的流体边界面。如果没有定义 *ICFD_CONTROL_FSI，则不定义该关键字。关键字卡片参数详细说明见表 18-3。

表 18-3 *ICFD_BOUNDARY_FSI 关键字卡片

| Card 1 | 1 | 2 | 3 | 4 | 5 | 6 | 7 | 8 |
|---|---|---|---|---|---|---|---|---|
| Variable | PID | | | | | | | |
| Type | I | | | | | | | |
| Default | none | | | | | | | |

- PID：与结构表面接触的流体边界面 Part ID。

### 18.8.4 *ICFD_BOUNDARY_FSI_EXCLUDE

*ICFD_BOUNDARY_FSI_EXCLUDE 定义流固耦合分析中被排除在外的结构 Part ID，来自流体的力不会传递到这些 Part 上。关键字卡片参数详细说明见表 18-4。

表 18-4 *ICFD_BOUNDARY_FSI_EXCLUDE 关键字卡片

| Card 1 | 1 | 2 | 3 | 4 | 5 | 6 | 7 | 8 |
|---|---|---|---|---|---|---|---|---|
| Variable | PID | | | | | | | |
| Type | I | | | | | | | |
| Default | none | | | | | | | |

- PID：流固耦合分析中被排除在外的结构 Part ID。

### 18.8.5 *ICFD_BOUNDARY_GROUND

*ICFD_BOUNDARY_GROUND 在流体边界上施加地面边界条件。关键字卡片参数详细说明见表 18-5。

表 18-5 *ICFD_BOUNDARY_GROUND 关键字卡片

| Card 1 | 1 | 2 | 3 | 4 | 5 | 6 | 7 | 8 |
|---|---|---|---|---|---|---|---|---|
| Variable | PID | | | | | | | |
| Type | I | | | | | | | |
| Default | none | | | | | | | |

- PID：施加地面边界条件的流体边界面 Part ID。

### 18.8.6 *ICFD_BOUNDARY_NONSLIP

*ICFD_BOUNDARY_NONSLIP 在流体边界上定义非滑移边界条件。关键字卡片参数详细说明见表 18-6。

表 18-6 *ICFD_BOUNDARY_NONSLIP 关键字卡片

| Card 1 | 1 | 2 | 3 | 4 | 5 | 6 | 7 | 8 |
|---|---|---|---|---|---|---|---|---|
| Variable | PID | | | | | | | |
| Type | I | | | | | | | |
| Default | none | | | | | | | |

- PID：定义非滑移边界条件的流体边界面 Part ID。

### 18.8.7 *ICFD_BOUNDARY_PRESCRIBED_PRE

*ICFD_BOUNDARY_PRESCRIBED_PRE 在流体边界施加流体压力。关键字卡片参数详细说明见表 18-7。

表 18-7 *ICFD_BOUNDARY_PRESCRIBED_PRE 关键字卡片

| Card 1 | 1 | 2 | 3 | 4 | 5 | 6 | 7 | 8 |
|---|---|---|---|---|---|---|---|---|
| Variable | PID | LCID | SF | DEATH | BIRTH | | | |
| Type | I | I | F | F | F | | | |
| Default | none | none | 1. | 1.E+28 | 0.0 | | | |

- PID：流体边界面 Part ID。
- LCID：定义压力随时间变化的曲线 ID。参见 *DEFINE_CURVE、*DEFINE_CURVE_FUNCTION 或 *DEFINE_FUNCTION。如果使用了 *DEFINE_FUNCTION，可使用以下参数：$f(x,y,z,vx,vy,vz,temp,pres,time)$。
- SF：载荷曲线缩放系数(默认值 1.0)。
- DEATH：施加的压力被移除的时间。

➢ DEATH=0.0：则设置为 1.E+28。

- BIRTH：从曲线的初始横坐标值开始施加的压力启动时间。

## 18.8.8 * ICFD_BOUNDARY_PRESCRIBED_TEMP

* ICFD_BOUNDARY_PRESCRIBED_TEMP 在流体边界施加流体温度。关键字卡片参数详细说明见表 18-8。

表 18-8 * ICFD_BOUNDARY_PRESCRIBED_TEMP 关键字卡片

| Card 1 | 1 | 2 | 3 | 4 | 5 | 6 | 7 | 8 |
|---|---|---|---|---|---|---|---|---|
| Variable | PID | LCID | SF | DEATH | BIRTH | | | |
| Type | I | I | F | F | F | | | |
| Default | none | none | 1. | 1. E+28 | 0. 0 | | | |

- PID：流体边界面 Part ID。
- LCID：定义温度随时间变化的曲线 ID。参见 * DEFINE_CURVE、* DEFINE_CURVE_FUNCTION 或 * DEFINE_FUNCTION。如果使用了 * DEFINE_FUNCTION，可使用以下参数：$f(x, y, z, vx, vy, vz, temp, pres, time)$。
- SF：载荷曲线缩放系数(默认值 1.0)。
- DEATH：施加的温度被移除的时间。

➢ DEATH = 0.0：则设置为 1.E+28。

- BIRTH：从曲线的初始横坐标值开始施加的温度启动时间。

## 18.8.9 * ICFD_BOUNDARY_PRESCRIBED_VEL

* ICFD_BOUNDARY_PRESCRIBED_VEL 在流体边界施加流体速度。关键字卡片参数详细说明见表 18-9。

表 18-9 * ICFD_BOUNDARY_PRESCRIBED_VEL 关键字卡片

| Card 1 | 1 | 2 | 3 | 4 | 5 | 6 | 7 | 8 |
|---|---|---|---|---|---|---|---|---|
| Variable | PID | DOF | VAD | LCID | SF | VID | DEATH | BIRTH |
| Type | I | I | I | I | F | I | F | F |
| Default | none | none | 1 | none | 1. | 0 | 1. E+28 | 0. 0 |

- PID：流体边界面 Part ID。
- DOF：适用的自由度：

➢ DOF = 1：X 方向自由度。

➢ DOF = 2：Y 方向自由度。

➢ DOF = 3：Z 方向自由度。

➢ DOF = 4：法线方向自由度。

- VAD：速度类型标志：

➢ VAD = 1：线速度。

➢ VAD = 2：角速度。

➢ VAD = 3：抛物线速度剖面。

➢ VAD＝4：在 Part 上激活合成湍流场。
- LCID：定义运动随时间变化的曲线 ID。参见 * DEFINE_CURVE、* DEFINE_CURVE_FUNCTION 或 * DEFINE_FUNCTION。如果使用了 * DEFINE_FUNCTION，可使用以下参数：$f(x,y,z,vx,vy,vz,temp,pres,time)$
- SF：载荷曲线缩放系数（默认值 1.0）。
- VID：角速度应用点的 ID。
- DEATH：施加的运动/约束被移除的时间。

➢ DEATH＝0.0：则设置为 1.E＋28。
- BIRTH：从曲线的初始横坐标值开始施加的运动/约束启动时间。

### 18.8.10 * ICFD_CONTROL_CONJ

* ICFD_CONTROL_CONJ 为流固耦合共轭传热分析设置参数。关键字卡片参数详细说明见表 18-10。

**表 18-10 * ICFD_CONTROL_CONJ 关键字卡片**

| Card 1 | 1 | 2 | 3 | 4 | 5 | 6 | 7 | 8 |
|---|---|---|---|---|---|---|---|---|
| Variable | CTYPE | | | | | | | TSF |
| Type | I | | | | | | | F |
| Default | 0 | | | | | | | none |

- CTYPE：共轭传热分析耦合方法。

➢ CTYPE＝0：整体紧耦合方法。这种方法中温度和流固同时求解，稳健且准确，但非常耗时。

➢ CTYPE＝1：弱热耦合方法。这种方法中在耦合界面处流体将热流传递给固体结构，固体结构返回温度，将其施加为狄利克雷（Dirichlet）条件。当 CTYPE＝1 时，将忽略关键字 * ICFD_BOUNDARY_CONJ_HEAT，但在所有传热耦合分析中，* ICFD_BOUNDARY_FSI 关键字是必需的。
- TSF：传热计算加速系数。该系数乘以传热方程中的热学参数（如热传导系数、对流换热系数），用于人工加速热学计算，TSF 为负值时是以时间为变量的曲线 ID。

### 18.8.11 * ICFD_CONTROL_DEM_COUPLING

* ICFD_CONTROL_DEM_COUPLING 激活 ICFD 和 DEM 求解器耦合分析。关键字卡片参数详细说明见表 18-11。

**表 18-11 * ICFD_CONTROL_DEM_COUPLING 关键字卡片**

| Card 1 | 1 | 2 | 3 | 4 | 5 | 6 | 7 | 8 |
|---|---|---|---|---|---|---|---|---|
| Variable | CTYPE | BT | DT | SF | | | | |
| Type | I | F | F | F | | | | |
| Default | 0 | 0. | 1E＋28 | 1. | | | | |

• CTYPE：指明耦合方向：
➢ CTYPE=0：流体和固体颗粒之间双向耦合。
➢ CTYPE=1：单向耦合。DEM 颗粒将位置传递给流体求解器。
➢ CTYPE=2：单向耦合。流体求解器将力传递给 DEM 颗粒。
• BT：DEM 耦合开始时间。
• DT：DEM 耦合结束时间。
• SF：缩放系数，用于缩放流体传递给 DEM 颗粒的力。

### 18.8.12 *ICFD_CONTROL_FSI

*ICFD_CONTROL_FSI 为流固耦合分析设置参数。关键字卡片参数详细说明见表 18-12。

表 18-12 *ICFD_CONTROL_FSI 关键字卡片

| Card 1 | 1 | 2 | 3 | 4 | 5 | 6 | 7 | 8 |
|---|---|---|---|---|---|---|---|---|
| Variable | OWC | BT | DT | IDC | LDICSF | XPROJ | | |
| Type | I | F | F | F | I | I | | |
| Default | 0 | 0 | 1E+28 | 0.25 | 0 | 0 | | |

• OWC：指明耦合方向：
➢ OWC=0：双向耦合。在耦合界面处传递载荷和位移，求解完全非线性问题。
➢ OWC=1：单向耦合。结构求解器将位移传递给流体求解器。
➢ OWC=2：单向耦合。流体求解器将应力传递给结构求解器。
• BT：FSI 流固耦合开始时间。BT 之前流体求解器不会向结构传递任何载荷，但会接收结构求解器传递来的位移。
• DT：FSI 流固耦合结束时间。DT 之后流体求解器不会向结构传递任何载荷，但流体会继续随着结构变化。
• IDC：耦合作用检测系数。
• LDICSF：可选的加载曲线，用于缩放施加在结构上的力。
➢ LDICSF>0：加载曲线是迭代数的函数。
➢ LDICSF<0：加载曲线是时间的函数。
• XPROJ：将流固耦合界面处的流体域节点投影到结构网格上。
➢ XPROJ=0：不投影。
➢ XPROJ=1：投影。

### 18.8.13 *ICFD_CONTROL_GENERAL

*ICFD_CONTROL_GENERAL 设置 CFD 分析类型。关键字卡片参数详细说明见表 18-13。

表 18-13 * ICFD_CONTROL_GENERAL 关键字卡片

| Card 1 | 1 | 2 | 3 | 4 | 5 | 6 | 7 | 8 |
|---|---|---|---|---|---|---|---|---|
| Variable | ATYPE | MTYPE | | | | | | |
| Type | I | I | | | | | | |
| Default | 0 | 0 | | | | | | |

• ATYPE：分析类型：

➢ ATYPE = −1：读取关键字文件时关闭 ICFD 求解器。

➢ ATYPE = 0：瞬态分析(默认)。

➢ ATYPE = 1：稳态分析。

• MTYPE：求解方法：

➢ MTYPE = 0：分步法。

➢ MTYPE = 1：整体求解。

➢ MTYPE = 2：势流求解。

## 18.8.14 * ICFD_CONTROL_MESH

* ICFD_CONTROL_MESH 为网格自动生成设置参数。关键字卡片参数详细说明见表 18-14。

表 18-14 * ICFD_CONTROL_MESH 关键字卡片

| Card 1 | 1 | 2 | 3 | 4 | 5 | 6 | 7 | 8 |
|---|---|---|---|---|---|---|---|---|
| Variable | MGSF | | MSTRAT | 2DSTRUC | NRMSH | | | |
| Type | F | | I | I | I | | | |
| Default | 1.41 | | 0 | 0 | 0 | | | |

• MGSF：网格尺寸增长缩放系数。指定网格生成器在生成计算域网格时基于 * MESH_SURFACE_ELEMENT 定义的边界面网格尺寸所允许采用的最大网格尺寸。

• MSTRAT：网格生成策略。

➢ MSTRAT = 0：基于德洛内(Delaunay)准则生成网格。

➢ MSTRAT = 1：基于八叉树生成网格。

• 2DSTRUC：2D 结构化/非结构化网格标志：

➢ 2DSTRUC = 0：结构化网格。

➢ 2DSTRUC = 1：非结构化网格。

• NRMSH：关闭网格重分标志：

➢ NRMSH = 0：可能重分网格。

➢ NRMSH = 1：不可能重分网格。

## 18.8.15 * ICFD_CONTROL_TIME

* ICFD_CONTROL_TIME 为 ICFD 不可压缩流求解器设置时间相关参数。关键字

卡片参数详细说明见表 18-15。

表 18-15 *ICFD_CONTROL_TIME 关键字卡片

| Card 1 | 1 | 2 | 3 | 4 | 5 | 6 | 7 | 8 |
|---|---|---|---|---|---|---|---|---|
| Variable | TTM | DT | CFL | LCIDSF | DTMIN | DTMAX | DTINIT | TDEATH |
| Type | F | F | F | I | F | F | F | F |
| Default | 1E28 | 0 | 1 | none | none | none | none | 1E28 |

- TTM：流体计算总时间。
- DT：流体计算时间步长。
  - DT≠0：时间步长设置为常数 DT。
  - DT=0：将根据 CFL 条件数自动计算时间步长。
- CFL：DT=0 时的 CFL 数。通常 CFL 规定了时间步长缩放系数。当 DT=0，时间步长设置为满足 CFL 条件数的最大值，此时，缩放系数等于 CFL 数。
- LCIDSF：定义 DT=0 时的 CFL 数-时间曲线，即时间步长缩放系数-时间曲线。
- DTMIN：最小时间步长。当采用自动时间步长并定义 DTMIN 时，时间步长不得小于 DTMIN。
- DTMAX：最大时间步长。当采用自动时间步长并定义 DTMAX 时，时间步长不得大于 DTMAX。
- DTINIT：初始时间步长。若没有定义，求解器会根据流动速度或问题的尺寸（没有来流时）自动确定时间步长。
- TDEATH：纳维-斯托克斯求解的终止时间。超过 TDEATH 时间后，速度和压力不再更新，但会更新温度等其他量。

## 18.8.16 *ICFD_DATABASE_DRAG_{OPTION}

计算输出给定边界面 Part 上的阻力。关键字卡片参数详细说明见表 18-16。

可用选项包括：VOL。该选项可以计算 *ICFD_PART_VOL 定义的流体域上的阻力，多用于渗流计算中输出多孔介质域上的压阻。

表 18-16 *ICFD_DATABASE_DRAG_{OPTION}关键字卡片

| Card 1 | 1 | 2 | 3 | 4 | 5 | 6 | 7 | 8 |
|---|---|---|---|---|---|---|---|---|
| Variable | PID | CPID | DTOUT | PEROUT | DIVI | ELOUT | SSOUT | |
| Type | I | I | F | I | I | I | I | |
| Default | none | none | 0. | 0 | 10 | 0 | 0 | |

- PID：需要计算阻力的流体边界面 Part ID。
- CPID：用于计算力矩的中心点 ID，默认参考中心点为 0=(0,0,0)。
- DTOUT：输出时间间隔。如果 DTOUT=0.0，就采用 ICFD 时间步长作为输出时间间隔。
- PEROUT：在 d3plot 文件中输出不同单元的阻力对总阻力的贡献比。
- DIVI：PEROUT 的阻力划分数。默认值为 10，表示贡献比以十分位数进行分组。

• ELOUT：在 d3plot 文件中输出每个单元的阻力。
• SSOUT：以关键字格式的形式输出每个固体结构面段组上的流体压力，这需要启动流固耦合。

### 18.8.17 *ICFD_INITIAL

在 ICFD 计算域内设置初始速度和温度。关键字卡片参数详细说明见表 18-17。

表 18-17 *ICFD_INITIAL 关键字卡片

| Card 1 | 1 | 2 | 3 | 4 | 5 | 6 | 7 | 8 |
|---|---|---|---|---|---|---|---|---|
| Variable | PID | Vx | Vy | Vz | T | P | | |
| Type | I | F | F | F | F | F | | |
| Default | none | none | none | none | none | none | | |

• PID：要初始化的流体域单元或边界面单元所在 Part ID。
• Vx：X 方向速度。
• Vy：Y 方向速度。
• Vz：Z 方向速度。
• T：初始温度。
• P：初始压力。

### 18.8.18 *ICFD_INITIAL_LEVELSET

通过该关键字定义流体 levelset 边界面，用于替代 *MESH_INTERF，这样就不用定义多个流体域了。关键字卡片参数详细说明见表 18-18。

表 18-18 *ICFD_INITIAL_LEVELSET 关键字卡片

| Card 1 | 1 | 2 | 3 | 4 | 5 | 6 | 7 | 8 |
|---|---|---|---|---|---|---|---|---|
| Variable | STYPE | NX | NY | NZ | X | Y | Z | INVERT |
| Type | I | F | F | F | F | F | F | I |
| Default | none | none | none | none | none | none | none | none |

• STYPE：初始边界面类型：
➤ STYPE=0/1：通过切平面定义。
➤ STYPE=2：通过方盒定义，参见备注 1。
➤ STYPE=3：通过球体定义。
• NX/NY/NZ：STYPE=1 时为切平面法线的 X、Y、Z 分量；STYPE=2 时为 Pmin 坐标（即 X、Y、Z 最小坐标）；STYPE=3 时 NX 为球体半径。
• X/Y/Z：STYPE=1 时为切平面原点的 X、Y、Z 坐标：STYPE=2 时为 Pmax 坐标（即 X、Y、Z 最大坐标）；STYPE=3 时为球心 X、Y、Z 坐标。
• INVERT：是否置反初始 levelset 值的符号：
➤ INVERT=0：不置反，将正的 levelset 值赋予 STYPE 定义的几何体内节点。

➢ INVERT=1：将初始 levelset 值的符号置反。

**备注：**

1. 当采用 STYPE=2 定义方盒，且方盒邻近流体边界时，例如溃坝模拟，Pmin 坐标必须远离流体计算域，这样流体内的任何点到流体边界的距离会小于到方盒的距离，如图 18-9 所示二维溃坝模拟采用 STYPE=2 定义初始 levelset 边界面，Pmin 到流体边界面边界的距离必须足够远。

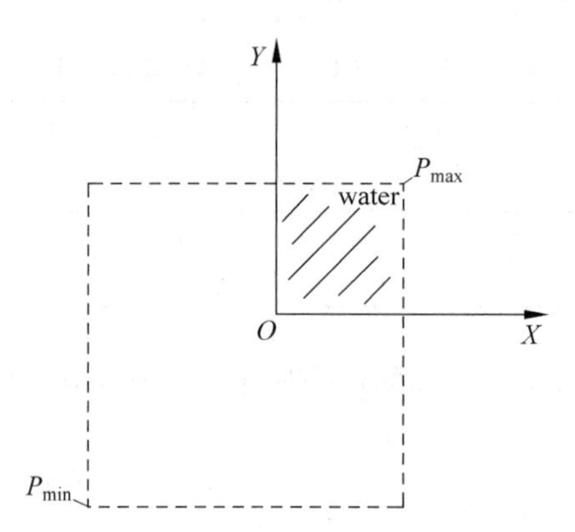


图 18-9　二维溃坝模拟中初始 levelset 边界面的定义

## 18.8.19　*ICFD_INITIAL_TURBULENCE

如果选择了 RANS 湍流模型，可采用该关键字设置湍流参数初始值。关键字卡片参数详细说明见表 18-19。

**表 18-19　*ICFD_INITIAL_TURBULENCE 关键字卡片**

| Card 1 | 1 | 2 | 3 | 4 | 5 | 6 | 7 | 8 |
|---|---|---|---|---|---|---|---|---|
| Variable | PID | I | R | | | | | |
| Type | I | F | F | | | | | |
| Default | none | none | none | | | | | |

- PID：要初始化的流体计算域单元或边界面单元所在 Part ID（参见 *ICFD_PART_VOL 和 *ICFD-PART）。若 PID=0，则给全部节点设置初始条件。
- I：初始湍流强度。
- R：初始湍流黏度与层流黏度的之比，$R=\frac{\mu_{turb}}{\mu}$。

**备注：** 如果某特定 Part 没有被设置初始值，则求解器自动取 I=0.05(5%)和 R=10000。

## 18.8.20　*ICFD_MAT

定义流体材料的物理属性。关键字卡片参数详细说明见表 18-20～表 18-21。

表 18-20 *ICFD_MAT 关键字卡片 1

| Card 1 | 1 | 2 | 3 | 4 | 5 | 6 | 7 | 8 |
|---|---|---|---|---|---|---|---|---|
| Variable | MID | FLG | RO | VIS | ST | STSFLCID | | |
| Type | I | I | F | F | F | I | | |
| Default | none | 1 | 0 | 0 | 0 | none | | |

表 18-21 *ICFD_MAT 关键字卡片 2

| Card 2 | 1 | 2 | 3 | 4 | 5 | 6 | 7 | 8 |
|---|---|---|---|---|---|---|---|---|
| Variable | HC | TC | BETA | PRT | HCSFLCID | TCSFLCID | | |
| Type | F | F | F | F | I | I | | |
| Default | 0 | 0 | 0 | 0.85 | none | none | | |

表 18-22 *ICFD_MAT 关键字卡片 3

| Card 3 | 1 | 2 | 3 | 4 | 5 | 6 | 7 | 8 |
|---|---|---|---|---|---|---|---|---|
| Variable | NNMOID | PMMOID | | | | | | |
| Type | I | I | | | | | | |
| Default | none | none | | | | | | |

- MID：材料模型 ID。
- FLG：完全不可压缩流体、轻微可压缩流体和正压流体的选择标志：
➢ FLG=0：真空。仅用于自由液面流。
➢ FLG=1：完全不可压缩流体。
- RO：流体密度。
- VIS：流体动力黏度。
- ST：流体表面张力系数。
- STSFLCID：定义 ST 缩放系数随时间变化曲线。参见 *DEFINE_CURVE、*DEFINE_CURVE_FUNCTION 或 *DEFINE_FUNCTION。如果使用了 *DEFINE_FUNCTION，可使用以下参数：*f*(*x*,*y*,*z*,*vx*,*vy*,*vz*,*temp*,*pres*,*time*)。
- HC：热容。
- TC：热传导系数。
- BETA：热膨胀系数，用于浮力布西内斯克(Boussinesq)近似。
- PRT：湍流普朗特(Prandtl)数，仅用于 K-Epsilon 湍流模型。
- HCSFLCID：定义 HC 缩放系数随时间变化曲线。参见 *DEFINE_CURVE、*DEFINE_CURVE_FUNCTION 或 *DEFINE_FUNCTION。如果使用了 *DEFINE_FUNCTION，可使用以下参数：*f*(*x*,*y*,*z*,*vx*,*vy*,*vz*,*temp*,*pres*,*time*)。
- TCSFLCID：定义 TC 缩放系数随时间变化曲线。参见 *DEFINE_CURVE、*DEFINE_CURVE_FUNCTION 或 *DEFINE_FUNCTION。如果使用了 *DEFINE_FUNCTION，可使用以下参数：*f*(*x*,*y*,*z*,*vx*,*vy*,*vz*,*temp*,*pres*,*time*)。

- NNMOID：非牛顿模型 ID，指向由 * ICFD_MODEL_NONNEWT 定义的非牛顿流体模型。
- PMMOID：多孔介质模型 ID，指向由 * ICFD_MODEL_POROUS 定义的多孔介质模型。

## 18.8.21 * ICFD_MODEL_NONNEWT

定义关联于流体材料模型的非牛顿模型或黏性模型。关键字卡片参数详细说明见表 18-23～表 18-24。

**表 18-23 * ICFD_MODEL_NONNEWT 关键字卡片 1**

| Card 1 | 1 | 2 | 3 | 4 | 5 | 6 | 7 | 8 |
|---|---|---|---|---|---|---|---|---|
| Variable | NNMOID | NNID | | | | | | |
| Type | I | I | | | | | | |
| Default | none | none | | | | | | |

**表 18-24 * ICFD_MODEL_NONNEWT 关键字卡片 2**

| Card 2 | 1 | 2 | 3 | 4 | 5 | 6 | 7 | 8 |
|---|---|---|---|---|---|---|---|---|
| Variable | K | N | MUMIN | LAMBDA | ALPHA | TALPHA | | |
| Type | F | F | F | F | F | F | | |
| Default | 0.0 | 0.0 | 0.0 | 1.e30 | 0.0 | 0.0 | | |

- NNMOID：非牛顿流体模型 ID。
- NNID：非牛顿流体模型类型：
  - NNID=1：幂律模型。
  - NNID=2：Carreau 模型。
  - NNID=3：Cross 模型。
  - NNID=4：Herschel-Bulkley 模型。
  - NNID=5：Cross II 模型。
  - NNID=6：黏性与温度相关的 Sutherland 公式。
  - NNID=7：黏性与温度相关的幂律模型。
  - NNID=8：通过载荷曲线 ID 或函数 ID 定义黏性。
- K：NNID=1,4 时为一致性指数；NNID=2,3,5 时为零剪切黏度；NNID=6,7 时为参考黏度；NNID=8 时为载荷曲线 ID 或函数 ID。
- N：NNID=1,2,3,4,5,7 时流体与牛顿流体（幂指数）的偏离度，不用于 NNID=6,8。
- MUMIN：NNID=1 时为最小可接受黏度值；NNID=2,5 时为无限剪切黏度；NNID=4 时为屈服黏度；不用于 NNID=3,6,7,8。
- LAMBDA：NNID=1 时为最大可接受黏度值；NNID=2,3,5 时为时间常数；NNID=4 时为屈服应力阈值；NNID=6 时为 Sutherland 常数；不用于 NNID=7,8。

- ALPHA：NNID＝1,2 时为活化能；不用于 NNID＝3,4,5,6,7,8。
- TALPHA：NNID＝2 时为参考温度；不用于 NNID＝1,3,4,5,6,7,8。

**备注：**

1. 对于非牛顿流体模型,黏性可表示为：

(a) 幂律模型：

$$\mu = k\dot{\gamma}^{n-1}e^{\alpha T_0/T} \tag{18.1}$$

$$\mu_{\min} < \mu < \mu_{\max} \tag{18.2}$$

这里,$k$ 为一致性指数；$n$ 为幂指数；$\alpha$ 为活化能；$T_0$ 为初始温度；$T$ 为 $t$ 时刻的温度；$\mu_{\min}$ 为最小可接受黏度；$\mu_{\max}$ 为最大可接受黏度。

(b) CARREAU 模型：

$$\mu = \mu_\infty + (\mu_0 - \mu_\infty)[1 + (H(T)\dot{\gamma}\lambda)^2]^{(n-1)/2} \tag{18.3}$$

$$H(T) = \exp\left[\alpha\left(\frac{1}{T - T_0} - \frac{1}{T_\alpha - T_0}\right)\right] \tag{18.4}$$

这里,$\mu_\infty$ 为无限剪切黏度；$\mu_0$ 为零剪切黏度；$n$ 为幂指数；$\lambda$ 为时间常数；$\alpha$ 为活化能；$T_0$ 为初始温度；$T$ 为 $t$ 时刻的温度；$T_\alpha$ 为 $H(T)=1$ 时的参考温度。

(c) CROSS 模型：

$$\mu = \frac{\mu_0}{1 + (\lambda\dot{\gamma})^{1-n}} \tag{18.5}$$

这里,$\mu_0$ 为零剪切黏度；$n$ 为幂指数；$\lambda$ 为时间常数。

(d) HERSCHEL-BULKLEY 模型：

$$\mu = \mu_0, \quad 当\ \dot{\gamma} < \tau_0/\mu_0 \tag{18.6}$$

$$\mu = \frac{\tau_0 + k[\dot{\gamma}^n - (\tau_0/\mu_0)^n]}{\dot{\gamma}} \tag{18.7}$$

这里,$k$ 为一致性指数；$\tau_0$ 为屈服应力阈值；$\mu_0$ 为屈服黏度；$n$ 为幂指数。

(e) CROSS II 模型：

$$\mu = \mu_\infty + \frac{\mu_0 - \mu_\infty}{1 + (\lambda\dot{\gamma})^n} \tag{18.8}$$

这里,$\mu_0$ 为零剪切黏度；$\mu_\infty$ 为无限剪切黏度；$n$ 为幂指数；$\lambda$ 为时间常数。

2. 对于与温度相关的黏度模型,黏性可表示为：

(a) SUTHERLAND 律模型：

$$\mu = \mu_0\left(\frac{T}{T_0}\right)^{3/2}\frac{T_0 + S}{T + S} \tag{18.9}$$

这里,$\mu_0$ 为参考黏度；$T_0$ 为初始温度(因此,一定不为零)；$T$ 为 $t$ 时刻的温度。$S$ 为 Sutherland 常数。

(b) 幂律模型：

$$\mu = \mu_0\left(\frac{T}{T_0}\right)^n \tag{18.10}$$

这里,$\mu_0$ 为参考黏度；$T_0$ 为初始温度(因此,$T_0$ 一定不为零)；$T$ 为 $t$ 时刻的温度；$n$ 为幂指数。

3. 如果 NNID=8,可以使用时间曲线函数、曲线函数或函数。若使用了 * DEFINE_FUNCTION,函数参数形式为 $f(x, y, z, vx, vy, vz, temp, pres, shear, time)$。

### 18.8.22 * ICFD_PART

为 ICFD 求解器定义 Part。关键字卡片参数详细说明见表 18-25。

**表 18-25 * ICFD_PART 关键字卡片**

| Card 1 | 1 | 2 | 3 | 4 | 5 | 6 | 7 | 8 |
|---|---|---|---|---|---|---|---|---|
| Variable | PID | SECID | MID | | | | | |
| Type | I | I | I | | | | | |
| Default | none | none | none | | | | | |

- PID：流体边界面 Part ID。
- SECID：* ICFD_SECTION 卡片定义的算法(截面属性)ID。
- MID：* ICFD_MAT 卡片定义的材料 ID。

### 18.8.23 * ICFD_PART_VOL

给边界面 ICFD Part 围成的计算域赋予材料属性。关键字卡片参数详细说明见表 18-26～表 18-27。

**表 18-26 * ICFD_PART_VOL 关键字卡片 1**

| Card 1 | 1 | 2 | 3 | 4 | 5 | 6 | 7 | 8 |
|---|---|---|---|---|---|---|---|---|
| Variable | PID | SECID | MID | | | | | |
| Type | I | I | I | | | | | |
| Default | none | none | none | | | | | |

**表 18-27 * ICFD_PART_VOL 关键字卡片 2**

| Card 2 | 1 | 2 | 3 | 4 | 5 | 6 | 7 | 8 |
|---|---|---|---|---|---|---|---|---|
| Variable | SPID1 | SPID2 | SPID3 | SPID4 | SPID5 | SPID6 | SPID7 | SPID8 |
| Type | I | I | I | I | I | I | I | I |
| Default | none | none | none | none | none | none | none | none |

- PID：流体计算域 Part ID。
- SECID：* ICFD_SECTION 卡片定义的算法(截面属性)ID。
- MID：* ICFD_MAT 卡片定义的材料模型 ID。
- SPID1,…：流体域网格的边界面单元所属 Part ID。

### 18.8.24 * ICFD_SECTION

为 ICFD 求解器定义截面属性。关键字卡片参数详细说明见表 18-28。

表 18-28　* ICFD_SECTION 关键字卡片

| Card 1 | 1 | 2 | 3 | 4 | 5 | 6 | 7 | 8 |
|---|---|---|---|---|---|---|---|---|
| Variable | SID | | | | | | | |
| Type | I | | | | | | | |
| Default | none | | | | | | | |

- SID：截面 ID。

## 18.8.25　* MESH_BL

定义边界层网格，用于细化流体域网格。关键字卡片参数详细说明见表 18-29。

表 18-29　* MESH_BL 关键字卡片

| Card 1 | 1 | 2 | 3 | 4 | 5 | 6 | 7 | 8 |
|---|---|---|---|---|---|---|---|---|
| Variable | PID | NELTH | BLTH | BLFE | BLST | | | |
| Type | I | I | F | F | I | | | |
| Default | none | none | 0. | 0. | 0 | | | |

- PID：边界面单元 Part ID。
- NELTH：垂直于边界面（边界层）的单元数量是 NELTH+1。
- BLTH：BLST=1，2 时 BLTH 为边界层网格厚度。如果 BLST=3，BLTH 是厚度增长因子。如果 BLST=0，则忽略。
- BLFE：BLST=3 时 BLFE 是第一个流体域网格节点与边界之间的距离。如果 BLST=1，2，BLFE 是缩放因子。如果 BLST=0，则忽略。
- BLST：边界层网格生成策略：

➢ BLST=0：基于边界面网格尺寸细分为 $2^{NELTH+1}$ 份，这是默认选项。

➢ BLST=1：采用 BLTH、NELTH 和缩放因子 BLFE 的指数增长。

➢ BLST=2：基于 BLTH 和 BLFE 的几何序列。

➢ BLST=3：遵循增长缩放因子 BLTH 的网格细分。

## 18.8.26　* MESH_EMBEDSHELL

定义内置于流体域网格中的边界面。这些边界面没有厚度，且在界面处与流体域网格共节点。关键字卡片参数详细说明见表 18-30～表 18-31。

表 18-30　* MESH_EMBEDSHELL 关键字卡片 1

| Card 1 | 1 | 2 | 3 | 4 | 5 | 6 | 7 | 8 |
|---|---|---|---|---|---|---|---|---|
| Variable | VOLID | | | | | | | |
| Type | I | | | | | | | |
| Default | none | | | | | | | |

表 18-31 ＊MESH_EMBEDSHELL 关键字卡片 2

| Card 2 | 1 | 2 | 3 | 4 | 5 | 6 | 7 | 8 |
|---|---|---|---|---|---|---|---|---|
| Variable | PID1 | PID2 | PID3 | PID4 | PID5 | PID6 | PID7 | PID8 |
| Type | I | I | I | I | I | I | I | I |
| Default | none | none | none | none | none | none | none | none |

- VOLID：该 ID 指向＊MESH_VOLUME 定义的流体域。边界面网格尺寸的设置将用于该流体域。
- PID$n$：内置于流体域网格中的边界面 Part ID。

## 18.8.27 ＊MESH_INTERF

定义边界面，在多流体分析中自动生成网格时用于指定不同流体的分界面。关键字卡片参数详细说明见表 18-32～表 18-33。

表 18-32 ＊MESH_INTERF 关键字卡片 1

| Card 1 | 1 | 2 | 3 | 4 | 5 | 6 | 7 | 8 |
|---|---|---|---|---|---|---|---|---|
| Variable | VOLID | | | | | | | |
| Type | I | | | | | | | |
| Default | none | | | | | | | |

表 18-33 ＊MESH_INTERF 关键字卡片 2

| Card 2 | 1 | 2 | 3 | 4 | 5 | 6 | 7 | 8 |
|---|---|---|---|---|---|---|---|---|
| Variable | PID1 | PID2 | PID3 | PID4 | PID5 | PID6 | PID7 | PID8 |
| Type | I | I | I | I | I | I | I | I |
| Default | none | none | none | none | none | none | none | none |

- VOLID：该 ID 指向＊MESH_VOLUME 定义的流体域，分界面网格将用于该流体域。
- PID$n$：边界面 Part ID。

## 18.8.28 ＊MESH_SURFACE_ELEMENT

定义流体边界面单元（对于三维模型，流体边界面单元是四边形或三角形；对于二维模型，流体边界面单元是线段）。网格生成器可利用这些单元构建流体域网格，或在体域内定义网格尺寸。关键字卡片参数详细说明见表 18-34。

表 18-34 ＊MESH_SURFACE_ELEMENT 关键字卡片

| Card 1 | 1 | 2 | 3 | 4 | 5 | 6 | 7 | 8 |
|---|---|---|---|---|---|---|---|---|
| Variable | EID | PID | N1 | N2 | N3 | N4. | | |
| Type | I | I | I | I | I | I | | |
| Default | none | none | none | none | none | none | | |

- EID：单元 ID。该 ID 在 * MESH_SURFACE_ELEMENT 卡片定义的全部边界面单元中必须唯一。
- PID：网格边界面 Part ID。该 ID 在网格边界面单元组成的边界面中必须唯一。
- N1：节点 1。
- N2：节点 2。
- N3：节点 3。
- N4：节点 4。

### 18.8.29 * MESH_SURFACE_NODE

定义流体节点及其坐标。关键字卡片参数详细说明见表 18-35。

**表 18-35 * MESH_SURFACE_NODE 关键字卡片**

| Card 1 | 1 | 2 | 3 | 4 | 5 | 6 | 7 | 8 |
|---|---|---|---|---|---|---|---|---|
| Variable | NID | X | | Y | | Z | | |
| Type | I | F | | F | | F | | |
| Default | none | 0 | | 0 | | 0 | | |

- NID：节点 ID。该 ID 在 * MESH_SURFACE_NODE 卡片定义的全部边界面节点中必须唯一。
- X：X 坐标。
- Y：Y 坐标。
- Z：Z 坐标。

### 18.8.30 * MESH_VOLUME

定义要划分网格的流体域。流体域边界是由 * MESH_SURFACE_ELEMENT 定义的边界面。给出的边界面要封闭，不能重叠，边界面的边界之间不能存在间隙或开放空间。相邻边界面的边界要共节点，且接合处要精确匹配。这些边界面节点由 * MESH_SURFACE_NODE 定义。如果用户给出了流体域网格，就不用自动生成网格，就可忽略此卡片。

* MESH_VOLUME 定义的流体域只被其他 * MESH_卡片所引用。* MESH_VOLUME 关键字卡片参数详细说明见表 18-36～表 18-37。

**表 18-36 * MESH_VOLUME 关键字卡片 1**

| Card 1 | 1 | 2 | 3 | 4 | 5 | 6 | 7 | 8 |
|---|---|---|---|---|---|---|---|---|
| Variable | VOLID | | | | | | | |
| Type | I | | | | | | | |
| Default | none | | | | | | | |

**表 18-37 * MESH_VOLUME 关键字卡片 2**

| Card 2 | 1 | 2 | 3 | 4 | 5 | 6 | 7 | 8 |
|---|---|---|---|---|---|---|---|---|
| Variable | PID1 | PID2 | PID3 | PID4 | PID5 | PID6 | PID7 | PID8 |
| Type | I | I | I | I | I | I | I | I |
| Default | none | none | none | none | none | none | none | none |

- VOLID：流体域 ID。
- PID*n*：定义流体域的边界面网格 Part ID。

# 18.9 溃坝计算算例

## 18.9.1 计算模型概况

大坝溃坝后洪水泻出，遇到拦截坝后部分洪水会越过堤坝。计算模型见图 18-10，单位制采用 kg-m-s。

图 18-10 溃坝计算模型

## 18.9.2 关键字文件讲解

```
$首行 *KEYWORD 表示输入文件采用的是关键字输入格式。
*KEYWORD
$定义时间参数。ttm=7.5 为计算结束时间。
*ICFD_CONTROL_TIME
$#      ttm        dt
        7.5       0.0
$定义输出测点的计算结果。
*ICFD_DATABASE_POINTOUT
1,,0
1,22,0,0
2,33,0,0
$定义单元算法(属性)。
*ICFD_SECTION
$#      sid
          1
$定义流体材料模型参数。
*ICFD_MAT
$#      mid       flg        ro       vis
          1         1      1000     0.001
$定义空材料模型参数。
*ICFD_MAT
$#      mid       flg
          2         0
$定义 ICFD 边界面 Part。
*ICFD_PART
$#      pid     secid       mid
          1         1         1
*ICFD_PART
```

```
$ #     pid     secid       mid
         2        1         2
* ICFD_PART
$ #     pid     secid       mid
         3        1         1
* ICFD_PART
$ #     pid     secid       mid
         4        1         2
$ 为 ICFD 边界面 Part 围成的节点赋予单元算法(属性)和材料模型(水)。
* ICFD_PART_VOL
$ #     pid     secid       mid
        10        1         1
$ #   spid1     spid2     spid3     spid4
         1        3
$ 为 ICFD 边界面 Part 围成的节点赋予单元算法(属性)和材料模型(空)。
* ICFD_PART_VOL
$ #     pid     secid       mid
        20        1         2
$ #   spid1     spid2     spid3     spid4
         2        3
$ 在 Part 上定义自由滑移流体边界条件。
* ICFD_BOUNDARY_FREESLIP
$ #     pid
         1
* ICFD_BOUNDARY_FREESLIP
$ #     pid
         2
* ICFD_BOUNDARY_FREESLIP
$ #     pid
         4
$ 施加重力加速度。
* LOAD_BODY_Y
$ #    lcid       sf
         1        1
$ 定义重力加速度载荷曲线。
* DEFINE_CURVE_TITLE
Gravity force
$ #    lcid      sidr       sfa       sfo      offa      offo    dattyp
         1                 9.81
$ #                a1                  o1
                  0.0                 1.0
              10000.0                 1.0
$ 定义要划分网格的体空间。
* MESH_VOLUME
$ #   volid
        30
$ #    pid1      pid2
         1        2
$ 定义边界面,用于指定水和空材料的分界面。
* MESH_INTERF
$ #   volid
```

```
          30
$ #    pid1
          3
$定义内置于流体域网格中的边界面。这些边界面没有厚度,且在界面处与流体域网格共节点。
*mesh_embedshell
30
4
$设置二进制文件 D3PLOT 的输出。
*DATABASE_BINARY_D3PLOT
0.10
$包含网格节点文件。
*INCLUDE
model.k
*END
```

## 18.9.3 数值计算结果

溃坝后洪水流动过程如图 18-11 所示。

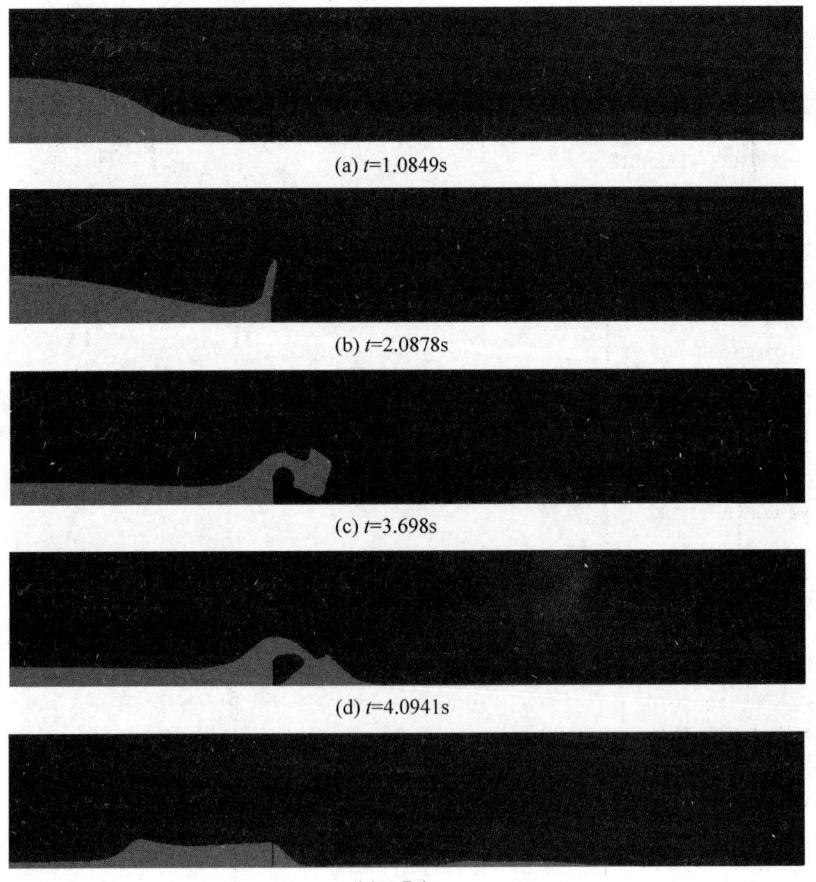

(a) $t$=1.0849s

(b) $t$=2.0878s

(c) $t$=3.698s

(d) $t$=4.0941s

(e) $t$=7.4s

图 18-11 溃坝后洪水流动过程

拦截坝后 2m 和 13m 处地面测点水流速度曲线如图 18-12 所示。

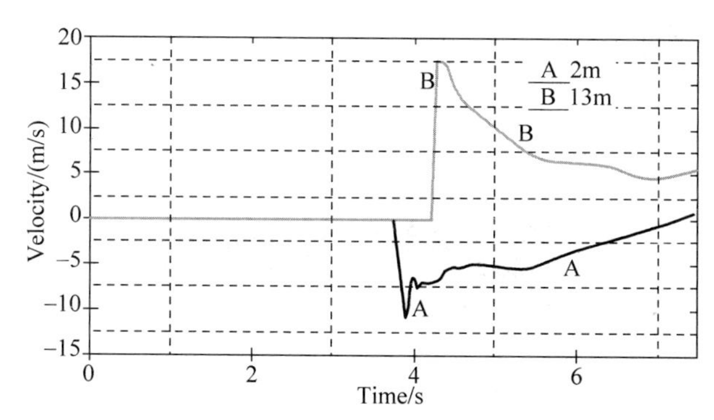


图 18-12　拦截坝后 2m 和 13m 处地面测点水流速度曲线

## 18.10　参考文献


[1]　LS-DYNA KEYWORD USER'S MANUAL [Z]. ANSYS LST，2020.

[2]　Facundo DelPin，etc. ICFD 的近期与未来发展摘要 [J]. 有限元资讯，2018，5：5-10.

[3]　辛春亮，等. TrueGrid 和 LS-DYNA 动力学数值计算详解 [M]. 北京：机械工业出版社，2019.

[4]　辛春亮，等. 由浅入深精通 LS-DYNA [M]. 北京：中国水利水电出版社，2019.

# 第19章

# 电磁场求解器

电磁场(Electro magnetic,EM)计算模块主要用来模拟结构-热-电磁场之间的耦合作用。在这个模块中,用户可以引入一些源电流到固体导体中,进而计算出相应的磁场、电场和感应电流等。这些场的计算是通过求解涡电流近似下的麦克斯韦方程组来得到的。在求解麦克斯韦方程组时,对固体导体采用的是有限元(FEM)方法,对周围的空气(绝缘体)采用的是边界元(BEM)方法。它们都是离散的微分方程形式(即 Nedelec-型单元形式)。目前该模块有串行和并行两个版本。电磁场计算模块 EM 可用于电磁成形、电磁焊接、感应加热、电阻加热、电磁发射、磁悬浮、用于状态方程和材料特性研究的高压场形成过程等。

## 19.1 电磁场求解器的特点

LS-DYNA 电磁场求解器的特点:

- EM 求解器是双精度求解器。
- 全隐式求解。
- 支持 FEM + BEM 算法。
- 导体采用实体单元,绝缘层采用壳单元。
- 全面支持 SMP 和 MPP。但 SMP 只支持一个核,不能实现并行加速,而 MPP 可支持多核并行。
- 动态分配内存。
- 电磁接触类型。
- 结构、热、ICFD 和电磁求解器无缝紧耦合,见图 19-1。

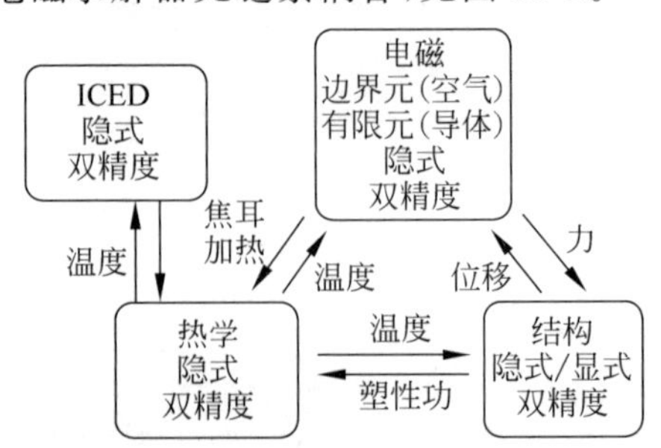


图 19-1 结构-热-电磁-流体耦合分析示意图

- 可进行 2D 轴对称电磁场分析，2D 电磁还可以与 3D 结构、传热耦合。

## 19.2 涡流计算模块

涡流计算模块是 LS-DYNA 电磁场计算的主要模块，其他的感应加热模块可以由其导出。

(1) 基本理论

设 $\Omega$ 是一个多连通传导区域，其周围的外部绝缘体区域为 $\Omega_e$，$\Omega$ 和 $\Omega_e$ 之间的界面为 $\Gamma$，$\Omega$ 的人工边界 $\Gamma_c$ 设在网格区域的边缘，在那里导体和外部电路相连接。在后面的叙述中，记 $\boldsymbol{n}$ 为边界 $\Gamma$ 或 $\Gamma_c$ 的外法向量，电导率、磁导率和介电常数分别用 $\sigma$、$\mu$ 和 $\varepsilon$ 来表示。在 $\Omega_e$ 中，自然有 $\sigma=0$ 和 $\mu=\mu_0$。

这里，我们将要求解的是所谓低频状态下(或称涡流近似下)的麦克斯韦方程组，故该模块称作涡流计算模块，或简称涡流模块。它适用于具有低频场(即满足条件 $\varepsilon_0\dfrac{\partial \boldsymbol{E}}{\partial t}\ll\sigma\boldsymbol{E}$)的优良导体，其中 $\boldsymbol{E}$ 为电场。若用 $\boldsymbol{A}$ 代表矢量势，$\Phi$ 代表标量势，应用 Gauge 条件$\nabla(\sigma\boldsymbol{A})=0$，可得到如下方程组：

$$\nabla(\sigma\,\boldsymbol{\nabla}\Phi)=0 \tag{19.1}$$

$$\sigma\frac{\partial \boldsymbol{A}}{\partial t}+\boldsymbol{\nabla}\times\left(\frac{1}{\mu}\,\boldsymbol{\nabla}\times\boldsymbol{A}\right)+\sigma\,\boldsymbol{\nabla}\Phi=\boldsymbol{j}_s \tag{19.2}$$

其中，$\boldsymbol{j}_s$ 是无扩散电流密度。

若把方程(19.1)和方程(19.2)在 Nedelec-型基函数上投影，便可以得到如下的线性方程组：

$$\boldsymbol{S}^0(\sigma)\Phi=\boldsymbol{0} \tag{19.3}$$

$$\boldsymbol{M}^1(\sigma)\frac{\partial a}{\partial t}+\boldsymbol{S}^1\left(\frac{1}{\mu}\right)a=-\boldsymbol{D}^{01}(\sigma)\Phi+Sa \tag{19.4}$$

这里，$\boldsymbol{S}^0$、$\boldsymbol{S}^1$、$\boldsymbol{M}^1$ 和 $\boldsymbol{D}^{01}$ 是有限元矩阵，其中外部项 $Sa$ 采用边界元方法进行求解。

(2) 与固体结构模块耦合

在计算出电磁场后，每个点上的洛伦兹力 $\boldsymbol{F}=\boldsymbol{J}\times\boldsymbol{B}$ 便可以求出来，然后将其加入到 LS-DYNA 结构计算模块中。通常结构和电磁场计算有着各自的时间步长，且一般情况下，结构模块的时间步长只有电磁场模块时间步长的十分之一。因此，在电磁场与结构耦合计算时，结构求解通常采用显格式。等结构模块计算出导体的变形后，新得到的几何形状便可以用于电磁场的更新。

(3) 与传热模块耦合

将计算出的焦耳热功率$\dfrac{j^2}{\sigma\rho}$加入到 LS-DYNA 已有的传热模块中，该传热模块用自己的时间步长去更新温度。目前已有若干个传热模型可供选择，如各向同性模型、各向异性模型、带有相变的各向同性模型等。由传热模块计算得到的温度值可用在电磁场的状态方程中，用来更新电磁场中的参数，主要是电导率 $\sigma$。目前可供选择的本构方程模型有 Burgess 模型、简化 Meadon 模型或表格模型。

(4) 与外部电路场的耦合

目前的电磁场计算模块,也可以和一个或多个外部电路场进行耦合。其中每个电路场可以是施加给某个面段的电流(电流随时间的变化可以用载荷曲线来表示),或是在两个面段间施加一个压降(压降随时间的变化也可以用载荷曲线来表示),也可以是 R、L、C 电路。

所施加的电流可以用作边界元的全局约束条件,而施加的压降或 R、L、C 电路则可以作为有限元中标量 $\Phi$ 的狄利克雷限制条件。

在计算出通过这些面段的电流密度对时间的通量值后,可以将这些面段用作 Rogowski 线圈。

## 19.3 感应加热计算模块

感应加热是用电磁感应(通常是运动或固定的线圈,见图 19-2)来加热导电工件(通常为金属块)的过程,它是由在电阻工件中感应出的涡电流所产生的焦耳热来完成的。为了方便计入线圈对工件运动状况以及电磁场参数(特别是电导率,它通常与温度密切相关)的时间演化过程,将在时间域而不是频域中进行求解。同时将利用上节讲的涡流解,但是感应加热中的电流频率通常比较大(如 1 兆赫量级),进而导致电磁场的时间步长很小(约 1E-8 秒量级),而整个加热过程约需要几秒钟,因此,无法直接采用上节的涡流解。

图 19-2　电磁感应加热算例

感应加热的实际计算过程如下:首先在一定时间段内用很小的时间步长来求解全涡流问题,然后对求出的电磁场以及焦耳热功率在该时间段上进行平均。假设材料性质(特别是电导率,它直接影响电流和焦耳加热)以及相关的工件/线圈位置在下一个时间区段内保持不变,由于电导率主要依赖于温度,只要温度变化不大,上述假设就可以看成是比较合理的。因此在接下来的这个时间段内就无须再去求解电磁场,而直接将前面已经求出的焦耳热功率平均值赋给传热计算模块。只有当温度有明显变化以后,其电导率及电磁场才需要进行更新,此时就需要在该时间段内重新进行新一轮涡流场计算,以得到一组新的电磁场和焦耳热功率平均值。

## 19.4 电阻加热计算模块

电阻加热模块实际上是涡流计算模块的一个简化版,它适用于上升非常缓慢的电流场(从 1 毫秒到 1 秒),此时感应传热可以将边界忽略不计,而电磁场的扩散和感应可以看成是一个无限快的过程。由此，方程(19.2)中的 $\boldsymbol{A}=\boldsymbol{0}$，只保留标量势 $\Phi$ 及相应的由给定的电压对时间的函数而得到的狄利克雷条件。由于 $\boldsymbol{A}=\boldsymbol{0}$ 和 $\boldsymbol{B}=\boldsymbol{0}$，因此其洛伦兹力也为零。但在电阻导体中仍有一些焦耳热，可将它追加到传热计算模块中去。另外，时间步长不再受扩散条件$\left(t\leqslant\frac{(l_{\text{element}})^2}{2D},D=\frac{1}{\mu_0\sigma}\right)$的限制，而且也无需再用边界元求解周围空气隔离区域，这使其计算速度比求解全涡流场要快很多。

像涡流计算模块一样，电阻加热模块也可用于两个导体之间的电磁场接触计算，它可以允许电流从一个导体流到另外一个导体，如图 19-3 所示。目前该模块已引进的接触电阻是基于 Ragmar Holm 接触模型，其中的电阻被加入到了相应的电路之中。

图 19-3　电阻加热算例

## 19.5　其他特性

(1) 电磁滑移接触

LS-DYNA 还在电磁场计算模块中引入了一种接触界面处理方法——滑移接触，用来处理两个导体的接触面上的电磁场接触问题，其应用之一就是电磁炮的模拟(见图 19-4)。在电磁炮的模拟中，由电流产生的电磁力被用来加速置于两个轨道之间的弹丸。这种接触界面处理方法可用来处理弹丸和轨道之间的滑移现象。另外一个应用就是电磁焊接，如图 19-5 所示，两个金属导片被强行挤压在了一起。

图 19-4　电磁炮发射模拟

图 19-5　电磁焊接时两个电磁导片的电流密度图

(2) 外部场

电磁场计算模块还可以和随时间变化的外部磁场进行耦合。但目前只允许这些外部磁场在空间中是均匀分布的，以后 LS-DYNA 会逐步增加一些更复杂的情形，如在导体上感应出涡流，图 19-6 显示的是由外部场引起的悬臂梁的偏转现象。

(3) 具有均匀电流的导体

有些传导 Part 可以被定义为“绞合导体”，其中的涡流场不用求解，因此也没有扩散发生，但是仍有均匀电流在其中流动。实际绞合导体有如由多重线圈构成的导体或是相对于

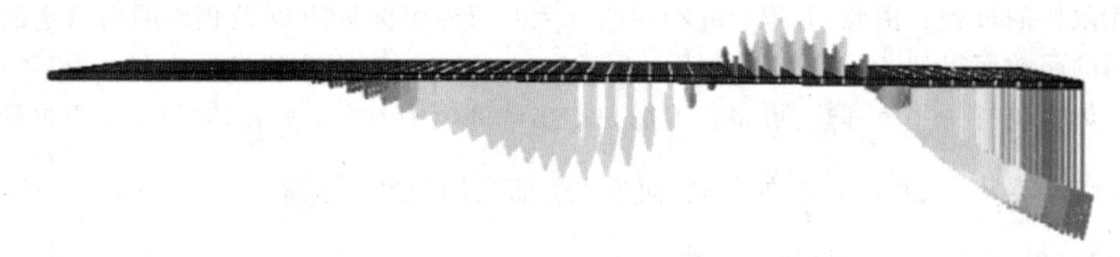

图 19-6　外部场引起的悬臂梁的偏转现象

横切面而言其表面足够厚的导体。这些导体不采用边界元计算，而是应用如下 Biot-Savart 方程组来与其他涡流导体一起进行耦合求解。

$$\boldsymbol{A}_0(\boldsymbol{r})=\frac{\mu_0}{4\pi}\int\frac{\boldsymbol{J}_s(\boldsymbol{r}')}{|\boldsymbol{r}-\boldsymbol{r}'|}\mathrm{d}\boldsymbol{r}' \tag{19.5}$$

$$\boldsymbol{B}_0(\boldsymbol{r})=\frac{\mu_0}{4\pi}\int\frac{\boldsymbol{J}_s(\boldsymbol{r}')\times(\boldsymbol{r}-\boldsymbol{r}')}{|\boldsymbol{r}-\boldsymbol{r}'|}\mathrm{d}\boldsymbol{r}' \tag{19.6}$$

其中，$\boldsymbol{J}_s$ 是绞合导体中的均匀源电流，$\boldsymbol{A}_0$ 和 $\boldsymbol{B}_0$ 分别是涡流导体中产生的矢量势和磁场。

这些导体可以在某些情况下用来替代多重线圈，例如图 19-7 中用一个圆柱形线圈代替多重线圈在下面结构中感应出电流。

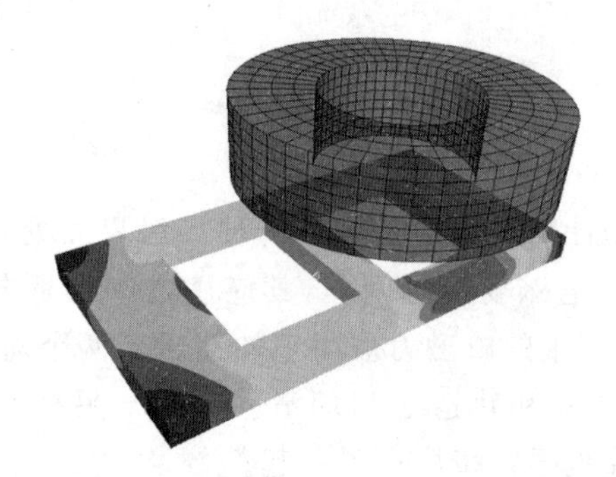

图 19-7　多重线圈中的均匀电流在下面结构中感应出的电流图

## 19.6　主要关键字

### 19.6.1　*EM_2DAXI

在给定 Part 上指定采用 2D(非 3D)电磁求解器，以节省计算时间和内存。关键字卡片参数详细说明见表 19-1。

表 19-1　*EM_2DAXI 关键字卡片

| Card 1 | 1 | 2 | 3 | 4 | 5 | 6 | 7 | 8 |
|---|---|---|---|---|---|---|---|---|
| Variable | PID | SSID | | | STARSSID | ENDSSID | NUMSEC | |
| Type | I | I | | | I | I | I | |
| Default | none | none | | | none | none | none | |

2D 电磁在 Part 截面(通过面段定义)上进行求解，截面方向(当前，可以是 X、Y 或 Z

轴)是对称轴,随后通过旋转计算全3D Part上的电磁力和焦耳加热。Part必须与对称协调一致,例如通过绕轴旋转,Part上的每个节点必须是面段上父节点的子节点。只有导体Part(*EM_MAT_中的类型2和4)应定义为2D轴对称。

当前,导体Part要么全部为2D轴对称,要么就都不是,将来,2D轴对称和3D Part可以一起用。

- PID:采用2D轴对称算法的Part ID。
- SSID:面段ID。电磁场计算的Part上定义2D截面的面段。
- STARSSID、ENDSSID:当模型为完整360度圆的一小片时,STARSSID和ENDSSID用于2D轴对称求解器,在薄片的两侧对应边界建立联系。
- NUMSEC:扇区数量。该参数表示整圆与网格角度延伸之比,必须为2的幂,例如NUMSEC=4表示Part的网格代表了整圆的1/4。如果NUMSEC=0,则使用*EM_ROTATION_AXIS卡片中的值。

### 19.6.2　*EM_CIRCUIT

定义电路。关键字卡片参数详细说明见表19-2~表19-3。

**表19-2　*EM_CIRCUIT关键字卡片1**

| Card 1 | 1 | 2 | 3 | 4 | 5 | 6 | 7 | 8 |
|---|---|---|---|---|---|---|---|---|
| Variable | CIRCID | CIRCTYP | LCID | R/F | L/A | C/t0 | V0 | T0 |
| Type | I | I | I | F | F | F | F | F |
| Default | none | none | none | none | none | none | none | none |

**表19-3　*EM_CIRCUIT关键字卡片2**

| Card 2 | 1 | 2 | 3 | 4 | 5 | 6 | 7 | 8 |
|---|---|---|---|---|---|---|---|---|
| Variable | SIDCURR | SIDVIN | SIDVOUT | PARTID | | | | |
| Type | I | I | I | I | | | | |
| Default | none | none | none | none | | | | |

- CIRCID:电路ID。
- CIRCTYP:电路类型:

➢ CIRCTYP=1:施加电流随时间变化的载荷曲线。

➢ CIRCTYP=2:施加电压随时间变化的载荷曲线。如果LCID为负值,其绝对值为由DEFINE FUNCTION自定义的电流方程,此时,以下参数是允许的:$f(time, emdt, curr, curr1, curr2, pot1, pot2)$,其中$emdt$是电流当前时间步长,$curr$、$curr1$和$curr2$分别是$t$、$t-1$和$t-2$时刻的电流值,$pot1$、$pot2$分别是$t-1$和$t-2$时刻的标电位。

➢ CIRCTYP=3:R、L、C、V0电路。

➢ CIRCTYP=11:施加由幅值$A$、频率$F$和初始时间$t_0$定义的电流:$I=A\sin[2\pi F(t-t_0)]$。

➢ CIRCTYP=12:施加由幅值$A$、频率$F$和初始时间$t_0$定义的电压:$V=A\sin[2\pi F(t-t_0)]$。

➢ CIRCTYP=21：施加一条通过周期和频率 $F$ 定义的电流载荷曲线。
➢ CIRCTYP=22：施加一条通过周期和频率 $F$ 定义的电压载荷曲线。
- LCID：CIRCTYP=1、2、21 或 22 时的载荷曲线 ID。
- R/F：CIRCTYP=3 时的回路电阻值；CIRCTYP=11、12、21 或 22 时的频率值，CIRCTYP=11 或 12 时，要定义频率随时间变化的曲线，可输入负值，对应于载荷曲线 ID。
- L/A：CIRCTYP=3 时的电路电感值；CIRCTYP=11 或 12 时的幅值，要定义幅值随时间变化的曲线，可输入负值，对应于载荷曲线 ID。
- C/t0：CIRCTYP=3 时的电容值；CIRCTYP=11 或 12 时的初始时间 $t_0$ 值。
- V0：CIRCTYP=3 时的电路初始电压值。
- T0：CIRCTYPE=3 时的开始时间。
- SIDCURR：电流面段组 ID。采用面段法向作为方向，如果采用相反方向，则在面段组 ID 前加负号。
➢ CIRCTYP=1、11、21：通过该面段组施加电流。
➢ CIRCTYP=3：通过该面段组测量电路方程所需的电流。
- SIDVIN：当 CIRCTYP=2、3、12、22，CIRCTYP=1、11、21 时分别是输入电压和输入电流的面段组，被认为是朝向结构网格的，不受面段方向的影响。
- SIDVOUT：当 CIRCTYP=2、3、12、22，CIRCTYP=1、11、21 时分别是输出电压和输出电流的面段组，其方向是朝向结构网格的，不受面段方向的影响。
- PARTID：与电路关联的 Part ID，可以是与电路关联的任意 Part ID。

### 19.6.3 *EM_CIRCUIT_ROGO

定义 Rogowsky 线圈，来测量流经面段组或节点组的全局电流随时间的变化。关键字卡片参数详细说明见表 19-4。

**表 19-4 *EM_CIRCUIT_ROGO 关键字卡片**

| Card 1 | 1 | 2 | 3 | 4 | 5 | 6 | 7 | 8 |
|---|---|---|---|---|---|---|---|---|
| Variable | ROGID | SETID | SETTYPE | CURTYP | | | | |
| Type | I | I | I | I | | | | |
| Default | 0 | 0 | 0 | 0 | | | | |

每个*EM_CIRCUIT_ROGO 卡片生成电流或磁场随时间变化的 ASCII 文件 em_rogoCoil_xxx.dat，xxx 为 ROGID。

- ROGID：Rogowsky 线圈 ID。
- SETID：面段组或节点组 ID。
- SETTYPE：组类型：
➢ SETTYPE=1：面段组。
➢ SETTYPE=2：节点组。目前尚不可用。
- CURTYP：测量的电流类型：
➢ SETTYPE=1：体电流。

➢ SETTYPE=2：面电流。目前尚不可用。
➢ SETTYPE=3：电磁场流（磁感应强度乘以面积）。

### 19.6.4 *EM_CONTROL

激活 EM 求解器，并设置计算选项。关键字卡片参数详细说明见表 19-5。

表 19-5 *EM_CONTROL 关键字卡片

| Card 1 | 1 | 2 | 3 | 4 | 5 | 6 | 7 | 8 |
|---|---|---|---|---|---|---|---|---|
| Variable | EMSOL | NUMLS | MACRODT | DIMTYPE | | | NCYLFEM | NCYLBEM |
| Type | I | I | F | I | | | I | I |
| Default | 0 | 100 | none | 0 | | | 5000 | 5000 |

- EMSOL：选择电磁求解器：
➢ EMSOL=-1：读入电磁关键字后关闭电磁求解器。
➢ EMSOL=1：涡电流求解器。
➢ EMSOL=2：感应加热求解器。
➢ EMSOL=3：电阻加热求解器。
- NUMLS：EMSOL=2 时的全周期中的局部电磁时间步数。不用于 EMSOL=1。如果 EMSOL 为负数，则定义为随宏观时间变化的函数。
- MACRODT：EMSOL=2 时的宏观时间步长。当 EMSOL=1 时的电磁时间步长不变。目前已废弃，请采用*EM_CONTROL_TIMESTEP。
- DIMTYPE：电磁求解维数：
➢ DIMTYPE=0：3D 求解。
➢ DIMTYPE=1：4 个零厚度壳单元的 2D 平面。
➢ DIMTYPE=3：零厚度的 2D 轴对称（Y 轴为对称轴）。
- NCYLFEM：FEM 矩阵更新频率，即重新计算 FEM 矩阵间隔的电磁循环数（步数）。如果输入为负值，其绝对值是一条 NCYCLFEM 函数随时间变化的载荷曲线 ID。
- NCYLBEM：BEM 边界元矩阵更新频率，即重新计算 BEM 矩阵间隔的电磁循环数（步数）。如果输入为负值，其绝对值是一条 NCYLBEM 函数随时间变化的载荷曲线 ID。

### 19.6.5 *EM_SOLVER_BEM

*EM_SOLVER_BEM 为边界元 BEM 求解器定义计算参数。关键字卡片参数详细说明见表 19-6。

表 19-6 *EM_SOLVER_BEM 关键字卡片

| Card 1 | 1 | 2 | 3 | 4 | 5 | 6 | 7 | 8 |
|---|---|---|---|---|---|---|---|---|
| Variable | RELTOL | MAXITER | STYPE | PRECON | USELAST | NCYLBEM | | |
| Type | F | I | I | I | I | I | | |
| Default | 1E-6 | 1000 | 2 | 2 | 1 | 5000 | | |

- RELTOL：迭代求解器（预条件共轭梯度（preconditioned conjugate gradient，PCG）或广义最小残差（generalised minimal residual，GMRES））的相对容差。如果计算结果不够准确，应尽量减小容差，由此迭代次数会增加，进而延长计算时间。
- MAXITER：最大迭代次数。
- STYPE：选择迭代求解器类型：
  - STYPE=1：直接求解器。数值矩阵按照稠密矩阵进行求解，需要内存较大。
  - STYPE=2：PCG。对系数矩阵作预处理，以加快迭代收敛速度，将大型矩阵分块处理，以减少内存占用。
  - STYPE=3：GMRES。目前GMRES仅用于串行计算。
- PRECON：对PCG或GMRES迭代求解器进行预处理：
  - PRECON=0：无预处理。
  - PRECON=1：对角线。
  - PRECON=2：对角块。
  - PRECON=3：包括所有相邻面的宽对角线。
  - PRECON=4：LLT分解。目前仅用于串行计算。
- USELAST：仅用于迭代求解器（PCG或GMRES）：
  - USELAST=-1：对于线性系统求解，以0作为初值。
  - USELAST=1：以被RHS变化正则化的上一个解开始。
- NCYLBEM：BEM边界元矩阵更新频率，即重新计算边界元矩阵时间隔的电磁步数。如果输入为负值，其绝对值是一条NCYLBEM函数随时间变化的载荷曲线ID。BEM边界元矩阵跟导体的节点相关，当导体节点发生移动时，需要重新计算BEM矩阵。通过NCYLBEM可以控制重新计算的频率。如果重新计算的频率过高，例如NCYLBEM=1，表示每个时间步重新计算一次，则非常消耗计算资源。如果两个相互接触的导体互相高速移动时，推荐NCYLBEM=1，快速更新BEM矩阵，有助于提高计算精度。

### 19.6.6 *EM_SOLVER_FEM

*EM_SOLVER_FEM为EM_FEM求解器定义计算参数。关键字卡片参数详细说明见表19-7。

表19-7 *EM_SOLVER_FEM关键字卡片

| Card 1 | 1 | 2 | 3 | 4 | 5 | 6 | 7 | 8 |
|---|---|---|---|---|---|---|---|---|
| Variable | RELTOL | MAXITER | STYPE | PRECON | USELAST | NCYLFEM | | |
| Type | F | I | I | I | I | I | | |
| Default | 1E-3 | 1000 | 1 | 1 | 1 | 5000 | | |

- RELTOL：不同迭代求解器（PCG或GMRES）的相对容差。如果计算结果不够准确，应尽量减小容差，由此迭代次数会增加，进而延长计算时间。
- MAXITER：最大迭代次数。
- STYPE：选择迭代求解器类型：

➢ STYPE = 1：直接求解器。数值矩阵按照稠密矩阵进行求解，需要内存较大。
➢ STYPE = 2：预条件梯度法（PCG）。对系数矩阵作预处理，以加快迭代收敛速度，将大型矩阵分块处理，以减少内存占用。
• PRECON：对 PCG 迭代求解器进行预处理：
➢ PRECON = 0：无预处理。
➢ PRECON = 1：对角线。
• USELAST：仅用于 PCG 迭代求解器：
➢ USELAST = −1：对于线性系统求解，以 0 作为初值。
➢ USELAST = 1：以被右手变化正则化的上一个解开始。
• NCYLFEM：FEM 有限元矩阵更新频率，即重新计算有限元矩阵时间隔的电磁步数。如果输入为负值，其绝对值是一条 NCYLFEM 函数随时间变化的载荷曲线 ID。如果计算时导体发生变形，或者导体的材料参数发生改变（例如电导率），需要降低 NCYLBEM 来提高 FEM 矩阵的更新频率。

## 19.7 电池内部短路计算算例

LS-DYNA 用户可以使用同一计算模型同时进行结构、热、电磁等多物理场仿真，见图 19-8。例如，除了对电池进行正常充放电仿真外，还可进行挤压和针刺仿真，一次性得到结构变形、热、电流电压以及 SOC 剩余载荷等信息。

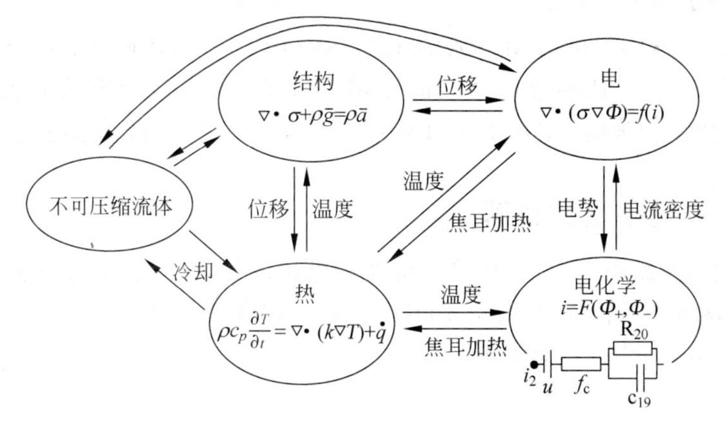


图 19-8 电池滥用多物理场仿真

LS-DYNA 提供了 4 种不同仿真尺度的电池滥用计算模型。

（1）实体单元模型。这种模型沿电芯厚度方向划分很多层实体网格，正极、负极和隔膜均需采用实体单元。结构、热和 EM 耦合分析采用的是同一网格模型。仅适合标定单个电芯的内部或外部短路参数。用户要留意单元算法、单元长径比和时间步长。

（2）厚壳单元模型。单个电芯用一层厚壳单元表示，用于模拟 EM。但同一个单元厚度方向又有很多层，用于模拟结构变形。这种模型计算速度要远高于实体单元模型，可用于模拟单个电芯、模组的内部或外部短路。

（3）宏观模型。厚度方向只有一个或几个实体单元，用于模拟结构、热和 EM。每个节点有正极和负极集流体。这种模型计算速度非常快，可达厚壳单元模型的 20 倍，可用于模拟电池包、电池的内部或外部短路。

(4) 无网格模型。整个电芯只用一个集中质量点表示单个等效电路。该模型用于模拟电池模组、电池包、电池的外部短路。

## 19.7.1 计算模型概况

图 19-9 所示的包含 10 个电芯的模组在小球撞击下其电路内部发生短路。电芯模组的建模可以采用 LS-PrePost 中的 Application→Battery Packaging。计算单位制采用 kg-m-s。

图 19-9 小球撞击电芯模组计算模型

每个电芯采用复合材料厚壳单元，电磁求解器会内部自动重建等效实体单元，并视同实体单元。采用 * EM_RANDLES_LAYERED 关键字定义电路参数。单元电芯的每一层通过 * EM_ISOPOTENTIAL 关键字的 4 个参数来区分。* EM_ISOPOTENTIAL_CONNECT 连接集流体和极耳。

内部电路短路由关键字 * EM_RANDLES_SHORT 及 * DEFINE_FUNCTION 控制，在小球撞击下集流体上某些节点之间的距离会降低，当降至设定值时就会发生短路，Randles 等效电路就会被由 * DEFINE_FUNCTION 定义的短路电阻替代。

## 19.7.2 关键字文件讲解

该计算模型涉及结构求解器、传热求解器和电磁求解器，关键字文件也相应地分成多个，每个单独调试成功后再通过 * INCLUDE 关键字组合到一起。

主控文件 main.k 中的内容如下：

```
*KEYWORD
*TITLE
Example provided by Pierre (LSTC),Copyright, 2015 DYNAmore GmbH
$ 定义参数。参数前的 R 表示该参数为实数。
*PARAMETER
R     T_end     1.0e-2
R   dt_plot     2.e-4
R     em_dt     5.e-4
R struc_dt      1.e-5
R therm_dt      5.e-4
$ 包含网格节点模型文件。
*INCLUDE
mesh.k
```

```
$ 包含结构求解控制文件。
*include
structure.k
$ 包含电磁求解控制文件。
*INCLUDE
em.k
$ 包含热学求解控制文件。
*INCLUDE
thermal.k
$ 设置 ELOUT 文件的输出。
*DATABASE_ELOUT
 0.500000         0         0         1         0         0         0         0
$ 设置二进制文件 D3PLOT 的输出。
*DATABASE_BINARY_D3PLOT
 &dt_plot         0         0         0         0
$ 定义输出数据的厚壳单元。
*DATABASE_HISTORY_TSHELL
         1         0         0         0         0         0         0         0
*END
```

结构计算控制文件 structure.k 中的内容如下：

```
*KEYWORD
$ 定义计算结束条件。
*CONTROL_TERMINATION
    &T_end
$ 定义时间步长参数。
*CONTROL_TIMESTEP
&struc_dt
$ 定义壳单元算法参数。
*CONTROL_SHELL
20.000000         0        -1         0         2         2         1         0
 1.000000         0         4         1         0
        0         0         0         0         2
        0         0         0         0         0         0  1.000000
$ 定义沙漏控制参数。
*CONTROL_HOURGLASS
        6  0.100000
$ 定义接触控制参数。
*CONTROL_CONTACT
      0.1       1.0         0         0         0         0         0         0
        0         0         0         0       0.0         0         0         0
      0.0       0.0       0.0       0.0       0.0       0.0       0.0
        1         0         0         0         0         0       0.0
        0         0         1       0.0       1.0         0       0.0         0
        0         0         0         0         0                 0.0
$ 在电芯 Part 之间定义接触。
*CONTACT_AUTOMATIC_SURFACE_TO_SURFACE
        1         2         3         3         0         0         0         0
      0.2       0.2       0.0       0.0       0.0         0       0.0 1.00000E20
     10.0      10.0       0.0       0.0       1.0       1.0       1.0       1.0
        2       0.1         0     1.025       2.0         2         0         1
*CONTACT_AUTOMATIC_SURFACE_TO_SURFACE
```

```
         2         3         3         3         0         0         0         0
       0.2       0.2       0.0       0.0       0.0         0       0.0 1.00000E20
      10.0      10.0       0.0       0.0       1.0       1.0       1.0       1.0
         2       0.1         0     1.025       2.0         2         0         1
*CONTACT_AUTOMATIC_SURFACE_TO_SURFACE
         3         4         3         3         0         0         0         0
       0.2       0.2       0.0       0.0       0.0         0       0.0 1.00000E20
      10.0      10.0       0.0       0.0       1.0       1.0       1.0       1.0
         2       0.1         0     1.025       2.0         2         0         1
*CONTACT_AUTOMATIC_SURFACE_TO_SURFACE
         4         5         3         3         0         0         0         0
       0.2       0.2       0.0       0.0       0.0         0       0.0 1.00000E20
      10.0      10.0       0.0       0.0       1.0       1.0       1.0       1.0
         2       0.1         0     1.025       2.0         2         0         1
*CONTACT_AUTOMATIC_SURFACE_TO_SURFACE
         5         6         3         3         0         0         0         0
       0.2       0.2       0.0       0.0       0.0         0       0.0 1.00000E20
      10.0      10.0       0.0       0.0       1.0       1.0       1.0       1.0
         2       0.1         0     1.025       2.0         2         0         1
*CONTACT_AUTOMATIC_SURFACE_TO_SURFACE
         6         7         3         3         0         0         0         0
       0.2       0.2       0.0       0.0       0.0         0       0.0 1.00000E20
      10.0      10.0       0.0       0.0       1.0       1.0       1.0       1.0
         2       0.1         0     1.025       2.0         2         0         1
*CONTACT_AUTOMATIC_SURFACE_TO_SURFACE
         7         8         3         3         0         0         0         0
       0.2       0.2       0.0       0.0       0.0         0       0.0 1.00000E20
      10.0      10.0       0.0       0.0       1.0       1.0       1.0       1.0
         2       0.1         0     1.025       2.0         2         0         1
*CONTACT_AUTOMATIC_SURFACE_TO_SURFACE
         8         9         3         3         0         0         0         0
       0.2       0.2       0.0       0.0       0.0         0       0.0 1.00000E20
      10.0      10.0       0.0       0.0       1.0       1.0       1.0       1.0
         2       0.1         0     1.025       2.0         2         0         1
*CONTACT_AUTOMATIC_SURFACE_TO_SURFACE
         9        10         3         3         0         0         0         0
       0.2       0.2       0.0       0.0       0.0         0       0.0 1.00000E20
      10.0      10.0       0.0       0.0       1.0       1.0       1.0       1.0
         2       0.1         0     1.025       2.0         2         0         1
$在小球和电芯Part之间定义接触。
*CONTACT_AUTOMATIC_SURFACE_TO_SURFACE
        31        10         3         3
       0.2       0.2       0.0       0.0       0.0         0       0.0 1.00000E20
      10.0      10.0       0.0       0.0       1.0       1.0       1.0        1.
$定义小球Part。
*PART
spheresolid
        31         3         3         0         0         0         0         3
$为小球定义实体单元算法。
*SECTION_SOLID
         3         1
```

```
$ 为小球定义材料模型及参数。
*MAT_RIGID
         3     4000. 1.0000E+9  0.050000


$ 为小球施加初始速度。
*INITIAL_VELOCITY_RIGID_BODY
        31        0.         0.     -11.7
$ 定义极耳 Part。
*PART
boxsolid
        11         1         1         0         0         0         0         1
$ 此处省略多个 *PART。
.................................................................
$ 定义极耳 Part。
*PART
boxsolid
        30         2         2         0         0         0         0         2
$ 为极耳 Part 定义实体单元算法。
*SECTION_SOLID
         1         1
$ 为极耳 Part 定义实体单元算法。
*SECTION_SOLID
         2         1
$ 为极耳 Part 定义材料模型及参数。
*MAT_ELASTIC
         1   8928.57  200.e+09        .3
*MAT_ELASTIC
         2   8928.57  200.e+09        .3
$ 为电芯定义厚壳单元 Part。
*PART_COMPOSITE_TSHELL
Layered_Solid
         1         5  0.833000                             0                   0
        11    2.4e-5     0.000         1        12    5.4e-5     0.000         1
....................................................................
        13    1.7e-5     0.000         1        12    5.4e-5     0.000         1
        11    2.4e-5     0.000         1
$ 此处省略多个 *PART_COMPOSITE_TSHELL。
....................................................................
$ 为电芯定义厚壳单元 Part。
*PART_COMPOSITE_TSHELL
Layered_Solid
        10         5  0.833000                             0                   0
        11    2.4e-5     0.000         1        12    5.4e-5     0.000         1
....................................................................
        13    1.7e-5     0.000         1        12    5.4e-5     0.000         1
        11    2.4e-5     0.000         1
$ 定义材料模型及参数。
*MAT_CRUSHABLE_FOAM_TITLE
Cu active
        11      2223 1.0000E+9  0.050000        33 3.0000E+9  0.100000
```

```
*MAT_CRUSHABLE_FOAM_TITLE
Cu active
        12      2223 1.0000E+9  0.050000        33 3.0000E+9  0.100000
*MAT_CRUSHABLE_FOAM_TITLE
Cu active
        13      2223 1.0000E+9  0.050000        33 3.0000E+9  0.100000
*MAT_CRUSHABLE_FOAM_TITLE
Cu active
        14      2223 1.0000E+9  0.050000        33 3.0000E+9  0.100000
*MAT_CRUSHABLE_FOAM_TITLE
Cu active
        15      2223 1.0000E+9  0.050000        33 3.0000E+9  0.100000
$为*MAT_CRUSHABLE_FOAM定义应力-应变曲线。
*DEFINE_CURVE
        33         0  1.100000 1.0000E+3    0.000    0.000         0
               0.000             0.000
            0.087948          4.800000
            0.163637          9.600000
            0.259893         18.799999
            0.321019         49.360001
            0.500000         138.05350
            0.900000         338.89008
            0.990000         383.89008
            1.010000         1000.0000
$定义固定约束。
*BOUNDARY_SPC_SET
        31         0         1         1         1         1         1         1
*BOUNDARY_SPC_SET
        32         0         1         1         1         1         1         1
*BOUNDARY_SPC_SET
        33         0         1         1         1         1         1         1
*BOUNDARY_SPC_SET
        34         0         1         1         1         1         1         1
*BOUNDARY_SPC_SET
        35         0         1         1         1         1         1         1
*END
```

电磁计算控制文件em.k中的内容如下：

```
*KEYWORD
$激活电磁求解器,定义控制参数。
*EM_CONTROL
$    emsol     numls  emdtinit   emdtmax   emtinit    emtend  ncyclFem  ncyclBem
         3           &em_dt                                       5000      5000
$定义电磁材料类型及参数。
*EM_MAT
$   em_mid     mtype     sigma     eosId                                randletype
        11         2      6.e7                                                   1
        12         1                                                             2
        13         1                                                             3
        14         1                                                             4
```

```
        15          2       3.e7                                         5
         1          2       1.e7
         2          2       1.e7
$ 定义 PART 组。
* SET_PART
1
1,2,3,4,5,6,7,8
9,10
$ 定义多层 RANDLES 电路参数。
* EM_RANDLES_LAYERED
$ randleId randlType partSetId   rdlArea
         1         1         1         2
$        Q        cQ   SOCinit   SOCtoU
      150.  2.777e-2      100.     -444
$     r0cha     r0dis    r10cha    r10dis    c10cha    c10dis
      0.02      0.02     0.008     0.008      110.      110.
$      temp fromTherm r0ToTherm      dUdT
       25.         0         1         0
$   useSocS   tauSocS  lcidSocS
         0        0.         0
$ 定义等势体。
* EM_ISOPOTENTIAL
$     isoId   setType     setId  randType
         1         2         1         1
* EM_ISOPOTENTIAL
         2         2         2         1
* EM_ISOPOTENTIAL
         3         2         3         1
* EM_ISOPOTENTIAL
         4         2         4         1
* EM_ISOPOTENTIAL
         5         2         5         1
* EM_ISOPOTENTIAL
         6         2         6         1
* EM_ISOPOTENTIAL
         7         2         7         1
* EM_ISOPOTENTIAL
         8         2         8         1
* EM_ISOPOTENTIAL
         9         2         9         1
* EM_ISOPOTENTIAL
        10         2        10         1
* EM_ISOPOTENTIAL
        11         2        11         5
* EM_ISOPOTENTIAL
        12         2        12         5
* EM_ISOPOTENTIAL
        13         2        13         5
* EM_ISOPOTENTIAL
        14         2        14         5
* EM_ISOPOTENTIAL
```

```
       15         2         15         5
*EM_ISOPOTENTIAL
       16         2         16         5
*EM_ISOPOTENTIAL
       17         2         17         5
*EM_ISOPOTENTIAL
       18         2         18         5
*EM_ISOPOTENTIAL
       19         2         19         5
*EM_ISOPOTENTIAL
       20         2         20         5
*EM_ISOPOTENTIAL
       21         2         21
*EM_ISOPOTENTIAL
       22         2         22
$连接集流体和极耳。
*EM_ISOPOTENTIAL_CONNECT
$    connid  connType isoPotId1 isoPotId2    R,V,I      lcid
        1         3        22                0.
*EM_ISOPOTENTIAL_CONNECT
        2         4        21        22                 555
$定义电路短路控制参数。
*EM_RANDLE_SHORT
$ areaType   functId
        2       501
*DEFINE_FUNCTION_TABULATED
$ #     fid     definition
      502    (thick,res) pair data
resistanceVsThickSep
                      0.             5.e-5
                  1.e-3              5.e-5
                  3.e-3              5.e-5
                      2.             5.e-5
                   1.e2              5.e-5
$定义函数。
*DEFINE_FUNCTION
501
float resistance_short_randle(float time,
                              float x_sep, float y_sep, float z_sep,
                              float x_sem, float y_sem, float z_sem,
                              float x_ccp, float y_ccp, float z_ccp,
                              float x_ccm, float y_ccm, float z_ccm)
{
  float distCC;
  float distSEP;
  distCC = sqrt(
     pow((x_ccp - x_ccm),2.) + pow((y_ccp - y_ccm),2.) + pow((z_ccp - z_ccm),2.));
  distSEP = sqrt(
     pow((x_sep - x_sem),2.) + pow((y_sep - y_sem),2.) + pow((z_sep - z_sem),2.));
  if (distCC < 0.000117) {
     return resistanceVsThickSep(distSEP) ;
```

```
  } else {
    return  -1. ;
  }
}
$ 将电磁计算信息输出至屏幕和 messag 文件。
*EM_OUTPUT
$     matS      matF      solS      solF      mesh    memory    timing    d3plot
         2         2         2         2                                       0
$      mf2       gmv                                       randle
                   1                                            0
$ 定义曲线。
*DEFINE_CURVE
555
0.,-2.
20.,-2.
*DEFINE_CURVE
444
0,3
1,3.2
100,4.
200,4.
*END
```

热学计算控制文件 thermal.k 中的内容如下：

```
*KEYWORD
$ 指定求解分析程序,SOLN = 2 表示进行热-结构耦合分析。
*CONTROL_SOLUTION
$     soln
         2
$ 为热分析设置求解选项。
$ ATYPE = 1 表示进行瞬态热分析。
*CONTROL_THERMAL_SOLVER
$    atype     ptype    solver     cgtol       gpt    eqheat     fwork       sbc
         1         0        11   1.e-06          8       1.0       1.0       0.0
$   msglvl    maxitr    abstol    reltol     omega                           tsf
         0       500   1.0e-10    1.0e-4       1.0                           1.0
$ 设置热分析时间步长。
*CONTROL_THERMAL_TIMESTEP
$       ts       tip       its      tmin      tmax     dtemp      tscp      lcts
         0        1. &therm_dt &therm_dt &therm_dt        1.       0.5         0
$ 施加温度。
*INITIAL_TEMPERATURE_SET
$      nid      temp
         0       25.
$ 定义热学材料模型及参数。
*MAT_THERMAL_ISOTROPIC
$     tmid       tro     tgrlc    tgmult      tlat      hlat
         1 7860.0000     0.000     0.000     0.000     0.000
$       hc        tc
```

```
460.00000 40.000000
*MAT_THERMAL_ISOTROPIC
        2 7860.0000     0.000     0.000     0.000     0.000
460.00000 40.000000
*MAT_THERMAL_ISOTROPIC
        3 7860.0000     0.000     0.000     0.000     0.000
460.00000 40.000000
*END
```

### 19.7.3 数值计算结果

图 19-10 是 0.04s 时电池电流密度计算结果。

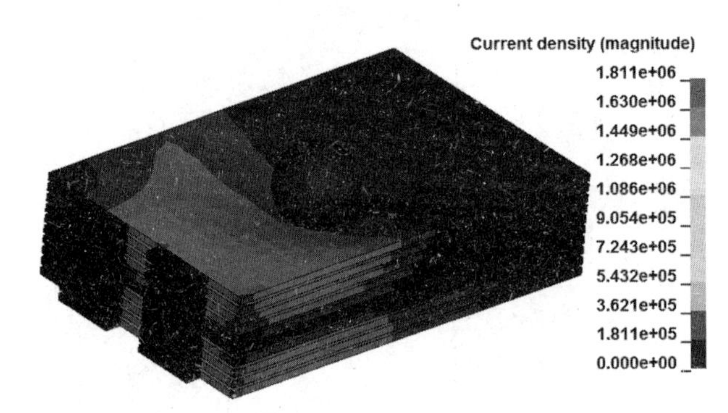


图 19-10　0.04s 时电芯组电流密度变化

## 19.8 参考文献

[1] Pierre L'Eplattenier，Iñaki Çaldichoury. LSDYNA980 新功能模块介绍(2)——EM 电磁场的计算模块(1) [J].有限元资讯，2012，4：6-11.

[2] Pierre L'Eplattenier，Iñaki Çaldichoury. LSDYNA980 新功能模块介绍(3)——EM 电磁场的计算模块(2) [J].有限元资讯，2012，5：7-12.

[3] 辛春亮，等. TrueGrid 和 LS-DYNA 动力学数值计算详解 [M].北京：机械工业出版社，2019.

[4] 辛春亮，等.由浅入深精通 LS-DYNA [M].北京：中国水利水电出版社，2019.

[5] 王强. LS-DYNA 在电池滥用上的多物理场仿真介绍 [R].上海仿坤软件科技有限公司，2020.

# 第20章

# 其他算法

## 20.1 二次拉格朗日实体单元

LS-DYNA 有线性单元和二次拉格朗日实体单元。

线性单元具有线性形式的插值函数，其网格只有角节点而无边节点，网格边界为直线或平面。这类单元的优点是节点数量少，适用于精度要求不高或者结果数据梯度不太大的情况。但是由于单元位移函数是线性的，单元内的位移呈线性变化，而应力是常数，因此会造成单元间的应力不连续，单元边界上存在着应力突变。

和标准的线性单元相比，LS-DYNA 的二次拉格朗日实体单元要昂贵得多，其插值函数是二次多项式，其网格不仅在每个顶点处有角节点，而且在棱边上还存在一个边节点，因此网格边界可以是二次曲线或曲面。这类单元的优点是几何和物理离散精度较高，计算精度和收敛率也很高，可以用少得多的单元达到同样的精度。另外和线性单元相比，二次单元的一个优势在于它们包含线性应变和应力场，可自然地模拟弯曲问题，而且不需要任何沙漏控制或引进非协调模式，这是一种易于使用、灵活多变，既可模拟三维实体问题又可模拟板壳问题的单元。

LS-DYNA 用于显式和隐式分析的二次拉格朗日实体单元包括 27 节点六面体单元(ELFORM = 24)、21 节点五面体单元(ELFORM = 25)、15 节点四面体单元(ELFORM = 26)。除了角节点以及边中节点外，每个单元还包含面中心节点及体中心节点。图 20-1 显示了这三种单元的节点编号。

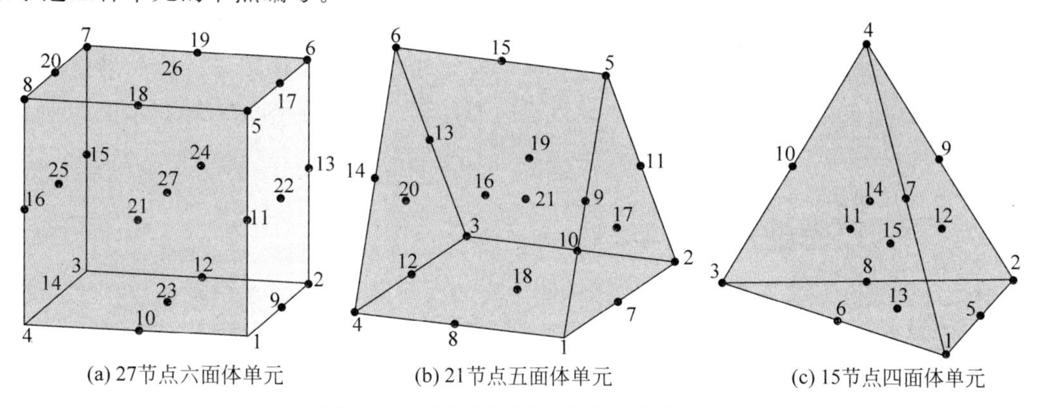


图 20-1　二次拉格朗日单元的节点编号

LS-DYNA有两种方法定义二次单元的节点连接关系。第一种定义方法是基于图20-1的准则直接用*ELEMENT_SOLID_H*定义,这需要显式地定义所有的节点。

```
*ELEMENT_SOLID_H27
     1     2     3     4     5     6     7     8     9    10
    11    12    13    14    15    16    17    18    19    20
    21    22    23    24    25    26    27
*ELEMENT_SOLID_H21
     1     2     3     4     5     6     7     8     9    10
    11    12    13    14    15    16    17    18    19    20
    21
*ELEMENT_SOLID_H15
     1     2     3     4     5     6     7     8     9    10
    11    12    13    14    15
```

第二种定义方法是:对于已有模型,通过*ELEMENT_SOLID_H8TOH*直接转换为二次单元。采用这种方法自动转换的时候需要小心新加入节点的边界条件。如果现有节点的边界条件是由关键字*NODE来定义的话,节点的约束由TC和RC决定:

```
*NODE
NID X Y Z TC RC
2,3.0,-2.0,-1.0,7,3
```

那么新加入的节点(边中节点、面中节点、体中节点)的边界条件则根据与其相邻的现有节点边界条件自动计算。

如果现有节点的边界条件是由节点集施加的话,比如位移边界条件*BOUNDARY_PRESCRIBED_MOTION_SET,那么若新加节点的所有邻居节点都属于这个节点集,则相应的边界条件也会施加到新加节点上。

在其他情况下,如果用*BOUNDARY_PRESCRIBED_MOTION_NODE直接把边界条件施加到现有节点上,那么LS-DYNA将无法判断这种边界条件是否适用于新加的节点,这样新加节点将会获得自由边界条件。

## 20.2 厚壳单元

薄壳单元网格因为精度与速度的平衡,应用非常广泛,但由于薄壳单元作为结构单元受到基本假设的限制(如平面应力状态),在某些情况下精度不如实体单元。但如果板壳结构采用多层实体单元的网格划分方式,会导致很高的计算成本。为此,LS-DYNA中加入了厚壳单元,目前已有数种不同类型的厚壳单元。

### 20.2.1 厚壳单元介绍

厚壳单元是介于普通壳单元和实体单元之间的一种单元,在继承两者的一些优点的同时,增加了单元的适用性。厚壳单元首先是个“壳单元”,有着明确的厚度方向,很多物理量在厚度方向与其他两个“面内”方向有不同的处理方式,在面内形成“层”的概念。数值积分方案也是和普通壳单元类似,有层内和厚度方向之分,积分点的数量和位置也是分开设置的。在厚度方向还允许按层设置完全不同的独立材料模型，形成复合层壳。从单元自由度上，厚壳单元是在壳单元的上下表面设置节点，每个节点有三个独立的位移自由度，相对于壳单元的中面五个自由度来说，增加了一个沿厚度方向的变形自由度，实现了厚度方向正应力。厚度方向正应力的出现是厚壳单元与普通壳单元最大的区别，抛弃了普通壳单元的平面应力假设。另外，壳单元因转角自由度的匹配问题需要考虑单元连接处的协调性，以及与实体单元连接的连续性。而厚壳单元是协调单元，在各种接头的处理上非常方便，也更容易与实体单元连接。壳单元、厚壳单元和实体单元示意图见图 20-2。

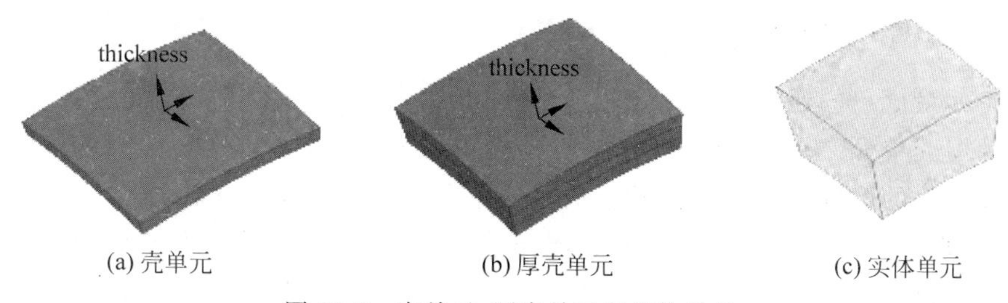


(a) 壳单元　　(b) 厚壳单元　　(c) 实体单元

图 20-2　壳单元、厚壳单元和实体单元

从实体单元角度看，厚壳单元也常常被称为“实体壳单元”，单元的形函数更是从实体单元退化而来，有很多类似的单元特性。厚壳单元有 8 个节点，前 4 个节点定义底面，后 4 个定义表面，但上下表面上的节点不能上下交换，这与实体单元不一样。因为厚壳单元可以沿厚度方向任意设置高斯积分点，当该单元作为一层单元来建模的时候，就可以很好地模拟弯曲效应，增强了实体单元的抗弯性能，避免了在厚度方向必须划分多层单元的缺点。有些厚壳单元还可以在厚度方向假设面外剪切应力为抛物线分布，当其作为单层单元使用时，更加符合实际的应力分布。

厚壳单元兼顾了普通壳单元和实体单元的特点，在 LS-DYNA 的实现中，既可以采用壳单元的平面应力材料模型库(外加面外正应力修正)，又可以采用实体单元的三维材料模型库。在选取积分方案的时候，把面内和厚度方向分开，厚度方向由用户设置(类似于普通壳单元)，而面内有单点积分或者 2×2 四点积分两种。对于单点积分，为避免单元奇异，在相应的零能模式上自动引入了沙漏控制模型。对于 2×2 四点积分，为避免面内的剪切锁死，不同的厚壳单元也引入了不同的处理模式，如缩减积分、假设应变场等。另外，厚壳单元因在厚度方向有独立的自由度，因此最大稳定时间步长受到包括厚度方向边长在内的最短边控制，此为不利因素。从计算效率上看，一般来说，单点积分方案对显式分析有优势，2×2 四点积分方案对隐式分析比较好。而 5、6、7 号单元分别对显式分析做了一些特殊的简化和优化处理，提高了计算效率。表 20-1 列出了 LS-DYNA 中不同厚壳单元的一些特点。

**表 20-1　LS-DYNA 中的厚壳单元**

| 单元类型 | 1号 | 2号 | 3号 | 5号 | 6号 | 7号 |
|---|---|---|---|---|---|---|
| 面内积分 | 1 | 2×2 | 2×2 | 1 | 1 | 2×2 |
| 积分处理 | 沙漏处理 | 缩减积分 | 假设应变 | 沙漏处理 | 沙漏处理 | 假设应变 |
| 材料模型 | 平面应力 | 平面应力 | 三维模型 | 三维模型 | 平面应力 | 三维模型 |
| 时间步长 | 最短边 | 最短边 | 最短边 | 最短边 | 最短边 | 最短边 |
| EOS | — | — | 支持 | 支持 | — | 支持 |

续表

| 单元类型 | 1号 | 2号 | 3号 | 5号 | 6号 | 7号 |
|---|---|---|---|---|---|---|
| 厚度方向不同材料 | 支持 | 支持 | 支持 | 支持 | 支持 | 支持 |
| 层合板剪应变理论 | 支持 | 支持 | 支持 | 支持 | 支持 | 支持 |
| 二次剪切应变分布 | — | — | — | 支持 | 支持 | 支持 |
| 用户材料模型 | 支持 | 支持 | 支持 | 支持 | 支持 | 支持 |

### 20.2.2 厚壳单元建模

厚壳单元最简单的建模方式是采用 LS-PrePost 内置的单元转换功能将现有的普通壳单元转换为厚壳单元。在 LS-PrePost 中打开壳单元模型后，通过 Mesh→EleGen 功能，可直接根据壳单元的厚度将其转换为相应的厚壳单元。四边形壳单元转为八节点六面体厚壳单元，而三角形单元则转为三棱柱形状的厚壳单元，其相应的上下表面均为三角形。

厚壳单元也可以直接从实体单元转换过来。对于八节点的常规实体单元，需要注意的是上下表面的节点定义。这个节点调整工作可以通过 LS-PrePost 来完成，选择 EleTol→EleEdt，可以根据厚壳单元的厚度方向，做相应的调整。在确认节点顺序等内容无误后，直接将单元关键字 *ELEMENT_SOLID 转换成 *ELEMENT_TSHELL 即可。

对于棱柱形的六节点实体单元，需要调整节点顺序(见图 20-3)，确保两个三角形是厚壳单元的上下表面。而对于四面体的四节点实体单元，目前厚壳单元还不能支持。

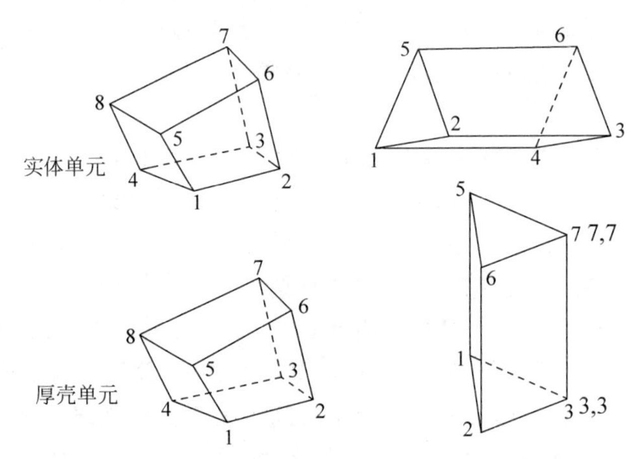


图 20-3 实体单元和厚壳单元的节点对应关系

LS-DYNA 的新增关键字 *CONTROL_FORMING_SHELL_TO_TSHELL 可将由传统薄壳单元构成的网格，在模拟开始后自动转换为由厚壳单元构成的板壳网格。转换后厚壳单元的中面将与原薄壳网格的中面重合。

厚壳单元由于没有转动自由度，在与其他单元连接的时候不需要考虑对接面的节点分布及具体的单元类型。图 20-4 给出了简单的实例，左边球体是一个被连接的 Part，可以是一个由壳单元组成的空心球壳，也可以是由实体单元组成的实心球体，还可以是厚壳单元组成的厚球壳。右边的圆柱筒 Part 由壳单元组成。中间圆柱筒 Part 采用厚壳单元。这两个 Part 的单元都是独立划分的，完全不匹配。在 LS-DYNA 关键字文件中，加入

*CONTACT_TIED_NODES_SURFACE，指定两个 Part 的 ID，就可以把两个 Part 无缝地连接在一起。无缝连接是由一次性的自动搜索完成的，对计算效率不造成任何影响。

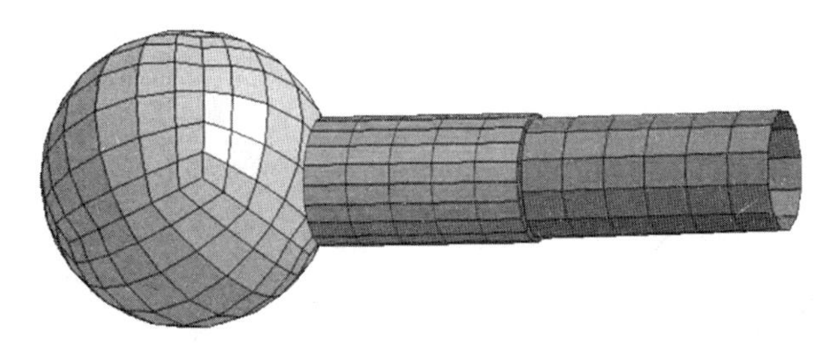

图 20-4 厚壳单元与其他单元的连接

另外，厚壳单元还可以实现与普通壳单元之间的自然过渡连接。只需加入关键字 *CONTACT_TIED_SHELL_EDGE_TO_SURFACE 就可以把右边由壳单元组成的 Part 黏接到厚壳单元 Part 的侧边，成为圆柱筒的自然延伸。

## 20.3 同几何分析

同几何(isogeometric，又称等几何)分析是 Hughes 等提出的一种能直接建立在 CAD 几何模型基础上的计算方法，这是一种比较前沿和热门的计算方法。传统的有限元分析都是首先在 CAD 模型基础上进行网格划分，然后进行计算分析。网格划分过程不仅费时，而且采用非连续的网格来逼近连续光滑的 CAD 模型会带来误差。同几何分析直接采用 CAD 的形函数代替传统有限元分析中使用的拉格朗日插值基函数，同时采用与有限元法相同的计算思路，来进行工程计算分析，可减少建模时间和误差。同几何分析也便于进行优化设计，分析完成后，直接修改 CAD 模型就可接着进行 CAE 优化分析。

LS-DYNA 开发者一直在开发研究同几何分析方法，尤其是壳单元方面，已经取得了很多进展。从 2014 年开始，LSTC 开始开发基于同几何分析法的实体单元，并已用于 LS-DYNA 显式和隐式动态分析、模态分析及接触分析。

### 20.3.1 基于 NURBS 的同几何分析概念

目前同几何分析的研究大部分采用 CAD 语言中的非均匀有理 B 样条(Non-Uniform Rational B-Splines，NURBS)曲线作为基函数。

#### 20.3.1.1 B 样条基函数及曲线

B 样条曲线是由基函数的线性组合而成的分段多项式线条，基函数的系数被称为控制点(control points)，而基函数由节点矢量(knot vector)构建。节点矢量是参数空间中的一组非递减实数系列，如：

$$\boldsymbol{U}=(\xi_1,\xi_2,\cdots,\xi_{n+p+1}) \tag{20.1}$$

其中，$\xi_i$ 是节点，$p$ 是 B 样条函数的阶数，$n$ 是基函数的数量。给出节点矢量后，基函数可由下列递归公式来定义：

$$\text{当 } p=0 \text{ 时：} N_{i,0}=\begin{cases}1, & \text{当 } \xi_i \leqslant \xi \leqslant \xi_{i+1}\\ 0, & \text{其他}\end{cases} \tag{20.2}$$

当 $p>0$ 时：$N_{i,p}(\xi)=\frac{\xi-\xi_i}{\xi_{i+p}-\xi_i}N_{i,p-1}(\xi)+\frac{\xi_{i+p+1}-\xi}{\xi_{i+p+1}-\xi_{i+1}}N_{i+1,p-1}(\xi)$ (20.3)

图 20-5 给出了一个二阶基函数的例子，其中 $\boldsymbol{U}=(0,0,0,1,2,3,4,4,5,5,5)$。

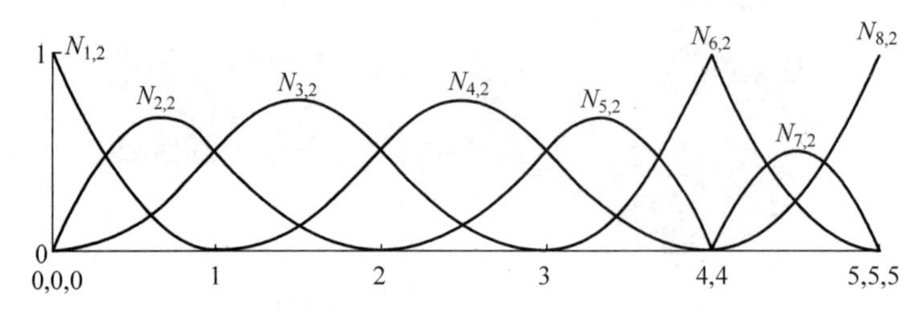


图 20-5　二阶基函数，$\boldsymbol{U}=(0,0,0,1,2,3,4,4,5,5,5)$

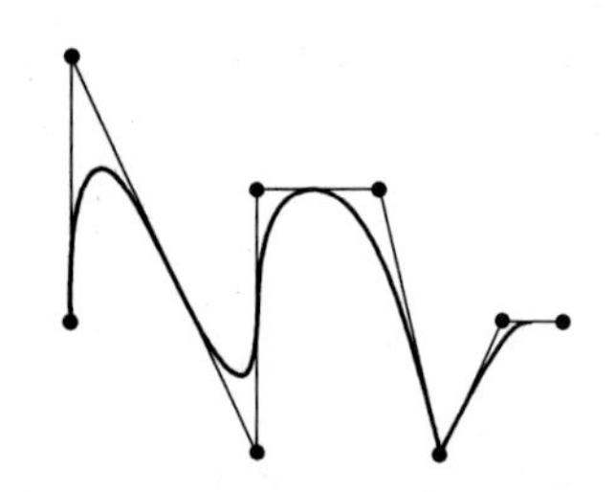

图 20-6　B 样条曲线及其控制点

B 样条曲线可以表示为

$$C(\xi)=\sum_{i=1}^{n}N_{i,p}(\xi)B_i \tag{20.4}$$

其中，$B_i$ 是控制点，利用图 20-5 的节点矢量，以及图 20-6 中的控制点，可以画出如图 20-6 所示的 B 样条曲线。

#### 20.3.1.2　NURBS 曲线

NURBS 曲线可以很容易从 B 样条曲线得到，仅需要考虑每个控制点的权重：

$$C(\xi)=\frac{\sum_{i=1}^{n}N_{i,p}(\xi)B_i w_i}{\sum_{i=1}^{n}N_{i,p}(\xi)w_i}=\sum_{i=1}^{n}R_{i,p}(\xi)B_i \tag{20.5}$$

其中，$B_i$ 是控制点，$w_i$ 是权重因子，$R_{i,p}(\xi)=\frac{N_{i,p}(\xi)w_i}{\sum_{i=1}^{n}N_{i,p}(\xi)w_i}$。

#### 20.3.1.3　NURBS 曲面和实体

给出一个控制网格 $\{B_{i,j}\}$，$i=1,2,\cdots,n$，$j=1,2,\cdots,m$，以及两个节点矢量 $\boldsymbol{U}^1=(\xi_1,\xi_2,\cdots,\xi_{n+p+1})$ 和 $\boldsymbol{U}^2=(\eta_1,\eta_2,\cdots,\eta_{m+q+1})$，由 NURBS 曲线张量积构建的 NURBS 曲面为

$$S(\xi,\eta)=\frac{\sum_{i=1}^{n}\sum_{j=1}^{m}N_{i,p}(\xi)N_{j,q}(\eta)B_{i,j}w_{i,j}}{\sum_{i=1}^{n}\sum_{j=1}^{m}N_{i,p}(\xi)N_{j,q}(\eta)w_{i,j}}=\sum_{i=1}^{n}\sum_{j=1}^{m}R_{ij,pq}(\xi,\eta)B_{i,j} \tag{20.6}$$

其中，$w_{i,j}$ 是权重因子，$R_{ij,pq}(\xi,\eta)=\frac{N_{i,p}(\xi)N_{j,q}(\eta)w_{i,j}}{\sum_{i=1}^{n}\sum_{j=1}^{m}N_{i,p}(\xi)N_{j,q}(\eta)w_{i,j}}$。

同样，给出一个控制网格 $\{B_{i,j,k}\}$，$i=1,2,\cdots,n$，$j=1,2,\cdots,m$，$k=1,2,\cdots,l$，以及三个节点矢量 $\boldsymbol{U}^1=(\xi_1,\xi_2,\cdots,\xi_{n+p+1})$，$\boldsymbol{U}^2=(\eta_1,\eta_2,\cdots,\eta_{m+p+1})$ 和 $\boldsymbol{U}^3=(\zeta_1,\zeta_2,\cdots,\zeta_{l+r+1})$，由 NURBS 实体为

$$S(\xi,\eta,\zeta)=\frac{\sum_{i=1}^{n}\sum_{j=1}^{m}\sum_{k=1}^{l}N_{i,p}(\xi)N_{j,q}(\eta)N_{k,r}(\zeta)B_{i,j,k}w_{i,j,k}}{\sum_{i=1}^{n}\sum_{j=1}^{m}\sum_{k=1}^{l}N_{i,p}(\xi)N_{j,q}(\eta)N_{k,r}(\zeta)w_{i,j,k}}=\sum_{i=1}^{n}\sum_{j=1}^{m}\sum_{k=1}^{l}R_{ijk,pqr}(\xi,\eta,\zeta)B_{i,j,k} \tag{20.7}$$

其中，$w_{i,j,k}$ 是权重因子，$R_{ijk,pqr}(\xi,\eta,\zeta)=\frac{N_{i,p}(\xi)N_{j,q}(\eta)N_{k,r}(\zeta)w_{i,j,k}}{\sum_{i=1}^{n}\sum_{j=1}^{m}\sum_{k=1}^{l}N_{i,p}(\xi)N_{j,q}(\eta)N_{k,r}(\zeta)w_{i,j,k}}$。

## 20.3.2 薄壁方管稳态振动分析算例

### 20.3.2.1 计算模型概况

薄壁方管一端固定，另一端约束 Y 向位移以外的全部自由度，在方管中心 1429 号节点施加 Z 向节点力，对其进行稳态振动分析。

根据对称性，只取 1/4 模型，如图 20-7 所示。

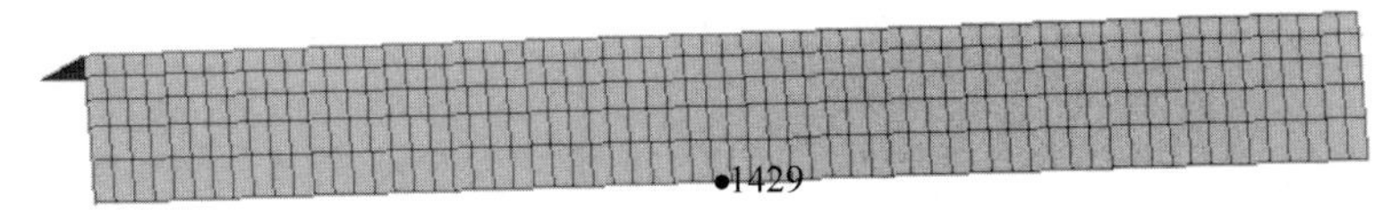


图 20-7 IGA 模型

### 20.3.2.2 关键字文件讲解

```
*KEYWORD
*TITLE
square tube buckling-single surface contact test
$ 在给定激励下进行稳态振动分析。
*FREQUENCY_DOMAIN_SSD
$ #    mdmin    mdmax    fnmin    fnmax    restmd    restdp    lcflag    relatv
         1      100      0.0    15000.0      0         0         0         0
$ #    dampf    lcdam    lctyp    dmpmas    dmpstf    dmpflg
       0.01       0        0       0.0       0.0        0
$ #   unused   unused   unused   unused    strtyp     nout     notyp     nova
                                              0         0        0         0
$ #      nid     ntyp      dof      vad       lc1       lc2      lc3       vid
      1429        0        3        0       100       200        0         0
$ 通知 LS-DYNA 进行特征值分析。
*CONTROL_IMPLICIT_EIGENVALUE
       100      0.0        0      0.0         0       0.0        2       0.0
         0        0        0        0         1         0      0.01
$ 激活隐式分析，设置相关控制参数。
*CONTROL_IMPLICIT_GENERAL
         1      1.0        2        0         2         0        0         0
```

```
$ 为隐式分析定义线性/非线性求解控制参数。
*CONTROL_IMPLICIT_SOLUTION
         1         0         0       0.0       0.0       0.0       0.0       0.0
         2         1         0         0         2         0         0
         0         0       0.0         1         2         0         0         0
         1         2       0.0       0.0       0.0       0.0
$ 定义计算结束条件。
*CONTROL_TERMINATION
      0.04         0       0.0       0.0       0.0
$ 定义时间步长控制参数。
*CONTROL_TIMESTEP
       0.0       0.5         0       0.0       0.0         0         0         0
$ 设置 D3PLOT 文件的输出。
*DATABASE_BINARY_D3PLOT
9.99000E-5         0         0         0         0
$ 设置输出二进制格式的 D3SSD 文件。
*DATABASE_FREQUENCY_BINARY_D3SSD
$#  binary
         1
$#    fmin      fmax     nfreq    fspace    lcfreq
     300.0   15000.0       100         0         0
$ 定义输出附加时程变量。
*DATABASE_EXTENT_BINARY
         0         0         0         1         1         1         1         1
         0         0         0         1         1         1         2         0
         0         0       1.0         0         0         0
         0         0         0
$ 定义自接触。
*CONTACT_AUTOMATIC_SINGLE_SURFACE
         0         0         5         0         0         0         0         0
       0.0       0.0       0.0       0.0       0.0         0       0.0       0.0
       0.0       0.0       0.0       0.0       0.0       0.0       0.0       0.0
         0       0.1         0     1.025       2.0         2         0         1
$ 定义 Part。
*PART                                                                      title
Part_for_SHELL_NURB_PATCH
         1         1         1         0         0         0         0         0
$ 定义同几何壳单元算法。
*SECTION_SHELL
         1       201       1.0         3       1.0         0         0         1
       1.2       1.2       1.2       1.2       0.0       0.0       0.0         0
$ 定义材料模型及参数。
*MAT_ELASTIC
         17.85000E-9  199400.0 0.30000001 336.60001   1.0         1
$ 定义幅值-频率曲线。
*DEFINE_CURVE
```

```
      100          0       0.0       0.0       0.0       0.0         0         0
                 1.0                 1.0
.........................................................................
             15000.0          1.04999995
$ 定义相位角-频率曲线。
* DEFINE_CURVE
      200          0       0.0       0.0       0.0       0.0         0         0
                 1.0                 0.0
.........................................................................
             15000.0                 0.0
$ 定义同几何壳单元。
* ELEMENT_SHELL_NURBS_PATCH
$ patch---1----+----2----+----3----+----4----+---5---+---6---+---7--+--8
$      NPID       PID       NPR        PR       NPS        PS
          1         1        13         2        66         2         0
$ options-1----+----2----+----3----+----4----+---5----+---6---+--7---+--8
$       WFL      FORM       INT      NISR      NISS     IMASS
          0         0         1         2         2         0
$ rknot rk1       rk2       rk3       ...       ...       ...       ...       ...
$ #     rk1       rk2       rk3       rk4       rk5       rk6       rk7       rk8
        0.0       0.0       0.0    0.1429 0.25709999 0.34999999 0.42860001     0.5
        0.5 0.57139999 0.64999998 0.74290001 0.85710001        1.0       1.0       1.0
$ sknot sk1       sk2       sk3       ...       ...       ...       ...       ...
$ #     sk1       sk2       sk3       sk4       sk5       sk6       sk7       sk8
        0.0       0.0       0.0   0.01562   0.03125   0.04688    0.0625   0.07812
    0.09375    0.1094     0.125    0.1406 0.15620001    0.1719    0.1875    0.2031
0.21879999    0.2344      0.25    0.2656 0.28119999    0.2969    0.3125    0.3281
0.34380001    0.3594     0.375    0.3906 0.40619999    0.4219    0.4375    0.4531
0.46880001    0.4844       0.5 0.51560003 0.53119999 0.54689997    0.5625 0.57810003
0.59380001 0.60939997     0.625 0.64060003 0.65619999 0.67189997    0.6875 0.70310003
0.71880001 0.73439997      0.75 0.76560003 0.78119999 0.79689997    0.8125 0.82810003
0.84380001 0.85939997     0.875 0.89060003 0.90619999 0.92189997    0.9375 0.95310003
0.96880001 0.98439997       1.0       1.0       1.0       0.0       0.0       0.0
$ net     n1        n2        n3        ...       ...       ...       ...       ...
$ #       n1        n2        n3        n4        n5        n6        n7        n8
       1001      1002      1003      1004      1005      1006      1007      1008
.........................................................................
       1854      1855      1856      1857      1858         0         0         0
$ 定义节点。
* NODE
    1001           -35.0             0.0             0.0       7       7
.........................................................................
    1858             0.0           320.0            35.0       6       7
* END
```

#### 20.3.2.3 数值计算结果

薄壁方管稳态振动计算结果如图 20-8 所示。

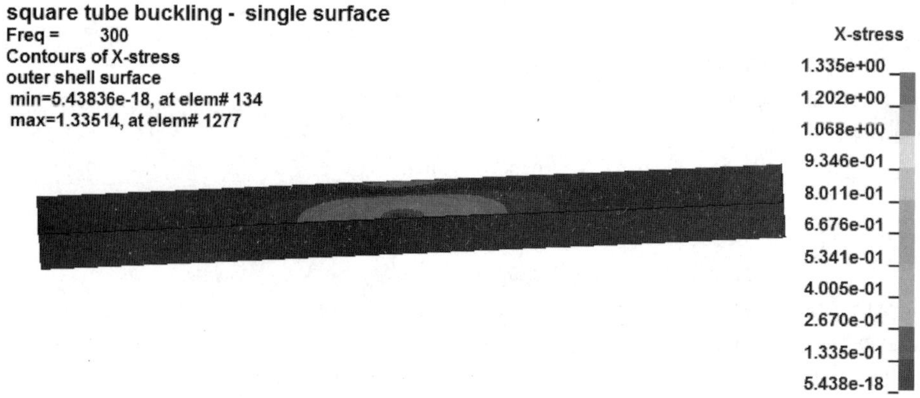

(a) X方向应力

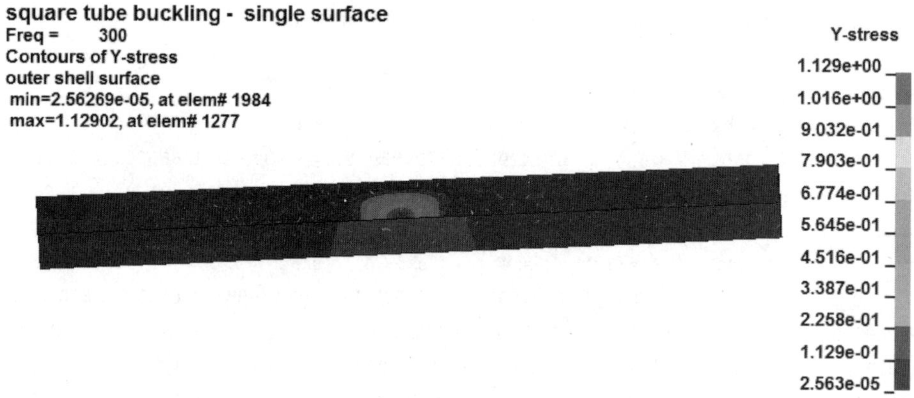

(b) Y方向应力

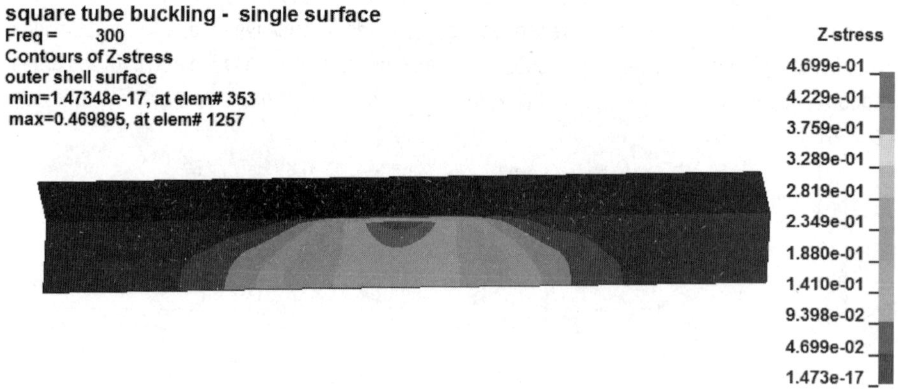

(c) Z方向应力

图 20-8　薄壁方管 SSD 分析结果

## 20.4 微粒法

微粒法(CPM)是用相互作用的颗粒来模拟安全气囊展开过程中气体以及气囊响应的数值方法。这种方法的最初研发动力来自离位状态(out-of-position,OOP)气囊展开模拟的需要。乘客处在理想位置并只与充分展开的气囊有接触的情况下,控制体积(Control Volume,CV)方法能满足模拟需要并提供理想的计算结果。但对于气囊在未充分展开状态下的响应和乘客在离位状态下的气囊响应,经验表明在气囊展开早期气体流动对此有重要影响,然而控制体积法因为等压等温假设的限制无法得出可靠预测结果。除了离位状态计算的需要外,新的气囊折叠方法和排气孔设计也要求更精确的计算方法。多种连续介质力学方法如 ALE 法因为高昂的计算成本和稳定性的限制也不是最佳选择。在这种环境下,微粒法应运而生。

微粒法基于分子运动理论(Kinetic Molecular Theory,KMT),主要有以下 4 点假设:

(1) 气体由大量分子组成,每个颗粒的运动都遵循牛顿运动定律。

(2) 气体达到了热力学平衡,也就是说,分子处在随机运动状态。

(3) 分子之间的距离远大于分子直径。

(4) 分子与分子之间,以及分子与容器之间的相互作用仅限于完全弹性碰撞,没有其他形式的吸引或排斥作用。

基于这几点假设,从描述分子运动的微观量可以推导得到气压和温度等宏观量。分子运动理论能准确描述理想气体的特性。但在实际工程运用中,因计算能力限制,对分子运动理论的直接模拟被局限于微小的空间和时间尺度。为跨越这一鸿沟,颗粒法进行了进一步的粗粒化(coarse-graining)处理,用一个颗粒来代表大批分子。对颗粒的描述包含了以下几点:

(1) 颗粒简化为理想球形,使得接触计算变得简单高效。

(2) 颗粒之间以及颗粒与结构之间为理想弹性碰撞。

(3) 颗粒既有平动能也有转动能,它们之间的比例关系由热容量决定。

颗粒法已被成功应用于气囊展开模拟,并可给出满意的计算结果。在这种方法基础上发展起来 PBM 方法还可以用于地雷爆炸对装甲车的毁伤计算以及岩土爆破计算等领域中。

## 20.5 参考文献


[1] Liping Li, David J. Benson. LSDYNA 同几何分析中的固体单元初步开发[J].有限元资讯, 2016, 2: 4-9.

[2] Liping Li, etc. LSDYNA® 同几何分析进展[J].有限元资讯, 2018, 2: 4-12.

[3] 彭胜.LS-DYNA 气囊颗粒法简介 [J].有限元资讯, 2014, 6: 9-11.

[4] 滕海龙.LSDYNA 中的二次拉格朗日单元介绍 [J].有限元资讯, 2016, 6: 4-13.

[5] 辛春亮,等.TrueGrid 和 LS-DYNA 动力学数值计算详解 [M].北京: 机械工业出版社, 2019.

[6] 辛春亮,等.由浅入深精通 LS-DYNA [M].北京: 中国水利水电出版社, 2019.

[7] Zhidong Han, Lee P. Bindeman . LS-DYNA 中的厚壳单元进展 [J].有限元资讯, 2015, 6: 16-21.

[8] 朱新海,肖煜中, 张力.LS-DYNA 中薄壳单元到厚壳单元的自动转换 [J].有限元资讯, 2016, 1: 9-12.

# 第21章

# LS-DYNA二次开发

LS-DYNA是一个大型的通用有限元程序，秉承一个执行程序、一个模型文件、执行多物理场、多工序、多阶段、多尺度分析的开发宗旨，致力于简化用户建模过程并提高模型的重复利用率。LS-DYNA内置的显式和隐式高效求解器及两者之间的动态交换，对解决多种非线性的大规模问题具有独特的优势，在实际工程中也得到非常广泛的应用。

考虑到实际物理问题的复杂性和多样性，LS-DYNA在开发初期就开放程序内核，让用户根据实际问题开发相应的用户模块来增强主程序的功能。LS-DYNA开放性非常好，其二次开发软件包向用户公开了全部的内核信息。但以前的LS-DYNA二次开发环境中FORTRAN只有一个代码很长的源程序文件，修改编译很不方便，用户友好性欠佳。2019年韩志东博士在LS-DYNA原有二次开发环境基础上推出了极其友好的新一代二次开发环境，新的开发环境完全兼容原有的开发环境，包括所有的材料模型、状态方程、单元类型、求解控制等各种用户子程序。LS-DYNA用户可向LS-DYNA供应商申请二次开发所需的相关文件资料。LINUX系统下的新开发环境还简化了用户子程序的编译链接过程，直接生成动态链接库，与LS-DYNA主执行程序完全脱离。LS-DYNA主程序支持同时加载多个用户子程序的动态链接库，按用户规则同时调用。还新增了用户自定义关键字、模型参数化及自动生成等功能，可解决更多的实际问题。

## 21.1 原有的二次开发环境及应用

LS-DYNA原有的二次开发软件包内FORTRAN源程序文件只有一个两万多行的dyn21.f，其中包含了对材料本构模型、状态方程、单元算法、求解控制、载荷等进行二次开发的全部源代码，用户查找修改相关代码很不方便，友好性欠佳。以Windows系统为例，该环境下的二次开发过程如下：

(1) 需要从原LSTC公司获取LS-DYNA二次开发软件包，其中包含dyn21.f，libdyna.lib，*.inc，nmake.exe等文件。

(2) 需要与二次开发软件包匹配的编译系统，如Intel Fortran：Intel Parallel Studio XE 2013。

(3) 用户修改dyn21.f文件。

(4) 编译程序生成可执行文件，如LSDYNA.EXE，最后通过简单输入算例运行可执行文件，验证正确性。

二次开发比较容易出错的一个环节是编译和链接过程。目前 LS-DYNA 提供的这种开发方法是把所有主程序的 OBJ 文件打包成库文件提供给用户，而这些 OBJ 文件是在 LS-DYNA 标准编译环境下编译出来的半成品二进制文件。然后用户在自己的开发环境下编译其用户子程序，与主程序的 OBJ 库文件链接生成含有用户子程序的 LS-DYNA 执行程序。该方法的好处是生成的 LS-DYNA 执行程序内含有用户子程序，方便执行。容易出错的地方是用户的编译环境往往与 LS-DYNA 的标准编译环境不一样，可能会导致链接后的 LS-DYNA 执行程序不能正常工作。两个编译环境之间的差异可能会存在于各个方面，比如操作系统类别和版本、FORTRAN 编译器的主版本及修正版本、C/C++ 编译器的版本及其所带的标准库文件，等等。这些差异导致的错误有时还很难发现，对二次开发造成一定的困扰。

另外，LS-DYNA 得到越来越广泛的应用，在有些工业领域逐渐被认为是行业的标准分析软件。这些行业的原材料供应商针对自己的材料等开发专门的材料模型及配套参数，方便客户利用 LS-DYNA 对其产品进行分析。近几年来这种开发模式逐渐形成了一种发展趋势。制造商在一次分析中可能要用到多个供应商的不同材料模型，而如何保证所有供应商的子程序 OBJ 版本都与 LS-DYNA 一致并正确地链接在一起，难度往往较大。LS-DYNA 预分配的用户材料号从 41 号到 50 号，总共只有 10 个，如何协调众多供应商的材料号以避免相互冲突，又会增加协调的难度。因此，这些需求都对 LS-DYNA 的开发环境提出了更高的要求。

## 21.2　新的二次开发环境

自 R11 开始，LS-DYNA 开发者将源程序文件 dyn21.f 分割成多个文件，分别为每个模块提供现成的模板程序，用户根据需要修改相应模块的模板就可以实现二次开发。LS-DYNA 用户子程序模板大体上包括以下几类：

(1) 材料模型 UMAT。

(2) 热材料模型 TUMAT。

(3) 状态方程 UEOS。

(4) 单元 UELEM。

(5) 求解控制模块。

(6) 输入输出模块。

因此，对于有一定编程经验的有限元开发人员来说，LS-DYNA 的用户模块开发是相对简单的，尤其是全套的模板程序提供了很好的示例和开发基础，演示了在大变形、大转动及各种非线性下的高效编程。用户可以根据自己的需要开发用户子程序，实现各种复杂问题的计算。

在完全兼容现有用户子程序的基础上，LS-DYNA 在 LINUX 系统下推出另一种新的开发环境，在方便性、兼容性和灵活性等方面有很大的提高：

- LS-DYNA 的主程序是一个可以进行独立分析的标准版执行程序，与用户子程序完全分离，也不依赖于任何用户子程序。LS-DYNA 的主程序可以单独升级，同时保持对用户子程序的兼容性,用户子程序无须重新编译和链接。

- 用户子程序是在用户的开发环境下独立编译链接并生成的动态链接库,其所用的系统库函数不影响链接主程序。动态链接库也保证了用户子程序的版本独立性和兼容性,无需和链接主程序同时升级。有些情况下,动态链接库可以允许不同的FORTRAN 编译器来编译和链接。
- 用户可以根据模型需要,在模型文件里面指定加载一个或多个动态链接库,并与模型中的相应 Part 关联,实现动态调用。
- 若将来用户程序的接口有一定的变化时,链接的高版本将考虑对以前版本的用户子程序的兼容性,可以直接加载以前版本的用户子程序的动态链接库,而用户无需重新编译和链接。

### 21.2.1 用户子程序

(1) 材料模型 UMAT

用户材料模型是用户子程序中应用最广泛的、也是最实用的模块。LS-DYNA 中的用户材料号是从 41 号到 50 号,受关键字 *MAT_USER_DEFINED_MATERIAL_MODELS 控制。所有用户材料子程序的统一入口子程序是 dyn21umat.f 中的:

```
subroutine usrmat (lft,llt,cm,bqs,capa,eltype,mt,ipt,
. npc,plc,crv,nnpcrv,rcoor,scoor,tcoor,nnml,nip,ipt_thk)
```

进入这个子程序后,再根据不同的单元类型选择不同的材料子程序:

- urmathn:实体单元、厚壳单元、SPH 单元的三维材料模型。
- urmats:壳单元的二维平面应力材料模型。
- urmatb、urmatd、urmatt:三种不同的梁单元模型。

这三个不同子程序根据各自的单元特点对应力应变进行相应的处理,再进入具体的用户子程序 umat41,umat42,…,umat50。这 10 个子程序是标准的串行版本模板,演示不同类型的材料模型,用户可以从这 10 个子程序模板中选一个较为贴近的开始。如果对计算效率要求较高,用户可以选与其对应的矢量版的模板,umat41v,umat42v,…,umat50v。矢量版子程序的特点是利用 128 位或更多位 CPU 的宽度,一次对多个操作数同时进行运算,比如一个 128 位 CPU 一次对 4 个 32 位的单精度实数进行运算,而一个 512 位 CPU 则一次对 16 个单精度实数进行运算。用户开发出这个 umat 子程序就可以进行显式分析。如果要进行隐式分析,LS-DYNA 还需要该材料的切线刚度矩阵子程序。不同单元的切线刚度矩阵入口子程序分别是:

- urtanh:实体单元、SPH、厚壳单元的三维材料模型。
- urtans:壳单元的二维平面应力材料模型。
- urtanb:三种不同的梁单元模型。

这三个不同子程序根据各自的单元特点处理后,进入具体的用户子程序 utan41,utan42,…,utan50,或者其相应的矢量版的子程序 utan41v,utan42v,…,utan50v。用户需要开发对应的 utan 子程序,就可以进行隐式分析了。

如果该材料需要支持 LS-DYNA 的内聚单元,则用户还要开发对应的用户内聚材料

(cohesive materials)子程序。内聚材料子程序的统一入口子程序是 dyn21b. f 中的：

```
subroutine umat41c(idpart,cm,lft,llt,fc,dx,dxdt,aux,ek,
& ifail,dt1siz,crv,nnpcrv,nhxbwp,cma,maketan,dsave,ctmp,elsiz,
&reject,ip,nip)
```

进入后转入相应的具体内聚材料子程序 umat41c，umat42c，…，umat50c。

(2) 热材料模型 TUMAT

热材料模型的材料号是从 11 号到 15 号，由关键字 * MAT_THERMAL_USER_DEFINED 控制。其统一入口子程序是 dyn21b. f 中的

```
subroutine thusrmat(mt,c1,c2,c3,cvl,dcvdtl,hsrcl,dhsrcdtl,
    1 hsv,iphsv,r_matp,crv,nnpcrv,npc,plc,nel,nep,iep,eltype,dt,atime,
    2 ihsrcl,hsvm,nmecon,temp,hsv2,hstored)
```

相应的用户热材料模型子程序是 thumat11，thumat12，…，thumat15，而没有单独的矢量版子程序。

(3) 状态方程 UEOS

状态方程在 LS-DYNA 的显式分析中非常重要，是爆炸冲击动力学的基础。用户状态方程的号码是从 21 号到 30 号，由关键字 * EOS_USER_DEFINED 控制。其入口子程序是 dyn21b. f 中的

```
subroutine ueoslib(lft,llt,nes,mte,eosp,pnew,v0,dvol,crv,nnpcrv,ivect,ihistp,iflag,nh)
```

相应的用户状态方程的子程序是 ueos21s，ueos22s，…，ueos30s，其对应的矢量版分别是 ueos21v，ueos22v，…，ueos30v。

(4) 单元 UELEM

用户单元开发分两类，壳单元和实体单元。用户壳单元的号码是从 101 号到 105 号，由关键字 * SECTION_SHELL 控制，统一入口子程序是 dyn21b. f 中的

```
subroutine usrshl(rule,ixp,x,rhs,rhr,vt,vr,strain,yhatn,fibl,
1 auxvec,mtype,ro,cm,csprop,nsubgv,mtnum,nfegp,ihgq,hgq,ies,ener,
2 mpusr,lav,nmel,nnm1,mxe,ibqshl,iqtype,bkqs,gmi,ihgenf,hgener,
3 lft,llt,rhssav,eig,eign,qextra,nmtcon,ithxpid,ietyp,cmusr,
4 lenvec8,xipn,drlstr,rhsl,loceps,epsint,eosp,isdrill,rots,
5 idam,damag,lochvf,auxmes)
```

进入到壳单元程序后，所有的变量都是在壳单元的单元坐标系中完成。壳单元的额外控制参数见 * CONTROL_ACCURACY，* CONTROL_SHELL 等。用户单元开发的工作量及复杂度要远超用户材料模型的开发，涉及单元的形函数、B 矩阵、沙漏控制、单元内力集成，等等。另外还需提供用户壳单元的质量矩阵，见 dyn21b. f 中的

```
subroutine usldmass(iop,w,nxdof,x,rho,cm,lmc)
```

用户实体单元的变量都是在整体坐标系中进行，对各向异性材料需要转动。开发的复杂度比较高，其模板中需要提供很多子程序。详细情况参阅 dyn21b. f 中的用户单元模板。

(5) 求解控制模块及输入输出模块

这个部分的子程序很多，多数都在 dyn21. f 中，还有几个在 couple2other_user. f 和

dynrfn_user.f 中。

上述子程序分散在关键字用户手册的不同章节，没有一个统一的说明。在关键字 * MODULE_USE 一节中，这些子程序被简单地分类处理。另外，在 LS-DYNA 关键字用户手册第一卷的附录 A-H 中对二次开发有非常详细的介绍。

### 21.2.2 用户子程序的编译和链接

在新的用户子程序开发环境中，LS-DYNA 的主程序与用户子程序完全分开，二次开发包中也不包含 LS-DYNA 主程序的 OBJ 文件。因此，新的二次开发包的文件很小，全部打包压缩后只有 165KB，极大地提高了用户子程序的编译和链接速度，使得二次开发更加方便。

二次开发包中包括以下三部分内容：

- 各个用户子程序的模板，是 FORTRAN 的源程序，包括 dyn21.f 和 dyn21b.f 等。
- 头文件，也是源程序，包括 dyn21.f 中各个 COMMON BLOCK 参数，供二次开发使用。
- 编译脚本文件 Makefile，用于编译和链接。

前两部分的源程序与用户子程序的具体功能相关。脚本文件 Makefile 是一个纯文本文件，可以用普通的文本编辑器修改，主要内容包括以下几个变量的设置：

```
MY_FLAG = -fPIC -O2 -safe_cray_ptr -xSSE2 -align array16byte ......
FC = /opt/platform_mpi/bin/mpif90
LD = /opt/platform_mpi/bin/mpif90 -shared -nofor_main
export MPI_F77 := /opt/intel/composer_xe_2013.5.192/bin/intel64/ifort
MY_TARGET = libusermat_105657.so
MY_OBJS = dyn21.o dyn21b.o init_dyn21.o ......
MY_INC = nlqparm define.inc define2.inc ......
```

其中：

MY_FLAG 是 FORTRAN 编译器的标准选项，如果用户的 FORTRAN 编译器和 LS-DYNA 主程序的编译器的版本一样，不建议更改这些标准选项。

FC 指定 MPP 的 FORTRAN 编译器，此例中给出的是 platform_mpi 的编译器。

LD 指定 MPP 的链接器，此例中给出的是 platform_mpi 的链接器。

export MPI_F77 是用来指定真正的 FORTRAN 编译器，MPP 编译器会调用这个编译器来编译 FORTRAN 源程序。此例中指定了 intel FORTRAN 编译器的版本及其安装路径。FC、LC、MPI_F77 中指定的程序都包含有安装路径。如果用户机器上安装路径或版本与此不同，则需要修改相应的变量，否则不能正确编译链接。

MY_TARGET 是指定动态链接库的名称，在 LINUX 系统下一般以.so 作为后缀，而 Windows 系统以.dll 作为后缀。

MY_OBJS 包含 LS-DYNA 的所有模板子程序的 FORTRAN 源码，有些模板源码可能没有用上，手工去掉或保留都可以，不影响真正开发部分的源码的执行。用户可以在这个变量里加入自己的源程序文件。

MY_INC 包含 LS-DYNA 用户开发包的所有的头文件，用户可以添加自己的头文件，但不建议删除已有的头文件。

当这些变量设置好后，在当前目录下运行 LINUX 系统的命令"make"来执行这个编译脚本文件，自动完成编译和链接过程，并产生 MY_TARGET 所指定的动态链接库，如果源程序有错误，则打印相应的错误信息，并终止编译链接过程。用户在修改相应的源程序后，可以再次执行"make"命令来重新编译和链接。另外，新的开发环境仅支持 LINUX 的单机或集群系统，对 Windows 系统暂时还不能支持。

在用户子程序开发过程中，经常需要对源程序进行跟踪和调试。用户只需要将 Makefile 中的 MY_FLAG 变量里的优化选项"-O2"改为"-g"，就可以关掉编译器的优化功能并在动态链接库中加入源程序信息，方便对源码调试。调试 MPP 版本的 LS-DYNA，用户要避免 MPIRUN 启动多进程，而是直接启用 gdb（或者其他的跟踪程序，如 idb、ddd 等）加载主程序，并在用户子程序中设置断点：

```
set breakpoint pending on
break < source file name >:< line number >
```

再用 r 命令启动 LS-DYNA 进入单进程模式运行。LS-DYNA 主程序加载带有源程序信息的动态链接库后就设置相应的断点，并在进入该用户子程序后就在该断点处停下来等待调试。

### 21.2.3　用户子程序的动态链接库的调用

在一般情况下，LS-DYNA 主程序进行计算分析时不加载任何用户动态链接库。只有当模型需要用到某个动态链接库时，则在原来的关键字文件中加入一个新的关键字 *MODULE_LOAD 来实现加载。该关键字的格式如表 21-1～表 21-2 所示。

**表 21-1　*MODULE_LOAD 关键字卡片 1**

| Card 1 | 1 | 2 | 3 | 4 | 5 | 6 | 7 | 8 |
|---|---|---|---|---|---|---|---|---|
| Variable | MDLID | | TITLE | | | | | |
| Type | A20 | | A60 | | | | | |
| Default | none | | none | | | | | |

**表 21-2　*MODULE_LOAD 关键字卡片 2**

| Card 2 | 1 | 2 | 3 | 4 | 5 | 6 | 7 | 8 |
|---|---|---|---|---|---|---|---|---|
| Variable | FILENAME | | | | | | | |
| Type | A80 | | | | | | | |
| Default | none | | | | | | | |

**情形一：只有一个动态链接库**

当一个模型只用到一个动态链接库的时候，只需要 *MODULE_LOAD 就可以：

```
*MODULE_LOAD
my_mod
libusermat_105657.so
```

第一张卡片是给这个动态链接库在这个模型中定义一个标识名，不能重名。第二张卡片是动态链接库的具体文件名,可以包含绝对路径或者相对路径。文件名及其路径的长度限制为 80 个字符。如果不够的话,则需要用到另外一个关键字 * MODULE_PATH 来指定动态链接库的路径。LS-DYNA 则会搜索这个路径并加载动态链接库。

只有一个动态链接库的情形是最简单的,也和以前的开发模式完全兼容。此情形下,LS-DYNA 主程序会自动把所有对用户子程序的需求都转到这个动态链接库。

**情形二:调用多个动态链接库**

若模型需要用到多个动态链接库,则可使用关键字 * MODULE_LOAD 来单独加载每个动态链接库:

```
*MODULE_LOAD
my_mod
libusermat_105657.so
mod_a
/ext/libusermat_moda.so
mod_b
/ext/libusermat_modb.so
```

此例演示了同时加载三个动态链接库,并定义了相应的三个独立标识名:my_mod、mod_a、mod_b。LS-DYNA 把这些动态链接库加载后,还需要另外一个关键字 * MODULE_USE 定义各种调用规则,把对用户子程序的调用转到相应的动态链接库。关键字 * MODULE_USE 需要两张或更多的卡片来定义一个动态链接库的一个或多个调用规则。每个动态链接库需要至少一个单独的 * MODULE_USE 关键字来定义其调用规则。* MODULE_USE 关键字卡片参数详细说明见表 21-3～表 21-4。

表 21-3 * MODULE_USE 关键字卡片 1

| Card 1 | 1 | 2 | 3 | 4 | 5 | 6 | 7 | 8 |
|---|---|---|---|---|---|---|---|---|
| Variable | MDLID | | | | | | | |
| Type | A20 | | | | | | | |
| Default | none | | | | | | | |

表 21-4 * MODULE_USE 关键字卡片 2

| Card 2 | 1 | 2 | 3 | 4 | 5 | 6 | 7 | 8 |
|---|---|---|---|---|---|---|---|---|
| Variable | TYPE | | PARAM1 | | PARAM2 | | | |
| Type | A20 | | A20 | | A20 | | | |
| Default | none | | blank | | blank | | | |

* MODULE_USE 的第一张卡片输入动态链接库的标识名,后续的调用规则只适用于该动态链接库。第二张卡片定义规则,一张卡片定义一个规则。若需要定义多个规则,则可以重复这张卡片。当多个规则有冲突时,以后输入的规则为准,因此定义规则的时候要注意顺序。另外也可以利用规则,把普通的规则定义在先,再定义一些特殊的规则。

在多数情况下,调用规则都很简单。借用上面的例子,假设计算模型用到 my_mod 中 UMAT41、mod_a 中 UMAT42,以及 mod_b 中 UMAT45 和 UMAT46,则定义以下四个规则就可以了:

```
*MODULE_USE
my_mod
UMAT,41,41
*MODULE_USE
mod_a
UMAT,42,42
*MODULE_USE
mod_b
UMAT,45,45
UMAT,46,46
```

这样 LS-DYNA 就会把所有用到 UMAT41 的材料转到 my_mod，而其他的 UMAT 转到相应的动态链接库 mod_a 或 mod_b。假如模型里还用到了 UMAT48，但没有相应的规则指定如何调用，LS-DYNA 主程序就会报告错误并终止运行，指明 UMAT48 没有找到。

**情形三：调用材料号有冲突的多个动态链接库**

假若情形二中用户子程序有冲突，比如上例模型需要同时用到三个动态链接库 my_mod、mod_a、mod_b 中的 UMAT41 子程序，则需要更详细的规则来定义调用关系。上例的规则是针对真实的用户子程序名字来定义的，而此例中真实子程序名字有了冲突，就需要定义一个虚拟的子程序名称来。LS-DYNA 中的材料号从 1001 到 2000 被指定用户材料模型，也就是说关键字 *MAT_USER_DEFINED_MATERIAL_MODELS 的材料号 MT 既可以是 41 到 50，也可以是 1001 到 2000。这些虚拟的材料号并没有真实的用户子程序来对应的，必须通过规则来定义调用关系。有了这些虚拟材料号后，有冲突的材料号就可以重新定义：

- 所有用到 my_mod 中 UMAT41 的材料都定义为 1001。
- 所有用到 mod_a 中 UMAT41 的材料都定义为 1002。
- 所有用到 mod_b 中 UMAT41 的材料都定义为 1003。

然后定义下面三个规则：

```
*MODULE_USE
my_mod
UMAT,1001,41
*MODULE_USE
mod_a
UMAT,1002,41
*MODULE_USE
mod_b
UMAT,1003,41
```

用虚拟的材料号来定义规则比较简单，只是需要对原来的模型文件中材料号做一点修改。除此之外，LS-DYNA 还允许对材料的标识号(MID)定义调用规则，不过 LS-DYNA 中的用户材料模型限制同一个材料号(MT)的用户子程序必须要有相同的控制参数，参阅关键字 *MAT_USER_DEFINED_MATERIAL_MODELS 中对 MT 的说明。因此，在实际使用上，虚拟材料号的方法比较适用，也不容易出错。

另外，针对材料号的规则不是仅仅对 UMAT 子程序定义的，LS-DYNA 会自动把这些规则应用到与 UMAT 配套的子程序上，如切线刚度阵子程序 URTANH，URTANS，URTANB，及界面材料子程序 UMATC 等。切线刚度子程序的调用还会自动根据单元类型来进入正确的入口,无需用户做更多的输入。

上面针对材料号举例演示了不同动态链接库的调用规则,而关键字 * MODULE_USE 还可以对用户开发包中的所有子程序都可以定义调用规则,包括用户热材料、用户单元、用户控制模块。详细的规则定义参阅关键字手册中 * MODULE。

### 21.2.4 二次开发的其他新增功能

(1) 用户参数 * USER_PARAMETER

为支持用户二次开发,LS-DYNA 的主程序还新增一些辅助功能,使得用户子程序的功能更完善、更强大。用户参数 * USER_PARAMETER 支持用户定义自己的标识字,并输入相应的模型参数,可以同时输入多个整数(I)、实数(R)、字符串(A)或者多行文本(L)。用户子程序在运行时可以调用系统程序来获取这些参数:

```
subroutineget_usparam(key, nparam, itype, mptr)
```

其中 key 就是用户自定义的标识字,其长度可以多到 80 个字符。

(2) 用户模型自动化 * USER_KEYWORD

这个功能是让 LS-DYNA 的主程序在读取模型文件时,调用用户子程序 rdusrkwd,让用户子程序根据自己的参数来直接生成模型,或者模型中的部分 Part。这个功能应用在很多方面,比如:

- 企业可以将标准化 Part 的不同密度的网格集中存放在中央数据库,用户子程序可以根据 Part 的标识号、分析的类型和要求,动态调用相应的网格和计算参数,并加入到当前模型中。
- 用户子程序在读取模型中材料的供应商和标识号等信息后,直接从本地数据库或供应商的远程数据库中读取相应的材料模型设置及参数,使得模型本身更加自动化和智能化。
- 用户子程序可以为模块化产品自动建模,生成 LS-DYNA 的模型,简化建模过程。

(3) 用户应用程序开发

目前的用户二次开发是在 LS-DYNA 主程序的基础上,利用子程序来增强 LS-DYNA 的功能,是限制在 LS-DYNA 主程序的框架内。LS-DYNA 的最新开发环境将支持用户的独立应用程序开发,而不仅仅是动态链接库。用户自己的主程序在 MPP 的框架下与 LS-DYNA 进行实时数据交换,实现更加宽松的多物理场耦合分析。目前很多 LS-DYNA 的用户都有自己独特的独立应用主程序,若要改造为 LS-DYNA 的动态链接库运行,开发工作量较大,难度也较大。而新的开发环境将配备并行开发模板,该模板可以直接将用户的应用主程序加入到 LS-DYNA 的 MPP 并行环境中,自动实现 MPP 初始化对接,并在运行时与 LS-DYNA 进行数据交换。因此,新的开发环境将极大地方便用户进行不同层次的开发,与 LS-DYNA 实现耦合分析。

## 21.3 材料模型的二次开发过程

LS-DYNA 是一个大型的通用有限元程序,对多种非线性的大规模问题的解决具有独特的优势，在实际工程中也得到非常广泛的应用。目前 LS-DYNA 有三百余种材料模型，其中多数提供二维平面应力和三维应力两个版本。LS-DYNA 提供完整的用户材料模型的开发模板，让用户可以开发自己的材料模型。与一般的隐式算法相比，显式有限元分析的时间步长很小，计算规模大，导致对用户子程序的调用非常频繁。LS-DYNA 为减少子程序的调用，内部采用批处理的方式调用用户子程序，要求一次调用能处理几百个单元，这也为用户子程序实现矢量化计算提供了方便。因此，考虑到大变形，LS-DYNA 对用户子程序的特殊要求也增加了用户开发的复杂度。另外，对于一个初次接触 LS-DYNA 的用户来说，主程序的执行码不带调试信息，较难在源程序上跟踪调试，加大了二次开发中的程序查错的难度。

本节以一个简单大变形下的各向同性线弹性材料模型为例，演示在新的开发环境下的完整的开发、调试和验证过程。

## 21.3.1 线弹性材料模型

（1）应力应变关系

在 LS-DYNA 中应力和应变都是 6 个分量，排列顺序为

$$\text{应力：}\underline{\boldsymbol{\sigma}} = \begin{Bmatrix} \sigma_x \\ \sigma_y \\ \sigma_z \\ \tau_{xy} \\ \tau_{yz} \\ \tau_{zx} \end{Bmatrix} \tag{21.1}$$

$$\text{应变：}\underline{\boldsymbol{\varepsilon}} = \begin{Bmatrix} \varepsilon_x \\ \varepsilon_y \\ \varepsilon_z \\ \gamma_{xy} \\ \gamma_{yz} \\ \gamma_{zx} \end{Bmatrix} \tag{21.2}$$

线弹性材料模型为：$\underline{\boldsymbol{\varepsilon}} = \underline{\boldsymbol{D}}\,\underline{\boldsymbol{\varepsilon}}$

$$\underline{\boldsymbol{D}} = \frac{E}{(1+\nu)(1-2\nu)} \begin{bmatrix} 1-\nu & \nu & \nu & 0 & 0 & 0 \\ \nu & 1-\nu & \nu & 0 & 0 & 0 \\ \nu & \nu & 1-\nu & 0 & 0 & 0 \\ 0 & 0 & 0 & \frac{1-2\nu}{2} & 0 & 0 \\ 0 & 0 & 0 & 0 & \frac{1-2\nu}{2} & 0 \\ 0 & 0 & 0 & 0 & 0 & \frac{1-2\nu}{2} \end{bmatrix} \tag{21.3}$$

其中 $E$ 和 $v$ 分别是杨氏模量和泊松比。

(2) 验证算例

该算例是只有一个8节点实体单元的模型,如图21-1所示,长为 $L=2.0\text{m}$,宽和高均为 $b=1.0\text{m}$。加载条件为:在 $x$ 方向单向拉伸,而在 $y$ 及 $z$ 方向的位移为零。上述应力应变关系在小变形的情况下则简化为

$$\text{应变:}\varepsilon_x=\varepsilon=\frac{u}{L} \tag{21.4}$$

$$\varepsilon_y=0 \tag{21.5}$$

$$\varepsilon_z=0 \tag{21.6}$$

$$\text{应力:}\sigma_x=\sigma=\frac{E(1-\nu)}{(1+\nu)(1-2\nu)}\varepsilon \tag{21.7}$$

$$\sigma_y=\frac{\nu}{1-\nu}\sigma \tag{21.8}$$

$$\sigma_z=\frac{\nu}{1-\nu}\sigma \tag{21.9}$$

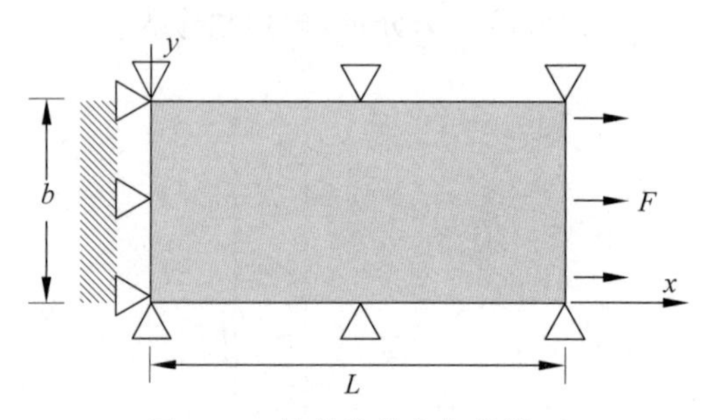

图21-1 简单的单向加载模型

## 21.3.2 LS-DYNA用户子程序开发和调试

(1) UMAT子程序的编译和链接

LS-DYNA中的用户材料号是从41号到50号,对应的第一级用户入口子程序是dyn21.f中的usrmat,受关键字*MAT_USER_DEFINED_MATERIAL_MODELS控制。

```
subroutineusrmat (lft,llt,cm,bqs,capa,eltype,mt,ipt,
    . npc,plc,crv,nnpcrv,rcoor,scoor,tcoor,nnm1,nip,ipt_thk)
```

进入这个子程序后,再根据不同的单元类型选择不同的第二级材料子程序:

- urmathn:实体单元、厚壳单元、SPH单元的三维材料模型。
- urmats:壳单元的二维平面应力材料模型。
- urmatb、urmatd、urmatt:三种不同的梁单元模型。

这三个不同子程序根据各自的单元特点对应力应变进行相应的第二级处理之后,再进入第三级的用户子程序umat41,umat42,…,umat50。这10个子程序是标准的串行版本模板,演示不同类型的材料模型。在通常的开发过程中,第一级和第二级入口程序都不需要改动,只需要从第三级这10个子程序模板中选一个较为贴近的开始,这里选择umat41这个子程序。

进入 LS-DYNA 开发包目录后，进行如下操作步骤：

① 把 umat41 子程序从 dyn21.f 中删除，并复制到另一个新的源文件 umat41.f：

```
subroutine umat41 (cm,eps,sig,epsp,hsv,dt1,capa,etype,tt,
    1 temper,failel,crv,nnpcrv,cma,qmat,elsiz,idele,reject)
```

② 编辑开发包中的 Makefile，把 umat41.f 的 obj 文件加到 MY_OBJS 变量中：

```
MY_OBJS = dyn21.o dyn21b.oinit_dyn21.o couple2other_user.o dynrfn_user.o umat41.o
```

③ 选择编译器

原来的编译器设置是和主程序一致的，LINUX 系统一般是 INTEL 或者 PGI 的 FORTRAN 编译器，这些商业编译器的执行代码一般来说效率比较高。在 LS-DYNA 新的编译环境下，用户子程序的编译器不要求和主程序一致，这里采用开源的 gfortran 来演示编译过程。编译环境为

LINUX 系统：OpenSUSE LEAP 42.1。

编译器：gfortran4.8.5。

MPI：platformmpi Community Edition 9.1.2。

将 Makefile 中的编译变量设置为

```
MY_FLAG =  -g -fPIC -fcray-pointer -I/opt/platform_mpi/include
FC = /usr/bin/gfortran
LD = /usr/bin/gfortran -shared
export MPI_F77 := /usr/bin/gfortran
MY_TARGET = gnu.so
```

其中，-g 是让编译的用户模块带有源程序的调试跟踪信息。这些变量的详细解释请参阅 21.2.2 节。

④ 用 make 命令编译，生成 gnu.so，就完成了编辑和链接。

(2) UMAT 子程序的调用

上面编译好的 gnu.so 可以作为开发好的用户模块配合模型使用。这个模块和 LS-DYNA 主执行程序是分开的，即使将来 LS-DYNA 主程序的版本升级也不影响这个模块。调用的方法是在模型的关键字文件里面加入三行

```
*MODULE_LOAD
myumat41
gnu.so
```

其中：第一行是关键字，第二行是这个模块在这个模型的 ID，第三行是这个模块编译后的文件。然后就可以按照原来的方法执行 LS-DYNA 主程序了。这个关键字有很多匹配规则，详见 21.2.3 节。本节演示的是 MPP 版本的主程序，单个单元模型只能用一个 CPU 来运行：

```
Mppdyna  i=demo.k
```

(3) UMAT 子程序的跟踪调试

当子程序运行遇到问题的时候，最简单直接的方法是用打印命令，与 LS-DYNA 的 59

号文件对应的是messag信息文件，对于MPP程序，每个CPU都有一个自己的messag文件（文件名为mes*nnnn*，其中*nnnn*为CPU序号），因此打印方法不容易混乱，也很方便。比如：

```
WRITE(59, * )'sig = ',sig(1),sig(2),sig(3)
WRITE(59, * )'hsv = ',hsv(1),hsv(2)
```

有些情况下，还是要进入到源程序里面，在源程序上进行跟踪调试。本节以gdb为例，启动调试程序，进行以下步骤：

① 调入主程序。

```
gdbmppdyna
```

② 设置断点。

```
b umat41
```

注意，此时会显示umat41不存在，可能要用set breakpoint pending on激活在调用时补设断点。

③ 运行程序。

```
r i = demo.k
```

④ 程序在进入umat41后，就会停下来。比如，打印变量。

```
p cm(1)
```

这是*MAT_USER_DEFINED_MATERIAL_MODELS卡片输入的第一个材料常数P1。

### 21.3.3 材料模型的验证

根据前面定义的物理模型，利用LS-PrePost建立一个有限元模型，包含一个八节点的实体单元，长度2m，宽和高为1m。并用LS-PrePost施加所有的边界条件和给定位移以及材料属性后，有限元模型如图21-2所示。

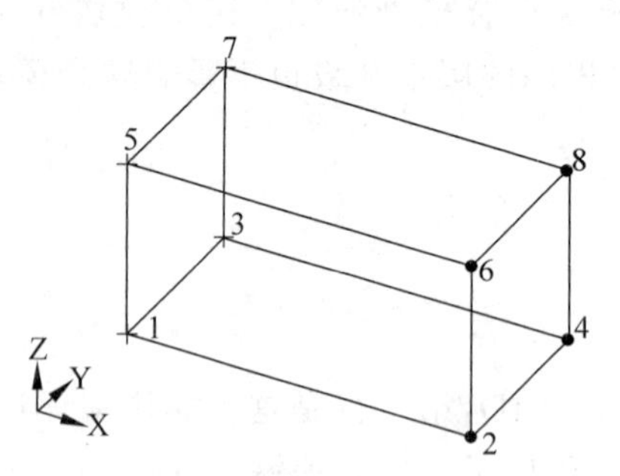

图21-2 简单的单向加载有限元模型

所有的节点都固定，只有2,4,6,8节点在X方向指定速度为1.0m/s。分析时间为1s，则节点位移和工程应变时间曲线为

$$u(t)=t \tag{21.10}$$

$$\varepsilon(t)=u(t)/L=t/2 \tag{21.11}$$

计算位移与图21-3的数值计算结果吻合得很好。

材料模型为线弹性，$E=150\times10^9\,\text{Pa}$，$\nu=0.25$，则应力-时间曲线表达式为

$$\sigma(t)=180\times10^9\varepsilon(t)=90\times10^9 t \tag{21.12}$$

而图21-4中计算结果给出的最大应力则只有$\sigma_{max}=73\times10^9\,\text{Pa}$。

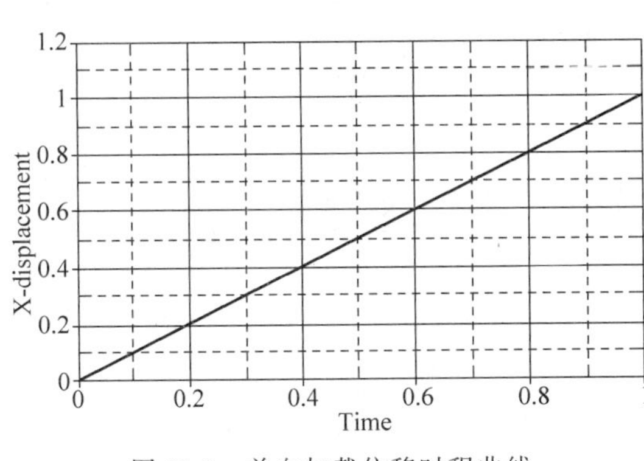

图 21-3 单向加载位移时程曲线

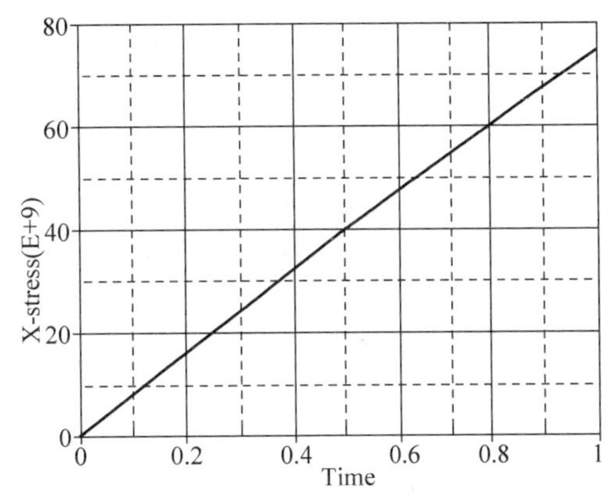


图 21-4 单向加载真实应力时程曲线

原因是 LS-DYNA 中的应变都是真实应变，而不是上面计算的工程应变。真实应变的计算方法为

$$e(t)=\ln[1+\varepsilon(t)] \tag{21.13}$$

得到真实最大应变 $e_{max}=\ln(1.5)=0.405$。

代入应力计算公式可以得到最大真实应力的理论值是 $\sigma_{max}=73\times10^9\,\mathrm{Pa}$，与有限元计算结果完全吻合。同时计算结果也表明，当时间 $t=0.001$ 时，工程应变 $\varepsilon(0.001)=0.005$，而此时的真实应力为 $\sigma(0.001)=89.7\times10^9\,t$，与线性公式相差 0.3%。而当时间 $t=0.2$ 时，工程应变 $\varepsilon(0.2)=0.1$，真实应力 $\sigma(0.2)=171\times10^9\,t$，与线性公式相差 4.7%。

在开发 LS-DYNA 用户子程序时，一定要考虑大变形情况下的本构关系。一般来说，把线性小变形的本构关系直接放进 LS-DYNA，真实应力会有很大的差别。这点与一般的小变形下的本构模型开发有很大的不同，也加大了 LS-DYNA 的开发难度。

## 21.3.4 关键字输入文件

```
*KEYWORD
*TITLE
$ #     title
UMAT development
*MODULE_LOAD
myumat41
gnu.so
*CONTROL_TERMINATION
$ #   endtim     endcyc     dtmin     endeng     endmas
    1.000000          0     0.000     0.000   1.0000E+8
*DATABASE_BINARY_D3PLOT
$ #       dt      lcdt      beam     npltc     psetid
     1.0e-2          0         0         0         0
*BOUNDARY_PRESCRIBED_MOTION_SET
$ #     nsid       dof       vad      lcid        sf       vid      death     birth
           1         1         0         1       1.0         0  1.0000E28       0.0
*SET_NODE_LIST_TITLE
```

```
x = L
$ #      sid       da1       da2       da3       da4    solver
           1       0.0       0.0       0.0       0.0MECH
$ #     nid1      nid2      nid3      nid4      nid5      nid6      nid7      nid8
           2         4         6         8         0         0         0         0
*BOUNDARY_SPC_SET
$ #     nsid       cid      dofx      dofy      dofz     dofrx     dofry     dofrz
           2         0         1         0         0         0         0         0
*SET_NODE_LIST_TITLE
x = 0
$ #      sid       da1       da2       da3       da4    solver
           2       0.0       0.0       0.0       0.0MECH
$ #     nid1      nid2      nid3      nid4      nid5      nid6      nid7      nid8
           1         3         5         7         0         0         0         0
*BOUNDARY_SPC_SET
$ #     nsid       cid      dofx      dofy      dofz     dofrx     dofry     dofrz
           3         0         0         1         1         0         0         0
*SET_NODE_LIST_TITLE
all
$ #      sid       da1       da2       da3       da4    solver
           3       0.0       0.0       0.0       0.0MECH
$ #     nid1      nid2      nid3      nid4      nid5      nid6      nid7      nid8
           1         2         3         4         5         6         7         8
*PART
$ #                                                                          title
one-element test
$ #      pid     secid       mid     eosid      hgid      grav    adpopt      tmid
           1         1         1         0         0         0         0         0
*SECTION_SOLID
$ #    secid    elform       aet
           1         1         0
*MAT_USER_DEFINED_MATERIAL_MODELS
$ #      mid        ro        mt       lmc       nhv    iortho     ibulk        ig
           1    7800.0        41         4         0         0         3         4
$ #    ivect     ifail     therm    ihyper      ieos      lmca    unused    unused
           0         0         0         0         0         0
$ #       p1        p2        p3        p4        p5        p6        p7        p8
      1.5E11      0.25    1.0E11      6E10
*DEFINE_CURVE_TITLE
X-velocity
$ #     lcid      sidr       sfa       sfo      offa      offo    dattyp     lcint
           1         0       1.0       1.0       0.0       0.0         0         0
$ #                   a1                  o1
                     0.0                 1.0
                     1.0                 1.0
*ELEMENT_SOLID
$ #    eid     pid      n1      n2      n3      n4      n5      n6      n7      n8
         1       1       1       2       4       3       5       6       8       7
*NODE
$ #    nid               x               y               z      tc      rc
         1             0.0             0.0             0.0       0       0
```

```
       2          2.0          0.0          0.0       0       0
       3          0.0          1.0          0.0       0       0
       4          2.0          1.0          0.0       0       0
       5          0.0          0.0          1.0       0       0
       6          2.0          0.0          1.0       0       0
       7          0.0          1.0          1.0       0       0
       8          2.0          1.0          1.0       0       0
*MAT_ELASTIC
$ #     mid        ro         e         pr        da        db  not used
         11      7800    1.5E11       0.25       0.0       0.0         0
*END
```

# 21.4 用户关键字的二次开发

LS-DYNA 用户在多年的应用过程中积累了非常多的模型数据，比如各个 Part 的有效数据、各个机构的建模方法、各种材料的参数库以及各种求解控制参数等。这些数据都是经过长期应用反复验证过的，在实际应用中也非常有效。如何把这些数据准确可靠地应用到新的数值分析中，很多用户都根据自己的模型特点建立一套管理方法来尽量地避免模型差错。目前 LS-DYNA 的模型输入文件主要是静态模型文件（关键字文件），对于脚本语言缺乏良好的支持。在新的二次开发环境下，用户可以通过用户子程序来实现动态的模型生成功能，实现建模自动化，比如：

- 对同一个标准 Part，在不同的网格尺寸下，实现不同的网格划分方式。
- 对同一个材料模型，在不同的单位制下，实现参数自动转换，避免手工差错。
- 对同一个连接机构，在不同的分析中，实现不同的建模方式。

LS-DYNA 新的二次开发环境支持用户子程序与 LS-DYNA 的主程序完全分开，在运行时无需链接。在以前的开发模式下，用户子程序必须与 LS-DYNA 的具体执行程序相关联，不同的执行程序往往需要重新编译链接才能执行。当模型还需要别的用户子程序时，往往会产生冲突。因此，当这种限制被突破后，用户开发的动态建模的用户子程序就成为了模型的一部分，与 LS-DYNA 的执行程序完全分开，只有在该模型被读入的时候该子程序才被动态调用。这种新的开发模式导致了用户子程序在概念上有一个比较大的改变，即把用户子程序和用户数据绑定在一起，而与 LS-DYNA 的执行程序无关，提高了用户子程序的一致性和可维护性。

下面以两个简单的例子来介绍在新的开发环境下，如何利用用户子程序来动态生成用户关键字，实现模型输入上的自动化。

## 21.4.1 模型自动建模

（1）长方块生成程序

这是一个简单的例子，用来演示如何在现有的模型中生成一个长方块（假定为某个 Part）。这个长方块的网格生成程序非常简单，但演示了开发的全过程。其源程序已经包含在 LS-DYNA 用户子程序开发包里面，用户可以根据需要开发一个实用的 Part 生成子程序。

如图 21-5 所示，先建立一个简单的常规静态模型，由三块板组成。现在通过以下步骤利用新的用户关键字功能来实现长方块的动态生成。

① 编辑源程序 dyn21.f，将其中子程序 rdusrkwd 的第一行

```
Isexample = 0
```

改为

```
Isexample = 1
```

这个自带的动态网格生成功能就能使用了。将用户子程序编译链接为动态链接库就可以了。假定该动态链接库的名字为 libdemo.so。

② 调用动态链接库，在模型文件中加入

```
*MODULE_LOAD
mydemo
libdemo.so
```

③ 加入新的用户关键字及其参数

```
*USER_KEYWORD
100. ,20.,30.,10,2,3
```

这个简单演示程序是生成一个长方块，先读入 6 个参数，分别是 $x,y,z$ 方向的长度及其相应的单元划分数。此例中输入的 $x,y,z$ 方向长度分别为 100,20,30，分别划分 10,2,3 个单元。运行 LS-DYNA 则在初始的静态模型中动态添加了一个新的长方块，如图 21-6 所示。

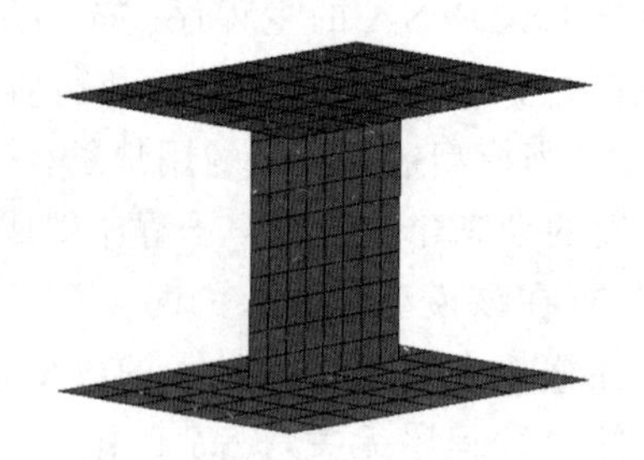

图 21-5　三块板组成的一个简单模型

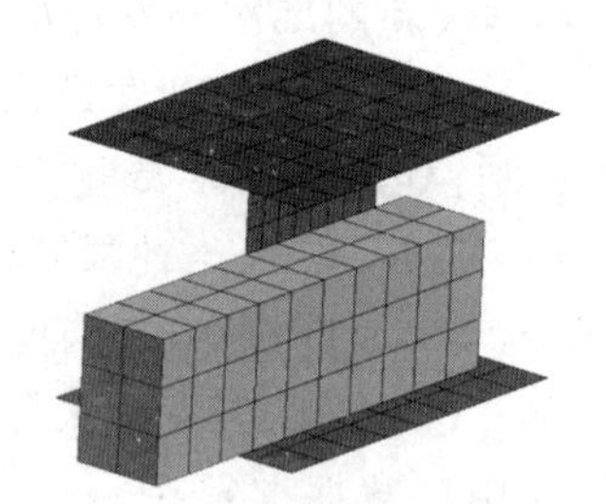

图 21-6　含有动态生成长方体的模型

(2) 用户关键字子程序接口

用户关键字统一入口是定义在 dyn21.f 中的 rdusrkwd 子程序。其第一个参数 iphase 是控制整个子程序的运行流程，其他参数见源程序中的说明。在 LS-DYNA 读入模型文件的过程中，如果遇到用户关键字 *USER_KEYWORD，则设置 iphase = 1 后直接调用该程序 rdusrkwd。从此之后的输入完全由该子程序控制，直到该子程序退出。该子程序在 iphase = 1 时主要任务是读取相应的参数，如示例中的 6 个参数，然后可以直接在内存里面生成 LS-DYNA 标准的关键字。比如示例中的节点和单元数据，以行为单位保存。在子程

序退出之前将另外一个参数设置为 iflag = 1,表明用户的关键字已经处理结束并且相关卡片可以输出。

LS-DYNA 会根据 iflag 的返回值,设置 iphase = 2 并重复调用该子程序 rdusrkwd,每次以文本方式返回一行卡片数据。当生成的模型卡片读完后,直接将 iflag 设置为 0,表明结束。至此,经过生成和读入两个阶段后,对应的关键字 * USER_KEYWORD 就处理完毕,LS-DYNA 的主程序将继续读入并处理余下的关键字。

这个子程序的具体执行过程请参阅 dyn21.f 中的源程序的细节,在此不做详细介绍。下面补充几个细节:

- 用户关键字的参数可以包含自定义的关键字细节,以便生成不同的 Part 或者不同的关键字。如果生成的模型太大,可以在 iphase = 1 阶段只进行部分生成,余下的工作也可以在 iphase = 2 时继续生成。
- 用户子程序 rdusrkwd 不限于用 FORTRAN 语言实现。
- 用户子程序 rdusrkwd 可以实现和数据库等各种外部数据源链接,实现数据集中管理。

## 21.4.2 材料参数的自动转换

(1) * MAT_096( * MAT_BRITTLE_DAMAGE)

LS-DYNA 中的 96 号材料两张输入卡如表 21-5 所示,除去材料号以外,一共有 14 个材料参数。

表 21-5 96 号材料参数

| 参数名称 | 物理意义 | 量纲 |
|---|---|---|
| RO | 材料密度 | $ML^{-3}$ |
| E | 杨氏模量 | $ML^{-1}T^{-2}$ |
| PR | 泊松比 | — |
| TLIMIT | 拉伸极限强度 | $ML^{-1}T^{-2}$ |
| SLIMIT | 剪切极限强度 | $ML^{-1}T^{-2}$ |
| FTOUGH | 断裂韧性 | $MT^{-2}$ |
| SRETEN | 剪力传递系数 | — |
| VISC | 黏性 | $ML^{-1}T^{-1}$ |
| FRA_RF | 截面钢筋体积分数 | — |
| E_RF | 钢筋杨氏模量 | $ML^{-1}T^{-2}$ |
| YS_RF | 钢筋屈服应力 | $ML^{-1}T^{-2}$ |
| EH_RF | 钢筋硬化模量 | $ML^{-1}T^{-2}$ |
| FS_RF | 钢筋真实失效应变 | — |
| SIGY | 压缩屈服应力 | $ML^{-1}T^{-2}$ |

从表 21-5 可以看到,大多数参数都是采用应力的单位(Pa,即 $ML^{-1}T^{-2}$)。但是有两个特殊参数,一个是裂纹表面释放能 FTOUGH,其单位是每平方米释放的能量($J/L^{-2}$,即 $MT^{-2}$);另一个是黏性系数 VISC,在这个模型里面是有量纲的,在 LS-DYNA 有些模型中

黏性系数是无量纲的。*MAT_BRITTLE_DAMAGE 关键字卡片参数详细说明见表 21-6～表 21-7。

表 21-6 *MAT_BRITTLE_DAMAGE 材料模型输入卡片 1

| Card 1 | 1 | 2 | 3 | 4 | 5 | 6 | 7 | 8 |
|---|---|---|---|---|---|---|---|---|
| Variable | MID | RO | E | PR | TLIMIT | SLIMIT | FTOUGH | SRETEN |
| Type | A | F | F | F | F | F | F | F |

表 21-7 *MAT_BRITTLE_DAMAGE 材料模型输入卡片 2

| Card 2 | 1 | 2 | 3 | 4 | 5 | 6 | 7 | 8 |
|---|---|---|---|---|---|---|---|---|
| Variable | VISC | FRA_RF | E_RF | YS_RF | EH_RF | FS_RF | SIGY | |
| Type | F | F | F | F | F | F | F | |

(2) 用户关键字的数据安排

确定模型的单位制：模型的单位可以在模型文件里面定义为全局的变量，比如：

```
*PARAMETER
r M_UNIT 0.001
r L_UNIT 0.001
r T_UNIT 0.001
```

分别定义质量的单位为 g(1g=0.001kg)，长度单位为 mm(1mm=0.001m)，时间单位为毫秒(1s=0.001s)。

M_UNIT、L_UNIT 和 T_UNIT 这三个变量可以作为数据输入文件的标准设置。

用户关键字的参数：这些参数可以定义在全局变量的基础上，无需做局部修改，比如：

```
*USER_KEYWORD
MAT_096,&M_UNIT,&L_UNIT,&T_UNIT
MAT_096    &M_UNIT    &L_UNIT   &T_UNIT
  MID        RO          E          PR      TLIMIT    SLIMIT    FTOUGH   SRETEN
 10001    1.890E+3   21.7E+9      0.2      3.1E+6   14.5E+6    175.0     0.03
0.7E+6       0          0          0          0         0       29E+6
```

生成材料数据卡片：用户子程序读入上述数据后，自动生成如下卡片：

```
*MAT_096
   10001    1.890E-3   21.7E+3   0.2   3.1E+0   14.5E+0   175.E-3   0.03
  0.7E+3       0          0        0      0         0        29E+0
```

此类单位制的转换工作虽然比较简单，但手工转换容易出错。如果用户将常用的材料参数集中整理好并保存到数据库中，并在用户子程序中实现数据库接口和自动转换过程，这对数据的准确性和使用的便利性来说都非常重要，为用户实现数据集中管理和数据库管理提供了可能。

• 可进行 2D 轴对称电磁场分析，2D 电磁还可以与 3D 结构、传热耦合。

## 19.2 涡流计算模块

涡流计算模块是 LS-DYNA 电磁场计算的主要模块，其他的感应加热模块可以由其导出。

(1) 基本理论

设 $\Omega$ 是一个多连通传导区域，其周围的外部绝缘体区域为 $\Omega_e$，$\Omega$ 和 $\Omega_e$ 之间的界面为 $\Gamma$，$\Omega$ 的人工边界 $\Gamma_c$ 设在网格区域的边缘，在那里导体和外部电路相连接。在后面的叙述中，记 $\boldsymbol{n}$ 为边界 $\Gamma$ 或 $\Gamma_c$ 的外法向量，电导率、磁导率和介电常数分别用 $\sigma$、$\mu$ 和 $\varepsilon$ 来表示。在 $\Omega_e$ 中，自然有 $\sigma=0$ 和 $\mu=\mu_0$。

这里，我们将要求解的是所谓低频状态下(或称涡流近似下)的麦克斯韦方程组，故该模块称作涡流计算模块，或简称涡流模块。它适用于具有低频场(即满足条件 $\varepsilon_0\dfrac{\partial \boldsymbol{E}}{\partial t}\ll\sigma\boldsymbol{E}$)的优良导体，其中 $\boldsymbol{E}$ 为电场。若用 $\boldsymbol{A}$ 代表矢量势，$\Phi$ 代表标量势，应用 Gauge 条件$\nabla(\sigma\boldsymbol{A})=0$，可得到如下方程组：

$$\nabla(\sigma\,\boldsymbol{\nabla}\Phi)=0 \tag{19.1}$$

$$\sigma\frac{\partial \boldsymbol{A}}{\partial t}+\boldsymbol{\nabla}\times\left(\frac{1}{\mu}\,\boldsymbol{\nabla}\times\boldsymbol{A}\right)+\sigma\,\boldsymbol{\nabla}\Phi=\boldsymbol{j}_s \tag{19.2}$$

其中，$\boldsymbol{j}_s$ 是无扩散电流密度。

若把方程(19.1)和方程(19.2)在 Nedelec-型基函数上投影，便可以得到如下的线性方程组：

$$\boldsymbol{S}^0(\sigma)\Phi=\boldsymbol{0} \tag{19.3}$$

$$\boldsymbol{M}^1(\sigma)\frac{\partial a}{\partial t}+\boldsymbol{S}^1\left(\frac{1}{\mu}\right)a=-\boldsymbol{D}^{01}(\sigma)\Phi+Sa \tag{19.4}$$

这里，$\boldsymbol{S}^0$、$\boldsymbol{S}^1$、$\boldsymbol{M}^1$ 和 $\boldsymbol{D}^{01}$ 是有限元矩阵，其中外部项 $Sa$ 采用边界元方法进行求解。

(2) 与固体结构模块耦合

在计算出电磁场后，每个点上的洛伦兹力 $\boldsymbol{F}=\boldsymbol{J}\times\boldsymbol{B}$ 便可以求出来，然后将其加入到 LS-DYNA 结构计算模块中。通常结构和电磁场计算有着各自的时间步长，且一般情况下，结构模块的时间步长只有电磁场模块时间步长的十分之一。因此，在电磁场与结构耦合计算时，结构求解通常采用显格式。等结构模块计算出导体的变形后，新得到的几何形状便可以用于电磁场的更新。

(3) 与传热模块耦合

将计算出的焦耳热功率$\dfrac{j^2}{\sigma\rho}$加入到 LS-DYNA 已有的传热模块中，该传热模块用自己的时间步长去更新温度。目前已有若干个传热模型可供选择，如各向同性模型、各向异性模型、带有相变的各向同性模型等。由传热模块计算得到的温度值可用在电磁场的状态方程中，用来更新电磁场中的参数，主要是电导率 $\sigma$。目前可供选择的本构方程模型有 Burgess 模型、简化 Meadon 模型或表格模型。

(4) 与外部电路场的耦合

目前的电磁场计算模块,也可以和一个或多个外部电路场进行耦合。其中每个电路场可以是施加给某个面段的电流(电流随时间的变化可以用载荷曲线来表示),或是在两个面段间施加一个压降(压降随时间的变化也可以用载荷曲线来表示),也可以是 R、L、C 电路。

所施加的电流可以用作边界元的全局约束条件,而施加的压降或 R、L、C 电路则可以作为有限元中标量 $\Phi$ 的狄利克雷限制条件。

在计算出通过这些面段的电流密度对时间的通量值后,可以将这些面段用作 Rogowski 线圈。

## 19.3 感应加热计算模块

感应加热是用电磁感应(通常是运动或固定的线圈,见图 19-2)来加热导电工件(通常为金属块)的过程,它是由在电阻工件中感应出的涡电流所产生的焦耳热来完成的。为了方便计入线圈对工件运动状况以及电磁场参数(特别是电导率,它通常与温度密切相关)的时间演化过程,将在时间域而不是频域中进行求解。同时将利用上节讲的涡流解,但是感应加热中的电流频率通常比较大(如 1 兆赫量级),进而导致电磁场的时间步长很小(约 1E-8 秒量级),而整个加热过程约需要几秒钟,因此,无法直接采用上节的涡流解。

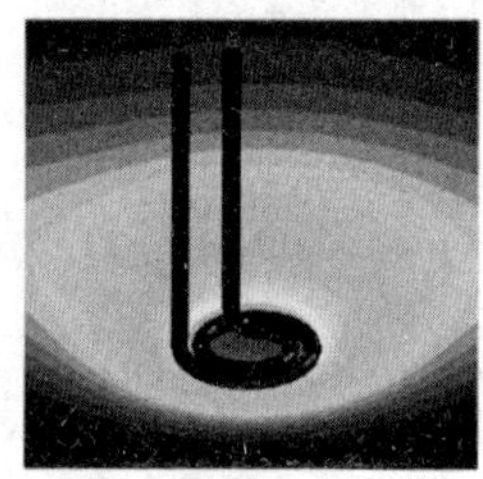

图 19-2　电磁感应加热算例

感应加热的实际计算过程如下：首先在一定时间段内用很小的时间步长来求解全涡流问题,然后对求出的电磁场以及焦耳热功率在该时间段上进行平均。假设材料性质(特别是电导率,它直接影响电流和焦耳加热)以及相关的工件/线圈位置在下一个时间区段内保持不变,由于电导率主要依赖于温度,只要温度变化不大,上述假设就可以看成是比较合理的。因此在接下来的这个时间段内就无须再去求解电磁场,而直接将前面已经求出的焦耳热功率平均值赋给传热计算模块。只有当温度有明显变化以后,其电导率及电磁场才需要进行更新,此时就需要在该时间段内重新进行新一轮涡流场计算,以得到一组新的电磁场和焦耳热功率平均值。

## 19.4 电阻加热计算模块

电阻加热模块实际上是涡流计算模块的一个简化版,它适用于上升非常缓慢的电流场(从 1 毫秒到 1 秒),此时感应传热可以将边界忽略不计,而电磁场的扩散和感应可以看成是一个无限快的过程。由此，方程(19.2)中的 $\boldsymbol{A}=\mathbf{0}$，只保留标量势 $\Phi$ 及相应的由给定的电压对时间的函数而得到的狄利克雷条件。由于 $\boldsymbol{A}=\mathbf{0}$ 和 $\boldsymbol{B}=\mathbf{0}$，因此其洛伦兹力也为零。但在电阻导体中仍有一些焦耳热，可将它追加到传热计算模块中去。另外，时间步长不再受扩散条件$\left(t\leqslant\frac{(l_{\text{element}})^2}{2D}, D=\frac{1}{\mu_0\sigma}\right)$的限制，而且也无需再用边界元求解周围空气隔离区域，这使其计算速度比求解全涡流场要快很多。

像涡流计算模块一样，电阻加热模块也可用于两个导体之间的电磁场接触计算，它可以允许电流从一个导体流到另外一个导体，如图 19-3 所示。目前该模块已引进的接触电阻是基于 Ragmar Holm 接触模型，其中的电阻被加入到了相应的电路之中。

图 19-3　电阻加热算例

## 19.5 其他特性

(1) 电磁滑移接触

LS-DYNA 还在电磁场计算模块中引入了一种接触界面处理方法——滑移接触，用来处理两个导体的接触面上的电磁场接触问题，其应用之一就是电磁炮的模拟(见图 19-4)。在电磁炮的模拟中，由电流产生的电磁力被用来加速置于两个轨道之间的弹丸。这种接触界面处理方法可用来处理弹丸和轨道之间的滑移现象。另外一个应用就是电磁焊接，如图 19-5 所示，两个金属导片被强行挤压在了一起。

图 19-4　电磁炮发射模拟

图 19-5　电磁焊接时两个电磁导片的电流密度图

(2) 外部场

电磁场计算模块还可以和随时间变化的外部磁场进行耦合。但目前只允许这些外部磁场在空间中是均匀分布的，以后 LS-DYNA 会逐步增加一些更复杂的情形，如在导体上感应出涡流，图 19-6 显示的是由外部场引起的悬臂梁的偏转现象。

(3) 具有均匀电流的导体

有些传导 Part 可以被定义为“绞合导体”，其中的涡流场不用求解，因此也没有扩散发生，但是仍有均匀电流在其中流动。实际绞合导体有如由多重线圈构成的导体或是相对于

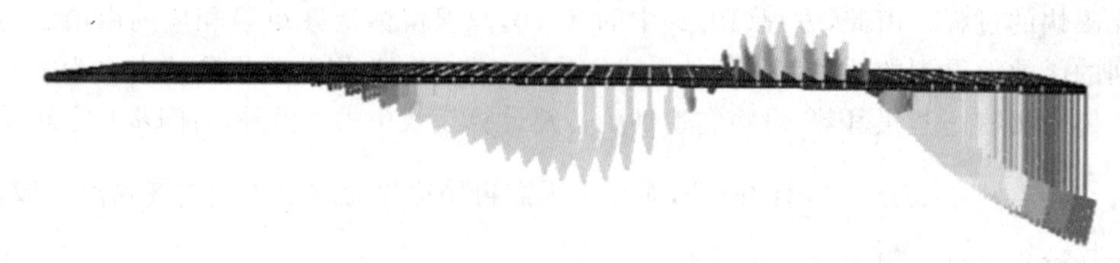

图 19-6 外部场引起的悬臂梁的偏转现象

横切面而言其表面足够厚的导体。这些导体不采用边界元计算，而是应用如下 Biot-Savart 方程组来与其他涡流导体一起进行耦合求解。

$$\boldsymbol{A}_0(\boldsymbol{r})=\frac{\mu_0}{4\pi}\int\frac{\boldsymbol{J}_s(\boldsymbol{r}')}{|\boldsymbol{r}-\boldsymbol{r}'|}\mathrm{d}\boldsymbol{r}' \tag{19.5}$$

$$\boldsymbol{B}_0(\boldsymbol{r})=\frac{\mu_0}{4\pi}\int\frac{\boldsymbol{J}_s(\boldsymbol{r}')\times(\boldsymbol{r}-\boldsymbol{r}')}{|\boldsymbol{r}-\boldsymbol{r}'|}\mathrm{d}\boldsymbol{r}' \tag{19.6}$$

其中，$\boldsymbol{J}_s$ 是绞合导体中的均匀源电流，$\boldsymbol{A}_0$ 和 $\boldsymbol{B}_0$ 分别是涡流导体中产生的矢量势和磁场。

这些导体可以在某些情况下用来替代多重线圈，例如图 19-7 中用一个圆柱形线圈代替多重线圈在下面结构中感应出电流。

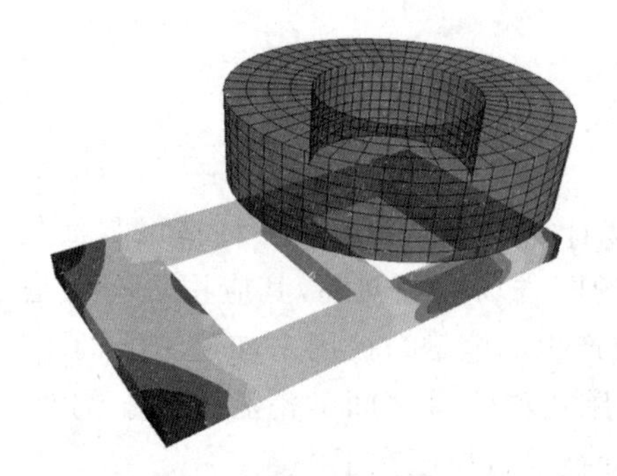

图 19-7 多重线圈中的均匀电流在下面结构中感应出的电流图

## 19.6 主要关键字

### 19.6.1 *EM_2DAXI

在给定 Part 上指定采用 2D(非 3D)电磁求解器，以节省计算时间和内存。关键字卡片参数详细说明见表 19-1。

表 19-1 *EM_2DAXI 关键字卡片

| Card 1 | 1 | 2 | 3 | 4 | 5 | 6 | 7 | 8 |
|---|---|---|---|---|---|---|---|---|
| Variable | PID | SSID | | | STARSSID | ENDSSID | NUMSEC | |
| Type | I | I | | | I | I | I | |
| Default | none | none | | | none | none | none | |

2D 电磁在 Part 截面(通过面段定义)上进行求解，截面方向(当前，可以是 X、Y 或 Z

轴)是对称轴,随后通过旋转计算全3D Part上的电磁力和焦耳加热。Part必须与对称协调一致,例如通过绕轴旋转,Part上的每个节点必须是面段上父节点的子节点。只有导体Part(*EM_MAT_中的类型2和4)应定义为2D轴对称。

当前,导体Part要么全部为2D轴对称,要么就都不是,将来,2D轴对称和3D Part可以一起用。

- PID:采用2D轴对称算法的Part ID。
- SSID:面段ID。电磁场计算的Part上定义2D截面的面段。
- STARSSID、ENDSSID:当模型为完整360度圆的一小片时,STARSSID和ENDSSID用于2D轴对称求解器,在薄片的两侧对应边界建立联系。
- NUMSEC:扇区数量。该参数表示整圆与网格角度延伸之比,必须为2的幂,例如NUMSEC=4表示Part的网格代表了整圆的1/4。如果NUMSEC=0,则使用*EM_ROTATION_AXIS卡片中的值。

### 19.6.2 *EM_CIRCUIT

定义电路。关键字卡片参数详细说明见表19-2~表19-3。

**表19-2 *EM_CIRCUIT关键字卡片1**

| Card 1 | 1 | 2 | 3 | 4 | 5 | 6 | 7 | 8 |
|---|---|---|---|---|---|---|---|---|
| Variable | CIRCID | CIRCTYP | LCID | R/F | L/A | C/t0 | V0 | T0 |
| Type | I | I | I | F | F | F | F | F |
| Default | none | none | none | none | none | none | none | none |

**表19-3 *EM_CIRCUIT关键字卡片2**

| Card 2 | 1 | 2 | 3 | 4 | 5 | 6 | 7 | 8 |
|---|---|---|---|---|---|---|---|---|
| Variable | SIDCURR | SIDVIN | SIDVOUT | PARTID | | | | |
| Type | I | I | I | I | | | | |
| Default | none | none | none | none | | | | |

- CIRCID:电路ID。
- CIRCTYP:电路类型:
➢ CIRCTYP=1:施加电流随时间变化的载荷曲线。
➢ CIRCTYP=2:施加电压随时间变化的载荷曲线。如果LCID为负值,其绝对值为由DEFINE FUNCTION自定义的电流方程,此时,以下参数是允许的:$f(time, emdt, curr, curr1, curr2, pot1, pot2)$,其中$emdt$是电流当前时间步长,$curr$、$curr1$和$curr2$分别是$t$、$t-1$和$t-2$时刻的电流值,$pot1$、$pot2$分别是$t-1$和$t-2$时刻的标电位。
➢ CIRCTYP=3:R、L、C、V0电路。
➢ CIRCTYP=11:施加由幅值$A$、频率$F$和初始时间$t_0$定义的电流:$I=A\sin[2\pi F(t-t_0)]$。
➢ CIRCTYP=12:施加由幅值$A$、频率$F$和初始时间$t_0$定义的电压:$V=A\sin[2\pi F(t-t_0)]$。

➢ CIRCTYP=21：施加一条通过周期和频率 *F* 定义的电流载荷曲线。
➢ CIRCTYP=22：施加一条通过周期和频率 *F* 定义的电压载荷曲线。
• LCID：CIRCTYP=1、2、21 或 22 时的载荷曲线 ID。
• R/F：CIRCTYP=3 时的回路电阻值；CIRCTYP=11、12、21 或 22 时的频率值，CIRCTYP=11 或 12 时，要定义频率随时间变化的曲线，可输入负值，对应于载荷曲线 ID。
• L/A：CIRCTYP=3 时的电路电感值；CIRCTYP=11 或 12 时的幅值，要定义幅值随时间变化的曲线，可输入负值，对应于载荷曲线 ID。
• C/t0：CIRCTYP=3 时的电容值；CIRCTYP=11 或 12 时的初始时间 $t_0$ 值。
• V0：CIRCTYP=3 时的电路初始电压值。
• T0：CIRCTYPE=3 时的开始时间。
• SIDCURR：电流面段组 ID。采用面段法向作为方向，如果采用相反方向，则在面段组 ID 前加负号。
➢ CIRCTYP=1、11、21：通过该面段组施加电流。
➢ CIRCTYP=3：通过该面段组测量电路方程所需的电流。
• SIDVIN：当 CIRCTYP=2、3、12、22，CIRCTYP=1、11、21 时分别是输入电压和输入电流的面段组，被认为是朝向结构网格的，不受面段方向的影响。
• SIDVOUT：当 CIRCTYP=2、3、12、22，CIRCTYP=1、11、21 时分别是输出电压和输出电流的面段组，其方向是朝向结构网格的，不受面段方向的影响。
• PARTID：与电路关联的 Part ID，可以是与电路关联的任意 Part ID。

### 19.6.3 *EM_CIRCUIT_ROGO

定义 Rogowsky 线圈，来测量流经面段组或节点组的全局电流随时间的变化。关键字卡片参数详细说明见表 19-4。

**表 19-4 *EM_CIRCUIT_ROGO 关键字卡片**

| Card 1 | 1 | 2 | 3 | 4 | 5 | 6 | 7 | 8 |
|---|---|---|---|---|---|---|---|---|
| Variable | ROGID | SETID | SETTYPE | CURTYP | | | | |
| Type | I | I | I | I | | | | |
| Default | 0 | 0 | 0 | 0 | | | | |

每个 *EM_CIRCUIT_ROGO 卡片生成电流或磁场随时间变化的 ASCII 文件 em_rogoCoil_xxx.dat，xxx 为 ROGID。

• ROGID：Rogowsky 线圈 ID。
• SETID：面段组或节点组 ID。
• SETTYPE：组类型：
➢ SETTYPE=1：面段组。
➢ SETTYPE=2：节点组。目前尚不可用。
• CURTYP：测量的电流类型：
➢ SETTYPE=1：体电流。

➢ SETTYPE＝2：面电流。目前尚不可用。
➢ SETTYPE＝3：电磁场流(磁感应强度乘以面积)。

### 19.6.4 *EM_CONTROL

激活 EM 求解器,并设置计算选项。关键字卡片参数详细说明见表 19-5。

表 19-5 *EM_CONTROL 关键字卡片

| Card 1 | 1 | 2 | 3 | 4 | 5 | 6 | 7 | 8 |
|---|---|---|---|---|---|---|---|---|
| Variable | EMSOL | NUMLS | MACRODT | DIMTYPE | | | NCYLFEM | NCYLBEM |
| Type | I | I | F | I | | | I | I |
| Default | 0 | 100 | none | 0 | | | 5000 | 5000 |

• EMSOL：选择电磁求解器：
➢ EMSOL＝－1：读入电磁关键字后关闭电磁求解器。
➢ EMSOL＝1：涡电流求解器。
➢ EMSOL＝2：感应加热求解器。
➢ EMSOL＝3：电阻加热求解器。
• NUMLS：EMSOL＝2 时的全周期中的局部电磁时间步数。不用于 EMSOL＝1。如果 EMSOL 为负数,则定义为随宏观时间变化的函数。
• MACRODT：EMSOL＝2 时的宏观时间步长。当 EMSOL＝1 时的电磁时间步长不变。目前已废弃,请采用*EM_CONTROL_TIMESTEP。
• DIMTYPE：电磁求解维数：
➢ DIMTYPE＝0：3D 求解。
➢ DIMTYPE＝1：4 个零厚度壳单元的 2D 平面。
➢ DIMTYPE＝3：零厚度的 2D 轴对称(Y 轴为对称轴)。
• NCYLFEM：FEM 矩阵更新频率,即重新计算 FEM 矩阵间隔的电磁循环数(步数)。如果输入为负值,其绝对值是一条 NCYCLFEM 函数随时间变化的载荷曲线 ID。
• NCYLBEM：BEM 边界元矩阵更新频率,即重新计算 BEM 矩阵间隔的电磁循环数(步数)。如果输入为负值,其绝对值是一条 NCYLBEM 函数随时间变化的载荷曲线 ID。

### 19.6.5 *EM_SOLVER_BEM

*EM_SOLVER_BEM 为边界元 BEM 求解器定义计算参数。关键字卡片参数详细说明见表 19-6。

表 19-6 *EM_SOLVER_BEM 关键字卡片

| Card 1 | 1 | 2 | 3 | 4 | 5 | 6 | 7 | 8 |
|---|---|---|---|---|---|---|---|---|
| Variable | RELTOL | MAXITER | STYPE | PRECON | USELAST | NCYLBEM | | |
| Type | F | I | I | I | I | I | | |
| Default | 1E-6 | 1000 | 2 | 2 | 1 | 5000 | | |

- RELTOL：迭代求解器（预条件共轭梯度（preconditioned conjugate gradient，PCG）或广义最小残差（generalised minimal residual，GMRES））的相对容差。如果计算结果不够准确，应尽量减小容差，由此迭代次数会增加，进而延长计算时间。
- MAXITER：最大迭代次数。
- STYPE：选择迭代求解器类型：
  - ➢ STYPE=1：直接求解器。数值矩阵按照稠密矩阵进行求解，需要内存较大。
  - ➢ STYPE=2：PCG。对系数矩阵作预处理，以加快迭代收敛速度，将大型矩阵分块处理，以减少内存占用。
  - ➢ STYPE=3：GMRES。目前 GMRES 仅用于串行计算。
- PRECON：对 PCG 或 GMRES 迭代求解器进行预处理：
  - ➢ PRECON=0：无预处理。
  - ➢ PRECON=1：对角线。
  - ➢ PRECON=2：对角块。
  - ➢ PRECON=3：包括所有相邻面的宽对角线。
  - ➢ PRECON=4：LLT 分解。目前仅用于串行计算。
- USELAST：仅用于迭代求解器（PCG 或 GMRES）：
  - ➢ USELAST=-1：对于线性系统求解，以 0 作为初值。
  - ➢ USELAST=1：以被 RHS 变化正则化的上一个解开始。
- NCYLBEM：BEM 边界元矩阵更新频率，即重新计算边界元矩阵时间隔的电磁步数。如果输入为负值，其绝对值是一条 NCYLBEM 函数随时间变化的载荷曲线 ID。BEM 边界元矩阵跟导体的节点相关，当导体节点发生移动时，需要重新计算 BEM 矩阵。通过 NCYLBEM 可以控制重新计算的频率。如果重新计算的频率过高，例如 NCYLBEM=1，表示每个时间步重新计算一次，则非常消耗计算资源。如果两个相互接触的导体互相高速移动时，推荐 NCYLBEM=1，快速更新 BEM 矩阵，有助于提高计算精度。

### 19.6.6 *EM_SOLVER_FEM

*EM_SOLVER_FEM 为 EM_FEM 求解器定义计算参数。关键字卡片参数详细说明见表 19-7。

表 19-7 *EM_SOLVER_FEM 关键字卡片

| Card 1 | 1 | 2 | 3 | 4 | 5 | 6 | 7 | 8 |
|---|---|---|---|---|---|---|---|---|
| Variable | RELTOL | MAXITER | STYPE | PRECON | USELAST | NCYLFEM | | |
| Type | F | I | I | I | I | I | | |
| Default | 1E-3 | 1000 | 1 | 1 | 1 | 5000 | | |

- RELTOL：不同迭代求解器（PCG 或 GMRES）的相对容差。如果计算结果不够准确，应尽量减小容差，由此迭代次数会增加，进而延长计算时间。
- MAXITER：最大迭代次数。
- STYPE：选择迭代求解器类型：

➢ STYPE＝1：直接求解器。数值矩阵按照稠密矩阵进行求解，需要内存较大。
➢ STYPE＝2：预条件梯度法（PCG）。对系数矩阵作预处理，以加快迭代收敛速度，将大型矩阵分块处理，以减少内存占用。

• PRECON：对 PCG 迭代求解器进行预处理：
➢ PRECON＝0：无预处理。
➢ PRECON＝1：对角线。

• USELAST：仅用于 PCG 迭代求解器：
➢ USELAST＝－1：对于线性系统求解，以 0 作为初值。
➢ USELAST＝1：以被右手变化正则化的上一个解开始。

• NCYLFEM：FEM 有限元矩阵更新频率，即重新计算有限元矩阵时间隔的电磁步数。如果输入为负值，其绝对值是一条 NCYLFEM 函数随时间变化的载荷曲线 ID。如果计算时导体发生变形，或者导体的材料参数发生改变（例如电导率），需要降低 NCYLBEM 来提高 FEM 矩阵的更新频率。

## 19.7　电池内部短路计算算例

LS-DYNA 用户可以使用同一计算模型同时进行结构、热、电磁等多物理场仿真，见图 19-8。例如，除了对电池进行正常充放电仿真外，还可进行挤压和针刺仿真，一次性得到结构变形、热、电流电压以及 SOC 剩余载荷等信息。

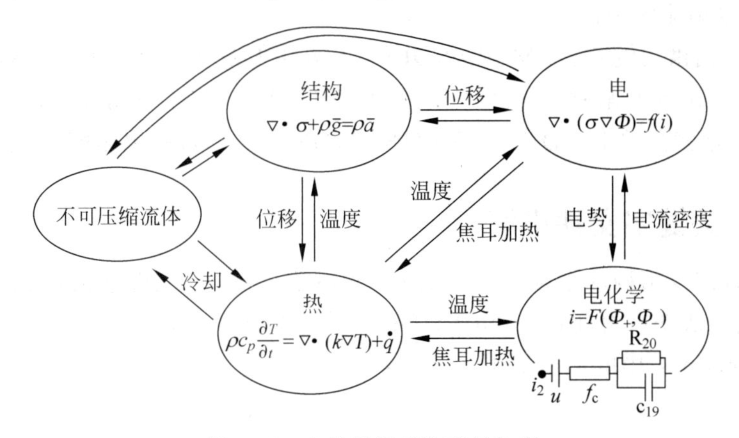


图 19-8　电池滥用多物理场仿真

LS-DYNA 提供了 4 种不同仿真尺度的电池滥用计算模型。

（1）实体单元模型。这种模型沿电芯厚度方向划分很多层实体网格，正极、负极和隔膜均需采用实体单元。结构、热和 EM 耦合分析采用的是同一网格模型。仅适合标定单个电芯的内部或外部短路参数。用户要留意单元算法、单元长径比和时间步长。

（2）厚壳单元模型。单个电芯用一层厚壳单元表示，用于模拟 EM。但同一个单元厚度方向又有很多层，用于模拟结构变形。这种模型计算速度要远高于实体单元模型，可用于模拟单个电芯、模组的内部或外部短路。

（3）宏观模型。厚度方向只有一个或几个实体单元，用于模拟结构、热和 EM。每个节点有正极和负极集流体。这种模型计算速度非常快，可达厚壳单元模型的 20 倍，可用于模拟电池包、电池的内部或外部短路。

(4) 无网格模型。整个电芯只用一个集中质量点表示单个等效电路。该模型用于模拟电池模组、电池包、电池的外部短路。

## 19.7.1 计算模型概况

图 19-9 所示的包含 10 个电芯的模组在小球撞击下其电路内部发生短路。电芯模组的建模可以采用 LS-PrePost 中的 Application→Battery Packaging。计算单位制采用 kg-m-s。

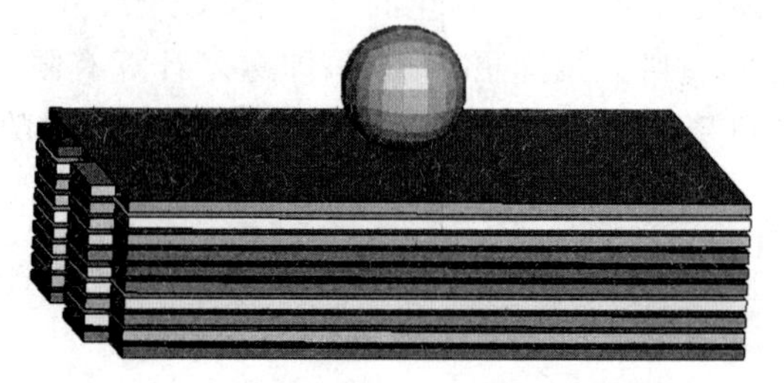

图 19-9 小球撞击电芯模组计算模型

每个电芯采用复合材料厚壳单元，电磁求解器会内部自动重建等效实体单元，并视同实体单元。采用 *EM_RANDLES_LAYERED 关键字定义电路参数。单元电芯的每一层通过 *EM_ISOPOTENTIAL 关键字的 4 个参数来区分。*EM_ISOPOTENTIAL_CONNECT 连接集流体和极耳。

内部电路短路由关键字 *EM_RANDLES_SHORT 及 *DEFINE_FUNCTION 控制，在小球撞击下集流体上某些节点之间的距离会降低，当降至设定值时就会发生短路，Randles 等效电路就会被由 *DEFINE_FUNCTION 定义的短路电阻替代。

## 19.7.2 关键字文件讲解

该计算模型涉及结构求解器、传热求解器和电磁求解器，关键字文件也相应地分成多个，每个单独调试成功后再通过 *INCLUDE 关键字组合到一起。

主控文件 main.k 中的内容如下：

```
*KEYWORD
*TITLE
Example provided by Pierre (LSTC),Copyright, 2015 DYNAmore GmbH
$定义参数。参数前的 R 表示该参数为实数。
*PARAMETER
R    T_end    1.0e-2
R  dt_plot    2.e-4
R    em_dt    5.e-4
R struc_dt    1.e-5
R therm_dt    5.e-4
$包含网格节点模型文件。
*INCLUDE
mesh.k
```

```
$ 包含结构求解控制文件。
*include
structure.k
$ 包含电磁求解控制文件。
*INCLUDE
em.k
$ 包含热学求解控制文件。
*INCLUDE
thermal.k
$ 设置 ELOUT 文件的输出。
*DATABASE_ELOUT
 0.500000         0         0         1         0         0         0         0
$ 设置二进制文件 D3PLOT 的输出。
*DATABASE_BINARY_D3PLOT
 &dt_plot         0         0         0         0
$ 定义输出数据的厚壳单元。
*DATABASE_HISTORY_TSHELL
        1         0         0         0         0         0         0         0
*END
```

结构计算控制文件 structure.k 中的内容如下：

```
*KEYWORD
$ 定义计算结束条件。
*CONTROL_TERMINATION
   &T_end
$ 定义时间步长参数。
*CONTROL_TIMESTEP
&struc_dt
$ 定义壳单元算法参数。
*CONTROL_SHELL
20.000000         0        -1         0         2         2         1         0
 1.000000         0         4         1         0
        0         0         0         0         2
        0         0         0         0         0         0  1.000000
$ 定义沙漏控制参数。
*CONTROL_HOURGLASS
        6  0.100000
$ 定义接触控制参数。
*CONTROL_CONTACT
      0.1       1.0         0         0         0         0         0         0
        0         0         0         0       0.0         0         0         0
      0.0       0.0       0.0       0.0       0.0       0.0       0.0
        1         0         0         0         0         0       0.0
        0         0         1       0.0       1.0         0       0.0         0
        0         0         0         0         0                 0.0
$ 在电芯 Part 之间定义接触。
*CONTACT_AUTOMATIC_SURFACE_TO_SURFACE
        1         2         3         3         0         0         0         0
      0.2       0.2       0.0       0.0       0.0         0       0.0 1.00000E20
     10.0      10.0       0.0       0.0       1.0       1.0       1.0       1.0
        2       0.1         0     1.025       2.0         2         0         1
*CONTACT_AUTOMATIC_SURFACE_TO_SURFACE
```

```
         2         3         3         3         0         0         0         0
       0.2       0.2       0.0       0.0       0.0         0       0.0 1.00000E20
      10.0      10.0       0.0       0.0       1.0       1.0       1.0       1.0
         2       0.1         0     1.025       2.0         2         0         1
*CONTACT_AUTOMATIC_SURFACE_TO_SURFACE
         3         4         3         3         0         0         0         0
       0.2       0.2       0.0       0.0       0.0         0       0.0 1.00000E20
      10.0      10.0       0.0       0.0       1.0       1.0       1.0       1.0
         2       0.1         0     1.025       2.0         2         0         1
*CONTACT_AUTOMATIC_SURFACE_TO_SURFACE
         4         5         3         3         0         0         0         0
       0.2       0.2       0.0       0.0       0.0         0       0.0 1.00000E20
      10.0      10.0       0.0       0.0       1.0       1.0       1.0       1.0
         2       0.1         0     1.025       2.0         2         0         1
*CONTACT_AUTOMATIC_SURFACE_TO_SURFACE
         5         6         3         3         0         0         0         0
       0.2       0.2       0.0       0.0       0.0         0       0.0 1.00000E20
      10.0      10.0       0.0       0.0       1.0       1.0       1.0       1.0
         2       0.1         0     1.025       2.0         2         0         1
*CONTACT_AUTOMATIC_SURFACE_TO_SURFACE
         6         7         3         3         0         0         0         0
       0.2       0.2       0.0       0.0       0.0         0       0.0 1.00000E20
      10.0      10.0       0.0       0.0       1.0       1.0       1.0       1.0
         2       0.1         0     1.025       2.0         2         0         1
*CONTACT_AUTOMATIC_SURFACE_TO_SURFACE
         7         8         3         3         0         0         0         0
       0.2       0.2       0.0       0.0       0.0         0       0.0 1.00000E20
      10.0      10.0       0.0       0.0       1.0       1.0       1.0       1.0
         2       0.1         0     1.025       2.0         2         0         1
*CONTACT_AUTOMATIC_SURFACE_TO_SURFACE
         8         9         3         3         0         0         0         0
       0.2       0.2       0.0       0.0       0.0         0       0.0 1.00000E20
      10.0      10.0       0.0       0.0       1.0       1.0       1.0       1.0
         2       0.1         0     1.025       2.0         2         0         1
*CONTACT_AUTOMATIC_SURFACE_TO_SURFACE
         9        10         3         3         0         0         0         0
       0.2       0.2       0.0       0.0       0.0         0       0.0 1.00000E20
      10.0      10.0       0.0       0.0       1.0       1.0       1.0       1.0
         2       0.1         0     1.025       2.0         2         0         1
$在小球和电芯Part之间定义接触。
*CONTACT_AUTOMATIC_SURFACE_TO_SURFACE
        31        10         3         3
       0.2       0.2       0.0       0.0       0.0         0       0.0 1.00000E20
      10.0      10.0       0.0       0.0       1.0       1.0       1.0        1.
$定义小球Part。
*PART
spheresolid
        31         3         3         0         0         0         0         3
$为小球定义实体单元算法。
*SECTION_SOLID
         3         1
```

```
$ 为小球定义材料模型及参数。
* MAT_RIGID
         3     4000. 1.0000E+9  0.050000


$ 为小球施加初始速度。
* INITIAL_VELOCITY_RIGID_BODY
        31       0.        0.      -11.7
$ 定义极耳 Part。
* PART
boxsolid
        11        1         1         0         0         0         0         1
$ 此处省略多个 * PART。
.....................................................................
$ 定义极耳 Part。
* PART
boxsolid
        30        2         2         0         0         0         0         2
$ 为极耳 Part 定义实体单元算法。
* SECTION_SOLID
         1        1
$ 为极耳 Part 定义实体单元算法。
* SECTION_SOLID
         2        1
$ 为极耳 Part 定义材料模型及参数。
* MAT_ELASTIC
         1   8928.57   200.e+09        .3
* MAT_ELASTIC
         2   8928.57   200.e+09        .3
$ 为电芯定义厚壳单元 Part。
* PART_COMPOSITE_TSHELL
Layered_Solid
         1         5  0.833000                                0                   0
        11    2.4e-5     0.000         1        12    5.4e-5     0.000            1
.........................................................................
        13    1.7e-5     0.000         1        12    5.4e-5     0.000            1
        11    2.4e-5     0.000         1
$ 此处省略多个 * PART_COMPOSITE_TSHELL。
.........................................................................
$ 为电芯定义厚壳单元 Part。
* PART_COMPOSITE_TSHELL
Layered_Solid
        10         5  0.833000                                0                   0
        11    2.4e-5     0.000         1        12    5.4e-5     0.000            1
.........................................................................
        13    1.7e-5     0.000         1        12    5.4e-5     0.000            1
        11    2.4e-5     0.000         1
$ 定义材料模型及参数。
* MAT_CRUSHABLE_FOAM_TITLE
Cu active
        11      2223 1.0000E+9  0.050000        33 3.0000E+9  0.100000
```

```
*MAT_CRUSHABLE_FOAM_TITLE
Cu active
        12      2223 1.0000E+9  0.050000        33 3.0000E+9  0.100000
*MAT_CRUSHABLE_FOAM_TITLE
Cu active
        13      2223 1.0000E+9  0.050000        33 3.0000E+9  0.100000
*MAT_CRUSHABLE_FOAM_TITLE
Cu active
        14      2223 1.0000E+9  0.050000        33 3.0000E+9  0.100000
*MAT_CRUSHABLE_FOAM_TITLE
Cu active
        15      2223 1.0000E+9  0.050000        33 3.0000E+9  0.100000
$为*MAT_CRUSHABLE_FOAM定义应力-应变曲线。
*DEFINE_CURVE
        33         0  1.100000 1.0000E+3    0.000     0.000         0
             0.000             0.000
          0.087948          4.800000
          0.163637          9.600000
          0.259893         18.799999
          0.321019         49.360001
          0.500000         138.05350
          0.900000         338.89008
          0.990000         383.89008
          1.010000         1000.0000
$定义固定约束。
*BOUNDARY_SPC_SET
        31         0         1         1         1         1         1         1
*BOUNDARY_SPC_SET
        32         0         1         1         1         1         1         1
*BOUNDARY_SPC_SET
        33         0         1         1         1         1         1         1
*BOUNDARY_SPC_SET
        34         0         1         1         1         1         1         1
*BOUNDARY_SPC_SET
        35         0         1         1         1         1         1         1
*END
```

电磁计算控制文件em.k中的内容如下：

```
*KEYWORD
$激活电磁求解器,定义控制参数。
*EM_CONTROL
$    emsol     numls  emdtinit   emdtmax   emtinit    emtend  ncyclFem  ncyclBem
         3            &em_dt                                    5000      5000
$定义电磁材料类型及参数。
*EM_MAT
$   em_mid     mtype     sigma     eosId                        randletype
        11         2      6.e7                                           1
        12         1                                                     2
        13         1                                                     3
        14         1                                                     4
```

```
      15        2      3.e7                                      5
       1        2      1.e7
       2        2      1.e7
$定义 PART 组。
*SET_PART
1
1,2,3,4,5,6,7,8
9,10
$定义多层 RANDLES 电路参数。
*EM_RANDLES_LAYERED
$randleId randlType partSetId   rdlArea
       1        1        1         2
$      Q       cQ   SOCinit    SOCtoU
    150.  2.777e-2     100.      -444
$    r0cha    r0dis    r10cha    r10dis    c10cha    c10dis
    0.02     0.02     0.008     0.008      110.      110.
$    temp fromTherm r0ToTherm      dUdT
     25.        0        1         0
$  useSocS   tauSocS  lcidSocS
       0        0.        0
$定义等势体。
*EM_ISOPOTENTIAL
$    isoId   setType     setId  randType
       1        2        1         1
*EM_ISOPOTENTIAL
       2        2        2         1
*EM_ISOPOTENTIAL
       3        2        3         1
*EM_ISOPOTENTIAL
       4        2        4         1
*EM_ISOPOTENTIAL
       5        2        5         1
*EM_ISOPOTENTIAL
       6        2        6         1
*EM_ISOPOTENTIAL
       7        2        7         1
*EM_ISOPOTENTIAL
       8        2        8         1
*EM_ISOPOTENTIAL
       9        2        9         1
*EM_ISOPOTENTIAL
      10        2       10         1
*EM_ISOPOTENTIAL
      11        2       11         5
*EM_ISOPOTENTIAL
      12        2       12         5
*EM_ISOPOTENTIAL
      13        2       13         5
*EM_ISOPOTENTIAL
      14        2       14         5
*EM_ISOPOTENTIAL
```

```
        15         2         15         5
*EM_ISOPOTENTIAL
        16         2         16         5
*EM_ISOPOTENTIAL
        17         2         17         5
*EM_ISOPOTENTIAL
        18         2         18         5
*EM_ISOPOTENTIAL
        19         2         19         5
*EM_ISOPOTENTIAL
        20         2         20         5
*EM_ISOPOTENTIAL
        21         2         21
*EM_ISOPOTENTIAL
        22         2         22
$连接集流体和极耳。
*EM_ISOPOTENTIAL_CONNECT
$    connid  connType isoPotId1 isoPotId2     R,V,I      lcid
         1         3        22                   0.
*EM_ISOPOTENTIAL_CONNECT
         2         4        21        22                   555
$定义电路短路控制参数。
*EM_RANDLE_SHORT
$areaType    functId
         2       501
*DEFINE_FUNCTION_TABULATED
$#      fid     definition
       502     (thick,res) pair data
resistanceVsThickSep
                      0.              5.e-5
                  1.e-3               5.e-5
                  3.e-3               5.e-5
                      2.              5.e-5
                   1.e2               5.e-5
$定义函数。
*DEFINE_FUNCTION
501
float resistance_short_randle(float time,
                              float x_sep, float y_sep, float z_sep,
                              float x_sem, float y_sem, float z_sem,
                              float x_ccp, float y_ccp, float z_ccp,
                              float x_ccm, float y_ccm, float z_ccm)
{
  float distCC;
  float distSEP;
  distCC = sqrt(
     pow((x_ccp - x_ccm),2.) + pow((y_ccp - y_ccm),2.) + pow((z_ccp - z_ccm),2.));
  distSEP = sqrt(
     pow((x_sep - x_sem),2.) + pow((y_sep - y_sem),2.) + pow((z_sep - z_sem),2.));
  if (distCC < 0.000117) {
     return resistanceVsThickSep(distSEP) ;
```

# 22.4 材料参数识别算例

参数识别问题通常是个非线性逆向求解问题，可通过数学优化来解决。通过探索系统参数空间，优化器找到一个可以最大化匹配度量的参数集，其中匹配度用于量化目标和可变响应之间的匹配程度，可变响应则取决于模型中的系统参数。

如何度量目标和响应之间的匹配程度，LS-OPT 软件提供了两种主要形式：数值匹配度量和曲线匹配度量。

对于数值匹配度量，先从求解器的输出结果中提取相应的响应，然后最小化计算响应与相应目标值之间的差异，通常使用均方误差（Mean Square Error，MSE）或均方根误差（Sqrt MSE）函数作为目标优化函数。

对于曲线匹配度量，有均方误差法和曲线映射（curve mapping）法等。均方误差法是基于坐标的曲线匹配度量。如果要匹配的曲线存在陡峭部分、或者纵坐标值存在不唯一的情形，则应选择曲线映射法作为匹配度量。因为曲线映射法使用曲线的长度来计算匹配程度，使用时建议对噪声明显的曲线进行滤波处理。

对标材料模型参数是 LS-OPT 软件在参数识别方面最普遍的应用，下面介绍一个算例。

## 22.4.1 优化模型概况

首先对图 22-22 所示的试件进行单轴拉伸实验，获得力-位移曲线（见图 22-23）。试件采用幂指数材料模型 *MAT_POWER_LAW_PLASTICITY，然后匹配实验曲线和仿真曲线（曲线纵坐标为截面 NS3 处的受力，横坐标为节点 458 相对节点 135 的位移），以此确定材料模型中的参数 $k$ 和 $n$。

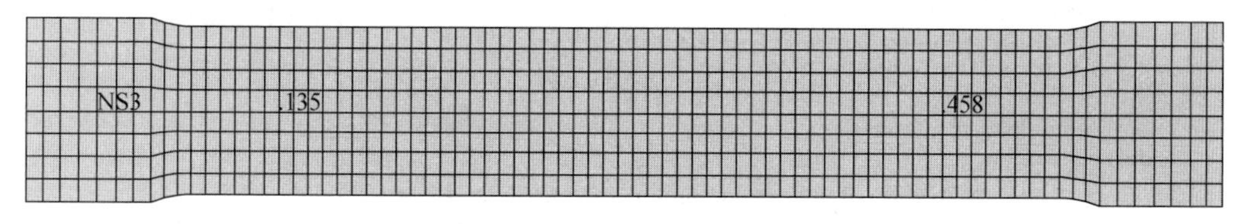


图 22-22 试件有限元模型

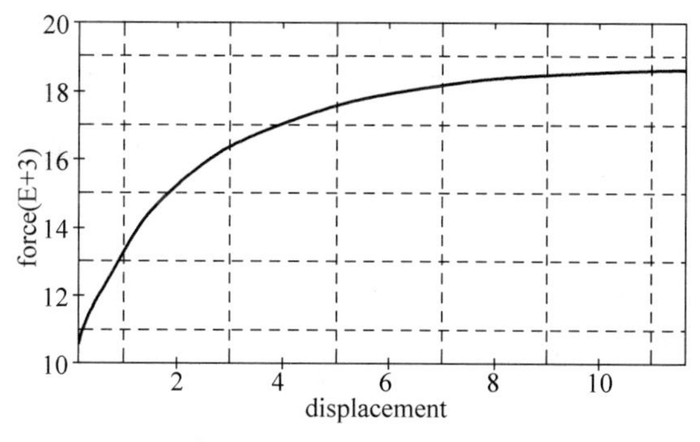


图 22-23 试件力-位移曲线

设计变量：材料模型 *MAT_POWER_LAW_PLASTICITY 中的参数 $k$ 和 $n$。

优化约束：$400 \leqslant k \leqslant 1300$ 和 $0.01 \leqslant n \leqslant 0.3$。

优化目标：均方误差 $\text{MSE} = \frac{1}{P}\sum_{i=1}^{P} W_i \left(\frac{f_i(k,n) - G_i}{s_i}\right)^2$，使其最小化。

## 22.4.2 优化建模

在该优化算例中，求解器采用 LS-DYNA 软件。优化建模步骤如下：

(1) 在 LS-DYNA 关键字文件中定义并引用变量。

- 在关键字主控文件 main.k 中定义变量 k 和 n：

```
*PARAMETER
Rk       900.00000R n       0.100000
```

- 在该输入文件的材料模型中通过&符号引用变量 k 和 n。

```
*MAT_POWER_LAW_PLASTICITY
$#     mid        ro          e          pr        k        n       src       srp
         1   7800.0000  2.0500E+5   0.300000      &k       &n     0.000     0.000
$#    sigy        vp
     0.000     0.000
```

- 在关键字输入文件中分别通过 *DATABASE_HISTORY_NODE、*DATABASE_CROSS_SECTION_SET_ID 提前定义节点 ID 和截面 ID，以使其计算结果包含在 NODOUT 和 SECFORC 文件中。

```
*DATABASE_HISTORY_NODE
       135       458         0         0         0         0         0         0
*DATABASE_CROSS_SECTION_SET_ID
         1Cross section for force extraction
         3         0         0         1         0         0         0         0
*SET_NODE_LIST_TITLE
Cross section nodes
         3     0.000     0.000     0.000     0.000MECH
        13        24        30        37        46        56        67       703
       709         0         0         0         0         0         0         0
```

(2) 双击安装目录中的可执行文件 lsoptui.exe，打开 LS-OPT。

- 在 Working Directory 下设置工作目录，例如：D:\book4\LS-OPT\ParamIdent。
- 在 Filename 下输入文件名为 param_fit。
- 在 Initial Stage name 下输入 Tensile。
- 单击 Create。

这时在工作目录中会生成一个名叫 param_fit.lsopt 的文件，同时 LS-OPT 图形用户界面自动打开一个优化模型定义模板。

(3) 在 LS-OPT 界面，可以通过访问不同的流程图来定义优化参数，相应操作会被记录在 param_fit.lsopt 文件中。

- 单击…选择任务和策略。

- ➢ 在 Metamodel-based 中选择 Optimization。
- ➢ 在 Strategy for Metamodel-based Optimization 中选择 Sequential with Domain Reduction(SRSM)。
- • 双击打开 Tensile,在 Setup 选项卡中指定 LS-DYNA 求解器和计算输入文件。
- ➢ 在 Command 右侧指定 LS-DYNA 求解器,如 D:\software\12_144760d.exe。
- ➢ 在 Input File 右侧选择计算输入文件 main.k。
- • 在 Histories 选项卡中定义变量,共定义 3 个变量 elongation、force、force_displacement。
- ➢ 单击 NODOUT,在 Name 下输入 elongation,在 Component 下选择 Deformation,在 Direction 下选择 X Component,在 Measured Node ID 下输入 458,在 Refenrence Node ID 下输入 135。
- ➢ 单击 SECFORC,在 Name 下输入 force,在 Section ID 下输入 1,在 Component 下选择 X force。
- ➢ 单击 Crossplot,在 Name 下输入 force_displacement,在 z(t)下选择 elongation,在 F(t)下选择 force。
- • 在 Setup 中定义变量。
- ➢ 双击打开 Setup。
- ➢ 在 Parameter Setup 选项卡中选择变量 k 和 n 的 Type 为 continuous。
- ➢ 设置 k 的 Minimum 为 400,Maximum 为 1300。
- ➢ 设置 n 的 Minimum 为 0.01,Maximum 为 0.3。
- • 添加 Composites。
- ➢ 单击菜单栏中的 + 。
- ➢ 单击 Add Composite。
- ➢ 单击 Curve Matching。
- ➢ 单击 add new file history。
- ➢ 单击 add new。
- ➢ 在 History Name 下输入 Experiment。
- ➢ 在 Filename 下选择实验获得的试件力-位移数据文件 exp_force_disp,单击 OK。
- ➢ 在 Computed curve 下选择 force_displacement,连续单击 OK 两次。
- • Optimization 设置。
- ➢ 双击打开 Optimization。
- ➢ 在 Objectives 选项卡中单击 curveMatching1,将其设置为优化的目标函数。
- • Termination criteria 设置。
- ➢ 双击打开 Termination criteria。
- ➢ 采用默认的容差 0.01,并在 Maximum number of Iteration 下输入 10。
- • 最后单击菜单栏中的三角图形 Run the project→Normal Run,进行优化运行。

### 22.4.3 优化结果

从生成的优化结果文件 OptimizationHistory.csv 中可以看出,材料模型参数优化结果

为 $k=1022$，$n=0.2017$。

单击 Open the viewer，可以图表的形式显示优化结果。

单击 History，绘制优化收敛历程图(见图 22-24)。图中中间的折线为变量收敛历程，其他两条折线为变量上下限变化范围。

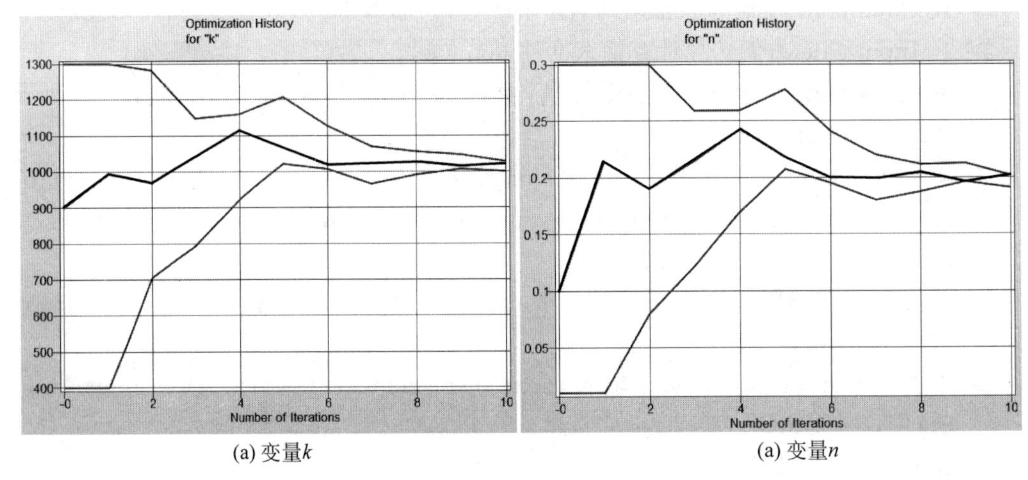


(a) 变量$k$　　(a) 变量$n$

图 22-24　变量 $k$ 和 $n$ 的收敛历程图

## 22.5　参考文献

[1]　LS-OPT 优化和参数识别 [J]. 有限元资讯，2019，2：10-11.

[2]　Anirban Basudhar，etc. 采用 LS-OPT 进行基于分类的优化和概率分析 [J]. 有限元资讯，2019，2：12-26.

[3]　Nielen Stander，Willem Roux，Anirban Basudhar. TUTORIAL PROBLEMS LS-OPT Version 6.0 [Z]. LSTC，2019.

[4]　Nielen Stander，Anirban Basudhar. LS-OPT® Training Class OPTIMIZATION THEORY [R]. LSTC，2019.

[5]　Nielen Stander，Willem Roux. LS-OPT® Probabilistic Analysis[R]. LSTC，2019.

[6]　LS-OPT 界面学习帮助 [R]. 百度文库，2014.

[7]　袁志丹，王强，张永召. 基于 LS-OPT 的虚拟路谱整车系统仿真和底盘参数识别 [J]. 有限元资讯，2020，4：11-22.

[8]　李英杰. LS-OPT 在汽车座椅骨架设计中的高级应用 [J]. 有限元资讯，2013，2：22-32

[9]　王美松，张源，鲁宏升. 基于响应面法的约束系统 LS-OPT 仿真优化 [J]. 有限元资讯，2014，6：9-11.

[10]　袁志丹，黎勇. LS-OPT Introduction Training [R]. 上海仿坤软件科技有限公司，2020.

# 第 23 章

# LS-TaSC拓扑优化和形状优化

拓扑优化是一种结构设计优化技术，可针对给定的载荷和边界条件修改结构的整体拓扑，去除不需要的材料，在整个设计区域中更高效地分配材料，从而使最终设计更加轻巧。相对于其基线设计，减重后的拓扑优化结构表现出更好或至少相近的性能。因此，拓扑优化在轻量化至关重要的航空航天、汽车、船舶等行业中具有重要的应用。

ANSYS LS-TaSC（在本书中统称为 LS-TaSC，以下同）是 ANSYS LST 公司开发的专门针对有限元拓扑和形状计算的优化软件。LS-TaSC 与 LS-DYNA 软件无缝集成、共同工作，可以处理涉及静态、动态冲击和 NVH 等多学科耦合问题的拓扑和形状优化，以更加合理地利用材料。目前 LS-TaSC 软件的最新版本为 4.2，可以通过以下地址免费下载和使用该软件：http://ftp.lstc.com/user/LS-tasc。

## 23.1 软件功能介绍

第 22 章介绍的 LS-OPT 软件也能够进行结构形状优化。LS-TaSC 与 LS-OPT 的区别是：在 LS-OPT 形状优化问题中，设计变量通常是几何参数，例如要优化的 Part 的长度、宽度或厚度；LS-TaSC 对结构的材料分布进行优化，消除应力集中，以使最佳设计的结构具有均匀的内能密度，得到刚度最大（即柔性度最小）的结构。因此，LS-TaSC 使用户拥有更多的设计自由度，能够获得更大的设计空间。图 23-1 是基于 LS-TaSC 的开瓶器拓扑优化历程。

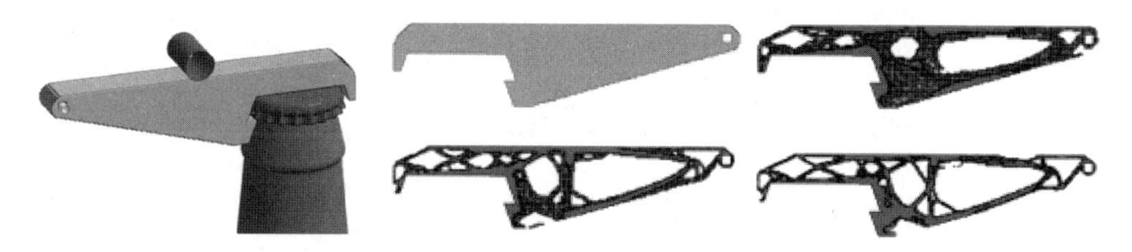

图 23-1　基于 LS-TaSC 的开瓶器拓扑优化历程

### 23.1.1 基本功能

LS-TaSC 的基本功能：

- 基于线性八节点六面体、六节点五面体和四节点四面体单元的三维实体结构优化设计。

- 基于线性四边形和三角形单元的壳体结构优化设计。
- 全局约束。
- 支持多载荷工况和多学科工况，例如静态、冲击和 NVH。LS-TaSC 可以同时调用 LS-DYNA 的隐式、显式计算，可以处理大型非线性问题的拓扑优化，涉及动态载荷和接触条件。
- 与 LS-DYNA 软件的无缝集成。
- 集成 LS-PrePost 软件的部分功能，方便修改模型和显示优化结果。
- 可以集成于 LS-OPT 软件，作为 LS-OPT 调用的一个求解器。
- 支持千万以上单元的大模型。

### 23.1.2 拓扑优化

LS-TaSC 拓扑优化通过选择 Part 来指定设计区域。Part 可以包含孔。

- 支持多 Part 定义。
- 实体单元 Part 的设计拓扑由初始单元的子集描述。用户通过设置质量分数指定材料的去除量。在设计过程中，将去除对结构承载没有贡献的材料，从而给出能有效承受载荷的结构形状，实现材料分布的最优化。
- 通过改变壳单元 Part 的厚度，使内能密度均匀化，实现拓扑优化。
- 支持几何形状与型材定义，包括对称、挤压、单面铸造、双面铸造、锻造，见图 23-2。
- 支持设计变量操作，包括将单元映射到设计变量、特定单元设计结果过滤。
- 设计变量的初始化、删除和恢复。
- 支持多荷载工况动态加权计算。
- 支持采用多点算法的约束优化。
- 支持采用单质量分数的简单全局约束。

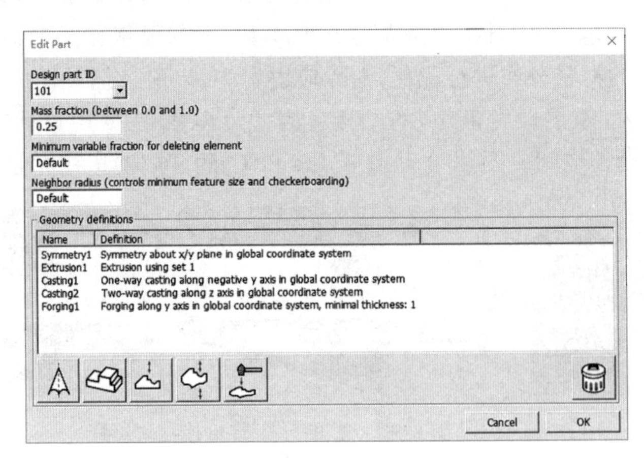


图 23-2　Part 几何形状和型材定义界面

### 23.1.3 自由表面形状优化

LS-TaSC 中的自由表面形状设计功能可用于形状优化。自由表面设计通过修正结构

(目前仅限于三维)的表面形状,使表面在给定荷载下应力分布均匀。自由表面形状优化具有如下特点:

- 设计表面。在 LS-DYNA 输入文件中通过 * SET_SEGMENT 定义表面。
- 支持几何形状与型材约束定义,包括对称性、挤压和光滑过渡定义。
- 算法收敛有限迭代。
- 设计变量。将设计变量分配给设计表面上的每个节点。
- 结果过滤。
- 自动化网格光滑。
- 不支持 * PARAMETER 关键字。

### 23.1.4 软件使用

软件使用方面,具有如下特点:

- 支持采用命令提示符模式运行程序。
- 支持打开、编辑、保存 LS-TaSC 工程文件。
- 支持分析问题定义,包括工况定义、Part 定义、表面定义、约束定义、收敛准则定义。
- 支持无缝集成 LS-DYNA。
- 支持全界面交互操作定义分析问题。
- 支持设计方法参数定义。
- 支持运行计算过程中状态显示。
- 支持后处理显示历程曲线。
- 支持后处理显示几何演化图和最终的设计。
- 支持显示等值面。
- 支持重启动。
- 支持脚本命令操作数据库。

## 23.2 主要术语

(1) 优化目标

在 LS-TaSC 中,优化目标是获得内能密度均匀分布的结构,可供选择的优化目标有:

- 在给定质量分数下使刚度最大化。
- 在满足全局响应和最小化局部目标函数前提下使刚度最大化。
- 最大化基础频率(noise,vibration,harshness,NVH)。
- 多学科(静态、动态和 NVH)优化,选择某全局响应作为优化目标,例如使结构质量最小化。

(2) 设计变量

在 LS-TaSC 中,设计变量取决于用于结构的单元类型。

对于实体单元,将单元的相对密度视为设计变量。设计变量取值 0~1:0 表示为空,材料全部被去除,对应单元视为空心单元;1 表示为全充满材料,对应单元视为实心单元;空心单元和实心单元之间的单元视为模糊单元。为了提高计算稳定性,用户可定义设计变量下限,允许去除超出此下限的单元。例如,对于动态问题,下限设置为 0.05,对于线性问题,下限设置为 0.001。实体单元可以采用八节点六面体、六节点五面体和四节点四面体单元,推荐采用等边的三维实体单元。

对于壳单元,单元厚度是设计变量,且初始厚度是设计上限,当单元的厚度小于用户设定下限时就去除该单元,以提高计算稳定性。可以采用四边形和三角形壳单元,推荐采用近乎正方形和等边三角形的单元。

(3) 设计约束

用户定义的质量分数,即优化结束后要保留的质量,作为要优化的 Part 的输入,并将其作为设计约束,以便在优化过程中去除不需要的材料。

与质量分数一起,被优化 Part 的刚度和柔度被视为全局设计约束。例如,节点位移和反力之类的整体响应可以定义为基于刚度和柔度的设计约束,用户关心的其他响应也可以定义为约束。

除了全局结构响应约束之外,还可为结构初始化几何形状和型材定义,例如对称、铸造、锻造和挤压,优化获得的最终设计将符合几何形状和型材定义。

(4) 载荷工况动态加权

在涉及多个载荷工况的情况下,如果不希望某个载荷工况来主宰整个拓扑设计,可以通过使用载荷工况动态加权来处理。可以定义多个工况的全局约束之间的关系,并动态调整工况的权重以满足该关系。

(5) 优化过程

优化过程是通过迭代求解找出减重后内能密度均匀并满足全局约束的拓扑结构。LS-TaSC 设计输入(例如几何形状、材料数据、接触等)采用 LS-DYNA 的关键字输入格式,在每次迭代期间,通过修改单元数据来重新改写输入,并且使用 LS-DYNA 软件作为求解器进行迭代计算以获得每种拓扑的响应。当满足收敛准则时,将以 LS-DYNA 关键字文件的形式输出最佳设计。

(6) 收敛准则

当达到用户设定的最大迭代次数、质量再分布容差或固化因子时,优化进程将终止。

## 23.3 用户界面

LS-TaSC 的图形用户界面集成了 LS-PrePost 前后处理软件的部分功能,方便用户根据优化需求快速修改设计。从图 23-3 可以看出,LS-TaSC 的用户界面风格和 LS-PrePost 非常相似,内置 Model、EleTol 和 Post 功能按钮,用于修改模型,显示优化结果。

(1) Case 面板

LS-TaSC 中的一个 Case(工况)对应于结构的荷载和边界条件,即给出该特定荷载工况下的优化拓扑。

基于单个载荷工况获得的优化结构在其他载荷工况下可能会表现欠佳。因此,LS-TaSC 的多工况功能允许根据多个工况优化结构。可以添加任意数量的工况,但必须为每种工况(即每个 LS-DYNA 关键字输入文件)提供唯一的名称。

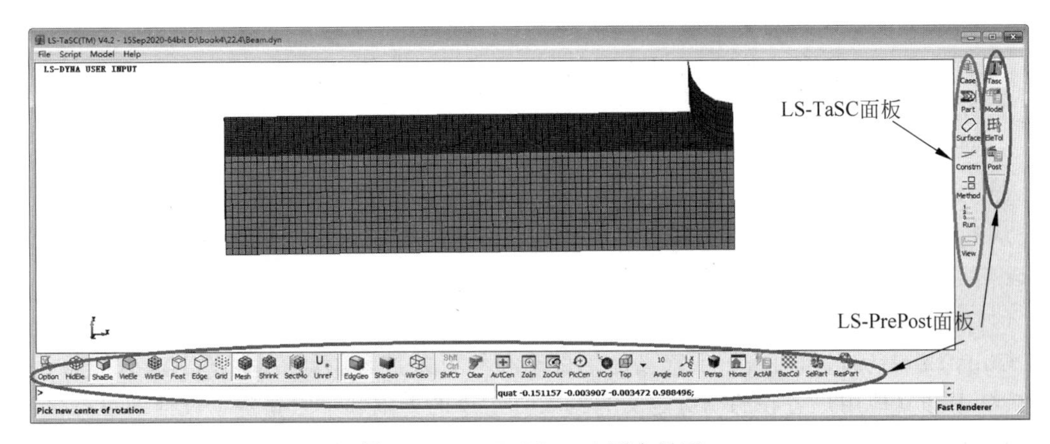


图 23-3　LS-TaSC v4.2 用户界面

LS-TaSC 优化作业必须指定 LS-DYNA 软件作为求解器，可设置任何 LS-DYNA 命令行选项，例如设置 memory 大小和 CPU 数量。

在 Case 面板中还可定义全部作业调度计划，例如选择排队系统。

（2）Part 面板

在 Part 面板中选择要优化的 Part，并定义一些优化参数，例如质量分数、变量最小分数、单元过滤半径、几何形状和型材定义。

LS-TaSC 对要优化的 Part 数量没有限制。因此，可以定义多个 Part，并且分别为每个 Part 分配优化参数。质量分数是优化后要保留的质量百分比。质量分数为 0.3 表示 LS-TaSC 将尝试保留 Part 质量的 30%。用户可以指定用于删除单元的变量最小分数，设计变量的数值低于此下限的单元将被删除。

基于有限元的拓扑优化存在棋盘格现象，即内能密度大和内能密度小的单元交替出现，这种拓扑结构不利于后续的加工制造。加密网格有助于减缓这种现象。此外，LS-TaSC 根据用户设置的单元过滤半径定义了一个虚拟球体，并将虚拟球体视为过滤单元。所有单元的设计变量根据过滤单元的内能密度进行更新，这种灵敏度过滤技术可有效地控制棋盘格现象。

可以为要优化的 Part 定义几何形状和型材，例如对称性、铸造、挤压、锻造和无内孔，如图 23-4 所示。在铸造中，可以定义单面和双面铸造方式。锻造与双面铸造类似，区别在于双面铸造可生成孔洞，而锻造必须保留最小厚度的材料，不会生成孔洞。还需注意以下几点：

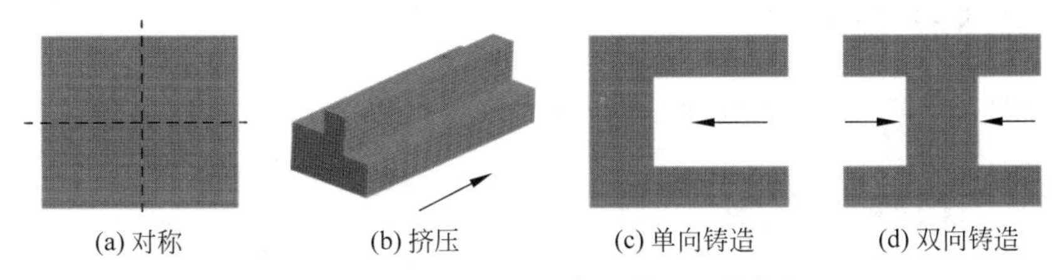


图 23-4　优化 Part 的几何形状和型材定义

- 每个 Part 只能有一个铸造定义。
- 最多有 3 个几何形状定义，且它们必须相互正交。
- 铸造方向必须在对称平面上。

- 挤压方向必须在对称平面上。
- 铸造方向和挤压方向必须相互正交。
- 对称平面必须相互正交。
- 四面体单元和三角形单元不能进行挤压定义。

(3) Surface 面板

从 LS-TaSC 3.0 版开始,实现了 Surface(表面)设计功能,用于优化选中表面的节点位置,以获得应力分布均匀的表面。

(4) Constraints 面板

Constraints(约束)面板用于定义优化目标和约束条件,可以将 LS-DYNA 计算输出的位移、反力和其他用户关心的响应定义为约束。约束的上限和下限指定了设计的可行区域。约束是特定于工况的,因此,在定义全局约束时应选择合适的载荷工况。

(5) Weights 面板

此面板用于激活载荷工况动态加权,可以在此面板中定义每个工况约束之间的关系。由于约束值的数量级可能不同,因此建议按其各自的上限缩放约束。

(6) Method 面板

该面板用于选择优化算法,定义收敛条件以及其他相关的优化参数。Method 面板中有两种优化算法:优化准则(optimality criteria)法和投影子梯度(projected subgradient)法。优化准则法用于获得内能密度均匀分布的结构,在给定的质量分数约束下使结构刚度最大化。投影子梯度法可使响应最小化,可供选择的优化目标更为广泛,收敛速度也更快。

(7) Run 面板

此面板用于启动、终止或重新启动优化过程。该面板中还可显示作业进度和 LS-TaSC 输出信息,如优化参数、错误和警告。

(8) View 面板

View 面板类似于后处理器,用于读取和显示优化结果,此面板给出了各种拓扑迭代历程图,例如质量分数、单元分数、约束值等在迭代中的变化,还可查看迭代的 D3PLOT 数据。

## 23.4 拓扑优化算例

这里,介绍一个简单的长梁在动态冲击下的拓扑优化问题。

### 23.4.1 优化模型概况

长梁材料为铝,底部两端固定,半圆柱壳体以初速 10m/s 撞击长梁的上端中心。根据对称性,可只建立 1/2 模型,对称面上施加对称约束。几何模型如图 23-5 所示。由于拓扑优化结果具有网格敏感性,推荐采用细密网格模型。

对于实体单元,被优化 Part 的材料模型只能采用 * MAT _ ELASTIC, * MAT _ ORTOTROPIC _ ELASTIC, * MAT _ PIECEWISE _ LINEAR _ PLASTICITY, * MAT _

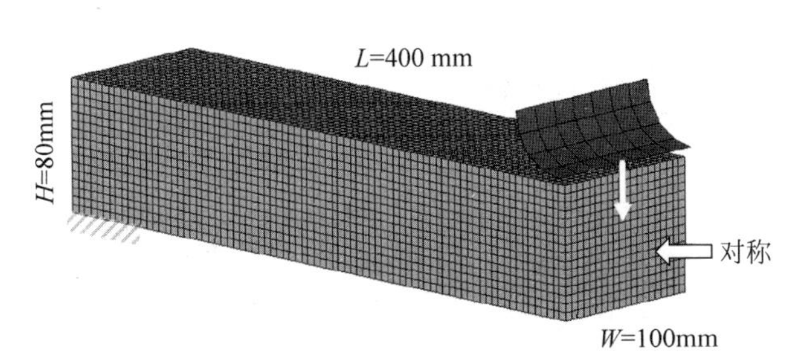


图 23-5　几何模型和边界条件

MOONEY-RIVLIN_RUBBER，* MAT_HYPERELASTIC_RUBBER 或 * MAT_OGDEN_RUBBER。在本算例中，长梁材料模型选用 * MAT_PIECEWISE_LINEAR_PLASTICITY。

## 23.4.2　优化建模

在 Case 面板中定义优化工况，如图 23-6 所示：

(1) 指定工况名称为 BEAM。

(2) 指定 LS-DYNA 计算输入文件名称为 Beam.dyn。

(3) 指定 LS-DYNA 求解器，并设置求解所需的 CPU 数量。

在 Part 面板中，选择 PartID 101 作为设计 Part，设置质量分数为 0.25，如图 23-7 所示。删除单元的变量最小分数以及过滤半径均采用默认值。在此算例中，不需要几何形状和型材定义。

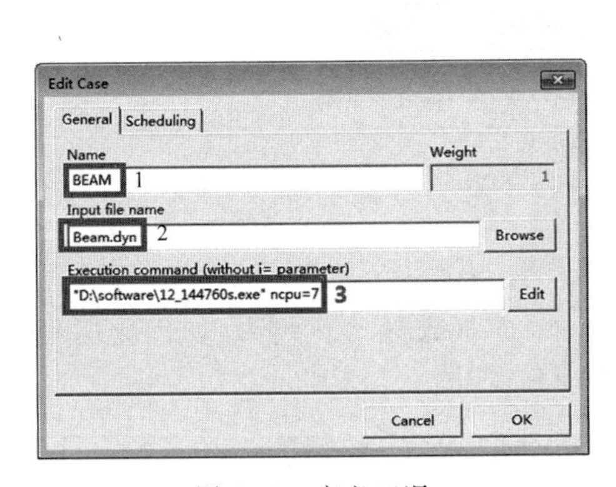


图 23-6　定义工况

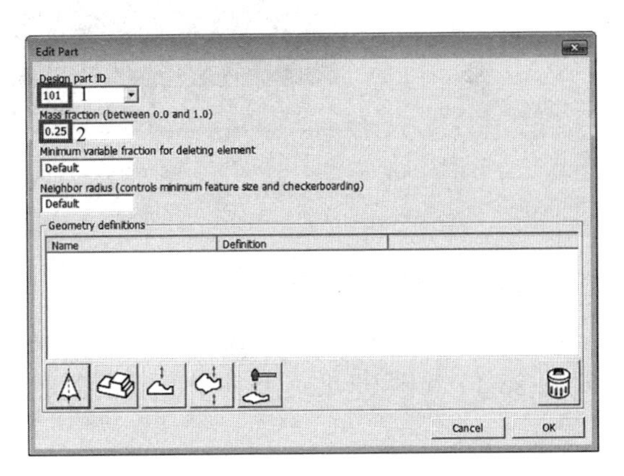


图 23-7　定义优化的 Part

在 Constraints 面板中选取的目标函数为：在给定的质量分数下使结构刚度最大，如图 23-8 所示。单击图中的 Edit 按钮，可修改目标函数。

在图 23-9 所示的 Method 面板中选择投影子梯度法作为优化算法，采用默认的固化因子 0.9 作为收敛条件，即如果空心单元和实心单元的数量之和超过单元总数的 90%，则表明结构比较稳定，就终止优化。该图中的 Computation 选项卡用于设置优化算法，Multipoint 选项卡用于设置多点算法，Various 选项卡用于设置其他相关的优化参数。

在 Run 面板中单击 Run，见图 23-10，进行优化分析。

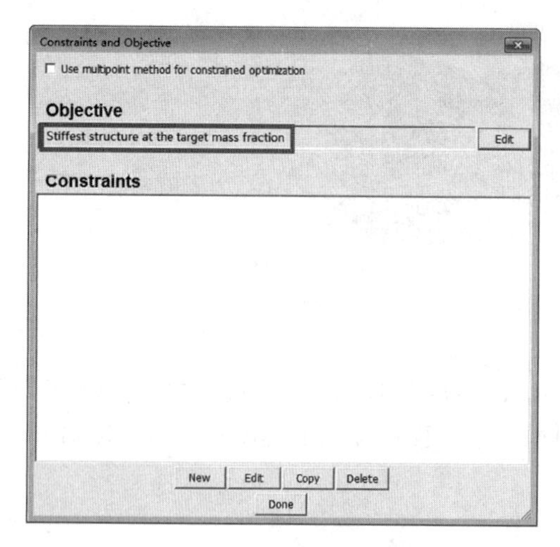


图 23-8　定义目标函数

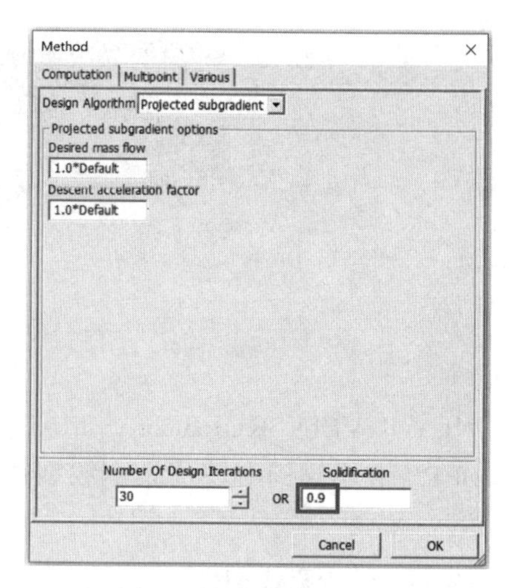


图 23-9　优化算法设置

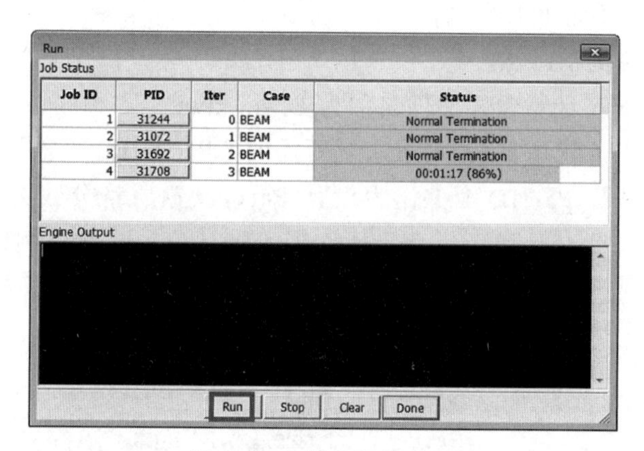

Run
Job Status

| Job ID | PID | Iter | Case | Status |
|---|---|---|---|---|
| 1 | 31244 | 0 | BEAM | Normal Termination |
| 2 | 31072 | 1 | BEAM | Normal Termination |
| 3 | 31692 | 2 | BEAM | Normal Termination |
| 4 | 31708 | 3 | BEAM | 00:01:17 (86%) |



图 23-10　优化计算过程

### 23.4.3　优化结果

经过迭代 22 次后该算例收敛。用户可使用 View 面板查看优化结果，如优化历程曲线，见图 23-11 和图 23-12。还可制作优化迭代历程动画，如图 23-13 所示。

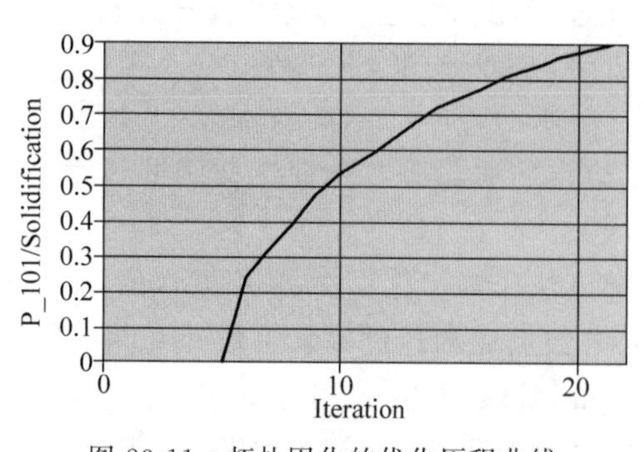


图 23-11　拓扑固化的优化历程曲线

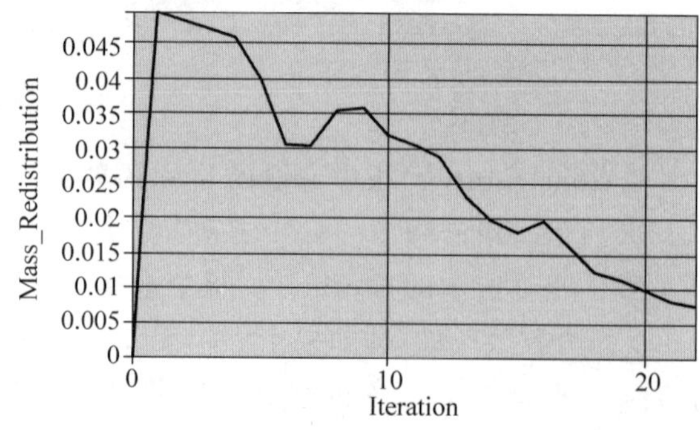


图 23-12　质量再分布的优化历程曲线

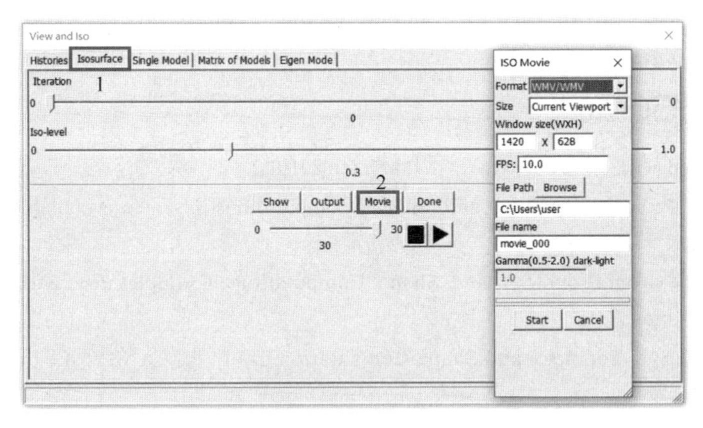


图 23-13　制作优化迭代历程动画步骤

最优几何如图 23-14 所示，由图可见，该拓扑结构类似桁架，内能密度分布比较均匀。从拓扑演化迭代历程图 23-15 可以看出，第 7 次迭代图中的模糊单元数量很多，表明结构尚不稳定，而第 14 次迭代图中空心单元和实心单元数量之和已经占优，具备了最优拓扑的雏形。LS-TaSC 最终优化结果等值面可输出为 STL 格式文件，导入第三方软件如 ANSYS SpaceClaim 或 ANSA 后，可生成 CAD 模型，方便用户进一步编辑修改设计。

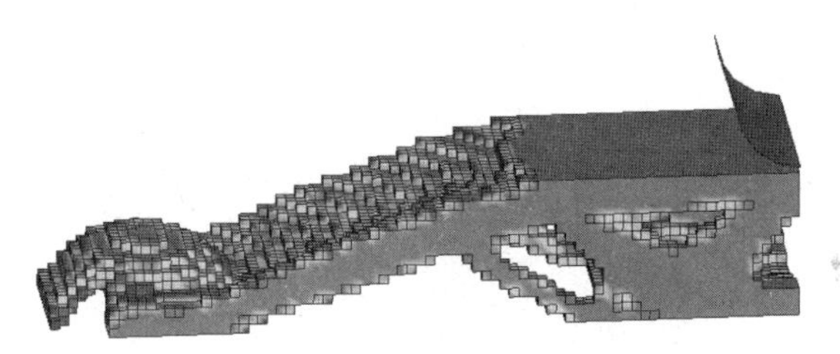

图 23-14　最优几何拓扑

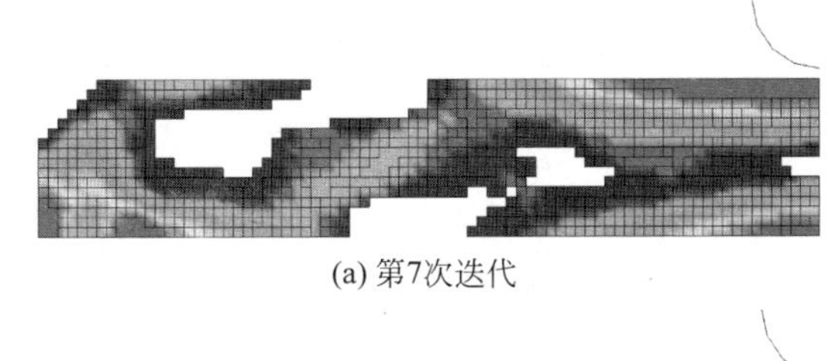

(a) 第7次迭代

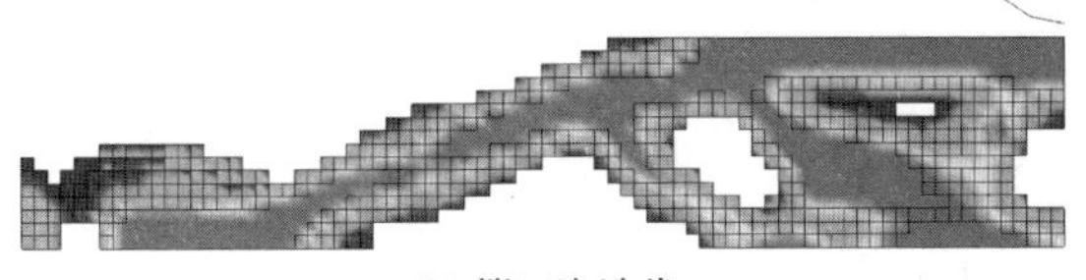

(b) 第14次迭代

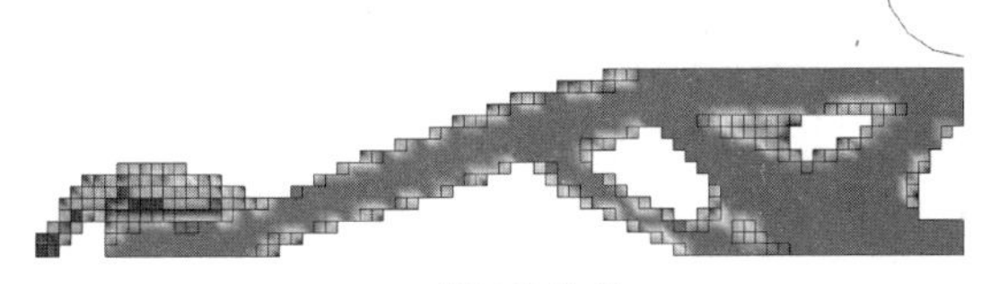

(c) 第22次迭代

图 23-15　拓扑演化迭代历程的内能密度云图

## 23.5 参考文献

[1] Getting Started with LS-TaSC v3.0 [Z]. LSTC, 2019.
[2] The LS-TaSC$^{TM}$ Tool Topology and Shape Computations User's Manual Version 4.2 [Z]. LSTC, 2019.
[3] The LS-TaSC$^{TM}$ Tool Topology and Shape Computations Example Problems Version 4.2 [Z]. LSTC, 2019.
[4] 易桂莲. LS-TaSC: Topology and Shape Computation Tool [R]. ANSYS LST, 2021.